W0258510

Teubner Studienbücher

Mechanik

Becker:**Technische Strömungslehre.** 6. Aufl. DM 24,80

Becker: **Technische Thermodynamik.** DM 29,80

Becker/Bürger: **Kontinuumsmechanik.** DM 36,– (LAMM)

Becker/Piltz: **Übungen zur Technischen Strömungslehre.** 3. Aufl. DM 21,80

Bishop: **Schwingungen in Natur und Technik.** DM 25,80

Böhme: **Strömungsmechanik nicht-newtonscher Fluide.** DM 36,– (LAMM)

Bremer: **Dynamik und Regelung mechanischer Systeme.** DM 36,– (LAMM)

Hagedorn: **Aufgabensammlung Technische Mechanik.** DM 22,80

Hahn: **Bruchmechanik.** DM 36,– (LAMM)

Magnus: **Schwingungen.** 4. Aufl. DM 32,– (LAMM)

Magnus/Müller: **Grundlagen der Technischen Mechanik.** 5. Aufl. DM 34,– (LAMM)

Müller/Magnus: **Übungen zur Technischen Mechanik.** 3. Aufl. DM 34,– (LAMM)

Pfeiffer/Reithmeier: **Roboterdynamik.** DM 34,–

Schiehlen: **Technische Dynamik.** DM 34,– (LAMM)

Unger: **Konvektionsströmungen.** DM 42,–

Preisänderungen vorbehalten

H. Bremer
Dynamik und Regelung
mechanischer Systeme

Leitfäden der angewandten Mathematik und Mechanik LAMM

Herausgegeben von
Prof. Dr. G. Hotz, Saarbrücken
Prof. Dr. P. Kall, Zürich
Prof. Dr. Dr.-Ing. E. h. K. Magnus, München
Prof. Dr. E. Meister, Darmstadt

Band 67

Die Lehrbücher dieser Reihe sind einerseits allen mathematischen Theorien und Methoden von grundsätzlicher Bedeutung für die Anwendung der Mathematik gewidmet; andererseits werden auch die Anwendungsgebiete selbst behandelt. Die Bände der Reihe sollen dem Ingenieur und Naturwissenschaftler die Kenntnis der mathematischen Methoden, dem Mathematiker die Kenntnisse der Anwendungsgebiete seiner Wissenschaft zugänglich machen. Die Werke sind für die angehenden Industrie- und Wirtschaftsmathematiker, Ingenieure und Naturwissenschaftler bestimmt, darüber hinaus aber sollen sie den im praktischen Beruf Tätigen zur Fortbildung im Zuge der fortschreitenden Wissenschaft dienen.

Dynamik und Regelung Mechanischer Systeme

Von Priv.-Doz. Dr.-Ing. habil. Hartmut Bremer
Technische Universität München

Mit 101 Bildern

B. G. Teubner Stuttgart 1988

Priv.-Doz. Dr.-Ing. habil. Hartmut Bremer

Geboren 1945 in Dobbertin/Mecklenburg. Von 1969 bis 1974 Studium des Maschinenbaus in München. Seit 1983 Privatdozent für Mechanik an der Technischen Universität München.

CIP-Titelaufnahme der Deutschen Bibliothek

Bremer, Hartmut:
Dynamik und Regelung mechanischer Systeme / von Hartmut
Bremer. — Stuttgart : Teubner, 1988
  (Leitfäden der angewandten Mathematik und Mechanik ; Bd. 67)
  (Teubner-Studienbücher : Mechanik)
  ISBN 978-3-519-02369-2   ISBN 978-3-663-05674-4 (eBook)
  DOI 10.1007/978-3-663-05674-4

NE: 1. GT

Gesamtherstellung: Druckhaus Beltz, Hemsbach/Bergstraße

VORWORT

Von *Mechanik* soll die Rede sein – oder zumindest einem Teilgebiet davon. Und zwar von der Mechanik, die durch GALILEI 1638 und NEWTON 1687 zum Durchbruch als exakte *Natur-Wissen-schaft*, von EULER 1750/75 zur Blüte und von LAGRANGE 1788 und HAMILTON 1835 zur Vollendung geführt wurde – um mit einigen Namen einen Rahmen zu stecken. Daß hierbei die Mechanik eine der ersten Naturwissenschaften war, ihr zumindest "eine Schrittmacherrolle zugefallen ist"[1], macht das Thema reizvoll, ist aber natürlich kein ausreichender Grund, zu den vorhandenen Abhandlungen eine weitere hinzuzufügen. Vielmehr liegt eine gewisse Berechtigung in dem Versuch, das vorhandene Material zu ordnen und aus einem Blickwinkel heraus zu betrachten, der den momentanen Anforderungen an die Mechanik gerecht wird.

Wo steht die Mechanik heute? "Die Mechanik der Rezepte – in früheren Jahrhunderten durchaus effektiv – hat ausgedient. Die weitgehenden Idealisierungen, in der als klassisch bezeichneten Periode noch als angemessen und zulässig akzeptiert, müssen jetzt mehr und mehr abgebaut und durch realistischere Annahmen ersetzt werden"[1]. Dies kennzeichnet einen Wandel von einer "Ideal-Mechanik zu einer Real-Mechanik"[1]. Als Realmechnik kann die Mechanik, die früher Vorbildcharakter für andere Wissenschaften hatte, "wieder beispielgebend sein oder werden. Wir sollten uns also nicht von dem gelegentlichen Geschwätz über die angeblich abgeschlossene und damit nicht mehr entwicklungsfähige Mechanik verwirren lassen. Mechanik, gerade die Technische Mechanik, wird auch weiterhin entwicklungsfähig, ja, in einzelnen Bereichen entwicklungsbedürftig bleiben. Allerdings sollten wir sie heraushalten aus dem Sog schnell wechselnder modischer Formalismen"[1]. Formalismen werden wesentlich mitgeprägt durch die Verfügbarkeit leistungsfähiger Rechenmaschinen, aber auch die Realmechanik profitiert von ihnen, denn erst durch die Rechenmaschine wird die Möglichkeit eröffnet, Problemlösungen anzugehen, an die ohne die Maschine nicht im entferntesten zu denken wäre.

Welche Anforderungen werden an die Mechanik gestellt? – Mechanik gehört, wie alle Naturwissenschaften, auch in den Rahmen unserer Kulturgeschichte. Der Blick auf mancherlei Jahreszahlen, aus diesem Grund bewußt angefügt, läßt Querverbindungen zu anderen Ereignissen zu und kennzeichnet die historische Entwicklung der Mechanik. Diese Entwicklung ist längst nicht abgeschlossen, im Gegenteil, sie hält mit dem Stichwort "Realmechanik" an. Und diese Realmechanik muß sich an der HERTZschen Forderung messen lassen, mit der einfachst möglichen Vorgehensweise zum Ziel zu gelangen, ohne dabei den Blick auf die Zusammenhänge zu verstellen.

In diesem Sinne ist der Versuch, der HERTZschen Forderung gerecht zu werden, nichts anderes als die Darstellung des Vorhandenen aus dem Blickwinkel einer

---

[1][MAG 86]

REALmechanik heraus. Dabei müssen die verwendeten Hilfsmittel deutlich und die Voraussetzungen klar abgegrenzt sein. Nimmt man als eines der wesentlichen Hilfsmittel – und das wird der eingeschlagene Weg sein – die "virtuelle Arbeit" zur Fundierung der mechanischen Prinzipien und Methoden, so wird gleichzeitig der Weg geöffnet zur Optimierung (Variationsrechnung), und die Frage optimaler Beeinflussung mechanischer Systeme durch geeignete Parameter oder Regelkräfte kann in Angriff genommen werden.

Das vorliegende Buch ist im Laufe der letzten fünf Jahre entstanden und spiegelt die Richtung wieder, die vor nunmehr zweiundzwanzig Jahren durch den Gründer des Lehrstuhls B für Mechanik der Technischen Universität München, Prof. Dr. Dr. Kurt Magnus, eingeschlagen wurde. Dabei versteht es sich von selbst, daß im Laufe dieser Zeit zahlreiche Wissenschaftler einen reichhaltigen Erfahrungsschatz zusammengetragen haben, auf dem aufgebaut und von dem ein Teil direkt übernommen werden konnte – das Anliegen "Darstellung des Vorhandenen" drückt dies bereits aus. Ihnen, besonders den Professoren J. Lückel, P.C. Müller, H. Pichert, K. Popp, W.O. Schiehlen und G. Schweitzer gebührt mein Dank für all die vermittelten Kenntnisse genauso wie meinen früheren und jetzigen Kollegen für die tatkräftige und moralische Unterstützung bei dem oft mühevollen Werdegang eines Buches. Ein solches – und insbesondere ein wissenschaftliches Buch – ist immer in gewissem Sinn eine Gemeinschaftsarbeit. Zu ihrem Gelingen trägt nicht zuletzt auch das Betriebsklima bei, für das – über die zahlreichen Fachdiskussionen hinaus! – dem Lehrstuhlinhaber, Prof. Dr. Friedrich Pfeiffer, herzlich gedankt sei, ebenso wie seiner "mitverantwortlichen Mannschaft", meinem Freund, Priv.-Doz. Dr. Heinz Ulbrich, und Herrn Dipl.-Ing., Dipl.-Math. Eduard Reithmeier für manchen mathematischen Rat. Es ist eine – wie ich glaube, gute – Sitte, das Vorwort dazu zu benutzen, sich bei allen zu bedanken, die in irgendeiner Form Hilfestellung geleistet haben. Die Liste der Danksagungen wird dabei immer unvollständig bleiben. Sie soll jedoch nicht abgeschlossen werden, ohne den Dank an Herrn Dr. P. Spuhler vom Teubner Verlag für die immer freundliche Zusammenarbeit und an Frau Monika Böhnisch für die Geduld und Nerven erfordernde Erstellung der druckreifen Buchvorlage auszudrücken. Und schließlich gilt mein besonders herzlicher Dank meinem Lehrer, Herrn Prof. Dr. Dr. Kurt Magnus, der wie kaum ein anderer in der Lage war und ist, bei seinen Schülern die Freude an der Materie zu wecken.

München, im Juli 1988   Hartmut Bremer

Inhaltsverzeichnis

Vorbemerkung: Der Inhalt des vorliegenden Buches ist nach einzelnen Schwerpunkten so abgefaßt, daß ein direkter Einstieg in die einzelnen Kapitel – unabhängig von den anderen – möglich sein sollte. Hierfür mag die tabellarische Kurzzusammenfassung der Einzelkapitel, im Inhaltsverzeichnis durch Kursivschrift gekennzeichnet, hilfreich sein.

SYMBOLVERZEICHNIS

$\mathbf{a}$	Absolutbeschleunigung ($\in R^3$), Zustandsgleichung ($\in R^n$)
$\mathbf{b}$	Stelleingriffsvektor ($\in R^n$), Störvektor ($\in R^n$)
$\mathbf{c}$	Koeffizientenvektor ($\in R^n$)
d	Abstand, Durchmesser
$\mathbf{e}$	Verzerrungsvektor ($\in R^6$) , Einheitsvektor (z.B. $\in R^3$)
$\mathbf{f}$	Kraft ($\in R^3$), Zahl der Lagefreiheitsgrade ($\in R^1$)
$\mathbf{g}$	Vektor der nichtlinearen Beschleunigungsanteile ($\in R^3$), Vektor der Nebenbedingungen ($\in R^q$: q Zahl der Nebenbedingungen), Zahl der Geschwindigkeitsfreiheitsgrade ($\in R^1$)
$\mathbf{h}$	Inhomogener Term der Bewegungsgleichung ($\in R^g$)
i	imaginäre Einheit, Zählindex
k	Zahl der Meßgrößen
$\mathbf{l}$	Moment ($\in R^3$)
m	Masse, Zahl der Steuergrößen
n	Zustandsdimension ($n = g + f$)
$\mathbf{p}$	Impuls ($\in R^3$), verallgemeinerter Impuls (Hamilton, $\in R^g$), Zahl der MKS-Körper ($\in R^1$)
$\mathbf{q}$	Koordinaten, beliebig
$\mathbf{r}$	Ortsvektor ($\in R^3$), Radius ($\in R^1$)
$\dot{\mathbf{s}}$	Minimalgeschwindigkeiten ($\in R^g$)
$\mathbf{u}$	Steuervektor ($\in R^m$), Verschiebungsfunktion ($\in R^1$)
$\mathbf{v}$	Absolutgeschwindigkeit ($\in R^3$), Verschiebungsfunktion ($\in R^1$)
w	Verschiebungsfunktion
$\mathbf{x}$	Zustandsvektor ($\in R^n$)
$\mathbf{\bar{x}}$	(Rechts-) Eigenvektor ($\in R^n$)
$\mathbf{y}$	linearisierte Minimalkoordinaten ($\in R^g$)
$\mathbf{\bar{y}}$	(Links-) Eigenvektor ($\in R^n$, Zustandsraum), (Rechts-) Eigenvektor ($\in R^g$, Bewegungsgleichungen)
$\mathbf{z}$	Minimalkoordinaten $\left(\in R^f\right)$
$\mathbf{\bar{z}}$	Systemkoordinaten ($\in R^{6p}$)
$\mathbf{A}$	Systemmatrix ($\in R^{n,n}$), Transformationsmatrix ($\in R^{3,3}$), Fläche ($\in R^1$)
A	Trägheitsmoment ($\in R^1$)
$\mathbf{B}$	Stelleingriffsmatrix ($\in R^{n,m}$)
B	Trägheitsmoment ($\in R^1$)
$\mathbf{C}$	Meßmatrix $\left(\in R^{k,n}\right)$
C	Trägheitsmoment ($\in R^1$)
$\mathbf{D}$	Dämpfungsmatrix ($\in R^{g,g}$)

D Deviationsmoment ($\in R^1$)
$\mathbf{E}$ Einheitsmatrix (z.B. $\in R^{3,3}$), Elastizitätsmodul ($\in R^1$)
       Weierstraßfunktion ($\in R^1$)
E Deviationsmoment ($\in R^1$)
$\mathbf{F}$ Funktionalmatrix (z.B. $\in R^{6p,g}$)
F Deviationsmoment ($\in R^1$)
$\mathbf{G}$ Gyroskopische Matrix ($\in R^{g,g}$), Gleitmodul ($\in R^1$)
$\mathbf{H}$ Hamiltonmatrix ($\in R^{2n,2n}$), Hooke'sche Matrix ($\in R^{6,6}$),
       Hamiltonfunktion ($\in R^1$)
$\mathbf{I}$ Trägheitstensor ($\in R^{3,3}$), Massenträgheitsmomente
$\mathbf{\bar{I}}$ Trägheitstensor ($\in R^{3,3}$), Flächenträgheitsmomente
$\mathbf{J}$ Jacobimatrix (z.B. $\in R^{6p,f}$)
$\mathbf{K}$ Fesselungsmatrix konservativer Lagekräfte ($\in R^{g,g}$)
$\mathbf{L}$ Drall ($\in R^3$), Lagrangefunktion ($\in R^1$)
$\mathbf{M}$ Massenmatrix ($\in R^{g,g}$)
$\mathbf{N}$ Matrix der nichtkonservativen Lagekräfte ($\in R^{g,g}$)
$\mathbf{P}$ Lösungsmatrix der Riccati- bzw. Ljapunovgleichung ($\in R^{n,n}$),
       Leistung ($\in R^1$)
$\mathbf{Q}$ Bewertungsmatrix ($\in R^{n,n}$), Steuer-/Beobachtbarkeitsmatrix
       zweiter Art ($\in R^{n,n}$, Indices S bzw. B)
$\mathbf{R, S}$ Bewertungsmatrix ($\in R^{n,n}$)
$\mathbf{T}$ Transformationsmatrix ($\in R^{n,n}$), kinetische Energie ($\in R^1$)
U Ljapunovfunktion
V Volumen, Potential
$\mathbf{W}$ Steuer-/Beobachtbarkeitsmatrix erster Art ($\in R^{n,n}$, Indices S bzw. B),
       Arbeit ($\in R^1$)
$\mathbf{X}$ Modalmatrix (Rechtseigenvektoren, $\in R^{n,n}$)
$\mathbf{Y}$ Modalmatrix (Linkseigenvektoren, $\in R^{n,n}$)
$\mathbf{\bar{Y}}$ Modalmatrix (Rechtseigenvektoren, $\in R^{g,g}$)

$\alpha \ \beta \ \gamma$ Kardanwinkel
δ Variationsparameter, Dirac-Distribution, Eigenwertrealteil
ε Störungsparameter, Variationsparameter
η Quasikoordinaen der Drehung ($\in R^g$), Variation ($\varepsilon\eta, \ \in R^1$),
       Modalkoordinaten ($\in R^g$), modaler Meßvektor ($\in R^k$)
κ Querschubkorrekturfaktor, $\bar{\kappa}$ Verwölbungsfunktion
λ adjungierte Variable ($\in R^n$), Eigenwert ($\in R^1$)
ν Poissonzahl, Frequenz
ξ Modalkoordinaten ($\in R^n$)
ρ Unwucht ($\in R^3$), Dichte ($\in R^1$)
σ Spannungsvektor ($\in R^6$),
       Empfindlichkeitsfunktion ($\in R^p$, p : Parameterzahl)

φ (Kardan-) Winkel ($\in R^3$)

$\psi\ \theta\ \varphi$ Euler-Winkel

ω Winkelgeschwindigkeit ($\in R^3$), Eigenwertimaginärteil ($\in R^1$), Frequenz ($\in R^1$)

Δ Differenz

Ω (Soll-) Winkelgeschwindigkeit

1 Einleitung

Lassen wir für einen Moment das Wort *Regelung* in der Überschrift beiseite. Die *Dynamik mechanischer Systeme* beschreibt dann *Dynamische Systeme* aus dem Gebiet der Mechanik. Die Einschränkung auf ein bestimmtes Anwendungsgebiet bezieht sich dabei auf die Stoffauswahl, die Methodik ist jedoch in weite Gebiete übertragbar. Auch bei mechanischen Systemen wird man häufig nicht umhin können, Ergebnisse aus anderen Teilen der Physik mit einfließen zu lassen. Dies ist zum Beispiel der Fall, wenn elektromagnetische oder Gaskräfte aus der Verbrennung in Antriebsmaschinen wirken. Auch die Wärmeentwicklung spielt eine nicht unerhebliche Rolle. Faßt man alle auftretenden Effekte einheitlich in einer systematischen Beschreibung zusammen, so spricht man auch von *Systemtheorie*, oder spezieller im Zusammenhang mit technischen Anwendungen von *Systemtechnik*.

Was bedeutet nun der Begriff *Dynamische Systeme*? Er ist zweifellos so umfassend, daß er näher spezifiziert werden muß. Während man sich vom umgangssprachlichen Gebrauch des Wortes dynamisch eine feste Vorstellung macht, etwa im Sinne von tatkräftig–lebendig, so heißt dynamis in wörtlicher Übersetzung zunächst nichts anderes als Kraft. Dynamische Systeme sind also Systeme, die dem Einfluß von Kräften unterworfen sind – und damit kann sowohl das statische als auch das kinetische (kinetikos: Die Bewegung betreffend) Verhalten gemeint sein. Im vorliegenden Fall stellt man sich unter einem Dynamischen System ein System vor, das unter dem Einfluß von Kräften und/oder Momenten Bewegungen ausführt. Deshalb sollten sie eigentlich genauer *Kinetische Systeme* heißen. Der Begriff Dynamische Systeme ist jedoch bereits eingebürgert.

Fügen wir nun das Wort Regelung wieder in die Überschrift ein, so ist *Dynamik und Regelung* natürlich ein Pleonasmus, denn mechanische Systeme können nur über Kräfte oder Momente geregelt werden. Hier soll die Überschrift dazu dienen, daß sich der Leser ein Bild von dem machen kann, was behandelt wird.

Formalismen

Ein wesentlicher Punkt bei der Behandlung Dynamischer Systeme ist die Herleitung der beschreibenden Differentialgleichungen *(Bewegungsgleichungen)*. Hier beklagt KANE [KAN 85], daß weitläufig der Ausbildungsstand heutiger Ingenieure kaum dazu ausreicht, um Probleme von Systemen mit vielen Freiheitsgraden zu bewältigen. "Meistenteils behandeln traditionelle Lehrbücher die Darstellung von Methoden des 18. Jahrhunderts mit Anwendung auf physikalisch einfache Systeme", wobei deren Anwendung auf kompliziertere Modelle zu einer kaum noch beherrschbaren Aufgabe führt. Aus diesem Grund wurde zu Beginn des "Raumfahrtzeitalters", also ab Ende der fünfziger Jahre dieses Jahrhunderts, eine Reihe von "Formalismen" entwickelt, die die "traditionelle Vorgehensweise" – meist für problemangepaßte, eingeschränkte Modellvorstellungen – schrittweise an die Aufgabenstellung mechanischer Systeme mit vielen Freiheitsgraden anpaßt. Neben vielen Früchten, die diese Entwicklung getragen hat, liegt es jedoch auf der Hand, daß ein derartiges Vorgehen auf Dauer nicht gutgehen kann. Die Anforderungen an derartige Formalismen steigen stetig, und gleichzeitig müssen mehr Feinheiten, Anpassungen und bisweilen Umwege in der entsprechenden Vorgehensweise berücksichtigt werden. Dabei wird häufig der Blick für die Zusammenhänge verstellt, ganz abgesehen davon, daß eine "blinde" Verwendung von Formalismen ohnedies wenig dazu geeignet ist, das physikalische Verständnis des aktuell betrachteten Problems zu fördern.

Aus diesem Grund setzte mit fortschreitender Entwicklung der Formalismen ab Mitte der siebziger Jahre "eine Rückbesinnung auf die klassischen Methoden der analytischen Mechanik" ein, [SCH 81], wobei Einschränkungen der Raumfahrtanwendungen weitgehend fallengelassen werden konnten.

Weil die Mechanik im Rahmen der abzugrenzenden Voraussetzungen (Kapitel 1.2) als abgeschlossenes Gebiet betrachtet werden kann, beinhaltet eine solche Rückbesinnung das Ordnen und Aufbereiten vorhandenen Materials und hat zu vielen erfolgreichen Vorgehensweisen geführt, insbesondere bei der Erstellung von Programmsystemen für eine numerische Anwendung auf der Rechenmaschine. Hier muß im einzelnen auf die Fachliteratur verwiesen werden. Formalismen sind brauchbare Hilfsmittel zur Problemlösung. Ihre Verfügbarkeit entbindet den Ingenieur jedoch nicht von der Pflicht, die Grundlagen zu kennen und zu beherrschen, denn ohne die Möglichkeit physikalischer Interpretation wird er kaum in der Lage sein, Programme richtig zu bedienen, geschweige denn selbst zu erstellen.

Mechanik – eine abgeschlossene Theorie

Die Aussage, daß "die Mechanik" eine abgeschlossene Theorie darstellt, ist nicht so mutig, wie dies auf den ersten Blick scheinen mag, denn ganz wesentlich kommt es hierbei auf den Zusatz "im Rahmen der abzugrenzenden Voraussetzungen" an. Bei der Überlegung nach möglichen "Unsicherheiten" der Mechanik wird man zum Beispiel an die Relativitätstheorie erinnert. Im vorliegenden Problemkreis werden aber nur Systeme behandelt, deren Bewegungen auch nicht im entferntesten in den Bereich der Lichtgeschwindigkeit kommen können. Um auch den leisen Zweifel, ob denn die klassische Mechanik möglicherweise nur eine Näherungstheorie sei, auszuräumen, muß geklärt werden, was unter Theorie überhaupt verstanden werden kann. Grundsätzlich gilt die Aussage, daß eine richtige Theorie im Einklang mit der entsprechenden Naturerscheinung steht und damit Voraussagen zuläßt. Dabei läßt die Betrachtung des Werdegangs der Mechanik "kaum Zweifel darüber zu, wie die Übereinstimmung der Theorie mit der Erfahrung zustande kam. Viel weniger so, als wenn es dem menschlichen Geiste vermöge der ihm angeborenen Fähigkeiten schließlich gelungen wäre, die Rätsel der Natur zu enthüllen, sondern weit mehr dadurch, daß der Mensch seine Gedanken allmählich so zu ordnen und zu verwerten lernte, wie es nötig war, um Übereinstimmung mit der Wirklichkeit herzustellen. Es entspricht nur wenig dem wahren Sachverhalte, wenn man sagt, daß der menschliche Geist die Natur bezwungen oder ihre Geheimnisse für sich erobert habe. Weit eher war das Gegenteil der Fall: Das beständige Geschehen nach festen Regeln in der Natur hat den menschlichen Geist gelenkt, bis er zur Aufnahme eines Abbildes der Außenwelt fähig wurde" [FÖP 21]. Die Frage nach den "Gesetzen unseres Denkens mit den Gesetzen der außer uns stehenden Wirklichkeit" *muß*, wenn man Wissenschaft richtig einordnen will, erörtert werden. "Denn ohne eine bestimmte Stellungnahme dazu würde die Gefahr nur zu nahe liegen, daß der zum ersten Mal an diese Frage herantretende Leser zu einer übertriebenen und abergläubischen Auffassung verleitet werden könnte. Es war unter den Naturwissenschaften zuerst die Mechanik, die zu einer Fassung gelangte, die innerhalb weiter Tatsachengebiete alles leistete, was man von einer guten Theorie verlangen kann. Das ganze neunzehnte Jahrhundert, wissenschaftlich so rege wie kaum ein anderes vor ihm, hat an den Grundlagen des theoretischen Lehrgebäudes der Mechanik, wie es ihm vermacht wurde, nur gar wenig mäkeln oder bessern können. Alles, was in diesem Zeitraume von unzähligen, emsigen Forschern beobachtet und gefunden wurde, hat vielmehr nur zum weiteren Ausbau gedient und im übrigen die glückliche Fassung, die man in den beiden vorhergehenden Jahrhunderten der Mechanik gegeben hatte, immer wieder von neuem bestätigt. Die allgemeinen Betrachtungen zur Mechanik sind dabei durch die neuere Entwicklung" – gemeint ist die Relativitätstheorie – "nicht entwertet und überhaupt kaum berührt worden", [FÖP 21]. Eine Theorie muß "wahr" sein, und diesem Anspruch wird die klassische Mechanik gerecht. Wahrheit kann aber in diesem Zusammenhang nichts anderes bedeuten als eine Übereinstimmung mit dem Naturgeschehen. Diese Übereinstimmung ist an das "Auflösungsvermögen" der Beobachtung gebunden.

Allgemeine Mechanik und Technische Mechanik

Wenn nun der Rahmen der hier zu betrachtenden Mechanik abgesteckt ist und sie als abgeschlossene Theorie angesehen werden soll, so entsteht doch die Frage, warum immer wieder "neue Methoden" zur Behandlung mechanischer Systeme veröffentlicht werden. Die Beantwortung dieser Frage ist einfach: Die Aufgabenstellung, aus der praktischen Sicht der Anwendung heraus, erfordert ein effizientes Vorgehen. Mit dem Stichwort der praktischen Anwendung wird hier eine Unterscheidung zwischen allgemeiner Mechanik und "Technischer Mechanik" angesprochen, wobei bei letzterer insbesondere die quantitative Lösung des gestellten Problems im Vordergrund steht, also die "Absicht, die Lehren der Mechanik nutzbringend in der Technik zu verwenden. Auch dieser Zweck setzt freilich voraus, daß wir die Naturtatsachen zunächst richtig erkennen", [FÖP 21]. Mit Kenntnis der Grundaxiome als Werkzeug der Technischen Mechanik ist es aber eine Binsenweisheit, daß aus diesen für eine aktuelle Aufgabenstellung die geeigneten ausgesucht werden müssen. Dabei basieren die verschiedenen Methoden natürlich auf denselben Grundlagen, allenfalls aus verschiedenen Blickrichtungen betrachtet.

Für diese Blickrichtungen gelten jedoch strenge Anforderungen, die, um noch einmal August FÖPPL zu zitieren, bereits Heinrich HERTZ in einer Form festgelegt hat, die auch heute noch ohne Abstrich gültig ist:

"Die erste Forderung besagt, daß die (Gedanken-) Bilder deutlich vorstellbar und in sich widerspruchsfrei sein müssen" – *(physikalische Transparenz)* .

"Mit der zweiten ist gemeint, daß die logischen Folgerungen, die wir durch den Verstandesgebrauch aus der Verknüpfung dieser Bilder ziehen können, in Übereinstimmung mit den notwendigen Folgen stehen müssen, die einem solchen Zusammentreffen in der Wirklichkeit entsprechen" – *(Modellgültigkeit)* .

"Die dritte Forderung endlich bezieht sich darauf, daß für den Fall der Möglichkeit verschiedener Darstellungen, die alle den ersten beiden Forderungen genügen, die einfachste unter ihnen ausgewählt werden soll, also jene, die uns mit der geringsten Mühe zum Ziel führt" – *(Effizienz)* .

1.1   Zum Inhalt

Die Behandlung der *Dynamik mechanischer Systeme* soll im folgenden den HERTZschen Forderungen nach *geeigneter Modellbildung, physikalischer Transparenz und einfachem Vorgehen* gerecht werden. Für diesen Zweck wird der "Technischen Mechanik" viel Aufmerksamkeit gewidmet, das heißt einer Darstellung von effizienten Methoden zur Berechnung aktueller Probleme, sowohl hinsichtlich des Aufstellens der Gleichungen als auch der Optimierung und der Lösungsverfahren. Dabei wird besonderer Wert gelegt auf die Zusammenhänge verschiedener Vorgehensweisen mit dem Ziel, ihre Anwendbarkeit zu vergleichen und gegenüberzustellen. Zur Erläuterung werden dabei im Text überschaubare Beispiele gebracht. Abschließend werden in einem gesonderten Teil "Anwendungsbeispiele", die praktisch orientierte Probleme vollständig behandeln, diskutiert.

Im Text wird durchgehend eine symbolische Tensor-Matrix-Vektor-Schreibweise benutzt, gekennzeichnet durch fette Drucksymbole. Mit diesen Hilfsmitteln erhält man die mathematische Beschreibung eines *Dynamischen Systems* in der Form

$$\dot{\mathbf{x}} = \mathbf{a}(\mathbf{x}, \mathbf{u}, \mathbf{p}, t) \quad , \quad (\dot{\,}) = \frac{d}{dt}(\,) \; : \; \text{Zeitableitung} .$$

Dabei bedeutet $\mathbf{x}(t)$ den *Zustandsvektor*, und die obige Beziehung kennzeichnet in anschaulicher Weise die Systemdynamik: Die zeitliche Änderung des Zustands ist eine (im allgemeinen nichtlineare) Vektorfunktion $\mathbf{a}$ des Zustands selbst. Die explizite Zeitabhängigkeit der Zustandsgleichung beinhaltet einerseits mögliche Führungsbewegungen, wie zum Beispiel die vorgegebene Drehung einer Zentrifuge oder eines Rotors, oder eine zeitabhängige Störung des Systems, wie sie bei der Bewegung eines Fahrzeugs, das über eine wellige Fahrbahn fährt, entsteht.

In **p** sind die Parameter enthalten, zum Beispiel Federsteifigkeiten und Dämpfungsparameter, und **u** schließlich stellt den Vektor der verallgemeinerten Stell- beziehungsweise Regelkräfte dar.

Diese Stellkräfte sollen frei variierbar sein und im Rahmen der möglichen Wahl einen "bestmöglichen Zustand" garantieren. Gleiches gilt für die Parameter **p**. Das bedeutet, daß beide in geeigneter Weise festgelegt werden, um einen (in einem näher zu spezifizierenden Sinne) optimalen Zustand zu erzeugen. Unterschieden wird dabei nach "passiver Optimierung" (Festlegen der Systemparameter) und "aktiver Stellgrößenoptimierung" (Regelung oder Steuerung). Ein hiermit definierter optimaler Zustandsverlauf läßt sich auf verschiedene Arten formulieren, etwa "schnellstmögliches Erreichen eines Referenzzustands" oder "geringstmöglicher Energieverbrauch". Alle denkbaren diesbezüglichen Wünsche beinhalten, daß ein *Optimierungskriterium* erfüllt wird.

Zur Optimierung steht mit der Variationsrechnung ein kräftiges Handwerkszeug zur Verfügung. Mit dieser Berechnungsmethode lassen sich auch die *Prinzipe der Mechanik* behandeln, und es ist daher ein leichtes, deren Behandlung in dieses Kapitel miteinzubeziehen. Diese Prinzipe lassen sich global unterscheiden nach *Minimalprinzipien* und *Differentialprinzipien*. In beiden Fällen scheint jedoch die Bezeichnung nicht besonders glücklich gewählt zu sein. Hinsichtlich der ersteren gilt, daß die Prinzipien der Kinetik im allgemeinen kein Minimalprinzip darstellen. Eine Minimal- oder Maximaleigenschaft wurde vielmehr erst im Nachhinein vermutet, nachdem das Prinzip aufgestellt worden war, um damit eine bestimmte Zwangsläufigkeit im Ablauf des Naturgeschehens zu charakterisieren. Die "differentiellen Prinzipien" machen von *virtuellen Zustandsänderungen* Gebrauch. Derartige virtuelle Änderungen sind Änderungen, die im Rahmen der dem System auferlegten Bindungen möglich sind. Sie müssen dabei keineswegs als differentiell klein aufgefaßt werden.

Für eine systematische Erörterung der kinetischen Grundlagen wird im folgenden, der historischen Entwicklung untreu, von diesen Prinzipien Gebrauch gemacht. Dabei nimmt das *LAGRANGEsche Prinzip* eine zentrale Rolle ein. Seine mathematische Durcharbeitung führt auf zwei generell unterschiedliche Vorgehensweisen (nach MAGNUS): Die *synthetische Betrachtung* (Synthese im Sinne von Zusammensetzen von Teilbausteinen separierter Teilgrößen) und die *analytische Methodik* (Analyse des Gesamtsystems mit Hilfe von Energiebetrachtungen). Ihnen sind unterschiedliche Ziele zuzuordnen, insbesondere hinsichtlich der *quantitativen Auswertung* und der *qualitativen Beurteilung* von Dynamischen Systemen. Erstere bezieht sich auf explizite Lösungen, letztere dagegen auf Abschätzungen des globalen Systemverhaltens.

1.2 Voraussetzungen

Bevor mit der eigentlichen Behandlung des Stoffes begonnen werden kann, muß zunächst dessen Gültigkeitsbereich abgegrenzt werden:

Es wird ein *dreidimensionaler Raum* und eine *eindimensionale Zeit* angenommen. Beide Größen seien unbeschränkt, stetig und homogen.

Eine besondere Bedeutung kommt dem Begriff der *Kraft* zu: Mit ihr wird die Wechselwirkung verschiedener Teilsysteme oder Körper untereinander beschrieben. Ihre Wirkung tritt offensichtlich in Abhängigkeit der Systemgrenzen zutage. Die entsprechende Grenzziehung ist weitgehend willkürlich und hängt von der jeweiligen Fragestellung ab. Die Systemgrenzen ergeben sich durch Anwendung des "Schnittprinzips" und können auch durch das Innere des Gesamtsystems gelegt werden: "Das ebenso einfache wie geniale Prinzip" des Freischneidens einzelner Elemente aus einem Gesamtverband geht auf EULER zurück und lehrt, "in Gedanken in die Materie hineinzuschauen, wohin weder Auge noch Experiment eindringen können" [SZA 79]. In Abhängigkeit der Systemgrenzen wirken "äußere Kräfte" auf das System ein, die durch einmaliges Auftreten gekennzeichnet sind, sowie "innere Kräfte", die stets auf derselben Wirkungslinie paarweise entgegengesetzt auftreten und sich in der Summe herausheben. Die Art dieser Kräfte kann weiterhin unterschieden werden nach "eingeprägten" Kräften oder "Zwangskräften", auch "aktive" und "passive" Kräfte genannt. Letztere sind Folge von *starren Bindungen* im System.

Eine "starre Bindung" existiert streng genommen nicht. Sie stellt eine Modellvorstellung dar, bei der einzelne Bewegungen vernachlässigbar klein bleiben. Ein Beispiel für eine solche Bindung ist die Aufhängung eines Pendels, die zwar Pendelschwingungen zuläßt, ansonsten aber als völlig unnachgiebig betrachtet wird. Dabei werden die Elemente der Bindungen meistens als "masselos" angesehen. Dies bedeutet, in Analogie zu den oben diskutierten Bewegungen, daß die Masse der Bindung im Vergleich zu den sonstigen Massen des Systems als vernachlässigbar klein angesehen wird. Diese Modellvorstellung muß allerdings im konkreten Fall überprüft und in manchen Fällen revidiert werden.

Es wird ferner die *Masse* als stets positive, zeitlich unveränderliche Größe angesehen. Unter den massebehafteten Teilkörpern eines Systems unterscheidet man zwischen den verformbaren und starren Körpern. Flüssige oder gasförmige Komponenten kommen zum Tragen, wenn es sich beispielsweise um gefüllte Behälter wie Treibstofftanks oder ähnliches handelt. Für alle Körper wird im weiteren das Schnittprinzip so verwendet, daß man aus dem betrachteten Körper ein "infinitesimales Element" dm isoliert.

Die *starren Körper* zeichnen sich dadurch aus, daß die relative Lage aller dm zueinander innerhalb des Körpers stets konstant bleibt, während sich *elastische Körper* in sich in einem gewissen Maß verformen können. Diese Verformung wird meist in einem genauer zu spezifizierenden Sinn klein sein. Kehren hierbei alle dm im unbelasteten Zustand wieder in ihre Ausgangslage zurück, so spricht man von elastischer, andernfalls von plastischer Verformung. Starre und elastische Körper sind Festkörper, weil sie an eine bestimmte Gestalt gebunden sind, im Gegensatz zu den allgemeinen Kontinua wie Flüssigkeiten und Gase, die beliebige Konfigurationen eingehen können.

Koppelelemente zwischen diesen Körpern können nicht nur starre Bindungen sein, sondern auch solche Elemente, die einem bestimmten Kraftgesetz gehorchen und "eingeprägte"Kräfte erzeugen. Dies sind Federn, Dämpfer etc. sowie allgemeine Stellmotoren, seien sie hydraulisch, elektrisch, magnetisch oder pneumatisch angetrieben. In der Regel werden auch diese Koppelelemente als masselos angesehen werden können.

1.3   Modellbildung

Die mathematische Beschreibung bezieht sich auf ein abstrahiertes Modell der physikalischen Wirklichkeit. Das Modell ist an den Gültigkeitsbereich der getroffenen Voraussetzungen gebunden. Es muß in jedem Fall in der Lage sein, die als wesentlich erkannten Bewegungsmöglichkeiten richtig wiederzugeben. Hier wird die Subjektivität der Modellbildung deutlich. Es obliegt letztlich der Erfahrung und dem "Fingerspitzengefühl", ein richtiges Modell aufzufinden. Hierzu gehört die Forderung nach der Wiedergabe der *wesentlichen* Bewegungen. Ein Modell, das beispielsweise soviele Bewegungsmöglichkeiten beschreibt wie überhaupt denkbar, ist, obwohl richtig im Sinne der Möglichkeiten, unübersichtlich, unhandlich und verliert in den meisten Fällen an physikalischer Überschaubarkeit. Grundsätzliche Forderung ist daher: *So einfach wie möglich, so kompliziert wie nötig.* Das einfachste, aber gültige Modell ist stets das beste. Diese Beinahe-Selbstverständlichkeit zeigt deutlich, daß es, von einigen Faustregeln abgesehen, keine allgemeingültigen Vorschriften zur Modellbildung gibt.

Die auf das Modell angewandten Grundgesetze sind Axiome. Es ist selbstverständlich, daß die Modellbeschreibung exakt sein muß. Der Begriff Exaktheit bezieht sich in diesem Zusammenhang auf die Tatsache, daß alle denkbaren Betrachtungen und Berechnungen in mathematischem Sinne exakt auf das Grundgebäude der Axiome reduzierbar sein müssen. Daraus kann aber natürlich nicht auf die Richtigkeit des zugrundegelegten Modells geschlossen werden.

Da es strenge Vorschriften zur Modellbildung nicht gibt, soll im folgenden ihre Problematik an Beispielen aus technischen Anwendungsgebieten aufgezeigt werden.

(a) Satellitendynamik

In den 50er Jahren dieses Jahrhunderts begann das "Zeitalter der Raumfahrt", als
nach spannendem Wettlauf zwischen der UDSSR und den USA es ersteren gelang,
den ersten künstlichen Satelliten SPUTNIK I in eine Erdumlaufbahn zu bringen.

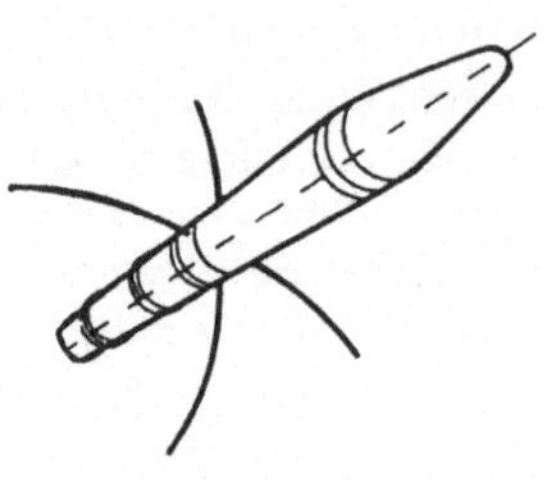

Ein Vierteljahr später fand der
erfolgreiche Start des ameri-
kanischen Satelliten EXPLO-
RER I statt. Dieser Satellit sollte durch eine Drehung
um seine Längsachse stabilisiert
werden. Eine solche Stabilisierung um die Achse des kleinsten
Hauptträgheitsmoments ist bei
starren Körpern stets möglich.

Bild 1.1: EXPLORER I (1958)

Tatsächlich begann jedoch EXPLORER I nach wenigen Umläufen zu taumeln,
seine Bewegung instabil zu werden. Die Ursache für dieses Verhalten war die Wirkung der inneren Dämpfung (Werkstoffdämpfung) der Antennenausleger. Eine
vollständige Erklärung dieses Phänomens ("durchdringende Dämpfung") gelang
erst 12 Jahre später (P.C. MÜLLER, [MÜL 71]). Die Modellbildung des EXPLO-
RER I war offensichtlich unzureichend, um sein Verhalten richtig vorauszusagen.

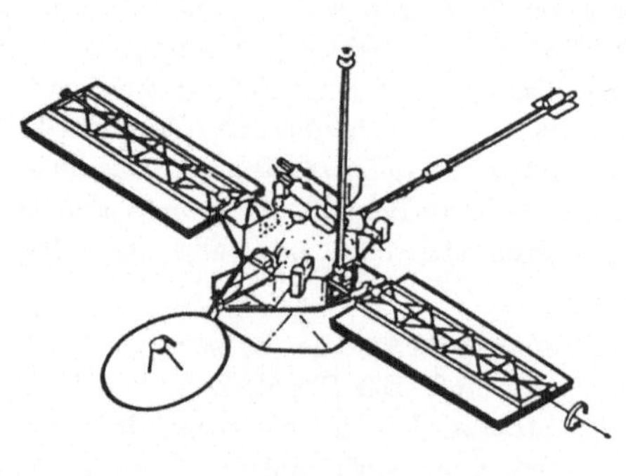

15 Jahre später wurde die
MARINER-Raumsonde zur Er-
forschung von Venus und Merkur
gestartet. Nachdem diese Raum-
sonde zunächst zur vollen Zufrie-
denheit gearbeitet hatte, stell-
ten sich nach dem 7. Roll-
manöver instabile Schwingungen
ein. Der Grund hierfür war eine
Schwingungsanregung durch den
Regelmechanismus in der siebten
Struktureigenfrequenz. Diese
war in der Modellbildung zur
Auslegung des Reglers nicht
berücksichtigt worden. (Nach
[LIK 76])

Bild 1.2: MARINER 10 (1973)

(b) Rotordynamik

Die Untersuchung von Kreiseln und Kreiselsystemen hat innerhalb der Mechanik
zu einer eigenen Disziplin geführt, die nach zwei Richtungen aufgespalten werden
kann: Einerseits die übergreifende Kreiseltheorie, die sich unter anderem damit

beschäftigt, Kreiseleffekte auszunutzen (wie etwa beim Kreiselkompaß, Wendezeiger, Lagekreisel etc.), andererseits die etwas speziellere Rotordynamik. Bei den Aufgaben der Rotordynamik ist man unter anderem an der Laufruhe des Geräts interessiert. Hierbei werden zwar Kreiseleffekte nur begrenzt ausgenutzt, um aber eine Zentrifuge auslegen und berechnen zu können, muß man natürlich die Kreiseleffekte kennen.

Auf den folgenden beiden Seiten wird ein symmetrischer Rotor betrachtet. Für eine mögliche Resonanzanregung wird dabei in einem Eigenfrequenz-Drehzahl-Diagramm die "Hochlaufgerade" ($\omega = \Omega$, ω : Eigenfrequenz, Ω : Drehzahl) eingetragen. Bei einem Schnittpunkt dieser Geraden mit einer Eigenfrequenz ist Resonanz möglich.

Betrachtet man zunächst einen Rotor mit elastischen Wellen (Tabelle 1), so werden bis zu einer angenommenen Betriebsdrehzahl von 300 Hz bei 1,61 Hz, 29,58 Hz, 7,6 Hz und 72,8 Hz vier Resonanzstellen durchfahren. Oberhalb der Frequenz von 151,24 Hz wird keine Frequenzkurve mehr von der Hochlaufgeraden geschnitten (nicht eingezeichnet). Im Betriebsbereich von 300 Hz liegen sieben verschiedene Eigenschwingungen vor. Betrachtet man dagegen den Rotor als Starrkörpersystem (Tabelle 2), so stellt man fest, daß einerseits beim Hochfahren des Rotors nicht alle Resonanzstellen auftreten, andererseits im Betriebspunkt nur noch drei mögliche Eigenschwingungsformen vorliegen. Dabei wird die "Nutationsschwingung" statt mit 62,10 Hz und 82,53 Hz nur noch über eine einzige Frequenz von 68,90 Hz berechnet. Durch den Vergleich der Eigenfrequenzbilder stellt man fest, daß eine Modellierung des Rotors als Starrkörpermodell nur bis zu einer Betriebsdrehzahl von etwa 50 Hz zulässig ist. Für höhere Betriebsdrehzahlen ist die Starrkörpermodellierung des betrachteten Rotors nicht ausreichend, um die Bewegung zu beschreiben.

(c) Modellauswahl

Im Wesentlichen wurde mit den obigen Ausführungen bereits die Frage beantwortet, wie ein Modell gebildet werden kann und soll: Zur Verfügung stehen alle diejenigen Elemente, die im Abschnitt "Voraussetzungen" angesprochen wurden. Dies sind im allgemeinen Sinn Körper (Festkörper und Kontinua), die über Koppelemente verbunden sind. Die Koppelelemente umfassen sowohl Lagerungen (starre Lager) als auch solche Elemente, denen ein bekanntes Kraftgesetz zugeordnet werden kann.

Modelle, die aus einer bestimmten Anzahl von Körpern bestehen, werden *Mehrkörpersysteme* genannt. (Ursprünglich wird hierunter ein System verstanden, das ausschließlich aus starren Körpern und den entsprechenden Koppelelementen besteht. Werden dagegen die Körper teilweise als elastisch angenommen, so dient der Begriff *hybride Mehrkörpersysteme* zur Unterscheidung. Auf eine derartige Unterscheidung kann im folgenden verzichtet werden.)

Im Abschnitt "Voraussetzungen" wurden die sogenannten Punktmassen nicht mit
aufgeführt. Derartige Körper werden jedoch an keiner Stelle benötigt. Es sind
solche, bei denen die Drehträgheit für eine Drehung um den Körperschwerpunkt
vernachlässigbar ist (also vergleichsweise kleine Körper) oder solche, deren Eigendrehung von den anderen Bewegungen entkoppelt ist und nicht mit in die Betrachtung eingeht. "Was man praktisch unter der Punktmechanik versteht, ist nichts
anderes als der Schwerpunktsatz", [HAM 49]. Auch die Annahme eines "Punkthaufens", mit dem der Übergang auf einen starren endlichen Körper hergestellt
werden soll, ist widersprüchlich: Weil eine Punktmasse nur Zentralkräfte, aber
keine Oberflächenkräfte zuläßt, kann mit einem Punkthaufen kein Starrkörper
definiert werden. Hier fehlen die Oberflächenkräfte, die für eine Zusammenfassung von Einzelelementen zu einem Gesamtkörper durch Integration notwendig
sind. Nach HAMEL ist die Punktmechanik "eine intellektuelle Unsauberkeit".
Auf ihre Einführung soll daher verzichtet werden.

Modell	Eigenfrequenz ω über Drehzahl Ω	Schwingungsform	ω (Hz)	Bezeichnung
			151,24	Pendelschwingung
			82,53	Nutation
			72,06	Gleichlauf
			62,10	Nutation
			29,58	Pendelschwingung
			1,61	Pendelschwingung
			0,68	Präzession

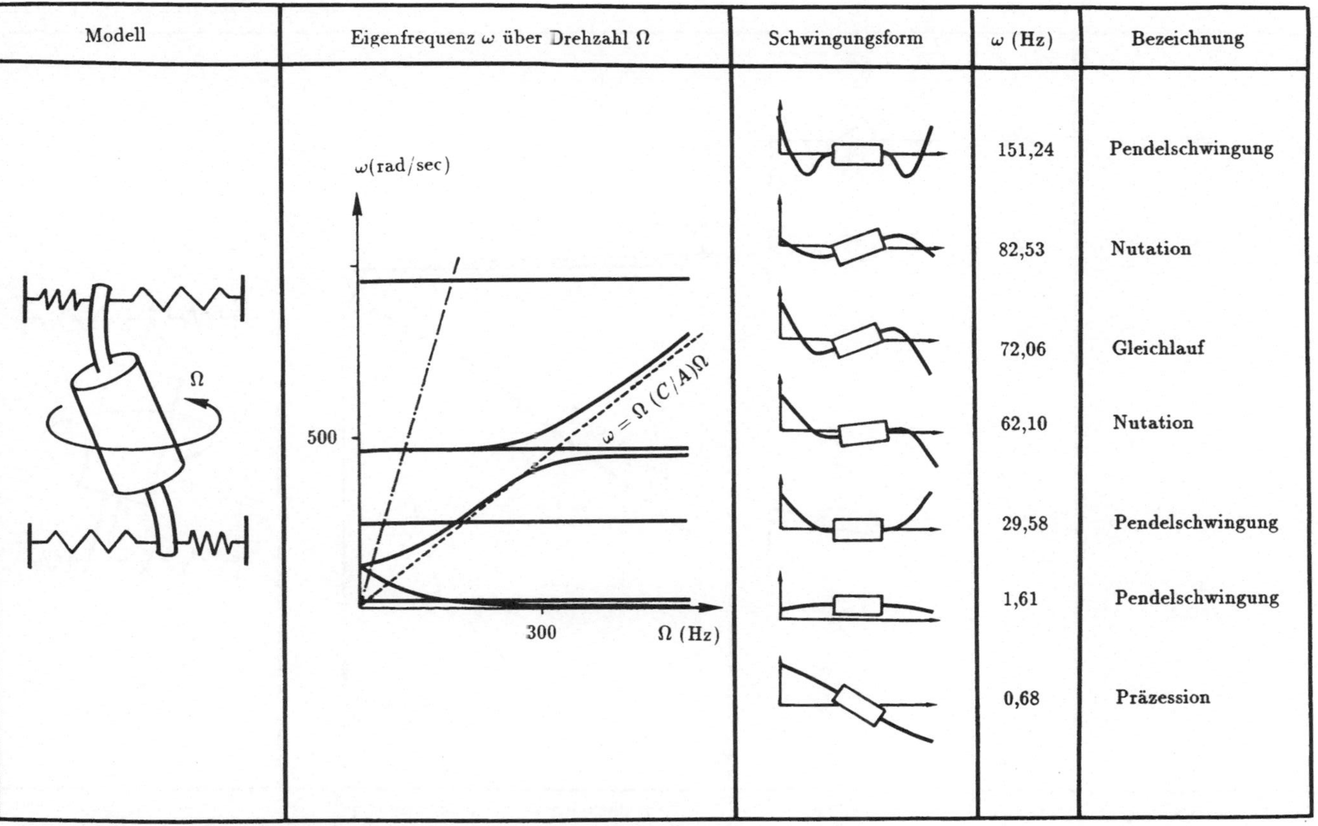

Tabelle 1: Rotor mit elastischen Wellen

Modell	Eigenfrequenz ω über Drehzahl Ω	Schwingungsform	ω (Hz)	Bezeichnung
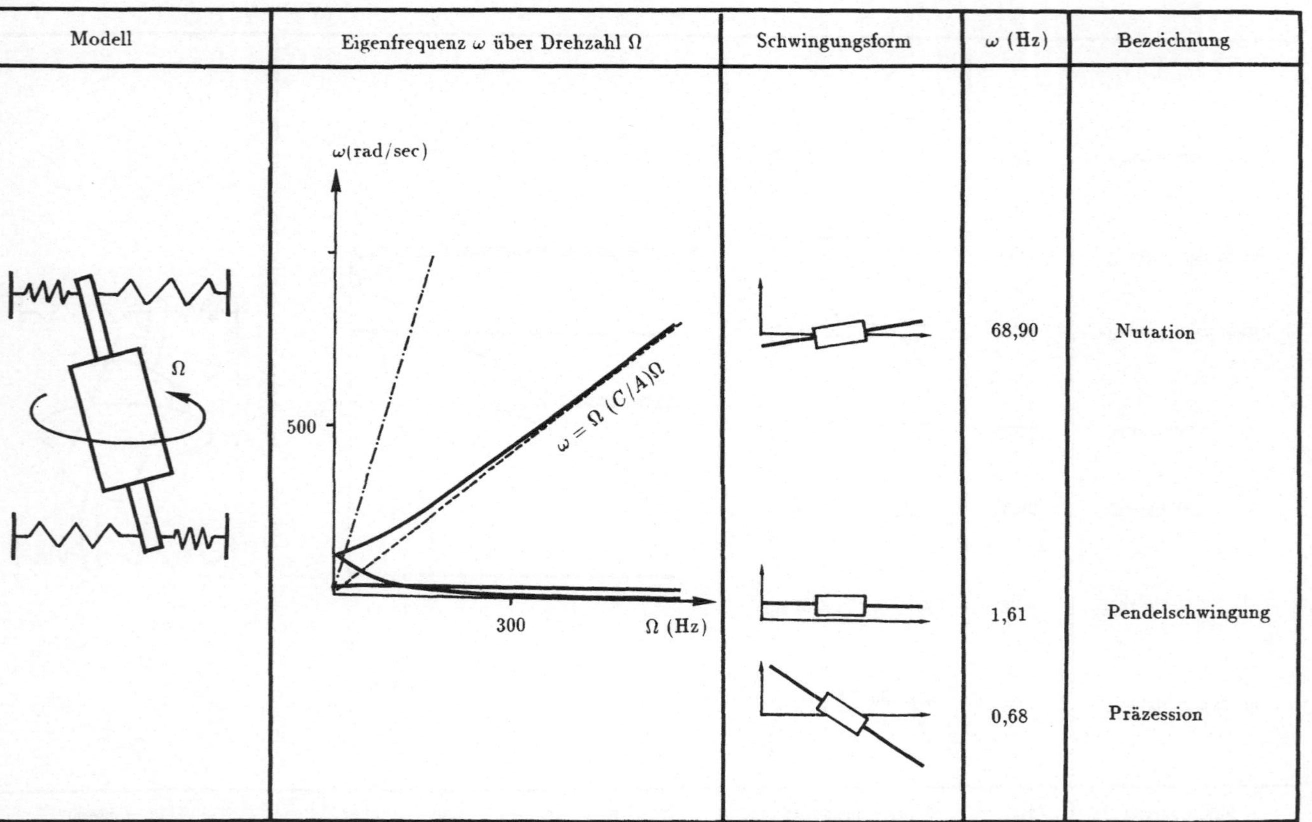			68,90	Nutation
			1,61	Pendelschwingung
			0,68	Präzession

Tabelle 2: Rotor mit starren Wellen

Fehlertabelle zu **H. Bremer: Dynamik und Regelung mechanischer Systeme**		
Stand: 5. Dezember 1989		
Seite/Gleichung	statt	muß es heißen
S.11/12; Tab.1/2	Frequenzdiagramm: Strichpunktierte Gerade ist $\omega = \Omega$ Frequenzdiagramm: Gestrichelte Gerade ist $\omega = (C/A)\Omega$	
S.22/Gl.(2.43)	$[E - \tilde{\varphi}]$	$[E + \tilde{\varphi}]$
S.26/Bild 2.9	Bildbeschriftung: x und y sind vertauscht	
S.26 $\Phi(1) =$	$x^2 + x^2 - a(t)^2$	$x^2 + \underline{y}^2 - a(t)^2$
S.59/Gl.(3.85) $H(i,i)^{-1}$, i=4,5,6	$(1+\nu)$	$\underline{2}(1+\nu)$
S.67 oben, letztes Matrixelement	$\cdots + \kappa GA \left(\dfrac{\partial \psi}{\partial z_4}\right)^T$	$\cdots + \kappa GA \left(\dfrac{\partial \psi}{\partial z_4}\right)^T \underline{\left(\dfrac{\partial \psi}{\partial z_4}\right)}$
S.70, 2. Abs., 1. Zeile	...HUGENS-STEINER...	...HU$\underline{Y}$GENS-STEINER...
S.70/Gl.(3.132)	$\dfrac{d}{dt}(m_I \dot{v}_s)$	$\dfrac{d}{dt}(m_I \underline{v_s})$
S.112 3.Abs.,1.Zeile	...Schwerpotential	...Schwer$\underline{e}$potential
S.114 3.Abs., 10.Zeile	(LEG$\underline{R}$ENDRE-...)	(LEGENDRE-...)
S.117 Seitenmitte	mit $\overline{g}(\overline{z}, \dot{\overline{z}}) = \cdots \underline{+V(\overline{z})}$	mit $\overline{g}(\overline{z}, \dot{\overline{z}}) = \cdots \underline{-V(\overline{z})}$
S.145/Gl.(6.33), $N^*(1,1)$	$m\tilde{\omega}_o$	$m\dot{\tilde{\omega}}_o$
S.146		*Tabelle 8*
S.158, letzte Zeile	Für $\underline{verschiedene}$ Eigenwerte...	Für $\underline{gleiche}$ Eigenwerte...
S.161/Gl.(6.100)	a_o bis a_{n-1}	α_o bis α_{n-1}
S.162, 1. Formel	a_o, a_1	α_o, α_1
S.170, 2.Zeile, 3. Spalte	$c = (1 - \gamma \quad 1 - \gamma)^T$	$c = (1 - \gamma \quad \underline{-1 + \gamma})^T$
S.189 3.Bild, letzte Beschriftg.	(3)36 Hz	$\underline{(2)}$ 36 Hz
S.S.199, 1.Abs.,10.Zeile	Dro_hungen	Dr$\underline{e}$hungen
S.244, 2.Abs.,1.Zeile	Eine gru$\underline{ns}$ätzlich...	Eine gru$\underline{nds}$ätzlich...
S.246/Gl.(7.104)	$\underline{-a}$: charakt. Koeff.	$\underline{+a}$: charakt. Koeff.
S.248, Bild 7.2	$\alpha(\ )$	$\alpha(\ ^o)$
S.257/Gl.(8.1)	$\cdots \dot{s}_i = H_{1i}\underline{\dot{y}_i} + H_{2i}y_i \cdots$	$\cdots \dot{s}_i = H_{1i}y_i + H_{2i}\underline{\dot{y}_i} \cdots$
S.267/Gl.(8.19)	$\Rightarrow F^T \begin{pmatrix} h_i \\ h_k \end{pmatrix} = \cdots$	$\Rightarrow F^T \begin{pmatrix} \vdots \\ h_i \\ h_k \\ \vdots \end{pmatrix} = \cdots$
S.272, 3.Abs.,3.Zeile	... mit z.B. $\overline{a} = (a + ib)$	... mit z.B. $\overline{a} = \frac{1}{2}(a + ib)$
S.293, Bild 8.27		vertausche +40% und -40%
S.319, 3.Abs.	Althaus,J.: Latunabhängige...	Althaus,J.: La$\underline{s}$tunabhängige...
S.321, Letzter Abs., 2.Zeile	... mit freien Rädern	... mit freien Rä$\underline{n}$dern

2 Kinematik

Geht man davon aus, daß die Modellbildung abgeschlossen ist, so besteht die nächste Aufgabe darin, das Modell mathematisch zu beschreiben. Dies beinhaltet im wesentlichen die Beschreibung der Lage und der Orientierung der einzelnen Körper sowie die Bestimmung der Geschwindigkeiten und Beschleunigungen, zunächst ohne zu berücksichtigen, wie die Bewegungen zustande kommen. Kinematik ist also die Lehre von den Bewegungen, ohne Berücksichtigung der Kräfte.

2.1 Kinematik des starren Körpers

Die Lage eines freien starren Körpers im Raum kann ausgedrückt werden durch

$$\mathbf{r} = \mathbf{r}_0 + \mathbf{r}_p \ , \quad \mathbf{r} \in \mathrm{R}^3 \qquad (2.1)$$

(Bild 2.1). Gleichung (2.1) ist eine Vektorbeziehung; ihre Auswertung erfordert die Wahl eines Koordinatensystems. Zwei spezielle Koordinatensysteme sind hierbei von besonderer Bedeutung: Inertialsystem (I) und körperfestes Koordinatensystem (K). Das Inertialsystem ist ein raumfestes System (genauere Definition: Ein System, in dem die EULERschen Fundamentalgleichungen (Impuls- und Drallsatz) Gültigkeit haben).

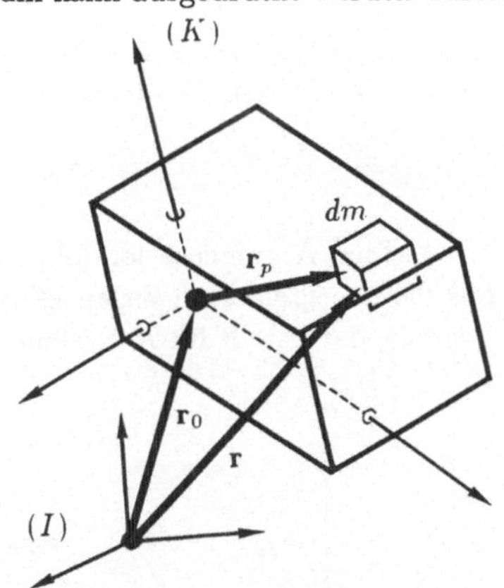

Bild 2.1: Koordinatensysteme

Alle absoluten zeitlichen Änderungen beziehen sich auf die Änderung gegenüber dem Inertialsystem. Das körperfeste System beinhaltet dagegen den Vorteil, daß in diesem die relativen Abstände zwischen den dm, charakterisiert durch $\mathbf{r}_P$, konstant sind. Die Kennzeichnung P bezieht sich auf den Schwerpunkt des aktuell betrachteten Massenelements dm.

Geht man davon aus, daß $\mathbf{r}_0$ in einem Koordinatensystem I, gekennzeichnet durch $_I\mathbf{r}_0$, dargestellt wird und $\mathbf{r}_p$ in einem Koordinatensystem K, also $_K\mathbf{r}_p$, so kann (2.1) in einem gemeinsamen Koordinatensystem, zum Beispiel I-System, angeschrieben werden, wenn man die Abbildungsvorschrift kennt, die $_K\mathbf{r}_p$ in die Basis I abbildet:

$$_I\mathbf{r} = {}_I\mathbf{r}_0 + \mathbf{A}_{IK}\,_K\mathbf{r}_p \ , \quad \mathbf{A}_{IK} \in \mathrm{R}^{3,3} \ . \qquad (2.2)$$

Dabei wird über $\mathbf{r}_0$ die Verschiebung des Bezugspunktes 0 gegenüber einem Inertialsystem festgelegt; die Matrix $\mathbf{A}_{IK}$ enthält die drei notwendigen Parameter der Drehung, mit denen die Orientierung des Körpers gegenüber der Inertiallage gekennzeichnet wird.

2.1.1 Transformationen

Die Matrix $\mathbf{A}_{IK}$, die eine Transformation von K nach I beschreibt, enthält spaltenweise die Einheitsvektoren des K-Systems, dargestellt im I-System: Bildet man den i-ten Einsvektor, $i = 1, 2, 3$, in das I-System ab, so erhält man hierfür gerade die i-te Spalte der Abbildungsmatrix. Die $\mathbf{A}_{IK}$-Matrix ist demnach eine Orthogonalmatrix:

$$\mathbf{A}_{IK} = [{}_I e_{K1} \; {}_I e_{K2} \; {}_I e_{K3}] \quad ; \quad {}_K e_{K1} = (1\;0\;0)^T \text{ etc.} \tag{2.3}$$

$$\Rightarrow \mathbf{A}_{IK}^T \mathbf{A}_{IK} = \begin{bmatrix} {}_I e_{K1}^T \\ {}_I e_{K2}^T \\ {}_I e_{K3}^T \end{bmatrix} [{}_I e_{K1} \; {}_I e_{K2} \; {}_I e_{K3}] = \mathbf{E} , \quad \mathbf{E} \in \mathbf{R}^{3,3}. \tag{2.4}$$

Das bedeutet: Die Transponierte ist gleich der Inversen. Für eine Rückwärtstransformation von I nach K gilt also:

$$\mathbf{A}_{KI} = \mathbf{A}_{IK}^{-1} = \mathbf{A}_{IK}^T. \tag{2.5}$$

Mit derselben Argumentation folgt, daß die Spalten der Matrix $\mathbf{A}_{KI}$, die wegen (2.5) die transponierten Zeilenvektoren von $\mathbf{A}_{IK}$ sind, die Einheitsvektoren des I-Systems, dargestellt im K-System, sind.

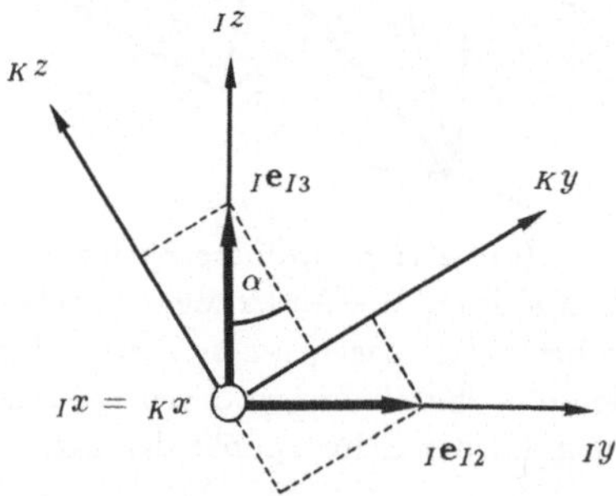

Bild 2.2: Elementardrehung

Der einfachste Fall einer Transformation entspricht der einer ebenen Drehung, also der Verdrehung zweier Koordinatensystems gegeneinander um nur eine Achse. Sei diese Achse beispielsweise die x-Achse, so liest man die Transformation leicht aus einer Skizze ab: Mit α als Drehwinkel um die x-Achse erhält man

$$\mathbf{A}_\alpha = [{}_K e_{I1} \; {}_K e_{I2} \; {}_K e_{I3}] = \begin{pmatrix} 1 & 0 & 0 \\ 0 & \cos\alpha & \sin\alpha \\ 0 & -\sin\alpha & \cos\alpha \end{pmatrix}. \tag{2.6}$$

Diese Drehung kann als "Elementardrehung" um die x-Achse bezeichnet werden. In gleicher Weise erhält man die Elementardrehungen um die y- und um die z-

Achse, jeweils mit Hilfe des Winkels β beziehungsweise γ :

$$\mathbf{A}_\beta = \begin{pmatrix} \cos\beta & 0 & -\sin\beta \\ 0 & 1 & 0 \\ \sin\beta & 0 & \cos\beta \end{pmatrix} \quad ; \quad \mathbf{A}_\gamma \begin{pmatrix} \cos\gamma & \sin\gamma & 0 \\ -\sin\gamma & \cos\gamma & 0 \\ 0 & 0 & 1 \end{pmatrix} .$$

Zur Bestimmung der Gesamttransformation $\mathbf{A}_{IK}$ können nun Elementardrehungen in beliebiger Reihenfolge zusammengefaßt werden. Ist einmal eine Reihenfolge gewählt, so liegen die aktuellen Drehparameter hiermit fest. Die Reihenfolge der Drehungen muß dann während der Beschreibung beibehalten werden; sie ist nicht vertauschbar. Wählt man beispielsweise die Reihenfolge zu $x - y - z$-Achse, so spricht man von sogenannten KARDAN-Winkeln.

Der Name KARDAN-Winkel geht, ebenso wie die KARDAN-Lagerung, auf den italienischen Arzt und Mathematiker CARDANUS (1501 – 1576) zurück. Kardanische Aufhängungen sind jedoch schon seit dem 13. Jahrhundert bekannt.

Läßt man also einer Drehung um die x-Achse eine Drehung um die y-Achse folgen und dreht dann das entstandene System um die z-Achse, das heißt, wendet man nacheinander die Elementartransformationen an, so erhält man

$$_K\mathbf{r} = \{\mathbf{A}_\gamma\,[\mathbf{A}_\beta\,(\mathbf{A}_\alpha\,{}_I\mathbf{r})]\} \;\Rightarrow\; \mathbf{A}_{KI} = \mathbf{A}_\gamma\mathbf{A}_\beta\mathbf{A}_\alpha \;\Rightarrow\; \mathbf{A}_{IK} = \mathbf{A}_\alpha^T\mathbf{A}_\beta^T\mathbf{A}_\gamma^T \;, \qquad (2.7)$$

für die explizite Ausrechnung von (2.7) siehe Tabelle 3a.

Andere Transformationen erhält man, wenn man die Drehreihenfolge ändert. So gilt beispielsweise für die EULER-Winkel eine Reihenfolge um die $z - x - z$-Achsen der jeweils aus der vorhergehenden Elementartransformation folgenden Koordinatensysteme. Die EULER-Winkel sind anschaulich: Sie beinhalten einen Azimuth- und einen Elevationswinkel sowie einen "Rotorwinkel", d.i. eine Verdrehung um die körperfeste z-Achse. Transformationen können für bestimmte Winkel singulär werden. Dies ist am einfachsten bei den EULER-Winkeln zu erkennen: Verschwindet der Elevationswinkel, so ist die Knotenlinie zwischen Inertialebene und Elevationsebene nicht mehr definiert. Hier kann man sich so behelfen, daß man statt Azimuth- und Elevationswinkel die hierzu komplementären Winkel (RESAL-Winkel) verwendet, vgl. [MAG 71].

Hinsichtlich weiterer Möglichkeiten der Transformationsmatrizenbestimmung (Deformationsgradient, EULER-Parameter, RODRIGUES-Parameter, Quaternionen) sei auf die Literatur verwiesen ([SCH 86], [HAM 49] etc.).

2.1.2 Geschwindigkeiten

Die absolute Geschwindigkeit des einen Punktes P aus einem starren Körper erhält man durch zeitliche Differentiation von (2.2):

$$_I\dot{\mathbf{r}} = {}_I\dot{\mathbf{r}}_0 + \dot{\mathbf{A}}_{IK}\,{}_K\mathbf{r}_P \;, \quad (\dot{\;}) = \frac{d}{dt}(\;) \;. \tag{2.8}$$

Geht man auf eine einheitliche Darstellung der Vektoren $\mathbf{r}_0$ und $\mathbf{r}_p$ im Inertialsystem über, so folgt

$$_K\mathbf{r}_p = \mathbf{A}_{KI}\,_I\mathbf{r}_p \quad \Rightarrow \quad _I\dot{\mathbf{r}} = \,_I\dot{\mathbf{r}}_0 + \dot{\mathbf{A}}_{IK}\mathbf{A}_{KI}\,_I\mathbf{r}_p \ . \tag{2.9}$$

Dabei gilt, daß die Matrix $\dot{\mathbf{A}}_{IK}\mathbf{A}_{KI}$ schiefsymmetrisch ist: Die Ableitung von (2.4) liefert

$$\frac{d}{dt}\left(\mathbf{A}_{IK}\mathbf{A}_{KI}\right) = \dot{\mathbf{A}}_{IK}\mathbf{A}_{KI} + \mathbf{A}_{IK}\dot{\mathbf{A}}_{KI} = 0 \quad \Rightarrow \quad \dot{\mathbf{A}}_{IK}\mathbf{A}_{KI} = -\left(\dot{\mathbf{A}}_{IK}\mathbf{A}_{KI}\right)^T \ . \tag{2.10}$$

Dieser schiefsymmetrische Tensor soll mit $\tilde{\omega}$ bezeichnet werden:

$$\dot{\mathbf{A}}_{IK}\mathbf{A}_{KI} = \,_I\tilde{\omega}_{KI} \ . \tag{2.11}$$

Löst man die Beziehung (2.11) auf und berücksichtigt, daß die Abbildungsmatrix die Einsvektoren beinhaltet,

$$\dot{\mathbf{A}}_{IK} = \,_I\tilde{\omega}_{KI}\mathbf{A}_{IK} = \,_I\left(\tilde{\omega}\mathbf{e}_1\tilde{\omega}\mathbf{e}_2\tilde{\omega}\mathbf{e}_3\right)_K \ , \tag{2.12}$$

so stellt man fest, daß sich die zeitliche Änderung der Einsvektoren in (2.12) nur auf eine durch $\tilde{\omega}$ hervorgerufene Änderung ("konvektive Änderung") bezieht, nicht aber auf eine Betragsänderung der Einsvektoren. Diese Änderung,

$$\frac{d}{dt}\left(_I\mathbf{e}_{Ki}\right) = \,_I\tilde{\omega}_{KI}\,_I\mathbf{e}_{Ki} \quad , \quad |_I\,\mathbf{e}_{Ki}\,| = \text{const.} = 1 \quad , \tag{2.13}$$

stellt das "Kreuzprodukt" zwischen ω und $\mathbf{e}_i$ dar.

Man überzeugt sich leicht, daß die Relation

$$\tilde{\omega}\mathbf{r} = \tilde{\mathbf{r}}^T\omega \tag{2.14}$$

gilt:

$$\begin{pmatrix} 0 & -\omega_z & \omega_y \\ \omega_z & 0 & -\omega_x \\ -\omega_y & \omega_x & 0 \end{pmatrix}\begin{pmatrix} r_x \\ r_y \\ r_z \end{pmatrix} = \begin{pmatrix} 0 & r_z & -r_y \\ -r_z & 0 & r_x \\ r_y & -r_x & 0 \end{pmatrix}\begin{pmatrix} \omega_x \\ \omega_y \\ \omega_z \end{pmatrix} \ . \tag{2.15}$$

Dabei stellt ω den Vektor der Winkelgeschwindigkeiten dar.

Mit dem schiefsymmetrischen Tensor der Winkelgeschwindigkeiten $\tilde{\omega}$ erhält man für das "Kreuzprodukt" eine mit der Matrizenschreibweise konsistente Darstellung.

Es wäre nun prinzipiell möglich, die Winkelgeschwindigkeiten aus der Beziehung (2.11) zu bestimmen. Für eine explizite Berechnung ist jedoch ein solches Vorgehen viel zu aufwendig, wie ein Blick auf die Transformationsmatrix (2.7) zeigt. Andererseits liegt der Vektor der Winkelgeschwindigkeiten mit der Wahl einer speziellen Transformation eindeutig fest. Definiert man hier, in Analogie zu den Elementar*drehungen*, Elementar*drehgeschwindigkeiten*, so wird mit ihnen eine Basis aufgespannt,

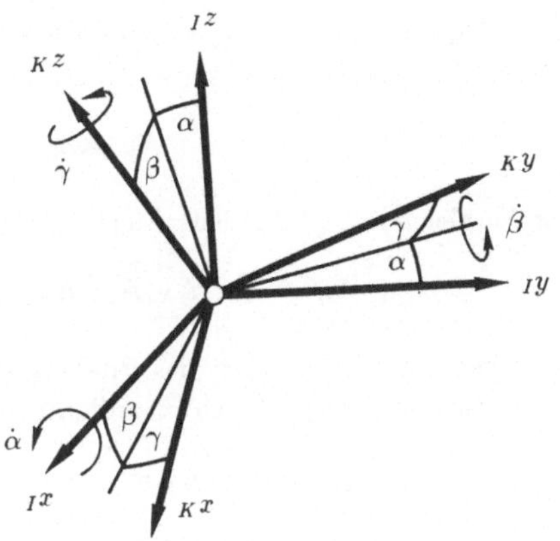

Bild 2.3: KARDAN-Winkel

die weder orthogonal ist noch mit einem der beiden Koordinatensysteme I oder K zusammenfällt. Für eine Darstellung in einem der beiden rechtwinkligen Systeme sind also die drei Elementarwinkelgeschwindigkeiten unterschiedlichen Transformationen zu unterwerfen. Im Falle der KARDAN-Winkel gilt

$$_K\boldsymbol{\omega} = \{\mathbf{A}_\gamma\left[\mathbf{A}_\beta\left(\dot{\alpha}\mathbf{e}_1\right)\right]\} + \left[\mathbf{A}_\gamma\left(\dot{\beta}\mathbf{e}_2\right)\right] + (\dot{\gamma}\mathbf{e}_3) \tag{2.16}$$

mit $\mathbf{e}_i$ als Einsvektoren, vgl. Bild 2.3.

Gleichung (2.16) kann zu

$$_K\boldsymbol{\omega} = \left[\mathbf{A}_\gamma\mathbf{A}_\beta\mathbf{e}_1 \vdots \mathbf{A}_\gamma\mathbf{e}_2 \vdots \mathbf{e}_3\right]\begin{pmatrix}\dot{\alpha}\\\dot{\beta}\\\dot{\gamma}\end{pmatrix} \tag{2.17}$$

zusammengefaßt werden. Damit liegt eine Beschreibung im rechtwinkligen K-System vor. Um auf eine Darstellung im I-System zu gelangen, wird (2.17) mit der Transformation (2.3) beaufschlagt:

$$_I\boldsymbol{\omega} = \mathbf{A}_\alpha^T\mathbf{A}_\beta^T\mathbf{A}_\gamma^T\left[\mathbf{A}_\gamma\mathbf{A}_\beta\mathbf{e}_1 \vdots \mathbf{A}_\gamma\mathbf{e}_2 \vdots \mathbf{e}_3\right]\begin{pmatrix}\dot{\alpha}\\\dot{\beta}\\\dot{\gamma}\end{pmatrix} = \left[\mathbf{e}_1 \vdots \mathbf{A}_\alpha^T\mathbf{e}_2 \vdots \mathbf{A}_\alpha^T\mathbf{A}_\beta^T\mathbf{e}_3\right]\begin{pmatrix}\dot{\alpha}\\\dot{\beta}\\\dot{\gamma}\end{pmatrix} \ . \tag{2.18}$$

Bezeichnet man im folgenden mit dem Symbol $\mathbf{v}$ *die absolute Geschwindigkeit*, so gilt für (2.9)

$$_I\mathbf{v} = {}_I\mathbf{v}_0 + {}_I\tilde{\boldsymbol{\omega}}_{KI}\,{}_I\mathbf{r}_p. \tag{2.19}$$

Eine Darstellung im körperfesten System erhält man, wenn man Gleichung (2.8) transformiert:

$$\mathbf{A}_{KI}\,{}_I\dot{\mathbf{r}} = \mathbf{A}_{KI}\,{}_I\dot{\mathbf{r}}_0 + \mathbf{A}_{KI}\dot{\mathbf{A}}_{IK}\,{}_K\mathbf{r}_p \ .$$

In Analogie zu obigen Überlegungen stellt $\mathbf{A}_{KI}\dot{\mathbf{A}}_{IK}$ den schiefsymmetrischen Tensor der Winkelgeschwindigkeiten im körperfesten System dar:

$$\mathbf{A}_{KI}\dot{\mathbf{A}}_{IK} = {}_K\tilde{\omega}_{IK} \ . \tag{2.20}$$

Der Vergleich mit (2.11) liefert das Tensortransformationsgesetz:

$$\mathbf{A}_{KI}\dot{\mathbf{A}}_{IK} = \mathbf{A}_{KI}\dot{\mathbf{A}}_{IK}\,\mathbf{A}_{KI}\mathbf{A}_{IK} = \mathbf{A}_{KI}\,{}_I\tilde{\omega}_{KI}\mathbf{A}_{IK} \ . \tag{2.21}$$

Die Absolutgeschwindigkeit des Punktes P aus dem betrachteten Körper lautet damit, in einem körperfesten Koordinatensystem angeschrieben:

$$_K\mathbf{v} = {}_K\mathbf{v}_0 + {}_K\tilde{\omega}_{IK}\,{}_K\mathbf{r}_p \ . \tag{2.22}$$

Dabei ist die Absolutgeschwindigkeit des Bezugspunktes 0, $_K\mathbf{v}_0$, nicht gleichzusetzen mit der zeitlichen Ableitung des Vektors $_K\mathbf{r}_0$. Für die Bezugspunktgeschwindigkeit gilt vielmehr

$$_K\mathbf{v}_0 = \mathbf{A}_{KI}\,{}_I\dot{\mathbf{r}}_0 \ . \tag{2.23}$$

Als Ergebnis kann festgehalten werden: Die absoluten Winkelgeschwindigkeiten erhält man durch entsprechende (Teil-)Transformationen der Elementarwinkelgeschwindigkeiten. Die Translationsgeschwindigkeit hat in beiden Koordinatensystemen dieselbe Form. Eine absolute Geschwindigkeit erhält man durch Zeitdifferentiation eines Vektors, der im Inertialsystem dargestellt ist, da nur die zeitliche Änderung gegenüber einem raumfesten System eine Absolutgröße darstellt. Es ist also zweckmäßig, für die Bestimmung von absoluten Größen zunächst von einer Darstellung im Inertialsystem auszugehen und anschließend das Ergebnis in die gewünschte Basis zu transformieren.

2.1.3 Beschleunigungen

Für die Berechnung der Beschleunigungen wird (2.8) ein weiteres mal differenziert:

$$_I\ddot{\mathbf{r}} = {}_I\ddot{\mathbf{r}}_0 + \ddot{\mathbf{A}}_{IK}\,{}_K\mathbf{r}_p \ . \tag{2.24}$$

Für eine Darstellung im Inertialsystem erhält man

$$_K\mathbf{r}_P = \mathbf{A}_{KI}\,{}_I\mathbf{r}_p \quad \Rightarrow \quad {}_I\ddot{\mathbf{r}} = {}_I\ddot{\mathbf{r}}_0 + \ddot{\mathbf{A}}_{IK}\mathbf{A}_{KI}\,{}_I\mathbf{r}_p \ . \tag{2.25}$$

Gleichung (2.25) kann geschrieben werden als

$$_I\ddot{\mathbf{r}}_0 + \left[\frac{d}{dt}\left(\dot{\mathbf{A}}_{IK}\mathbf{A}_{KI}\right) - \dot{\mathbf{A}}_{IK}\left(\mathbf{A}_{KI}\mathbf{A}_{IK}\right)\dot{\mathbf{A}}_{KI}\right]{}_I\mathbf{r}_p = {}_I\ddot{\mathbf{r}}_0 + {}_I\left(\dot{\tilde{\omega}} + \tilde{\omega}\tilde{\omega}\right)_{KI}{}_I\mathbf{r}_p \ . \tag{2.26}$$

Im weiteren soll das Symbol **a** grundsätzlich als *absolute Beschleunigung* verwendet werden. Dann gilt für die Beschleunigung eines Punktes P aus dem betrachteten Körper bei einer Darstellung im Inertialsystem:

$$_I\mathbf{a} = {}_I\mathbf{a}_0 + {}_I\left(\dot{\tilde{\omega}} + \tilde{\omega}\tilde{\omega}\right)_{KI}\ {}_I\mathbf{r}_p \ .\tag{2.27}$$

Für eine Darstellung im K-System wird (2.24) transformiert:

$$\mathbf{A}_{KI}\ {}_I\ddot{\mathbf{r}} = \mathbf{A}_{KI}\ {}_I\ddot{\mathbf{r}}_0 + \mathbf{A}_{KI}\ddot{\mathbf{A}}_{IK}\ {}_K\mathbf{r}_p :$$
$$_K\tilde{\mathbf{a}} = {}_K\mathbf{a}_0 + {}_K\left(\dot{\tilde{\omega}} + \tilde{\omega}\tilde{\omega}\right)_{IK}\ {}_K\mathbf{r}_p \ .\tag{2.28}$$

Dabei ist $_K\mathbf{a}_0$ wiederum die absolute Beschleunigung des Bezugspunktes 0, dargestellt im körperfesten System:

$$_K\mathbf{a}_0 = \mathbf{A}_{KI}\ {}_I\ddot{\mathbf{r}}_0 \ .\tag{2.29}$$

Für die Winkelbeschleunigung gilt:

$$_I\dot{\omega} = \frac{d}{dt}\left({}_I\omega\right) ,$$
$$\mathbf{A}_{KI}\dot{\omega}_I = \mathbf{A}_{KI}\frac{d}{dt}\left({}_I\omega\right) = \mathbf{A}_{KI}\frac{d}{dt}\left(\mathbf{A}_{IK}\omega_K\right)$$
$$= \mathbf{A}_{KI}\left(\mathbf{A}_{IK}\dot{\omega}_K + \dot{\mathbf{A}}_{IK}\omega_K\right)$$
$$= {}_K\dot{\omega} + {}_K\tilde{\omega}_K\omega = {}_K\dot{\omega} \ .\tag{2.30}$$

Weil $_K\tilde{\omega}_K\omega$ gleich Null ist ("Vektorprodukt" mit sich selbst), ist die absolute Winkelbeschleunigung im K-System gleich der ersten zeitlichen Ableitung des im K-System dargestellten Winkelgeschwindigkeitsvektors.

Anmerkung: Bisweilen kann eine andere Darstellung der Beschleunigungen zweckmäßig sein. Es gilt

$$_K\mathbf{a} = {}_K\mathbf{a}_0 + {}_K\left(\dot{\tilde{\omega}} + \tilde{\omega}\tilde{\omega}\right)_{IK}\ {}_K\mathbf{r}_p$$
$$= \left({}_K\dot{\mathbf{v}}_0 + {}_K\tilde{\omega}_{IK}\ {}_K\mathbf{v}_0\right) + \left({}_K\dot{\tilde{\omega}}_{IK}\ {}_K\mathbf{r}_p + {}_K\tilde{\omega}_{IK}\left({}_K\tilde{\omega}_{IK}\ {}_K\mathbf{r}_p\right)\right)$$
$$= {}_K\dot{\mathbf{v}} + {}_K\tilde{\omega}_{IK}\ {}_K\mathbf{v}$$
$$= {}_K\ddot{\mathbf{r}}_0 + 2{}_K\tilde{\omega}_{IK}\ {}_K\dot{\mathbf{r}}_0 + {}_K\left(\dot{\tilde{\omega}} + \tilde{\omega}\tilde{\omega}\right)_{IK}\left({}_K\mathbf{r}_0 + {}_K\mathbf{r}_p\right)\tag{2.31}$$

Von der Identität dieser Beziehungen kann man sich leicht durch Ausrechnung überzeugen. In der letzten Darstellung tritt die Coriolisbeschleunigung auf (typisches Kennzeichen: Faktor 2), die besonders bei Kreiselsystemen zu wesentlichen Effekten führt.

2.1.4 Relativbewegungen

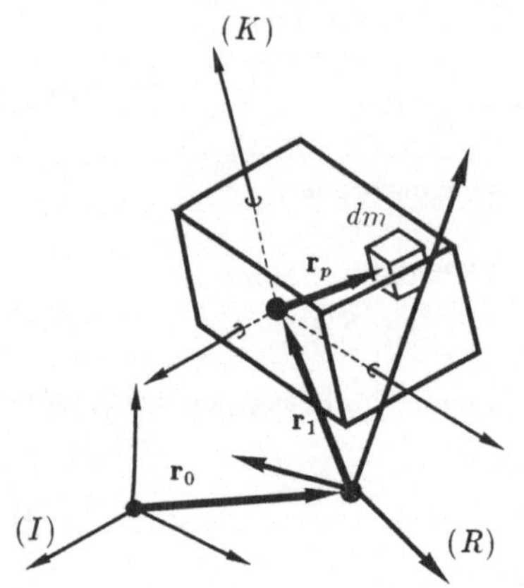

Bild 2.4: Relativbewegung

Es ist bisweilen zweckmäßig, die Bewegungen nicht in einem Inertial- oder körperfesten System, sondern einem bewegten Koordinatensystem zu beschreiben. Dies trifft beispielsweise dann zu, wenn das bewegte System eine "Sollbewegung" beschreibt, gegenüber welcher eine zu berechnende Abweichung auftritt. Dann wird das bewegte Koordinatensystem als Referenzsystem (R) bezeichnet. Für eine Darstellung im Inertialsystem (I) muß lediglich der Vektor $\mathbf{r}_0$ in (2.1) in die zwei Anteile $\mathbf{r}_0$ und $\mathbf{r}_1$ (vgl. Bild 2.4) aufgespalten werden.

Für eine Beschreibung im Referenzsystem erhält man nach dem gleichen Vorgehen wie in den vorangegangenen Abschnitten mit $_R\mathbf{v}_1 = \mathbf{A}_{RI}\, _I\dot{\mathbf{r}}_1 = _R\dot{\mathbf{r}}_1 + _R\tilde{\omega}_{IR}\, _R\mathbf{r}_1$

$$_R\mathbf{v} = _R(\mathbf{v}_0 + \mathbf{v}_1) + _R\tilde{\omega}_{IK}\, _R\mathbf{r}_p \ , \tag{2.32}$$

$$_R\mathbf{a} = \mathbf{A}_{RI}\left[\frac{d}{dt}\mathbf{A}_{IR}\, _R\mathbf{v}\right] = _R\dot{\mathbf{v}} + _R\tilde{\omega}_{IR}\, _R\mathbf{v} \ . \tag{2.33}$$

Sinnvoll wird eine solche Darstellung besonders dann, wenn die Abweichungen zwischen Referenz- und körperfestem System klein sind.

2.1.5 Kleine Drehungen

Im Falle kleiner Drehungen können die trigonometrischen Funktionen in $\mathbf{A}$ in eine TAYLOR-Reihe entwickelt werden. Berücksichtigt man nur die Terme erster Ordnung, so geht beispielsweise die Elementardrehung (2.6) über in

$$\mathbf{A}_\alpha = \begin{pmatrix} 1 & 0 & 0 \\ 0 & 1 & \alpha \\ 0 & -\alpha & 1 \end{pmatrix} = [\mathbf{E} - \tilde{\alpha}] \ ; \quad \boldsymbol{\alpha} = \alpha\mathbf{e}_1 \ . \tag{2.34}$$

Verknüpft man die Elementardrehungen zur Gesamttransformation, so gilt

$$\boldsymbol{\varphi} = (\alpha, \beta, \gamma)^T \ : \ \mathbf{A}_{KI} = \mathbf{A}_\gamma\mathbf{A}_\beta\mathbf{A}_\alpha = [\mathbf{E} - \tilde{\varphi}] \ ; \ \mathbf{A}_{IK} = \mathbf{A}_{KI}^T = [\mathbf{E} + \tilde{\varphi}] \ . \tag{2.35}$$

Die Winkelgeschwindigkeit lautet im I- und im K-System

$$\boldsymbol{\omega} = \left(\dot{\alpha}, \dot{\beta}, \dot{\gamma}\right)^T \ . \tag{2.36}$$

Bei Berücksichtigung von lediglich Größen erster Ordnung spielt die Reihenfolge der Elementartransformationen zur Ermittlung der Transformationsmatrix keine Rolle.

2.2 Kinematik deformierbarer Körper

Der Vektor r_P kennzeichnet die Massengeometrie des betrachteten starren Körpers (Abstand des Koordinatenursprungs zu einem betrachteten infinitesimalen Element dm). Dabei kann der starre Körper selbst ein *infinitesimaler Starrkörper* sein, der mit Δm bezeichnet werden soll. Eine solche Betrachtung ist bei einer großen Klasse von deformierbaren Körpern zweckmäßig. So kann man beispielsweise bei einem elastischen Balken annehmen, daß die Querschnittsfläche A selbst keiner Verformung unterliegt;

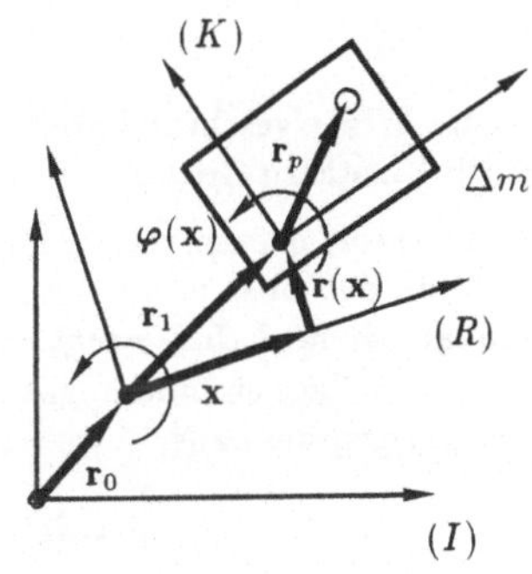

Bild 2.5: Deformierbarer Körper

dann gilt $\Delta m = \rho A dx$ mit x als Balkenlängsachse und $dm = \rho dy dx dz$. Allgemein läßt sich bei deformierbaren Körpern der Vektor r_1 aufspalten in

$$_R r_1 = x + r(x) \; , \tag{2.37}$$

wobei der "Verschiebungsvektor" $r(x)$ in geeignetem Sinne klein sein soll. Er kennzeichnet die translatorische Deformation, also die Verschiebung des betrachteten Körpers Δm an dem durch x gekennzeichneten Ort zwischen Sollage und aktueller Position.

Faßt man die Winkel der Verdrehung zwischen K- und R-System in einem Vektor φ zusammen und bezeichnet mit ω die absolute Winkelgeschwindigkeit des R-Systems, und nimmt man weiterhin an, daß alle diese Größen im R-System angeschrieben stehen, so geht mit

$$\mathbf{A}_{KR} \;=\; [\mathbf{E} - \tilde{\varphi}] \; , \tag{2.38}$$
$$_R \omega \;=\; \omega + \dot{\varphi} \tag{2.39}$$

Geschwindigkeit und Beschleunigung (2.32 , 2.33) des Elements dm über in

$$_K\mathbf{v} \;=\; [\mathbf{E} - \tilde{\varphi}]\,(\mathbf{v}_0 + \tilde{\omega}\,(\mathbf{x}+\mathbf{r}) + \dot{\mathbf{r}}) + {}_K\tilde{\omega}_{IK}\,{}_K\mathbf{r}_P \;, \tag{2.40}$$

$$_K\mathbf{a} \;=\; [\mathbf{E} - \tilde{\varphi}]\,\Big(\mathbf{a}_0 + \big(\dot{\tilde{\omega}} + \tilde{\omega}\tilde{\omega}\big)\,(\mathbf{x}+\mathbf{r}) + 2\tilde{\omega}\dot{\mathbf{r}} + \ddot{\mathbf{r}}\Big) +$$

$$+ {}_K\big(\dot{\tilde{\omega}} + \tilde{\omega}\tilde{\omega}\big)_{IK}\,{}_K\mathbf{r}_P \;. \tag{2.41}$$

Dabei ist

$$_K\omega_{IK} = [\mathbf{E} - \tilde{\varphi}]\,(\omega + \dot{\varphi}) \tag{2.42}$$

die absolute Winkelgeschwindigkeit zwischen I und K, und der Vektor $\mathbf{x}$ enthält nur zeitlich konstante Größen.

An diesen Vektor, ebenso wie an $\mathbf{r}_P$, sind bestimmte Forderungen zu stellen, die daraus folgen, daß über $\mathbf{r}_1 + \mathbf{r}_P$ jeder Punkt des betrachteten Körpers eindeutig beschreibbar sein muß. Im *unverformten Zustand*, das heißt wenn das betrachtete Element seine Sollage einnimmt, gilt $\mathbf{r} = 0, \varphi = 0$. Die Beschreibung eines Punktes P vom Referenzsystem aus,

$$_R\mathbf{r} = [\mathbf{E} - \tilde{\varphi}]\,\mathbf{r}_P + (\mathbf{x}+\mathbf{r}) \tag{2.43}$$

geht dann über in

$$_R\mathbf{r} = {}_K\mathbf{r} = \mathbf{x} + \mathbf{r}_P = (x, y, z)^T \;. \tag{2.44}$$

Während der Verformung gibt es – natürlich abhängig von der jeweiligen Modellvorstellung – Komponenten dieses Vektors, die verformungsinvariant sind, also ihrem Wert nach im $R-$ und im K-System gleich bleiben.

Dabei ist für einen *starren Körper* eine Relativverformung stets Null. Der verformungsinvariante Vektor ist $\mathbf{r}_P$ selbst:

$$\mathbf{r}_P = (x,y,z)^T$$
$$\Rightarrow \mathbf{x} = 0 \ . \qquad (2.45)$$

R- und K-System fallen bei fehlender Deformation zusammen. Bei einem *deformierbaren Balken* kann man davon ausgehen, daß die Querschnittsfläche A während der Verformung eben bleibt (BERNOULLI'sche Hypothese). Ein Punkt in dieser Fläche ist gekennzeichnet durch die verformungsinvarianten Koordinaten y, z. Dann gilt:

$$\mathbf{r}_P = (0,y,z)^T$$
$$\Rightarrow \mathbf{x} = (x,0,0)^T$$
$$\Rightarrow \mathbf{r} = \mathbf{r}(x,t) \ ,$$
$$\varphi = \varphi(x,t) \ ,$$
$$\Delta m = \rho dx \int\!\!\int dy dz$$
$$= \rho dx A \ . \qquad (2.46)$$

Bei einer deformierbaren Platte kann man annehmen, daß die Strecke h (Plattenhöhe, vergleiche Bild 2.6) nicht verformt wird. Die Höhe ist gekennzeichnet durch die Koordinate z.

Es folgt:

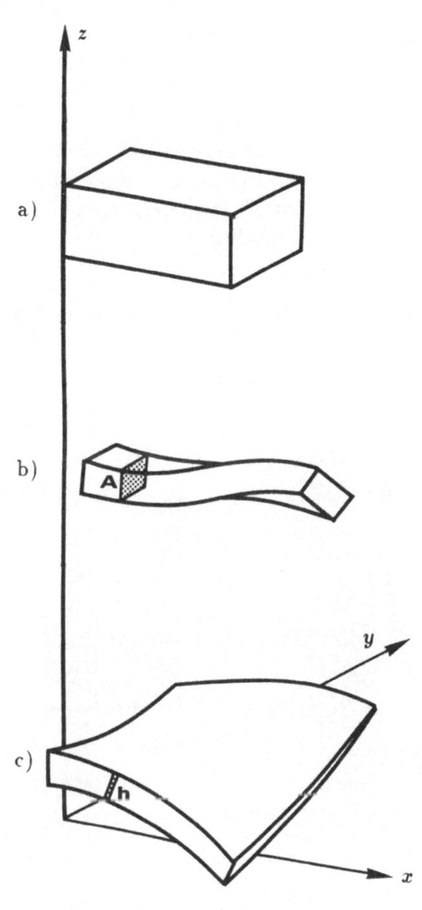

Bild 2.6:
a) Starrkörper, b) Balken, c) Platte

$$\mathbf{r}_P = (0,0,z)^T \ \Rightarrow \ \mathbf{x} = (x,y,o)^T$$
$$\Rightarrow \mathbf{r} = \mathbf{r}(x,y,t), \ \varphi = \varphi(x,y,t) \ ,$$
$$\Delta m = \rho dx dy \int dz = \rho dx dy h \ . \qquad (2.47)$$

Man erkennt an der Reihenfolge der Annahmen über die Verformungsinvarianten, daß ihre Zahl beim Übergang auf "immer weniger starre" Körper abnimmt. Der noch anzuführende Fall ist

$$\mathbf{r}_P = (0,0,0)^T \quad \Rightarrow \quad \mathbf{x} = (x,y,z)^T \quad \Rightarrow \quad \mathbf{r} = \mathbf{r}(x,y,z,t) \ . \qquad (2.48)$$

Dieser Fall ist das "Gegenstück" des starren Körpers: *Das allgemeine Kontinuum.* Hier läßt sich kein invariantes Element Δm mehr finden, an dem man ein körperfestes Koordinatensystem befestigen könnte, da alle Punkte des Kontinuums einer Verschiebung unterliegen.

2.3 Kinematik von Mehrkörpersystemen

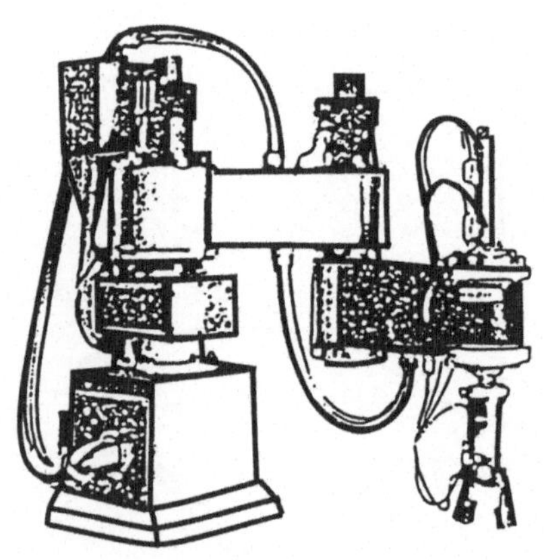

Bild 2.7: Mehrkörpersystem (MKS)

Ein zu untersuchendes mechanisches System wird, entsprechend der Modellbildung (Kapitel 1.3), im allgemeinen aus mehreren Körpern bestehen, gleichgültig, wie diese Körper beschaffen sind. Nimmt man beispielsweise einen elastischen Balken, wie er im vorigen Abschnitt beschrieben wurde, so stellt dieser an sich bereits ein "Mehrkörpersystem" dar, da er aus unendlich vielen starren Elementen Δm besteht. Mit der Annahme von Verformungsinvarianten wurden hier bereits "Zwangsbedingungen" eingeführt: Der gesamte Balken sei so geartet, daß sich die Querschnittsfläche A selbst nicht verformen soll.

Analog gilt für ein Modell, das ausschließlich aus starren Körpern besteht, daß zwischen diesen bestimmte Zwänge (Bindungen) vorherrschen, denn die Körper werden sich nicht beliebig gegeneinander verschieben und verdrehen können. Hier soll folgende Vereinbarung getroffen werden:

Unter "Bindungen" werden die Bewegungseinschränkungen der Körper untereinander an ihren "Körpergrenzen" verstanden. Beispielsweise ist eine solche Verbindung zwischen zwei Körpern ein Gelenk, wie es in Bild 2.7 zum Ausdruck kommt.

Es ist klar, daß sich "Ellbogen" und "Hand" des skizzierten Roboterarms nur auf den durch die Gelenke bestimmten Kreisbahnen bewegen können, solange es sich um starre Körper handelt.

Nimmt man dagegen Ober- und Unterarm des Roboters als elastisch verformbare
Balken an, so hängen die Bindungen an den Körpergrenzen vom momentanen
Verformungszustand des Balkens ab. Alle Zwangsbedingungen im Inneren des
Balkens sind aber bereits erfaßt, wenn der Balken nach den obigen Vorausset-
zungen modelliert wird. Man kann also hier nach Bindungen im Inneren eines
Körpers und nach denen an den Körpergrenzen unterscheiden. Die inneren Bin-
dungen werden günstigerweise implizit durch die Modellannahmen erfaßt. Für die
äußeren Bindungen eines Körpers gilt stets, daß deren Bewegungsmöglichkeit in
Abhängigkeit des Verformungszustands formuliert werden muß, das heißt für den
Balken an seiner "Einspannstelle", für die Platte längs ihrer Berandung, für eine
Flüssigkeit in einem Tank entsprechend einer eventuell vorhandenen Berandungs-
grenzschicht, wo die Flüssigkeitsbewegung von der Mitnahme durch die Tankwand
in die "Eigenbewegung" übergeht, etc.

Bindungen

Für die Beschreibung von Mehr-
körpersystemen kann die Formulierung (2.2) beibehalten werden, wenn man hier unter $_I\mathbf{r}$
den Vektor versteht, der je-
des Element dm aus dem Gesamtverband des Mehrkörpersystems beschreibt. Bei einem
Starrkörpersystem sind dabei für
die Beschreibung für jeden einzelnen Körper 3 Parameter der
Translation und drei der Rotation notwendig. Letztere sind
die drei unabhängigen Parameter der Transformation; sie kennzeichnen die räumliche Orientierung des betrachteten Körpers.

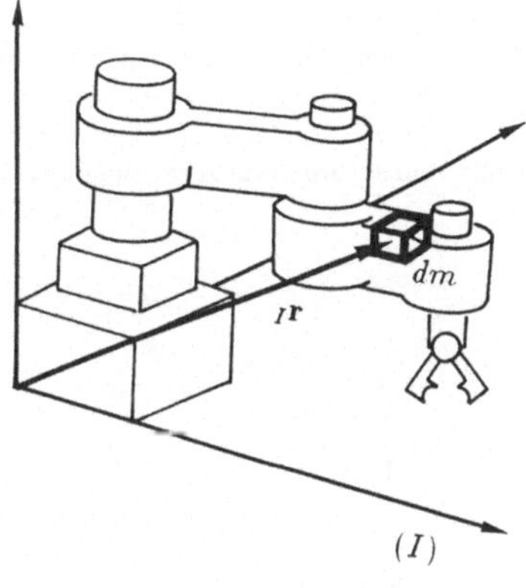

Bild 2.8: Zur Beschreibung des MKS

Diese sechs Parameter sind von der Massengeometrie des Systems unabhängig.
Bei insgesamt p Körpern sollen im weiteren die $6p$ Parameter in einem Vektor $\bar{\mathbf{z}}$
zusammengefaßt und nach HAMEL als *Systemkoordinaten* bezeichnet werden.

Für den Fall, daß das Mehrkörpersystem kontinuierliche Körper besitzt, geht die
Beschreibung auf die Betrachtung der Δm nach Kapitel 2.2 über, und die Systemkoordinaten sind um die von der räumlichen Ausdehnung des betrachteten
Δm unabhängigen Parameter der Translation und der Rotation, $\mathbf{r}(\mathbf{x})$ und $\varphi(\mathbf{x})$,
zu erweitern. An der weiteren Betrachtung ändert sich hierdurch nichts, so daß
ohne Beschränkung der Allgemeinheit für das folgende ein Mehrkörpersystem, das

lediglich aus starren Körpern besteht, betrachtet werden kann. Der Übergang auf kontinuierliche Teilsysteme ist dann lediglich eine Interpretationsfrage.

Führt man den Vektor der Systemkoordinaten ein, so wird der Ortsvektor, der das aktuell betrachtete Massenelement beschreibt, eine Funktion der Systemkoordinaten,

$$_I\mathbf{r} = {}_I\mathbf{r}(\bar{\mathbf{z}}) \ , \quad _I\mathbf{r} \in \mathrm{R}^3 \, , \ \bar{\mathbf{z}} \in \mathrm{R}^{6p} \ . \tag{2.49}$$

Da die Körper eines Modells in irgendeiner Form miteinander verbunden sind, herrschen zwischen den Komponenten von $\bar{\mathbf{z}}$ Zwangsbedingungen vor, sofern diese Bindungen als "starre Bindungen " aufgefaßt werden. Dann wird die Bewegungsvielfalt des Systems eingeschränkt.

Die Bindungen zwischen den Komponenten der Systemkoordinaten $\bar{\mathbf{z}}$ lassen sich immer als implizite Vektorfunktion

$$\boldsymbol{\phi}(\bar{\mathbf{z}}, t) = 0 \ , \quad \boldsymbol{\phi} \in \mathrm{R}^m \ , \quad m \leq n = 6p \tag{2.50}$$

anschreiben. Diese Bindungen werden holonom genannt (gr.: *ganz gesetzlich*). Tritt hierbei die Zeit t explizit auf, so nennt man sie außerdem rheonom (gr.: *fließend*), andernfalls skleronom (gr.: *starr*).

∇

Beispiel: Pendel mit zeitveränderlicher Fadenlänge

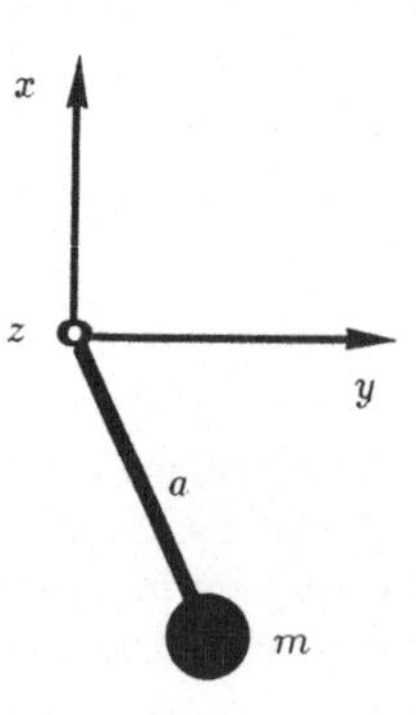

Betrachtet wird ein Pendel, das aus einem masselosen, stets gespannten, in 0 aufgehängten Faden und einer Masse m besteht. Die Masse sei so klein, daß ihre Trägheitsmomente vernachlässigt werden können. Die Fadenlänge sei nach einem bekannten Zeitgesetz zeitabhängig, $a = a(t)$. Das Pendel soll sich nur in der $x - y$-Ebene bewegen können.

Die Bindungsgleichung lautet

$$\phi = \frac{1}{2} \left(\begin{array}{c} (x^2 + x^2 - a(t)^2) \\ 2z \end{array} \right) = 0 \ ,$$

$$\phi \in \mathrm{R}^2 \ .$$

Bild 2.9: Pendel

Hierin kennzeichnet die untere Zeile die ebene Bewegung, und die obere besagt, daß sich die Masse nur auf einem "Kreisbogen" mit dem zeitveränderlichen Radius

$a(t)$ bewegen kann. Für die Formulierung der Bindungsgleichung kommt es dabei prinzipiell auf die Zeitveränderlichkeit von a zunächst nicht an. Ferner sind die drei Winkel für eine Drehung um drei körperfeste Achsen von m von vornherein unberücksichtigt geblieben, da die Trägheitsmomente vernachlässigt werden. Als Vektor der Systemkoordinaten bleibt lediglich

$$\bar{\mathbf{z}} = (\,x\,,\,y\,,\,z\,)^T$$

zu betrachten.

$\triangle$

Infolge der Bindungen ist eine Beschreibung in Systemkoordinaten "überdimensioniert", da sich eine freie Bewegung nach allen Richtungen nicht einstellen kann. Daher ist es sinnvoll, nach einer Beschreibung zu suchen, die nur die freien Bewegungsmöglichkeiten beinhaltet. Diese sollen in einem Vektor $\mathbf{s} \in \mathbf{R}^f$ (f: Zahl der Freiheitsgrade) angeordnet werden, der zunächst noch unbekannt ist.

Weil jedoch der Vektor der Systemkoordinaten eine Funktion von $\mathbf{s}$ sein muß,

$$\bar{\mathbf{z}} = \bar{\mathbf{z}}(\mathbf{s})\,,\quad \bar{\mathbf{z}} \in \mathbf{R}^{6p}\,,\quad \mathbf{s} \in \mathbf{R}^f\,,\quad f = 6p - m\,, \tag{2.51}$$

gilt für die zeitliche Ableitung

$$\dot{\bar{\mathbf{z}}} = \frac{\partial \bar{\mathbf{z}}}{\partial \mathbf{s}}\dot{\mathbf{s}}\,. \tag{2.52}$$

Hierbei stellt $\dot{\mathbf{s}}$ den Vektor der *Minimalgeschwindigkeiten* dar. Eine partielle Ableitung von (2.52) nach $\dot{\mathbf{s}}$ liefert den Zusammenhang

$$\frac{\partial \bar{\mathbf{z}}}{\partial \mathbf{s}} = \frac{\partial \dot{\bar{\mathbf{z}}}}{\partial \dot{\mathbf{s}}}\,, \tag{2.53}$$

und die gesuchte Funktionalmatrix $\partial \dot{\bar{\mathbf{z}}}/\partial \dot{\mathbf{s}}$ erhält man aus der Bindungsgleichung (2.50), wenn man diese zunächst nach der Zeit ableitet,

$$\dot{\phi} = \frac{\partial \phi}{\partial \bar{\mathbf{z}}}\dot{\bar{\mathbf{z}}} + \frac{\partial \phi}{\partial t} = \mathbf{B}\,(\bar{\mathbf{z}},t)\,\dot{\bar{\mathbf{z}}} + \mathbf{c}\,(\bar{\mathbf{z}},t) = 0\,, \tag{2.54}$$

und anschließend partiell nach $\dot{\mathbf{s}}$ differenziert:

$$\mathbf{B}\frac{\partial \dot{\bar{\mathbf{z}}}}{\partial \dot{\mathbf{s}}} = 0 \quad \Rightarrow \quad \frac{\partial \dot{\bar{\mathbf{z}}}}{\partial \dot{\mathbf{s}}} \in \mathbf{R}^{6p,f}\,. \tag{2.55}$$

Bei eindeutiger Formulierung der Bindungen ist die Funktionalmatrix in (2.55) stets spaltenregulär und eine Auflösung nach $\dot{\mathbf{s}}$ in Form einer Linearkombination der $\dot{\bar{\mathbf{z}}}$,

$$\dot{\mathbf{s}} = \left(\frac{\partial \dot{\mathbf{s}}}{\partial \dot{\bar{\mathbf{z}}}}\right)\dot{\bar{\mathbf{z}}}\,, \tag{2.56}$$

immer möglich.

∇

Beispiel: Ebenes Pendel mit zeitvariabler Fadenlänge

Die nach der Zeit abgeleitete Bindungsgleichung liefert

$$\dot{\phi} = \begin{pmatrix} x & y & 0 \\ 0 & 0 & 1 \end{pmatrix} \begin{Bmatrix} \dot{x} \\ \dot{y} \\ \dot{z} \end{Bmatrix} - \begin{pmatrix} a\,\dot{a} \\ 0 \end{pmatrix} = \mathbf{B}\,(\overline{z})\,\dot{\overline{z}} + \mathbf{c}\,(\overline{z}, t) = 0\,, \quad \mathbf{B} \in \mathbf{R}^{2,3}\,.$$

Eine Lösung (2.55) erhält man zu

$$\begin{pmatrix} x & y & 0 \\ 0 & 0 & 1 \end{pmatrix} \begin{Bmatrix} -y \\ x \\ 0 \end{Bmatrix} = \begin{pmatrix} 0 \\ 0 \end{pmatrix} \;\Rightarrow\; \begin{pmatrix} \dot{x} \\ \dot{y} \\ \dot{z} \end{pmatrix} = \begin{pmatrix} -y \\ x \\ 0 \end{pmatrix} \dot{s}\,.$$

Nach Linksmultiplikation mit $\left(\partial\dot{\overline{z}}/\partial\dot{s}\right)^{T}$ und anschließender Linksmultiplikation mit $\left[\left(\partial\dot{\overline{z}}/\partial\dot{s}\right)^{T} \left(\partial\dot{\overline{z}}/\partial\dot{s}\right)\right]^{-1}$ folgt

$$\dot{s} = \left[(-y\,x\,0) \begin{Bmatrix} -y \\ x \\ 0 \end{Bmatrix} \right]^{-1} (-y\,x\,0) \begin{Bmatrix} \dot{x} \\ \dot{y} \\ \dot{z} \end{Bmatrix} = \frac{-y\dot{x} + x\dot{y}}{(x^2 + y^2)}$$

beziehungsweise mit der Substitution

$$x = c\sin\gamma\ ,\quad y = -c\cos\gamma\ ,\quad c\ \text{beliebig:}\ \dot{s} = \dot{\gamma}\,.$$

Mit der beliebigen Konstanten c beinhaltet $\overline{z}(s)$ die homogene Lösung der Bindungsgleichung $\mathbf{B}\dot{\overline{z}} + \mathbf{c} = 0$; der homogene Teil wird identisch erfüllt:

$$\mathbf{B}\dot{\overline{z}} = \begin{pmatrix} x & y & 0 \\ 0 & 0 & 1 \end{pmatrix} \begin{Bmatrix} -y \\ x \\ 0 \end{Bmatrix} \dot{s} = \begin{pmatrix} 0 \\ 0 \end{pmatrix}\,.$$

Die inhomogene Lösung erhält man durch die Variation der Konstanten c:

$$\mathbf{B}\dot{\overline{z}} + \mathbf{c} = c \begin{pmatrix} \sin\gamma & -\cos\gamma & 0 \\ 0 & 0 & 1 \end{pmatrix} \left[\begin{pmatrix} c\dot{\gamma}\cos\gamma \\ c\dot{\gamma}\sin\gamma \\ 0 \end{pmatrix} + \begin{pmatrix} \dot{c}\sin\gamma \\ -\dot{c}\cos\gamma \\ 0 \end{pmatrix} \right] - \begin{pmatrix} a\,\dot{a} \\ 0 \end{pmatrix}$$

$$= \begin{pmatrix} 0 \\ 0 \end{pmatrix} \qquad \Rightarrow\ c = a\,.$$

Der inhomogene Teil der Lösung geht in die Bestimmung der Minimalgeschwindigkeit nicht ein, wohl aber in die Darstellung der Geschwindigkeiten.

$\triangle$

Ergebnis: Die Minimalgeschwindigkeiten stammen aus dem homogenen Teil der Bindungsgleichung, $\mathbf{B}\dot{\bar{z}} = 0$. Bei Verwendung von Minimalgeschwindigkeiten braucht, weil identisch erfüllt, die Bindungsgleichung nicht mehr explizit betrachtet zu werden. Die Beschreibung der Bindungen geht von der expliziten Form in die implizite Form

$$\omega_i = \left[\frac{\partial \omega}{\partial \dot{s}}\right]_i \dot{s} + \left[\frac{\partial \eta}{\partial t}\right]_i , \tag{2.57}$$

$$\mathbf{v}_i = \left[\frac{\partial \mathbf{v}}{\partial \dot{s}}\right]_i \dot{s} + \left[\frac{\partial \mathbf{r}}{\partial t}\right]_i \tag{2.58}$$

über. Dabei stellen $\partial\eta/\partial t$, $\partial\mathbf{r}/\partial t$ Führungsgeschwindigkeiten aus einer vorgegebenen Zeitfunktion dar. Diese sind im allgemeinen direkt vorab bekannt. Sie entsprechen der inhomogenen Lösung der Bindungsgleichungen.

Im Beispiel des Fadenpendels mit variabler Fadenlänge gilt, daß die Minimalgeschwindigkeit durch einfache Integration auf eine Lagekoordinate zurückgeführt werden kann, $\int \dot{\gamma}\,dt = \gamma$. Das ist jedoch nicht selbstverständlich; die Bestimmungsgleichung (2.55) hat im allgemeinen mehrere Lösungen, die zu Minimalgeschwindigkeiten $\dot{s}$ führen, die nicht notwendig komponentenweise zu Lagegrößen integrierbar sind. Andererseits muß es aber in der Menge der möglichen Lösungen auch solche geben, die integrierbar sind, da (2.54) aus einer einfachen Zeitdifferentiation von (2.50) gewonnen wurde.

Um hier eine Unterscheidung treffen zu können, sollen die integrierbaren Lösungen aus (2.56) mit $\dot{z}$ bezeichnet werden:

$$\{\dot{z}\} \in \{\dot{s}\} \ , \quad \dot{z} \Rightarrow z . \tag{2.59}$$

Ob mittels elementarer Integration aus $\dot{s}$,

$$\int \dot{s}\,dt = \int d\mathbf{s} = \int \frac{\partial \mathbf{s}}{\partial \bar{z}} d\bar{z} = \int \sum \left[\frac{\partial \mathbf{s}}{\partial \bar{z}_i} d\bar{z}_i\right] \tag{2.60}$$

eine eindeutige Lagegröße erhalten werden kann oder nicht, hängt davon ab, ob die Integration längs der $d\bar{z}_i$ wegabhängig ist oder nicht. Integrierbarkeit heißt Unabhängigkeit vom Integrationsweg, gekennzeichnet durch

$$\sum_{i,j} \left(\frac{\partial^2 \mathbf{s}}{\partial \bar{z}_i \partial \bar{z}_j} - \frac{\partial^2 \mathbf{s}}{\partial \bar{z}_j \partial \bar{z}_i}\right) d\bar{z}_i d\bar{z}_j = 0 . \tag{2.61}$$

Die den nichtintegrierbaren Komponenten von $\dot{s}$ zugeordneten "gedachten" Lage-
koordinaten nennt man *Quasikoordinaten*, die Lagegrößen z aus (2.59) *Minimal-*
koordinaten.

∇

<u>Beispiel</u>: Betrachtet man die erste Winkelgeschwindigkeitskomponente nach (2.18),
so gilt

$$ {}_I\omega_x dt = ds_x = d\alpha + \sin\beta\, d\gamma = \frac{\partial s_x}{\partial\alpha}\, d\alpha + \frac{\partial s_x}{\partial\beta}\, d\beta + \frac{\partial s_x}{\partial\gamma}\, d\gamma \; . $$

Aus dem Vergleich folgt

$$ \frac{\partial s_x}{\partial\gamma} = \sin\beta \; , \quad \frac{\partial s_x}{\partial\beta} = 0 \; , $$

und daraus

$$ \frac{\partial^2 s_x}{\partial\gamma\partial\beta} = \cos\beta \neq \frac{\partial^2 s_x}{\partial\beta\partial\gamma} = 0 \; . $$

Die KARDAN-Winkelgeschwindigkeiten stellen also nichtintegrierbare Größen dar.
Zur Ermittlung der aktuellen Orientierung ist mit Kenntnis der Winkelgeschwin-
digkeiten vielmehr (2.18) (Inertialsystem) beziehungsweise (2.17) (körperfestes
System) nach dem Vektor $(\dot\alpha, \dot\beta, \dot\gamma)$ aufzulösen. Dann erhält man ein nichtlineares
Differentialgleichungssystem zur Ermittlung von (α, β, γ).

$\triangle$

Wählt man zur Beschreibung einen Satz von Minimalkoordinaten z, so gehen die
Minimalgeschwindigkeiten $\dot{s}$ nach (2.56) über in

$$ \dot{s} = \frac{\partial s}{\partial\overline{z}}\dot{\overline{z}} = \frac{\partial s}{\partial\overline{z}}\frac{\partial\overline{z}}{\partial z}\dot{z} = \frac{\partial s}{\partial z}\dot{z} = H(z)\,\dot{z} \; , $$

das heißt, die *Minimalgeschwindigkeiten* stellen stets eine Linearkombination der
ersten Zeitableitungen der *Minimalkoordinaten* dar. Für Bindungsgleichungen der
Form (2.50) (holonome Bindungen) gilt hierfür als zulässiger Sonderfall $H(z) =$
$E \in R^{f,f}$ (Einheitsmatrix), das heißt der Geschwindigkeitszustand kann eindeu-
tig durch die ersten Zeitableitungen der Minimalkoordinaten beschrieben werden.
Dieser Sonderfall führt jedoch naheliegenderweise nicht immer auf die einfachste
Systembeschreibung.

∇

Beispiel: Betrachtet wird das vereinfachte Modell eines Wagens, dessen Radmassen und -trägheitsmomente im Vergleich zur Wagenmasse vernachlässigbar klein sind.

Dann kann der Wagen wie ein einzelner starrer Körper behandelt werden, der sich frei in der $x-y$–Ebene bewegen kann. Betrachtet wird die Geschwindigkeit eines Bezugspunktes P (Mitte Hinterachse). Die Bahn des Wagens ist durch die Koordinaten x, y in der Inertialebene und durch den momentanen Winkel γ bestimmt.

Der Wagen soll außer der Drehung um die Hochachse keine weiteren Drehungen durchführen können.

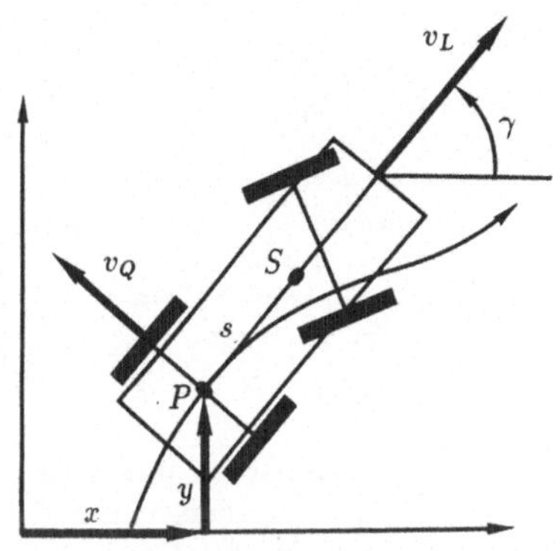

Bild 2.10: Der Wagen

Ferner wird angenommen, daß die Bewegung innerhalb der $x-y$–Ebene stattfindet und ein Abheben ausgeschlossen ist. Mit den Systemkoordinaten

$$\overline{z} = (x, y, z, \alpha, \beta, \gamma)^T$$

lautet die Bindungsgleichung

$$\mathbf{B}(\overline{z})\,\dot{\overline{z}} = \begin{pmatrix} 0 & 0 & 1 & 0 & 0 & 0 \\ 0 & 0 & 0 & 1 & 0 & 0 \\ 0 & 0 & 0 & 0 & 1 & 0 \end{pmatrix} \dot{\overline{z}} = 0 \,.$$

Gesucht ist

$$\frac{\partial \dot{\overline{z}}}{\partial \dot{s}} \in \mathbf{R}^{6,3} \quad \text{mit} \quad \mathbf{B}(\overline{z})\,\frac{\partial \dot{\overline{z}}}{\partial \dot{s}} = 0 \,.$$

Eine Lösung ist

$$\left(\frac{\partial \dot{\overline{z}}}{\partial \dot{s}}\right)^T = \begin{pmatrix} 1 & 0 & 0 & 0 & 0 & 0 \\ 0 & 1 & 0 & 0 & 0 & 0 \\ 0 & 0 & 0 & 0 & 0 & 1 \end{pmatrix}$$

(drei linear unabhängige Spalten in $\partial\dot{\overline{z}}/\partial\dot{s}$). Die Auflösung nach $\dot{s}$ ist einfach, da $\left[\partial\dot{\overline{z}}/\partial\dot{s}\right]^T \left[\partial\dot{\overline{z}}/\partial\dot{s}\right]$ eine Einheitsmatrix liefert $\left(\left[\partial\dot{\overline{z}}/\partial\dot{s}\right]^T \text{ ist orthogonal zu } \partial\dot{\overline{z}}/\partial\dot{s}\right)$. Man erhält

$$\begin{pmatrix} \dot{s}_1 \\ \dot{s}_2 \\ \dot{s}_3 \end{pmatrix} = \begin{pmatrix} \dot{x} \\ \dot{y} \\ \dot{\gamma} \end{pmatrix} = \mathbf{H}(\mathbf{z})\,\dot{\mathbf{z}} \;;\; \mathbf{H}(\mathbf{z}) = \mathbf{E} \,.$$

Das bedeutet: $\dot{x}, \dot{y}, \dot{\gamma}$ beschreibt die Geschwindigkeit eindeutig; $\dot{s}$ ist integrierbar, und mit x, y, γ wird die Lage eindeutig beschrieben.

Eine andere Lösung, bei der ebenfalls $\left[\partial\bar{\dot{z}}/\partial\dot{s}\right]^T$ orthogonal zu $\partial\bar{\dot{z}}/\partial\dot{s}$ ist, lautet

$$\left(\frac{\partial\bar{\dot{z}}}{\partial\dot{s}}\right)^T = \begin{pmatrix} \cos\gamma & \sin\gamma & 0 & 0 & 0 & 0 \\ -\sin\gamma & \cos\gamma & 0 & 0 & 0 & 0 \\ 0 & 0 & 0 & 0 & 0 & 1 \end{pmatrix} .$$

Hieraus erhält man

$$\begin{pmatrix} \dot{s}_1 \\ \dot{s}_2 \\ \dot{s}_3 \end{pmatrix} = \begin{pmatrix} \cos\gamma & \sin\gamma & 0 \\ -\sin\gamma & \cos\gamma & 0 \\ 0 & 0 & 1 \end{pmatrix} \begin{pmatrix} \dot{x} \\ \dot{y} \\ \dot{\gamma} \end{pmatrix} = \mathbf{H}(\mathbf{z})\dot{\mathbf{z}} = \begin{pmatrix} v_L \\ v_Q \\ \dot{\gamma} \end{pmatrix} ,$$

wobei die Geschwindigkeiten v_L und v_Q die im körperfesten Koordinatensystem angegebenen Absolutgeschwindigkeiten sind, Bild 2.10. Selbstverständlich sind diese Größen zur Beschreibung des Geschwindigkeitszustands eindeutig und zulässig. Bei einer Ausrechnung der PFAFFschen Bedingung (2.61) stellt man jedoch fest, daß in diesem Fall die Minimalgeschwindigkeiten v_L, v_Q nicht zu Lagegrößen integrierbar sind. Außer diesen beiden naheliegenden (anschaulichen) Minimalgeschwindigkeiten lassen sich weitere Lösungen zu (2.55) konstruieren.

$\triangle$

Die Betrachtung des vorhergehenden Beispiels kennzeichnet eine freie Bewegung in der Ebene, das heißt, der Wagen kann gleiten. Anders werden die Verhältnisse, wenn der Wagen nur Rollen kann und ein Quergleiten verboten ist. Dies beinhaltet die Annahme, daß eine der Geschwindigkeiten (hier: v_Q) gesperrt ist und führt auf die sogenannten *nichtholonomen* Bindungen.

Bei den nichtholonomen Bindungen werden zusätzlich zu den holonomen bestimmte Geschwindigkeitsfreiheitsgrade gesperrt. Damit erhält das betrachtete System eine unterschiedliche Anzahl von Geschwindigkeits- und Lagefreiheitsgraden.

∇

<u>Beispiel:</u> Betrachtet wird der Wagen des letzten Beispiels bei reinem Rollen. Die Bindungsgleichung lautet

$$\begin{pmatrix} 0 & 0 & 1 & 0 & 0 & 0 \\ 0 & 0 & 0 & 1 & 0 & 0 \\ 0 & 0 & 0 & 0 & 1 & 0 \\ -\sin\gamma & \cos\gamma & 0 & 0 & 0 & 0 \end{pmatrix} \dot{\mathbf{z}} = \mathbf{B}(\bar{\mathbf{z}})\dot{\mathbf{z}} = 0 .$$

Die letzte Zeile beinhaltet die Bedingung $v_Q = 0$. Dies ist eine nichtholonome Bindungsgleichung.

Eine partielle Ableitung der Zwangsbedingung nach den gesuchten Minimalgeschwindigkeiten führt auf die Funktionalmatrix

$$\mathbf{B}\,(\overline{\mathbf{z}})\,\frac{\partial \dot{\overline{\mathbf{z}}}}{\partial \dot{\mathbf{s}}} = 0 \quad :$$

$$\begin{pmatrix} 0 & 0 & 1 & 0 & 0 & 0 \\ 0 & 0 & 0 & 1 & 0 & 0 \\ 0 & 0 & 0 & 0 & 1 & 0 \\ -\sin\gamma & \cos\gamma & 0 & 0 & 0 & 0 \end{pmatrix} \begin{pmatrix} 0 & \cos\gamma \\ 0 & \sin\gamma \\ 0 & 0 \\ 0 & 0 \\ 0 & 0 \\ 1 & 0 \end{pmatrix} = \begin{pmatrix} 0 & 0 \\ 0 & 0 \\ 0 & 0 \\ 0 & 0 \end{pmatrix} .$$

Die Auflösung der Beziehung

$$\dot{\overline{\mathbf{z}}} = \frac{\partial \dot{\overline{\mathbf{z}}}}{\partial \dot{\mathbf{s}}}\dot{\mathbf{s}} = \begin{pmatrix} 0 & \cos\gamma \\ 0 & \sin\gamma \\ 0 & 0 \\ 0 & 0 \\ 0 & 0 \\ 1 & 0 \end{pmatrix} \begin{pmatrix} \dot{s}_1 \\ \dot{s}_2 \end{pmatrix}$$

nach $\dot{\mathbf{s}}$ liefert mit $\left(\partial\dot{\overline{\mathbf{z}}}/\partial\dot{\mathbf{s}}\right)^T \left(\partial\dot{\overline{\mathbf{z}}}/\partial\dot{\mathbf{s}}\right) = \mathbf{E}$, $\mathbf{E} \in \mathrm{R}^{2,2}$,

$$\dot{\mathbf{s}} = \left(\frac{\partial\dot{\overline{\mathbf{z}}}}{\partial\dot{\mathbf{s}}}\right)^T \dot{\overline{\mathbf{z}}} = \begin{pmatrix} 0 & 0 & 0 & 0 & 0 & 1 \\ \cos\gamma & \sin\gamma & 0 & 0 & 0 & 0 \end{pmatrix} \begin{pmatrix} \dot{x} \\ \dot{y} \\ \dot{z} \\ \dot{\alpha} \\ \dot{\beta} \\ \dot{\gamma} \end{pmatrix}$$

$$= \begin{pmatrix} \dot{\gamma} \\ \dot{x}\cos\gamma + \dot{y}\sin\gamma \end{pmatrix} = \begin{pmatrix} \dot{\gamma} \\ v_L \end{pmatrix} .$$

Es stellt sich heraus, daß die erste Komponente von $\dot{\mathbf{s}}$ integrierbar ist, die zweite nicht. Weil eine nichtholonome Bindung vorherrscht, ist auch mindestens eine Quasikoordinate zur Beschreibung notwendig.

$\triangle$

Generell stellen nichtholonome Bindungen solche Zwänge dar, bei denen zusätzlich zu den holonomen, die gleichzeitig Lage und Geschwindigkeit einschränken, einige der Geschwindigkeiten gesperrt werden. Man kann sie sich, wie auch im vorigen Beispiel, immer so entstanden vorstellen, daß zuerst aus den holonomen

Bindungen Minimalgeschwindigkeiten in geeigneter Form berechnet werden, von denen anschließend eine oder einige zusätzlich gesperrt werden. Da die holonomen Bindungen immer auf eine lineare Funktion in den $\dot{\mathbf{z}}$ führen, sind damit auch die nichtholonomen linear in $\dot{\mathbf{z}}$. Die Formulierung (2.54) bleibt der Form nach immer die selbe; zu unterscheiden ist dann lediglich nach der Zahl der Lagefreiheitsgrade f und der Geschwindigkeitsfreiheitsgrade $g < f$. Theoretisch könnte man sich auch eine Bindungsgleichung vorstellen, die nichtlinear in den Geschwindigkeiten ist (nach HAMEL "eine fragliche Sache"). Eine Zeitdifferentiation derartiger Bindungsgleichungen würde dann eine Bindung erzeugen, die linear in den Beschleunigungen ist. Dies aber widerspricht den Grundgesetzen der Mechanik (Impuls- und Drallsatz), denn die auftretenden eingeprägten Kräfte können nicht von den Beschleunigungen abhängen; derartige Abhängigkeiten können allenfalls (nach [FIS 72]) durch einen Eliminationsprozeß erzeugt und daher stets vermieden werden.[1]

<u>Ergebnis</u>: Minimalgeschwindigkeiten stellen eine Linearkombination der ersten Zeitableitungen der Minimalkoordinaten dar. Diese kann integrierbar sein oder auch nicht (Minimalkoordinaten oder Quasikoordinaten). Bei rein holonomen Systemen lassen sich stets integrierbare Minimalgeschwindigkeiten finden. Ein Sonderfall ist, daß die Minimalgeschwindigkeiten die ersten Zeitableitungen der Minimalkoordinaten selbst sind. Bei nichtholonomen Bindungen sind mindestens so viele Quasikoordinaten notwendig wie nichtholonome Bindungen vorhanden sind.

2.4   Zustand mechanischer Systeme

Der Zustand mechanischer Systeme setzt sich zusammen aus einer Lage- und einer Geschwindigkeitsbeschreibung unter Berücksichtigung der vorherrschenden Bindungen. Es besteht die Möglichkeit, den Zustand in Systemkoordinaten zu formulieren und die Bindungsgleichungen simultan zu berücksichtigen, oder auf eine Beschreibung in Minimalkoordinaten und -geschwindigkeiten überzugehen, die die Bindungen automatisch erfüllen. Dabei ist zu berücksichtigen, daß im Falle nichtholonomer Bindungen die Minimalkoordinaten lediglich aus dem holonomen Bindungsanteil bestimmt werden, da der nichtholonome die Lage selbst ja nicht einschränkt. Für die Minimalgeschwindigkeiten sind dann beide Arten der Bindungen zu berücksichtigen.

Die Verwendung von Minimalgeschwindigkeiten und Minimalkoordinaten führt auf eine Beschreibung des Systems in Minimalkonfiguration; für diese gilt der Zustandsvektor

$$\mathbf{x} = \left(\mathbf{z}^T \, \dot{\mathbf{s}}^T\right)^T \; , \tag{2.62}$$

---

[1]Das gilt nicht für Regelungen: Hier können (durch Messungen erreichbare) Geschwindigkeiten in "künstlicher Weise" beliebig verknüpft werden.

wobei der kinematische Zusammenhang

$$\dot{\mathbf{z}} = \frac{\partial \dot{\mathbf{z}}}{\partial \dot{\mathbf{s}}}\dot{\mathbf{s}} \quad ; \quad \frac{\partial \dot{\mathbf{z}}}{\partial \dot{\mathbf{s}}} \begin{cases} \in \mathrm{R}^{f,f} \ , \ f = 6p - m \ : \ \text{holonomes System} \\ \in \mathrm{R}^{f,g} \ , \ g = \ f - r \ : \ \text{nichtholonomes System} \\ \frac{\partial \dot{\mathbf{z}}}{\partial \dot{\mathbf{s}}} \quad \text{spaltenregulär} \end{cases}$$

zu berücksichtigen ist.

EINZELKÖRPER

K: Körperfestes Koordinatensystem; I: Inertialsystem

Transformationen: z.B. KARDAN-Winkel

$$\mathbf{A}_{KI} = (\mathbf{A}_\gamma \mathbf{A}_\beta \mathbf{A}_\alpha), \mathbf{A}_{IK} = \mathbf{A}_{KI}^{-1} = \mathbf{A}_{KI}^T, \quad \det(\mathbf{A}_{KI}) = 1, \dot{\mathbf{A}}_{IK}\mathbf{A}_{KI} =_I \tilde{\omega}_{KI}; \mathbf{A}_{KI}\dot{\mathbf{A}}_{IK} =_K \tilde{\omega}_{IK}.$$

Geschwindigkeiten: $\varphi = (\alpha, \beta, \gamma)^T$:

$$\dot{_K\omega}_{IK} = [\mathbf{A}_\gamma \mathbf{A}_\beta \mathbf{e}_1 \vdots \mathbf{A}_\gamma \mathbf{e}_2 \vdots \mathbf{e}_3]\dot{\varphi}, \qquad _I\omega_{KI} = [\mathbf{e}_1 \vdots \mathbf{A}_\alpha^T \mathbf{e}_2 \vdots \mathbf{A}_\alpha^T \mathbf{A}_\beta^T \mathbf{e}_3]\dot{\varphi}$$

$$_K\mathbf{v} = {_K}\mathbf{v}_0 + {_K}\tilde{\omega}_{IK}\,_K\mathbf{r}_p, \qquad _I\mathbf{v} = {_I}\mathbf{v}_0 + {_I}\tilde{\omega}_{KI}\,_I\mathbf{r}_p$$

Beschleunigungen:

$$_K\mathbf{a} = {_K}\mathbf{a}_0 + {_K}\left(\dot{\tilde{\omega}} + \tilde{\omega}\tilde{\omega}\right)_{IK}\,_K\mathbf{r}_p, \qquad _I\mathbf{a} = {_I}\mathbf{a}_0 + {_I}\left(\dot{\tilde{\omega}} + \tilde{\omega}\tilde{\omega}\right)_{KI}\,_I\mathbf{r}_p$$

$$\mathbf{A}_{KI}\tfrac{d}{dt}\,_I\omega_{KI} = {_K}\dot{\omega}_{IK}, \qquad \tfrac{d}{dt}\,_I\omega_{KI} = {_I}\dot{\omega}_{KI}$$

MEHRKÖRPERSYSTEM (p starre Körper, m holonome Bindungen, r nichtholonome Bindungen)

$$\mathbf{r} = \mathbf{r}(\bar{\mathbf{z}}, t) \; \forall dm \in (S), \mathbf{r} \in \mathbf{R}^3, \bar{\mathbf{z}} = \left(\mathbf{r}_1^T \ldots \mathbf{r}_p^T, \varphi_1^T \ldots \varphi_p^T\right)^T$$

mit $\mathbf{r}_i, \varphi_i$: Verschiebung und Verdrehung der Einzelkörperbezugspunkte

$$\mathbf{B}(\bar{\mathbf{z}}, t)\dot{\bar{\mathbf{z}}} + \mathbf{c}(\bar{\mathbf{z}}, t) = 0 \Rightarrow \mathbf{B}(\bar{\mathbf{z}}, t)\tfrac{\partial \bar{\mathbf{z}}}{\partial \mathbf{s}} = 0$$

$\bar{\mathbf{z}} \in \mathbf{R}^{6p}$: Systemkoordinaten

mit $\mathbf{B} \in \mathbf{R}^{\overline{m},6p}$: Bindungsgleichungen ($\overline{m} = m + r$)

$$\bar{\mathbf{z}} = \bar{\mathbf{z}}(\mathbf{s}) \Rightarrow \dot{\bar{\mathbf{z}}} = \tfrac{\partial \bar{\mathbf{z}}}{\partial \mathbf{s}}\dot{\mathbf{s}} \Rightarrow \dot{\mathbf{s}} = \tfrac{\partial \mathbf{s}}{\partial \bar{\mathbf{z}}}\dot{\bar{\mathbf{z}}} \text{ mit } \{\dot{\mathbf{z}}\} \in \{\dot{\mathbf{s}}\} : \dot{\mathbf{z}} \Rightarrow \mathbf{z}$$

$\mathbf{z} \in \mathbf{R}^f$: Minimalkoordinaten ($f = 6p - m$)

$$\bar{\mathbf{z}} = \bar{\mathbf{z}}(\mathbf{z}) \Rightarrow \dot{\bar{\mathbf{z}}} = \tfrac{\partial \bar{\mathbf{z}}}{\partial \mathbf{z}}\dot{\mathbf{z}} \Rightarrow \dot{\mathbf{s}} = \tfrac{\partial \mathbf{s}}{\partial \bar{\mathbf{z}}}\tfrac{\partial \bar{\mathbf{z}}}{\partial \mathbf{z}}\dot{\mathbf{z}} = \mathbf{H}(\mathbf{z})\dot{\mathbf{z}}$$

$\dot{\mathbf{s}} \in \mathbf{R}^g$: Minimalgeschwindigkeiten ($g = 6p - \overline{m}$)

(Die integrierbaren Lösungen $\dot{\mathbf{z}}$ stammen aus dem ausschließlich holonomen Anteil der Bindungen)
Unter Verwendung von Minimalgeschwindigkeiten und Minimalkoordinaten werden die kartesischen Geschwindigkeiten jedes einzelnen Körpers Funktionen des Zustands

$$\mathbf{x}^T = \left(\mathbf{z}^T \dot{\mathbf{s}}^T\right)^T :$$

$\mathbf{x} \in \mathbf{R}^n$: Zustandsvektor ($n = f + g$)

$$\omega_i = \left[\tfrac{\partial \omega}{\partial \mathbf{s}}\right]_i \dot{\mathbf{s}} + \left[\tfrac{\partial \eta}{\partial t}\right]_i, \quad \mathbf{v}_i = \left[\tfrac{\partial \mathbf{r}}{\partial \mathbf{s}}\right]_i \dot{\mathbf{s}} + \left[\tfrac{\partial \mathbf{r}}{\partial t}\right]_i, \quad i = 1(1)p$$

$\omega, \mathbf{v} \in \mathbf{R}^3$: Kartesische Geschwindigkeiten

Tabelle 3: Zusammenfassung Kinematik

Elementardrehungen

$$\mathbf{A}_\alpha = \begin{pmatrix} 1 & 0 & 0 \\ 0 & \cos\alpha & \sin\alpha \\ 0 & -\sin\alpha & \cos\alpha \end{pmatrix} \;;\; \mathbf{A}_\beta = \begin{pmatrix} \cos\beta & 0 & -\sin\beta \\ 0 & 1 & 0 \\ \sin\beta & 0 & \cos\beta \end{pmatrix} \;;\; \mathbf{A}_\gamma = \begin{pmatrix} \cos\gamma & \sin\gamma & 0 \\ -\sin\gamma & \cos\gamma & 0 \\ 0 & 0 & 1 \end{pmatrix}$$

Transformationsmatrix

$$\mathbf{A}_{IK} = \begin{pmatrix} \cos\beta\cos\gamma & -\cos\beta\sin\gamma & \sin\beta \\ \cos\alpha\sin\gamma + \sin\alpha\sin\beta\cos\gamma & \cos\alpha\cos\gamma - \sin\alpha\sin\beta\sin\gamma & -\sin\alpha\cos\beta \\ \sin\alpha\sin\gamma - \cos\alpha\sin\beta\cos\gamma & \sin\alpha\cos\gamma + \cos\alpha\sin\beta\sin\gamma & \cos\alpha\cos\beta \end{pmatrix}$$

Drehgeschwindigkeiten

$$_I\boldsymbol{\omega} = \begin{pmatrix} 1 & 0 & \sin\beta \\ 0 & \cos\alpha & -\sin\alpha\cos\beta \\ 0 & \sin\alpha & \cos\alpha\cos\beta \end{pmatrix} \begin{pmatrix} \dot\alpha \\ \dot\beta \\ \dot\gamma \end{pmatrix} \;;\; _K\boldsymbol{\omega} = \begin{pmatrix} \cos\beta\cos\gamma & \sin\gamma & 0 \\ -\cos\beta\sin\gamma & \cos\gamma & 0 \\ \sin\beta & 0 & 1 \end{pmatrix} \begin{pmatrix} \dot\alpha \\ \dot\beta \\ \dot\gamma \end{pmatrix}$$

"Kinematische Gleichungen"

$$\begin{pmatrix} \dot\alpha \\ \dot\beta \\ \dot\gamma \end{pmatrix} = \frac{1}{\cos\beta} \begin{pmatrix} \cos\gamma & -\sin\gamma & 0 \\ \sin\gamma\cos\beta & \cos\gamma\cos\beta & 0 \\ -\sin\beta\cos\gamma & \sin\gamma\sin\beta & 1 \end{pmatrix} \begin{pmatrix} _K\omega_x \\ _K\omega_y \\ _K\omega_z \end{pmatrix}$$

$$= \frac{1}{\cos\beta} \begin{pmatrix} \cos\beta & \sin\beta\sin\alpha & -\sin\beta\cos\alpha \\ 0 & \cos\beta\cos\alpha & \cos\beta\sin\alpha \\ 0 & -\sin\alpha & \cos\alpha \end{pmatrix} \begin{pmatrix} _I\omega_x \\ _I\omega_y \\ _I\omega_z \end{pmatrix}$$

Tabelle 3a: Explizite Zusammenhänge bei Verwendung von KARDAN-Winkeln

3   Prinzipien und Axiome

Mit Kenntnis des momentanen *Zustands* eines mechanischen Systems entsteht
die Frage, wie dieser zustande kommt und sich mit der Zeit ändert. Eine Zustandsänderung ist die Folge von Kräften und Momenten, die auf das System
einwirken. Die Untersuchung derartiger *Zustandsänderungen* ist Gegenstand der
Kinetik: Hier wird das Zusammenspiel von Kräften und Bewegungen betrachtet. War bei der Bestimmung des Zustands die Geschwindigkeit als Änderung der
Lage ein wesentlicher Aspekt, so rückt im Falle der kinetischen Betrachtung die
Beschleunigung als Änderung der Geschwindigkeit als wesentliche Größe in den
Vordergrund.

3.1   Differentielle Prinzipien

Die Bezeichnung *Differentielle Prinzipien* stammt daher, daß hier bestimmte Ausdrücke, die mit *virtuellen* Größen verknüpft sind, betrachtet werden. Virtuelle Verschiebungen sind unter Berücksichtigung der vorherrschenden Bindungen *mögliche*
Koordinatenänderungen *(virtuell: "Im Rahmen der Möglichkeiten")* und im allgemeinen Fall nicht gleich einer wirklichen Koordinatenänderung, die sich über die
Lösung der Systemdifferentialgleichung als entsprechendes Anfangswertproblem
ergibt. "Möglich" ist zunächst keinesfalls mit "differentiell klein" gleichzusetzen;
auch der Zusatz "differentiell kleine Verschiebungen, die unendlich schnell vonstatten gehen", der häufiger zu lesen ist, trägt nicht gerade zur Verständlichkeit
bei. Hier ist vielmehr gemeint, daß diese möglichen Verschiebungen für jeden beliebigen Zeitpunkt gelten müssen. Der Begriff der "Differentiellen Prinzipien" ist
deshalb ein wenig irreführend. Seine Entstehung ist dadurch zu verstehen, daß
zu allen möglichen virtuellen Verschiebungen auch diejenigen gehören, die hinreichend klein sind. Hiervon kann man in der Tat bei der expliziten Behandlung der
Prinzipien nutzbringend Gebrauch machen.

Eine virtuelle Verschiebung kann aber auch als "Variation der entsprechenden Koordinate" aufgefaßt werden. Dabei sind die Variationen der Minimalkoordinaten
als beliebig groß anzusehen, hiervon wird in der Variationsrechnung zur Ermittlung optimaler Lösungen Gebrauch gemacht. Es ist daher zweckmäßig, den Begriff
der virtuellen Verschiebung an dieser Stelle näher zu beleuchten.

3.1.1   Virtuelle Verschiebung, Variation und virtuelle Arbeit

Vereinfachend sei zunächst der rein statische Fall betrachtet, bei dem ein Massenelement dm einer Bindung der Form (2.50) unterliegt: $(\mathbf{r} = {}_I\mathbf{r})$,

$$\phi(\mathbf{r}) = 0 \ . \qquad (3.1)$$

Eine solche Zwangsbedingung kann als Bindung an eine Fläche aufgefaßt werden. Die Zwangskraft, die von der Fläche auf *dm* ausgeübt wird, muß in Richtung der Flächennormalen vorherrschen. Die Flächennormale der impliziten Funktion (3.1) ist durch grad ϕ gegeben.

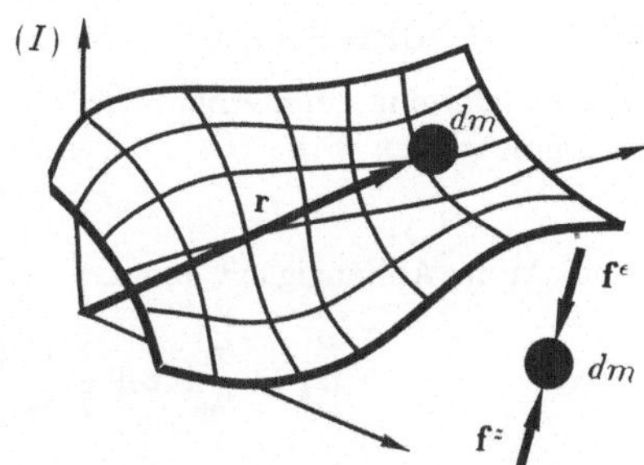

Bild 3.1: Zwangsbedingung

Mit der Richtung der Kraft kann das statische Kräftegleichgewicht angeschrieben werden, wenn man den Betrag der Zwangskraft über die Einführung eines LAGRANGEschen Parameters λ berücksichtigt. Die Summe aller auf *dm* wirkenden Kräfte ist dann

$$\mathbf{f}^e + \lambda \mathrm{grad}\phi \ . \qquad (3.2)$$

Dabei ist $\mathbf{f}^e$ die Resultierende der eingeprägten Kräfte.

Hierzu läßt sich die Arbeit mit dem zugehörigen Weganteil $(\mathbf{r} + \Delta\mathbf{r})$ bilden, wobei $\mathbf{r}$ der "wirkliche" Weg und $\Delta\mathbf{r}$ eine (mit den Bindungen verträgliche) Abweichung dazu bedeuten:

$$(\mathbf{f}^e + \lambda \mathrm{grad}\phi)^T (\mathbf{r} + \Delta\mathbf{r}) = 0 \ .$$

Weil $\mathbf{r}$ selbst zur Menge aller möglichen Wege gehört, gilt $(\mathbf{f}^e + \lambda \mathrm{grad}\phi)^T \mathbf{r} = 0$, und es bleibt die sogenannte "virtuelle Arbeit"

$$(\mathbf{f}^e + \lambda \mathrm{grad}\phi)^T \Delta\mathbf{r} = 0 \ . \qquad (3.3)$$

Dabei muß die Arbeit

$$\lambda \mathrm{grad}\phi^T \Delta\mathbf{r} = \lambda \frac{\partial\phi}{\partial\mathbf{r}} \Delta\mathbf{r} = 0 \qquad (3.4)$$

selbst wegen fehlendem Weganteil Null sein, und aus (3.3) folgt

$$\mathbf{f}^{e^T} \Delta\mathbf{r} = 0 \ . \qquad (3.5)$$

Gleichung (3.5) stellt das *Prinzip der virtuellen Arbeit* dar, wie es 1717 von Johann BERNOULLI ausgesprochen wurde. Nach HAMEL stammen die Anfänge dieses Prinzips schon aus dem Ende des 17. Jahrhunderts, Spuren davon lassen sich sogar bereits bei ARISTOTELES (384 - 322 v.Chr.) nachweisen.

Die Darstellung (3.5) setzt stets zweiseitige Bindungen voraus. Es lassen sich jedoch auch einseitige Bindungen vorstellen, die die Verschiebungen nur in einer Richtung verbieten. Dann gilt die Beziehung

$$\lambda \mathrm{grad}\phi^T \Delta\mathbf{r} \geq 0 \quad \Rightarrow \quad \mathbf{f}^{e^T} \Delta\mathbf{r} \leq 0 \ . \qquad (3.6)$$

die 1798 von FOURIER angegeben wurde (vergleiche [JOU 08]).

Betrachtet man nun ein mechanisches System, das mit Hilfe von Minimalkoordinaten $\mathbf{z}$ beschrieben wird,

$$\mathbf{r} = \mathbf{r}(\mathbf{z}) \; , \tag{3.7}$$

so kann $\Delta\mathbf{r}$ in Abhängigkeit von $\Delta\mathbf{z}$ in Form einer TAYLOR-Reihe berechnet werden:

$$\Delta\mathbf{r} = \frac{\partial\mathbf{r}}{\partial\mathbf{z}}\Delta\mathbf{z} + \frac{1}{2}\frac{\partial}{\partial\mathbf{z}}\left[\frac{\partial\mathbf{r}}{\partial\mathbf{z}}\Delta\mathbf{z}\right]\Delta\mathbf{z} + \ldots \tag{3.8}$$

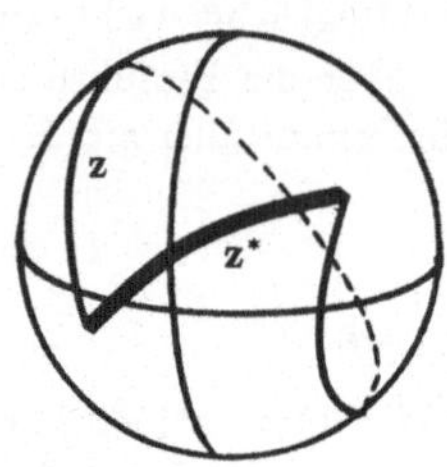

Bild 3.2: Zum Kugelpendel

Zwischen den Komponenten von $\mathbf{z}$ herrschen nach Voraussetzung keinerlei Bindungen vor. Eine virtuelle Verschiebung $\Delta\mathbf{z}$ als mögliche Verschiebung ist deshalb völlig willkürlich. Beispielsweise kann eine mögliche Verschiebung eines "Kugelpendels" (kleine Masse an masseloser Verbindungsstange zum Aufhängepunkt, Bewegungsmöglichkeit in zwei zueinander senkrechten Winkelrichtungen) auf der gesamten durch die Pendellänge definierten Kugeloberfläche liegen. Eine solche virtuelle Verschiebung kann über einen einfachen Ansatz beschrieben werden:

$$\mathbf{z} = \mathbf{z}^* + \Delta\mathbf{z} = \mathbf{z}^* + \varepsilon\boldsymbol{\eta} \; . \tag{3.9}$$

Dabei ist ε eine willkürliche Konstante. Die Funktion $\boldsymbol{\eta}(t)$ kann so festgelegt werden, daß sie zum Zeitpunkt t_0 und t_1 verschwindet. Dies ist hilfreich bei Betrachtung von kinetischen Problemen, da die Anfangswerte und (aus der Integration folgend) die Endwerte allein durch die wirkliche Bahn $\mathbf{z}^*(t)$ festgelegt werden. Die Gesamtfunktion $\mathbf{z}$ wird "Vergleichsfunktion" genannt. Eine TAYLOR-Entwicklung von (3.9) liefert

$$\Delta\mathbf{z} = \left(\frac{\partial\mathbf{z}}{\partial\varepsilon}\right)_{\varepsilon=0} \cdot \varepsilon := \delta\mathbf{z} \tag{3.10}$$

ohne Vernachlässigungen als Folge des linearen Variationsansatzes: Es treten in der gesamten TAYLOR-Reihe (3.10) keine weiteren Glieder auf. Das Symbol δ kennzeichnet die Rechenoperation "Variation" beziehungsweise "erste Variation".

Weil $\delta\mathbf{z}$ beliebig ist, ist (3.8) zunächst als unendliche Reihe zu betrachten. Nun erfüllen aber unter allen möglichen Verschiebungen $\delta\mathbf{z}$ auch diejenigen alle Voraussetzungen, die in infinitesimaler Nähe von $\mathbf{z}^*$ liegen. Beschränkt man sich auf diese, so kann die TAYLOR-Reihe (3.8) nach dem ersten Glied abgebrochen werden:

$$\Delta \mathbf{r} := \delta \mathbf{r} = \frac{\partial \mathbf{r}}{\partial \mathbf{z}} \delta \mathbf{z} \quad , \quad \| \delta \mathbf{z} \| \quad \text{hinreichend klein} . \tag{3.11}$$

In diesem – und nur in diesem Fall – gilt, daß die betrachteten virtuellen Verschiebungen infinitesimal kleine, mit den Bindungen verträgliche Verschiebungen beinhalten. Eine solche Einschränkung ist bei der Betrachtung der virtuellen Arbeiten zweckmäßig, weil es hier letztlich nur darum geht, irgendwelche möglichen Verschiebungen auszuwählen. Dagegen darf eine derartige Einschränkung bei der Optimierung (Kapitel 5) nicht gemacht werden.

Die Betrachtung der Beziehung (3.11) zeigt, wie man rechentechnisch mit dem Begriff (infinitesimale) virtuelle Verschiebung umzugehen hat: Man kann die Variation δ einer Ortskoordinate $\mathbf{r}$, die ein freigeschnittenes Element dm eines mechanischen Systems beschreibt,

$$\mathbf{r} = \mathbf{r}(\mathbf{z}(\varepsilon, t), t) , \tag{3.12}$$

auffassen als ein "vollständiges Differential", wobei jedoch die unabhängige Variable t nicht variiert wird,

$$\delta \mathbf{r} = \frac{\partial \mathbf{r}}{\partial \mathbf{z}} \left(\frac{\partial \mathbf{z}}{\partial \varepsilon} \right)_{\varepsilon=0} \cdot \varepsilon = \frac{\partial \mathbf{r}}{\partial \mathbf{z}} \delta \mathbf{z} , \tag{3.13}$$

im Gegensatz zum vollständigen Differential, das dem Operator d zugeordnet ist:

$$d\mathbf{r} = \frac{\partial \mathbf{r}}{\partial \mathbf{z}} d\mathbf{z} + \frac{\partial \mathbf{r}}{\partial t} dt . \tag{3.14}$$

Dabei ist die Zeit t natürlich nicht unveränderlich. Sie bleibt vielmehr als Parameter auch im Variationsausdruck (3.13) enthalten. Die Unvariierbarkeit klingt jedoch aus physikalischer Sicht plausibel:

Die Bahnform von $\mathbf{r}$ kann sich im Rahmen der Bindungen, die dem System auferlegt sind, möglicherweise ändern, die Zeit t ist jedoch eine physikalische Größe, an der nicht manipuliert werden soll. (Diese Betrachtung entspricht der klassischen Variation nach EULER. Die LAGRANGEsche Auffassung umfaßt teilweise auch Zeitvariationen, vergleiche Kapitel 3.3.1.)

Dem unterschiedlichen physikalischen Gehalt der Operationen d und δ kommt in der Analyse mechanischer Systeme erhebliche Bedeutung zu. Wendet man die Operation d auf Gleichung (3.13) und die Operation δ auf die Beziehung (3.14) an, so liefert deren Differenz

$$d\delta r_i - \delta d r_i = \sum_{k,j} \left[\frac{\partial^2 r_i}{\partial z_j \partial z_k} - \frac{\partial^2 r_i}{\partial z_k \partial z_j} \right] dz_j \delta z_k + \frac{\partial r_i}{\partial \mathbf{z}} (d\delta \mathbf{z} - \delta d\mathbf{z}) . \tag{3.15}$$

Der zweite Term verschwindet wegen

$$d\delta\mathbf{z} - \delta d\mathbf{z} = \left(\frac{\partial^2 \mathbf{z}}{\partial t \partial \varepsilon} - \frac{\partial^2 \mathbf{z}}{\partial \varepsilon \partial t}\right)\Big|_{\varepsilon=0}\ \varepsilon\ dt = 0\ . \tag{3.16}$$

Ferner kann in mechanischen Systemen immer davon ausgegangen werden, daß die Ortsvektoren stetig differenzierbar nach den Minimalkoordinaten sind – sonst müßten in der Hyperfläche $\mathbf{r}(\mathbf{z})$ "Löcher" sein. Damit verschwindet der Summenausdruck, und es gilt

$$d\delta\mathbf{r} - \delta d\mathbf{r} = 0\ . \tag{3.17}$$

Ganz anders sieht es aus, wenn zur Beschreibung Quasikoordinaten herangezogen werden. Für diese erhält man die Beziehung

$$d\delta s_i - \delta d s_i = \sum_{k,j} \left[\frac{\partial^2 s_i}{\partial z_j \partial z_k} - \frac{\partial^2 s_i}{\partial z_k \partial z_j}\right] dz_j \delta z_k\ , \tag{3.18}$$

die – siehe Gleichung (2.61) – für nichtintegrierbare Komponenten der Minimalgeschwindigkeiten nicht verschwindet. Dies hat in der Kinetik mechanischer Systeme wesentliche Konsequenzen.

Als Zwischenergebnis kann zunächst folgendes festgehalten werden: Aus der Vielfalt virtueller Verschiebungen (= unter Berücksichtigung der vorherrschenden Bindungen möglichen Verschiebungen) werden zur Beschreibung der "virtuellen Arbeit" im Kapitel "Kinetik" diejenigen ausgewählt, die einer aus den Anfangsbedingungen folgenden Trajektorie infinitesimal benachbart sind. Die rechnerische Behandlung der Operation δ ist dann ähnlich wie die der äußeren Ableitung d; der Unterschied besteht lediglich darin, daß die Zeit t nicht variiert wird. Die Operatoren d und δ sind vertauschbar für

1. die Minimalkoordinaten $\mathbf{z}$ und

2. die Ortskoordinaten $_I\mathbf{r}$.

Sie sind *nicht* vertauschbar für die den nichtintegrierbaren Minimalgeschwindigkeiten zugeordneten Quasikoordinaten. In diesem Fall ist Gleichung (3.18) ("PFAFFsche Form") explizit auszuwerten (Kapitel 3.1.9).

Es bleiben einige Anmerkungen zu machen über die virtuelle Arbeit, Gleichung (3.3) beziehungsweise (3.5). Grundsätzlich gilt, daß die virtuelle Arbeit in der Definition "Kraft (Moment) mal virtuelle Verschiebung (Verdrehung)" immer formuliert werden kann. Die virtuellen Verschiebungsgrößen können als Variation einer Koordinate aufgefaßt werden (Anwendung der Operation δ). Damit entsteht die Frage, ob für die Darstellung der virtuellen Arbeit nicht auch die Operation δ auf den Begriff "Arbeit" angewendet werden kann. Die Beantwortung dieser

Frage ist leicht: Auch hier kommt es wieder auf die Integrierbarkeit an. Die virtuelle Arbeit (3.5), ergänzt um die Anteile aus eingeprägten Momenten $\mathbf{l}^e$ und den zugehörigen virtuellen Verdrehungen $\delta\boldsymbol{\eta}$,

$$\delta W = \mathbf{f}^{e^T} \delta\mathbf{r} + \mathbf{l}^{e^T} \delta\boldsymbol{\eta} \;, \tag{3.19}$$

kann zusammengefaßt werden zur virtuellen Arbeit der "verallgemeinerten Kräfte" $\mathbf{Q}$, wenn man die explizite Abhängigkeit der Verschiebungen und Verdrehungen von den Minimalkoordinaten $\mathbf{z}$ berücksichtigt:

$$\delta W = \left[\mathbf{f}^{e^T} \frac{\partial\mathbf{r}}{\partial\mathbf{z}} + \mathbf{l}^{e^T} \frac{\partial\boldsymbol{\eta}}{\partial\mathbf{z}} \right] \delta\mathbf{z} = \mathbf{Q}^T \delta\mathbf{z} \;. \tag{3.20}$$

Dabei läßt sich die verallgemeinerte Kraft $\mathbf{Q}$ als Ableitung einer Arbeitsbeziehung (Integral Kraft mal Weg) nach der oberen Integrationsgrenze formulieren:

$$\mathbf{Q}^T = \frac{\partial}{\partial\mathbf{z}} \int_0^{\mathbf{z}} \mathbf{Q}^T d\boldsymbol{\zeta} \;. \tag{3.21}$$

Für die virtuelle Arbeit (3.20) gilt dann

$$\frac{\partial}{\partial\mathbf{z}} \int_0^{\mathbf{z}} \mathbf{Q}^T d\boldsymbol{\zeta}\, \delta\mathbf{z} \;. \tag{3.22}$$

Die Anwendung der Operation δ auf die Arbeit W liefert

$$\delta W = \frac{\partial}{\partial\mathbf{z}} \int_0^{\mathbf{z}} \mathbf{Q}^T\, d\boldsymbol{\zeta}\, \delta\mathbf{z} = \delta \int_0^{\mathbf{z}} \mathbf{Q}^T\, d\boldsymbol{\zeta} \;. \tag{3.23}$$

Wenn hierbei die Integration geschlossen lösbar ist, so ist die virtuelle Arbeit gleichbedeutend mit "Variation der Arbeit". Die Integration ist in zwei Fällen durchführbar:

1. Die Arbeit W ist diejenige, die aus Potentialkräften verrichtet wird:

$$W = -V(\mathbf{z}) \;:\; -\frac{\partial V}{\partial\mathbf{z}} = \mathbf{Q}^T \;. \tag{3.24}$$

   Dies beinhaltet bereits die Definition des Potentials: Es handelt sich um die Arbeit aus Kräften, die lediglich ortsabhängig sind und für die die Berechnung der Arbeit unabhängig vom Integrationsweg ist.

2. Die Arbeit W ist diejenige, die durch die Beschleunigungskräfte verrichtet wird (kinetische Energie):

$$W = T \;:\; \int_{(S)} \int_0^{\mathbf{r}} \ddot{\boldsymbol{\rho}}^T dm\, d\boldsymbol{\rho} = \frac{1}{2} \int_{(S)} \dot{\mathbf{r}}^T dm\, \dot{\mathbf{r}} \;. \tag{3.25}$$

Für alle anderen Fälle ist zwischen den Begriffen *virtuelle Arbeit* und *Variation (der Arbeit)* ein Unterschied in der Interpretation zu machen. So gelingt es beispielsweise nicht, das Integral der durch geschwindigkeitsproportionale Dämpfungskräfte verrichteten Arbeit geschlossen zu lösen, die entsprechende virtuelle Arbeit kann damit nicht als Variation formuliert werden.

3.1.2   Das Prinzip von d'ALEMBERT und das Prinzip von LAGRANGE

Nach d'ALEMBERT (Traité de dynamique, 1743) können die an einem System angreifenden Kräfte eingeteilt werden in solche, die eine Bewegung verursachen und solche, die für die Bewegung verloren sind. Dann gilt:

Die Gesamtheit der verlorenen Kräfte hält sich das Gleichgewicht,

(d'ALEMBERT-Prinzip). Zu den verlorenen Kräften gehören die Zwangskräfte, die wegen fehlendem Weganteil bei starren Bindungen keine Arbeit leisten. Bildet man also mit $(\mathbf{r} + \Delta\mathbf{r})$ als Vektor aller möglichen, das heißt mit den Bindungen verträglichen Verschiebungen, die virtuelle Arbeit, so tauchen hierin keine Zwangskräfte auf; es sind lediglich die arbeitleistenden eingeprägten Kräfte zu berücksichtigen:

$$\int_{(S)} (\ddot{\mathbf{r}}\,dm - d\mathbf{f}^e)^T\,(\mathbf{r} + \Delta\mathbf{r}) = 0 \quad \Rightarrow \quad \int_{(S)} (\ddot{\mathbf{r}}\,dm - d\mathbf{f}^e)^T\,\Delta\mathbf{r} = 0 \qquad (3.26)$$

($\mathbf{r}$ als tatsächliche, das heißt zu den vorherrschenden Anfangswerten gehörende Lösung gehört selbst zur Menge der möglichen Verschiebungen: $\int (\ddot{\mathbf{r}}dm - d\mathbf{f}^e)^T\,\mathbf{r} = 0$; (S) kennzeichnet eine Integration über alle dm des betrachteten Systems). Die Beziehung (3.26) wird häufig als d'ALEMBERT-Prinzip in der Fassung von LA-GRANGE bezeichnet, stellt aber nach HAMEL ein ursächliches und eigenständiges Ergebnis von LAGRANGE (Mécanique analytique, 1788) dar und lautet bei HA-MEL konsequenterweise LAGRANGE-Prinzip. Da im Erscheinungsjahr des Traité de dynamique der Impulssatz noch nicht veröffentlicht war (EULER, 1750), die Beziehung (3.26) aber bereits von ihm Gebrauch macht, ferner d'ALEMBERT in der Folge den Impulssatz heftig angegriffen haben soll, ist es naheliegend, das Prinzip (3.26) statt nach d'ALEMBERT nach LAGRANGE zu benennen.

3.1.3   Das Prinzip von JOURDAIN und das Prinzip von GAUSS

Um Gleichung (3.26) auswerten zu können, muß $\Delta\mathbf{r}$ bekannt sein. Für hinreichend kleine $\Delta\mathbf{r}$, $\Delta\mathbf{r} \Rightarrow \delta\mathbf{r}$, kann die gesuchte Größe aus der Orthogonalitätsbeziehung (3.4), $(\partial\phi/\partial\mathbf{r})\cdot\delta\mathbf{r} = 0$, berechnet werden und stellt eine (infinitesimale) *Verschiebung* dar. Betrachtet man andererseits die Ableitung der Bindungsgleichung,

$$\dot{\phi} = \frac{\partial\phi}{\partial\mathbf{r}}\dot{\mathbf{r}} + \frac{\partial\phi}{\partial t}, \qquad (3.27)$$

so folgt durch partielle Ableitung nach $\dot{\mathbf{r}}$ stets $(\partial\phi/\partial\mathbf{r}) = (\partial\dot{\phi}/\partial\dot{\mathbf{r}})$, und die Orthogonalitätsbedingung (3.4) kann als $(\partial\dot{\phi}/\partial\dot{\mathbf{r}})\,\delta\mathbf{r} = 0$ angeschrieben werden. In Analogie zu (3.4) kann nun die virtuelle Größe auch als Element des Geschwindigkeitsraums gedeutet werden. Zur Unterscheidung wird dann $\delta\mathbf{r}$ durch

$\delta'\dot{\mathbf{r}}$ ersetzt und kennzeichnet die JOURDAINsche Variation. An diese Variation sind besondere Anforderungen zu stellen: Betrachtet man die "normale" Variation der abgeleiteten Bindungsgleichung $\dot{\phi}(\mathbf{r},\dot{\mathbf{r}},t)$,

$$\delta\dot{\phi} = \frac{\partial\dot{\phi}}{\partial\mathbf{r}}\delta\mathbf{r} + \frac{\partial\dot{\phi}}{\partial\dot{\mathbf{r}}}\delta\dot{\mathbf{r}} \ , \tag{3.28}$$

so erhält man die gesuchte Orthogonalitätsbedingung nur dann, wenn außer den Geschwindigkeitsgrößen alle anderen Terme verschwinden:

$$\delta'\mathbf{r} = 0\ ,\ \ \delta'\dot{\mathbf{r}} \neq 0\ ,\ \ \delta't = 0\ \ \Rightarrow\ \ \delta'\dot{\phi} = \frac{\partial\dot{\phi}}{\partial\dot{\mathbf{r}}}\delta'\dot{\mathbf{r}} \ . \tag{3.29}$$

Weil hierbei $\dot{\mathbf{r}}$ stets linear in $\dot{z}$ ist, braucht bei der Betrachtung der virtuellen *Geschwindigkeit* $\delta'\dot{\mathbf{r}}$ keinerlei Einschränkung im Sinne von "infinitesimal klein" gemacht zu werden. Mit ihrer Hilfe kann man vom LAGRANGE-Prinzip (virtuelle *Arbeit*, (3.26)) auf das JOURDAIN-Prinzip der virtuellen *Leistung* (1908)

$$\int_{(S)} (\ddot{\mathbf{r}}\,dm - d\mathbf{f}^e)^T\,\delta'\dot{\mathbf{r}} = 0 \tag{3.30}$$

übergehen. Weil es bei der Auswertung dieser Prinzipe auf die virtuellen Elemente später nicht mehr ankommt, sind hinsichtlich des Ergebnisses (vergleiche Kapitel 4) beide Prinzipe völlig äquivalent und das Vorgehen obliegt lediglich der Interpretation (Arbeit oder Leistung).

Die Differentiation der Bindungsgleichungen (3.27) kann beliebig weitergeführt werden und liefert über die entsprechenden partiellen Ableitungen den Zusammenhang

$$\frac{\partial\phi}{\partial\mathbf{r}} = \frac{\partial\dot{\phi}}{\partial\dot{\mathbf{r}}} = \frac{\partial\ddot{\phi}}{\partial\ddot{\mathbf{r}}} = \ldots = \frac{\partial\phi^{(n)}}{\partial\mathbf{r}^{(n)}} \ . \tag{3.31}$$

Damit lassen sich die virtuellen Größen in Analogie zu (3.29) als Variationen der n-ten zeitlichen Koordinatenableitungen deuten, wenn man die entsprechenden Vorschriften analog (3.29) für die durchzuführenden Variationen einführt. Bedeutung kommt dabei der zweiten Ableitung zu: Mit

$$\ddot{\phi}(\mathbf{r},\dot{\mathbf{r}},\ddot{\mathbf{r}},t) \ = \ 0\ ,\ \ \delta''\mathbf{r} = 0\ ,\ \ \delta''\dot{\mathbf{r}} = 0\ ,\ \ \delta''\ddot{\mathbf{r}} \neq 0\ ,\ \ \delta''t = 0$$

$$\Rightarrow \qquad \delta''\ddot{\phi} = \frac{\partial\ddot{\phi}}{\partial\ddot{\mathbf{r}}}\delta''\ddot{\mathbf{r}} = 0$$

$$\Rightarrow \qquad \int_{(S)} (\ddot{\mathbf{r}}\,dm - d\mathbf{f}^e)^T\,\delta''\ddot{\mathbf{r}} = 0 \tag{3.32}$$

erhält man das Prinzip von GAUSS, das 1829 veröffentlicht wurde.

Bei Betrachtung holonomer Bindungen gilt stets das Gleichheitszeichen in (3.31). Bei nichtholonomen Bindungen ist die Ableitungskette (3.31) in gewissem Sinne nur in einer Richtung möglich: Formuliert man die Funktionalmatrix $(\partial\phi/\partial\mathbf{r})$ über die Geschwindigkeiten, das heißt $(\partial\dot{\phi}/\partial\dot{\mathbf{r}})$, und führt dann durch Nullsetzen einzelner Komponenten nichtholonome Bindungen ein, so ist eine Rückintegration $\dot{\phi} \Rightarrow \phi$ nicht mehr möglich. Das gleiche gilt sinngemäß für den Übergang von $(\partial\dot{\phi}/\partial\dot{\mathbf{r}})$ nach $(\partial\ddot{\phi}/\partial\ddot{\mathbf{r}})$: Das Sperren einzelner Komponenten in $(\partial\ddot{\phi}/\partial\ddot{\mathbf{r}})$ könnte theoretisch dazu führen, daß eine Integration zu $\ddot{\phi} \Rightarrow \dot{\phi}$ nicht mehr gelingt. Ein solches Vorgehen würde der Einführung von nichtlinearen nichtholonomen Bindungen entsprechen, die jedoch aus physikalischer Sicht ausscheiden (vergleiche Kapitel 2.3).

3.1.4   Eine Zentralgleichung

Das LAGRANGEsche Prinzip kann mit der Definition der virtuellen Arbeit aus eingeprägten Kräften nach (3.20) geschrieben werden als

$$\int_{(S)} \ddot{\mathbf{r}}^T \, dm\delta\mathbf{r} - \delta W = 0 \ . \tag{3.33}$$

Hierin kann der erste Term umformuliert werden:

$$\int_{(S)} \ddot{\mathbf{r}}^T dm\delta\mathbf{r} = \frac{d}{dt}\left[\int_{(S)} \dot{\mathbf{r}}^T dm\delta\mathbf{r}\right] - \int_{(S)}\left[\dot{\mathbf{r}}^T dm\frac{d}{dt}\delta\mathbf{r}\right] \ . \tag{3.34}$$

Weil mit (3.17) Variation und Differentiation bezüglich des Ortsvektors $\mathbf{r}$ vertauschbar ist, gilt für den zweiten Term in (3.34)

$$\int_{(S)} \dot{\mathbf{r}}^T dm\frac{d}{dt}\delta\mathbf{r} = \int_{(S)} \dot{\mathbf{r}}^T dm\delta\dot{\mathbf{r}} = \delta\left[\int_{(S)} \frac{1}{2}\dot{\mathbf{r}}^T\dot{\mathbf{r}} \, dm\right] \ . \tag{3.35}$$

Das Ergebnis von (3.35) ist die Variation eines geschlossenen Energieausdrucks, der die "Arbeit der Beschleunigungskräfte" (kinetische Energie, (3.25)) beinhaltet:

$$\frac{1}{2}\int_{(S)} \dot{\mathbf{r}}^T dm\,\dot{\mathbf{r}} = T \ . \tag{3.36}$$

Damit läßt sich das LAGRANGEsche Prinzip formulieren als

$$\frac{d}{dt}\left[\int_{(S)} \dot{\mathbf{r}}^T dm\delta\mathbf{r}\right] - \delta T - \delta W = 0 \ . \tag{3.37}$$

Diese Beziehung wird nach HEUN (vergleiche [HAM 49]) LAGRANGEsche Zentralgleichung genannt.

Unter Voraussetzung linearer Geschwindigkeitsbindungen kann (3.37) weiter aufbereitet werden:

Der Integrand des ersten Terms in (3.37) läßt sich als Ableitung einer quadratischen Form darstellen. Berücksichtigt man außerdem, daß die virtuelle Verschiebung als $\delta\mathbf{r} = (\partial\dot{\mathbf{r}}/\partial\dot{\mathbf{s}})\,\delta\mathbf{s}$ (vergleiche Kapitel "Kinematik") ausgedrückt werden kann, so gilt

$$\frac{d}{dt}\int_{(S)}\dot{\mathbf{r}}^T dm\,\delta\mathbf{r} = \frac{d}{dt}\left[\int_{(s)}\frac{\partial}{\partial\dot{\mathbf{r}}}\frac{1}{2}\left(\dot{\mathbf{r}}^T dm\,\dot{\mathbf{r}}\right)\frac{\partial\dot{\mathbf{r}}}{\partial\dot{\mathbf{s}}}\delta\mathbf{s}\right]\ . \tag{3.38}$$

Dabei stellt die partielle Ableitung des Integranden nach $\dot{\mathbf{r}}$ mit der anschließenden Ableitung $(\partial\dot{\mathbf{r}}/\partial\dot{\mathbf{s}})$ die Kettenregel der Differentiationsrechnung dar. Mit (3.36) kann also der Ausdruck (3.38) angeschrieben werden als

$$\frac{d}{dt}\int_{(S)}\dot{\mathbf{r}}^T dm\,\delta\mathbf{r} = \frac{d}{dt}\left[\frac{\partial T}{\partial\dot{\mathbf{s}}}\delta\mathbf{s}\right]\ . \tag{3.39}$$

Das LAGRANGEsche Prinzip geht damit über in

$$\frac{d}{dt}\left[\frac{\partial T}{\partial\dot{\mathbf{s}}}\delta\mathbf{s}\right] - \delta T - \delta W = 0\ . \tag{3.40}$$

Gleichung (3.40) soll als *Zentralgleichung* bezeichnet werden. Aus ihr läßt sich ohne viel Mühe eine Vielzahl von Grundgleichungen der Kinetik ableiten.

3.1.5 Die LAGRANGEschen Gleichungen zweiter Art

Führt man die Zeitdifferentiation in (3.40) aus, so erhält man

$$\left[\frac{d}{dt}\frac{\partial T}{\partial\dot{\mathbf{s}}} - \frac{\partial T}{\partial\mathbf{s}} - \mathbf{Q}^T\right]\delta\mathbf{s} + \frac{\partial T}{\partial\dot{\mathbf{s}}}\left[\frac{d}{dt}\delta\mathbf{s} - \delta\frac{d\mathbf{s}}{dt}\right] = 0\ , \qquad \delta W = \mathbf{Q}^T\delta\mathbf{s}\ . \tag{3.41}$$

Sind hierbei $\dot{\mathbf{s}}$ erste Zeitableitungen von *Minimalkoordinaten*, das heißt

$$\frac{d\mathbf{s}}{dt}\ \Rightarrow\ \frac{d\mathbf{z}}{dt}\ , \tag{3.42}$$

so verschwindet wegen (3.16) die zweite eckige Klammer. In dem verbleibenden Term ist die virtuelle Verschiebung willkürlich, so daß der Klammerausdruck selbst Null werden muß:

$$\left[\frac{d}{dt}\frac{\partial T}{\partial\dot{\mathbf{z}}} - \frac{\partial T}{\partial\mathbf{z}} - \mathbf{Q}^T\right] = 0\ . \tag{3.43}$$

Dies sind die LAGRANGEschen Gleichungen zweiter Art für Minimalkoordinaten. Offensichtlich können diese nur für holonome Systeme verwendet werden, da nichtholonome mindestens so viele Quasikoordinaten erfordern wie nichtholonome Bindungen vorhanden sind. In diesem Fall ist Gleichung (3.41) zu verwenden. Gleichung (3.41) stellt die LAGRANGEschen Gleichungen für Quasikoordinaten dar, auch HAMEL-BOLTZMANN-Gleichungen genannt.

3.1.6 Die kanonischen HAMILTON-Gleichungen

Führt man in der Zentralgleichung (3.40) die Impulskoordinate

$$\mathbf{p}^T = \frac{\partial T}{\partial \dot{\mathbf{s}}} \tag{3.44}$$

ein und führt die Differentiation aus,

$$\dot{\mathbf{p}}^T \delta \mathbf{s} + \mathbf{p}^T \frac{d}{dt} \delta \mathbf{s} - \delta T - \delta W = 0 \ , \tag{3.45}$$

so kann mit zwei Ergänzungen (unterstrichen)

$$\dot{\mathbf{p}}^T \delta \mathbf{s} - \underline{\dot{\mathbf{s}}^T \delta \mathbf{p}} + \underline{\dot{\mathbf{s}}^T \delta \mathbf{p}} + \underline{\mathbf{p}^T \delta \dot{\mathbf{s}}} - \delta T - \underline{\mathbf{p}^T \delta \dot{\mathbf{s}}} + \mathbf{p}^T \frac{d}{dt} \delta \mathbf{s} - \delta W = 0 \tag{3.46}$$

das Gleichungssystem zu

$$\dot{\mathbf{p}}^T \delta \mathbf{s} - \dot{\mathbf{s}}^T \delta \mathbf{p} + \delta \left(\mathbf{p}^T \dot{\mathbf{s}} - T \right) - \mathbf{p}^T \left[\delta \frac{d\mathbf{s}}{dt} - \frac{d}{dt} \delta \mathbf{s} \right] - \delta W = 0 \tag{3.47}$$

zusammengefaßt werden. Auch hier entfallen, wenn die Beschreibung in Minimal-koordinaten erfolgt, die Terme der letzten Klammer (holonomes System). Spaltet man im Ausdruck der virtuellen Arbeit Potentialanteile ab und bezeichnet den Rest mit δW^R,

$$\delta W = -\delta V + \delta W^R \ , \tag{3.48}$$

so kann der Potentialanteil mit in die zu variierende Funktion (HAMILTON-Funktion) genommen werden:

$$\delta \left(\mathbf{p}^T \dot{\mathbf{z}} - T + V \right) = \delta H \ . \tag{3.49}$$

Für autonome Systeme (skleronome Zwangsbedingungen, keine explizite Zeitab-hängigkeit) stellt wegen

$$\begin{aligned}
T &= \frac{1}{2} \int_{(S)} \dot{\mathbf{r}}^T \dot{\mathbf{r}}\, dm = \frac{1}{2} \dot{\mathbf{z}}^T \left[\int_{(S)} \left(\frac{\partial \mathbf{r}}{\partial \mathbf{z}} \right)^T dm \left(\frac{\partial \mathbf{r}}{\partial \mathbf{z}} \right) \right] \dot{\mathbf{z}} \\
&= \frac{1}{2} \left[\dot{\mathbf{z}}^T \mathbf{M}(\mathbf{z}) \right] \dot{\mathbf{z}} \ \Rightarrow \ \mathbf{p}^T \dot{\mathbf{z}} = \frac{\partial T}{\partial \dot{\mathbf{z}}} \dot{\mathbf{z}} = 2T
\end{aligned} \tag{3.50}$$

die HAMILTON-Funktion gerade die Energiesumme dar.

Besondere Bedeutung kommt diesen Beziehungen für konservative Systeme zu. Dann gilt

$$\delta W^R = 0 \ . \tag{3.51}$$

Formuliert man die HAMILTON-Funktion als Funktion der Minimalkoordinaten und der Impulse $\mathbf{p}$ – das ist stets möglich, da über

$$\mathbf{p} = \left(\frac{\partial T}{\partial \dot{\mathbf{z}}}\right)^T = \mathbf{M}(\mathbf{z})\dot{\mathbf{z}} \;\Rightarrow\; \dot{\mathbf{z}} = \mathbf{M}(\mathbf{z})^{-1}\mathbf{p} \tag{3.52}$$

die Geschwindigkeiten $\dot{\mathbf{z}}$ eliminiert werden können –, so folgen aus einem Koeffizientenvergleich,

$$\dot{\mathbf{p}}^T \delta\mathbf{z} - \dot{\mathbf{z}}^T \delta\mathbf{p} + \frac{\partial H}{\partial\mathbf{z}}\delta\mathbf{z} + \frac{\partial H}{\partial\mathbf{p}}\delta\mathbf{p} = 0 \,, \tag{3.53}$$

die kanonischen HAMILTON-Gleichungen konservativer holonomer Systeme:

$$\dot{\mathbf{p}}^T = -\left(\frac{\partial H}{\partial\mathbf{z}}\right) \,, \quad \dot{\mathbf{z}}^T = \left(\frac{\partial H}{\partial\mathbf{p}}\right) \,. \tag{3.54}$$

Diesen Beziehungen kommen insbesondere bei einer qualitativen Untersuchung dynamischer Systeme Bedeutung zu. Für eine quantitative Untersuchung ist jedoch der zu treibende Aufwand nicht zu unterschätzen, da nicht nur die quadratischen Formen der Energieausdrücke explizit berechnet, sondern diese außerdem noch in Impulskoordinaten ausgedrückt werden müssen.

3.1.7 Die Gleichungen von GIBBS und APPELL

Formuliert man das LAGRANGEsche Prinzip (3.26/ 3.33) mit Hilfe einer quadratischen Form in den Beschleunigungen – statt, wie bei der Herleitung der Zentralgleichung, in den Geschwindigkeiten –,

$$\int_{(S)} \ddot{\mathbf{r}}^T dm\,\delta\mathbf{r} - \delta W = 0 = \int_{(S)} \frac{\partial}{\partial\ddot{\mathbf{r}}}\left[\frac{1}{2}\ddot{\mathbf{r}}^T dm\,\ddot{\mathbf{r}}\right]\delta\mathbf{r} - \delta W \,, \tag{3.55}$$

so erhält man für den ersten Term über

$$\delta\mathbf{r} = \frac{\partial\mathbf{r}}{\partial\mathbf{s}}\delta\mathbf{s} = \frac{\partial\dot{\mathbf{r}}}{\partial\dot{\mathbf{s}}}\delta\mathbf{s} = \frac{\partial\ddot{\mathbf{r}}}{\partial\ddot{\mathbf{s}}}\delta\mathbf{s} \tag{3.56}$$

die Beziehung

$$\int_{(S)} \ddot{\mathbf{r}}^T dm\,\delta\mathbf{r} = \int_{(S)} \frac{\partial}{\partial\ddot{\mathbf{r}}}\left[\frac{1}{2}\ddot{\mathbf{r}}^T dm\,\ddot{\mathbf{r}}\right]\frac{\partial\ddot{\mathbf{r}}}{\partial\ddot{\mathbf{s}}}\delta\mathbf{s} = \frac{\partial S}{\partial\ddot{\mathbf{s}}}\delta\mathbf{s} \tag{3.57}$$

mit der *GIBBS-APPELL-Funktion S*

$$S = \frac{1}{2}\int_{(S)}\left[\ddot{\mathbf{r}}^T dm\,\ddot{\mathbf{r}}\right] \,. \tag{3.58}$$

Zusammen mit den verallgemeinerten Kräften $\mathbf{Q}\left(\delta W = \mathbf{Q}^T \delta \mathbf{s}\right)$ geht (3.55) über in die GIBBS-APPELL-Gleichungen

$$\left[\frac{\partial S}{\partial \ddot{\mathbf{s}}}\right]^T = \mathbf{Q} \, . \tag{3.59}$$

Während GIBBS holonome Systeme untersucht (Am.J.of.Math., 1879), setzt AP-PELL ausdrücklich nichtholonome Bindungen an (J.f.Math., 1899). Beide Autoren kommen zu derselben Beziehung (3.59), deshalb erscheint die Bezeichnung GIBBS-APPELL-Gleichungen angebracht.

3.1.8 Energieerhaltung, kinetische und potentielle Energie

Für die Auswertung des LAGRANGEschen Prinzips (3.26) werden die virtuellen Verschiebungen benötigt, vgl. Kapitel 3.1.1. Dort wurde klar, daß diese Terme in der Formulierung des Prinzips keinesfalls à priori als klein angenommen werden müssen; auch lassen sich die Koordinatenvariationen als Elemente des Geschwindigkeitsraums deuten, was auf das JOURDAINsche Prinzip (3.30) der virtuellen Leistungen führt. Insbesondere hier sind auch in der Auswertung keine bestimmten Anforderungen an den Betrag der virtuellen Geschwindigkeiten zu stellen.

Weil diese virtuelle Geschwindigkeiten solche sein müssen, die mit den Bindungen im System verträglich sind, kann hier auch die tatsächliche Geschwindigkeit $\dot{\mathbf{r}}$ eingesetzt werden. Sind ferner die eingeprägten Kräfte allesamt Potentialkräfte, handelt es sich also um ein konservatives System, so gilt

$$\int_{(S)} \ddot{\mathbf{r}}^T dm\dot{\mathbf{r}} - \int_{(S)} d\mathbf{f}^{e^T}\dot{\mathbf{r}} = \frac{d}{dt}\frac{1}{2}\int_{(S)} \dot{\mathbf{r}}^T dm\dot{\mathbf{r}} + \int_{(S)} d\frac{\partial V}{\partial \mathbf{r}}\dot{\mathbf{r}} = \frac{d}{dt}[T+V] = 0 \, . \tag{3.60}$$

Das bedeutet, daß die Summe aus kinetischer Energie T und potentieller Energie V eines konservativen Systems für alle Zeiten konstant ist (Energieerhaltungssatz, HUYGENS 1673). Im Gegensatz zu (3.26), wo das LAGRANGEsche Prinzip bezüglich der Koordinatenvariation δ nicht notwendig ein "differentielles Prinzip" sein muß, stellt der Energieerhaltungssatz bezüglich des für den Parameter t definierten Operators d,

$$d(T+V) = 0 \, , \tag{3.61}$$

tatsächlich ein differentielles Prinzip[2] dar.

---

[2]Für den Energieerhaltungssatz findet man in der (älteren) Literatur häufig die Bezeichnung "Prinzip der lebendigen Kraft". Deshalb wird er hier in das Kapital "Prinzipe" eingeordnet.

Entsprechend der JOURDAINschen Formulierung beinhaltet auch (3.60/ 3.61) die Leistung (Arbeit pro Zeit) des Systems. Folgerichtig muß es auch über (3.60), wie beim JOURDAINschen Prinzip, möglich sein, die Leistung aufzuteilen in Terme der Form Kraft/Moment mal Geschwindigkeit/Winkelgeschwindigkeit. Allerdings treten hier Schwierigkeiten auf: Da als zulässige Geschwindigkeit die tatsächliche Bahngeschwindigkeit eingesetzt und auf eine Variation der Geschwindigkeitselemente verzichtet wurde, gelingt es nicht immer, die zu bestimmten Geschwindigkeitsanteilen gehörenden (verallgemeinerten) Kräfte eindeutig zu identifizieren. Sämtliche Kräfte, die *in der Gesamtsumme* keine Arbeit leisten, aber in verschiedenen Richtungen wirken, tauchen in (3.60) nicht explizit auf.

$\triangledown$

Beispiel: Elastisches Pendel

Betrachtet wird ein Pendel gemäß Bild 3.3: Längs einer masselosen Stange kann eine kleine Masse m reibungsfrei gleiten. Sie ist mit einer Feder an den Ursprung 0 gefesselt. Die gesamte Anordnung kann sich um 0 reibungsfrei drehen. Die Geschwindigkeit der Masse lautet in einem mitdrehenden Referenzsystem R nach (2.32)

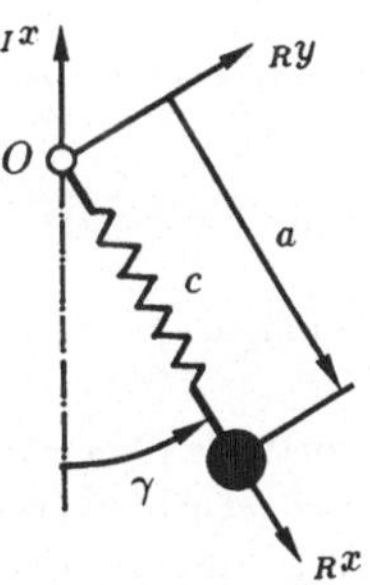

$$_R\mathbf{v} \;=\; \mathbf{v}_0 + {}_R\dot{\mathbf{r}}_1 + {}_R\tilde{\omega}_{IR}\,{}_R\mathbf{r}_1 + {}_R\tilde{\omega}_{KI}\,{}_R\mathbf{r}_P \,.$$

Bild 3.3: Elastisches Pendel

Dabei ist der Ursprung unbewegt: $\mathbf{v}_0 = 0$. Ferner sei die Masse so klein, daß $\mathbf{r}_P$ Null gesetzt werden kann. Dann gilt

$$_R\mathbf{v} \;=\; {}_R\dot{\mathbf{r}}_1 + {}_R\tilde{\omega}_{IR}\,{}_R\mathbf{r}_1 = \left(\dot{a}, a\dot{\gamma}, 0\right)^T \,.$$

Für die kinetische Energie folgt

$$T = \frac{1}{2}\int_m \mathbf{v}^T \mathbf{v}\,dm = \frac{1}{2}\left(\dot{a}^2 + a^2\dot{\gamma}^2\right)m \,.$$

Die potentielle Energie setzt sich aus zwei Anteilen zusammen: Dem Federpotential und dem Schwerepotential. Mit einer linearen Federkraft folgt

$$f^e = -c\Delta s\,(c:\text{Federkonstante}): \quad V_F \;=\; -\int_0^{\Delta s} f^e\,d\rho = \int_0^{\Delta s} c\rho\,d\rho = \tfrac{1}{2}c\left(a - a_0\right)^2,$$
$$\Delta s \;=\; \left(a - a_0\right)\,.$$

Dabei stellt a_0 die Länge der ungespannten (kräftefreien) Feder dar. Für das Schwerepotential folgt mit der Gewichtskraft mg

$$V_G = -mg\,a\,\cos\gamma\,.$$

Damit gilt für die zeitliche Ableitung der Energiesumme geordnet

$$\frac{d}{dt}\left(T + V_F + V_G\right) = \left[m\,\ddot{a} + ma\dot{\gamma}^2 + c\,(a - a_0) - mg\cos\gamma\right]\dot{a} + \\ + \left[ma^2\ddot{\gamma} + mg\,a\,\sin\gamma\right]\dot{\gamma} = 0\,.$$

Obgleich diese Beziehung zweifellos richtig ist, stellen die beiden eckigen Klammern dennoch nicht die Kraft in Richtung a und das Moment in Richtung γ dar. Schreibt man nämlich die virtuelle Arbeit über die LAGRANGEschen Gleichungen

$$\left[\frac{d}{dt}\frac{\partial T}{\partial \dot{\mathbf{z}}} - \frac{\partial T}{\partial \mathbf{z}} + \frac{\partial V}{\partial \mathbf{z}}\right]\delta\mathbf{z} = 0\,, \qquad \mathbf{z} = (a,\gamma)^T\,,$$

an, so erhält man

$$\left[m\ddot{a} - ma\dot{\gamma}^2 - mg\,\cos\gamma + c\,(a - a_0)\right]\delta a + \left[ma^2\ddot{\gamma} + 2ma\dot{a}\dot{\gamma} + mga\,\sin\gamma\right]\delta\gamma = 0\,.$$

Weil hierin die virtuellen Verschiebungen willkürlich sind, *müssen* die beiden Klammerausdrücke die gesuchten (verallgemeinerten) Kraftbeziehungen darstellen. Im Vergleich zur Ableitung der Energiesumme hätte man jene also mit

$$-2ma\dot{\gamma}^2\,\dot{a} + 2ma\dot{a}\dot{\gamma}\,\dot{\gamma} = 0$$

zu ergänzen, um auf die Kräfte rückschließen zu können. Diese beiden Terme stellen "Corioliskräfte" dar, die einmal (erster Term) in a-Richtung, zum anderen (zweiter Term) in γ-Richtung wirken. Insgesamt leisten sie jedoch keine Arbeit.

$\triangle$

3.1.8.1 Kinetische Energie

Nach (2.19/ 2.22) lautet die absolute Geschwindigkeit eines Elements dm

$$\mathbf{v} = \mathbf{v}_0 + \tilde{\omega}\mathbf{r}_P \tag{3.62}$$

Diese Beziehung kann auch geschrieben werden als

$$\mathbf{v} = \mathbf{v}_0 + \tilde{\mathbf{r}}_P^T\omega = \left(\mathbf{E}\ \tilde{\mathbf{r}}_P^T\right)\begin{pmatrix}\mathbf{v}_0 \\ \omega\end{pmatrix}\,. \tag{3.63}$$

Eingesetzt in

$$T = \frac{1}{2} \int_{(S)} \dot{\mathbf{r}}^T dm\, \dot{\mathbf{r}} = \frac{1}{2} \int_{(S)} \mathbf{v}^T dm\, \mathbf{v} \tag{3.64}$$

erhält man die kinetische Energie als quadratische Form

$$T = \sum_i^p T_i \,,$$

$$2T_i = \left\{ [\mathbf{v}_0^T \ \boldsymbol{\omega}^T] \int_m \begin{pmatrix} \mathbf{E} & \tilde{\mathbf{r}}_P^T \\ \tilde{\mathbf{r}}_P & \tilde{\mathbf{r}}_P \tilde{\mathbf{r}}_P^T \end{pmatrix} dm \begin{pmatrix} \mathbf{v}_0 \\ \boldsymbol{\omega} \end{pmatrix} \right\}_i \,, \quad \begin{array}{l} i = 1(1)p \,, \\ p : \text{Zahl der Körper.} \end{array} \tag{3.65}$$

Diese Beziehung gilt sowohl im Inertialsystem als auch in einem körperfesten System; die Geschwindigkeit $\mathbf{v}_0$ ist dabei die absolute Geschwindigkeit des gewählten Koordinatenursprungs.

Je nach betrachtetem Körper kann nun die Integration über dm durchgeführt werden. Dabei ist für einen infinitesimalen Starrkörper $m \to \Delta m$

$$\frac{1}{\Delta m} \int_{\Delta m} \mathbf{r}_P \, dm = \mathbf{r}_S \tag{3.66}$$

der Schwerpunktsvektor vom Ursprung zum Massenmittelpunkt des betrachteten Körpers, und

$$\int_{\Delta m} \tilde{\mathbf{r}}_P \tilde{\mathbf{r}}_P^T dm = \int_{\Delta I} d\mathbf{I}^0 = \int_{\Delta V} \frac{d\mathbf{I}^0}{dV} dV \,, \quad \Delta V \, : \, \text{Volumen} \,, \tag{3.67}$$

stellt den Trägheitstensor für den gewählten Bezugspunkt 0 dar. Beide Größen, Schwerpunktsvektor und Trägheitstensor, sind natürlich bei einer Darstellung im Inertialsystem zeitlich veränderlich, weil ja $\mathbf{r}_P$ von "außen gesehen wird", während in einem körperfesten System diese Größen zeitlich konstant sind. Aus diesem Grund wird hier zunächst eine Betrachtung in einem körperfestem System effizienter; es hindert dann für eine Darstellung im Inertialsystem nichts, eine entsprechende Transformation (Kapitel 2.1.1) im Nachhinein durchzuführen.

Entsprechend der Einteilung der verwendeten Modellkörper nach Kapitel 2.2 gilt für den Vektor der Massengeometrie

$$\begin{array}{lll} \text{Starrkörper} : & \mathbf{r}_P = (x, y, z)^T \,, \\ \text{Balken} : & \mathbf{r}_P = (0, y, z)^T \,, \\ \text{Platte} : & \mathbf{r}_P = (0, 0, z)^T \,, \\ \text{Kontinuum} : & \mathbf{r}_P = (0, 0, 0)^T \,. \end{array} \tag{3.68}$$

Damit kann die kinetische Energie (3.65) angeschrieben werden als

$$T = \frac{1}{2} \sum_{i=1}^p \left\{ [\mathbf{v}_0^T \ \boldsymbol{\omega}^T] \int_{\Delta V} \begin{pmatrix} \frac{dm}{dV}\mathbf{E} & \frac{dm}{dV}\tilde{\mathbf{r}}_S^T \\ \frac{dm}{dV}\tilde{\mathbf{r}}_S & \frac{d\mathbf{I}^0}{dV} \end{pmatrix} dV \begin{pmatrix} \mathbf{v}_0 \\ \boldsymbol{\omega} \end{pmatrix} \right\}_i \,. \tag{3.69}$$

Je nach Art des betrachteten (starren) Körpers Δm kann die Integration über das Volumen vorangetrieben werden.

3.1.8.2 Potential

Potentialkräfte sind definitionsgemäß Kräfte, die sich aus einem lediglich ortsabhängigen Potential V ableiten lassen, vgl. (3.24).

Bei einer Darstellung in Minimalkoordinaten gilt für Potentialkräfte/-momente

$$\mathbf{Q} = -\left(\frac{\partial V}{\partial \mathbf{z}}\right)^{T} . \tag{3.70}$$

Häufig läßt sich das Potential einfacher in Systemkoordinaten $\bar{\mathbf{z}}$ angeben; dann gilt

$$\mathbf{Q} = -\left(\frac{\partial \bar{\mathbf{z}}}{\partial \mathbf{z}}\right)^{T} \left(\frac{\partial V}{\partial \bar{\mathbf{z}}}\right)^{T} . \tag{3.71}$$

Man kann gegebenenfalls auch eine Darstellung finden, bei der es zweckmäßiger ist, die Potentialkräfte in einer vorgegebenen Richtung $\bar{\mathbf{w}}$ zu definieren:

$$\mathbf{Q} = -\left(\frac{\partial \bar{\mathbf{w}}}{\partial \mathbf{z}}\right)^{T} \left(\frac{\partial V}{\partial \bar{\mathbf{w}}}\right)^{T} , \quad \bar{\mathbf{w}} = \bar{\mathbf{w}}(\mathbf{z}) . \tag{3.72}$$

Weil $\bar{\mathbf{w}}$ Aufschluß über die "Einbaulage" (zum Beispiel Feder) eines Kraft-/Momentenelements liefert, werden die Vektoren $\mathbf{w}_i$ aus

$$\left[\frac{\partial \bar{\mathbf{w}}}{\partial \mathbf{z}}\right]^{T} = \left[\mathbf{w}_1 \,\vdots\, \mathbf{w}_2 \,...\right] \tag{3.73}$$

bisweilen als "Strukturvektoren" bezeichnet [KÜC 87].

Zu einer entsprechenden Nachdifferentiation unter Zuhilfenahme der Kettenregel ist man gezwungen, wenn Kraft-Momenten-Beziehungen in Richtung nichtintegrierbarer Minimalgeschwindigkeiten angegeben werden sollen. Dann gilt:

$$\mathbf{Q} = -\left(\frac{\partial \dot{\mathbf{z}}}{\partial \dot{\mathbf{s}}}\right)^{T} \left(\frac{\partial V}{\partial \mathbf{z}}\right)^{T} = \left(\frac{\partial \dot{\mathbf{z}}}{\partial \dot{\mathbf{s}}}\right)^{T} \left[\left(\frac{\partial \mathbf{v}}{\partial \dot{\mathbf{z}}}\right)^{T} \mathbf{f}^e + \left(\frac{\partial \boldsymbol{\omega}}{\partial \dot{\mathbf{z}}}\right)^{T} \mathbf{l}^e\right] \tag{3.74}$$

Weil in dieser Darstellung $\mathbf{f}^e$ und $\mathbf{l}^e$ Kräfte und Momente bedeuten, die nicht näher spezifiziert werden müssen, ist mit (3.74) auch bereits die Behandlung allgemeiner Kräfte, die nicht einem Potential gehorchen, umrissen.

3.1.8.2.1 Federpotential

Das Potential einer Feder mit der Federkonstanten c lautet

$$V_F = \int_0^{\Delta s} c\xi d\xi = \frac{1}{2}c(x - x_0)^2 \quad \text{mit} \quad \Delta s = (x - x_0) \ . \tag{3.75}$$

Dabei ist Δs der Weg in Richtung der Federwirkungslinie, und x_0 stellt die Länge der ungespannten Feder dar. Die Wirkung der Feder hängt also von der Längenänderung gegenüber der kräftefreien Lage ab.

∇

Beispiel[3]:

Betrachtet wird eine einstufige ebene Verzahnung entsprechend Bild 3.4. Als mechanisches Ersatzmodell wird ein System betrachtet, das aus zwei über eine Feder miteinander verbundenen ebenen Scheiben vom Grundkreisradius r_{Gi}, $i = 1, 2$, besteht. Dabei ist die Feder in Abhängigkeit der Zeit nicht konstant; die Federsteifigkeit schwankt vielmehr periodisch um einen Mittelwert, abhängig davon, wieviel Zähne sich gerade im Eingriff befinden.

Die beiden Scheiben sollen kleine ebene Bewegungen ausführen können. Zu betrachtende Freiheitsgrade sind daher die jeweiligen Verschiebungen in x- und y-Richtung

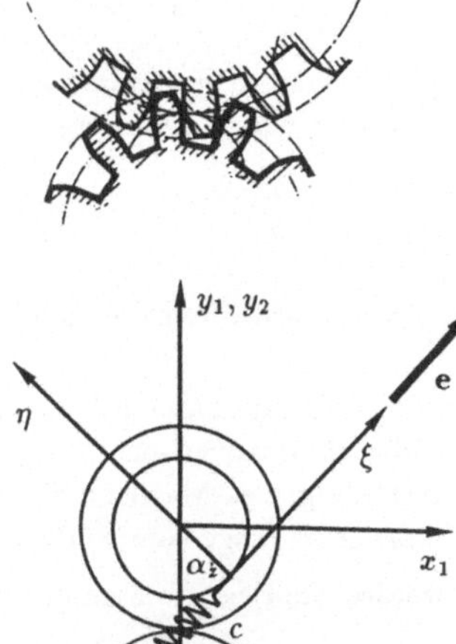

Bild 3.4: Verzahnung, vgl. [NIE 83]

sowie eine Winkeländerung γ um die Achse senkrecht zur Zeichenebene. Für kleine Bewegungen erhält man

$$\mathbf{x} - \mathbf{x}_0 = \left[\begin{pmatrix} x_1 \\ y_1 \\ 0 \end{pmatrix} + \begin{pmatrix} 0 & -\gamma_1 & 0 \\ \gamma_1 & 0 & 0 \\ 0 & 0 & 0 \end{pmatrix} \begin{pmatrix} r_{G1} \sin\alpha_z \\ -r_{G1} \cos\alpha_z \\ 0 \end{pmatrix} \right]$$

$$- \left[\begin{pmatrix} x_2 \\ y_2 \\ 0 \end{pmatrix} + \begin{pmatrix} 0 & -\gamma_2 & 0 \\ \gamma_2 & 0 & 0 \\ 0 & 0 & 0 \end{pmatrix} \begin{pmatrix} -r_{G2} \sin\alpha_z \\ r_{G2} \cos\alpha_z \\ 0 \end{pmatrix} \right]$$

---

[3]Siehe auch Kapitel 8.1 "Zahnradgetriebe".

als Darstellung in den eingezeichneten Richtungen x, y, z. Für die Kraftwirkung der Feder ist jedoch die ξ-Richtung von Interesse.

Für diese gilt

$$\overline{w} = \mathbf{e}^T (\mathbf{x} - \mathbf{x}_0) = \mathbf{w}^T \mathbf{z}$$

mit

$$\mathbf{w}^T = (\cos\alpha_z,\, \sin\alpha_z,\, r_{G1},\, -\cos\alpha_z,\, -\sin\alpha_z,\, r_{G2}),\ \mathbf{z} = (x_1\, y_1\, \gamma_1\, x_2\, y_2\, \gamma_2)^T \ .$$

Das Potential ist

$$V = c \int \overline{w}\, d\overline{w} = c \int_0^{\mathbf{z}} \left(\boldsymbol{\zeta}^T \mathbf{w}\right) d\left(\mathbf{w}^T \boldsymbol{\zeta}\right) = \frac{1}{2}\mathbf{z}^T \left[c\,\mathbf{w}\,\mathbf{w}^T\right] \mathbf{z} = \frac{1}{2}\mathbf{z}^T \mathbf{K} \mathbf{z}$$

mit der symmetrischen Fesselungsmatrix $\mathbf{K}$. Weil die Federkraft nur in einer einzigen Richtung wirkt, reduziert sich die Funktionalmatrix (3.73) auf einen einzigen Vektor.

$\triangle$

3.1.8.2.2 Potential deformierbarer Körper

Das Potential deformierbarer Körper, deren Verformungen genügend klein sind, kann ebenfalls als quadratische Form angegeben werden. In diesem Abschnitt sollen die zugehörigen $\mathbf{K}$-Matrizen für diejenigen Körper bereitgestellt werden, die als Modellkörper in Frage kommen[4].

Benötigt werden die Begriffe Spannungen (Kraft/Fläche), zum Beispiel

$$\sigma_{xy} = \frac{df_x}{dA_y}\,, \tag{3.76}$$

– dabei bezeichnet der erste Index die Kraftrichtung, der zweite die Fläche, auf die diese Kraft bezogen wird, gekennzeichnet durch die Flächennormale –, die Verzerrungen $\mathbf{e}$ und die Verschiebungen eines beliebigen Punktes

$$\overline{\mathbf{r}}(x,y,z,t) = [\overline{u}(x,y,z,t),\ \overline{v}(x,y,z,t),\ \overline{w}(x,y,z,t)]^T \ . \tag{3.77}$$

Die Verzerrungen sind Funktionen der Verschiebungen, und der Zusammenhang zwischen Spannung und Verzerrung wird über das Stoffgesetz hergestellt.

---

[4]Für weiterführende Betrachtungen wird auf die umfangreiche Fachliteratur verwiesen.

Betrachtet man die Oberflächenkräfte an einem Element, zum Beispiel in x-Richtung, dargestellt als Spannung mal zugehörigem Flächenelement, so gilt (vgl. Bild 3.5)

$$\left(-\sigma_{xx} + \sigma_{xx} + \frac{\partial \sigma_{xx}}{\partial x} dx\right) dy dz + \left(-\sigma_{xy} + \sigma_{xy} + \frac{\partial \sigma_{xy}}{\partial y} dy\right) dx dz +$$

$$\left(-\sigma_{xz} + \sigma_{xz} + \frac{\partial \sigma_{xz}}{\partial z} dz\right) dx dy$$

$$= \left[\frac{\partial \sigma_{xx}}{\partial x} + \frac{\partial \sigma_{xy}}{\partial y} + \frac{\partial \sigma_{xz}}{\partial z}\right] dx dy dz \ . \tag{3.78}$$

Bildet man die virtuelle Arbeit, die während einer Verformung verrichtet wird, so sind auch die Kräfte in y- und z-Richtung zu berücksichtigen. Da weiterhin die Oberflächenkräfte aller Elemente dm aus dem Körper zu dieser Arbeit beitragen, ist über das Gesamtvolumen zu integrieren:

$$\delta W = \iiint_{\text{Vol.}} \left\{ \left[\frac{\partial \sigma_{xx}}{\partial x} + \frac{\partial \sigma_{xy}}{\partial y} + \frac{\partial \sigma_{xz}}{\partial z}\right] \delta \overline{u} + \left[\frac{\partial \sigma_{yx}}{\partial x} + \frac{\partial \sigma_{yy}}{\partial y} + \frac{\partial \sigma_{yz}}{\partial z}\right] \delta \overline{v} \right.$$

$$\left. + \left[\frac{\partial \sigma_{zx}}{\partial x} + \frac{\partial \sigma_{zy}}{\partial y} + \frac{\partial \sigma_{zz}}{\partial z}\right] \delta \overline{w} \right\} dx dy dz \ . \tag{3.79}$$

Führt man hier eine partielle Integration der Ortsvariablen durch, so erhält man

$$\delta W = -\iiint_{\text{Vol.}} \left\{ \left[\sigma_{xx} \frac{\partial}{\partial x} \delta \overline{u} + \sigma_{xy} \frac{\partial}{\partial y} \delta \overline{u} + \sigma_{xz} \frac{\partial}{\partial z} \delta \overline{u}\right] + \right.$$

$$+ \left[\sigma_{yx} \frac{\partial}{\partial x} \delta \overline{v} + \sigma_{yy} \frac{\partial}{\partial y} \delta \overline{v} + \sigma_{yz} \frac{\partial}{\partial z} \delta \overline{v}\right]$$

$$\left. + \left[\sigma_{zx} \frac{\partial}{\partial x} \delta \overline{w} + \sigma_{zy} \frac{\partial}{\partial y} \delta \overline{w} + \sigma_{zz} \frac{\partial}{\partial z} \delta \overline{w}\right]\right\} dx dy dz$$

$$+ \iint_{\text{Rand}} \left\{ [\sigma_{xx} dy dz + \sigma_{xy} dx dz + \sigma_{xz} dx dy] \delta \overline{u} \right.$$

$$+ [\sigma_{yx} dy dz + \sigma_{yy} dx dz + \sigma_{yz} dx dy] \delta \overline{v}$$

$$\left. + [\sigma_{zx} dy dz + \sigma_{zy} dx dz + \sigma_{zz} dx dy] \delta \overline{w} \right\} \ . \tag{3.80}$$

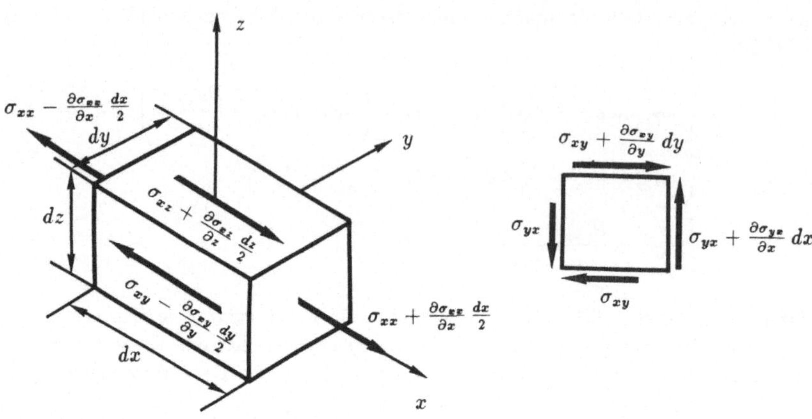

Bild 3.5: Spannungen am Element dm Bild 3.6: Schubspannungen

Wenn hierbei $\overline{u}, \overline{v}, \overline{w}$ Minimalkoordinaten sind, so darf Differentiation und Variation vertauscht werden, vgl. Kapitel 3.1.1. Ferner wird das BOLTZMANNsche Axiom des symmetrischen Spannungstensors[5] angenommen. Dies besagt, daß die Momente der Oberflächenkräfte bezüglich des Koordinatenursprungs des Elements gegen Null gehen. Diese Bedingung liefert

$$\sigma_{xy} = \sigma_{yx} \, , \ \sigma_{xz} = \sigma_{zx} \, , \ \sigma_{zy} = \sigma_{yz} \tag{3.81}$$

und kennzeichnet die Momentfreiheit des Elements. Sie ist für die meisten Kontinua gültig, wenngleich nicht für alle.

Mit der Symmetrie der Spannungen und der Vertauschung von Variation und Differentiation lautet die virtuelle Arbeit

$$
\begin{aligned}
\delta W \ = \ & -\iiint_{\text{Vol.}} [\sigma_{xx}\, \sigma_{yy}\, \sigma_{zz}\, \sigma_{xy}\, \sigma_{yz}\, \sigma_{zx}] \\
& \cdot \delta \left[\left(\frac{\partial \overline{u}}{\partial x}\right) \left(\frac{\partial \overline{v}}{\partial y}\right) \left(\frac{\partial \overline{w}}{\partial z}\right) \left(\frac{\partial \overline{u}}{\partial y}+\frac{\partial \overline{v}}{\partial x}\right) \left(\frac{\partial \overline{v}}{\partial z}+\frac{\partial \overline{w}}{\partial y}\right) \left(\frac{\partial \overline{u}}{\partial z}+\frac{\partial \overline{w}}{\partial x}\right) \right]^{T} dx\,dy\,dz \\
& + [f_x \delta \overline{u} + f_y \delta \overline{v} + f_z \delta \overline{w}]_{\text{Rand}} \\
= \ & -\iiint_{\text{Vol.}} \sigma^{T} \delta e \, dx\,dy\,dz + \delta W_{\text{Rand}} \ . \tag{3.82}
\end{aligned}
$$

---

[5]Die Elemente σ_{ij} lassen sich in einen 3×3 Spannungstensor anordnen

Aus (3.82) folgt unmittelbar das Potential der inneren Kräfte über

$$\delta V = \iiint_{\text{Vol.}} \boldsymbol{\sigma}^T \delta \mathbf{e}\, dx\,dy\,dz \ . \tag{3.83}$$

Durch die partielle Integration ergibt sich automatisch der Verzerrungsvektor in Abhängigkeit der Verschiebungen. Die ersten drei Elemente sind relative Längenänderungen, die Komponenten vier bis sechs lassen sich deuten als Änderungen eines ursprünglich rechten Winkels einer Elementkante. Es ist anschaulich, die elastische "Rückstellkraft" proportional zu diesen relativen Änderungen anzusetzen, ähnlich wie im vorangegangenen Abschnitt bei der Betrachtung einer Feder. Dies wird allgemein durch das Stoffgesetz bewerkstelligt, das dann den Zusammenhang zwischen Spannung und Verzerrung beinhaltet. Für einen linear-elastischen Körper gilt hierbei

$$\boldsymbol{\sigma} = \mathbf{H}\mathbf{e} \quad \Rightarrow \quad V = \frac{1}{2}\iiint_{\text{Vol.}} \mathbf{e}^T \mathbf{H}\mathbf{e}\, dx\,dy\,dz \ . \tag{3.84}$$

Dabei ist $\mathbf{H}$ die 6×6-Matrix des HOOKEschen Gesetzes,

$$\mathbf{H} = \frac{E}{(1+\nu)(1-2\nu)}\begin{bmatrix} (1-\nu) & \nu & \nu & 0 & 0 & 0 \\ \nu & (1-\nu) & \nu & 0 & 0 & 0 \\ \nu & \nu & (1-\nu) & 0 & 0 & 0 \\ 0 & 0 & 0 & (1-2\nu)/2 & 0 & 0 \\ 0 & 0 & 0 & 0 & (1-2\nu)/2 & 0 \\ 0 & 0 & 0 & 0 & 0 & (1-2\nu)/2 \end{bmatrix}$$

$$\text{bzw.}\ \mathbf{H}^{-1} = \frac{1}{E}\begin{bmatrix} 1 & -\nu & -\nu & 0 & 0 & 0 \\ -\nu & 1 & -\nu & 0 & 0 & 0 \\ -\nu & \nu & 1 & 0 & 0 & 0 \\ 0 & 0 & 0 & (1+\nu) & 0 & 0 \\ 0 & 0 & 0 & 0 & (1+\nu) & 0 \\ 0 & 0 & 0 & 0 & 0 & (1+\nu) \end{bmatrix} , \tag{3.85}$$

mit E als Elastizitätsmodul und ν als Querkontraktions- (Querdehnungs-) Zahl (Poisson-Zahl). Typische Werte sind zum Beispiel $E = 2{\cdot}10^5\ N/mm^2$ und $\nu = 0,25$ für Stahl. In den meisten Fällen ist man hier jedoch auf Versuche zur Ermittlung der Materialkonstanten angewiesen. Dies gilt insbesondere für Legierungen und Kunststoffe.

Das Materialgesetz (3.85) läßt sich anschaulich interpretieren. So stellt E die "Federkonstante" der Verformung dar. Die Querkontraktionszahl kennzeichnet beispielsweise bei reiner Zugbelastung ($\sigma = \sigma_{xx}$) mit

$$\mathbf{e} = \mathbf{H}^{-1}\boldsymbol{\sigma} = [1\,,\ -\nu\,,\ -\nu\,,\ 0\,,\ 0\,,\ 0]^T \frac{1}{E}\sigma_{xx} \ , \tag{3.86}$$

daß es bei einer Längsdehnung gleichzeitig zu einer Einschnürung in Querrichtung
kommt, vgl. [SCH 86].

Technische Verformungslehre, Balken

Für die meisten hier zu behandelnden Kontinua gelten die Annahmen der technischen Verformungslehre. Wesentlich ist hierbei das Ebenbleiben der Querschnitte
bei balkenförmigen Körpern. Für die Analyse derartiger Balkensysteme ist es
zweckmäßig, die Verschiebung eines beliebigen Punktes innerhalb des Querschnitts,
(3.77), in Abhängigkeit der Verschiebung der elastischen Achse (neutralen Linie)
auszudrücken, da es bei der Beschreibung der Balkenbewegungen wesentlich auf
diese ankommt.

Bezeichnet man die Verschiebung der elastischen Achse mit $\mathbf{r}$ und die Verdrehung
eines Querschnitts gegenüber der unverformten Lage mit φ, so gilt für kleine De-
formationen

$$\bar{\mathbf{r}} = \mathbf{r} + \tilde{\mathbf{r}}_p^T \varphi \quad \text{mit} \quad \varphi = \text{rot } \mathbf{r} + \theta \mathbf{e}_1 \ , \quad \mathbf{r}_p = (0, y, z)^T \text{ (Kap. 2.2) ,} \qquad (3.87)$$

oder ausmultipliziert

$$\begin{pmatrix} \bar{u} \\ \bar{v} \\ \bar{w} \end{pmatrix} = \begin{pmatrix} u \\ v \\ w \end{pmatrix} + \begin{pmatrix} 0 & z & -y \\ -z & 0 & 0 \\ y & 0 & 0 \end{pmatrix} \begin{pmatrix} \theta \\ -w' \\ v' \end{pmatrix}$$

$$= \begin{pmatrix} u - w'z - v'y \\ v - \theta z \\ w + \theta y \end{pmatrix} , \quad \text{mit } \mathbf{r} = \begin{pmatrix} u \\ v \\ w \end{pmatrix} , \ (\ )' = \frac{\partial}{\partial x} , \quad (3.88)$$

wobei zum Ausdruck kommt, daß die Winkel in y- und z-Richtung die Tangenten
an die Biegelinie sind (vernachlässigte Querschubverformung). Mit (3.82) lautet
der Verzerrungsvektor

$$\begin{bmatrix} \frac{\partial \bar{u}}{\partial x} \\ \frac{\partial \bar{v}}{\partial y} \\ \frac{\partial \bar{w}}{\partial z} \\ \frac{\partial \bar{u}}{\partial y} + \frac{\partial \bar{v}}{\partial x} \\ \frac{\partial \bar{v}}{\partial z} + \frac{\partial \bar{w}}{\partial y} \\ \frac{\partial \bar{u}}{\partial z} + \frac{\partial \bar{w}}{\partial x} \end{bmatrix} = \begin{bmatrix} u' - w''z - v''y \\ 0 \\ 0 \\ -\theta'z \\ 0 \\ +\theta'y \end{bmatrix} = \begin{bmatrix} e_{xx} \\ e_{yy} \\ e_{zz} \\ e_{xy} \\ e_{yz} \\ e_{xz} \end{bmatrix} . \qquad (3.89)$$

Setzt man für die Winkelsteifigkeiten in (3.85)

$$\frac{E}{2(1+\nu)} = G \, , \tag{3.90}$$

("Gleitmodul"), so erhält man für (3.84) bei vernachlässigtem ν

$$V = \frac{1}{2} \iiint \left\{ E \left[u'^2 + v''^2 y^2 + w''^2 z^2 + 2v'' w'' yz - 2u' w'' z - 2u' v'' y \right] \right.$$
$$\left. + G \left[\theta'^2 \left(z^2 + y^2 \right) \right] \right\} \, dx\,dy\,dz \, . \tag{3.91}$$

Weil die Balkenverformungen lediglich von x, nicht von y und z abhängen, kann die Integration über $dA = dy\,dz$ durchgeführt werden. Mit

$$\int z\,dA = 0 \, , \quad \int y\,dA = 0 \, , \quad \int zy\,dA = 0 \tag{3.92}$$

("zentrales Hauptachsensystem") und

$$\int z^2 dA = \overline{I}_y \, , \quad \int y^2 dA = \overline{I}_z \, , \quad \int \left(y^2 + z^2 \right) dA = \overline{I}_D \tag{3.93}$$

("Flächenträgheitsmomente" $\overline{I}_y$, $\overline{I}_z$, $\overline{I}_D$: "Drillmoment" = polares Flächenträgheitsmoment für Kreisquerschnitte) bleibt

$$V = \frac{1}{2} \int \phi^T \text{diag} \left(EA, G\overline{I}_D, E\overline{I}_y, E\overline{I}_z \right) \phi \, dx \tag{3.94}$$

mit

$$\phi = [u' \, \theta' \, w'' \, v'']^T \, . \tag{3.95}$$

Die Elemente der Diagonalmatrix in (3.94) stellen die Längs-, Drill- und Biegesteifigkeiten in $y-$, z-Richtung dar, und der Vektor ϕ ist ein verallgemeinerter Krümmungsvektor. Dieser ist eine Funktion der Minimalkoordinaten $\mathbf{z}(t)$. Weil kleine Verformungen vorausgesetzt wurden, gilt im Sinne einer TAYLOR-Entwicklung bis zum ersten Term

$$\phi = \phi(x, \mathbf{z}(t)) = \frac{\partial \phi}{\partial \mathbf{z}} \mathbf{z} \, . \tag{3.96}$$

Da $\mathbf{z}(t)$ nicht vom Ort x abhängt, kann dieser Vektor aus dem Integral gezogen werden. Definiert man eine Fesselungsmatrix $\mathbf{K}$,

$$\mathbf{K} = \int_L \left[\frac{\partial \phi}{\partial \mathbf{z}}^T \text{diag} \left(EA, G\overline{I}_D, E\overline{I}_y . E\overline{I}_z \right) \frac{\partial \phi}{\partial \mathbf{z}} \right] dx \, , \tag{3.97}$$

so lautet das Potential[6]

$$V = \frac{1}{2}\mathbf{z}^T\mathbf{K}\mathbf{z} \; . \tag{3.98}$$

Einflüsse von Querschub und Verwölbung

Für nichtkreisförmige, beliebige Querschnitte ist die Annahme ebenbleibender Querschnitte bei der Torsion nicht zulässig. Fügt man hier in (3.88), erste Komponente, eine Funktion $\overline{\kappa}$ ein, die die Verwölbung berücksichtigt,

$$\begin{pmatrix} \overline{u} \\ \overline{v} \\ \overline{w} \end{pmatrix} = \begin{pmatrix} \overline{\kappa}(y,z) \\ -\theta z \\ \theta y \end{pmatrix} \quad \Rightarrow \quad \begin{pmatrix} e_{xy} \\ e_{yz} \\ e_{xz} \end{pmatrix} = \begin{pmatrix} \frac{\partial \overline{\kappa}}{\partial y} - z\theta' \\ 0 \\ \frac{\partial \overline{\kappa}}{\partial z} + y\theta' \end{pmatrix} , \qquad \text{(ausschließliche Torsionsverformung)}$$

so kann mit einem Ansatz

$$\overline{\kappa} = \overline{\overline{\kappa}}\theta'$$

die Verdrillung θ' ausgeklammert werden. Man erhält denselben Potentialausdruck, allerdings mit der Drillsteifigkeit

$$G\overline{I}_D = G \int \left\{ \left[\frac{\partial \overline{\overline{\kappa}}}{\partial y} - z\right]^2 + \left[\frac{\partial \overline{\overline{\kappa}}}{\partial z} - y\right]^2 \right\} dA \; ,$$

wobei die Verwölbungsfunktion $\overline{\overline{\kappa}}$ einer LAPLACEschen Differentialgleichung in den Variablen y, z gehorcht. Die Zahl der zu berücksichtigenden Freiheitsgrade ändert sich hierdurch nicht; für beliebige Querschnitte stehen Tabellenwerke für die Drillsteifigkeit zur Verfügung.

Bei Querschubverformungen ändert sich dagegen die Zahl der Freiheitsgrade. Während bei der reinen Biegung die Rotationswinkel als Tangenten an die Biegelinie angesetzt werden können, ist dies bei einer überlagerten Schubverformung nicht möglich, da in diesem Fall Rotation und Translation des betrachteten Massenelements voneinander unabhängig sind. Es erweist sich für die Rechnung als zweckmäßig, den reinen Biege*winkel* (ohne Schubverformung) und die Gesamt*auslenkung* als Freiheitsgrade zu betrachten. Im Potential ist dann dem Biegeanteil der Schubanteil zu überlagern, wobei sich der Schubwinkel aus Differenz der Tangente an die Gesamtverformung und Biegewinkel ergibt. Für das Schubpotential ist als "Federsteifigkeit" die Schubsteifigkeit GA anzusetzen.

---

[6]Siehe auch Kapitel 8.2 "Elastischer Rotor"

Bei einer Schubverformung wird
sich die Querschnittsfläche etwa
s-förmig verformen. Um die Hypothese der ebenbleibenden Querschnitte beibehalten zu können,
ist die Schubsteifigkeit mit einem
Korrekturfaktor κ zu versehen.
Diesen Faktor erhält man durch
die Aussage, daß die am Element
verrichtete Arbeit gleich sein muß
für einen angenommenen mittleren Winkel und für die durch die
Schubspannung induzierte Verformung. Für diese Korrekturfaktoren stehen Tabellenwerke zur
Verfügung.

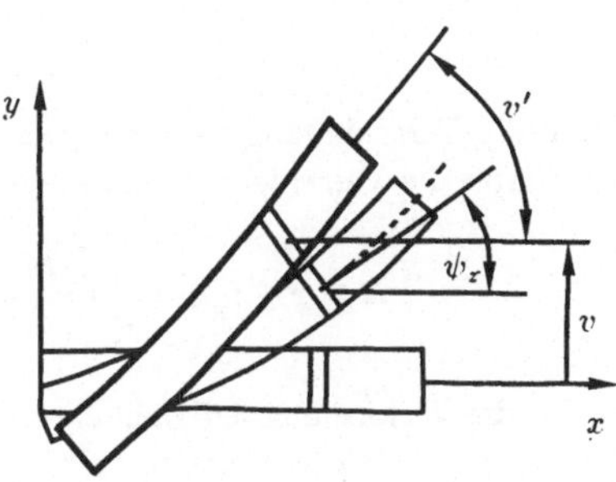

Bild 3.7: Schubverformung

Unter diesen Voraussetzungen liest man beispielsweise für eine Verformung in y-Richtung aus Bild 3.7 ab, wie das Verformungspotential aussehen muß (*TIMO-SHENKO-Theorie*):

$$V = \frac{1}{2}\int_L \left[E\bar{I}_z\psi_z''^2 + \kappa GA(v' - \psi_z)^2 \right] dx$$

$$= \frac{1}{2}\mathbf{z}^T\mathbf{K}\mathbf{z}$$

$$\text{mit } \phi = \left[(\psi_z - v'), \psi_z' \right]^T,$$

$$\mathbf{K} = \int_L \left[\left(\frac{\partial\phi}{\partial\mathbf{z}}\right)^T \text{diag}\left(\kappa GA,\ E\bar{I}_z\right) \left(\frac{\partial\phi}{\partial\mathbf{z}}\right) \right] dx \ . \tag{3.99}$$

Während (3.99) für eine ebene Verformung gilt, ist das Potential für eine räumliche Verformung analog zu (3.97) durch eine Überlagerung der ebenen Anteile zu bilden. Querschubeinflüsse kommen insbesondere bei vergleichsweise kurzen Balken zum Tragen; hier gilt in etwa die grobe Faustregel: Bei einem Dicken- zu Längenverhältnis größer als 1/10 sind Querschubeinflüsse zu berücksichtigen.

Tabellen für κ findet man beispielsweise bei [DYM 73], für die Drillsteifigkeit bei [DUB 70].

Ebene Plattenschwingungen

Für Plattenschwingungen geht der Vektor $\mathbf{r}_p$ des invarianten Elements über in

$$\mathbf{r}_p = (0,\ 0,\ z)^T \ , \tag{3.100}$$

vgl. Kapitel 2.2. Der Biegewinkel lautet analog zu (3.87)

$$\boldsymbol{\varphi} = \tilde{\nabla}\mathbf{r} \quad ; \quad \nabla = \left[\frac{\partial}{\partial x}\ \frac{\partial}{\partial y}\ \frac{\partial}{\partial z}\right]^T , \tag{3.101}$$

wobei $\mathbf{r}$ die Verschiebung der neutralen Ebene am aktuellen Ort kennzeichnet. Damit lautet die Verschiebung eines beliebigen Punktes

$$\bar{\mathbf{r}} = \mathbf{r} + \tilde{\mathbf{r}}_p^T \boldsymbol{\varphi} = \left[-z\frac{\partial w}{\partial x},\, -z\frac{\partial w}{\partial y},\, w(x,y,t)\right]^T , \tag{3.102}$$

wenn für die Verformung lediglich eine Verschiebung in z-Richtung mit $w(x,y,t)$ zugelassen wird. Der Verzerrungsvektor (3.89) geht über in

$$\mathbf{e} = \left[-z\frac{\partial^2 w}{\partial x^2},\, -z\frac{\partial^2 w}{\partial y^2},\, 0,\, -2z\frac{\partial^2 w}{\partial x \partial y},\, 0,\, 0\right]^T . \tag{3.103}$$

Im Vergleich zu (3.103) werden die Spannungen $\sigma_{zz}, \sigma_{yz}, \sigma_{xz}$ sicherlich sehr klein sein[7], so daß man zusätzlich das Verschwinden dieser Spannungen fordern kann. Mit (3.85) bedeutet dies, daß in

$$\mathbf{e} = \mathbf{H}^{-1}\boldsymbol{\sigma} \tag{3.104}$$

die dritte, fünfte und sechste Spalte und Zeile von $\mathbf{H}^{-1}$ gestrichen wird. Auf diese Weise erhält man ein reduziertes Elastizitätsgesetz

$$\mathbf{H}^{*-1} = \frac{1}{E}\begin{pmatrix} 1 & -\nu & 0 \\ -\nu & 1 & 0 \\ 0 & 0 & (1+\nu) \end{pmatrix} \Rightarrow \mathbf{H}^* = \frac{E}{1-\nu^2}\begin{pmatrix} 1 & \nu & 0 \\ \nu & 1 & 0 \\ 0 & 0 & (1-\nu) \end{pmatrix} , \tag{3.105}$$

das für den reduzierten Verzerrungsvektor (Streichen der Nullelemente) zuständig ist. Bezeichnet man diesen reduzierten Verzerrungsvektor ebenfalls mit $\mathbf{e}^*$, so gilt für das Potential

$$\begin{aligned} V &= \frac{1}{2}\iiint_{\text{Vol.}} \mathbf{e}^{*T}\mathbf{H}^*\mathbf{e}^*\, dx dy dz \\ &= \frac{1}{2}\frac{E}{(1-\nu^2)}\iiint_{\text{Vol.}} z^2 \left\{\left[\frac{\partial^2 w}{\partial x^2}\right]^2 + \left[\frac{\partial^2 w}{\partial y^2}\right]^2 \right. \\ &\quad \left. +2\nu\frac{\partial^2 w}{\partial x^2}\frac{\partial^2 w}{\partial y^2} + 2(1-\nu)\left[\frac{\partial^2 w}{\partial x \partial y}\right]^2\right\} dx dy dz . \end{aligned} \tag{3.106}$$

---

[7]Dies ist ein Ansatz. Aus der Betrachtung von $e = 0$ folgt nicht selbstverständlich das Verschwinden der Spannungen

Mit $w = w(x, y, t)$ als von z unabhängige Funktion kann die Integration über z durchgeführt werden:

$$\int\limits_{-h/2}^{h/2} z^2 dz = \frac{1}{12} h^3, \quad h: \text{ Plattenhöhe} . \tag{3.107}$$

Unter Zusammenfassung von

$$D = \frac{Eh^3}{12(1 - \nu^2)} \tag{3.108}$$

bleibt damit für das Potential

$$V = \frac{D}{2} \int\limits_{L_x} \int\limits_{L_y} \left\{ \phi^T \begin{pmatrix} 1 & \nu & 0 \\ \nu & 1 & 0 \\ 0 & 0 & 2(1 - \nu) \end{pmatrix} \phi \right\} dx dy \tag{3.109}$$

$$\text{mit } \phi^T = \left[\frac{\partial^2 w}{\partial x^2} \; \frac{\partial^2 w}{\partial y^2} \; \frac{\partial^2 w}{\partial x \partial y} \right] .$$

Aus (3.109) folgt die Fesselungsmatrix der elastischen Deformation zu

$$\mathbf{K} = D \int\limits_{L_x} \int\limits_{L_y} \left\{ \left(\frac{\partial \phi}{\partial \mathbf{z}} \right)^T \begin{pmatrix} 1 & \nu & 0 \\ \nu & 1 & 0 \\ 0 & 0 & 2(1 - \nu) \end{pmatrix} \left(\frac{\partial \phi}{\partial \mathbf{z}} \right) \right\} dx dy . \tag{3.110}$$

Der hier betrachtete Fall der ebenen Plattenschwingungen ist sehr einfach und wird sofort aufwendiger, wenn innerhalb der Platte auch noch Verschiebungen $u(x, y, t)$, $v(x, y, t)$ zugelassen werden. Entsprechend schwieriger noch wird die Beschreibung, wenn es um Schalenverformungen weitgehend beliebiger Geometrie geht. Bereits für Platten mit einem Potential nach (3.109) ist – beliebige Einspannfälle vorausgesetzt – keine geschlossene analytische Lösung bekannt.

Aus diesem Grunde wurde frühzeitig nach Näherungslösungen gesucht. Ein erster – und außerordentlich erfolgreicher Weg – wurde von Walter RITZ (1878 – 1909) aufgezeigt und am Beispiel einer quadratischen Platte demonstriert. Der Grundgedanke hierfür spiegelt sich in (3.96) wieder: Wenn eine Minimalkoordinate (Zeitkoordinate) $\mathbf{z}$ abgespaltet werden kann, so ist es möglich, die verbleibenden Ortsfunktionen $(\partial \phi / \partial \mathbf{z})$ so festzulegen, daß sie die Geometrie des Systems erfüllen und insgesamt ein vollständiges Funktionensystem bilden.

∇

Beispiel: Betrachtet wird
ein elastisches Hubschrauberblatt.   Dabei ist die
elastische Achse, auf die
die elastische Deformatio-
nen bezogen werden, mit
x gekennzeichnet. Sie fällt
nicht mit der Schwerpunktsachse zusammen.   Fer-
ner ist das Rotorblatt an
die Nabe gekoppelt, die
die Rotordrehung Ω auf-
bringt.   Dadurch entstehen auf das betrachtete
Δm "Längskräfte", wobei
im allgemeinen die "Längskraftachse" weder mit der

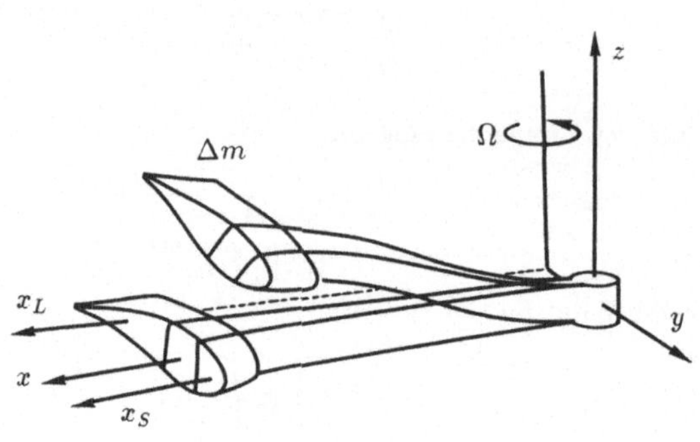

Bild 3.8: Hubschrauberblatt

elastischen noch mit der Schwerpunktsachse zusammenfällt. Die "Längskraftachse" sei x_L, die Schwerpunktsachse x_S. Berücksichtigt man die Querschubverformung in y-Richtung, so ist diese über den Winkel ψ_z anzusetzen. Für ein entsprechendes Balkenmodell gilt dann

$$
\begin{aligned}
\mathbf{r} &= (0\,,\,v\,,\,w)^T\,, \\
\boldsymbol{\varphi} &= (\theta\,,\,-w'\,,\,\psi_z)^T\,, \qquad\qquad (\ )' = \tfrac{\partial}{\partial x}\,, \\
\boldsymbol{\varphi}_s &= (0\,,\,0\,,\,(v'-\psi_z))^T\,.
\end{aligned}
$$

Bei einer vorgegebenen Verwindung des Blattes in x-Richtung ist für eine Beschreibung im eingezeichneten Basissystem der Verformung eine (x-abhängige) Transformation nach Kapitel 2.1.1 zwischenzuschalten. Hiervon sei im vorliegenden Fall
abgesehen. Für das Potential gilt dann

$$
V = \frac{1}{2}\int_L \left[E\bar{I}_z\psi_z'^2 + E\bar{I}_y w''^2 + G\bar{I}_D\theta'^2 + \kappa GA\,(v'-\psi_z)^2 \right]\,dx\,.
$$

Hieraus folgt die Rückstellmatrix $\mathbf{K}$ (mit $\psi_z = \psi$) zu

$$\int_L \begin{bmatrix} \kappa GA \left(\frac{\partial v'}{\partial z_1}\right)^T \left(\frac{\partial v'}{\partial z_1}\right) & 0 & 0 & -\kappa GA \left(\frac{\partial v'}{\partial z_1}\right)^T \left(\frac{\partial \psi}{\partial z_4}\right) \\ 0 & E\bar{I}_y \left(\frac{\partial w''}{\partial z_2}\right)^T \left(\frac{\partial w''}{\partial z_2}\right) & 0 & 0 \\ 0 & 0 & G\bar{I}_D \left(\frac{\partial \theta'}{\partial z_3}\right)^T \left(\frac{\partial \theta'}{\partial z_3}\right) & 0 \\ -\kappa GA \left(\frac{\partial \psi}{\partial z_4}\right)^T \left(\frac{\partial v'}{\partial z_1}\right) & 0 & 0 & E\bar{I}_z \left(\frac{\partial \psi'}{\partial z_4}\right)^T \left(\frac{\partial \psi'}{\partial z_4}\right) + \kappa GA \left(\frac{\partial \psi}{\partial z_4}\right) \end{bmatrix} dx \, ,$$

wobei $\mathbf{z}$ aufgespaltet wurde zu $\mathbf{z}^T = \left(\mathbf{z}_1^T\, \mathbf{z}_2^T\, \mathbf{z}_3^T\, \mathbf{z}_4^T\right)$, zugeordnet zu den Variablen (v, w, θ, ψ).

$\triangle$

3.1.8.2.3 Gravitationspotential

Das Gravitationsgesetz, daß die Anziehung zweier Massen m und M beschreibt, wurde 1687 von NEWTON formuliert und 1798 von Lord CAVENDISH experimentell bestätigt. Mit R als Abstand zwischen den Schwerpunkten beider Massen gilt

$$V_G = \frac{mM}{|R|}G, \quad G = 6,67\,10^{-11} \left[m^3/\left(kg\,s^2\right)\right] . \tag{3.111}$$

Für terrestrische Anwendungen, bei denen als wesentliche Größe der Erdradius ($R_e \simeq 6,36\,10^6 m$) und die Erdmasse ($M \simeq 5,95\,10^{24} kg$) eingeht, läßt sich die Potentialkraft über

$$R = (R_E + r_s(\mathbf{z})) \quad \Rightarrow \quad \mathbf{f}_G = -\left[\frac{\partial V}{\partial \mathbf{z}}\right]^T = \frac{MG}{R_E^2}\,m\,\left[\frac{\partial r_s}{\partial \mathbf{z}}\right]^T \tag{3.112}$$

ermitteln. Die Zusammenfassung der Konstanten zu g liefert mit den obigen Werten die "Erdbeschleunigung" $g = 9{,}81\,(m/s^2)$ als einen Normwert, gültig etwa für die Verhältnisse in Mitteleuropa, während am Äquator ($g = 9,79$) und an den Polen ($g = 9,83$) die Werte leicht variieren. Damit erhält man zu (3.112)

$$\mathbf{f}_G = \left[\frac{\partial}{\partial \mathbf{z}}\left(mgr_s\right)\right]^T = -\left[\frac{\partial V_G}{\partial \mathbf{z}}\right]^T . \tag{3.113}$$

3.1.9 Virtuelle Arbeit über Impuls- und Drallsatz

Mit Kenntnis von kinetischer und potentieller Energie sowie Gleichung (3.74) als Vorschrift zur Behandlung sonstiger, nicht an Potentiale gebundener Kräfte und Momente steht der Weg offen zur Ermittlung der Bewegungsgleichungen. Für allgemeine mechanische Systeme stehen hierfür die HAMEL-BOLTZMANN-Gleichungen (3.41) zur Verfügung. Um sie verwenden zu können, muß die Beziehung

$$d\delta\mathbf{s} - \delta d\mathbf{s} \tag{3.114}$$

berechnet werden. Hier wäre es jedoch wenig effektiv, für ein aktuelles Problem die d- und die δ-Operation explizit koordinatenweise durchzuführen. Gesucht ist vielmehr ein allgemeingültiges Ergebnis.

Bei HAMEL [HAM 49] wird (3.114) als "Übergangsgleichung" bezeichnet und kennzeichnet dort den "Übergang vom d- zum δ-Prozeß". Genausogut könnte man diesen Begriff in dem Sinne belegen, daß hiermit der Übergang von der "analytischen Betrachtung" zur "synthetischen Methode" vollzogen wird (Kapitel 4).

Zunächst wird ein einzelner starrer Körper betrachtet. Für einen beliebigen Punkt P innerhalb dieses Körpers lauten Dreh- und Translationsgeschwindigkeit

$$_K\boldsymbol{\omega} = \boldsymbol{\omega} \; ; \qquad\qquad _K\mathbf{v} = \mathbf{A}_{IK}^T{}_I\dot{\mathbf{r}}_0 + {}_K\tilde{\boldsymbol{\omega}}\,_K\mathbf{r}_p \tag{3.115}$$

bei einer Darstellung im körperfesten System (K) mit dem Ursprung 0. Für die Berechnung des i-ten Körpers aus einem Mehrkörpersystem bieten sich die Geschwindigkeiten

$$\dot{\mathbf{s}}_i = \left[\dot{\mathbf{s}}_1^T \, \dot{\mathbf{s}}_2^T\right]_i^T = \left[_K\mathbf{v}_0^T \,_K\boldsymbol{\omega}^T\right]_i^T \quad , \quad \dot{\mathbf{s}}_i \in \mathrm{R}^6 \, , \tag{3.116}$$

als Variable an. Beide, Translations- und Winkelgeschwindigkeit, sind hierbei nichtintegrierbare Größen.

∇

Zwischenrechnung (auf den Index i wird verzichtet):

$$\begin{aligned}
_I\dot{\mathbf{r}} &= \mathbf{A}\,_K\mathbf{v}_0 + \mathbf{A}_K\tilde{\boldsymbol{\omega}}\mathbf{r}_p \,, \quad \mathbf{A} = \mathbf{A}_{IK} \,, \quad \mathbf{r}_p = {}_K\mathbf{r}_p & \tag{3.117}\\
d_I\mathbf{r} &= \mathbf{A}\,_K\mathbf{v}_0 dt + \mathbf{A}_K\tilde{\boldsymbol{\omega}}\mathbf{r}_p\, dt = \mathbf{A}\,d\tilde{\mathbf{s}}_2\,\mathbf{r}_p + \mathbf{A}\,ds_1 & \tag{3.118}\\
\delta_I\mathbf{r} &= \mathbf{A}\,\delta\tilde{\mathbf{s}}_2\,\mathbf{r}_p + \mathbf{A}\,\delta s_1 & \tag{3.119}
\end{aligned}$$

$$\begin{aligned}
\Rightarrow (d\delta_I\mathbf{r} - \delta d_I\mathbf{r}) &= 0 = \mathbf{A}\,(d\delta s_1 - \delta ds_1) + (d\mathbf{A}\delta s_1 - \delta\mathbf{A}ds_1)\\
&\quad + \mathbf{A}\,(d\delta\tilde{\mathbf{s}}_2 - \delta d\tilde{\mathbf{s}}_2)\,\mathbf{r}_p + (d\mathbf{A}\delta\tilde{\mathbf{s}}_2 - \delta\mathbf{A}d\tilde{\mathbf{s}}_2)\,\mathbf{r}_p \,. \tag{3.120}
\end{aligned}$$

Linksmultiplikation mit $\mathbf{A}^T$ liefert $\left(\mathbf{A}^T d\mathbf{A} = d\tilde{\mathbf{s}}_2, \; \mathbf{A}^T\delta\mathbf{A} = \delta\tilde{\mathbf{s}}_2\right)$, vgl. (2.20).

$$(d\delta\mathbf{s}_1 - \delta d\mathbf{s}_1) + d\tilde{\mathbf{s}}_2\delta\mathbf{s}_1 - \delta\tilde{\mathbf{s}}_2 d\mathbf{s}_1 + (d\delta\tilde{\mathbf{s}}_2 - \delta d\tilde{\mathbf{s}}_2)\,\mathbf{r}_p$$
$$+ (d\tilde{\mathbf{s}}_2\delta\tilde{\mathbf{s}}_2 - \delta\tilde{\mathbf{s}}_2 d\tilde{\mathbf{s}}_2)\,\mathbf{r}_p \tag{3.121}$$
$$= (d\delta\mathbf{s}_1 - \delta d\mathbf{s}_1) + d\tilde{\mathbf{s}}_2\delta\mathbf{s}_1 + d\tilde{\mathbf{s}}_1\delta\mathbf{s}_2 + \left[(d\delta\tilde{\mathbf{s}}_2 - \delta d\tilde{\mathbf{s}}_2) + \widetilde{d\tilde{\mathbf{s}}_2\delta\mathbf{s}_2}\right]\mathbf{r}_p \tag{3.122}$$
$$= (d\delta\mathbf{s}_1 - \delta d\mathbf{s}_1) + d\tilde{\mathbf{s}}_2\delta\mathbf{s}_1 + d\tilde{\mathbf{s}}_1\delta\mathbf{s}_2 + \tilde{\mathbf{r}}_p^T\left[(d\delta\mathbf{s}_2 - \delta d\mathbf{s}_2) + d\tilde{\mathbf{s}}_2\delta\mathbf{s}_2\right]$$
$$= 0 \ \forall \ \mathbf{r}_p\,. \tag{3.123}$$
$$\Rightarrow \quad (d\delta\mathbf{s}_1 - \delta d\mathbf{s}_1) = \left(d\tilde{\mathbf{s}}_2^{T}\!:\!d\tilde{\mathbf{s}}_1^{T}\right)\left(\delta\mathbf{s}_1^T\ \delta\mathbf{s}_2^T\right)^T\,;$$
$$(d\delta\mathbf{s}_2 - \delta d\mathbf{s}_2) = \left(\mathbf{0}\!:\!d\tilde{\mathbf{s}}_2^{T}\right)\left(\delta\mathbf{s}_1^T\ \delta\mathbf{s}_2^T\right)^T\,. \tag{3.124}$$

$\triangle$

Bei Verwendung der Quasikoordinaten $\left(\mathbf{s}_1^T\ \mathbf{s}_2^T\right)_i$ zu (3.116) erhält man also mit (3.124)

$$\frac{d}{dt}\delta\mathbf{s}_i - \delta\frac{d\mathbf{s}_i}{dt} = \begin{pmatrix} \tilde{\omega}^T & \tilde{\mathbf{v}}_0^T \\ \mathbf{0} & \tilde{\omega}^T \end{pmatrix}_i \delta\mathbf{s}_i \ , \tag{3.125}$$

wobei auf die Kennzeichnung K ("körperfest") zwischenzeitlich verzichtet werden kann. Mit Hilfe dieser Beziehung kann (3.41) für den i-ten Einzelkörper ausgewertet werden.

Mit (vgl. (3.65/ 3.69))

$$\left[\frac{\partial T}{\partial\dot{\mathbf{s}}}\right]_i^T = \begin{pmatrix} m\mathbf{E} & m\tilde{\mathbf{r}}_s^T \\ m\tilde{\mathbf{r}}_s & \mathbf{I}^0 \end{pmatrix}_i \begin{pmatrix} \mathbf{v}_0 \\ \omega \end{pmatrix}_i \ , \quad \left[\frac{\partial T}{\partial\mathbf{s}}\right]_i^T = 0 \tag{3.126}$$

erhält man aus (3.41)

$$\delta\mathbf{s}_i^T\left\{\frac{d}{dt}\left[\frac{\partial T}{\partial\dot{\mathbf{s}}}\right]^T - \left[\frac{\partial T}{\partial\mathbf{s}}\right]^T - \mathbf{Q}\right\}_i + \left\{\frac{d}{dt}\delta\mathbf{s} \quad \delta\frac{d\mathbf{s}}{dt}\right\}_i^T\left[\frac{\partial T}{\partial\dot{\mathbf{s}}}\right]_i^T - \tag{3.127}$$

$$\delta\mathbf{s}_i^T\left\{\begin{pmatrix} m\mathbf{E} & m\tilde{\mathbf{r}}_s^T \\ m\tilde{\mathbf{r}}_s & \mathbf{I}^0 \end{pmatrix}\begin{pmatrix} \dot{\mathbf{v}}_0 \\ \dot{\omega} \end{pmatrix} + \begin{pmatrix} \tilde{\omega} & \mathbf{0} \\ \tilde{\mathbf{v}}_0 & \tilde{\omega} \end{pmatrix}\begin{pmatrix} m\mathbf{E} & m\tilde{\mathbf{r}}_s^T \\ m\tilde{\mathbf{r}}_s & \mathbf{I}^0 \end{pmatrix}\begin{pmatrix} \mathbf{v}_0 \\ \omega \end{pmatrix} - \begin{pmatrix} \mathbf{f}^e \\ \mathbf{l}^e \end{pmatrix}\right\}_i = 0$$

Dieser Ausdruck stellt die virtuelle Arbeit dar, die während der Bewegung am betrachteten Einzelkörper verrichtet wird. Der Übergang auf ein Mehrkörpersystem mit p Körpern bedingt lediglich eine Summation über alle $i, i = 1(1)p$. Allerdings ist zu beachten, daß hierbei die $\dot{\mathbf{s}}_i$ nicht frei wählbar sind, sondern die entsprechenden Bindungen erfüllen müssen. Unter Verwendung von $\dot{\mathbf{s}}$ als Minimalgeschwindigkeiten des Gesamtsystems gilt

$$\mathbf{s}_i = \mathbf{s}_i(\mathbf{s})\,, \quad \mathbf{s}_i \in \mathbf{R}^6\,, \quad \mathbf{s} \in \mathbf{R}^g\,:$$
$$\delta\mathbf{s}_i = \left(\frac{\partial\dot{\mathbf{s}}_i}{\partial\dot{\mathbf{s}}}\right)\delta\mathbf{s} = \left\{\left[\frac{\partial\mathbf{v}_0}{\partial\dot{\mathbf{s}}}\right]^T\left[\frac{\partial\omega}{\partial\dot{\mathbf{s}}}\right]^T\right\}_i^T \delta\mathbf{s}\,. \tag{3.128}$$

Setzt man diese Beziehung in (3.127) ein und führt die Summation aus, so erhält man die Bewegungsgleichungen des Mehrkörpersystems zu

$$\delta \mathbf{s}^T \sum_{i=1}^{p} \left\{ {}_K\left(\begin{array}{c} \left[\frac{\partial \mathbf{v}_0}{\partial \dot{\mathbf{s}}}\right] \\[2mm] \left[\frac{\partial \boldsymbol{\omega}}{\partial \dot{\mathbf{s}}}\right] \end{array} \right)^T {}_K\left(\begin{array}{c} [m\dot{\mathbf{v}}_s + \tilde{\boldsymbol{\omega}} m \mathbf{v}_s - \mathbf{f}^e] \\[2mm] [\mathbf{I}\dot{\boldsymbol{\omega}} + \tilde{\boldsymbol{\omega}}\mathbf{I}\boldsymbol{\omega} - \mathbf{l}^e] \end{array} \right) \right\}_i = 0 \qquad (3.129)$$

mit

$$\begin{aligned} \mathbf{v}_s &= \mathbf{v}_0 + \tilde{\boldsymbol{\omega}}\mathbf{r}_s, & \mathbf{l}^e &= \mathbf{l}^{e,0} - \tilde{\mathbf{r}}_s\,[m\dot{\mathbf{v}}_s + \tilde{\boldsymbol{\omega}} m\mathbf{v}_s], \\ \mathbf{f}^e &= \mathbf{f}^{e,0}, & \mathbf{I} &= \mathbf{I}^0 - m\tilde{\mathbf{r}}_s\tilde{\mathbf{r}}_s^T = \mathbf{I}^s. \end{aligned}$$

Hierbei stellt $m\tilde{\mathbf{r}}_s\tilde{\mathbf{r}}_s^T$ den HUGENS-STEINERschen Verschiebungsanteil für den Trägheitstensor dar, der beim Wechsel des beliebigen Bezugspunktes 0 zum Schwerpunkt als Bezugspunkt zu berücksichtigen ist.

Im weiteren wird auf den Schwerpunkt als Bezugspunkt übergegangen ($\mathbf{v}_0 = \mathbf{v}_s$, $\mathbf{r}_s = 0$). Dadurch vereinfachen sich die Beziehungen. Das heißt natürlich nicht, daß dies für ein aktuelles Problem die günstigste Vorgehensweise sein muß.

Obgleich (3.129) unter Zugrundelegung körperfester Koordinatensysteme gewonnen wurde, sind die entsprechenden Bewegungsgleichungen dennoch unabhängig vom verwendeten Koordinatensystem: Der Gesamtausdruck (3.129) stellt die virtuelle Arbeit dar. Dabei ist mit der Wahl von $\dot{\mathbf{s}}$ die Richtung der Verschiebungen (Weg oder Winkel, je nach Dimension) festgelegt, und die zugehörigen Kräfte und Momente, die durch den Summenterm ausgedrückt werden, müssen unabhängig vom verwendeten Koordinatensystem stets dieselben sein. Man erkennt dies beispielsweise, wenn man (3.129) mit einer Einheitsmatrix der Form

$$\left(\begin{array}{cc} \mathbf{A}^T\mathbf{A} & \mathbf{0} \\ \mathbf{0} & \mathbf{A}^T\mathbf{A} \end{array} \right) = \mathbf{E} \in \mathrm{R}^{6,6} \qquad (3.130)$$

ergänzt: Dies liefert für die Funktionalmatrizen

$$\left\{ \left[\frac{\partial \mathbf{v}_s}{\partial \dot{\mathbf{s}}}\right]^T \mathbf{A}^T : \left[\frac{\partial \boldsymbol{\omega}}{\partial \dot{\mathbf{s}}}\right]^T \mathbf{A}^T \right\}^T = \left\{ \left[\frac{\partial (\mathbf{A}\mathbf{v}_s)}{\partial \dot{\mathbf{s}}}\right]^T \left[\frac{\partial (\mathbf{A}\boldsymbol{\omega})}{\partial \dot{\mathbf{s}}}\right]^T \right\}^T \qquad (3.131)$$

und transformiert gleichzeitig den verbleibenden Term in die durch die orthogonale Abbildung $\mathbf{A}$ definierte Basis. Sei diese speziell das Inertialsystem, so gilt mit den Ergebnissen nach Kapitel 2 für $\mathbf{r}_s = 0$ (Schwerpunkt als Bezugspunkt)

$$\begin{aligned} \left(\begin{array}{c} \mathbf{A}\{m\dot{\mathbf{v}}_s + \tilde{\boldsymbol{\omega}} m\mathbf{v}_s - \mathbf{f}^e\} \\[3mm] \mathbf{A}\{\mathbf{I}\dot{\boldsymbol{\omega}} + \tilde{\boldsymbol{\omega}}\mathbf{I}\boldsymbol{\omega} - \mathbf{l}^e\} \end{array} \right) &= \left(\begin{array}{c} \mathbf{A}\{m\mathbf{A}^T\,{}_I\ddot{\mathbf{r}}_s - \mathbf{f}^e\} \\[3mm] \mathbf{A}\{\mathbf{I}\dot{\boldsymbol{\omega}} + \mathbf{A}^T\dot{\mathbf{A}}\,\mathbf{I}\boldsymbol{\omega} - \mathbf{l}^e\} \end{array} \right) \\[4mm] = \left(\begin{array}{c} \frac{d}{dt}(m\,{}_I\dot{\mathbf{v}}_s) \quad - \quad {}_I\mathbf{f}^e \\[3mm] \frac{d}{dt}\left(\mathbf{A}\mathbf{I}\mathbf{A}^T\,{}_I\boldsymbol{\omega}\right) \quad - \quad {}_I\mathbf{l}^e \end{array} \right) &= \left(\begin{array}{c} {}_I(\dot{\mathbf{p}} - \mathbf{f}^e) \\[3mm] {}_I\left(\dot{\mathbf{L}} - \mathbf{l}^e\right) \end{array} \right) \end{aligned} \qquad (3.132)$$

mit dem Impuls $_I\mathbf{p} = m\,_I\mathbf{v}_s$ und dem Drall $_I\mathbf{L} = \,_I\mathbf{I}^s\,_I\boldsymbol{\omega}$.

Man erhält also für eine Darstellung im Inertialsystem

$$\delta\mathbf{s}^T \sum_{i=1}^p \left\{ \,_I\left[\begin{array}{c} \frac{\partial\mathbf{v}_s}{\partial\dot{\mathbf{s}}} \\[4pt] \frac{\partial\boldsymbol{\omega}}{\partial\dot{\mathbf{s}}} \end{array} \right]^T \,_I\left[\begin{array}{c} [\dot{\mathbf{p}} - \mathbf{f}^e] \\[4pt] [\dot{\mathbf{L}} - \mathbf{l}^e] \end{array} \right] \right\}_i = 0 \ . \tag{3.133}$$

In (3.129/ 3.133) sind Impuls- (obere Zeile) und Drallsatz (untere Zeile) zu erkennen: Läßt man die Funktionalmatrizen beiseite, so erhält man jeweils für den betrachteten Körper Impuls- und Drallsatz, die allerdings mit den Zwangskräften und -momenten zu ergänzen sind. Diese Art Darstellung entspricht dem Schnittprinzip: Jeder Körper wird aus dem Gesamtverband freigeschnitten, wobei die Zwangskräfte und -momente den betrachteten Körper zu dem Verhalten zwingen, das er im Gesamtsystem unter Wirkung der vorherrschenden Bindungen haben muß. Entsprechend können (3.129/ 3.133) gedeutet werden als eine Darstellung von Impuls- und Drallsatz, die mit Hilfe der Funktionalmatrizen in die Richtungen der unter der Wirkung der Bindungen freien Bewegungsmöglichkeiten transformiert sind. In diesen Richtungen herrschen keine Zwänge vor und es tauchen keine Zwangskräfte und -momente auf.

Anmerkung:
(a) Bisweilen ist die Darstellung des Drallsatzes in einem bewegten Referenzsystem nützlich:

$$\mathbf{A}_{RI\,I}\left(\dot{\mathbf{L}} - \mathbf{l}\right) = \mathbf{A}_{RI}\left[\frac{d}{dt}\left(\mathbf{A}_{IR\,R}\mathbf{I}\,\mathbf{A}_{RI\,I}\boldsymbol{\omega}\right) - _I\mathbf{l}\right] = _R\dot{\mathbf{L}} + _R\tilde{\boldsymbol{\omega}}_{IR\,R}\mathbf{L} - _R\mathbf{l}$$

mit $_R\mathbf{L} = _R\mathbf{I}\,_R\boldsymbol{\omega}_{IK},_R\boldsymbol{\omega}_{IK}$: Absolutgeschwindigkeit des Körperschwerpunkts dargestellt im System R, $_R\mathbf{I} = \mathbf{A}_{RK\,K}\mathbf{I}\,\mathbf{A}_{KR}$: Trägheitstensor in R, $_R\boldsymbol{\omega}_{IR}$: Führungsdrehgeschwindigkeit (Referenzsystem R gegenüber Inertialsystem I).

(b) Bei einer Darstellung des Drallsatzes über die LAGRANGEschen Gleichungen zweiter Art (3.43) ist zu beachten, daß dort der Drall $\partial T/\partial\dot{z}$ in einem nichtorthogonalen Koordinatensystem angeschrieben steht ($\partial T/\partial\dot{z}$ ist eine Richtungsableitung; die Drallkomponenten sind diejenigen in Richtung der Elementardrehgeschwindigkeit). Dies hat Auswirkungen zum Beispiel bei beschleunigten Rotoren.

3.2 Axiome der Dynamik

Den Axiomen "Impulssatz" und "Drallsatz" kommt in der Mechanik grundlegende Bedeutung zu; sie bilden gewissermaßen das Fundament der Kinetik. Die ganze Diskussion dieses Kapitels baut auf dem LAGRANGEschen Prinzip (3.26) auf (LAGRANGE, *Mécanique analytique*, 1788), das bereits vom Impulssatz (siehe unten) Gebrauch macht. Bei der virtuellen Arbeit über Impuls- und Dralländerungen ist es dabei scheinbar gelungen, aus den Impulsanteilen bei der Integration

über das System den dort in Erscheinung tretenden Drallsatz (siehe unten) herzu-
leiten. Das wäre ein Widerspruch zu der Aussage, daß Impulssatz und Drallsatz
unabhängige Axiome der Mechanik sind. In der Tat gilt diese "Herleitung" auch
nur scheinbar, denn bei der Integration wurde stillschweigend angenommen, daß
die Oberflächenkräfte am Element keine Momente im Element-Massenmittelpunkt
erzeugen. Diese Annahme muß aber axiomatisch verstanden werden – sie wurde
bereits bei der Betrachtung deformierbarer Körper verwendet (BOLTZMANN-
sches Axiom, (3.81). Das BOLTZMANNsche Axiom ist für starre Körper und für
eine große Klasse deformierbarer Körper zutreffend.

Daneben existieren aber auch Kontinua, die nicht momentenfrei sind (polare Kontinua). Hier versagt das BOLTZMANNsche Axiom, und eine Betrachtung über
das LAGRANGEsche Prinzip alleine reicht nicht aus. Aus diesem Grund wird
an dieser Stelle eine Richtigstellung erforderlich: Als grundlegende Axiome sind
Impuls- und *Drallsatz* anzusehen. Im Falle nichtpolarer Kontinua und Starrkörper
können diese wegen des symmetrischen Spannungstensors zum LAGRANGEschen
Prinzip zusammengefaßt werden.

3.2.1   Der Impulssatz

Der Impulssatz läßt sich aus (3.133) ablesen. Er läßt sich formulieren als

$$\mathbf{p} = m\,\mathbf{v}_s\,, \qquad \dot{\mathbf{p}} = \mathbf{f}^e + \mathbf{f}^z\,, \tag{3.134}$$

wobei $\mathbf{v}_s$, entsprechend der Herleitung in (3.132), die absolute Geschwindigkeit in
einer Inertialdarstellung bedeutet. Es ist ferner $\mathbf{f}^e$ die Resultierende der auf den
Schwerpunkt (Massenmittelpunkt) einwirkenden eingeprägten (arbeitleistenden)
Kräfte und $\mathbf{f}^z$ stellt die aus den Bindungen folgende Zwangskraft dar.

Der Impulssatz wird häufig mit dem Namen *Isaac NEWTON* (1643 – 1726)
verknüpft. Das "zweite NEWTONsche Gesetz" (Lex II) postuliert die "Gleich-
heit der Änderung der Bewegungsgröße mit der bewegenden Kraft",

Lex II:

*Mutationem motus proportionalem esse vi motrici impressae, et fieri secundum
lineam rectam qua vis illa imprimatur,*

(Die Änderung der Bewegungsgröße ist der Einwirkung der bewegenden Kraft
proportional und erfolgt in der Richtung, in der diese Kraft wirkt).

[SZA 79]. Hier ist von Proportionalität Kraft-Beschleunigung zunächst keine
Rede. Tatsächlich wurde der Impulssatz erst 63 Jahre nach dem grundlegenden
NEWTONschen Werk (Philosophiae naturalis principia mathematica, 1687) von
Leonhard EULER (Découverte d'un nouveau principe de la mécanique, Akad.-
Ber. Berlin, 1750) formuliert. Dieser Veröffentlichung geht nach SZABO ein reger

Gedankenaustausch mit Joh. BERNOULLI (Hydraulica, 1742, vordatiert 1732)[8] voraus, wobei im BERNOULLIschen Werk die vorherrschenden Kräfte (Zwangs- und eingeprägte Kräfte) bereits klar umrissen werden. Der EULERsche Impulssatz kann interpretiert werden als das Einkleiden des NEWTONschen Gesetzes in ein handhabungsfähiges mathematisches Gewand, wobei $\dot{p}$ die absolute, gegen ein Inertialsystem gemessene Beschleunigung beinhaltet und m eine konstante Größe ist.

Ebenfalls von EULER stammt der Drallsatz (Nova methodus motum corporum rigidorum determinandi, Akad.-Ber. Petersburg, 1775):

3.2.2 Der Drallsatz

Der Drallsatz als unabhängiges Axiom kann nicht ohne Hinzuziehung der axiomatischen Annahme eines symmetrischen Spannungstensors, siehe oben, aus dem Impulssatz für einen starren Körper gewonnen werden. Auch ist hier die Annahme eines "Punkthaufens" (vergleiche Kapitel 1.4 "Modellbildung") zur Herleitung des Drallsatzes völlig unzureichend, denn Punktmassen lassen nur Zentralkräfte zu. Damit muß, was noch einschneidender ist als die Annahme der Symmetrie, der Spannungstensor zu Null gesetzt werden. Eine solche Annahme ist natürlich völlig unhaltbar; sie würde den Zugang zur Kontinuumsmechanik vollständig verschließen. Der Drallsatz läßt sich aus (3.133) ablesen in der Form

$$\mathbf{L} = \mathbf{I}^s \boldsymbol{\omega} \quad : \quad \dot{\mathbf{L}} = \mathbf{l}^e + \mathbf{l}^z \ . \tag{3.135}$$

Auch hier sind, analog zu (3.134), die Zwangsmomente hinzuzufügen.

3.3 Minimalprinzipien

Unter den Begriff Minimalprinzipien fallen alle derartigen Prinzipien, die, wie es der Name ausdrückt, in Abhängigkeit der beschreibenden Koordinaten ein Minimum annehmen. Aber auch solche, bei denen nur notwendige Minimalbedingungen erfüllt werden und die im allgemeinen die hinreichenden Bedingungen nicht erfüllen, also lediglich "stationär" sind, werden meist unter diesem Begriff zusammengefaßt. In diesem Sinne sind die Minimalprinzipien vom Begriff her etwas irreführend.

Aus der Statik kennt man das "Prinzip der minimalen potentiellen Energie": Ein System, das lediglich Potentialkräften unterliegt, strebt den Zustand geringsten Energiegehalts an. "Sollte nun, was für das Gleichgewicht geglückt war, nicht

---

[8]Der Grund für die Vordatierung scheint nicht ganz klar zu sein. Hier wurde ein denkwürdiger Prioritätsstreit zwischen Vater Johann und Sohn Daniel BERNOULLI entfacht, wobei nach SZABO jedoch feststeht, daß die Ergebnisse der *Hydraulica* eindeutig Johann BERNOULLI zuzuschreiben sind.

auch für die Bewegung möglich sein?" [JOU 08]. Die Übertragung eines solchen
Prinzips auf Fragen der Kinetik ist jedoch nicht ohne Probleme. Die Suche nach
Minimalprinzipien der Kinetik erstreckte sich daher über nahezu 150 Jahre, bis
gesicherte Ergebnisse dargestellt werden konnten.

3.3.1   Das Prinzip der kleinsten Aktion von MAUPERTUIS, LEIBNIZ, EULER und LAGRANGE

Die Entwicklungsgeschichte der Minimalprinzipien verläuft nicht von ungefähr fast
parallel zu der der Variationsrechnung, zu der Johann BERNOULLI (1667 – 1748)
durch eine "Einladung zur Lösung eines neuen Problems" (Acta Eruditorum, Leipzig, 1669) wesentlichen Anstoß gab, nämlich: Welche Form muß eine Kurve haben,
damit eine an ihr reibungsfrei entlanggleitende kleine Masse den Weg zwischen
zwei Punkten unterschiedlicher Höhe unter dem Einfluß der Schwere in kürzester
Zeit durchläuft ("Brachistochrone")? An der Lösung dieser Aufgabe beteiligten
sich wohl alle namhaften zeitgenössischen Mathematiker, bis durch Leonhard EU-
LER (*Methodus inveniendi lineas maximi minimive proprietate gaudentes*, Lau-
sanne und Genf, 1744) und J.L. de LAGRANGE (*Mécanique analytique*, 1788) die
klassische Variationsrechnung entstand. Von den hier enthaltenen zunächst notwendigen Minimum-Maximum-Bedingungen bis zu hinreichenden Aussagen durch
Karl WEIERSTRASS in Berlin sollten allerdings noch etwa 120 Jahre vergehen
(*Vorlesungen* 1865, unveröffentlicht. Siehe dazu Oskar BOLZA, *Vorlesungen über
Variationsrechnung*, Leipzig, 1909).

In dem EULERschen Werk findet man als zweiten Anhang *(De motu projectorum
in medio non resistente)* die Antwort auf eine von D. BERNOULLI (1700 – 1782)
in einem Brief vom 28.1.1741 gestellte Frage, ob und wie sich Zentralbewegungen
eines Körpers mit der "isoperimetrischen Methode" behandeln lassen: EULER
weist hier nach, daß das Integral

$$\int v\, dr \quad , \tag{3.136}$$

wobei für die Geschwindigkeit v der Wert einzusetzen ist, der sich aus dem Satz
der Energieerhaltung ergibt, zwischen zwei gegebenen Werten für r die notwendigen Minimalbedingungen erfüllen muß. Diese Beziehung stellt das "Prinzip der
kleinsten Aktion" dar, bisweilen als Prinzip der kleinsten Wirkung, besser aber als
Prinzip "des kleinsten Kraftaufwandes" (JACOBI) bezeichnet.

Während das EULERsche Ergebnis im Herbst 1744 veröffentlicht wurde, war ein
halbes Jahr früher, nämlich im April 1744, in den Memoiren der Pariser Akademie eine Arbeit von Pierre Simon Moreau de MAUPERTUIS (1698 – 1759) über
die Ausbreitung des Lichts gedruckt worden, in der es hieß, daß die "Aktions-
menge" stets minimal sei. In einer 1746 erweiterten Fassung dieses Prinzips auf

die Bewegung allgemein lautet diese Aussage

$$m\,v\,r \;\Rightarrow\; \min \, . \tag{3.137}$$

Die Beweisführung von MAUPERTUIS, damals Präsident der Berliner Akademie der Wissenschaften, schien wenig glücklich und forderte die zeitgenössische Kritik heraus. Insbesondere heißt es bei Samuel KÖNIG (1712 – 1757) in einer Veröffentlichung in den Acta Eruditorum im März 1751, daß in einem Brief von G.W. Fhr. von LEIBNIZ (1646 – 1716) an Jak. HERMANN (1678 – 1733) dieses Prinzip bereits zu finden sei[9]. In der EULERschen Stellungnahme (Akad.-Ber. Berlin, 1751 und 1753) erscheint das MAUPERTUISsche Prinzip schließlich in der Form

$$\int m\,v\,dr \;\Rightarrow\; \min \, , \tag{3.138}$$

wobei allerdings jeglicher Hinweis darauf, daß die Geschwindigkeit diejenige ist, die aus dem Energiesatz folgt, fehlt.

Während es EULER noch nicht gelungen war, das Prinzip (3.138) auf Systeme von Körpern unter gegenseitiger Anziehung zu übertragen, findet man dieses bei J.L. de LAGRANGE in der Form

$$\sum m_i \int v_i dr_i \;\Rightarrow\; \min \, , \tag{3.139}$$

wobei auch hier der Energieerhaltungssatz als Nebenbedingung zu berücksichtigen ist (*Récherches sur la methode de maximis et minimis*, 1759). In LAGRANGEs Abhandlung wird die Variation der Geschwindigkeit durch das Prinzip der Energieerhaltung eliminiert. Die Multiplikatorenmethode zur Berücksichtigung von Nebenbedingungen war seinerzeit noch nicht formuliert, so daß streng genommen in (3.139) die unabhängige Variable Zeit mit variiert werden muß, und ihre Elimination durch Variation des Energiesatzes erfolgt[10]. Die Elimination der Zeit kann in (3.139) unter Berücksichtigung des Energiesatzes aber auch direkt vorgenommen werden. Dies führt auf die JACOBIsche Formulierung.

3.3.2 Das Prinzip von JACOBI und das Prinzip von GAUSS

Die LAGRANGEsche Formulierung kann umgeschrieben werden zu

$$\sum m_i \int v_i dr_i = \sum m_i \int v_i^2 \, dt = \int 2T \, dt \, . \tag{3.140}$$

---

[9]Dieser Brief scheint allerdings verlorengegangen zu sein, [SZA 79].

[10]LAGRANGE hat ... "auch die unabhängige Variable variiert, und zum Teil auf diesem Gedanken fußend, hielt er seine Methode für allgemeiner als die EULERs. LAGRANGEs Auffassung der Prinzipien der Variationsrechnung scheint nicht ganz klar zu sein, ganz gewiß aber hielt er im Prinzip der kleinsten Aktion die Zeit t für variierbar", [JOU 08], S.56.

Aus dem Energiesatz folgt (vgl. (3.50))

$$T = E_0 - V \; ; \quad 2\int T dt = 2\int \sqrt{T}\sqrt{T\, dt^2} \; ; \quad T = \frac{1}{2}\dot{z}^T\, \mathbf{M(z)}\dot{z} \; . \qquad (3.141)$$

Das daraus folgende Prinzip von Carl Gustav Jacob JACOBI (1804 – 1851),

$$\sqrt{2}\int \sqrt{E_0 - V}\sqrt{dz^T\mathbf{M(z)}dz} \; \Rightarrow \; \min , \qquad (3.142)$$

stellt eine geometrische Formulierung dar. (*Note sur l'integration des èquations différentielles de la dynamique*, Compte rendues, 1837).

Während bei MAUPERTUIS wesentlich metaphysische Überlegungen in der Beweisführung eine Rolle gespielt hatten, heißt es bei JACOBI: Es ist schwer, eine metaphysische Ursache für das Prinzip zu finden, wenn es in dieser wahren Form, die notwendig ist, ausgesprochen wird. Mehr noch: JACOBI selbst weist (auf geometrischem Weg) nach, daß ein Minimum seines Prinzips nur für gewisse Integrationsgrenzen erreicht werden kann. Auch dies widerspricht der Vermutung, daß das Prinzip der kleinsten Aktion ein ursächliches Naturprinzip sei.

Dagegen ist das von Carl Friedrich GAUSS (1777 – 1855) formulierte "Prinzip des kleinsten Zwanges" ein tatsächliches Minimalprinzip. Ähnlich wie bei den APPELLschen Gleichungen kann man nämlich eine quadratische Form

$$Z = \int_{(S)} \left(\ddot{\mathbf{r}} - \frac{d\mathbf{f}^e}{dm}\right)^T \left(\ddot{\mathbf{r}} - \frac{d\mathbf{f}^e}{dm}\right) dm \; \Rightarrow \; \min \qquad (3.143)$$

definieren, deren Variation im GAUSSschen Sinn die Formulierung (3.32) ergibt. Hier aber stellt (3.143) eine echte Minimalforderung dar, die wie folgt gedeutet werden kann: Werden unter Beibehaltung der im System vorherrschenden Kräfte die Bindungen weggelassen, so bewegt sich das System unter dem Einfluß dieser Kräfte "frei":

$$\int_{(S)} (\ddot{\mathbf{r}}_f dm - d\mathbf{f}^e) = 0 \; \Rightarrow \; \int_{(S)} \frac{d\mathbf{f}^e}{dm} = \int_{(S)} \ddot{\mathbf{r}}_f \; . \qquad (3.144)$$

Unter Zuhilfenahme von (3.144) kann (3.143) formuliert werden zu

$$Z = \int_{(S)} (\ddot{\mathbf{r}} - \ddot{\mathbf{r}}_f)^T (\ddot{\mathbf{r}} - \ddot{\mathbf{r}}_f)\, dm \; \Rightarrow \; \min \; . \qquad (3.145)$$

Das System bewegt sich also derart, daß die Abweichung zur freien Bewegung kleinstmöglich wird, also mit geringstem Zwang (*Über ein neues allgemeines Grundgesetz der Mechanik*, Journ.f.Math., 1829)

3.3.3   Das Prinzip von HAMILTON

Die ersten Ansätze des HAMILTONschen Prinzips sind in einer Arbeit über Fragen der Optik (*Theory of systems of Rays*, 1828) zu finden, die endgültige Formulierung wurde 1834/35 veröffentlicht. Mit

$$\int 2T\,dt \;\Rightarrow\; \text{"min"} \;,\quad \delta(T + V) = 0 \tag{3.146}$$

folgt das Prinzip von Sir William Rowan HAMILTON (1805 – 1865) zu

$$\delta \int (T + T)dt = 0 \;,\quad \delta T = -\delta V \;\Rightarrow\; \delta \int (T - V)dt = 0\;. \tag{3.147}$$

Daß in diesem Ergebnis die Zeitvariation tatsächlich eliminiert ist, wird bei einer Darstellung des HAMILTONschen Prinzips aus den Zentralgleichungen (3.40) deutlich, womit gleichzeitig der Anwendungsbereich des Prinzips abgesteckt wird. Integriert man nämlich (3.40) über ein bestimmtes, aber willkürliches Zeitintervall, so gilt

$$\int_{t_0}^{t_1} \left\{ \frac{d}{dt}\left[\frac{\partial T}{\partial \dot{\mathbf{s}}}\delta\mathbf{s}\right] - (\delta T + \delta W^e) \right\} dt = 0 \;\Rightarrow\; \int_{t_0}^{t_1} (\delta T + \delta W^e)\,dt = \left.\frac{\partial T}{\partial \dot{\mathbf{s}}}\delta\mathbf{s}\right|_{t_0}^{t_1}. \tag{3.148}$$

Hierbei ist entsprechend der Herleitung keinerlei Zeitvariation durchgeführt worden. Die Beziehung (3.148) stellt das HAMILTONsche Prinzip in seiner allgemeinsten Form dar. Unter allen möglichen Variationen können auch solche betrachtet werden, die zu Beginn und zum Ende der Integration verschwinden:

$$\int_{t_0}^{t_1} (\delta T + \delta W^e)\,dt = 0\;. \tag{3.149}$$

Für den allgemeinen Fall ist hierbei δW^e als virtuelle Arbeit zu betrachten. Für den Fall rein konservativer Systeme geht mit $\delta W^e = -\delta V$ (3.149) in (3.147) über. Dies ist die allgemein gültige Formulierung des Prinzips der kleinsten Aktion, das, wie JACOBI dargelegt, *für beliebige Integrationsgrenzen kein Minimalprinzip darstellt*, vgl. Kapitel 5.1.2.

3.4   Zusammenfassung – Prinzipien und Axiome

Mit der Darstellung des HAMILTONschen Prinzips gelingt der Brückenschlag zum Ausgangspunkt – das Prinzip von LAGRANGE beziehungsweise die Zentralgleichungen (3.40). Hierin sind, wie die Auswertung zeigt, alle differentiellen und alle Minimal-Prinzipien enthalten. Insbesondere ist damit gezeigt, daß auch die Minimalprinzipien, die entsprechend ihrer historischen Entwicklung (Quelle hierfür: [JOU 08]) verschiedene Namen tragen, inhaltlich identisch sind, und ferner, daß das HAMILTONsche Prinzip in der allgemeinen Fassung (3.149) keineswegs auf konservative Systeme beschränkt werden muß. Es sind nicht einmal grundsätzlich Minimalkoordinaten zu verwenden, da die Darstellung (3.148) auch allgemeine nichtintegrierbare Minimalgeschwindigkeiten zuläßt. Es kommt hier lediglich auf die richtige Interpretation an.

Damit kommt der *Zentralgleichung*, die eine Aufbereitung des LAGRANGEschen Prinzips darstellt, ihre Bezeichnung sicherlich zu Recht zu: Sie steht im Zentrum der gesamten Diskussion.

Natürlich darf bei der hier gewählten Vorgehensweise im Sinne einer ganzheitlichen Sicht nicht übersehen werden, daß neben dem EULERschen Impulssatz das BOLTZMANNsche Axiom im Hintergrund steht. Für alle diejenigen mechanischen Systeme, bei denen das BOLTZMANNsche Axiom als gültig angesehen werden kann, ist der EULERsche Drallsatz in der Betrachtung implizit mitenthalten. Für die verbleibenden Systeme (polare Kontinua) ist das BOLTZMANNsche Axiom explizit durch den Drallsatz zu ersetzen. Es ist grundsätzlich einleuchtend, daß für die Behandlung der Terme Kraft und Moment stets zwei Axiome erforderlich sind.

4 Methoden der Dynamik

Mit der Auswertung des LAGRANGEschen Prinzips beziehungsweise der Zentralgleichung

$$\int\limits_{(S)} \left[\ddot{\mathbf{r}}^T dm - d\mathbf{f}^{e^T} \right] \delta\mathbf{r} = \frac{d}{dt}\left[\frac{\partial T}{\partial \dot{\mathbf{s}}}\delta\mathbf{s} \right] - \delta T - \delta W^e = 0 \qquad (4.1)$$

erhält man eine Reihe von Methoden zur Behandlung dynamischer Systeme. Sie
sind in Tabelle 4 zusammengefaßt. Dabei bedeutet

$T = \sum \frac{1}{2}\left\{ \mathbf{v}_s^T m\mathbf{v}_s + \omega^T \mathbf{I}\omega \right\}_i$ kinetische Energie, $\mathbf{I} = \mathbf{I}^s$

$S = \sum \left\{ \frac{1}{2}\left(\mathbf{a}_s^T m\mathbf{a}_s + \dot{\omega}^T \mathbf{I}\dot{\omega} \right) + \dot{\omega}^T \tilde{\omega}\mathbf{I}\omega \right\}_i$ GIBBS-APPELL-Funktion

V Potential

$\mathbf{p} = \left[\frac{\partial T}{\partial \dot{\mathbf{z}}} \right]^T$ Impulskoordinate

$H = \mathbf{p}^T \dot{\mathbf{z}} - (T - V)$ HAMILTON-Funktion, $H = T + V$
für konservativ-autonome Systeme

$\mathbf{Q} = \sum \left\{ \left[\frac{\partial \mathbf{v}_f}{\partial \dot{\mathbf{s}}} \right]^T \mathbf{f}^e + \left[\frac{\partial \omega}{\partial \dot{\mathbf{s}}} \right]^T \mathbf{l}^e \right\}_i$ verallgemeinerte Kraft, $\mathbf{v}_f$ Geschwindigkeit am Kraftangriffspunkt)

$\mathbf{f}^e, \mathbf{l}^e$ eingeprägte Kraft, eingeprägtes
Moment

$\dot{\mathbf{p}}, \dot{\mathbf{L}}$ Impuls- und Dralländerung

$\mathbf{v}, \omega$ absolute Tanslations- und Drehgeschwindigkeit

$\mathbf{z}$ Minimalkoordinaten

$\dot{\mathbf{s}} = \mathbf{H}(\mathbf{z})\dot{\mathbf{z}}$ Minimalgeschwindigkeiten, Sonderfall
für holonome Systeme: $\mathbf{H}(\mathbf{z}) = \mathbf{E}$.

HUYGENS (konservativ)	$T + V = H$	... 1673
GIBBS & APPELL (hier: holonom)	$\left[\frac{\partial S}{\partial \ddot{\mathbf{z}}}\right]^T = \mathbf{Q}$	1879 & 1899
HAMILTON (hier: konservativ)	$\delta \int_{t_0}^{t_1} (T - V)\, dt = 0$	1834
HAMILTON (hier: konservativ, autonom)	$\dot{\mathbf{p}}^T = -\left[\frac{\partial H}{\partial \mathbf{z}}\right] \quad \dot{\mathbf{z}}^T = \left[\frac{\partial H}{\partial \mathbf{p}}\right]$	1834
LAGRANGE (hier: konservativ)	$\frac{d}{dt}\left[\frac{\partial T}{\partial \dot{\mathbf{z}}}\right] - \left[\frac{\partial T}{\partial \mathbf{z}}\right] + \left[\frac{\partial V}{\partial \mathbf{z}}\right] = 0$	1788
HAMEL-BOLTZMANN	$\left[\frac{d}{dt}\left[\frac{\partial T}{\partial \dot{\mathbf{s}}}\right] - \left[\frac{\partial T}{\partial \mathbf{s}}\right] - \mathbf{Q}^T\right]\delta\mathbf{s} + \frac{\partial T}{\partial \dot{\mathbf{s}}}\left[\frac{d\delta\mathbf{s} - \delta d\mathbf{s}}{dt}\right] = 0$	1904
	ZENTRAL $-\boxed{\frac{d}{dt}\left[\frac{\partial T}{\partial \dot{\mathbf{s}}}\,\delta\mathbf{s}\right] - \delta T - \delta W^e = 0}$ GLEICHUNG	
EULER (eliminierte Zwangskräfte)	$\sum_{i=1}^{p}\left\{\left[\frac{\partial \mathbf{v}_s}{\partial \dot{\mathbf{s}}}\right]^T[\dot{\mathbf{p}} + \tilde{\boldsymbol{\omega}}\mathbf{p} - \mathbf{f}^e] + \left[\frac{\partial \boldsymbol{\omega}}{\partial \dot{\mathbf{s}}}\right]^T[\dot{\mathbf{L}} + \tilde{\boldsymbol{\omega}}\mathbf{L} - \mathbf{l}^e]\right\}_i = 0$	1750/75

Tabelle 4: Methoden der Dynamik

Die Reihenfolge der Methoden in Tabelle 4 beinhaltet bereits ein gewisses Ordnungsschema: Typisch für alle Methoden oberhalb der Zentralgleichung ist, daß sie von Energiebeziehungen des Gesamtsystems Gebrauch machen (hierzu soll im vorliegenden Fall auch die GIBBS-APPELL-Funktion in einem verallgemeinerten Sinn gezählt werden), während in der letzten Zeile die beschreibenden Gleichungen aus den Kräften und Momenten (Impuls- und Drallsatz) der beteiligten Einzelkörper zusammengesetzt werden. Je nach Problemstellung sind den verschiedenen Methoden unterschiedliche Ziele zuzuordnen. Zu unterscheiden sind dabei zwei Zielrichtungen: Die *qualitative* Analyse des dynamischen Systems, bei der weniger die zeitliche Lösung einzelner Koordinaten interessiert als vielmehr das globale Verhalten (zum Beispiel Stabilität in Abhängigkeit der Energie), und die *quantitative* Berechnung zeitlicher Lösungen. Für letztere werden die *Bewegungsgleichungen* benötigt: Dies sind die Kraft-Momentenbeziehungen, die in Richtung der *freien* Bewegungsmöglichkeiten formuliert werden müssen, da die Zwangskräfte und -momente keinen Beitrag zur *Bewegung* leisten (sie gehören zu den "verlorenen Kräften", d'ALEMBERT-Prinzip). Mit Blickrichtung auf die Bewegungsgleichungen können die in Tabelle 4 aufgeführten Methoden zunächst (nach MAGNUS) mit Namen belegt werden: Die oberhalb der Zentralgleichung angesiedelten Methoden sind *analytische Methoden*, denn die Berechnung der Bewegungsgleichungen erfordert das Zerlegen der Gesamtenergie in ihre Anteile nach (verallgemeinerten) Wegen und Kräften ("Analyse": Zerlegen eines Ganzen in seine Bestandteile), während die untere Zeile die *synthetischen Methoden* charakterisiert ("Synthese": Zusammensetzen aus Einzelbausteinen, hier: Kräften und Momenten). Unter diesen Oberbegriffen können weitere, in der Tabelle nicht aufgeführte Methoden in die Diskussion miteinbezogen werden. Damit entsteht die Frage, welche Methoden welchen Zielen gerecht werden, oder, mit HERTZ, welche Methode mit dem geringsten Aufwand zur Lösung des Problems führt. Für *quantitative* Berechnungen ist die Beantwortung der Frage eindeutig: Hier kommt es auf den größtmöglichen Grad der quantitativen Aufbereitung an, so daß man es am Ende mit einer Formulierung zu tun hat, bei der nur noch die aktuellen problemspezifischen Größen eingesetzt werden müssen. Damit erhält man die letzte Zeile aus Tabelle 4. Hier sind die entsprechenden Größen über körperfeste Koordinatensysteme der beteiligten Einzelkörper angeschrieben, das Ergebnis ist jedoch von der Wahl der Koordinatensysteme unabhängig und nur durch die Wahl von $\dot{s}$ festgelegt. Man kann also ebensogut Impulssatz und Drallsatz mittels bewegter Referenzsysteme oder eines Inertialsystems formulieren, wenn die Geschwindigkeiten zur Berechnung der entsprechenden Funktionalmatrizen auch in diesen Koordinatensystemen angeschrieben werden. Die Wahl der Bezugssysteme und der Minimalgeschwindigkeiten ist jedoch bereits problemspezifisch: Es läßt sich keine allgemeine Aussage treffen, für welches Problem welche Wahl die günstigste ist. Unabhängig davon stellt die letzte Zeile aus Tabelle 4 die mit Hilfe der Funktionalmatrizen in die zwangfreien Richtungen projizierten Kräfte und Momente dar. Eine andere Möglichkeit der Synthese gibt es nicht, und auch die Vielzahl der mit Autorennamen belegten Vorgehensweisen, die in den letzten zwanzig Jahren veröffentlicht wurden, lassen sich in der hier gebrachten Formulierung interpretieren und ineinander überführen.

Ist auf der anderen Seite die Problemstellung *qualitativer* Natur, so werden die in Tabelle 4 weiter oben angesiedelten Methoden tragkräftiger, da sie die zugrundeliegende Physik in einer mehr globalen Form beinhalten, und die Aussage qualitativer Untersuchungen stets auch eine globale Systemaussage beinhaltet. Damit kann den verfügbaren Methoden (zumindest tendentiell) eine Zielrichtung zugeordnet werden:

Das Ziel der analytischen Methoden wird (in aller Regel)[11] qualitativer, das der synthetischen Methode $(-n)$ quantitativer Natur sein.

4.1 Qualitative Aussagen über die Lösung

Um mögliche Arten der Lösung dynamischer Systeme zu umreißen, ist es zweckmäßig, mit einer qualitativen Untersuchung zu beginnen. Hierfür werden zunächst konservative autonome Systeme betrachtet. Für ihre Untersuchung stehen das HAMILTONsche Prinzip und die kanonischen Gleichungen zur Verfügung, die eng miteinander verknüpft sind: Mit Hilfe der HAMILTON-Funktion kann das HA-MILTONsche Prinzip wie folgt angeschrieben werden (vgl. (3.50)):

$$H = \mathbf{p}^T \dot{\mathbf{z}} - (T - V) \Rightarrow (T - V) = \mathbf{p}^T \dot{\mathbf{z}} - H$$

$$\Rightarrow \delta \int (T - V) dt = \delta \int \left(\mathbf{p}^T \dot{\mathbf{z}} - H \right) dt \, , \quad \int = \int_{t_0}^{t_1} \, . \tag{4.2}$$

Die Variation liefert mit $H = H(\mathbf{z}, \mathbf{p})$,

$$\delta \int \left(\mathbf{p}^T \dot{\mathbf{z}} - H \right) dt = \int \left(\dot{\mathbf{z}}^T \delta \mathbf{p} - \mathbf{p}^T \delta \dot{\mathbf{z}} - \delta H \right) dt$$

$$= \int \left(\dot{\mathbf{z}}^T \delta \mathbf{p} - \dot{\mathbf{p}}^T \delta \mathbf{z} - \frac{\partial H}{\partial \mathbf{p}} \delta \mathbf{p} - \frac{\partial H}{\partial \mathbf{z}} \delta \mathbf{z} \right) dt + \mathbf{p}^T \delta \mathbf{z} \Big|_{t_0}^{t_1}$$

$$= 0 \, , \tag{4.3}$$

durch Koeffizientenvergleich die kanonischen Gleichungen:

$$\dot{\mathbf{z}}^T = \frac{\partial H}{\partial \mathbf{p}} \, , \quad \dot{\mathbf{p}}^T = -\frac{\partial H}{\partial \mathbf{z}} \, , \quad \{ \delta \mathbf{z}(t_1) = 0 \, , \, \delta \mathbf{z}(t_2) = 0 \} \, . \tag{4.4}$$

---

[11]Es liegt in der Natur des Gegenstands, daß eine Zuordnung von Ziel und Methode nicht in dogmatischer Schärfe formuliert werden kann. Betrachtet man Systeme mit wenigen, das heißt ein bis drei Freiheitsgraden, so verwischt sich der Unterschied im zu treibenden Aufwand. Wenngleich solche Systeme im allgemeinen im Widerspruch zur MAGNUSschen Forderung nach einer *Real*mechanik stehen, so gehören sie doch zu der hier betrachteten Modellklasse – ebenso wie Systeme mit trivialer kinetischer Energie, das heißt quadratischer Form in $\dot{\mathbf{z}}$ mit konstanten Koeffizienten, aber vielen Freiheitsgraden. Dann kommt nämlich, da Zentripetal- und Coriolisbeschleunigungen nicht auftreten, der aufwendige Differentiationsprozeß der LAGRANGEschen Gleichungen beispielsweise gar nicht zum Tragen.

Um zu einer qualitativen Aussage zu gelangen, wird (4.2) einer *kanonischen Transformation* unterzogen: Ergänzt man den Integranden mit einer Funktion dS/dt,

$$\delta \int \left(\mathbf{p}^T\dot{\mathbf{z}} - H\right) dt = \delta \int \left[\overline{\mathbf{p}}^T\dot{\overline{\mathbf{z}}} - \overline{H} + \frac{dS}{dt}\right] dt \ \text{mit} \ \delta \int dS = \delta\left[S\left(t_1\right) - S\left(t_0\right)\right] = 0 \, ,$$
$$(4.5)$$

so ändert dies zwar nichts an der physikalischen Aussage, solange dS ein vollständiges Differential ist (Integration über $\int dS/dt \, dt$ liefert einen Wert an den Integrationsgrenzen, dessen Variation Null ist), läßt aber die Möglichkeit zu, durch Koeffizientenvergleich der Integranden neue Variable $\overline{\mathbf{z}}, \overline{\mathbf{p}}$ zu definieren. Dabei wird die Funktion S Erzeugende genannt. Um zu neuen Variablen zu gelangen, muß diese Funktion jeweils von einer alten und einer neuen Variablen abhängen. Hier wird speziell $S = S\left(\mathbf{z}, \overline{\mathbf{p}}\right)$ betrachtet:

$$\delta \int \left(\mathbf{p}^T\dot{\mathbf{z}} - H\right) dt = \delta \int \left(\overline{\mathbf{p}}^T\dot{\overline{\mathbf{z}}} - \overline{H} + \frac{\partial S}{\partial \mathbf{z}}\dot{\mathbf{z}} + \frac{\partial S}{\partial \overline{\mathbf{p}}}\dot{\overline{\mathbf{p}}}\right) dt = 0 \qquad (4.6)$$

$$\Rightarrow \qquad \mathbf{p}^T = \frac{\partial S}{\partial \mathbf{z}} \ , \quad H = \overline{H} \ , \quad \overline{\mathbf{z}}^T = \frac{\partial S}{\partial \overline{\mathbf{p}}} \, . \qquad (4.7)$$

(Die dritte Bedingung aus (4.7) folgt aus $\delta \int \left(\overline{\mathbf{p}}^T\dot{\overline{\mathbf{z}}} + \frac{\partial S}{\partial \overline{\mathbf{p}}}\dot{\overline{\mathbf{p}}}\right) dt = 0$, d.h. der Integrand muß vollständiges Differential sein. Es bleibt anzumerken, daß im Falle von Führungsbewegungen (nichtautonome Systeme, H hängt explizit von der Zeit ab) eine explizite Zeitabhängigkeit der Erzeugenden angesetzt werden muß.) Weil dS/dt in (4.5) keinen Einfluß auf die Variation hat, liefert die Variation von (4.5) bei einer Darstellung in den neuen Variablen wiederum kanonische Gleichungen. (Deshalb wird die Transformation nach (4.5) "kanonisch" genannt.) Sie läßt zwei Folgerungen zu:

Erstens: Integriert man (4.5) (ohne die Variation auszuführen)

$$\int \mathbf{p}^T\dot{\mathbf{z}}\, dt = \int \overline{\mathbf{p}}^T\dot{\overline{\mathbf{z}}}\, dt + S\left(t_1\right) - S\left(t_0\right) \ \Rightarrow \ \oint \mathbf{p}^T d\mathbf{z} = \oint \overline{\mathbf{p}}^T d\overline{\mathbf{z}} \qquad (4.8)$$

($\oint$ bedeutet "längs eines geschlossenen Umlaufs"), so bedeutet dies: *Die in die $p_i - z_i$-Ebene projizierten geschlossenen Kurven der (räumlichen) Phasenkurven sind bei kanonischen Transformationen flächeninvariant.*

Zweitens: Für ein "integrierbares" System läßt sich eine spezielle Transformation mit $\overline{\mathbf{p}} = \mathbf{I} = $ const., $\overline{\mathbf{z}} = \boldsymbol{\theta} = \boldsymbol{\theta}(\mathbf{I})$ *("Wirkungs- und Winkelvariable")* mit den kanonischen Gleichungen

$$\dot{\mathbf{I}} \ = \ -\frac{\partial H^T}{\partial \boldsymbol{\theta}} = 0 \ \Rightarrow \ H = H(\mathbf{I}) \, ,$$

$$\dot{\boldsymbol{\theta}} \ = \ \frac{\partial H^T}{\partial \mathbf{I}} = \omega \ \Rightarrow \ \omega = \omega(\mathbf{I}) \, , \quad \mathbf{I}\, ; \boldsymbol{\theta} \in \mathrm{R}^f \, , \qquad (4.9)$$

finden: Mit $\mathbf{I}$ = const. liegen f "erste Integrale" vor (siehe auch Kapitel 5.1.1), mit deren Hilfe die Systemdifferentialgleichungen durch sukzessive Elimination auf eine einzige Gleichung zurückgeführt werden können, die stets analytisch lösbar ist. Umgekehrt muß ein dynamisches System, das eine analytische Lösung besitzt, so viele erste Integrale haben, daß es auf eine Gleichung zurückgeführt werden kann. Hier bringt die kanonische Transformation, sofern vorhanden, die ersten Integrale sozusagen zum Vorschein.

$\triangledown$

Beispiel: In (4.9) beinhaltet der Vektor $\boldsymbol{\omega}(\mathbf{I})$ die Systemfrequenzen. Dies kann am einfachen Beispiel des linearen Schwingers mit der Gleichung

$$\ddot{z} + \omega^2 z = 0 , \quad \omega^2 = c/m ,$$

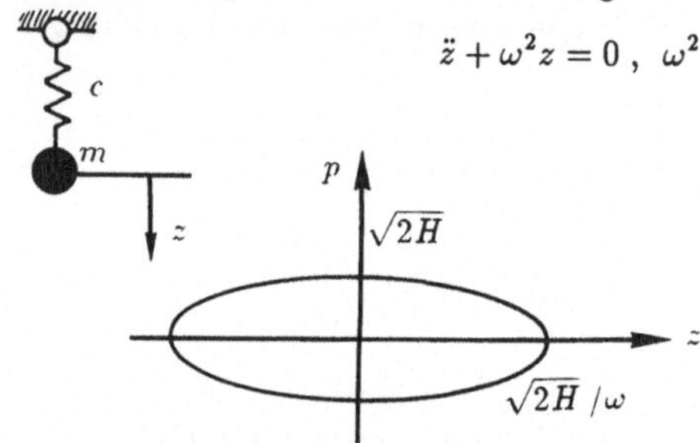

Bild 4.1: Translationspendel

leicht gezeigt werden: Multipliziert man diese Gleichung mit $\dot{z}$ und integriert über die Zeit, so erhält man den (auf m normierten) Energiesatz

$$\frac{1}{2}\dot{z}^2 + \omega^2 z^2 = T + V = H ;$$
$$\dot{p} = \frac{\partial T}{\partial \dot{z}} = \dot{z}$$
$$\Rightarrow H = \frac{1}{2}(p^2 + \omega^2 z^2) .$$

Dies stellt eine Ellipsengleichung für die Phasenkurve $p(z)$ dar. Aus (4.8) folgt

$$\begin{aligned}
\oint p\,dz &= \oint I\,d\theta = I\,2\pi ; \\
\oint p\,dz &= \pi ab = \pi\sqrt{2H}\sqrt{2H/\omega^2} = \pi 2H/\omega \quad \text{(a,b: Halbachsen der Ellipse)} \\
\Rightarrow I &= H/\omega \ \text{ bzw. } \ H = I\omega \\
\dot{I} &= -\partial H/\partial\theta = 0 , \quad \dot{\theta} = \partial H/\partial I = \omega .
\end{aligned}$$

(In allgemeinen (nichtlinearen) Systemen hängt $\omega = \omega(I)$ vom Energiegehalt ab, z.B. Fadenpendel.)

$\triangle$

Um zu weiteren qualitativen Aussagen zu gelangen, ist es zweckmäßig, Gleichung (4.9) geometrisch zu deuten. Hierfür werden die weiteren Ausführungen auf den Fall $f = 2$ (2 Freiheitsgrade) beschränkt, da man bereits hieraus die wesentlichen Erscheinungen ablesen kann. Wenn ein System mit zwei Freiheitsgraden integrierbar sein soll, so muß es außer $H = T + V$ = const. noch ein weiteres erstes Integral besitzen: F = const. Mit dF als vollständigem Differential kann F wie eine Erzeugende behandelt werden:

$$\delta \int \left(\mathbf{I}^T\dot{\boldsymbol{\theta}} - H\right) dt = \delta \int \left(\overline{\mathbf{I}}^T\dot{\boldsymbol{\theta}} - \overline{H} + \frac{\partial F}{\partial\theta}\dot{\boldsymbol{\theta}} + \frac{\partial F}{\partial\mathbf{I}}\dot{\mathbf{I}}\right) dt = 0 \qquad (4.10)$$

$$\Rightarrow \qquad \mathbf{I}^T_{\cdot} = \frac{\partial F}{\partial \theta} \ , \ H = \overline{H} \ , \ \mathbf{\bar{I}}^T \dot{\boldsymbol{\theta}} = 0 \ , \ \dot{\mathbf{I}} = 0 \ .$$

Wegen $F = \text{const.}$ gilt auch

$$\dot{F} = \frac{\partial F}{\partial \theta} \dot{\boldsymbol{\theta}} + \frac{\partial F}{\partial \mathbf{I}} \dot{\mathbf{I}} = 0 \ ; \ \text{mit} \ \frac{\partial F}{\partial \theta} = \mathbf{I}^T \ \text{folgt} \ \mathbf{I}^T \dot{\boldsymbol{\theta}} = 0 \ . \qquad (4.11)$$

Man stellt fest, daß die Verwendung des ersten Integrals $F = \text{const.}$ zur Selbstabbildung führt. (Weil in F keine neuen Koordinaten stehen, kann damit auch keine Transformation in Richtung neuer Koordinaten erfolgen). Die Bewegung des Systems ist so geartet, daß sie zu jedem Zeitpunkt $F = \text{const.}$ und $H = T + V = \text{const.}$ erfüllt.

Dabei ist nach (4.11) $\dot{\boldsymbol{\theta}}$ immer orthogonal zu $\mathbf{I} = \text{const.}$ Für $f = 2$ kann damit die Bewegung gedeutet werden als ein Umlaufen der Trajektorie $\theta(t)$ auf einem Torus mit den konstanten Radien I_1 und I_2.

Weil auch $H = \text{const.}$ ein erstes Integral darstellt, muß auch die Verwendung von H als "Erzeugende" zu einer kanonischen Abbildung führen. Hier gilt insbesondere, daß die kanonischen Gleichungen

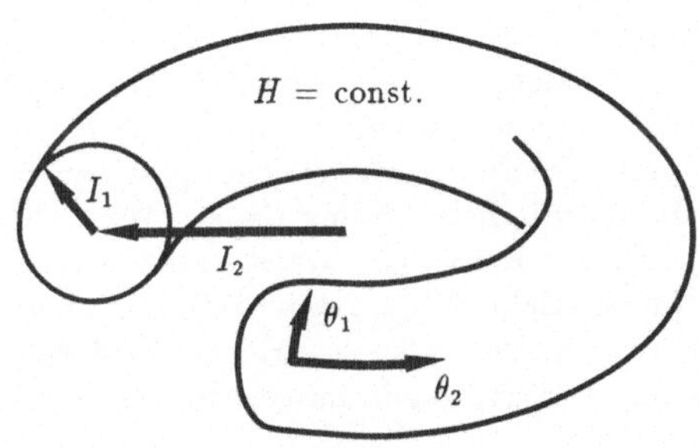

Bild 4.2: Integrierbare Lösung

$$\dot{\boldsymbol{\theta}} = \frac{\partial H}{\partial \mathbf{I}}^T \ : \ d\theta = dt \frac{\partial H}{\partial \mathbf{I}} \qquad (d\mathbf{I} = 0) \qquad (4.12)$$

eine "infinitesimale" kanonische Transformation (dt ist infinitesimales Element) darstellen:

$$\boldsymbol{\theta}(t) \xrightarrow{\text{kanonisch}} \boldsymbol{\theta}(t + dt) \ . \qquad (4.13)$$

∇

(Nebenrechnung:
Gesucht sind neue Variable, die von den alten nur wenig abweichen:
$\bar{\mathbf{I}} = \mathbf{I} + \varepsilon \mathbf{n}$, $\overline{\boldsymbol{\theta}} = \boldsymbol{\theta} + \varepsilon \boldsymbol{\xi}$. Eingesetzt in (4.10) erhält man mit
$F = \varepsilon F_1 : \delta \int \left\{ \frac{d}{dt} \left(\mathbf{I}^T \mathbf{n} \right) + \varepsilon \left(\boldsymbol{\xi}^T + \partial F_1/\partial \theta \right) \dot{\boldsymbol{\theta}} - \varepsilon \left(\mathbf{n}^T - \partial F_1/\partial \mathbf{I} \right) \dot{\mathbf{I}} \right\} dt \stackrel{!}{=} 0$
$\Rightarrow \mathbf{n}^T = \partial F_1/\partial \mathbf{I}, \boldsymbol{\xi}^T = -\partial F_1/\partial \theta, \varepsilon^2 \Rightarrow 0.$
Der Vergleich $\overline{\boldsymbol{\theta}} - \boldsymbol{\theta} = d\theta = \varepsilon \left(\partial F_1/\partial \mathbf{I} \right)^T , \bar{\mathbf{I}} - \mathbf{I} = d\mathbf{I} = -\varepsilon \left(\partial F_1/\partial \theta \right)^T$
führt mit $F_1 \Rightarrow H, \varepsilon \Rightarrow dt$ auf (4.12).)

$\triangle$

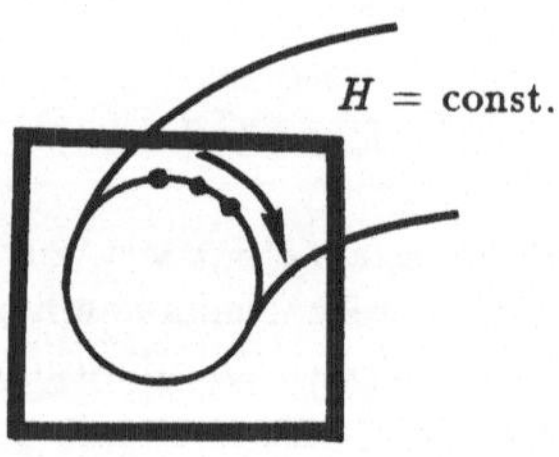

Bild 4.3: Punktabbildung

Weil eine Aufeinanderfolge kanonischer Transformationen wiederum eine kanonische Transformation ist, ist auch die diskrete Folge $\theta(t_1)$, $\theta(t_1 + T)$, ... eine Folge kanonischer Transformationen. Das bedeutet: Betrachtet man die Lösungskurve nur zu diskreten Zeitpunkten, hält man also gedanklich eine Fläche in den Torus und betrachtet nur die Durchstoßpunkte, so ist die Abbildung von einem Durchstoßpunkt zum nächsten eine kanonische Abbildung, ebenso wie die durch die Punktfolge erzeugte Kurve. Kennt man nun eine integrierbare Lösung (besser: Einen Energiezustand, der ein integrierbare Lösung zuläßt), so entsteht die Frage, ob man das Energieniveau beliebig steigern oder vermindern kann und stets wieder eine integrierbare Lösung findet. Wenn dies der Fall sein sollte, so muß es zu (4.9) eine kanonische Transformation geben, die wiederum auf Wirkungs- und Winkelvariable führt. Nach (4.9) kann dann die neue HAMILTON-Funktion nur von der neuen Wirkungsvariablen abhängen: Steigert man die Energie um einen geringen Wert, so gilt, ausgehend von einer bekannten Lösung $H_0(\mathbf{I})$

$$H(\mathbf{I}, \boldsymbol{\theta}) = H_0(\mathbf{I}) + \varepsilon H_1\left(\bar{\mathbf{I}}, \bar{\boldsymbol{\theta}}\right) \overset{!}{=} \bar{H}\left(\bar{\mathbf{I}}\right) . \tag{4.14}$$

Die Erzeugende ist

$$S\left(\boldsymbol{\theta}, \bar{\mathbf{I}}\right) = \boldsymbol{\theta}^T \bar{\mathbf{I}} + \varepsilon S_1\left(\boldsymbol{\theta}, \bar{\mathbf{I}}\right) . \tag{4.15}$$

(Nach (4.7) gilt $\mathbf{p}^T = \mathbf{I}^T = \partial S/\partial \boldsymbol{\theta}$, $\bar{\mathbf{z}}^T = \bar{\boldsymbol{\theta}}^T = \partial S/\partial \bar{\mathbf{I}}$: Für $\varepsilon = 0$ wird eine Selbstabbildung erreicht; neue Wirkungs–Winkelvariable können nur über den Anteil S_1 erzeugt werden.) Für die neuen Variablen ist $\boldsymbol{\theta}$ keine Winkelvariable, also $\dot{\boldsymbol{\theta}} \neq$ const., vielmehr ist H_1, S_1 periodisch in $\boldsymbol{\theta}$:

$$H_1 = \sum_m H_{1m}\left(\bar{\mathbf{I}}\right) e^{i\mathbf{m}^T\boldsymbol{\theta}}, \quad S_1 = \sum_{\mathbf{m}} S_{1m}\left(\bar{\mathbf{I}}\right) e^{i\mathbf{m}^T\boldsymbol{\theta}} , \quad \mathbf{m} \in \{\mathbb{Z}\} , \tag{4.16}$$

(FOURIER-Entwicklung). Bildet man ferner die TAYLOR-Entwicklung von (4.14) bis zum ersten Glied

$$H = H_0(\mathbf{I}) + \left[\frac{\partial H_0}{\partial \mathbf{I}}\right]_{\varepsilon=0} \Delta \mathbf{I} + \varepsilon H_1 = H_0(\mathbf{I}) + \varepsilon \sum_m \left(i\boldsymbol{\omega}_0^T \mathbf{m} S_{1m} + H_{1m}\right) e^{i\mathbf{m}^T\boldsymbol{\theta}} \overset{!}{=} \bar{H}\left(\bar{\mathbf{I}}\right) \tag{4.17}$$

$$\left(\text{mit } \left[\frac{\partial H_0}{\partial \mathbf{I}}\right]_{\varepsilon=0} = \dot{\boldsymbol{\theta}}_0^T = \boldsymbol{\omega}_0^T \; ; \; \Delta \mathbf{I} = \varepsilon \left[\frac{\partial S_1}{\partial \boldsymbol{\theta}}\right]^T = \varepsilon \sum_m i \, \mathbf{m} \, S_{1m} \left(\bar{\mathbf{I}}\right) e^{i \mathbf{m}^T \boldsymbol{\theta}}\right) \, ,$$

so müssen, wenn $\bar{H}$ eine alleinige Funktion von $\bar{\mathbf{I}}$ sein soll, in (4.17) alle periodischen Anteile verschwinden:

$$\sum_{\mathbf{n}} \left(i \, \boldsymbol{\omega}_0^T \mathbf{n} \, S_{1m} + H_{1m}\right) = 0 \; , \quad \mathbf{n} \in \{Z - \emptyset\} \tag{4.18}$$

Eingesetzt in (4.15) erhält man mit

$$S = \boldsymbol{\theta}^T \mathbf{I} + \varepsilon \sum_{\mathbf{n}} i \left[\frac{H_{1m}}{\boldsymbol{\omega}_0^T \mathbf{n}}\right] e^{i \mathbf{n}^T \boldsymbol{\theta}} \; , \quad \mathbf{n} \in \{Z - \emptyset\} \tag{4.19}$$

die Aussage, daß für $\mathbf{n}^T \boldsymbol{\omega}_0 = 0$ (rationales Frequenzverhältnis) eine Erzeugende für eine Transformation in Wirkungs–Winkelvariable nicht existiert. Das bedeutet: Stehen die Systemfrequenzen des Ausgangssystems in einem rationalen Verhältnis, so führt die kleinste Störung (Energiesteigerung/-verminderung) dazu, daß das System nichtintegrierbar wird. Dann existiert eine Darstellung, bei der die Winkelvariable auf einem Torus umläuft, nicht mehr. (Gleichzeitig beinhaltet (4.19) das "Problem der kleinen Nenner", also die Frage, ob bei kleinen Werten von $\mathbf{n}^T \boldsymbol{\omega}_0$ die Reihe (4.19) überhaupt konvergiert. Die Antwort hierauf, daß die Reihe für irrationale Frequenzverhältnisse (beinahe) immer konvergiert, basiert auf einer Vermutung von KOLMOGOROV (1954) und wurde durch ARNOLD und MOSER (KAM-Theorem) bewiesen). Im allgemeinen existieren jedoch mehrere Energieniveaus, die zu integrierbarem Verhalten führen.

Die nichtintegrierbare Trajektorie ist also zwischen zwei derartigen Tori gefangen. Betrachtet man wieder eine Fläche mit Durchstoßpunkten, bei denen die äußere Menge der Punkte einen anderen Umlaufsinn haben möge als die innere (beide gehören zu unterschiedlichen Energieniveaus), so ist es klar, daß es für die nichtintegrierbare Trajektorie Fixpunkte' geben muß, die keinen Umlaufsinn haben.

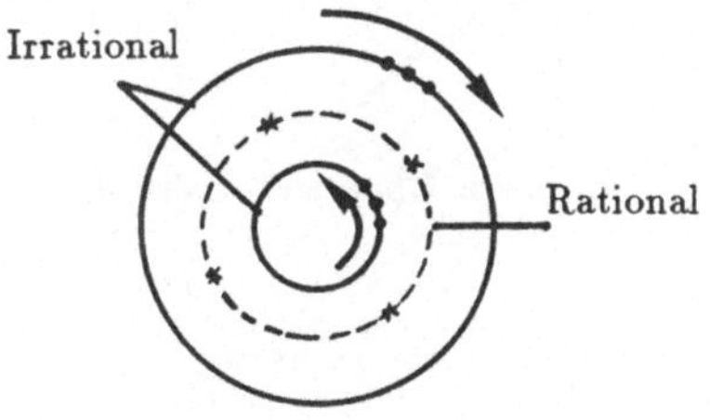

Bild 4.4: Torusschnitt

Die Art der Fixpunkte läßt sich durch Untersuchung des Trajektorienverhaltens in unmittelbarer Nähe beschreiben. Man stellt fest, daß sich "elliptische" und "hyperbolische" Punkte abwechseln. Die Trajektorien in der Nähe elliptischer Punkte sind stabil; diejenigen der hyperbolischen instabil.

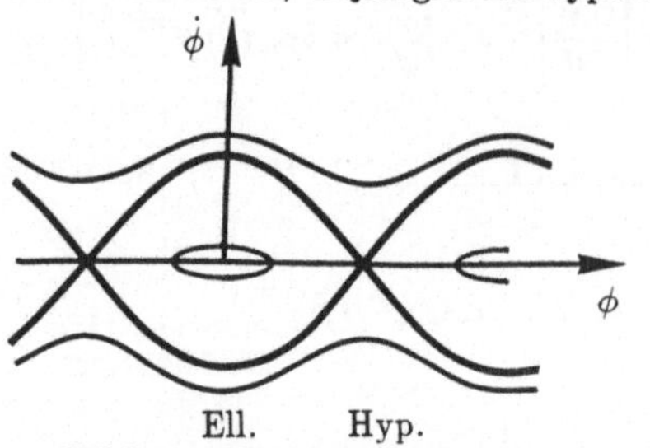

Bild 4.5: Fixpunkte des Drehpendels

Der Verlauf der Trajektorien hat große Ähnlichkeit mit dem der Phasenkurven z.B. des einfachen Pendels (abwechselnd elliptische und hyperbolische Punkte: Die Schwingung um die stabile Gleichgewichtslage, die sich mit 2π wiederholt, ist für kleine Abweichungen in der Phasenebene eine Ellipse;

die Schwingung um die instabile (kopfstehende) Lage eine Hyperbel. Die Grenzkurve (Separatrix), die die stabilen Ellipsen voneinander trennt, stellt die Grenzbewegung dar, bei der sich das kopfstehende Pendel (in unendlich langer Zeit) in Bewegung setzt, die stabile Lage durchschwingt und die kopfstehende Lage (in unendlich langer Zeit) wieder erreicht). Im Phasenraum können sich die Phasenkurven nicht schneiden, denn sonst wären für einen bestimmten Zeitpunkt mehrere Lösungen vorhanden. Die Punktabbildung stellt jedoch eine Projektion der Phasenkurve in eine bestimmte Ebene dar; hier wäre es unwahrscheinlich, daß sich die Kurvenäste glatt aneinanderfügen.

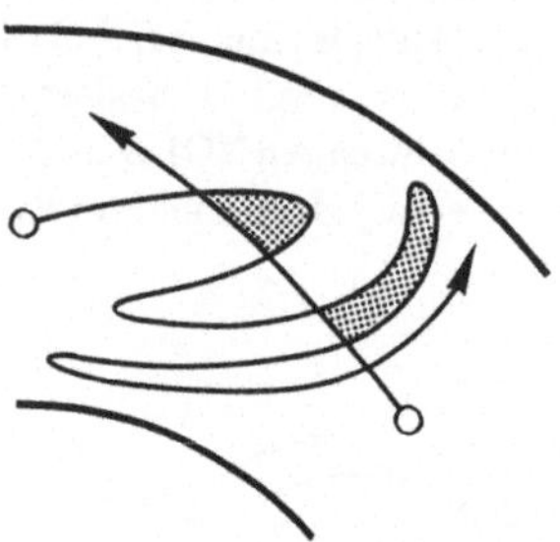

Bild 4.6: Chaotische Lösung

In dem Punkt, in dem die Kurve der Durchstoßpunkte zusammenläuft, wird sich also ein "Überschwingen" ergeben. Da aber die Kurve durch die Tori der integrierbaren Zustände begrenzt ist, muß sich notgedrungen eine "Schlaufe" ergeben, die mit dem anderen Ast der Kurve eine geschlossene Kurve bildet. Die Punktabbildung ist kanonisch, also flächentreu:

Der nächste Kurvenabschnitt muß wiederum gleichen Flächeninhalt haben, und so fort. Insgesamt ergibt sich ein vollständig verschlungenes Bild: Dies kennzeichnet eine chaotische Lösung. Weil hierbei die Lösung um die elliptischen Fixpunkte wiederum der gleichen Überlegung folgen wie bei Betrachtung des Torus für rationale Frequenzverhältnisse (auch hier gibt es wiederum Fixpunkte der Abbildung in elliptischer und hyperbolischer Folge), bilden sich bei den elliptischen Punkten dieselben Verhältnisse ab, und so fort.

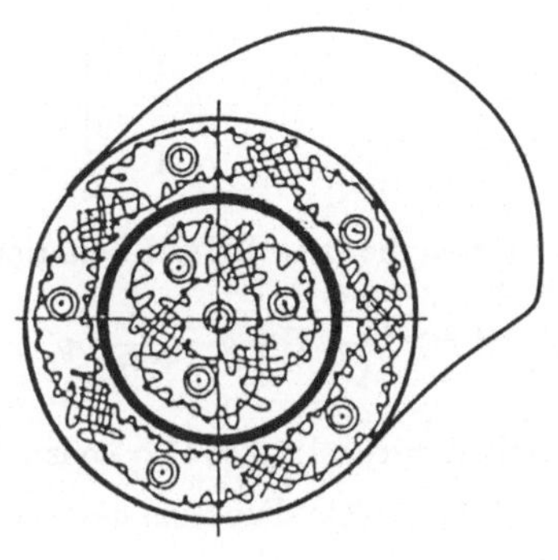

Bild 4.7: Torusschnitt nach [ABR 78]

Beispiel: Die Ringe des Saturn (eingeschränktes ebenes Dreikörperproblem)

Betrachtet wird die Bewegung eines Körpers der Masse m im Gravitationsfeld der Masse M und der Masse $\overline{M}$. Unter der Voraussetzung, daß $\overline{M}$ sehr klein ist gegenüber M kann für diese Masse eine Kreisbahn angenommen werden. Dabei ist m wiederum klein gegenüber $\overline{M}$.

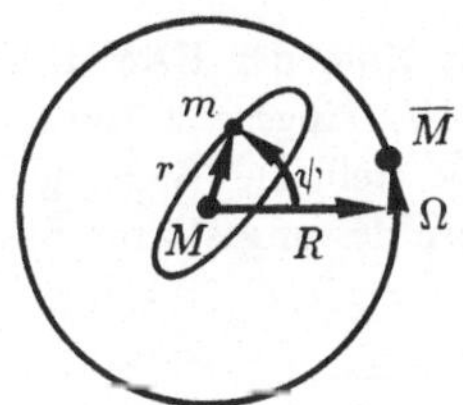

Bild 4.8: Drei Himmelskörper

Die Anziehungskraft durch $\overline{M}$ wirkt als Störung auf die Keplerbewegung von m. Die kinetische Energie lautet

$$T = \frac{1}{2}m\left(r^2\left(\Omega + \dot{\psi}\right)^2 + \dot{r}^2\right) ,$$

womit die Impulse zu

$$p_r = \frac{\partial T}{\partial \dot{r}} = m\dot{r} \ , \quad p_\psi = \frac{\partial T}{\partial \dot{\psi}} = mr^2\left(\Omega + \dot{\psi}\right)$$

folgen. Berechnet man hieraus die Geschwindigkeiten $\dot{r}, \dot{\psi}$,

$$\dot{\mathbf{z}} = \begin{bmatrix} \dot{r} \\ \dot{\psi} \end{bmatrix} = \begin{bmatrix} \frac{p_r}{m} \\ \frac{p_\psi}{mr^2} \end{bmatrix} - \begin{bmatrix} 0 \\ \Omega \end{bmatrix} ,$$

so erhält man die HAMILTON-Funktion

$$H = \mathbf{p}^T \dot{\mathbf{z}} - T + V = \frac{1}{2m}\left(p_r^2 + \frac{1}{r^2}p_\psi^2\right) - \Omega p_\psi + V_1(r) + V_2(r, R) ,$$

wobei mit $R = $ const. auch $\Omega = $ const. folgt.

Aus der HAMILTON-Funktion liest man ab, daß p_ψ konstant ist, da H nicht von ψ abhängt:

$$\dot{p}_\psi = -\frac{\partial H}{\partial \psi} = 0 \;\Rightarrow\; p_\psi = c .$$

Für die Wirkungs–Winkelvariablen gilt

$$\begin{aligned}
I_\psi &= \tfrac{1}{2\pi}\oint p_\psi d_\psi &&= p_\psi = c , \\
I_r &= \tfrac{1}{2\pi}\oint p_r dr &&= \tfrac{1}{2\pi}\oint \sqrt{2m\left(H + \Omega p_\psi\right) + \left(2m^2 MG\right)/r - \left(p_\psi\right)^2/r^2} \; dr ,
\end{aligned}$$

wobei p_r mit Hilfe der HAMILTON-Funktion ausgerechnet und das Potential $V_1 = -mMG/r$ eingesetzt wurde. V_2 wird zunächst Null gesetzt: Die Anziehung durch $\overline{M}$ stellt die "Störung" dar, die zu chaotischem Verhalten führt, wenn die Frequenzen des ungestörten Systems rational werden.

Mit

$$\oint \sqrt{a + b/r + c/r^2}\; dr = -2\pi\left(\sqrt{-c} - b/\left(2\sqrt{-a}\right)\right) \quad \text{(Nebenrechnung siehe unten)}$$

erhält man

$$\begin{aligned}
I_r &= -\sqrt{p_\psi^2 - \left(2m^2 MG\right)\left(2\sqrt{-2m\left(H + \Omega p_\psi\right)}\right)} \\
\Rightarrow \quad H &= -\left[\Omega I_\psi + \left(m^3 M^2 G^2\right)/\left(2\left(I_r + I_\psi\right)^2\right)\right]
\end{aligned}$$

und daraus die Systemfrequenzen zu

$$\begin{aligned}
\omega_\psi &= \tfrac{\partial H}{\partial I} &&= -\Omega + \omega_0 , \\
\omega_r &= \tfrac{\partial H}{\partial r} &&= \omega_0
\end{aligned}$$

mit $\omega_0 = \left(m^3 M^2 G^2\right)/\left(I_r + I_\psi\right)^3$.

Mit

$$\omega_\psi/\omega_r = 1 - \Omega/\omega_0$$

werden die Frequenzen ra-
tional, wenn Ω/ω_0 rational wird, d.h.   die Um-
lauffrequenz eines Partikels
gleich der vielfachen Um-
lauffrequenz eines stören-
den   Mondes   wird.
Ein Blick auf die Verhältnisse des Saturn erklärt die
Lücken im Ringsystem: Ei-
ner der bislang bekannt ge-
wordenen 15 Monde ist Mi-
mas mit einem Durchmes-
ser von 350 km.

Bild 4.9: Ringe des Saturn

Im Vergleich zum Saturndurchmesser von etwa 1.200.000 km kann die durch Mi-
mas auf ein Partikel des Ringsystems hervorgerufene Störung als klein aufgefaßt
werden. Alle oben getroffenen Voraussetzungen treffen zu. Bei $\omega_m = 2\Omega_{\text{Mimas}}$
herrschen nichtintegrierbare Verhältnisse vor: Hier ist gerade die CASSINIsche
Teilung. Eine weitere Lücke liegt bei $\omega_m = 3\Omega_{\text{Mimas}}$. In diesen Gebieten halten sich keine Ringpartikel auf. Sie würden vollkommen "irreguläre Bewegungen"
durchführen und nach geraumer Zeit von einem Ringsegment "eingefangen".

<u>Nebenrechnung</u>: Für die Auswertung der Integrale zur Bestimmung der Wirkungs-
variablen empfiehlt sich die Rechnung im Komplexen. Sei $f(z)$ eine Funktion mit
$z = a + ib = r\,\exp(i\psi)$ und n-fachem Pol bei z_j, so ist für diese eine Entwicklung
in eine LAURENT-Reihe möglich,

$$f(z) = a_{-n}/(z - z_j)^n + a_{n-1}/(z - z_j)^{n-1} + \ldots a_{-1}/(z - z_j)^{-1} + a_0(z - z_j) + \ldots .$$

Eine Integration längs eines Kreises in der komplexen Ebene mit $(z - z_j) =$
$r\,\exp(i\psi) \Rightarrow dz = i\,r\,\exp(i\psi)d\psi$ im mathematisch positiven Sinn liefert

$$\oint f(z)dz = \int_0^{2\pi} a_{-1} \cdot r^{-1}\,\exp(i\psi)\,i\,r\,\exp(-i\psi)d\psi$$
$$= 2\pi i a_{-1}\,;$$

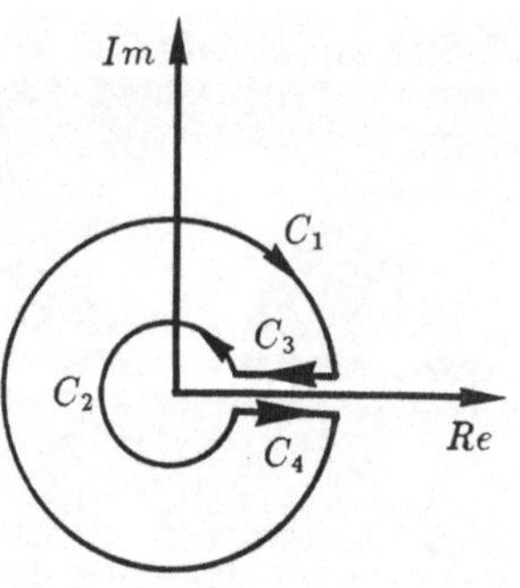

alle anderen Terme verschwinden (Residuensatz). Diese Integration stellt eine Integration über das Innere eines Kreises dar; eine entsprechende Integration über das Äußere wird mit $z = 1/w \Rightarrow dz = (-1/w^2)\,dw$ auf eine Integration über das Innere transformiert (alle Punkte außerhalb des Kreises werden in das Innere abgebildet). Eine Integration längs einer geschlossenen Kurve, in der keine Residuen liegen, liefert den Wert Null. Damit gilt (vergleiche Bild 4.10)

Bild 4.10: Integrationsweg

$$\oint_C \ =0= \ \oint_{C_1}\downarrow + \ \oint_{C_2}\uparrow + \ \oint_{C_3} + \ \oint_{C_4} \ .$$

Das Residuum a_{-1} kann wie folgt berechnet werden: Multipliziert man $f(z)$ mit der n-fachen Polstelle $(z - z_j)^n$ und differenziert n mal, so folgt, aufgelöst nach a_{-1}:

$$a_{-1} = \frac{1}{(n-1)!} \frac{d^{n-1}}{dz^{n-1}} \left\{ f(z)(z - z_j)^n \right\}_{z=z_j}.$$

Im vorliegenden Fall gilt $f(z) = (a + b/z + c/z^2)^{1/2}$; gesucht ist der Integralwert längs der geschlossenen Kurve $C_3 + C_4$ im Reellen. Es gilt

$$\oint_{C_2}\downarrow \ = \ (a + b/z + c/z^2)^{1/2}\,dz = 2\pi i \left\{ \sqrt{a + b/z + c/z^2}\ z \right\}_{z=0}$$
$$\text{(einfacher Pol } z = 0),$$
$$= 2\pi i \sqrt{c}\,,$$

$$\oint_{C_1}\uparrow f(z)dz \ = \ \oint_{C_1}\downarrow f\!\left(\tfrac{1}{w}\right) \tfrac{1}{w^2} dw = -2\pi i \tfrac{d}{dw}\left[\tfrac{1}{w^2} \sqrt{a + bw + cw^2}\ w^2 \right]_{w=0}$$
$$\text{(doppelter Pol bei } w = 0)\,.$$
$$= 2\pi i b/(2\sqrt{a})\,,$$

$$\oint_{C_3} \ + \ \oint_{C_4} \ = \ -\oint_{C_2}\downarrow \ - \oint_{C_1}\uparrow \ = -2\pi i\left(\sqrt{c} + b/(2\sqrt{a})\right)$$
$$\overset{\text{reell!}}{=} -2\pi\left(\sqrt{-c} - b/\left(2\sqrt{-a}\right)\right)\,.$$

(Anmerkung: Bei der Integration im Komplexen hat das Zeichen $\oint$ die Bedeutung "Integration längs einer geschlossenen Kurve im Komplexen", während es bei der Bestimmung der Wirkungsvariablen eine geschlossene Kurve im Reellen beinhaltet.)

$\triangle$

Die qualitativen Ergebnisse chaotischer Bewegungen sind bereits seit Beginn dieses Jahrhunderts bekannt und wurden von Henri POINCARÉ (1854 - 1912) verbal formuliert. Sie wurden insbesondere bei Problemen der Astrophysik (s.o. Beispiel) gefunden. Die Ermittlung rationaler Frequenzverhältnisse mit Hilfe der in den Wirkungsvariablen ausgedrückten HAMILTON-Funktion erscheint einfach und elegant, jedoch ist, wie das Beispiel zeigt, die Ermittlung der Wirkungsvariablen im konkreten Fall schwierig und im allgemeinen eine kaum zu bewältigende Aufgabe. Dieses Vorgehen ist damit wenig geeignet, zu quantitativen Lösungen zu gelangen; die erzielte Aussage bleibt qualitativer Natur:

Wenn die Systemfrequenzen in Abhängigkeit der Energie in ein rationales Verhältnis geraten, treten chaotische Bewegungen auf.

Eine solche Bewegung ist keinesfalls eine Ausnahmeerscheinung dynamischer Systeme, wie folgende Überlegung zeigt: Damit ein rationales Verhältnis entstehen kann, muß das betrachtete System mindestens zwei Freiheitsgrade besitzen. Die Bewegung dieses Systems wird durch zwei (miteinander gekoppelte) Differentialgleichungen beschrieben, von denen mindestens eine nichtlinear sein muß mit der Eigenschaft, daß die Schwingungszeit (bzw. Frequenz) von der Amplitude (bzw. Energie) abhängt. Damit sind bereits bei einem Doppelpendel (zwei miteinander verbundene Drehpendel oder ein Translations- und ein Drehpendel) alle Voraussetzungen für das Auftreten von chaotischen Bewegungen geschaffen.

Man kann sich von den "chaotischen" Bewegungen leicht mit Hilfe eines solchen Doppelpendels als Demonstrationsmodell überzeugen, wenn man dabei das obere Pendel kräftig andreht und das untere in der Vertikalen hängen läßt. Zu Beginn stellt sich ein gleichmäßiges Verhalten ein, dadurch, daß wegen der schnellen Rotation das obere Pendel zunächst von der Schwerkraft praktisch keine Notiz nimmt. Durch die unvermeidliche Reibung in den Gelenken nimmt der Energievorrat jedoch ab, und die Bewegung schlägt scheinbar plötzlich in eine chaotische Bewegung um, gekennzeichnet dadurch, daß das untere Pendel völlig ungleichmäßig nach Betrag und Richtung rotiert. Mit weiter abnehmender Energie kommt man in den Bereich kleiner Schwingungen, bei denen die Bewegungen wieder regelmäßig ("integrierbar") werden. Weil hierbei durch die Gelenkreibung schließlich der Ruhezustand erreicht wird, gilt, daß die Nullösung "attraktiv" ist.

Dies muß bei nichtlinearen Systemen mit Dämpfung nicht immer der Fall sein: Der Ruhezustand als "Attraktor" tritt nur auf, wenn die Dämpfung vollständig oder durchdringend ist (Kapitel 6). Andere Dämpfungsmechanismen führen dazu, daß

ein Teilgebiet des Phasenraums (bzw. der betrachteten Projektionsfläche des Phasenraums) attraktiv und die Lösungstrajektorie auf diesen Teilraum beschränkt
wird. Bei chaotischen Systemen mit einer derartigen Dämpfung entstehen dann
die sog. "seltsamen Attraktoren": Die Menge der abgebildeten Punkte füllen nicht
die ganze Fläche im Laufe der Zeit aus, sondern konzentrieren sich auf bestimmte
Attraktionsgebiete und formen seltsame aber regelmäßige Strukturen.

Weil in Abhängigkeit der Energie sowohl periodische Lösungen ("integrierbar")
als auch chaotische Bewegungen existieren können, entsteht die Frage, wie der
Übergang periodisch-chaotisch vonstatten geht. Hier tritt eine Reihe interessanter
Phänomene auf, die man am leichtesten unter Zuhilfenahme der "diskreten Dynamik" diskutieren kann: Bei der kanonischen Abbildung der Punktfolgen in einer
Fläche projizierter Phasenkurven erhält man periodische Lösungen dann, wenn
nach k Punkten wieder der Ausgangspunkt abgebildet wird. Zwischen den Abbildungen läuft die Trajektorie gewissermaßen im Dunkeln ab. Betrachtet man die
Projektionsfläche "von der Seite", so erhält man eine Achse, auf der der abgebildete Punkt zwischen n Werten hin- und herspringt.

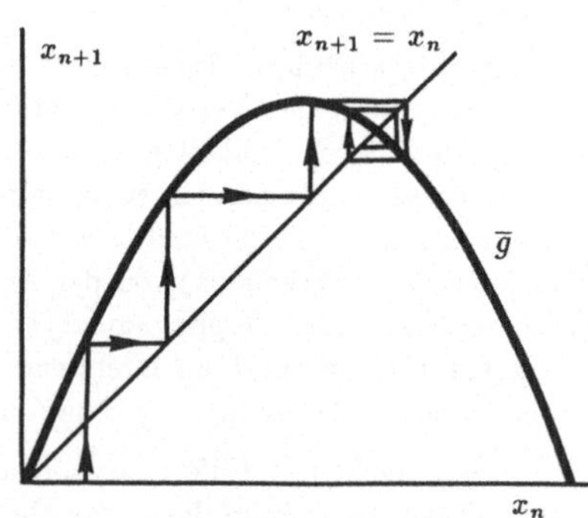

Bild 4.11: Iteration

Der einfachste Fall ist der der
einperiodischen Lösung. Nimmt
man die Achse der Punktabbil-
dungen als Ordinate und trägt
auf der Abszisse die im vorhergehenden Schritt erzeugten Punkte
auf, so erhält man ein Diagramm, in welchem die Abbildungsvorschrift $\bar{g} : x_{n+1} = \bar{g}(x_n)$
auftaucht. Eine solche Abbil-
dung als analytische Funktion ist
meistens nicht errechenbar; sie
muß aber ein bestimmtes Aussehen haben:

Wählt man, um einen ersten Anhalt zu bekommen, eine Parabel[12], so erhält man
durch Einzeichnen der 45°− Geraden ($x_n = x_{n+1}$) die Punktfolge der Abbildung.
In Bild 4.11 konvergiert der abgebildete Punkt gegen einen Fixpunkt (einperiodische Lösung). Dies ist immer dann der Fall, wenn die Steigung der Parabel im
Fixpunkt (Schnittpunkt mit der 45°−Geraden) dem Betrag nach kleiner 45° ist.
Die Steigung übernimmt hier die Rolle eines Energieparameters: Erhöht man die
Steigung, so tritt eine Periodenverdopplung ein: Der ursprüngliche Fixpunkt wird
instabil, die Punktfolge konvergiert gegen zwei Punkte, zwischen denen die Lösung
hin- und herspringt. Bei weiterer Energiesteigerung zerfällt diese zweiperiodische

---

[12]Diese Art Abbildung umfaßt bereits eine große Klasse von "chaosfähigen Systemen"; deneben
existieren andere, z.B. mit zweifach gefaltetem Graph, wo es außer der Periodenverdopplung einer
Trajektorie zum Zerfall in zwei unabhängige Trajektorien gleicher Periode kommen kann.

Lösung in eine vierperiodische etc., bis hin zu einem kritischen Wert, der einer unendlich periodischen Lösung mit besonderen Eigenschaften entspricht. Ganz offensichtlich kommt es nun bei dieser Betrachtung gar nicht genau darauf an, daß die Iterationsfunktion $\bar{g}$ eine Parabel darstellt: Hier genügt jede "nichtmonotone Funktion mit gefaltetem Graph", also Funktion mit einem aufsteigenden und einem abfallenden Ast mit einem dazwischenliegenden Maximum. Dies läßt vermuten, daß es während des Zerfalls von periodischen Lösungen in chaotische Bewegungen bestimmte universelle Eigenschaften geben muß. In der Tat hat als erster GROSSMANN in Marburg 1977 bei der Behandlung eines vereinfachten Modells der RAYLEIGH-BÉNARD-Konvektion festgestellt, daß die zwischen den Periodenverdopplungen liegenden Energieintervalle eine geometrischen Reihe mit der Konstanten δ bilden.

In nebenstehendem Bild 4.12 sind die Amplitudendifferenzen über dem Energieparameter a aufgetragen: Bis a_1 existiert eine einperiodische Lösung; zwischen a_1 und a_2 eine zweiperiodische mit den Amplituden $X(a)$, $X(a)+\varepsilon_1$ etc. Die Lösung zerfällt unter fortwährender Periodenverdopplung bis ins Chaotische; der gesamte Energiebereich ab der ersten Bifurkation ist

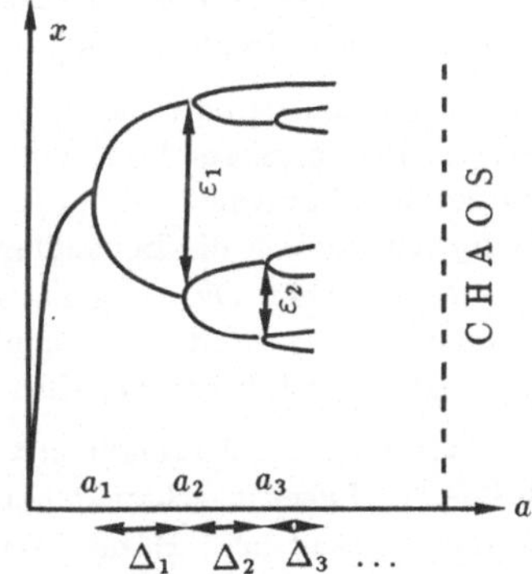

Bild 4.12: Lösungszerfall nach [GRO 83]

$$\delta = \frac{\Delta_i}{\Delta_{i+1}} = 4,6692\ldots; \quad \Delta = \Delta_1 + \Delta_1/\delta + \Delta_1/\delta^2 + \ldots \longrightarrow \Delta_1\left[\frac{\delta}{\delta+1}\right] = \Delta_1\,1,27\ldots$$

d.h. das gesamte Energieintervall bis zum Lösungszerfall beträgt nach der zweiten Bifurkation nur noch etwa 27 % des ersten Intervalls und geschieht damit "plötzlich". Wie dabei die Bilder der Trajektorien auf den Tori der Wirkungs–Winkelvariablen zeigen, kann bei weiterer Energiesteigerung über eine inverse Kaskade wieder ein periodischer Zustand erreicht werden, und im Verlauf dieses Übergangs können "Fenster" bestehen (Inseln in den Tori-Bildern), die wiederum periodisches Verhalten charakterisieren.

Unabhängig von den Ergebnissen von GROSSMANN haben ein Jahr später FEIGENBAUM in Los Alamos und COULLET und TRESSER in Paris die Universalität dieser Konstanten nachgewiesen, ebenso wie die geometrische Reihe der Amplitudendifferenzen mit der Konstanten α. Diese führt wiederum auf ein erstaunliches Ergebnis: Zieht man die Summe aller folgenden Amplitudendifferenzen von der ersten (oder zweiten oder dritten etc.) ab, so ergibt diese Summe wieder die erste. Das heißt, die unendliche Anzahl der Amplituden im Chaos ist vom Maß Null (Cantormenge). Wohl gehorcht die chaotische Bewegung den deterministischen Bewegungsgleichungen – von Zufallserscheinungen ist in der ganzen Beschreibung keine Rede – doch existiert einerseits für sie keine analytische Lösung, und andererseits führt die geringste Änderung in den Anfangsbedingungen zu völlig unterschiedlichen Lösungstrajektorien (kleine Ursache – große Wirkung). Eine Integration auf der Rechenmaschine – und sei sie noch so genau – ist also nicht allzu aussagekräftig, wenn man sich auf den Zeitverlauf einer Trajektorie beschränkt. Aus diesem Grund wurden andere Berechnungs- und Beurteilungsverfahren der Lösung nichtlinearer dynamischer Systeme entwickelt, deren weitere Diskussion die Grenzen des hier gesteckten Rahmens sprengen würde. An weiterer Literatur sei beispielsweise [LIC 76], [GUC 83], [KRE 87] erwähnt.

Solange es auch gedauert hat, bis von den Anfängen des Studiums der nichtlinearen Effekte zu Beginn dieses Jahrhunderts über erste Ergebnisse in den fünfziger Jahren im letzten Jahrzehnt bahnbrechende Erkenntnisse erzielt wurden, so explosionsartig scheint sich die Behandlung dieser Phänomene zum gegenwärtigen Zeitpunkt zu entwickeln. Dies mag u.a. seine Ursache darin haben, daß chaotische Bewegungen und seltsame Attraktoren nicht nur im Bereich der Himmelsmechanik auftreten, sondern auch bei technischen Systemen Bedeutung haben.

Beispiele aus technischen Anwendungen sind unwuchtige Zentrifugen und Rotoren mit nichtlinearer Lagerungscharakteristik (Parameterresonanzen), Turbulenzen, sicherlich unerwünscht bei z.B. der Wettervorhersage, möglicherweise erwünscht in Brennkammern, um eine vollständige Verwirbelung zu erzielen, und schließlich Systeme mit Spiel und Stoßprozessen, etwa spielbehaftete Getriebe. Wegen der Periodenvervielfachung gilt, daß das Auftreten von "Subharmonischen" die Vorboten des Chaos sind: Eine geringfügige Energieänderung (s.o. geometrische Reihe) kann zu chaotischem Verhalten führen.

▽

Beispiel:
Betrachtet wird ein Doppelpendel (zwei zusammengehängte Drehpendel), dessen oberes am Aufhängepunkt mit einem Moment so beaufschlagt wird, daß es eine periodische Bewegung ausführt. Im Zwischengelenk herrscht geringfügige Dämpfung, die zu einem eingeschwungenen Zustand führt (oberes Bild). Durch Anfachung (negative Dämpfung) wird anschließend Energie zugeführt. Das FOURIER-Spektrum der Lösung zeigt dabei, daß unter Periodenverdopplungen (Frequenzhalbierungen) die Lösung bis in den völlig verrauschten chaotischen Zustand zerfällt.

Als Experiment diente hierbei der Analogrechner, auf dem die Gleichungen des periodisch erregten Doppelpendels gesteckt wurden. Die Lösung wurde mit Hilfe eines Signalanalysegeräts in das FOURIER-Spektrum zerlegt.

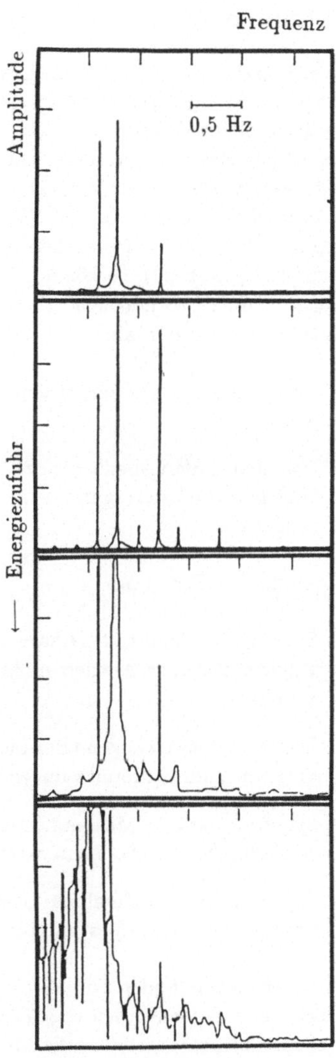

Bild 4.13: Zwangserregtes Doppelpendel

△

4.2   Quantitative Berechnung (Bewegungs-, Zustandsgleichungen)

Die quantitative Aussage über die Lösung dynamischer Systeme muß insbesondere hinsichtlich der chaotischen Effekte stets im Auge behalten werden. Immer dann, wenn das um eine Referenzbewegung oder Gleichgewichtslage linearisierte System (Kap. 6) das Bewegungsverhalten nicht ausreichend wiedergibt, also nichtlineare Effekte wesentlich werden, müssen besondere, meist problemangepaßte Lösungswege beschritten werden. Hierfür sind, um quantitative Ergebnisse zu erhalten, die Bewegungsgleichungen erforderlich. Bleibt dabei die Lösung im wesentlichen analytisch ("integrierbar"), so können Näherungsverfahren (Störungsrechnung, Mittelungsmethoden) wirkungsvoll eingesetzt werden. Als wesentliche Effekte nichtlinearer Systeme treten auf:

- Energieabhängige (amplitudenabhängige) Frequenzen (Beispiel: Schwerependel)

- Von den Anfangsbedingungen unabhängige isolierte periodische Lösungen (Beispiel: Selbsterregung beim Uhrenpendel, Tragflächenflattern bei Flugzeugen)

Bei periodischer Erregung:

- Sprünge in Amplitude, Phase und Frequenz der Lösungsantwort (Beispiel: Ungleichförmiger Antrieb in Maschinen mit nichtlinearer Lagerfesselungskennlinie)

- Gleichrichterwirkungen (Beispiel: Ungleichförmiger Antrieb bei Lagerfesselung mit zum Nullpunkt unsymmetrischer Kennlinie)

- Synchronisation, Mitnahmeeffekte (Beispiel: Synchronisation einer verstimmten Violine in einem Streichorchester)

- Super-, Sub- und Kombinationsfrequenzen in der Lösung (Beispiel: Spielbehaftete Getriebe in bestimmten energieabhängigen Parameterbereichen).

Alle Näherungsmethoden zur Erfassung der oben angeführten Phänomene haben sich als außerordentlich tragfähig erwiesen, vgl. z.B. [KAU 58], [MAG 55]. Sie setzen aber, insbesondere die Mittelungsmethoden, die Art der zu erwartenden Lösung voraus ("periodische" Lösung). Der dabei entstehende Fehler (die Näherung erfüllt die Bewegungsdifferentialgleichungen "nicht exakt") wird durch Anpassung der freien Parameter (Amplituden, Frequenzen) über geeignete Strategien minimiert. Der Vorteil einer solchen Vorgehensweise ist, daß man Kenntnis über die analytischen Zusammenhänge (Wirkung einzelner Parameter) erhält. Dabei ist es einleuchtend, daß Näherungsaussagen dort kritisch werden, wo Subharmonische auftreten - sie kennzeichnen den ersten Schritt des Lösungszerfalls auf dem Weg ins Chaos (vgl. Kap. 4.1, geometrische Reihe). Es ist daher günstig, sich zunächst einen Überblick über die Art möglicher Lösungen in Abhängigkeit der verschiedenen Systemparameter zu verschaffen. Dies kann mit geeigneten Methoden numerisch geschehen, vgl. Kap. 6.7. Auch hierfür müssen die (nichtlinearen) Bewegungsgleichungen zunächst erst einmal bestimmt werden.

Für die Berechnung der Bewegungsdifferentialgleichungen steht die letzte Zeile aus Tabelle 4 zur Verfügung. Unter Verwendung der Kettenregel kann diese Beziehung für Koordinaten $\dot{q}$ angeschrieben werden: Man erhält

$$\left[\frac{\partial \dot{q}}{\partial \dot{s}}\right]^T \sum_{i=1}^{p} \left\{ K \left[\begin{array}{c} \frac{\partial v_s}{\partial \dot{q}} \\ \frac{\partial \omega}{\partial \dot{q}} \end{array}\right]^T K \left[\begin{array}{c} (\dot{p} + \tilde{\omega}p - f^e) \\ (\dot{L} + \tilde{\omega}L - l^e) \end{array}\right] \right\}_i = 0 \qquad (4.20)$$

Ist hierbei $\partial \dot{q}/\partial \dot{s} \in R^{g,g}$ (g: Freiheitsgrade der Geschwindigkeit) regulär, so beinhaltet (4.20) eine Kongruenztransformation (congruere = übereinstimmen). Sind dagegen die Koordinaten $\dot{q}$ keine Minimalgeschwindigkeiten, so stellt (4.20) eine Beschreibung in nichtreduzierter Form dar, die erst über die Funktionalmatrix vor dem Summenzeichen auf Minimalkonfiguration reduziert wird. In diesem Falle sind die Komponenten von $\dot{q}$ nicht untereinander zwangfrei, und die Matrix $(\partial \dot{q}/\partial \dot{s})$ muß aus den Bindungsgleichungen gewonnen werden:

$$\begin{array}{l} B(q,t)\dot{q} + c(q,t) = 0 \quad \Rightarrow \quad B(q,t)\left(\frac{\partial \dot{q}}{\partial \dot{s}}\right) = 0 \,, \\[2mm] B \in R^{a,m} \,, \quad \left(\frac{\partial \dot{q}}{\partial \dot{s}}\right) \in R^{m,g} \,, \quad m = g + a \,. \end{array} \qquad (4.21)$$

Dabei stellt a die Zahl der Bindungen zwischen den Komponenten von $\dot{q}$ dar. Für $a = 6p - g$ ($m = 6p$) ist $\dot{q} = \dot{z} \in R^{6p}$ der Vektor der Systemkoordinaten (für jeden Körper jeweils drei Komponenten der Lage und drei der Orientierung (Winkel)). Dann entspricht das Vorgehen dem Schnittprinzip: Jeder Körper wird gedanklich aus dem Gesamtverband freigeschnitten und hierfür jeweils Impuls- und Drallsatz angeschrieben. Die Transformation $(\partial \dot{q}/\partial \dot{s})$ stellt die Projektion in die Richtung der freien Bewegungsmöglichkeit dar. Hier herrschen keine Zwangskräfte vor, die infolgedessen in (4.20) nicht auftreten. Läßt man dagegen sowohl die Summe als auch die Funktionalmatrizen in (4.20) beiseite, so erhält man $6p$ Differentialgleichungen, die mit den Zwangskräften und -momenten ergänzt werden müssen. Mit Kenntnis der Bindungsgleichungen (4.21) kann man die Zwangskräfte und -momente unter Zuhilfenahme LAGRANGEscher Multiplikatoren (vgl. (3.2)) formulieren und erhält $\left[f_1^{z^T} \ldots f_p^{z^T} \; l_1^{z^T} \ldots l_p^{z^T}\right]^T = B^T\lambda$, s.a. Kap. 5.2 (LAGRANGEsche Gleichungen erster Art).

Die LAGRANGEschen Gleichungen erster Art sind von Interesse, wenn man die
Zwangskräfte und -momente explizit berechnen muß, beispielsweise für Festigkeits-
berechnungen von Bauteilen oder bei Reibungskräften, bei denen die eingeprägten
Kräfte selbst noch Funktion der Zwangskräfte sein können (z.B. Reibungskräfte
als Funktion der auf eine Unterlage wirkenden Normalkräfte).

4.2.1 Funktionalmatrizen

Unabhängig davon, ob über $\dot{\mathbf{q}}$ bereits die Bewegungen in Minimalkonfiguration
beschrieben werden oder ob zwischen den Komponenten von $\dot{\mathbf{q}}$ noch Zwangsbedingungen berücksichtigt werden müssen, baut die Lösung von Gleichung (4.20)
wesentlich auf der Bestimmung der Funktionalmatrizen auf.

Diese lauten unter Verwendung der Minimalgeschwindigkeiten nach Kap. 2

$$\mathbf{F} = \left\{ \left[\frac{\partial \mathbf{v}_s}{\partial \dot{\mathbf{s}}}\right]^T \left[\frac{\partial \boldsymbol{\omega}}{\partial \dot{\mathbf{s}}}\right]^T \right\}^T = \left\{ \mathbf{J}_T^T \, \mathbf{J}_R^T \right\}^T \tag{4.22}$$

für alle beteiligten Körper (Index unterdrückt). Dabei gilt $\dot{\mathbf{s}} = \mathbf{H}(\mathbf{z})\dot{\mathbf{z}}$, und für
$\mathbf{H} = \mathbf{E}$ (holonome Systeme) kann mit $\mathbf{v}_s = \dot{\mathbf{s}}_1, \boldsymbol{\omega} = \dot{\mathbf{s}}_2$ auch

$$\mathbf{J}_T = \frac{\partial \mathbf{s}_1}{\partial \mathbf{z}} \, , \quad \mathbf{J}_R = \frac{\partial \mathbf{s}_2}{\partial \mathbf{z}} \tag{4.23}$$

geschrieben werden. Eine direkte Auswertung von (4.23) erweist sich allerdings
als aufwendig, da $\mathbf{s}_1$ und $\mathbf{s}_2$ in allgemeiner Beschreibung Quasikoordinaten sind.
Der zu treibende Aufwand ließe sich reduzieren, wenn man grundsätzlich eine
Beschreibung im Inertialsystem fordert, denn dann wird wenigstens $\dot{\mathbf{s}}_1 = \mathbf{v}_s$ in-
tegrierbar. Für eine generelle Beschreibung mechanischer Systeme ist eine sol-
che Einschränkung jedoch einschneidend – und auch nicht notwendig, denn die
Geschwindigkeiten müssen ohnedies im Laufe der Berechnung ermittelt werden.
Dann liegt mit (4.22) auch die Funktionalmatrix fest.

4.2.2 Einige Anmerkungen zu Rechnerformalismen

Für Mehrkörpersysteme mit vielen Freiheitsgraden ist es mühsam, die Bewegungsgleichungen von Hand aufzustellen. Deshalb wird man für eine Auswertung von
Gleichung (4.20) den Rechner bereits frühzeitig einsetzen. Inzwischen gibt es
sogar – naheliegenderweise – eine ganze Reihe von käuflichen Programmen, von
denen einige wesentliche kurz erwähnt werden sollen. Dies ist deshalb sinnvoll,
weil auch für fertige Programme der Anwender Kenntnis über die zugrundeliegende Mechanik haben muß, um sie verwenden zu können.

(1) Erwähnt werden sollen zuerst die Pionierarbeiten von SCHIEHLEN und KREUZER auf dem Gebiet der symbolischen Programmierung ([SCH 86]). Hier werden unter Verwendung der Programmiersprache FORTRAN die Bewegungsgleichungen vom Rechner als analytischer Ausdruck erstellt. Für holonome Systeme wird dabei das LAGRANGEsche Prinzip, für nichtholonome das JOURDAINsche Prinzip zugrundegelegt. Hinsichtlich des Ergebnisses "Bewegungsgleichungen" sind nach Kap. 3 beide Prinzipe äquivalent und führen auf eine Darstellung nach Gleichung (4.20) mit $m = g$.

(2) Im Gegensatz zur symbolischen Programmierung werden im Programm MULTIBODY ([SCHW 77]) die Bewegungsgleichungen für jeden Zeitschritt unter Zugrundelegung der aktuellen Parameter numerisch ermittelt. Beide Vorgehensweisen haben ihre speziellen Vor- und Nachteile. Während die symbolische Berechnung oft außerordentlich komplizierte Ausdrücke behandeln muß und sehr viel Speicherplatz braucht, muß bei der numerischen Generierung der Bewegungsgleichungen für jeden Zeitschritt die Gleichung neu berechnet werden. Das Programm MULTIBODY baut auf dem "ROBERSON-WITTENBURG-SCHWERTASSEK-Formalismus" auf: Dieser Formalismus entspricht einer Auswertung von (4.20) für $m = 6n$ unter Zugrundelegung von Relativgeschwindigkeiten. Damit werden (im Gegensatz zu den meist aufwendigen Termen der Beschleunigungen) die Bindungsgleichungen vergleichsweise einfach und lassen sich für die verschiedensten Fälle katalogisieren. Die Minimalgeschwindigkeiten werden hierbei über die Bindungsgleichungen (4.21) numerisch bestimmt, wobei die Spaltenvektoren von $(\partial\dot{\mathbf{q}}/\partial\dot{\mathbf{s}})_i$, für jeden Einzelkörper $i = 1(1)6p$ angeschrieben, "Mode-Vektoren" genannt werden, da sie Auskunft über die freien Bewegungsmöglichkeiten geben. Weiterhin wird die $6xg-$Matrix der Modevektoren um $6 - g$ unabhängige Spalten ergänzt, die damit eine Basis des $\mathbb{R}^6$ aufspannen. Durch das Aufsuchen der hierzu orthogonalen Basis ("duale Basis") lassen sich die Zwangskräfte und -momente in sehr einfacher Weise ausrechnen.

(3) Eine ganze Reihe von Programmen macht von den sogenannten "KANE's Dynamical Equations" Gebrauch. Was man hierunter zu verstehen hat, ist jedoch nichts anderes als das komponentenweise Ausschreiben der Beziehung (4.20), wobei die Spaltenvektoren der Funktionalmatrizen $(\partial\mathbf{v}_s/\partial\dot{\mathbf{s}})$, $(\partial\omega/\partial\dot{\mathbf{s}})$ "partielle Geschwindigkeiten" genannt werden. Mit

$$\mathbf{v}_{i,k} = \left[\frac{\partial\mathbf{v}_s}{\partial\dot{s}_k}\right]_i \quad , \quad \omega_{i,k} = \left[\frac{\partial\omega}{\partial\dot{s}_k}\right]_i \quad ,$$

$$F_k = \sum_{i=1}^{p}\left\{\mathbf{v}_{i,k}^T\,\mathbf{f}_i^e + \omega_{i,k}^T\,\mathbf{l}_i^e\right\} \quad , \qquad (4.24)$$

$$F_k^* = -\sum_{i=1}^{p}\left\{\mathbf{v}_{i,k}^T\,\dot{\mathbf{p}}_i + \omega_{i,k}^T\,\dot{\mathbf{L}}_i\right\}$$

kann (4.20) bei Zugrundelegung des Inertialsystems als Bezugsbasis angeschrieben werden als

$$F_k + F_k^* = 0 \; , \quad k = 1(1)g \; . \tag{4.25}$$

Dies sind "KANE's Dynamical Equations".

(4) Auch die GIBBS-APPELLschen Gleichungen können für die Ermittlung der
Bewegungsgleichungen verwendet werden und sind verwendet worden. Ihre
Auswertung führt auf die Bestimmung der Funktionalmatrizen mit Hilfe der
Beschleunigungen, $(\partial \dot{\mathbf{v}}_s/\partial \ddot{\mathbf{s}})$, $(\partial \dot{\omega}/\partial \ddot{\mathbf{s}})$. Diese Beziehungen sind identisch mit
denen, die über die Geschwindigkeiten ermittelt werden, vgl. Kap. 2.

(5) Erwähnt werden muß, daß auch die kanonischen HAMILTON-Gleichungen
und die LAGRANGEschen Gleichungen zweiter Art zum Aufstellen von Programmsystemen Verwendung finden. Ein darartiges Vorgehen kann jedoch
nicht als effizient bezeichnet werden. Von dem hier zu treibenden Aufwand
kann man sich leicht an bereits verhältnismäßig einfachen Beispielen überzeugen.

4.2.3 Subsysteme

Bei einer ganzen Reihe von Problemstellungen ist eine Beschreibung in Subsystemen vorteilhaft. Dies beinhaltet insbesondere, daß bei Änderung von einem (oder
mehreren) einzelnen Subsystem(-en) nicht das ganze Gleichungssystem neu berechnet werden muß. Beispiele hierfür sind z.B. Schwingungen von Kraftfahrzeugen
mit unterschiedlichen Achsenaufhängungen, Eigenschwingungen von Flugzeugen
mit verschiedenartigen Leitwerken etc. Insbesondere bei Systemen mit elastischen
Bauteilen ist eine Beschreibung in Eigenschwingungen der einzelnen Teilsysteme
vorteilhaft. Eine Aufspaltung der Gesamtsumme von Gleichung (4.20) bietet,
unter gleichzeitiger Verwendung der Kettenregel bei der Ableitung nach Minimalgeschwindigkeiten, häufig eine übersichtliche Methode zur Berechnung großer
Systeme. Eine solche Summenaufspaltung kann angeschrieben werden als

$$\sum_{k=1}^{n} \left(\frac{\partial \dot{\mathbf{s}}_k}{\partial \dot{\mathbf{s}}}\right)^T \left[\sum_{i=1}^{m_k} \left\{\left(\frac{\partial \mathbf{v}_s}{\partial \dot{\mathbf{s}}_k}\right)^T (\dot{\mathbf{p}} - \mathbf{f}^e) + \left(\frac{\partial \omega}{\partial \dot{\mathbf{s}}_k}\right)^T (\dot{\mathbf{L}} - \mathbf{l}^e)\right\}_i\right]_k = 0 \; , \tag{4.26}$$

wobei die innere Summe ein "Subsystem", bestehend aus m_k Körpern, darstellt,
und die äußere Summe angibt, wie diese Subsysteme in der Gesamtbeschreibung
zu koppeln sind. Eine derartige Schreibweise liefert die Möglichkeit, aus einem Gesamtsystem ein Subsystem "herauszuschneiden" und separat zu betrachten. Für
jeden der m_k Körper aus den n Teilsystemen gilt

$$\mathbf{v}_s = \left(\frac{\partial \mathbf{v}_s}{\partial \dot{\mathbf{s}}_k}\right) \dot{\mathbf{s}}_k + \left(\frac{\partial \mathbf{r}_s}{\partial t}\right) \; , \quad \omega = \left(\frac{\partial \omega}{\partial \dot{\mathbf{s}}_k}\right) \dot{\mathbf{s}}_k + \left(\frac{\partial \eta}{\partial t}\right) \; . \tag{4.27}$$

Damit können die Impuls- und Dralländerungen durch zeitliche Ableitung von (4.27) berechnet werden. Diese Ableitung läuft natürlich auf einen längeren Ausdruck hinaus, der jedoch in den Beschleunigungen $\ddot{\mathbf{s}}_k$ linear ist:

$$\dot{\mathbf{v}}_s = \left(\frac{\partial \mathbf{v}_s}{\partial \dot{\mathbf{s}}_k}\right)\ddot{\mathbf{s}}_k + \ldots \quad ; \quad \dot{\boldsymbol{\omega}} = \left(\frac{\partial \boldsymbol{\omega}}{\partial \dot{\mathbf{s}}_k}\right)\ddot{\mathbf{s}}_k + \ldots \tag{4.28}$$

Setzt man diese Beziehung in (4.26), eckige Klammer, ein, so folgt

$$\sum_{i=1}^{m_k}\left\{\left(\frac{\partial \mathbf{v}_s}{\partial \dot{\mathbf{s}}_k}\right)^T m \left(\frac{\partial \mathbf{v}_s}{\partial \dot{\mathbf{s}}_k}\right) + \left(\frac{\partial \boldsymbol{\omega}}{\partial \dot{\mathbf{s}}_k}\right)^T \mathbf{I} \left(\frac{\partial \boldsymbol{\omega}}{\partial \dot{\mathbf{s}}_k}\right)\right\}_i \ddot{\mathbf{s}}_k + \mathbf{g}_k(\mathbf{z}_k, \dot{\mathbf{s}}_k) - \mathbf{Q}_k = 0 \quad , \tag{4.29}$$

wobei alle nichtlinearen Terme in $\mathbf{g}_k$ zusammengefaßt sind. Für die Beschleunigung erhält man für jedes Subsystem damit eine *symmetrische, positiv definite*, im allgemeinen lageabhängige Massenmatrix $\mathbf{M}$:

$$\mathbf{M}(\mathbf{z}_k)_k = \sum_{i=1}^{m_k}\left\{\left(\frac{\partial \mathbf{v}_s}{\partial \dot{\mathbf{s}}_k}\right)^T m \left(\frac{\partial \mathbf{v}_s}{\partial \dot{\mathbf{s}}_k}\right) + \left(\frac{\partial \boldsymbol{\omega}}{\partial \dot{\mathbf{s}}_k}\right)^T \mathbf{I} \left(\frac{\partial \boldsymbol{\omega}}{\partial \dot{\mathbf{s}}_k}\right)\right\}_i \quad , \tag{4.30}$$

und die verallgemeinerten Kräfte $\mathbf{Q}_k$ in (4.29) sind

$$\mathbf{Q}_k = \sum_{i=1}^{m_k}\left\{\left(\frac{\partial \mathbf{v}_s}{\partial \dot{\mathbf{s}}_k}\right)^T \mathbf{f}^e + \left(\frac{\partial \boldsymbol{\omega}}{\partial \dot{\mathbf{s}}_k}\right)^T \mathbf{l}^e\right\}_i \quad . \tag{4.31}$$

Hat man nun die einzelnen Subsysteme berechnet, so werden diese entsprechend (4.26) durch[13]

$$\left(\frac{\partial \dot{\mathbf{s}}_1}{\partial \dot{\mathbf{s}}}^T \cdots \frac{\partial \dot{\mathbf{s}}_n}{\partial \dot{\mathbf{s}}}^T\right) \begin{pmatrix} \mathbf{M}_1\ddot{\mathbf{s}}_1 + \mathbf{g}_1 - \mathbf{Q}_1 \\ \vdots \\ \mathbf{M}_n\ddot{\mathbf{s}}_n + \mathbf{g}_n - \mathbf{Q}_n \end{pmatrix} = 0 \tag{4.32}$$

zum Gesamtsystem gekoppelt. Man erhält

$$\mathbf{M}(\mathbf{z})\ddot{\mathbf{s}} + \mathbf{q}(\mathbf{z}, \dot{\mathbf{s}}) - \mathbf{Q}(\mathbf{z}, \dot{\mathbf{s}}) = 0 \tag{4.33}$$

mit

$$\mathbf{M} = \sum_{i=1}^{n}\left(\frac{\partial \dot{\mathbf{s}}_i}{\partial \dot{\mathbf{s}}}\right)^T \mathbf{M}_i \left(\frac{\partial \dot{\mathbf{s}}_i}{\partial \dot{\mathbf{s}}}\right) \quad ; \quad \mathbf{g} = \sum_{i=1}^{n}\left(\frac{\partial \dot{\mathbf{s}}_i}{\partial \dot{\mathbf{s}}}\right)^T \mathbf{g}_i \quad ; \quad \mathbf{Q} = \sum_{i=1}^{n}\left(\frac{\partial \dot{\mathbf{s}}_i}{\partial \dot{\mathbf{s}}}\right)^T \mathbf{Q}_i \tag{4.34}$$

für ein Gesamtsystem, bestehend aus n Subsystemen. (Selbstverständlich führt eine Darstellung des betrachteten mechanischen Systems auch ohne Aufspaltung in Subsysteme auf die Form (4.33)).

---

[13]Vgl. Kap. 8.1 "Mehrfachplanetengetriebe"

4.2.4   Zustandsgleichungen

Mit Kenntnis der Bewegungsgleichungen (4.33), die eine Vektordifferentialgleichung zweiter Ordnung mit g Komponenten (g: Freiheitsgrade der Geschwindigkeit) darstellt, läßt sich durch Auflösen nach den Beschleunigungen die Zustandsgleichung formulieren, wenn man gleichzeitig den kinematischen Zusammenhang zwischen den Minimal*geschwindigkeiten* $\dot{\mathbf{s}}$ und den Minimal*koordinaten* $\mathbf{z}$ berücksichtigt. Dabei hat $\mathbf{z}$ f Komponenten (f: Freiheitsgrade der Lage). Nimmt man ferner an, daß es sich bei dem betrachteten System um ein Regelsystem handelt, so sind die eingeprägten Kräfte und/oder Momente (unter anderem) Funktionen der Stellgröße $\mathbf{u}$. Insgesamt erhält man für den Zustandsvektor $\mathbf{x}$ (Kap. 2.4, Gleichung (2.62)) eine Vektordifferentialgleichung erster Ordnung mit $(f + g)$ Komponenten:

$$\frac{d}{dt}\begin{pmatrix} \mathbf{z} \\ \dot{\mathbf{s}} \end{pmatrix} = \begin{pmatrix} \frac{\partial \mathbf{z}}{\partial \mathbf{s}}\dot{\mathbf{s}} \\ -\mathbf{M}(\mathbf{z})^{-1}\left[\mathbf{g}\left(\mathbf{z},\dot{\mathbf{s}}\right) - \mathbf{Q}\left(\mathbf{z},\dot{\mathbf{s}},\mathbf{u}\right)\right] \end{pmatrix} . \qquad (4.35)$$

Diese Beziehung stellt eine Zustandsgleichung $\dot{\mathbf{x}} = \mathbf{a}\left(\mathbf{x},\mathbf{u}\right)$ mit der nichtlinearen Vektorfunktion $\mathbf{a}$ dar, siehe auch Kap. 1.1. Ihre Ermittlung wird anschließend kurz zusammengefaßt (Tabelle 5). Zwei Anmerkungen sind jedoch erforderlich:

(1) Unterliegt das mechanische System zeitabhängigen Führungsbewegungen, so hängt die Differentialgleichung (4.35) noch explizit von der Zeit ab.

(2) Selbstverständlich kann die Stellgröße $\mathbf{u}$ selbst noch einer eigenen Differentialgleichung gehorchen (z.B.: Die Stellkraft wird durch einen Magneten erzeugt, Stellgröße ist die Magnetspannung, vgl. Kap. 8.4). Dann muß (4.35) entsprechend erweitert werden. Diese Maßnahme birgt jedoch keinerlei Schwierigkeit.

<table>
<tr><td>

(1)

Wahl von $\mathbf{z} \in \mathbf{R}^f$ und $\dot{\mathbf{s}} = \mathbf{H}(\mathbf{z})\dot{\mathbf{z}} \in \mathbf{R}^g$

(holonom: $f = g$, Sonderfall $\mathbf{H}(\mathbf{z}) = \mathbf{E}$)

oder Bestimmung aus den Bindungsgleichungen (Tabelle 3)

</td></tr>
<tr><td>

(2)

Berechnung der Geschwindigkeiten

$$\mathbf{v}_s = \left[\tfrac{\partial \mathbf{v}_s}{\partial \dot{\mathbf{s}}}\right]\dot{\mathbf{s}} + \left[\tfrac{\partial \mathbf{r}_s}{\partial t}\right], \quad \boldsymbol{\omega} = \left[\tfrac{\partial \boldsymbol{\omega}}{\partial \dot{\mathbf{s}}}\right]\dot{\mathbf{s}} + \left[\tfrac{\partial \boldsymbol{\eta}}{\partial t}\right]$$

für alle Körper $i = 1(1)p$.

</td></tr>
<tr><td>

(3)

Berechnung der eingeprägten Kräfte und Momente $\mathbf{f}^e, \mathbf{l}^e$,

Berechnung der Impulsänderungen $\dot{\mathbf{p}}, \dot{\mathbf{L}}$ über

$$\mathbf{p} = m\,\mathbf{v}_s, \quad \mathbf{L} = \mathbf{I}\,\boldsymbol{\omega}$$

</td></tr>
<tr><td>

(4)

Auswertung von

$$\sum_{i=1}^{p}\left\{\left[\tfrac{\partial \mathbf{v}_s}{\partial \dot{\mathbf{s}}}\right]^T(\dot{\mathbf{p}} + \tilde{\boldsymbol{\omega}}\mathbf{p} - \mathbf{f}^e) + \left[\tfrac{\partial \boldsymbol{\omega}}{\partial \dot{\mathbf{s}}}\right]^T\left(\dot{\mathbf{L}} + \tilde{\boldsymbol{\omega}}\mathbf{L} - \mathbf{l}^e\right)\right\}_i = 0$$

(wahlweise im körperfesten System K oder Inertialsystem I mit

$\tilde{\boldsymbol{\omega}}\mathbf{p} = 0$, $\tilde{\boldsymbol{\omega}}\mathbf{L} = 0$ oder im bewegten Referenzsystem mit

$\tilde{\boldsymbol{\omega}}\mathbf{p} \Rightarrow \tilde{\boldsymbol{\omega}}_R\mathbf{p}$, $\tilde{\boldsymbol{\omega}}\mathbf{L} \Rightarrow \tilde{\boldsymbol{\omega}}_R\mathbf{L}$)

$\Rightarrow \mathbf{M}(\mathbf{z})\ddot{\mathbf{s}} + \mathbf{g}(\mathbf{z}, \dot{\mathbf{s}}) = \mathbf{Q}(\mathbf{z}, \dot{\mathbf{s}}, \mathbf{u})$

</td></tr>
<tr><td>

(5)

Erstellung der Zustandsgleichungen

$\dot{\mathbf{x}} = \mathbf{a}(\mathbf{x}, t) \in \mathbf{R}^n$, $n = f + g$, mit

$$\mathbf{x} = \begin{pmatrix} \mathbf{z} \\ \dot{\mathbf{s}} \end{pmatrix}, \quad \mathbf{a}(\mathbf{x}) = \begin{pmatrix} \tfrac{\partial \mathbf{z}}{\partial \mathbf{s}}\dot{\mathbf{s}} \\ -\mathbf{M}(\mathbf{z})^{-1}\left[\mathbf{g}(\mathbf{z}, \dot{\mathbf{s}}) - \mathbf{Q}(\mathbf{z}, \dot{\mathbf{s}}, \mathbf{u})\right] \end{pmatrix}$$

</td></tr>
</table>

Tabelle 5: Ermittlung der Zustandsgleichungen

∇

<u>Beispiel:</u> Der Wagen (Bild 2.10)

Betrachtet wird der Wagen bei reinem Rollen der Hinterräder nach Kap. 2.3. Für die Minimalgeschwindigkeit erhält man

$$\dot{\mathbf{s}} = \begin{pmatrix} v_L \\ \dot{\gamma} \end{pmatrix} = \begin{pmatrix} \cos\gamma & \sin\gamma & 0 \\ 0 & 0 & 1 \end{pmatrix} \begin{pmatrix} \dot{x} \\ \dot{y} \\ \dot{\gamma} \end{pmatrix} \Rightarrow \begin{pmatrix} \dot{x} \\ \dot{y} \\ \dot{\gamma} \end{pmatrix} = \begin{pmatrix} \cos\gamma & 0 \\ \sin\gamma & 0 \\ 0 & 1 \end{pmatrix} \begin{pmatrix} v_L \\ \dot{\gamma} \end{pmatrix}.$$

Die Bewegungsgleichungen lauten

$$\begin{pmatrix} m & 0 \\ 0 & I \end{pmatrix} \begin{pmatrix} \dot{v}_L \\ \ddot{\gamma} \end{pmatrix} + \begin{pmatrix} 0 & -ms\dot{\gamma} \\ ms\dot{\gamma} & 0 \end{pmatrix} \begin{pmatrix} v_L \\ \dot{\gamma} \end{pmatrix} = \begin{pmatrix} f_L \\ l_z \end{pmatrix}.$$

Aufgelöst nach dem Beschleunigungsvektor $(\dot{v}_L, \ddot{\gamma})^T$ kann die entstehende Gleichung mit der kinematischen Gleichung der Geschwindigkeiten zur Zustandsgleichung

$$\Rightarrow \frac{d}{dt} \begin{bmatrix} x \\ y \\ \gamma \\ v_L \\ \dot{\gamma} \end{bmatrix} = \begin{bmatrix} 0 & 0 & 0 & \cos\gamma & 0 \\ 0 & 0 & 0 & \sin\gamma & 0 \\ 0 & 0 & 0 & 0 & 1 \\ 0 & 0 & 0 & 0 & s\dot{\gamma} \\ 0 & 0 & 0 & -s(m/I)\dot{\gamma} & 0 \end{bmatrix} \begin{bmatrix} x \\ y \\ \gamma \\ v_L \\ \dot{\gamma} \end{bmatrix} + \begin{bmatrix} 0 & 0 \\ 0 & 0 \\ 0 & 0 \\ 1/m & 0 \\ 0 & 1/I \end{bmatrix} \begin{bmatrix} f_L \\ l_z \end{bmatrix}.$$

zusammengefaßt werden.

$\triangle$

5 Optimale Systeme

Mit Kenntnis der Zustandsgleichungen

$$\dot{\mathbf{x}} = \mathbf{a}(\mathbf{x}, \mathbf{u}) \tag{5.1}$$

entsteht die Frage, wie die Stellgröße $\mathbf{u}$ beschaffen sein muß, damit ein optimales Verhalten des Systems garantiert werden kann. Eine "Optimalität" wird dadurch definiert, daß man die Minimierung eines Gütefunktionals

$$J = \int_{t_0}^{t_1} f(\mathbf{x}, \mathbf{u})\, dt \;\; \Rightarrow \;\; \min \tag{5.2}$$

fordert. Dabei ist der Integrand des Funktionals eine Funktion des Zustands,

$$\mathbf{x} = \left[\mathbf{z}^T\, \dot{\mathbf{s}}^T\right]^T \quad ; \quad \dot{\mathbf{s}} = \left(\frac{\partial \dot{\mathbf{s}}}{\partial \dot{\mathbf{z}}}\right)\dot{\mathbf{z}} = \mathbf{H}(\mathbf{z})\dot{\mathbf{z}} \;, \tag{5.3}$$

so daß für (5.2) unter Verwendung von Minimalkoordinaten $\mathbf{z}$ auch geschrieben werden kann

$$J = \int_{t_0}^{t_1} f(\mathbf{z}, \dot{\mathbf{z}}, \mathbf{u}, t)\, dt \;. \tag{5.4}$$

Für die Minimierung des Funktionals (5.4) steht mit der Variationsrechnung das geeignete Handwerkszeug zur Verfügung. Von der grundsätzlichen Vorgehensweise der Variationsrechnung wurde bereits in Kap. 3.1.1 Gebrauch gemacht. Dort wurden einzelne Koordinaten variiert und die entsprechenden Variationen als virtuelle Verschiebungen bezeichnet.

Ein Vergleich mit den Zusammenhängen nach Kap. 3.1.1 verdeutlicht den Sinn der zu minimierenden Gütefunktionale. Wählt man beispielsweise

$$J = \int_{t_0}^{t_1} \tfrac{1}{2}\left[\mathbf{x}^T \mathbf{Q}\, \mathbf{x}\right] dt \;\; ; \;\; \mathbf{Q} = \begin{pmatrix} \mathbf{K} & 0 \\ 0 & \mathbf{M} \end{pmatrix}\;, $$
$$\mathbf{K} = \mathbf{K}^T,\; \mathbf{M} = \mathbf{M}^T,\; (\mathbf{K}, \mathbf{M} : \text{const.}) \;, \tag{5.5}$$

so lautet die Forderung, daß während eines betrachteten Zeitverlaufs $[t_0, t_1]$ die "Energiefläche" minimal werden soll, d.h. der gesamte Zustand (Lage und Geschwindigkeit) so schnell wie irgend möglich sich dem Nullzustand (Referenzzustand) nähern soll. Dabei gehen die Lage- und Geschwindigkeitsgrößen quadratisch ein, um zu vermeiden, daß sich bei einer Flächenberechnung über der Zeitachse positive und negative Flächenabschnitte kompensieren können.

Es ist einleuchtend, daß in aller Regel die Betrachtung eines Funktionals, das nicht von der Stellgröße $\mathbf{u}$ abhängt, keine günstige Lösung im physikalischen Sinn bringen kann, denn offensichtlich wird das schnellstmögliche Erreichen eines gewünschten Nullzustands mit irreal großen Stellgrößen $\mathbf{u}$ erkauft werden müssen. Um hier die Allgemeinheit des Vorgehens nicht à priori zu weit einzuschränken, müssen hinsichtlich der Optimierung eines Systems, das den nichtlinearen Gleichungen (5.1) genügt, beliebige Verknüpfungen der Zustands- und Stellgrößenkomponenten zugelassen werden.

Schließlich muß die Minimierung des Funktionals (5.4) so erfolgen, daß die Systemgleichung (5.1) simultan erfüllt wird. Gleichung (5.1) ist also hinsichtlich der Optimierungsaufgabe als "Nebenbedingung" zu betrachten. Weil (5.1) ein Anfangswertproblem darstellt, ist für die Optimierung des Funktionals (5.4) wohl die untere Grenze fest, nicht aber die obere. Die zu lösende Aufgabe gliedert sich also in drei Schritte: Wie kann ein gegebenes Funktional überhaupt minimiert werden, wie werden Nebenbedingungen berücksichtigt, und schließlich, wie läuft das Optimierungsverfahren ab, wenn die obere Grenze des Funktionals frei ist.

5.1   Grundaufgabe der Optimierung

Als Grundaufgabe der Optimierung kann die Minimierung von (5.4) bei festen Integrationsgrenzen zunächst ohne Berücksichtigung von Nebenbedingungen angesehen werden. Setzt man, im Sinne der klassischen Variationsrechnung nach EULER und LAGRANGE, voraus, daß eine optimale Lösung mit allen erforderlichen Stetigkeitsbedingungen existiert, so steht mit (3.9) bereits das grundlegende Handwerkszeug zur Verfügung: Man hat dann lediglich die Variation $\delta \mathbf{z}$ statt als Abweichung einer wirklichen, aus einer gegebenen Anfangsbedingung folgenden Trajektorie als Abweichung der Optimaltrajektorie zu interpretieren:

$$\mathbf{z} = \mathbf{z}_{\mathrm{opt}} + \varepsilon \boldsymbol{\eta} = \mathbf{z}_{\mathrm{opt}} + \delta \mathbf{z} \ . \tag{5.6}$$

In völliger Analogie stellt $\mathbf{z}$ eine "Vergleichsfunktion" und $\delta \mathbf{z}$ die TAYLOR-Entwicklung der Vergleichsfunktion bezüglich ε dar. Zur Beschreibung genügt wiederum ein in ε linearer Ansatz, so daß die TAYLOR-Entwicklung vollständig ist (keine Vernachlässigung höherer Terme, $\delta \mathbf{z}$ ist vom Betrag her beliebig). Die Variation $\delta \mathbf{z}$ (bzw. Funktion $\boldsymbol{\eta}$) muß an den Integrationsgrenzen verschwinden, da bereits $\mathbf{z}_{\mathrm{opt}}$ die Randbedingungen erfüllt.

Damit kann die Variation von J durchgeführt werden:

$$J = \int_{t_0}^{t_1} f\left(\mathbf{z}, \dot{\mathbf{z}}, t\right) dt = J_{\mathrm{opt}} + \left[\frac{dJ}{d\varepsilon}\right]_{\varepsilon=0} \cdot \varepsilon + \ldots = J_{\mathrm{opt}} + \delta J + \ldots \ . \tag{5.7}$$

Weil unter allen möglichen Variationen $\delta \mathbf{z}$ auch solche zugelassen werden müssen, die in infinitesimaler Nähe der Optimallösungen liegen, muß notwendigerweise für ein Optimum die erste Variation verschwinden:

$$\delta J = \left[\frac{dJ}{d\varepsilon}\right]_{\varepsilon=0} \cdot \varepsilon = 0 \;=\; \int_{t_0}^{t_1}\left[\left(\frac{\partial f}{\partial \mathbf{z}}\frac{\partial \mathbf{z}}{\partial \varepsilon}\right)_{\varepsilon=0}\cdot \varepsilon + \left(\frac{\partial f}{\partial \dot{\mathbf{z}}}\frac{\partial \dot{\mathbf{z}}}{\partial \varepsilon}\right)_{\varepsilon=0}\cdot \varepsilon\right]dt$$

$$= \int_{t_0}^{t_1}\left[\frac{\partial f}{\partial \mathbf{z}}\delta\mathbf{z} + \frac{\partial f}{\partial \dot{\mathbf{z}}}\delta\dot{\mathbf{z}}\right]dt \; . \tag{5.8}$$

Da ferner Variation und Differentiation für $\mathbf{z}$ vertauscht werden dürfen, kann der zweite Term in (5.8) einer partiellen Integration über die Zeit t unterzogen werden:

$$\int_{t_0}^{t_1}\left[\frac{\partial f}{\partial \mathbf{z}} - \frac{d}{dt}\frac{\partial f}{\partial \dot{\mathbf{z}}}\right]\delta\mathbf{z}\,dt + \frac{\partial f}{\partial \dot{\mathbf{z}}}\delta\mathbf{z}\bigg|_{t_0}^{t_1} = 0 \; . \tag{5.9}$$

Dabei verschwindet der Randterm, da die Funktion η an den Rändern t_0 und t_1 Null sein soll, und damit auch die Variation $\delta\mathbf{z}$. Im Inneren des Integrationsintervalls $[t_0, t_1]$ ist $\delta\mathbf{z}$ jedoch beliebig, so daß notwendigerweise die eckige Klammer in (5.9) selbst Null sein muß:

$$\frac{\partial f}{\partial \mathbf{z}} - \frac{d}{dt}\frac{\partial f}{\partial \dot{\mathbf{z}}} = 0 \; . \tag{5.10}$$

Die Beziehung (5.10) stellt die EULERsche Gleichung der Variationsrechnung für das Variationsproblem (5.4) mit $\mathbf{u} = 0$ dar. Für $\mathbf{u} \neq 0$ sind die entsprechenden Variationen $\delta\mathbf{u}$ mit durchzuführen. Dies liefert eine zweite Gleichung vom Aufbau (5.10) für $\mathbf{u}$. Sind ferner Variationsprobleme mit höheren Ableitungen bezüglich der unabhängigen Variablen zu berechnen, so erhält man die zugehörigen EULER-schen Gleichungen vollkommen analog durch eine entsprechend häufige partielle Integration.

∇

Beispiel: Das HAMILTON-Prinzip (3.149)

Für das HAMILTON-Prinzip gilt

$$f = (T - V) \; .$$

Damit lautet die zugehörige EULERsche Gleichung

$$\frac{\partial(T-V)}{\partial \mathbf{z}} - \frac{d}{dt}\frac{\partial(T-V)}{\partial \dot{\mathbf{z}}} = -\left[\frac{d}{dt}\frac{\partial T}{\partial \dot{\mathbf{z}}} - \frac{\partial T}{\partial \mathbf{z}} + \frac{\partial V}{\partial \mathbf{z}}\right] = 0 \quad \text{mit } V = V(\mathbf{z}) \; .$$

Dies sind die LAGRANGEschen Gleichungen zweiter Art für holonome, konservative Systeme, (3.43).

Führt man allgemein die HAMILTON-Funktion

$$H = \mathbf{p}^T\dot{\mathbf{z}} - f \qquad \text{mit } \mathbf{p}^T = \frac{\partial f}{\partial \dot{\mathbf{z}}}$$

ein, dann kann das Variationsintegral (5.4) mit $\mathbf{u} = 0$ angeschrieben werden als

$$J = \int_{t_0}^{t_1} \left(\mathbf{p}^T \dot{\mathbf{z}} - H\right) \, dt \ .$$

Faßt man $\mathbf{z}$ und $\mathbf{p}\,(\mathbf{z}, \dot{\mathbf{z}})$ als Variable auf, so folgen mit

$$\int_{t_0}^{t_1} \left[\left(\dot{\mathbf{z}}^T - \frac{\partial H}{\partial \mathbf{p}}\right) \delta \mathbf{p} + \left(-\dot{\mathbf{p}}^T - \frac{\partial H}{\partial \mathbf{z}}\right) \delta \mathbf{z}\right] dt + \mathbf{p}^T \, \delta \mathbf{z} \bigg|_{t_0}^{t_1} = 0 \ ,$$

(wobei analog zu (5.9) eine partielle Integration durchgeführt wurde) die kanonischen Gleichungen (3.54).

$\triangle$

Die Lösung der EULERschen Differentialgleichung der Variationsrechnung (5.10) läßt sich bei Vorhandensein "erster Integrale" vorantreiben.

5.1.1 Erste Integrale

(1) Wenn die unabhängige Variable t in f nicht vorkommt (autonomes System), dann ist die HAMILTON-Funktion

$$-H = f - \frac{\partial f}{\partial \dot{\mathbf{z}}} \dot{\mathbf{z}} \tag{5.11}$$

eine Konstante für alle Zeiten t. Bildet man nämlich die totale zeitliche Ableitung von H, so gilt

$$-\frac{dH}{dt} = \underbrace{\frac{\partial f}{\partial t}}_{0} + \frac{\partial f}{\partial \mathbf{z}} \dot{\mathbf{z}} + \frac{\partial f}{\partial \dot{\mathbf{z}}} \ddot{\mathbf{z}} - \frac{\partial f}{\partial \dot{\mathbf{z}}} \ddot{\mathbf{z}} - \left(\frac{d}{dt} \frac{\partial f}{\partial \dot{\mathbf{z}}}\right) \dot{\mathbf{z}}$$

$$= \left[\frac{\partial f}{\partial \mathbf{z}} - \frac{d}{dt} \frac{\partial f}{\partial \dot{\mathbf{z}}}\right] \dot{\mathbf{z}} = 0 \ \Rightarrow \ H = \text{const.} \ , \tag{5.12}$$

weil die eckige Klammer die EULERsche Gleichung (5.10) darstellt. Für das HAMILTON-Prinzip (3.149) mit $f = T - V$ beinhaltet (5.12) das Energie-erhaltungsprinzip (3.60).

(2) Wenn eine oder einige der Komponenten von $\mathbf{z}$ nicht in f vorkommen, so sind diese z_i "zyklische Koordinaten". In diesem Fall gilt

$$\frac{d}{dt} \frac{\partial f}{\partial \dot{z}_i} - \underbrace{\frac{\partial f}{\partial z_i}}_{0} = 0 \ \Rightarrow \ \frac{\partial f}{\partial \dot{z}_i} = \text{const.} \tag{5.13}$$

In beiden Fällen ist der Begriff "erste Integrale" anschaulich, weil die zu lösenden Differentialgleichungen einer Integration unterzogen werden.

∇

Beispiel: Im Falle des HAMILTON-Prinzips erhält man mit $f = T - V$ für autonome konservative Systeme

$$\frac{\partial f}{\partial \dot{\mathbf{z}}} = \mathbf{p}^T = \frac{\partial (T-V)}{\partial \dot{\mathbf{z}}} = \frac{\partial T}{\partial \dot{\mathbf{z}}} \quad \text{mit} \quad V = V(\mathbf{z}) , \quad T = \int_{(S)} \frac{1}{2} \dot{\mathbf{r}}^T \dot{\mathbf{r}} \, dm , \quad \mathbf{r} = \mathbf{r}(\mathbf{z})$$

$$\Rightarrow \mathbf{p} = \mathbf{M}(\mathbf{z})\dot{\mathbf{z}}$$
$$= \left[\sum_{i=1}^{p} \left\{ \left(\frac{\partial \mathbf{v}_0}{\partial \dot{\mathbf{z}}} \right)^T m \left(\frac{\partial \mathbf{v}_0}{\partial \dot{\mathbf{z}}} \right) + 2 \left(\frac{\partial \mathbf{v}_0}{\partial \dot{\mathbf{z}}} \right)^T m \, \tilde{\mathbf{r}}_s^T \left(\frac{\partial \boldsymbol{\omega}}{\partial \dot{\mathbf{z}}} \right) + \left(\frac{\partial \boldsymbol{\omega}}{\partial \dot{\mathbf{z}}} \right)^T \mathbf{I} \left(\frac{\partial \boldsymbol{\omega}}{\partial \dot{\mathbf{z}}} \right) \right\}_i \right] \dot{\mathbf{z}}$$

für einen beliebigen körperfesten Bezugspunkt 0, der nicht mit dem Schwerpunkt zusammenfällt. Wenn eine der Komponenten z_i weder in T noch in V auftaucht, so ist diese zyklische Koordinate.

Es muß also überprüft werden, von welchen Koordinaten die Massenmatrix $\mathbf{M}$ und das Potential bzw. die entsprechenden eingeprägten Kräfte abhängen. Zyklische Koordinaten erhält man beispielsweise im Falle des <u>LAGRANGE-Kreisels</u> (schwerer Kreisel). Hierbei handelt es sich um einen symmetrischen Kreisel, dessen Schwerpunkt nicht mit dem Fixpunkt zusammenfällt, Bild 5.1.

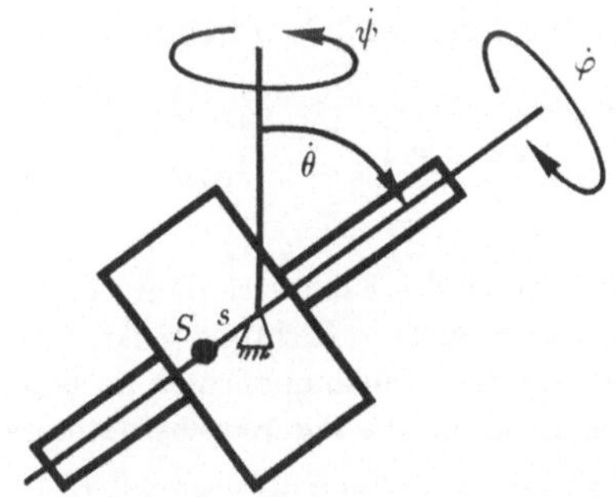

Bild 5.1: LAGRANGE-Kreisel

Der Kreisel besitzt keinen Antrieb; es wird angenommen, daß die Gelenkreibungen vernachlässigbar sind. Entsprechend Kap. 2.1.1 wählt man zur Beschreibung günstigerweise eine Reihenfolge der Elementardrehungen derart, daß die letzte Drehung in Richtung der Eigendrehung fällt. Als zweckmäßig erweist sich in diesem Falle ein Verwendung der EULER-Winkel, weil dann das Schweremoment nur vom Winkel θ abhängt, vgl. Bild 5.1. Für die Winkelgeschwindigkeiten folgt wegen einer Drehreihenfolge 3–1–3–Achse mit den Winkeln ψ, θ, φ

$$_K\boldsymbol{\omega} = \dot{\varphi}\mathbf{e}_3 + \mathbf{A}_\varphi \dot{\theta}\mathbf{e}_1 + \mathbf{A}_\varphi \mathbf{A}_\theta \dot{\psi}\mathbf{e}_3 .$$

Faßt man die Minimalkoordinaten in der Reihenfolge $\mathbf{z} = (\psi, \theta, \varphi)^T$ zusammen, so gilt

$$_K\boldsymbol{\omega} = \begin{pmatrix} \sin\theta\sin\varphi & \cos\varphi & 0 \\ \sin\theta\cos\varphi & -\sin\varphi & 0 \\ \cos\theta & 0 & 1 \end{pmatrix} \dot{\mathbf{z}} .$$

Für das im Fixpunkt befestigte körperfest Koordinatensystem ist $\mathbf{v} = 0$; der Trägheitstensor bezüglich dieses Koordinatenursprungs enthält bei symmetrischem Rotor lediglich Diagonalelemente:

$$\mathbf{I} = \begin{pmatrix} A^s + ms^2 & 0 & 0 \\ 0 & A^s + ms^2 & 0 \\ 0 & 0 & C^s \end{pmatrix} = \begin{pmatrix} A & 0 & 0 \\ 0 & A & 0 \\ 0 & 0 & C \end{pmatrix} .$$

Für die Massenmatrix folgt dann

$$\mathbf{M} = \left[\left(\frac{\partial \omega}{\partial \dot{\mathbf{z}}} \right)^T \mathbf{I} \left(\frac{\partial \omega}{\partial \dot{\mathbf{z}}} \right) \right] = \begin{pmatrix} A\sin^2\theta + C\cos^2\theta & 0 & C\cos\theta \\ 0 & A & 0 \\ C\cos\theta & 0 & C \end{pmatrix} .$$

Das bedeutet: Massenmatrix und Schwerpotential (Schweremoment) hängen nur von θ, nicht von ψ und φ ab. Letztere sind also zyklische Koordinaten, und es gilt entsprechend der gewählten Reihenfolge der Minimalkoordinaten

$$\begin{pmatrix} \mathbf{e}_1^T \\ \mathbf{e}_3^T \end{pmatrix} \mathbf{M}(\mathbf{z})\,\dot{\mathbf{z}} = \begin{pmatrix} A\sin^2\theta + C\cos^2\theta & 0 & C\cos\theta \\ C\cos\theta & 0 & C \end{pmatrix} \begin{pmatrix} \dot{\psi} \\ \dot{\theta} \\ \dot{\varphi} \end{pmatrix} = \begin{pmatrix} L_1 \\ L_3 \end{pmatrix} = \text{const.}$$

Anhand von Bild 5.1 läßt sich dieses Ergebnis leicht interpretieren: Das Schweremoment wirkt stets in Richtung senkrecht zur Zeichenebene und hat damit keinen Einfluß auf die Drallkomponenten in dieser Ebene. Der Drall um die Hochachse und der Drall um die Figurenachse (Rotorachse) bleiben konstant.

Ein weiteres erstes Integral liegt mit (5.12) vor, da es sich um ein konservatives autonomes System handelt:

$$\begin{aligned} H &= T + V = \tfrac{1}{2}\dot{\mathbf{z}}^T \mathbf{M}(\mathbf{z})\dot{\mathbf{z}} + V \\ &= \tfrac{1}{2}A\left(\dot{\theta}^2 + \dot{\psi}^2\sin\theta\right) + \tfrac{1}{2}C\left(\dot{\varphi} + \dot{\psi}\cos\theta\right)^2 - mgs\,\cos\theta = \text{const.} \end{aligned}$$

mit s als Schwerpunktsabstand, vgl. Bild 5.1.

$\triangle$

5.1.2   Hinreichende Bedingungen

Die Beziehung (5.7),

$$J = J_{\text{opt}} + \delta J + \delta^2 J + \dots \tag{5.14}$$

liefert bei Erfüllung der notwendigen Voraussetzung $\delta J = 0$ die für ein Minimum hinreichende Bedingung

$$J - J_{\text{opt}} = \delta^2 J + \dots \;\; > 0 \; , \tag{5.15}$$

d.h., wenn J_{opt} ein Minimum darstellt, muß der Funktionalwert J für alle zulässigen Vergleichsfunktionen stets größer sein als J_{opt}.

∇

Beispiel: HAMILTON-Prinzip

Als Beispiel soll das HAMILTONsche Prinzip, angewendet auf ein konservatives Schwingungssystem mit kleinen Amplituden, betrachtet werden. Weil sich hier stets eine Hauptachsentransformation finden läßt, die die Koordinaten untereinander entkoppelt, genügt die Behandlung einer skalaren Gleichung:

$$f = T - V = \frac{1}{2}\left(m\dot{z}^2 - cz^2\right) \quad \Rightarrow \quad \frac{d}{dt}\frac{\partial f}{\partial \dot{z}} - \frac{\partial f}{\partial z} = m\ddot{z} + c\,z = 0 \ .$$

Die EULERsche Gleichung liefert (Index o für "Optimum") bei bestimmter Anfangsbedingung

$$z_o = k \sin \omega t \ , \quad \omega = \sqrt{c/m} \ .$$

Zur Beantwortung der Frage, ob z_o dem Funktional ein Minimum erteilt, kann folgendermaßen vorgegangen werden: Betrachtet wird eine Vergleichskurve

$$z = z_o + \varepsilon\eta, \quad \eta = \sin\frac{\pi}{t_1}t \ ,$$

die im Intervall $[0, t_1]$ glatt ist und für beliebige Werte von ε beliebige Abweichungen von der EULERschen Lösung z_o kennzeichnet.

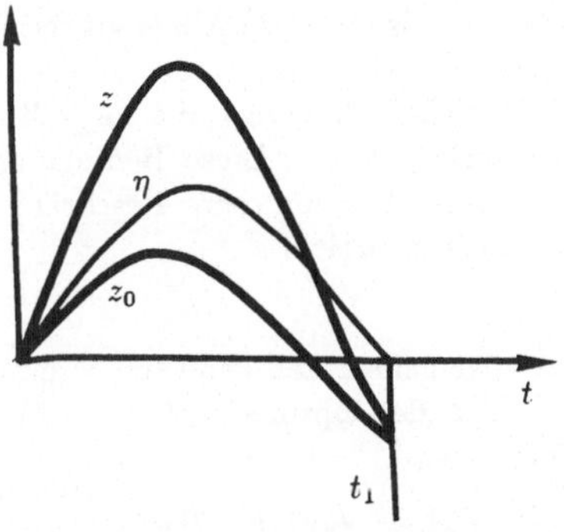

Bild 5.2: Zur Vergleichsfunktion

Setzt man die Vergleichsfunktion in das HAMILTONsche Prinzip ein, so gilt

$$\begin{aligned}
J(z) &= \tfrac{1}{2}\int_0^{t_1}\left[m\left(\dot{z}_o + \varepsilon\dot{\eta}\right)^2 - c\left(z_o + \varepsilon\eta\right)^2\right]dt \\
&= \tfrac{1}{2}\int_0^{t_1}\left[(m\dot{z}_o^2 - cz_o^2) + 2\left(m\dot{z}_o\dot{\eta} - cz_o\eta\right)\varepsilon + \left(m\dot{\eta}^2 - c\eta^2\right)\varepsilon^2\right]dt \ .
\end{aligned}$$

Der mittlere Term verschwindet, denn nach partieller Integration folgt für diesen

$$-2\left(m\ddot{z}_o + cz_o\right)\varepsilon\eta = 0 \quad \text{(EULER-Gleichung)} \ .$$

Der erste Term stellt das HAMILTON-Prinzip für die Optimallösung dar, $J(z_o)$. Bildet man also die Differenz,

$$J(z) - J(z_o) = \int_0^{t_1}\left[m\dot{\eta}^2 - c\eta^2\right]\varepsilon^2 dt = m\varepsilon^2\frac{t_1}{2}\left[\left(\frac{\pi}{t_1}\right)^2 - \omega^2\right] \ ,$$

so muß dieser Ausdruck stets positiv sein, wenn z_o dem HAMILTON-Prinzip ein Minimum erteilen soll. Dies ist offensichtlich gegeben für

$$t_1 \leq \frac{\pi}{\omega} \ .$$

Damit ist gezeigt, daß das HAMILTONsche Prinzip kein Minimalprinzip darstellt, denn es lassen sich bei beliebigen Integrationsgrenzen Funktionen finden, die nicht der EULERschen Gleichung gehorchen und dennoch dem Funktional einen kleineren Wert erteilen als diese (siehe auch Kap. 3.3.2).

Das Ergebnis findet bei genauerer Betrachtung in mehrfacher Hinsicht eine Verallgemeinerung: Wenn die obere Grenze mit $t_1 < \pi/\omega$ festgelegt wird, so bedeutet dies für die Lösungsschar der EULERschen Differentialgleichung, daß die Lösungskurven sich (außer bei $t_0 = 0$) nicht schneiden: Sie bilden ein (zentrales) Feld mit dem Zentrum bei t_0. Betrachtet man die Beziehung (5.15) für hinreichend kleine Variationen, so erhält man die Bedingung $\delta^2 J > 0$, deren Auswertung auf die Aussage führt, daß ein Minimum überhaupt nur möglich ist, wenn sich die EULERschen Lösungen (in Abhängigkeit der Integrationsgrenzen) in ein Feld einbetten lassen. Als weitere notwendige Bedingung erhält man $\left(\partial^2 f/\partial \dot{z}^2\right)_o > 0$ (LEGRENDRE-Bedingung), die im Falle des HAMILTON-Prinzips mit $m > 0$ stets gewährleistet ist. Diese Bedingungen sind jedoch nur notwendig, da für die Suche eines Minimums eine Beschränkung auf infinitesimal kleine Variationen natürlich nicht ausreicht.

$\triangle$

Für den allgemeinen Fall kann die Minimaleigenschaft über (5.15) nachgewiesen werden, wenn der Optimalwert J_o (o für opt) ausgerechnet werden kann, d.h., wenn für

$$J_o = \int_{t_0}^{t_1} dJ_o = \int_{t_0}^{t_1} \left\{ \left[\frac{\partial J}{\partial t}\right]_o + \left[\frac{\partial J}{\partial \mathbf{z}}\right]_o \dot{\mathbf{z}} \right\} dt \qquad (5.16)$$

die Differentialquotienten bekannt sind. Betrachtet man hierfür im ersten Schritt ein Variationsintegral mit variierbarer oberer Integrationsgrenze,

$$J\left(t_1(\varepsilon),\varepsilon\right) = \int_{t_0}^{t_1(\varepsilon)} f\left(\mathbf{z}, \dot{\mathbf{z}}, t\right) dt \ , \qquad (5.17)$$

so erfordert die Variation von (5.17) (TAYLOR-Entwicklung nach ε) die Verwendung der Kettenregel:

$$\begin{aligned}
\delta J &= \left[\tfrac{d}{d\varepsilon} J\right]_{\varepsilon=0} \cdot \varepsilon = \left[\frac{\partial J}{\partial t_1}\frac{\partial t_1}{\partial \varepsilon} + \frac{\partial J}{\partial \varepsilon}\right]_{\varepsilon=0} \cdot \varepsilon \\[2mm]
&= \left[f\left(t_1\right)\tfrac{\partial t_1}{\partial \varepsilon} + \int_{t_0}^{t_1} \tfrac{\partial}{\partial \varepsilon} f\left(\mathbf{z}, \dot{\mathbf{z}}, t\right) dt\right]_{\varepsilon=0} \cdot \varepsilon
\end{aligned} \qquad (5.18)$$

Mit den Variationen

$$\left[\frac{\partial t_1}{\partial \varepsilon}\right]_{\varepsilon=0} \cdot \varepsilon = \delta t_1 \quad , \quad \left[\frac{\partial \mathbf{z}}{\partial \varepsilon}\right]_{\varepsilon=0} \cdot \varepsilon = \delta \mathbf{z} \tag{5.19}$$

kann man den Integralterm partiell über t integrieren:

$$\begin{aligned}
\delta J &= f(t_1)\delta t_1 + \int_{t_0}^{t_1(\varepsilon=0)} \left[\frac{\partial f}{\partial \mathbf{z}}\delta \mathbf{z} + \frac{\partial f}{\partial \dot{\mathbf{z}}}\delta \dot{\mathbf{z}}\right] dt \\
&= f(t_1)\delta t_1 + \int_{t_0}^{t_1(\varepsilon=0)} \left[\frac{\partial f}{\partial \mathbf{z}} - \frac{d}{dt}\frac{\partial f}{\partial \dot{\mathbf{z}}}\right] \delta \mathbf{z}\, dt + \frac{\partial f}{\partial \dot{\mathbf{z}}}\delta \mathbf{z}(t_1) \quad .
\end{aligned} \tag{5.20}$$

Dabei stellt δt_1 die Variation am Kurvenende dar, während $\delta \mathbf{z}(t_1)$ die Variation von $\mathbf{z}$ bei $t_1(\varepsilon = 0)$ ist. Die Variation $\delta \mathbf{z}_1$ am Kurvenende erhält man aus

$$\delta \mathbf{z}_1 = \frac{d}{d\varepsilon}\left[\mathbf{z}(t_1(\varepsilon)), \varepsilon\right]_{\varepsilon=0} = \dot{\mathbf{z}}(t_1)\delta t_1 + \delta \mathbf{z}(t_1) \quad . \tag{5.21}$$

Setzt man $\delta \mathbf{z}(t_1)$ aus (5.21) in (5.20) ein, so erhält man geordnet

$$\delta J = \left[f - \frac{\partial f}{\partial \dot{\mathbf{z}}}\dot{\mathbf{z}}\right]_{t_1} \delta t_1 + \left[\frac{\partial f}{\partial \dot{\mathbf{z}}}\right]_{t_1} \delta \mathbf{z}_1 + \int_{t_0}^{t_1} \left[\frac{\partial f}{\partial \mathbf{z}} - \frac{d}{dt}\frac{\partial f}{\partial \dot{\mathbf{z}}}\right] \delta \mathbf{z}\, dt \tag{5.22}$$

mit δt_1 und $\delta \mathbf{z}_1$ als Variationen am Kurvenende.

Im nächsten Schritt werden die Lösungen der EULERschen Gleichung betrachtet: Dann verschwindet der Integralterm (EULERsche Differentialgleichung als notwendige Voraussetzung für ein Extremum), und die zugehörigen Funktionen $\mathbf{z}$ gehen in $\mathbf{z}_o$ über:

$$\delta J_o = \left[\frac{\partial J}{\partial t}\right]_o\bigg|_{t_1} \delta t_1 + \left[\frac{\partial J}{\partial \mathbf{z}}\right]_o\bigg|_{t_1} \delta \mathbf{z}_1 = \left[f - \frac{\partial f}{\partial \dot{\mathbf{z}}}\dot{\mathbf{z}}\right]_o\bigg|_{t_1} \delta t_1 + \left[\frac{\partial f}{\partial \dot{\mathbf{z}}}\right]_o\bigg|_{t_1} \delta \mathbf{z}_1 \quad . \tag{5.23}$$

Damit sind die gesuchten Differentialquotienten für (5.16) bekannt. Gleichung (5.23) stellt den Zuwachs δJ bei (infinitesimaler) Variation des Kurvenendes von $\mathbf{z}_o$ dar.

Bildet man den Funktionalwert mit einer beliebigen Funktion $\mathbf{z}$, die die Randbedingungen erfüllt,

$$J = \int_{t_0}^{t_1} f(\mathbf{z}, \dot{\mathbf{z}})\, dt \quad , \tag{5.24}$$

so kann entsprechend (5.15) die Minimierungsbedingung formuliert werden:

$$\begin{aligned}
J - J_o &= \int_{t_0}^{t_1} \left\{ f(\mathbf{z}, \dot{\mathbf{z}}) - \left[\frac{\partial J}{\partial t}\right]_o - \left[\frac{\partial J}{\partial \mathbf{z}}\right]_o \dot{\mathbf{z}}\right\} dt \\
&= \int_{t_0}^{t_1} \left\{ \left(f - \left[\frac{\partial f}{\partial \dot{\mathbf{z}}}\right]_o \dot{\mathbf{z}}\right) - \left(f - \left[\frac{\partial f}{\partial \dot{\mathbf{z}}}\right]_o \dot{\mathbf{z}}\right)_o \right\} dt \overset{!}{>} 0 \quad .
\end{aligned} \tag{5.25}$$

Damit der Integralausdruck positiv ist, muß gefordert werden, daß der Integrand positiv (semi-) definit ist. Dieser Integrand wird *WEIERSTRASSsche Exzeßfunktion E* genannt.

5.2 Nebenbedingungen

5.2.1 Variationsaufgaben mit festen Integrationsgrenzen – LAGRANGEsche Multiplikatorenregel

Gegeben sei

$$J = \int_{t_0}^{t_1} f(\mathbf{z}, \dot{\mathbf{z}}, t)\, dt \;\rightarrow\; \min \tag{5.26}$$

mit einer Nebenbedingung der Form

$$\mathbf{g}(\mathbf{z}, \dot{\mathbf{z}}, t) = \text{const.} \tag{5.27}$$

Diese Nebenbedingung geht im Sonderfall, daß $\dot{\mathbf{z}}$ nicht auftritt, in eine algebraische Gleichung über. Im allgemeinen handelt es sich um eine Differentialgleichung erster Ordnung, die im Zusammenhang mit den mechanischen Systemen die Zustandsgleichung darstellt. Da die Nebenbedingung erfüllt sein muß, ist die Variation der $\delta\mathbf{z}$ bei alleiniger Betrachtung des Funktionals nicht mehr frei wählbar:

$$\int_{t_0}^{t_1} \left[\frac{\partial f}{\partial \mathbf{z}} \delta\mathbf{z} + \frac{\partial f}{\partial \dot{\mathbf{z}}} \delta\dot{\mathbf{z}} \right] dt \;\bigwedge\; \left[\frac{\partial \mathbf{g}}{\partial \mathbf{z}} \delta\mathbf{z} + \frac{\partial \mathbf{g}}{\partial \dot{\mathbf{z}}} \delta\dot{\mathbf{z}} \right] = 0\;. \tag{5.28}$$

Eine Möglichkeit wäre es, $\delta\mathbf{z}$ aus der Nebenbedingung zu bestimmen und in das Funktional einzusetzen. Einfacher gelangt man durch Verwendung der LAGRANGEschen Multiplikatorenregel zum Ziel: Mulipliziert man die variierte Nebenbedingung mit einem Vektor der LAGRANGE-Multiplikatoren $\boldsymbol{\lambda}^T$ und integriert diese Beziehung über dasselbe Integrationsintervall wie das des Funktionals, so lassen sich beide Beziehungen zusammenfassen:

$$\int_{t_0}^{t_1} \left[\frac{\partial f}{\partial \mathbf{z}} \delta\mathbf{z} + \frac{\partial f}{\partial \dot{\mathbf{z}}} \delta\dot{\mathbf{z}} \right] dt + \int_{t_0}^{t_1} \boldsymbol{\lambda}(t)^T \left[\frac{\partial \mathbf{g}}{\partial \mathbf{z}} \delta\mathbf{z} + \frac{\partial \mathbf{g}}{\partial \dot{\mathbf{z}}} \delta\dot{\mathbf{z}} \right] dt =$$

$$\int_{t_0}^{t_1} \left[\frac{\partial}{\partial \mathbf{z}} \left(f + \boldsymbol{\lambda}^T \mathbf{g} \right) - \frac{d}{dt} \frac{\partial}{\partial \dot{\mathbf{z}}} \left(f + \boldsymbol{\lambda}^T \mathbf{g} \right) \right] \delta\mathbf{z}\, dt = 0\;. \tag{5.29}$$

Hierbei ist die Variation $\delta\mathbf{z}$ dann vollkommen willkürlich, wenn der Integrand identisch Null wird, und dies ist der Fall, wenn die EULERsche Gleichung auf das Funktional

$$J = \int_{t_0}^{t_1} L\, dt \quad, \qquad L = f + \boldsymbol{\lambda}^T \mathbf{g} \tag{5.30}$$

angewendet wird.

∇

Beispiel: Die LAGRANGEschen Gleichungen erster Art, $f = T - V$, $\mathbf{g} = \phi = 0$, vgl. (2.50).

Unter Verwendung von Schwerpunktsgeschwindigkeiten und Systemkoordinaten $\bar{\mathbf{z}}$ lautet die kinetische Energie (3.69) für ein System mit p Körpern

$$T = \sum_{i=1}^{p} T_i = \tfrac{1}{2}\dot{\bar{\mathbf{z}}}^T \mathbf{M}\,(\bar{\mathbf{z}})\,\dot{\bar{\mathbf{z}}} \;,$$

$$\mathbf{M} = \sum_{i=1}^{p} \left\{ \left(\left[\tfrac{\partial \mathbf{v}_s}{\partial \dot{\bar{\mathbf{z}}}}\right]^T \left[\tfrac{\partial \boldsymbol{\omega}}{\partial \dot{\bar{\mathbf{z}}}}\right]^T \right) \left[\begin{matrix} m\mathbf{E} & 0 \\ 0 & \mathbf{I} \end{matrix}\right] \left(\left[\tfrac{\partial \mathbf{v}_s}{\partial \dot{\bar{\mathbf{z}}}}\right]^T \left[\tfrac{\partial \boldsymbol{\omega}}{\partial \dot{\bar{\mathbf{z}}}}\right]^T \right)^T \right\}_i \;,$$

$$\bar{\mathbf{z}} = \left[\bar{\mathbf{z}}_1^T \ldots \bar{\mathbf{z}}_p^T\right]^T \;,\quad \bar{\mathbf{z}}_i = \left[\mathbf{r}_s^T\,\boldsymbol{\varphi}^T\right]_i^T \;,\quad \text{integrierbar.}$$

Unter Berücksichtigung der Bindungsgleichungen $\phi\,(\bar{\mathbf{z}})$ erhält man aus (5.30) die LAGRANGEschen Gleichungen erster Art zu

$$L = T - V + \boldsymbol{\lambda}^T \phi = \tfrac{1}{2}\dot{\bar{\mathbf{z}}}^T \mathbf{M}\,(\bar{\mathbf{z}})\,\dot{\bar{\mathbf{z}}} - V\,(\bar{\mathbf{z}}) + \boldsymbol{\lambda}^T \phi\,(\bar{\mathbf{z}})$$

$$\Rightarrow \mathbf{M}\,(\bar{\mathbf{z}})\,\ddot{\bar{\mathbf{z}}} + \bar{\mathbf{g}}\,(\bar{\mathbf{z}},\dot{\bar{\mathbf{z}}}) - \left[\tfrac{\partial \phi}{\partial \mathbf{z}}\right]^T \boldsymbol{\lambda} = 0$$

$$\text{mit}\quad \bar{\mathbf{g}}\,(\bar{\mathbf{z}},\dot{\bar{\mathbf{z}}}) = \dot{\mathbf{M}}\,(\bar{\mathbf{z}})\,\dot{\bar{\mathbf{z}}} - \left\{ \tfrac{\partial}{\partial \bar{\mathbf{z}}} \left[\tfrac{1}{2}\dot{\bar{\mathbf{z}}}^T \mathbf{M}\,(\bar{\mathbf{z}})\,\dot{\bar{\mathbf{z}}} + V\,(\bar{\mathbf{z}})\right] \right\}^T \;.$$

Diese Gleichung läßt sich etwas übersichtlicher darstellen, wenn man $\mathbf{M}$ einsetzt und für die Potentialkräfte und -momente mit $\boldsymbol{\omega} = \dot{\boldsymbol{\eta}}$ schreibt

$$\left[\frac{\partial V}{\partial \bar{\mathbf{z}}}\right]_i^T = \left\{ \left[\frac{\partial \mathbf{r}_s}{\partial \bar{\mathbf{z}}}\right]^T \left[\frac{\partial V}{\partial \mathbf{r}_s}\right]^T + \left[\frac{\partial \boldsymbol{\eta}}{\partial \bar{\mathbf{z}}}\right]^T \left[\frac{\partial V}{\partial \boldsymbol{\eta}}\right]^T \right\}_i = -\left\{ \left[\frac{\partial \mathbf{v}_s}{\partial \dot{\bar{\mathbf{z}}}}\right]^T \mathbf{f}^e + \left[\frac{\partial \boldsymbol{\omega}}{\partial \dot{\bar{\mathbf{z}}}}\right]^T \mathbf{l}^e \right\}_i$$

(Bei einer Beschreibung in Inertialkoordinaten sind die Translationsgeschwindigkeiten integrierbar, die Drehgeschwindigkeiten jedoch nicht, Kap. 2). Entsprechend wird $(\partial\phi/\partial\bar{\mathbf{z}})_i$ behandelt. Aus dem Vergleich der Beschleunigungen (Inertialdarstellung vorausgesetzt, Index i unterdrückt),

$$\frac{d}{dt}\left[\mathbf{v}_s\,(\bar{\mathbf{z}},\dot{\bar{\mathbf{z}}})\right] = \left[\frac{\partial \mathbf{v}_s}{\partial \bar{\mathbf{z}}}\right]\dot{\bar{\mathbf{z}}} + \left[\frac{\partial \mathbf{v}_s}{\partial \dot{\bar{\mathbf{z}}}}\right]\ddot{\bar{\mathbf{z}}} = \frac{d}{dt}\left[\frac{\partial \mathbf{r}_s}{\partial \bar{\mathbf{z}}}\dot{\bar{\mathbf{z}}}\right] = \left[\frac{d}{dt}\frac{\partial \mathbf{r}_s}{\partial \bar{\mathbf{z}}}\right]\dot{\bar{\mathbf{z}}} + \left[\frac{\partial \mathbf{r}_s}{\partial \bar{\mathbf{z}}}\right]\ddot{\bar{\mathbf{z}}}$$

folgt

$$\frac{d}{dt}\left[\frac{\partial \mathbf{r}_s}{\partial \bar{\mathbf{z}}}\right] = \left[\frac{\partial \mathbf{v}_s}{\partial \bar{\mathbf{z}}}\right] \;,\quad \text{analog:}\quad \frac{d}{dt}\left[\frac{\partial \boldsymbol{\eta}}{\partial \bar{\mathbf{z}}}\right] = \left[\frac{\partial \boldsymbol{\omega}}{\partial \bar{\mathbf{z}}}\right] \;.$$

Unter Berücksichtigung dieser Zwischenrechnung erhält man

$$\sum_{i=1}^{p}\left\{\left(\begin{array}{c}\left[\frac{\partial \mathbf{v}_s}{\partial \overline{\mathbf{z}}}\right]\\[2ex]\left[\frac{\partial \boldsymbol{\omega}}{\partial \overline{\mathbf{z}}}\right]\end{array}\right)^{T}\left(\begin{array}{c}(m\mathbf{v}_s)^{\bullet}-\mathbf{f}^e-\left[\frac{\partial \dot{\boldsymbol{\phi}}}{\partial \mathbf{v}_s}\right]^{T}\boldsymbol{\lambda}\\[2ex](\mathbf{I}\boldsymbol{\omega})^{\bullet}-\mathbf{l}^e-\left[\frac{\partial \dot{\boldsymbol{\phi}}}{\partial \boldsymbol{\omega}}\right]^{T}\boldsymbol{\lambda}\end{array}\right)\right\}_i = 0 \ .$$

Diese Beziehung stellt jeweils Impuls- und Drallsatz des Einzelkörpers dar, wobei die Bindungen zwischen den Körpern über die Zwangskräfte und -momente, dargestellt mit Hilfe der Bindungsgleichungen, berücksichtigt werden. Die Funktionalmatrix transformiert diese Beziehungen in die durch $\overline{\mathbf{z}}$ definierten Richtungen. Die Gleichungen bleiben auch gültig, wenn man Summe und Funktionalmatrix beiseite läßt. Dann sind Impuls- und Drallsatz für jeden Einzelkörper in den durch $\mathbf{v}_s$ und $\boldsymbol{\omega}$ definierten Richtungen angeschrieben.

$\triangle$

Eine gewisse Schwierigkeit scheint bei dieser Argumentation zu entstehen, wenn die Nebenbedingungen in Form eines Integralausdrucks vorliegen ("Isoperimetrische Probleme", *isos: gleich; métron: Maß*). Hier kann man nämlich den Vektor der LAGRANGEschen Multiplikatoren nur unter das Integral schreiben, wenn er nicht von der unabhängigen Variablen abhängt, also zeitlich konstant ist. Da dies nicht à priori vorausgesetzt werden kann, führt folgender Weg zum Ziel:

Gegeben sei ein Variationsintegral mit Nebenbedingung in Form eines Integrals gleicher Grenzen:

$$\int_{t_0}^{t_1} f(\mathbf{z},\dot{\mathbf{z}},t)\,dt \ \Rightarrow \ \min \ ; \ \int_{t_0}^{t_1} \mathbf{g}(\mathbf{z},\dot{\mathbf{z}},t)\,dt = \text{const.} \tag{5.31}$$

Definiert man eine neue Variable $\mathbf{q}$,

$$\mathbf{q}(t) = \int_{t_0}^{t} \mathbf{g}(\mathbf{z},\dot{\mathbf{z}},t)\,dt \tag{5.32}$$

so gilt

$$\dot{\mathbf{q}}(t) = \mathbf{g}(\mathbf{z},\dot{\mathbf{z}},t) \tag{5.33}$$

Diese Beziehung kann wiederum als Nebenbedingung der Form (5.27) aufgefaßt werden; die Variationsaufgabe geht über in

$$\int_{t_0}^{t_1} \left[f(\mathbf{z},\dot{\mathbf{z}},t) + \boldsymbol{\lambda}^T \left(\dot{\mathbf{q}} - \mathbf{g}(\mathbf{z},\dot{\mathbf{z}},t) \right) \right] dt \ \rightarrow \ \min . \tag{5.34}$$

Die EULERsche Gleichung für die neue Variable $\mathbf{q}$ liefert

$$\frac{d}{dt}\lambda = 0 \quad \Rightarrow \quad \lambda = \text{const.} \tag{5.35}$$

Damit ist gezeigt, daß in diesem Fall die LAGRANGEschen Parameter konstant sind und ein Vorgehen nach (5.29) erlaubt ist.

∇

<u>Beispiel:</u> Das Problem der DIDO

Ein klassisches isoperimetrisches Problem ist das der DIDO: Dido (9. Jh.) floh, nachdem ihr Bruder Pygmalion ihren Ehegatten erschlagen hatte, nach (heute) Libyen. Dort wurde ihr soviel eigenes Land zugestanden, wie sie mit einer aufgeschnittenen Kuhhaut umspannen konnte. Dies war die Gründung der Burg "Byrsa" (gr. Fell) von Karthago. (Es handelt sich hierbei um ein isoperimetrisches Problem, weil die aufgeschnittene Kuhhaut ein "Seil" von vorgegebenem Längenmaß ist). Mit x als unabhängiger Variable lautet das Problem

$$J = \int_0^{x_1} y\,dx \Rightarrow \text{Max.} \;, \quad \int_0^{x_1} (1+y'^2)^{1/2}\,dx = a \quad a : \text{Kuhhautlänge}, (\;)' = \frac{d}{dx} \;.$$

Unter Verwendung der Multiplikatorenregel gilt

$$\int_0^{x_1} \left[y + \lambda\,(1+y'^2)^{1/2}\right] dx \quad \longrightarrow \quad \text{Max.}$$

Da der Integrand nicht explizit von der unabhängigen Variablen abhängt, kennt man entsprechend (5.12) ein erstes Integral der EULERschen Differentialgleichung:

$$y + \lambda\,(1+y'^2)^{1/2} - \lambda y'^2\,(1+y'^2)^{-1/2} = c_1 \;.$$

Diese Beziehung kann nach y' aufgelöst werden:

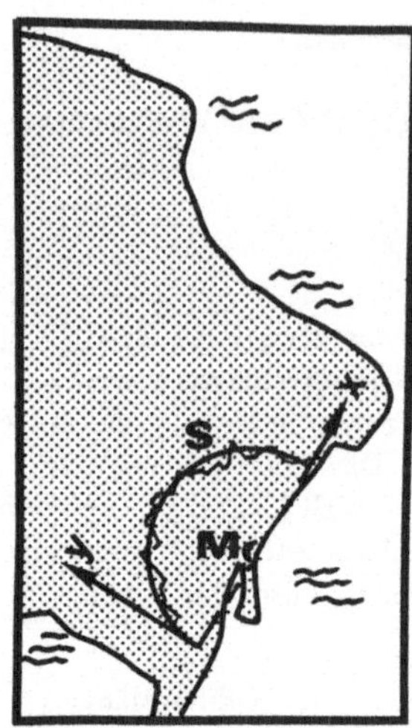

M: Markt
S: Stadtmauer
(BRO [55])

$$\begin{array}{ccccc} \text{km} \\ 0 & 1 & 2 & 3 & 4 \end{array}$$

Bild 5.3: DIDO-Problem

$$y' = (c_1 - y)^{-1} \left[\lambda^2 - (c_1 - y)^2\right]^{1/2}.$$

Durch Trennung der Variablen und Integration erhält man

$$x = \left[\lambda^2 - (c_1 - y)^2\right]^{1/2} + c_2$$
$$\Rightarrow (x - c_2)^2 + (y - c_1)^2 = \lambda^2.$$

Offensichtlich wird die Maximalfläche dadurch erzielt, daß man das Kuhhautseil in Form eines Kreissegments auslegt. Dies ist auch unabhängig von der Form des Küstenstreifens. Wenn die Küstenform mit $h(x)$ beschrieben wird, geht die Variationsaufgabe über in

$$\int_0^{x_1} \left[y - h(x) + \lambda\,(1 + y'^2)^{1/2}\right] dx.$$

Da keine Variation nach der unabhängigen Variablen stattfindet, ist die zugehörige EULERsche Gleichung dieselbe wie vorher. Das Ergebnis bleibt identisch.

Anhand von Bild 5.3 stellt man fest, daß, ausgehend vom Markt (M), die Stadtgrenzen (S) von Karthago in etwa einen Halbkreis beschreiben mit einem Radius von 1,7 km. Nimmt man an, daß Dido die Kuhhaut in 1 mm breite Streifen geschnitten hat, so entspricht dies einer Kuhhautfläche von 5,3 m^2, wobei der Halbmesser des Kuhhautkreises nicht miteinbezogen ist. Das Ergebnis hängt also in starkem Maße von der Geschicklichkeit der Dido und der Größe der Kuh ab.

$\triangle$

5.2.2   Freie obere Grenze

Mit den vorangegangenen Abschnitten stehen alle Bausteine für die in Kap. 5 definierte Optimierungsaufgabe zur Verfügung. Dabei muß man davon ausgehen, daß bei der Minimierung eines vorzugebenden Funktionals zwar die untere Grenze (t_0, Anfangswert), nicht aber die obere fest ist. Das Vorgehen in diesem Fall wurde jedoch bereits im vorigen Kapitel skizziert. Hier hat man die neue Variable

q lediglich auf das Funktional statt auf die Nebenbedingung zu beziehen. Faßt man weiterhin die Zustandsvariablen im Zustandsvektor $\mathbf{x}$ zusammen, so gilt

$$q = \int_{t_0}^{t} f(\mathbf{x},\mathbf{u})\, dt \ , \quad \dot{q}(t) = f(\mathbf{x},\mathbf{u}) \ , \quad q(t_1) = J = \int_{t_0}^{t_1} f(\mathbf{x},\mathbf{u})dt \ . \qquad (5.36)$$

Als Nebenbedingung ist die Systemdifferentialgleichung (Zustandsgleichung) (4.35) zu berücksichtigen:

$$\dot{\mathbf{x}} - \mathbf{a}(\mathbf{x},\mathbf{u}) = 0 \ . \qquad (5.37)$$

Berücksichtigt man die Nebenbedingung (5.36) mit λ_0 und diejenige aus der Zustandsgleichung mit $\boldsymbol{\lambda}$, so erhält man die Optimierungsaufgabe

$$q(t_1) + \int_{t_0}^{t_1} \left[\lambda_0\left(\dot{q} - f(\mathbf{x},\mathbf{u})\right) + \boldsymbol{\lambda}^T\left(\dot{\mathbf{x}} - \mathbf{a}(\dot{\mathbf{x}},\mathbf{u})\right) \right] dt$$

$$= \ q(t_1) + \int_{t_0}^{t_1} L(\mathbf{x},\mathbf{u},\lambda_0,\boldsymbol{\lambda},q)\, dt \ \Rightarrow \ \min \ , \qquad (5.38)$$

wobei L hier eine LAGRANGE-Funktion bedeutet. Damit ist es gelungen, formal eine obere Grenze festzulegen, zu der jeweils eine entsprechende Randbedingung (Endwertbedingung) gehört. Für diese folgt aus der Variation von (5.38)

$$\delta q(t_1) + \int_{t_0}^{t_1} \left[-\frac{d}{dt}\lambda_0 \right] \delta q\, dt + [\lambda_0 \delta q]_{t_0}^{t_1} = 0 \ . \qquad (5.39)$$

Diese Beziehung muß sowohl im Inneren des Integrationsintervalls erfüllt sein,

$$\frac{d}{dt}\lambda_0 = 0 \ \rightarrow \ \lambda_0 = \text{const.}, \qquad (5.40)$$

(EULER-Gleichung), als auch an den Rändern des Integrationsintervalls:

$$\delta q(t_0) = 0 \quad , \quad \delta q(t_1) + \lambda_0 \delta q(t_1) = 0 \ \Rightarrow \ \lambda_0 = -1 \ . \qquad (5.41)$$

Damit liegt die Randvariation fest; zu betrachten bleiben die EULERschen Gleichungen für die Variablen $\mathbf{x}$ und $\mathbf{u}$:

$$\frac{\partial L}{\partial \mathbf{x}} - \frac{d}{dt}\frac{\partial L}{\partial \dot{\mathbf{x}}} \ = \ \frac{\partial f}{\partial \mathbf{x}} - \boldsymbol{\lambda}^T\frac{\partial \mathbf{a}}{\partial \mathbf{x}} - \dot{\boldsymbol{\lambda}}^T \ = \ 0 \ ,$$

$$\frac{\partial L}{\partial \mathbf{u}} - \frac{d}{dt}\frac{\partial L}{\partial \dot{\mathbf{u}}} \ = \ \frac{\partial f}{\partial \mathbf{u}} - \boldsymbol{\lambda}^T\frac{\partial \mathbf{a}}{\partial \mathbf{u}} \ = \ 0 \ . \qquad (5.42)$$

5.3   Maximumprinzip und allgemeine Optimierungsaufgaben

Die Betrachtung von (5.42) legt es nahe, eine HAMILTON-Funktion im Sinne von
(5.11) einzuführen. Sammelt man die verbleibenden Variablen in einem Vektor $\bar{\mathbf{u}}$,
so folgt

$$\bar{\mathbf{u}} = \left[q\,\mathbf{x}^T\mathbf{u}^T\boldsymbol{\lambda}^T\right]^T : \quad H = \frac{\partial L}{\partial \dot{\bar{\mathbf{u}}}}\dot{\bar{\mathbf{u}}} - L = -f(\mathbf{x},\mathbf{u}) + \boldsymbol{\lambda}^T\mathbf{a}(\mathbf{x},\mathbf{u}) \ . \tag{5.43}$$

Unter Verwendung dieser HAMILTON-Funktion geht (5.42) über in

$$H = \boldsymbol{\lambda}^T\mathbf{a}(\mathbf{x},\mathbf{u}) - f(\mathbf{x},\mathbf{u}) ; \quad \dot{\mathbf{x}}^T = \left[\frac{\partial H}{\partial \boldsymbol{\lambda}}\right] , \quad \dot{\boldsymbol{\lambda}}^T = -\left[\frac{\partial H}{\partial \mathbf{x}}\right] , \quad 0 = \left[\frac{\partial H}{\partial \mathbf{u}}\right] \ . \tag{5.44}$$

(Die Beziehung $\partial H/\partial \boldsymbol{\lambda}$ liefert die Zustandsgleichung $\dot{\mathbf{x}} = \mathbf{a}$). Die kanonischen Gleichungen (5.44) stellen die notwendigen Optimierungsbedingungen dar. Sie lassen
hinsichtlich $\partial H/\partial \mathbf{u}$ eine Extremaleigenschaft vermuten, die es näher zu untersuchen gilt. Zunächst ist H, weil die unabhängige Variable t nicht explizit auftaucht,
eine Konstante, vgl. (5.12). Diese Konstante kann näher spezifiziert werden: Für
festgehaltenes t_0 (Anfangswertproblem) kann J_{opt} als Funktion der oberen Grenze
t_1 aufgefaßt werden, vgl. (5.17). Die Forderung, daß J auch bezüglich t_1 optimal
sein soll, liefert ("Transversalitätsbedingung")

$$\left[\frac{\partial J}{\partial t}\right]_{\mathrm{opt}} = -H\left(\mathbf{x}_{\mathrm{opt}},\boldsymbol{\lambda}_{\mathrm{opt}},\mathbf{u}_{\mathrm{opt}}\right) = 0 \ , \text{vgl. (5.23).} \tag{5.45}$$

Weil die obere Grenze mit λ_0 festgelegt ist, kann zur Untersuchung der hinreichenden Optimalitätsbedingungen die WEIERSTRAß-Funktion E nach (5.25) auf die
LAGRANGE-Funktion L von (5.38), die die Nebenbedingungen berücksichtigt,
bezogen werden. Zusammen mit (5.45) gilt

$$\begin{aligned}
E &= L - \left[\frac{\partial L}{\partial t}\right]_{\mathrm{opt}} - \left[\frac{\partial L}{\partial \dot{\bar{\mathbf{u}}}}\right]_{\mathrm{opt}}\dot{\bar{\mathbf{u}}} \\
&= f - \boldsymbol{\lambda}^T\mathbf{a} + \left(\boldsymbol{\lambda} - \boldsymbol{\lambda}_{\mathrm{opt}}\right)^T\dot{\mathbf{x}} \\
&= -H\left(\mathbf{x},\boldsymbol{\lambda},\mathbf{u}\right) + \left(\boldsymbol{\lambda} - \boldsymbol{\lambda}_{\mathrm{opt}}\right)^T\dot{\mathbf{x}} \overset{!}{>} 0 \ .
\end{aligned} \tag{5.46}$$

Setzt man $\boldsymbol{\lambda} = \boldsymbol{\lambda}_{\mathrm{opt}}\left(\mathbf{x} = \mathbf{x}_{\mathrm{opt}}\right)$, so bedeutet dies, daß der Wert von H für die
optimale Steuerung Null ist, für alle nichtoptimalen Steuerungen negativ sein soll.
Damit stellt der Optimalwert für H bezüglich der Steuervariablen $\mathbf{u}$ ein Maximum

dar, und die notwendige Bedingung $(\partial H/\partial \mathbf{u}) = 0$ kann ersetzt werden durch die Forderung $H_{\mathrm{opt}} = H_{\mathrm{max}}$ bzgl. $\mathbf{u}$; (5.44) geht über in

$$H \;=\; \boldsymbol{\lambda}^T \mathbf{a}(\mathbf{x},\mathbf{u}) - f(\mathbf{x},\mathbf{u}) \;:\; \dot{\mathbf{x}}^T = \left[\frac{\partial H}{\partial \boldsymbol{\lambda}}\right] \;,\; \dot{\boldsymbol{\lambda}}^T = -\left[\frac{\partial H}{\partial \mathbf{x}}\right] \;,$$

$$H_{\mathrm{opt}} \;=\; \mathop{\mathrm{Max}}_{\mathbf{u}\,\in\,U} H\left(\mathbf{x}_{\mathrm{opt}}, \boldsymbol{\lambda}_{\mathrm{opt}}, \mathbf{u}\right) \;. \tag{5.47}$$

Damit ist die hinreichende Forderung (5.46) noch nicht erfüllt; der Nachweis, daß über (5.47) ein Minimum erreicht worden ist, muß im konkreten Fall über die $E-$Funktion durch Vergleich der Optimalkurven mit beliebigen Trajektorien gleicher Randbedingungen erfolgen. Bei der Auslegung optimaler Steuerungen wird man sich jedoch i.a. mit einer numerischen Integration als Nachweis begnügen. Eine weitere Schwierigkeit ergibt sich dadurch, daß die Herleitung von (5.47) der entsprechenden Stetigkeitsvoraussetzungen der EULER-LAGRANGEschen Variation bedarf. Für unstetige Steuerfunktionen konnten jedoch PONTRJAGIN und Mitarbeiter ebenfalls die Gültigkeit von (5.47) nachweisen. Dabei ist (5.41) durch die schwächere Formulierung $\lambda_0 \leq 0$ zu ersetzen. Da jedoch die HAMILTON-Funktion homogen ist in $\left(\lambda_0, \boldsymbol{\lambda}^T\right)$, kann ohne Einschränkung mit $\lambda_0 = -1$ gerechnet werden, wenn man $\lambda_0 = 0$ als zu überprüfenden Sonderfall im Auge behält.

$\triangledown$

<u>Beispiel</u>: Lageregelung eines Satelliten mit Kleintriebwerken

Wie das Bild 5.4 des MA-RINER 9 (Einschwenken in eine Marsumlaufbahn nach 190 Flugtagen am 13.11.1971) zeigt, kann die Lageregelung eines Satelliten über Steuerdüsen erfolgen, die am äußeren Ende jedes Sonnenzellenauslegers angebracht sind. Paarweises zünden mit jeweils umgekehrtem Schub erzeugt das Stellmoment für eine Winkeländerung um eine Achse. Sei das Gesamtträgheitsmoment um die $x-$Achse I_x und der zugehörige Winkel α,

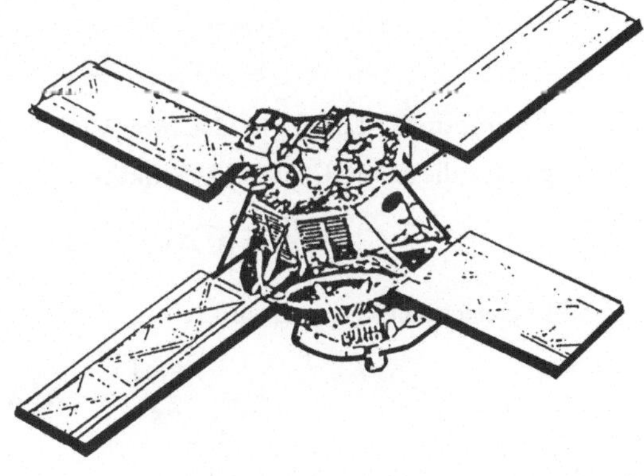

Bild 5.4: MARINER 9 (1971)

so gilt für ein solches Manöver die Bewegungsgleichung

$$I_x\ddot{\alpha} = l_x.$$

Das verfügbare Moment um die $x-$Achse, l_x, kann natürlich nicht beliebig groß werden, sondern ist durch ein Maximalmoment l_0 beschränkt:

$$-l_0 \leq l_x \leq l_0 \ .$$

Die Zustandsgleichung lautet

$$\dot{\mathbf{x}} = \mathbf{Ax} + \mathbf{Bu} = \begin{pmatrix} 0 & 1 \\ 0 & 0 \end{pmatrix} \mathbf{x} + \begin{pmatrix} 0 \\ 1 \end{pmatrix} \mathbf{u}$$

$$\text{mit} \ \ \mathbf{x} = (\alpha, \dot{\alpha})^T \ , \ \ \mathbf{u} = l_x/I_x \ ; \ \ \mathbf{u} \in U = \{u \mid -u_0 \leq u \leq u_0\} \ .$$

Ohne Verlust der Allgemeinheit kann, da es sich um ein lineares Problem handelt, mit $u_0 = 1$ gerechnet werden.

Für die Berechnung der optimalen Steuerung (Regelung) u sollen zwei Kriterien zugrundegelegt werden:

<u>(1) Zeitoptimale Steuerung</u>

Ausgehend von einem Anfangswinkel $\alpha \, (t_0 = 0)$ soll der Satellit in kürzestmöglicher Zeit in die Position $\alpha = 0$ gebracht werden:

$$x(0) \ \longrightarrow \ \boxed{J = \int_0^{t_1} dt \ \Rightarrow \ \min} \ \longrightarrow \ 0 \ .$$

Für eine zeitoptimale Lösung ist der Integrand des Funktionals $f = 1$.

Damit gilt für die HAMILTONsche Funktion

$$H = \boldsymbol{\lambda}^T \mathbf{Ax} + \boldsymbol{\lambda}^T \mathbf{Bu} - 1 \ .$$

Die adjungierten Gleichungen sind

$$\dot{\boldsymbol{\lambda}} = -\frac{\partial H}{\partial \mathbf{x}}^T = -\mathbf{A}^T \boldsymbol{\lambda}$$

und liefern $\lambda_1 = \lambda_{10}$, $\lambda_2 = \lambda_{10}t + \lambda_{20}$.

Die optimale Steuerung erhält man aus der Bedingung

$$\underset{u \in U}{\text{Max}} \, H \ \Rightarrow \ u = \text{sgn}\left(\boldsymbol{\lambda}^T \mathbf{B}\right) = \text{sgn}(\lambda_2) = \begin{cases} 1 & \text{für} & \lambda_{20} > \lambda_{10}t \\ -1 & \text{für} & \lambda_{20} < \lambda_{10}t \end{cases}$$

Die Steuerung nimmt also jeweils die Maximalwerte ± 1 an. Damit gilt für die Lösungstrajektorien

$$\dot{x}_1 = x_2 \ , \quad \dot{x}_2 = u = \pm 1 \ .$$

Nach Integration und Elimination von t erhält man

$$(x_1 - x_{10}) = \pm \frac{1}{2} \left(x_2^2 - x_{20}^2 \right) \ .$$

Trägt man sich die Lösungstrajektorien des optimal gesteuerten Systems in einer x_2-, x_1-Ebene ("Phasenebene") auf, so sind diese Parabeln. Dabei gibt es zwei Parabeläste, die direkt in den Nullpunkt führen. Auf diesen findet kein Umschalten des Vorzeichens statt. Ausgehend von einem beliebigen Anfangszustand muß also mit $u = \pm 1$ längs eines Parabelbogens bis zur "Schaltkurve", d.i. der Ast, der in den Nullpunkt führt, gefahren werden. Bei Erreichen der Schaltkurve wechselt das Vorzeichen von u. Damit läßt sich die optimale Steuerung in Abhängigkeit des Zustands angeben:

$$u = -\text{sgn}\left(x_1 + \frac{1}{2}x_2 \mid x_2 \mid \right).$$

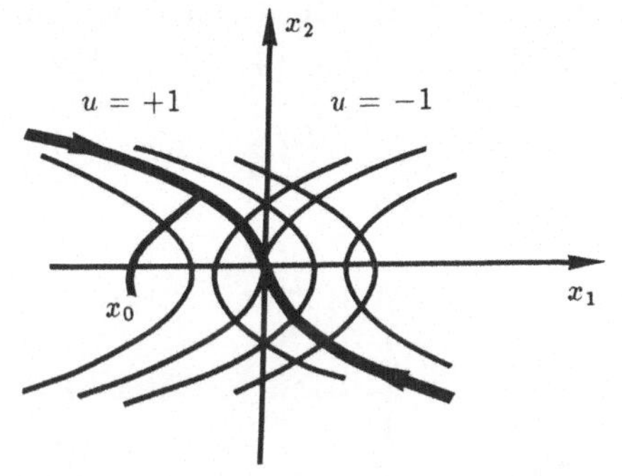

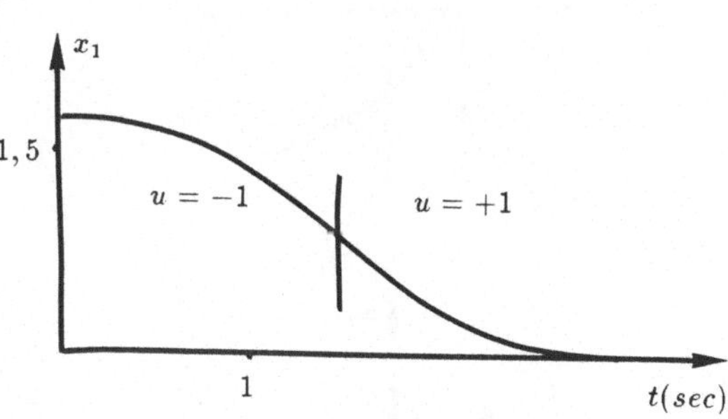

Bild 5.5: Zeitoptimale Regelung

Diese Beziehung, die nicht mehr nach einem festen Zeitgesetz sondern vielmehr über den aktuellen Zustand gebildet wird, stellt im Gegensatz zur optimalen Steuerung die optimale Regelung dar.

(2) Energieoptimal

$$x(0) \longrightarrow \boxed{J = \tfrac{1}{2} \int_0^{t_1} \mathbf{x}^T \mathbf{x}\, dt \ \Rightarrow \ \min} \longrightarrow 0$$

Hier lautet die HAMILTON-Funktion

$$H = \lambda_1 x_2 + \lambda_2 u - \frac{1}{2}\left(x_1^2 + x_2^2\right)\ .$$

Für $\lambda_2 \neq 0$ wird die Optimallösung wieder wie oben durch $\mathrm{sgn}\,(\lambda_2)$ bestimmt. Die Zustandstrajektorien sind wiederum Parabelbögen. Für $\lambda_2 = 0$ läßt sich jedoch die optimale Steuerung aus dem Maximumprinzip nicht mehr bestimmen. Andererseits ist der Wert der optimalen HAMILTON-Funktion bekannt:

Mit $H_{\mathrm{opt}} = 0, \lambda_2 = 0$ und $x_2 - \lambda_1 = 0$ (folgt aus der adjungierten Gleichung) gilt

$$H = -\frac{1}{2}\left(x_2^2 - x_1^2\right) = -\frac{1}{2}\left(x_2 - x_1\right)\left(x_2 + x_1\right) = 0\ .$$

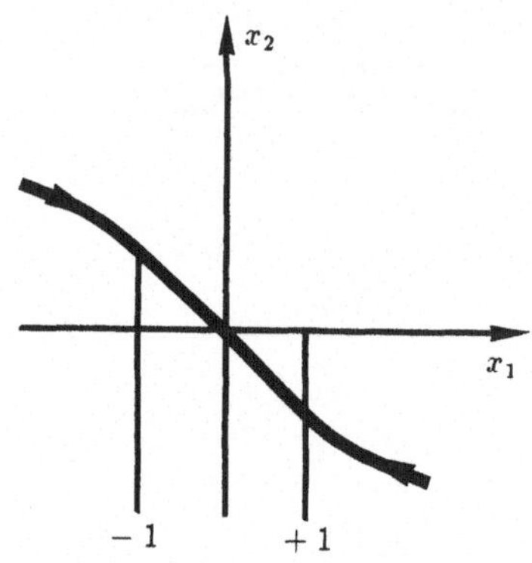

Damit muß eine der beiden Klammern Null sein. Da die Trajektorie in den Nullpunkt führen soll, gilt

$$x_1 + x_2 = 0\ .$$

Aus der adjungierten Gleichung folgt ferner

$$\dot{\lambda}_1 = x_1\ ,$$

so daß mit $x_2 - \lambda_1 = 0$ und $x_2 = u$

$$\dot{\lambda}_1 = x_1 = \dot{x}_2 = u,\ |\,u\,|\leq 1$$
$$\Rightarrow |\,x_1\,|\leq 1$$

folgt. Für die Schaltkurve ist im vorliegenden Fall im Bereich $\{-1 = x_1 = +1\}$ das Geradenstück $x_1 + x_2 = 0$ maßgeblich, weil die Zustandstrajektorie in der Phasenebene diese Gerade früher erreicht als das Parabelstück, wodurch ein Umschalten erzwungen wird. Damit schlägt die Trajektorie wieder in den Bereich umgekehrten Vorzeichens zurück.

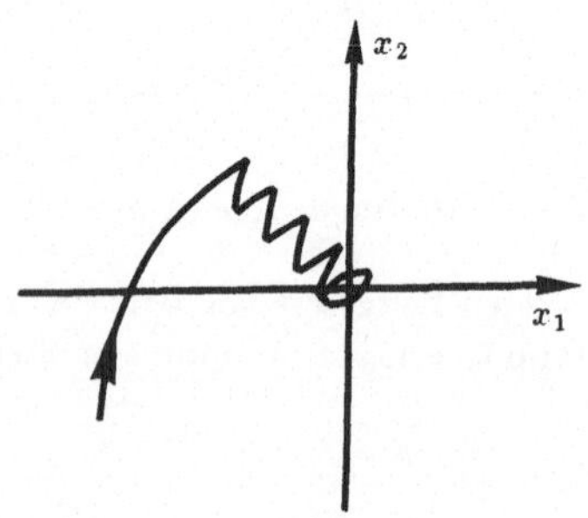

Bild 5.6: Energieoptimale Regelung

Berücksichtigt man hier eine real immer vorhandene Totzeit, so ergibt sich ein
"Zittergleiten" oder "Reglerbrummen" längs des singulären Geradenstücks bis in
die Gegend des Nullpunkts. Der Nullpunkt selbst kann nicht genau erreicht werden; es bleibt ein "Grenzzyklus" übrig. Im vorliegenden Fall spricht man von einer
singulären Lösung.

$\triangle$

Die grundlegende Optimierungsstrategie nach (5.47) läßt weitere Deutungen und
damit Vorgehensweisen zu. Betrachtet man z.B. das Funktional (5.2) bei freier
unterer Grenze,

$$J = \int_t^{t_1} f(\mathbf{x}, \mathbf{u})dt \;\Rightarrow\; \min \; . \tag{5.48}$$

so erhält man durch totale Zeitdifferentiation

$$\frac{dJ}{dt} = -f = \frac{\partial J}{\partial t} + \frac{\partial J}{\partial \mathbf{x}}\dot{\mathbf{x}} \;\Rightarrow\; -\frac{\partial J}{\partial t} = f + \frac{\partial J}{\partial \mathbf{x}}\dot{\mathbf{x}} \; . \tag{5.49}$$

Die letzte Beziehung ist für die Optimalsteuerung gleich Null:

$$\left[f + \frac{\partial J}{\partial \mathbf{x}}\mathbf{a}\right]_{\text{opt}} = 0 \; . \tag{5.50}$$

Der Vergleich mit der HAMILTON-Funktion (5.44/5.45) liefert mit $\dot{\mathbf{x}} = \mathbf{a}$

$$H_{\text{opt}} = -\left[f + \frac{\partial J}{\partial \mathbf{x}}\mathbf{a}\right]_{\text{opt}} \quad \text{mit} \quad \frac{\partial J}{\partial \mathbf{x}} = -\boldsymbol{\lambda}^T \; , \tag{5.51}$$

und die Optimalitätsforderung läßt sich als

$$H_{\text{opt}} = \overset{\text{Max}}{\underset{\mathbf{u} \in U}{}} H = \overset{\text{min}}{\underset{\mathbf{u} \in U}{}} \left[f + \frac{\partial J}{\partial \mathbf{x}}\mathbf{a}\right] \tag{5.52}$$

ausdrücken. Im Sinne der EULER-LAGRANGEschen Variation ist (5.52) die
HAMILTON-JACOBIsche, im Sinne der PONTRJAGINschen Erweiterung die
BELLMANNsche Gleichung. Die Bestimmung der optimalen Steuerung mit ihrer
Hilfe wird *dynamische Programmierung* genannt. Dieses Verfahren eignet sich am
besten bei numerischer Programmierung: Ausgehend vom Endzustand $\mathbf{x}(t_1)$ geht
man schrittweise zum Anfangszustand $\mathbf{x}(t_0)$ zurück, wobei man die Steuerung
$\mathbf{u}(t)$ bei jedem Schritt so bestimmt, daß (5.52) auf dem gesamten zurückgelegten
Weg erfüllt ist. Hierbei wird i.a. eine Diskretisierung der Intervalle durchgeführt.
Die Optimierung in diskreten Intervallen wird durch folgende Interpretation gerechtfertigt: Betrachtet man eine Trajektorie $\mathbf{x}(t)$, deren Endzustand $\mathbf{x}(t_1)$ ein
fester Punkt C des Zustandsraums, z.B. $\mathbf{x}(t_1) = 0$, und deren Anfangszustand ein
beliebiger Punkt A bzw. $\mathbf{x}(t)$ sei,

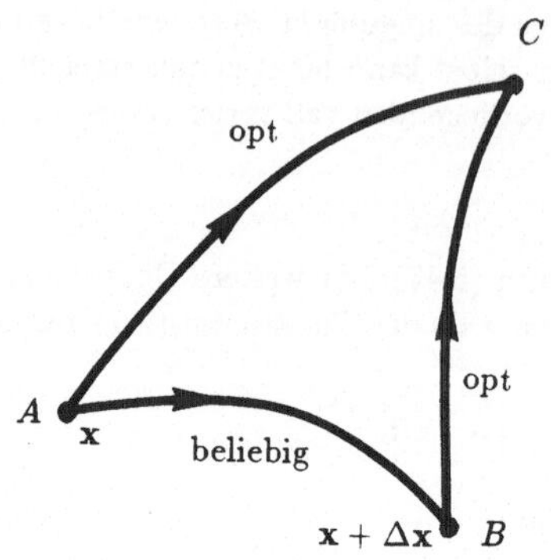

Bild 5.7: Zum Optimalitätsprinzip

und nimmt man ferner an, daß es zu jedem Punkt A eine optimale Steuerung gibt, die A nach C überführt, so gilt für diese Trajektorie

$$J(x) = \mathop{\mathrm{min}}_{\mathbf{u}\, \in\, U} \int_t^{t_1} f(\mathbf{x}, \mathbf{u})dt \ . \tag{5.53}$$

Bewegt sich die Trajektorie dagegen zunächst von $\mathbf{x}$ nach $\mathbf{x} + \Delta\mathbf{x}$ (bzw. von t nach $t + \Delta t$), gekennzeichnet durch den Punkt B, mit *irgendeiner* Steuerung, die diese Bewegung zu leisten vermag, und anschließend von B nach C mit einer optimalen Steuerung,

so erhält man einen Wertezuwachs

$$\int_t^{t+\Delta t} f dt + J(\mathbf{x} + \Delta\mathbf{x}) - J(\mathbf{x}) \geq 0 \ . \tag{5.54}$$

Für genügend kleines Δt liefert eine TAYLOR-Enwicklung

$$f\Delta t + J(\mathbf{x}) + \frac{\partial J}{\partial \mathbf{x}}\dot{\mathbf{x}}\Delta t - J(\mathbf{x}) = \left[f + \frac{\partial J}{\partial \mathbf{x}}\mathbf{a} \right] \Delta t \geq 0 \ . \tag{5.55}$$

Die Optimierung der durchlaufenen Bahn erfordert die Minimierung des Wertezuwachses bezüglich $\mathbf{u}$:

$$\mathop{\mathrm{min}}_{\mathbf{u}\, \in\, U} \left[f + \frac{\partial J}{\partial \mathbf{x}}\mathbf{a} \right] \Delta t = 0 \tag{5.56}$$

Man erhält also wiederum die Bedingung (5.52). Diese Tatsache steht im Einklang mit dem *BELLMANNschen Optimalitätsprinzip* (1957):

Eine optimale Steuerung hat die Eigenschaft, daß *unabhängig* von einer ersten Entscheidung die restlichen Entscheidungen wieder eine optimale Steuerstrategie ergeben müssen bezüglich des durch die erste Entscheidung erreichten Zustands.

Das Grundproblem der Optimierungstheorie kann in mehreren Hinsichten verallgemeinert werden:

(1) Zeitvariante Systeme: Die Zeit t kann in $\mathbf{a}$ oder f explizit auftreten,

(2) der Endzeitpunkt t_1 ist fest vorgegeben,

(3) der Anfangs- und Endwert des Zustandsvektors $\mathbf{x}$ sind durch die Forderungen

$$\mathbf{m}_0\left(\mathbf{x}\left(t_0\right),t_0\right)=0 \ , \quad \mathbf{m}_1\left(\mathbf{x}\left(t_1\right),t_1\right)=0 \ , \tag{5.57}$$

auf gewisse Anfangs- und Endmannigfaltigkeiten festgelegt,

(4) Das Kriterium enthält eine Randfunktion

$$J(\mathbf{x},\mathbf{u})=\int_{t_0}^{t_1} f(\mathbf{x},\mathbf{u})dt+g\left(\mathbf{x}_0\left(t_0\right),\mathbf{x}\left(t_1\right),t_1\right) \ . \tag{5.58}$$

Diese vier Eigenschaften können beliebig kombiniert auftreten. Die Lösung des Problems geschieht wie folgt:

(1),(2) Die Zustandsgleichungen werden um die Gleichung $\dot{x}_{n+1}=1$ und die Randbedingungen $x_{n+1}\left(t_0\right)=t_0$, $x_{n+1}\left(t_1\right)=t_1$ ergänzt. Dann liegt das Grundproblem für ein zeitinvariantes System vor, dessen Endzeitpunkt t_1 als frei aufgefaßt werden kann.

(3),(4) Der Vektor $\boldsymbol{\lambda}$ muß die Randbedingungen

$$\boldsymbol{\lambda}\left(t_0\right)^T=\frac{\partial g}{\partial \mathbf{x}(t_0)}+\boldsymbol{\mu}_0^T\frac{\partial \mathbf{m}_0}{\partial \mathbf{x}(t_0)} \ , \tag{5.59}$$

$$\boldsymbol{\lambda}\left(t_1\right)^T=\frac{\partial g}{\partial \mathbf{x}(t_1)}-\boldsymbol{\mu}_1^T\frac{\partial \mathbf{m}_1}{\partial \mathbf{x}(t_1)} \ , \tag{5.60}$$

erfüllen, wobei $\boldsymbol{\mu}_0$ und $\boldsymbol{\mu}_1$ die Vektoren der LAGRANGEschen Multiplikatoren sind, die die Nebenbedingung (5.57) berücksichtigen.

Eine Zusammenstellung für verschiedene Optimierungsprobleme findet man in Tabelle 6.

Die Optimierung allgemeiner nichtlinearer Systeme erweist sich im konkreten Fall meist als außerordentlich schwierig. Aus diesem Grund wird man überall dort, wo eine Linearisierung um einen festen Arbeitspunkt oder eine bekannte (vorgegebene) Solltrajektorie möglich ist, auf das linearisierte System (TAYLOR-Entwicklung bis zum ersten Term) übergehen.

System	$\dot{\mathbf{x}} = \mathbf{a}(\mathbf{x},\mathbf{u})$		$\dot{\mathbf{x}} = \mathbf{a}(\mathbf{x},\mathbf{u},t)$
Randbedingungen ($\mathbf{x}$)	$\mathbf{x}_0, \mathbf{x}_1$	$\mathbf{m}_0\,(\mathbf{x}(t_0)) = 0,\ \mathbf{m}_1\,(\mathbf{x}(t_1)) = 0$	$\mathbf{m}_0\,(\mathbf{x}(t_0),t_0) = 0,\ \mathbf{m}_1\,(\mathbf{x}(t_1),t_1) = 0$
Endzeit t_1	frei	frei | fest	frei
Kriterium	$\int_{t_0}^{t_1} f(\mathbf{x},\mathbf{u})dt$	$\int_{t_0}^{t_1} f(\mathbf{x},\mathbf{u})dt + g\,(\mathbf{x}(t_0),\mathbf{x}(t_1))$	$\int_{t_0}^{t_1} f(\mathbf{x},\mathbf{u},t)dt + g\,(\mathbf{x}(t_0),\mathbf{x}(t_1),t_1)$
HAMILTON-Funktion H	$\boldsymbol{\lambda}^T\mathbf{a}(\mathbf{x},\mathbf{u}) - f(\mathbf{x},\mathbf{u})$		$\boldsymbol{\lambda}^T\mathbf{a}(\mathbf{x},\mathbf{u},t) - f(\mathbf{x},\mathbf{u},t)$
HAMILTON-System	$\dot{\mathbf{x}}^T = \frac{\partial H}{\partial \boldsymbol{\lambda}}\ ,\quad \dot{\boldsymbol{\lambda}}^T = -\frac{\partial H}{\partial \mathbf{x}}$		
Maximalprinzip	$\underset{\mathbf{u}\,\in\,\mathbf{U}}{\text{Max}}\ H\left(\mathbf{x}_{\text{opt}},\boldsymbol{\lambda}_{\text{opt}},\mathbf{u}\right) = H\left(\mathbf{x}_{\text{opt}},\boldsymbol{\lambda}_{\text{opt}},\mathbf{u}_{\text{opt}}\right) = H_{\text{opt}}$		$\underset{\mathbf{u}\,\in\,\mathbf{U}}{\text{Max}}\ H\left(\mathbf{x}_{\text{opt}},\boldsymbol{\lambda}_{\text{opt}},\mathbf{u},t\right) = H\left(\mathbf{x}_{\text{opt}},\boldsymbol{\lambda}_{\text{opt}},\mathbf{u}_{\text{opt}},t\right)$
H_{opt}	$H_{\text{opt}} = 0$	$H_{\text{opt}} = \text{const}$	$H_{\text{opt}}(t) \neq \text{const}$
Randbedingungen ($\boldsymbol{\lambda}$)	nicht vorgegeben	$\boldsymbol{\lambda}\,(t_0)^T = \frac{\partial g}{\partial \mathbf{x}(t_0)} + \boldsymbol{\mu}_0^T \frac{\partial \mathbf{m}_0}{\partial \mathbf{x}(t_0)}\ ;$	$\boldsymbol{\lambda}\,(t_1)^T = \frac{\partial g}{\partial \mathbf{x}(t_1)} + \boldsymbol{\mu}_1^T \frac{\partial \mathbf{m}_1}{\partial \mathbf{x}(t_1)}$

Tabelle 6: Formulierung des Maximumprinzips für
verschiedene Optimierungsprobleme

6 Lineare Systeme

6.1 Begründung der Linearisierung

Die Rechtfertigung für die Linearisierung findet man in einer allgemeinen Stabilitätsbetrachtung. Für grundsätzliche Überlegungen steht hierfür die direkte Methode von LJAPUNOV (1857 – 1918) zur Verfügung:

Stabilitätssatz: Betrachtet wird ein System $\dot{\mathbf{x}} = \mathbf{a}(\mathbf{x}, t)$ mit der Gleichgewichtslage $\mathbf{x}_0 = 0$. Existiert eine positiv definite LJAPUNOV-Funktion U,

$$U(\mathbf{x}, t) > 0 \ , \tag{6.1}$$

für die gilt

$$\frac{dU}{dt} = \frac{\partial U}{\partial t} + \frac{\partial U}{\partial \mathbf{x}} \dot{\mathbf{x}} = \frac{\partial U}{\partial t} + \frac{\partial U}{\partial \mathbf{x}} \mathbf{a}(\mathbf{x}, t) < 0 \ , \tag{6.2}$$

so ist das System *asymptotisch stabil*. Für

$$\frac{dU}{dt} = \frac{\partial U}{\partial t} + \frac{\partial U}{\partial \mathbf{x}} \mathbf{a}(\mathbf{x}, t) \leq 0 \tag{6.3}$$

ist das System *(grenz-)stabil*.

Diese Aussage läßt sich wie folgt plausibilisieren: Wählt man als LJAPUNOV-Funktion die HAMILTON-Funktion $H = T + V$ im Falle konservativer Systeme, so ist mit $dH/dt = 0$ stets Grenzstabilität gegeben. Dies ist anschaulich, denn bei einem konservativen System bleiben die Schwingungsamplituden, die aus einer Anfangsbedingung folgen, erhalten; sie werden weder gedämpft noch angefacht[14]. Auch bei vollständig gedämpften Systemen führt die Verwendung der Energiesumme zum Ziel, denn hier muß die Dämpfung im System dazu führen, daß die Energiesumme $T + V$ stets abnimmt, solange, bis der Nullzustand erreicht wird. Damit wird (6.2) bestätigt. Die nicht zu unterschätzende Schwierigkeit der direkten LJAPUNOVschen Methode für den allgemeinen Fall liegt im Auffinden geeigneter LJAPUNOV-Funktionen.

Für lineare Systeme hilft hier die *Stabilität nach der ersten Näherung* weiter: Schreibt man für ein autonomes System

$$\dot{\mathbf{x}} = \mathbf{a}(\mathbf{x}) = \mathbf{A}\,\mathbf{x} + \mathbf{h}(\mathbf{x}) \ , \tag{6.4}$$

wobei alle Terme höherer Ordnung als eins in $\mathbf{h}(\mathbf{x})$ zusammengefaßt sind, so geht (6.2) über in

---

[14]Dies muß nicht immer für die Einzelamplituden gelten: Es kann vorkommen, daß zwischen mehreren Amplituden ein Energieaustausch derart stattfindet, daß sie wechselweise zu- und abnehmen, dabei jedoch beschränkt bleiben.

$$\frac{\partial U}{\partial \mathbf{x}}\,\mathbf{A}\,\mathbf{x} + \frac{\partial U}{\partial \mathbf{x}}\,\mathbf{h}(\mathbf{x}) < 0 \ . \tag{6.5}$$

Ist hierbei der lineare Term, der über die Systemmatrix $\mathbf{A}$ gekennzeichnet ist, asymptotisch stabil für alle Komponenten von $\mathbf{x}$, so hat der nichtlineare Term auf die Stabilität keinen Einfluß. Diese Aussage gilt nur für asymptotische Stabilität und in ihrer Umkehrung für Instabilität, nicht aber für Grenzstabilität. Damit lassen sich die LJAPUNOVschen Stabilitätssätze allgemein formulieren:

- Ist das zu $\dot{\mathbf{x}} = \mathbf{a}(\mathbf{x}, t)$ linearisierte System asymtotisch stabil, so ist auch das gesamte nichtlineare System asymptotisch stabil.

- Ist das linearisierte System instabil, so ist das gesamte System instabil.

- Ist das linearisierte System grenzstabil, so entscheidet $\mathbf{h}(\mathbf{x}, t)$ über die Stabilität des Gesamtsystems.

Der Begriff der Stabilität muß an geeigneter Stelle näher spezifiziert werden; im Moment genügt die anschauliche Deutung angefachter, gedämpfter oder gleichbleibender Schwingungsamplituden. Im Falle, daß um eine zeitabhängige Solltrajektorie $\mathbf{x}_s(t)$ linearisiert werden muß, bleiben die Aussagen erhalten, wenn man die Transformation $\mathbf{y} = \mathbf{x}(t) - \mathbf{x}_s(t)$ einführt und das Abklingen $\mathbf{y} \to 0$ untersucht. Damit lassen sich aus der Stabilität des linearisierten Systems Rückschlüsse ziehen, wobei der Fall der Grenzstabilität besonderer Beachtung bedarf.

∇

<u>Beispiel:</u> Das elastische Pendel (Bild 3.3)

Untersucht wird ein elastisches Pendel nach Bild 3.3, siehe auch Bild 6.1, mit den Bewegungsgleichungen

$$\begin{pmatrix} m\ddot{a} - ma\dot{\gamma}^2 + c(a - a_0) - mg\cos\gamma \\ ma^2\ddot{\gamma} + 2ma\dot{a}\dot{\gamma} + mga\sin\gamma \end{pmatrix} = 0 \ .$$

Die Gleichgewichtslage ist dadurch gekennzeichnet, daß keinerlei Bewegung vorherrscht: $\dot{a} = 0$, $\ddot{a} = 0$, $\dot{\gamma} = 0$, $\ddot{\gamma} = 0$. Man erhält nach Einsetzen dieser Bedingung

$$a_G = \frac{mg}{c} + a_0 \ , \quad \gamma_G = 0 \ , \quad \text{(Index } G\text{: Gleichgewicht) .}$$

Betrachtet man die Abweichung von der Gleichgewichtslage, so gilt für die Koordinate a

$$a = \bar{a} + a_G \ ;$$

die Gleichungen gehen über in

$$\begin{pmatrix} m\ddot{\bar{a}} - m\,(\bar{a} + a_G)\,\dot{\gamma}^2 + c\bar{a} + mg(1 - \cos\gamma) \\ m\,(\bar{a} + a_G)\,\ddot{\gamma} + 2m\dot{\bar{a}}\dot{\gamma} + mg\sin\gamma \end{pmatrix} = 0 \ .$$

Eine Linearisierung derart, daß alle quadratischen Terme vernachlässigt werden, liefert mit

$$\bar{\bar{a}} + \frac{c}{m}\bar{a} = 0 \quad , \quad \ddot{\gamma} + \frac{g}{a_G}\gamma = 0$$

zwei entkoppelte, voneinander unabhängige Gleichungen mit den Lösungen

$$\bar{a} = a_s \cdot \sin\Omega t + a_c \cdot \cos\Omega t \quad , \quad \Omega^2 = \frac{c}{m} \quad ,$$
$$\gamma = \gamma_s \cdot \sin\omega t + \gamma_c \cdot \cos\omega t \quad , \quad \omega^2 = \frac{g}{a_G} \quad .$$

Für die speziellen Anfangsbedingungen $\gamma_s = 0$, $\gamma_c = 0$ erhält man damit eine reine Hubschwingung ohne Pendelbewegung. Für bestimmte Werte von Ω ist die Lösung jedoch falsch, beispielsweise für $\Omega = 2\omega$. Hiervon kann man sich auf rechnerischem Weg z.B. durch eine Störungsrechnung überzeugen: Setzt man $a_c = 0$, was bei entsprechender Anfangsbedingung möglich ist, und nimmt

$$\varepsilon = \frac{a_s}{a_G}$$

als kleinen Störungsparameter an, so erhält man über einen Ansatz

$$\gamma = \gamma_0 + \gamma_1\varepsilon \ , \quad \omega = \omega_0 + \varepsilon\omega_1$$

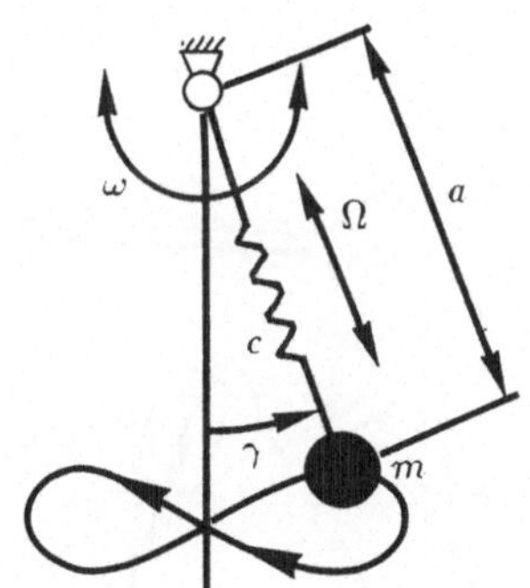

Bild 6.1: Elastisches Pendel

(Annahme: Die Lösung wird in der Nähe der linearisierten Lösung zu finden sein) und Vergleich der Potenzen von ε ein sukzessives Gleichungssystem, das für $\Omega = 2\omega$ Instabilität nachweist. Man kann sich jedoch auch anschaulich von diesem Ergebnis überzeugen, vgl. Bild 6.1: Wenn die Längsschwingung in der doppelten Frequenz vonstatten geht wie die Pendelschwingung, so wird letztere immer im richtigen Takt angeregt, so daß sich für γ eine aufschaukelnde Schwingung ergeben muß.

Das Beispiel entspricht genau dem indifferenten Fall, bei dem die nichtlinearen Terme über das Lösungsverhalten entscheiden, da die lineare Gleichung nicht für sich asymptotisch, sondern nur grenzstabil ist.

$\triangle$

6.2   Linearisierung – Grundmodell

Voraussetzung für die Linearisierung der Bewegungsgleichungen ist, daß eine Referenzbewegung angegeben werden kann, gegenüber der die einzelnen Körper eines Mehrkörpersystems nur wenig abweichen. Als Beispiel kann das in Bild 6.2 skizzierte Planetengetriebe (aus [LAC 88]) dienen:

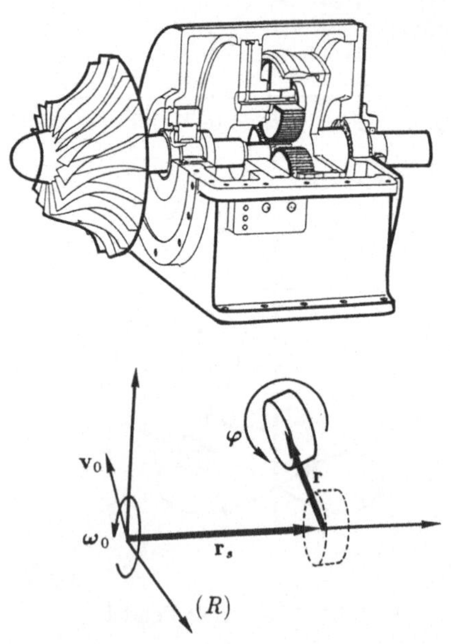

Für jeden einzelnen Körper herrscht eine große Solldrehung vor, die zwar für die einzelnen Körper unterschiedlich ist, aber mit dem jeweiligen Übersetzungsverhältnis leicht ausgerechnet werden kann. Betrachtet man einen einzelnen aus dem System "herausgeschnittenen" Körper, so kann dies stellvertretend ein Planet, Sonne oder Hohlrad, aber auch ein "Massenelement" der elastischen Welle sein. Das Grundmodell für die Linearisierung ist bei allen mechanischen Systemen, einschließlich elastischer Platten oder Schalen, stets dasselbe. Es lohnt sich daher, die Linearisierung an einem solchen Grundmodell, das einer großen Referenzbewegung $\mathbf{v}_0$, $\boldsymbol{\omega}_0$ unterliegt, vorab allgemein durchzuführen.

Bild 6.2: Zur Linearisierung

Die Ergebnisse lassen sich dann auf den konkret zu bearbeitenden Fall ohne Mühe übertragen.

6.2.1   Allgemeine Bewegungsgleichungen

Die Linearisierung wird erheblich erleichtert, wenn man schrittweise vorgeht, wobei im ersten Schritt die Gleichungen in Abhängigkeit der Minimalgeschwindigkeiten $\dot{s}$ aufgestellt werden.

Für die Bestimmung der Bewegungsgleichungen steht mit der letzten Zeile von Tabelle 4 das geeignete Handwerkszeug zur Verfügung. Weil diese Beziehung unabhängig von den verwendeten Koordinatensystemen ist, wird man für die Drallanteile zweckmäßigerweise mit einer Darstellung im körperfesten Koordinatensystem beginnen, da hier der Trägheitstensor $\mathbf{I}$ eine zeitkonstante Größe ist. Demgegenüber erweist sich die Darstellung der Impulsanteile in einem mit der Führungsbewegung mitgehenden Referenzkoordinatensystem als sinnvoll:

$$\sum_{i=1}^{p}\left\{\mathbf{F}^T\left(\begin{array}{c} {}_R\,[(m\dot{\mathbf{v}})+\tilde{\omega}_0\,(m\mathbf{v})-\mathbf{f}^e]\\ {}_K\,[(\mathbf{I}\dot{\omega})+\tilde{\omega}\,(\mathbf{I}\omega)-\mathbf{l}^e]\end{array}\right)\right\}_i=0\quad\text{mit}\quad\mathbf{F}_i^T=\left(\begin{array}{c}\frac{\partial\mathbf{v}}{\partial\dot{\mathbf{s}}}\\[2pt]\frac{\partial\omega}{\partial\dot{\mathbf{s}}}\end{array}\right)_i\;.\tag{6.6}$$

Es wird weiterhin eine Bewegung betrachtet, die sich in einen großen Anteil ("Führungsbewegung") und einen relativ überlagerten vergleichsweise kleinen Anteil zerlegen läßt.

Dabei soll der Querstrich die kleinen Terme kennzeichnen:

$$\mathbf{v}=\mathbf{v}_F+\overline{\mathbf{v}}\quad,\quad\mathbf{v}_F=\mathbf{v}_0+\tilde{\omega}_0\mathbf{r}_s\;,\tag{6.7}$$

$$\omega=\omega_F+\overline{\omega}\quad,\quad\omega_F=\omega_0\;.\tag{6.8}$$

Mit $\tilde{\omega}\mathbf{I}\omega=\left(\tilde{\omega}_0+\tilde{\overline{\omega}}\right)\mathbf{I}\left(\omega_0+\overline{\omega}\right)=\tilde{\omega}_0\mathbf{I}\omega_0+\left[\tilde{\omega}_0\mathbf{I}-\widetilde{\mathbf{I}\omega_0}\right]\overline{\omega}+0(2)$ folgt aus (6.6) unter Vernachlässigung quadratisch kleiner Größen

$$\sum_{i=1}^{p}\left\{\mathbf{F}^T\left(\begin{array}{c}\mathbf{g}_T-\mathbf{f}^e+m\dot{\overline{\mathbf{v}}}+\tilde{\omega}_0 m\overline{\mathbf{v}}\\ \mathbf{g}_R-\mathbf{l}^e+\mathbf{I}\dot{\overline{\omega}}+\left(\tilde{\omega}_0\mathbf{I}-\widetilde{\mathbf{I}\omega_0}\right)\overline{\omega}\end{array}\right)\right\}_i=0\tag{6.9}$$

mit $\mathbf{g}_T=m\dot{\mathbf{v}}_F+\tilde{\omega}_0 m\mathbf{v}_F$, $\mathbf{g}_R=\mathbf{I}\dot{\omega}_0+\tilde{\omega}_0\mathbf{I}\omega_0$ als Abkürzung. Die weitere Betrachtung wird sinnvoll, wenn man die Funktionalmatrix $\mathbf{F}$ nach (6.6) ebenso wie die eingeprägten Kräfte und Momente in große Terme und vergleichsweise kleine Abweichungen hierzu zerlegt:

$$\mathbf{F}=\mathbf{F}_0+\overline{\mathbf{F}}\quad,\quad\mathbf{f}^e=\mathbf{f}_0^e+\overline{\mathbf{f}}^e\quad,\quad\mathbf{l}^e=\mathbf{l}_0^e+\overline{\mathbf{l}}^e\;.\tag{6.10}$$

Auf diese Weise können Terme nullter und erster Ordnung zugeordnet werden, und man erhält für die Beziehung (6.6)

$$\sum\left\{\mathbf{F}_0^T\left(\begin{array}{c}\mathbf{g}_T-\mathbf{f}_0^e\\ \mathbf{g}_R-\mathbf{l}_0^e\end{array}\right)+\mathbf{F}_0^T\left(\begin{array}{c}m\dot{\overline{\mathbf{v}}}+\tilde{\omega}_0 m\overline{\mathbf{v}}-\overline{\mathbf{f}}^e\\ \mathbf{I}\dot{\overline{\omega}}+\left(\tilde{\omega}\mathbf{I}-\widetilde{\mathbf{I}\omega}\right)_0\overline{\omega}-\overline{\mathbf{l}}^e\end{array}\right)+\overline{\mathbf{F}}^T\left(\begin{array}{c}\mathbf{g}_T-\mathbf{f}_0^e\\ \mathbf{g}_R-\mathbf{l}_0^e\end{array}\right)\right\}_i=0.$$
$$\tag{6.11}$$

Wenn nun die auftretenden Kräfte und Momente so geartet sind, daß der Term nullter Ordnung (erster Summand) für sich gleich null ist, so stellt dieser gerade die Bestimmungsgleichung für die Führungsbewegungen $\mathbf{v}_F$ und ω_F dar, die damit über die Lösung des Gleichungssystems nullter Ordnung als bekannte Zeitfunktionen in die verbleibenden Gleichungen erster Ordnung eingehen. Der Sonderfall, daß gar keine Führungsbewegungen vorhanden sind ($\mathbf{g}_T$, $\mathbf{g}_R$ identisch null) ist hierin mitenthalten: Dann ist der Nullterm in (6.10) die Bestimmungsgleichung der statischen Gleichgewichtslage, gegenüber der kleine Abweichungen betrachtet werden.

∇

Beispiel: Doppelpendel

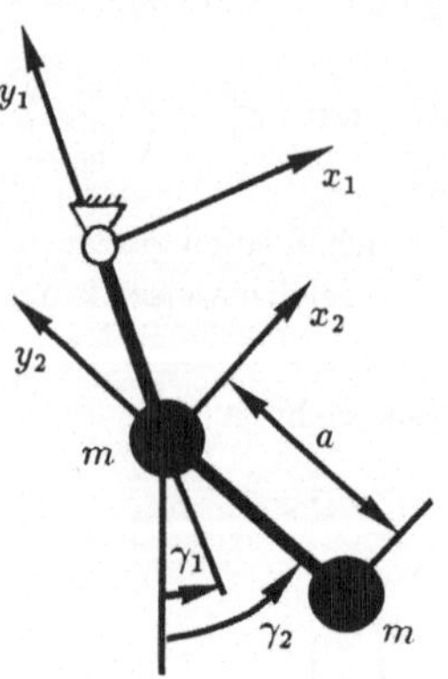

Bild 6.3: Doppelpendel

Betrachtet wird ein Doppelpendel, das kleine Schwingungen um die stabile Gleichgewichtslage ausführt. Die Masse der beiden "Verbindungsstangen" (Länge a) sei vernachlässigbar klein, die geometrische Ausdehnung der beiden Pendelkörper (Masse m) so klein, daß die Trägheitsmomente vernachlässigt werden können. Die Geschwindigkeiten lauten für kleine Winkel

$$\begin{aligned}
\mathbf{v}_1 &= (a\dot{\gamma}_1 \,,\, 0 \,,\, 0)^T \,, \\
\mathbf{v}_2 &= (a(\dot{\gamma}_1 + \dot{\gamma}_2) \,,\, +a\dot{\gamma}_1(\gamma_1 - \gamma_2) \,,\, 0)^T \,.
\end{aligned}$$

Hieraus erhält man die Funktionalmatrizen für $\dot{\mathbf{s}} = (\dot{\gamma}_1 \ \dot{\gamma}_2)^T$ zu

$$\begin{aligned}
\mathbf{F}_1^T &= \mathbf{F}_{10}^T &&= \begin{pmatrix} a & 0 & 0 \\ 0 & 0 & 0 \end{pmatrix} \\
\mathbf{F}_2^T &= \mathbf{F}_{20}^T + \overline{\mathbf{F}}_2^T &&= \begin{pmatrix} a & 0 & 0 \\ a & 0 & 0 \end{pmatrix} + \begin{pmatrix} 0 & a(\gamma_1 - \gamma_2) & 0 \\ 0 & 0 & 0 \end{pmatrix} \,.
\end{aligned}$$

Die eingeprägten Kräfte sind

$$\mathbf{f}_i^e = \mathbf{f}_{i0}^e + \overline{\mathbf{f}}_i^e = -mg\,(0\ 1\ 0)^T - mg\,(\gamma_i\ 0\ 0)^T \,, \quad i = 1, 2 \,.$$

Eingesetzt in (6.11) erhält man der Reihe nach unter Vernachlässigung quadratischer Größen

$$\sum \left\{ -\mathbf{F}_0^T \mathbf{f}_0^e \right\}_i \;=\; \begin{pmatrix} a & 0 & 0 \\ 0 & 0 & 0 \end{pmatrix} mg \begin{pmatrix} 0 \\ 1 \\ 0 \end{pmatrix} + \begin{pmatrix} a & 0 & 0 \\ a & 0 & 0 \end{pmatrix} mg \begin{pmatrix} 0 \\ 1 \\ 0 \end{pmatrix}$$

$$=\; \begin{pmatrix} 0 \\ 0 \\ 0 \end{pmatrix}, \tag{1}$$

$$\sum \left\{ \mathbf{F}_0^T \left(m\dot{\mathbf{v}} - \bar{\mathbf{f}}^e \right) \right\}_i \;=\; \begin{pmatrix} a & 0 & 0 \\ 0 & 0 & 0 \end{pmatrix} \left[ma \begin{pmatrix} \ddot{\gamma}_1 \\ 0 \\ 0 \end{pmatrix} + mg \begin{pmatrix} \gamma_1 \\ 0 \\ 0 \end{pmatrix} \right]$$

$$+ \begin{pmatrix} a & 0 & 0 \\ a & 0 & 0 \end{pmatrix} \left[ma \begin{pmatrix} \ddot{\gamma}_2 + \ddot{\gamma}_1 \\ 0 \\ 0 \end{pmatrix} + mg \begin{pmatrix} \gamma_2 \\ 0 \\ 0 \end{pmatrix} \right], \tag{2}$$

$$\sum \left\{ -\overline{\mathbf{F}} \mathbf{f}_0^e \right\}_i \;=\; \begin{pmatrix} 0 & a(\gamma_1 - \gamma_2) & 0 \\ 0 & 0 & 0 \end{pmatrix} mg \begin{pmatrix} 0 \\ 1 \\ 0 \end{pmatrix} \tag{3}$$

$$\Rightarrow \quad \begin{pmatrix} 2 & 1 \\ 1 & 1 \end{pmatrix} \begin{pmatrix} \ddot{\gamma}_1 \\ \ddot{\gamma}_2 \end{pmatrix} + \tfrac{g}{a} \begin{pmatrix} 2 & 0 \\ 0 & 1 \end{pmatrix} \begin{pmatrix} \gamma_1 \\ \gamma_2 \end{pmatrix} = \begin{pmatrix} 0 \\ 0 \end{pmatrix}.$$

Die Beziehung (1) bestätigt die Referenzlage (Gleichgewichtslage). Gleichungen (2) und (3) bestimmen die Bewegung des Doppelpendels. Eine Vernachlässigung von (3) würde zu ungültigen Ergebnissen führen.

$\triangle$

Geht man im weiteren davon aus, daß eine Führungsbewegung existiert und bekannt ist, so erhält man über den linearen Anteil von (6.11) mit einer TAYLOR-Entwicklung

$$\begin{pmatrix} \overline{\mathbf{v}} \\ \overline{\boldsymbol{\omega}} \end{pmatrix} = \begin{pmatrix} \mathbf{v} - \mathbf{v}_F(t) \\ \boldsymbol{\omega} - \boldsymbol{\omega}_F(t) \end{pmatrix} = \begin{pmatrix} \frac{\partial \mathbf{v}}{\partial \dot{\mathbf{s}}} \\ \frac{\partial \overline{\boldsymbol{\omega}}}{\partial \dot{\mathbf{s}}} \end{pmatrix} \dot{\mathbf{s}} = \mathbf{F} \, \dot{\mathbf{s}} \tag{6.12}$$

die Bewegungsgleichungen kleiner Schwingungen gegenüber der durch $\mathbf{v}_F$, $\boldsymbol{\omega}_F$ gekennzeichneten Referenzlage zu

$$\overline{\mathbf{M}} \, \ddot{\mathbf{s}} + \overline{\mathbf{G}} \, \dot{\mathbf{s}} = \overline{\mathbf{h}} \tag{6.13}$$

mit

$$\overline{\mathbf{M}} = \sum \left\{ \mathbf{F}^T \overline{\mathbf{M}}^* \mathbf{F} \right\}_i \;,\quad \overline{\mathbf{M}}^* = \begin{pmatrix} m\mathbf{E} & 0 \\ 0 & \mathbf{I} \end{pmatrix}, \tag{6.14}$$

$$\overline{\mathbf{G}} = \sum \left\{ \mathbf{F}^T \overline{\mathbf{G}}^* \mathbf{F} \right\}_i \;,\quad \overline{\mathbf{G}}^* = \begin{pmatrix} m\tilde{\boldsymbol{\omega}}_0 & 0 \\ 0 & \left[\tilde{\boldsymbol{\omega}}\mathbf{I} - \widetilde{\mathbf{I}\boldsymbol{\omega}} \right]_0 \end{pmatrix}, \tag{6.15}$$

$$\overline{\mathbf{h}} = \sum \left\{ \mathbf{F}^T \overline{\mathbf{h}}^* \right\}_i \;,\quad \overline{\mathbf{h}}^* = \left\{ {}_R \left[\mathbf{f}^e - \mathbf{g}_T \right]^T \; {}_K \left[\mathbf{l}^e - \mathbf{g}_R \right]^T \right\}^T . \tag{6.16}$$

Hierbei sind die Impulsanteile in der Basis R, die Drallanteile in der Basis K angeschrieben. Für eine in R konsistente Darstellung sind also die Drallanteile noch mit Hilfe von

$$\mathbf{A}_{RK} = [\mathbf{E} + \tilde{\varphi}] \tag{6.17}$$

(vgl. Kap. 2.1.5) zu transformieren. Berücksichtigt man

$$[\mathbf{E} + \tilde{\varphi}]\,{}_K\mathbf{l}^e = {}_R\mathbf{l}^e \tag{6.18}$$

so erhält man für die rechte Seite von (6.13) den Ausdruck

$$\sum \mathbf{F}^T \begin{pmatrix} {}_R(\mathbf{f}^e - \mathbf{g}_T) \\ [\mathbf{E} + \tilde{\varphi}]\,{}_K(\mathbf{l}^e - \mathbf{g}_R) \end{pmatrix} = \sum \mathbf{F}^T \begin{pmatrix} {}_R\mathbf{f}^e - \mathbf{g}_T \\ {}_R\mathbf{l}^e - \mathbf{g}_R \end{pmatrix} + \sum \mathbf{F}^T \begin{pmatrix} 0 \\ -\tilde{\varphi}\mathbf{g}_R \end{pmatrix}, \tag{6.19}$$

während die linke Seite der Differentialgleichung, die nur Terme erster Ordnung beinhaltet, von der Transformation unbeeinflußt bleibt.

Voraussetzungsgemäß sind $\mathbf{r}$ und φ Größen erster Ordnung bezüglich der Minimalkoordinaten $\mathbf{y}$ und lassen sich in eine TAYLOR-Reihe entwickeln:

$$\begin{pmatrix} \mathbf{r} \\ \varphi \end{pmatrix} = \begin{pmatrix} \mathbf{r}_0 = 0 \\ \varphi_0 = 0 \end{pmatrix} + \begin{pmatrix} \frac{\partial \mathbf{r}}{\partial \mathbf{y}} \\ \frac{\partial \varphi}{\partial \mathbf{y}} \end{pmatrix} \mathbf{y} = \mathbf{J}\,\mathbf{y}\ . \tag{6.20}$$

Setzt man (6.20) und $\mathbf{g}_R$ nach (6.9) in (6.19) ein, so folgt für den zweiten Term in (6.19)

$$\sum \left\{ \mathbf{F}^T \begin{pmatrix} 0 & 0 \\ 0 & [\widetilde{\mathbf{I}\dot{\omega}} + \tilde{\omega}\widetilde{\mathbf{I}\omega} - \widetilde{\mathbf{I}\omega\tilde{\omega}}]_0 \end{pmatrix} \mathbf{J} \right\} \mathbf{y} = -\sum \left(\mathbf{F}^T \mathbf{Q}^*\mathbf{J} \right) \mathbf{y}\ . \tag{6.21}$$

Für eine Beschreibung in R erhält man mit (6.21) eine zusätzliche Fesselungsmatrix. (Umgekehrt hätte man für eine Beschreibung in K die Impulsterme nach K transformieren müssen.)

Mit diesen Ergebnissen lassen sich die Matrizen der Bewegungsgleichungen (6.13) – hier unter Zugrundelegung eines Hauptträgheitstensors $\mathbf{I} = \mathrm{diag}\,(A, B, C)$ – allgemein auswerten, vgl. Tabelle 7.

$$\overline{\mathbf{M}}\,\ddot{\mathbf{s}} + \overline{\mathbf{G}}\,\dot{\mathbf{s}} + \overline{\mathbf{Q}}\,\mathbf{y} = \overline{\mathbf{h}}$$

$$\overline{\mathbf{M}} = \sum_i \left\{ \mathbf{F}^T\,\overline{\mathbf{M}}^{*}\,\mathbf{F} \right\}_i, \qquad \overline{\mathbf{M}}^{*} = \begin{pmatrix} m\mathbf{E} & 0 \\ 0 & \mathbf{I} \end{pmatrix}$$

$$\overline{\mathbf{G}} = \sum_i \left\{ \mathbf{F}^T\,\overline{\mathbf{G}}^{*}\,\mathbf{F} \right\}_i$$

$$\overline{\mathbf{G}}^{*} = \left[\begin{array}{ccc|ccc} 0 & -m\omega_{0z} & m\omega_{0y} & & & \\ m\omega_{0z} & 0 & -m\omega_{0x} & & 0 & \\ -m\omega_{0y} & m\omega_{0x} & 0 & & & \\ \hline & & & 0 & (C-B)\omega_{0z} & -(B-C)\omega_{0y} \\ & 0 & & -(C-A)\omega_{0z} & 0 & (A-C)\omega_{0x} \\ & & & (B-A)\omega_{0y} & -(A-B)\omega_{0x} & 0 \end{array} \right]$$

$$\overline{\mathbf{Q}} = \sum_i \left\{ \mathbf{F}^T\,\overline{\mathbf{Q}}^{*}\,\mathbf{J} \right\}_i$$

$$\overline{\mathbf{Q}}^{*} = \left[\begin{array}{c|ccc} 0 & & 0 & \\ \hline & 0 & (B-A)\omega_{0x}\omega_{0y} + C\dot{\omega}_{0z} & -(A-C)\omega_{0x}\omega_{0z} - B\dot{\omega}_{0y} \\ 0 & -(B-A)\omega_{0x}\omega_{0y} - C\dot{\omega}_{0z} & 0 & (C-B)\omega_{0y}\omega_{0z} + A\dot{\omega}_{0x} \\ & (A-C)\omega_{0x}\omega_{0z} + B\dot{\omega}_{0y} & -(C-B)\omega_{0y}\omega_{0z} - A\dot{\omega}_{0x} & 0 \end{array} \right]$$

$$\mathbf{h} = \sum_i \left\{ \mathbf{F}^T\,\mathbf{h}^{*} \right\}_i, \qquad \overline{\mathbf{h}}^{*} = \begin{pmatrix} {}_R\left[\mathbf{f}^e - \{(m\dot{\mathbf{v}}_F) + \tilde{\boldsymbol{\omega}}_0\,(m\mathbf{v}_F)\}\right] \\ {}_R\left[\mathbf{l}^e - \{(\mathbf{I}\dot{\boldsymbol{\omega}}_0) + \tilde{\boldsymbol{\omega}}_0\,(\mathbf{I}\boldsymbol{\omega}_0)\}\right] \end{pmatrix}$$

Tabelle 7: Linearisierte Bewegungsgleichungen

6.2.1.1 Minimalgeschwindigkeiten

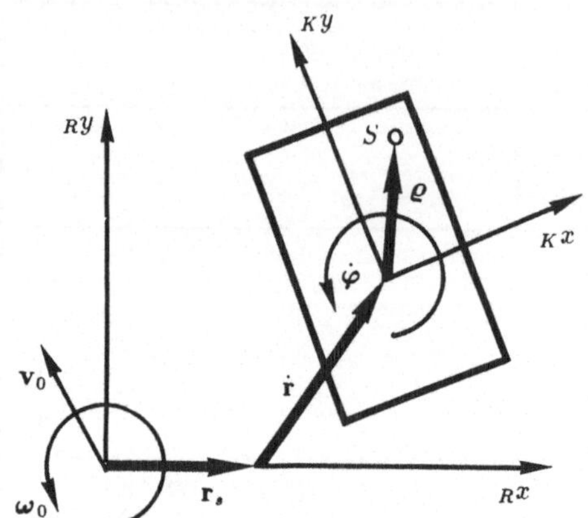

Bild 6.4: Geschwindigkeiten

Für den betrachteten Teilkörper aus dem Schwingungssystem wird zusätzlich eine kleine Unwucht ρ zugelassen, vgl. Bild 6.4. Diese Unwucht sei als Vektorgröße ϱ im körperfesten System gegeben (konstante Komponenten). Für die Geschwindigkeit des Schwerpunkts liest man aus Bild 6.4 ab:

$$
\begin{aligned}
_R\mathbf{V} &= \mathbf{v}_0 + \tilde{\boldsymbol{\omega}}_0\left[\mathbf{r}_s + \mathbf{r} + (\mathbf{E} + \tilde{\varphi})\,\rho\right] + (\mathbf{E} + \tilde{\varphi})\,\dot{\tilde{\varphi}}\rho + \dot{\mathbf{r}} \\
&= \mathbf{v}_F + \tilde{\boldsymbol{\omega}}_0\left(\mathbf{r} + \tilde{\rho}^T\varphi\right) + \left(\dot{\mathbf{r}} + \tilde{\rho}^T\dot{\varphi}\right)
\end{aligned}
\tag{6.22}
$$

mit $\mathbf{v}_F = \mathbf{v}_0 + \tilde{\boldsymbol{\omega}}_0\,(\mathbf{r}_s + \rho)$ und unter Vernachlässigung von Termen zweiter Ordnung. Für die Winkelgeschwindigkeit folgt

$$
_K\boldsymbol{\omega} = [\mathbf{E} - \tilde{\varphi}]\,(\boldsymbol{\omega}_0 + \dot{\varphi}) = \boldsymbol{\omega}_F + \tilde{\boldsymbol{\omega}}_0\varphi + \dot{\varphi}
\tag{6.23}
$$

mit der Führungswinkelgeschwindigkeit $\boldsymbol{\omega}_F = \boldsymbol{\omega}_0$. Für die kleinen Abweichungen aus der Referenzlage gilt damit in Matrixschreibweise

$$
\begin{aligned}
\begin{pmatrix} \overline{\mathbf{v}} \\ \hline \overline{\boldsymbol{\omega}} \end{pmatrix} &=
\begin{pmatrix} _R\mathbf{V} - \mathbf{v}_F \\ \hline _K\boldsymbol{\omega} - \boldsymbol{\omega}_F \end{pmatrix} =
\begin{bmatrix} \tilde{\boldsymbol{\omega}}_0 & \tilde{\boldsymbol{\omega}}_0\tilde{\rho}^T \\ 0 & \tilde{\boldsymbol{\omega}}_0 \end{bmatrix}
\begin{bmatrix} \mathbf{r} \\ \varphi \end{bmatrix} +
\begin{bmatrix} \mathbf{E} & \tilde{\rho}^T \\ 0 & \mathbf{E} \end{bmatrix}
\begin{bmatrix} \dot{\mathbf{r}} \\ \dot{\varphi} \end{bmatrix} \\
&= \begin{bmatrix} \mathbf{E} & \tilde{\rho}^T \\ 0 & \mathbf{E} \end{bmatrix}
\left\{ \begin{bmatrix} \tilde{\boldsymbol{\omega}}_0 & 0 \\ 0 & \tilde{\boldsymbol{\omega}}_0 \end{bmatrix} \mathbf{J}\,\mathbf{y} + \mathbf{J}\,\dot{\mathbf{y}} \right\} \overset{!}{=} \mathbf{F}\,\dot{\mathbf{s}}
\end{aligned}
\tag{6.24}
$$

Dabei wurde der Term $(\tilde{\boldsymbol{\omega}}_0\tilde{\rho} - \tilde{\rho}\tilde{\boldsymbol{\omega}}_0)\,\varphi$ als Größe zweiter Ordnung vernachlässigt. Weil ρ als klein angenommen wird, braucht ρ in $\mathbf{F}$ nur auf der rechten Seite der Differentialgleichung (Tabelle 7) berücksichtigt zu werden.

$\triangledown$

Beispiel: Starrer Rotor mit Fixpunkt

Betrachtet wird ein Rotor gemäß
Bild 6.5. Er wird über eine
Drehstromwicklung um die inertiale z–Achse angetrieben und
ist in einem Luftlager gefesselt.
Die Fesselungswirkung wird charakterisiert durch eine Dämpfung (d_a: Dämpfungskonstante
der *äußeren* Dämpfung) und eine
Rückstellwirkung (k: Federkonstante). Ferner wird eine *innere*
Dämpfung zugelassen, charakterisiert durch die Dämpfungskonstante d_i, die durch Materialdämpfung, rutschende Verbin-
dungen o.ä. entsteht. Der
Rotor sei symmetrisch, $\mathbf{I} =$
$\mathrm{diag}(A,\,A,\,C)$.

Weil der Aufhängepunkt ein Fixpunkt ist, ist die Schwerpunkts-
auslenkung von der aktuellen
Winkellage abhängig:

$$\mathbf{r} = \tilde{\boldsymbol{\varphi}}\mathbf{r}_s = \tilde{\mathbf{r}}_s^T\boldsymbol{\varphi} \ .$$

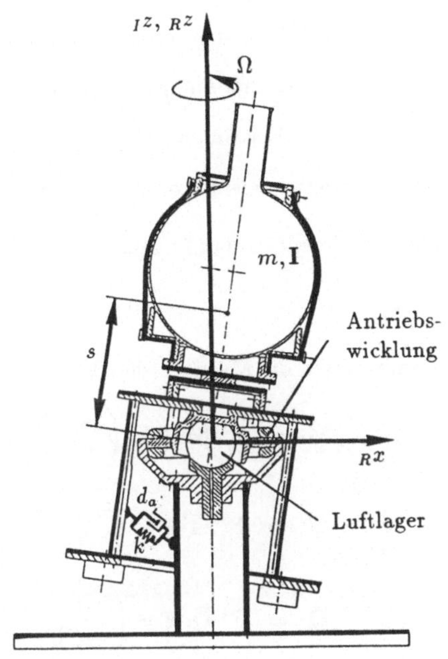

Bild 6.5: Starrer Rotor

Damit lautet die JACOBI-Matrix $\mathbf{J}$ nach (6.20):

$$\mathbf{J} = \left\{ \left(\frac{\partial\mathbf{r}}{\partial\mathbf{y}}\right)^T \left(\frac{\partial\boldsymbol{\varphi}}{\partial\mathbf{y}}\right)^T \right\}^T = \{\tilde{\mathbf{r}}_s, \mathbf{E}\}^T \left(\frac{\partial\boldsymbol{\varphi}}{\partial\mathbf{y}}\right) = \{\tilde{\mathbf{r}}_s, \mathbf{E}\}^T \begin{pmatrix} 1 & 0 \\ 0 & 1 \\ 0 & 0 \end{pmatrix}$$

mit $\boldsymbol{\varphi} = (\alpha,\,\beta,\,0)^T$, wobei α und β kleine Winkelabweichungen von der Referenzlage kennzeichnen.

Aus (6.24) werden die Minimalgeschwindigkeiten ermittelt. Mit

$$\boldsymbol{\rho} = (0,\,\rho_y,\,0)^T, \quad \mathbf{r}_s = (0,\,0,\,s)^T, \quad \boldsymbol{\omega}_0 = (0,\,0,\,\Omega)^T$$

erhält man

$$\mathbf{F}^T = \begin{pmatrix} 0 & -s & \rho_y & 1 & 0 & 0 \\ s & 0 & 0 & 0 & 1 & 0 \end{pmatrix}, \quad \dot{\mathbf{s}} = \begin{pmatrix} \dot{\alpha} - \Omega\beta \\ \dot{\beta} + \Omega\alpha \end{pmatrix} \ .$$

Für die Berechnung der rechten Seite sollen folgende *Momente* berücksichtigt werden:

- Innere Dämpfung, proportional $\dot{\varphi}$: $-d_i\dot{\varphi}$.

- Äußere Dämpfung, proportional $\dot{s}$: $-d_a\dot{s}$

- Äußeres Fesselmoment, proportional φ : $-k\varphi$.

- Schweremoment: $(\alpha,\ \beta,\ 0)^T$ mgs.

Die verbleibenden *Kräfte* sind

- $\left(\dot{\Omega},\ \Omega^2,\ 0\right)^T m\rho_y$; $(0,\ 0,\ -mg)^T$.

Damit lauten die Matrizen der Bewegungsgleichung zu Tabelle 7

$$\overline{\mathbf{M}}\ =\ \mathbf{F}^T\,\overline{\mathbf{M}}^*\,\mathbf{F} = \begin{pmatrix} A & 0 \\ 0 & A \end{pmatrix}\quad,\qquad A = A^s + ms^2\,,$$

$$\overline{\mathbf{G}}\ =\ \mathbf{F}^T\,\overline{\mathbf{G}}^*\,\mathbf{F} = \begin{pmatrix} 0 & (C-A)\Omega \\ -(C-A)\Omega & 0 \end{pmatrix}\,,$$

$$\overline{\mathbf{Q}}\ =\ \mathbf{F}^T\,\overline{\mathbf{Q}}^*\,\mathbf{F} = \begin{pmatrix} 0 & C\dot{\Omega} \\ -C\dot{\Omega} & 0 \end{pmatrix}\,,$$

$$-\overline{\mathbf{h}}\ =\ \begin{pmatrix} d_i + d_a & 0 \\ 0 & d_i + d_a \end{pmatrix}\dot{s} + \begin{pmatrix} (k-mgs) & 0 \\ 0 & (k-mgs) \end{pmatrix}\mathbf{y}$$

$$+ \begin{pmatrix} 0 & +d_i\Omega \\ -d_i\Omega & 0 \end{pmatrix}\mathbf{y} - \begin{pmatrix} -D\Omega^2 \\ D\dot{\Omega} \end{pmatrix}\,.$$

Hierbei wurde $D = ms\rho_y$ als Abkürzung eingesetzt (Deviationsmoment). Ferner erhält man bei der Ausrechnung im Vektor $\overline{\mathbf{h}}$ der rechten Seite einen Konstantanteil mit $mg\rho_y$, der eine Verschiebung der Referenzlage durch die Unwucht beinhaltet. Da die Unwucht sehr klein sein soll, kann dieser Term vernachlässigt werden.

$\triangle$

6.2.1.2 Kongruenztransformation

Die Bewegungsgleichungen nach Tabelle 7 stellen die Gleichungen der kleinen Abweichungen gegenüber einer Referenzkonfiguration dar. In vielen Fällen ist man jedoch an einer anderen Darstellung interessiert. Für den betrachteten Rotor sind beispielsweise häufig die Differentialgleichungen für die Abweichung von einem

Inertialsystem anzugeben, da man einerseits den Rotor als inertialer Beobachter tatsächlich "von außen" sieht, andererseits die Lagerungskräfte und -momente den Rotor gegenüber dem Inertialsystem fesseln.

Bei einem Übergang in ein anderes Koordinatensystem müssen die kleinen Abweichungen $\dot{\mathbf{s}}$ und $\mathbf{y}$ in das zu betrachtende System transformiert (projiziert) werden. Wählt man zur Beschreibung durchwegs rechtshändige orthogonale Basen, so erhält man für den Zusammenhang zwischen den alten und den neuen, durch einen Querstrich gekennzeichneten Koordinaten

$$\overline{\dot{\mathbf{s}}} = \mathbf{A}\,\dot{\mathbf{s}} \;\Rightarrow\; \dot{\mathbf{s}} = \mathbf{A}^T\,\overline{\dot{\mathbf{s}}} \;, \tag{6.25}$$

$$\overline{\mathbf{y}} = \mathbf{A}\,\mathbf{y} \;\Rightarrow\; \mathbf{y} = \mathbf{A}^T\,\overline{\mathbf{y}} \;. \tag{6.26}$$

Bildet man nun die virtuelle Arbeit unter Zugrundelegung der bekannten Bewegungsgleichungen in $\dot{\mathbf{s}}$, so erhält man über $\delta\mathbf{s} = \mathbf{A}^T\delta\overline{\mathbf{s}}$,

$$\delta\overline{\mathbf{s}}^T \left\{ \mathbf{A}\left[\mathbf{M}\left(\mathbf{A}^T\ddot{\overline{\mathbf{s}}} + \dot{\mathbf{A}}^T\dot{\overline{\mathbf{s}}}\right) + \mathbf{G}\,\mathbf{A}^T\dot{\overline{\mathbf{s}}} + \mathbf{Q}\,\mathbf{A}^T\overline{\mathbf{y}} - \overline{\mathbf{h}}\right]\right\}$$
$$= \delta\overline{\mathbf{s}}^T\left[\overline{\overline{\mathbf{M}}}\ddot{\overline{\mathbf{s}}} + \overline{\overline{\mathbf{G}}}\dot{\overline{\mathbf{s}}} + \overline{\overline{\mathbf{Q}}}\overline{\mathbf{y}} - \overline{\mathbf{h}}\right] = 0 \tag{6.27}$$

die gesuchten Bewegungsgleichungen in den neuen Koordinaten $\dot{\overline{\mathbf{s}}}$, $\overline{\mathbf{y}}$ mit den zugehörigen, durch einen Doppelstrich gekennzeichneten Matrizen, da die Größe $\delta\overline{\mathbf{s}}$ von willkürlichem Betrag ist. Sie gibt die "Richtung" der zugehörigen Bewegungsgleichung (Kraft-/Momenten-Beziehung) an.

∇

Beispiel:[15] Starrer Rotor mit Fixpunkt

Die Bewegungsgleichungen des vorigen Beispiels sollen, ausgehend vom Referenzsystem R, in einer Basis B dargestellt werden, gegenüber welcher sich das Referenzsystem mit $\overline{\Omega}$ dreht.

Die Abbildung A zwischen den neuen und den alten Koordinaten lautet

$$\mathbf{A} = \begin{pmatrix} \cos\overline{\gamma} & {}'\!-\sin\overline{\gamma} \\ +\sin\overline{\gamma} & \cos\overline{\gamma} \end{pmatrix}, \dot{\overline{\gamma}} = \overline{\Omega}.$$

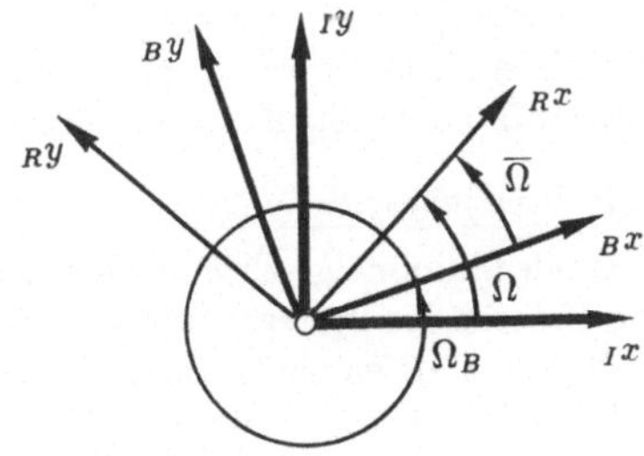

Bild 6.6: Transformation

---

[15]Siehe auch Kap. 8.1 "Zahnradgetriebe"

Setzt man $\dot{s}$ und $\mathbf{y}$ ein, so erhält man

$$\dot{\bar{s}} = \mathbf{A}\,\dot{s} = \mathbf{A}\left[\begin{pmatrix} 0 & -\Omega \\ \Omega & 0 \end{pmatrix}\mathbf{A}^T\bar{\mathbf{y}} + \left(\dot{\mathbf{A}}^T\bar{\mathbf{y}} + \mathbf{A}^T\dot{\bar{\mathbf{y}}}\right)\right]$$

$$= \begin{pmatrix} 0 & -\left(\Omega - \overline{\Omega}\right) \\ \left(\Omega - \overline{\Omega}\right) & 0 \end{pmatrix}\bar{\mathbf{y}} + \dot{\bar{\mathbf{y}}}$$

und die zugehörigen Bewegungsgleichungen

$$\begin{pmatrix} A & 0 \\ 0 & A \end{pmatrix}\ddot{\bar{s}} + \begin{pmatrix} d_i + d_a & C\Omega - A\Omega_B \\ -C\Omega + A\Omega_B & d_i + d_a \end{pmatrix}\dot{\bar{s}} + \begin{pmatrix} (k - mgs) & C\dot{\Omega} + d_i\Omega \\ -C\dot{\Omega} - d_i\Omega & (k - mgs) \end{pmatrix}\bar{\mathbf{y}}$$

$$= \begin{pmatrix} -D\Omega^2 \\ D\dot{\Omega} \end{pmatrix}\cos\overline{\gamma} + \begin{pmatrix} -D\dot{\Omega} \\ -D\Omega^2 \end{pmatrix}\sin\overline{\gamma}\ , \quad \Omega_B = \left(\Omega - \overline{\Omega}\right)\ .$$

$\triangle$

6.2.2 Struktur der Bewegungsgleichungen

Weil die Bewegungsgleichung nach Tabelle 7 im Zusammenhang mit der kinematischen Gleichung (6.24) betrachtet werden muß, bedeutet dies, daß die Bewegungsgleichung alleine noch nicht die vollständige Information über den Bewegungsablauf beinhaltet.

In vielen Fällen ist man jedoch daran interessiert, *spezielle* Bewegungsgleichungen, die die *Gesamtinformation* beinhalten, zur Verfügung zu haben. Da diese nur die halbe Systemordnung haben wie die Zustandsgleichungen, vereinfachen sich hier mancherlei Rechnungen, beispielsweise die Ermittlung der Eigenwerte oder der Frequenzgangmatrix, mit deren Hilfe die partikuläre Lösung bei harmonischer Erregung beschrieben wird. Auch lassen sich dann Stabilitätssätze mechanischer Systeme an Hand der Struktur der Matrizen der Bewegungsgleichungen gewinnen.

Spezielle Bewegungsgleichungen

Die Wahl der Minimalgeschwindigkeiten $\dot{s}$ ist in weiten Grenzen frei, solange sie nur die Kinetik des Systems eindeutig beschreiben. Wählt man als Minimalgeschwindigkeiten die ersten Zeitableitungen der Minimalkoordinaten,

$$\dot{s} \ \Rightarrow \ \dot{\mathbf{y}}\ , \tag{6.28}$$

so erhält man mit dieser speziellen Wahl ein Gleichungssystem, das alle Informationen beinhaltet, denn die kinematische Gleichung, die den Zusammenhang zwischen Minimalkoordinaten bzw. deren Ableitung und Minimalgeschwindigkeiten beschreibt, geht in die triviale Beziehung

$$\dot{\mathbf{y}} = \mathbf{E}\,\dot{\mathbf{y}}\ , \quad \mathbf{E} \in \mathrm{R}^{f,f} \quad \text{(Einheitsmatrix)} \tag{6.29}$$

über.

Der Übergang auf die Minimalgeschwindigkeiten $\dot{\mathbf{y}}$ entspricht einer Kongruenztransformation entsprechend (6.27):

$$\delta\mathbf{y}^T \left[\frac{\partial \dot{\mathbf{s}}}{\partial \dot{\mathbf{y}}}\right]^T \left[\overline{\mathbf{M}}\ddot{\mathbf{s}} + \overline{\mathbf{G}}\dot{\mathbf{s}} + \overline{\mathbf{Q}}\mathbf{y} - \overline{\mathbf{h}}\right] = 0 \ . \tag{6.30}$$

Dabei gilt für die Funktionalmatrix (6.12)/(6.24)

$$\left[\frac{\partial \dot{\mathbf{s}}}{\partial \dot{\mathbf{y}}}\right]^T \mathbf{F}^T = \left[\frac{\partial \dot{\mathbf{s}}}{\partial \dot{\mathbf{y}}}\right]^T \left(\begin{array}{c} \frac{\partial \overline{\mathbf{v}}}{\partial \dot{\mathbf{s}}} \\ \frac{\partial \overline{\boldsymbol{\omega}}}{\partial \dot{\mathbf{s}}} \end{array}\right)^T = \left(\begin{array}{c} \frac{\partial \overline{\mathbf{v}}}{\partial \dot{\mathbf{y}}} \\ \frac{\partial \overline{\boldsymbol{\omega}}}{\partial \dot{\mathbf{y}}} \end{array}\right)^T = \mathbf{J}^T \left(\begin{array}{cc} \mathbf{E} & \mathbf{0} \\ \tilde{\rho} & \mathbf{E} \end{array}\right) \ . \tag{6.31}$$

Setzt man (6.31) und $(\mathbf{F}\ddot{\mathbf{s}})$, $(\mathbf{F}\dot{\mathbf{s}})$ aus (6.24) in (6.30) ein, so kann die entstehende Bewegungsgleichung zu[16]

$$\mathbf{M}\ddot{\mathbf{y}} + \mathbf{G}\dot{\mathbf{y}} + (\mathbf{K}+\mathbf{N})\,\mathbf{y} = \mathbf{h} \tag{6.32}$$

zusammengefaßt werden. Man erhält die Systemmatrizen

$$\mathbf{M} = \textstyle\sum_i \left(\mathbf{J}^T\mathbf{M}^*\mathbf{J}\right)_i \ , \quad \mathbf{M}^* = \left(\begin{array}{cc} m\mathbf{E} & \mathbf{0} \\ \mathbf{0} & \mathbf{I} \end{array}\right),$$

$$\mathbf{G} = \textstyle\sum_i \left(\mathbf{J}^T\mathbf{G}^*\mathbf{J}\right)_i \ , \quad \mathbf{G}^* = \left(\begin{array}{cc} 2m\tilde{\boldsymbol{\omega}}_0 & 0 \\ 0 & \mathbf{I}\tilde{\boldsymbol{\omega}}_0 - \widetilde{\mathbf{I}\boldsymbol{\omega}}_0 + \tilde{\boldsymbol{\omega}}_0\mathbf{I} \end{array}\right),$$

$$\mathbf{K} = \textstyle\sum_i \left(\mathbf{J}^T\mathbf{K}^*\mathbf{J}\right)_i \ , \quad \mathbf{K}^* = \left(\begin{array}{cc} m\tilde{\boldsymbol{\omega}}_0\tilde{\boldsymbol{\omega}}_0 & 0 \\ 0 & \tilde{\boldsymbol{\omega}}_0\mathbf{I}\tilde{\boldsymbol{\omega}}_0 - \tilde{\boldsymbol{\omega}}_0\widetilde{\mathbf{I}\boldsymbol{\omega}}_0 \end{array}\right),$$

$$\mathbf{N} = \textstyle\sum_i \left(\mathbf{J}^T\mathbf{N}^*\mathbf{J}\right)_i \ , \quad \mathbf{N}^* = \left(\begin{array}{cc} m\tilde{\boldsymbol{\omega}}_0 & 0 \\ 0 & \mathbf{I}\dot{\tilde{\boldsymbol{\omega}}}_0 - \widetilde{\mathbf{I}\dot{\boldsymbol{\omega}}}_0 \end{array}\right),$$

$$\mathbf{h} = \textstyle\sum_i \left(\mathbf{J}^T\mathbf{h}^*\right)_i \ , \quad \mathbf{h}^* = -\left(\begin{array}{c} [m\,\mathbf{a} - \mathbf{f}^e] \\ [\mathbf{I}\dot{\boldsymbol{\omega}}_0 + \tilde{\boldsymbol{\omega}}_0\mathbf{I}\boldsymbol{\omega}_0 - \mathbf{l}^e] + \tilde{\rho}\,[m\,\mathbf{a} - \mathbf{f}^e] \end{array}\right),$$

$$\tag{6.33}$$

wobei zur Abkürzung

$$\mathbf{a} = \left[\dot{\mathbf{v}}_0 + \dot{\tilde{\boldsymbol{\omega}}}_0\,(\mathbf{r}_s + \boldsymbol{\rho})\right] + \tilde{\boldsymbol{\omega}}_0\left[\mathbf{v}_0 + \tilde{\boldsymbol{\omega}}_0\,(\mathbf{r}_s + \boldsymbol{\rho})\right] \ , \tag{6.34}$$

$$\mathbf{I} = \mathbf{I}^s + m\tilde{\rho}\tilde{\rho}^T \tag{6.35}$$

gesetzt wurde. Mit ρ als kleiner Unwucht braucht der HUYGENS-STEINERsche Verschiebungsanteil $m\tilde{\rho}\tilde{\rho}^T$ nur in $\mathbf{h}^*$ berücksichtigt zu werden. Hier müssen allerdings für Stabilitätsuntersuchungen auch Terme zweiter Ordnung beibehalten werden, da auch geringste Einflußgrößen zu Instabilitätserscheinungen führen können ("Spureneffekte").

Die Bewegungsgleichungen mechanischer Systeme mit Führungsbewegungen sind stets vom selben Aufbau; den Beziehungen (6.33) kommt daher grundlegende Bedeutung zu. Die Ergebnisse sind in Tabelle 8 zusammengefaßt.

---

[16]Siehe auch Kap. 8.2 "Elastischer Rotor", 8.3 "Starrer Rotor"

$$\mathbf{M}\,\ddot{\mathbf{y}} + \mathbf{G}\,\dot{\mathbf{y}} + (\mathbf{K} + \mathbf{N})\,\mathbf{y} = \mathbf{h}$$

$$\mathbf{M} = \sum_i \left(\mathbf{J}^T \mathbf{M}^\bullet \mathbf{J}\right)_i \;, \qquad \mathbf{M}^\bullet = \begin{pmatrix} m\mathbf{E} & 0 \\ 0 & \mathbf{I} \end{pmatrix}$$

$$\mathbf{G} = \sum_i \left(\mathbf{J}^T \mathbf{G}^\bullet \mathbf{J}\right)_i \;,$$

$$\mathbf{G}^\bullet = \left[\begin{array}{ccc|ccc}
0 & -2m\omega_{0z} & 2m\omega_{0y} & & & \\
2m\omega_{0z} & 0 & -2m\omega_{0x} & & 0 & \\
-2m\omega_{0y} & 2m\omega_{0x} & 0 & & & \\
\hline
 & & & 0 & (C-A-B)\omega_{0z} & -(B-C-A)\omega_{0y} \\
 & 0 & & -(C-A-B)\omega_{0z} & 0 & (A-B-C)\omega_{0x} \\
 & & & (B-C-A)\omega_{0y} & -(A-B-C)\omega_{0x} & 0
\end{array}\right]$$

$$\mathbf{K} = \sum_i \left(\mathbf{J}^T \mathbf{K}^\bullet \mathbf{J}\right)_i \;,$$

$$\mathbf{K}^\bullet = \left[\begin{array}{ccc|ccc}
-m\left(\omega_{0y}^2 + \omega_{0z}^2\right) & m\omega_{0x}\omega_{0y} & m\omega_{0x}\omega_{0z} & & & \\
m\omega_{0x}\omega_{0y} & -m\left(\omega_{0x}^2 + \omega_{0z}^2\right) & m\omega_{0y}\omega_{0z} & & 0 & \\
m\omega_{0x}\omega_{0z} & m\omega_{0y}\omega_{0z} & -m\left(\omega_{0x}^2 + \omega_{0y}^2\right) & & & \\
\hline
 & & & (C-B)\left(\omega_{0z}^2 - \omega_{0y}^2\right) & (C-A)\omega_{0x}\omega_{0y} & (B-A)\omega_{0x}\omega_{0z} \\
 & 0 & & (C-B)\omega_{0x}\omega_{0y} & (C-A)\left(\omega_{0z}^2 - \omega_{0x}^2\right) & (A-B)\omega_{0y}\omega_{0z} \\
 & & & (B-C)\omega_{0x}\omega_{0z} & (A-C)\omega_{0y}\omega_{0z} & (B-A)\left(\omega_{0y}^2 - \omega_{0x}^2\right)
\end{array}\right]$$

$$\mathbf{N} = \sum_i \left(\mathbf{J}^T \mathbf{N}^\bullet \mathbf{J}\right)_i \;,$$

$$\mathbf{N}^\bullet = \left[\begin{array}{ccc|ccc}
0 & -m\dot{\omega}_{0z} & m\dot{\omega}_{0y} & & & \\
m\dot{\omega}_{0z} & 0 & -m\dot{\omega}_{0x} & & 0 & \\
-m\dot{\omega}_{0y} & m\dot{\omega}_{0x} & 0 & & & \\
\hline
 & & & 0 & -(A-C)\dot{\omega}_{0z} & (A-B)\dot{\omega}_{0y} \\
 & 0 & & (B-C)\dot{\omega}_{0z} & 0 & -(B-A)\dot{\omega}_{0x} \\
 & & & -(C-B)\dot{\omega}_{0y} & (C-A)\dot{\omega}_{0x} & 0
\end{array}\right]$$

$$\mathbf{h} = \sum_i \left(\mathbf{J}^T \mathbf{h}^\bullet\right)_i \;, \qquad \mathbf{h}^\bullet = -\begin{pmatrix} [m\,\mathbf{a} - \mathbf{f}^e] \\ [\mathbf{I}\dot{\boldsymbol{\omega}}_0 + \tilde{\boldsymbol{\omega}}_0 \mathbf{I}\boldsymbol{\omega}_0 - \mathbf{l}^e] + \tilde{\boldsymbol{\rho}}\,[m\,\mathbf{a} - \mathbf{f}^e] \end{pmatrix}$$

Zu berücksichtigen ist, daß $\mathbf{h}$ – beispielsweise durch Lagerfesselungen – noch von $\mathbf{y}$ und $\dot{\mathbf{y}}$ abhängen kann. Schreibt man die entsprechenden Fesselungsterme in Matrizenform an, so erhalten die Bewegungsgleichungen linearisierter mechanischer Systeme die spezielle Struktur, die am Beispiel des starren Rotors diskutiert werden soll, (s.a. [MÜL 76]).

$\triangledown$

Beispiel: Starrer Rotor mit Fixpunkt

Betrachtet wird der Rotor nach Kap. 6.2.1. Setzt man hier die Minimalgeschwindigkeiten explizit ein, so erhält man die Bewegungsgleichung

$$\mathbf{M}\,\overline{\ddot{\mathbf{y}}} + (\mathbf{D} + \mathbf{G})\,\overline{\dot{\mathbf{y}}} + (\mathbf{K} + \mathbf{N})\,\overline{\mathbf{y}} = \mathbf{h}$$

mit

$$\mathbf{M} = \mathbf{M}^T = \begin{pmatrix} A & 0 \\ 0 & A \end{pmatrix},$$

$$\mathbf{G} = -\mathbf{G}^T = \begin{pmatrix} 0 & C\Omega - 2A\Omega_B \\ -C\Omega + 2A\Omega_B & 0 \end{pmatrix},$$

$$\mathbf{D} = \mathbf{D}^T = \begin{pmatrix} d_i + d_a & 0 \\ 0 & d_i + d_a \end{pmatrix},$$

$$\mathbf{K} = \mathbf{K}^T = \begin{pmatrix} (k - mgs) + C\Omega\Omega_B - A\Omega_B^2 & 0 \\ 0 & (k - mgs) + C\Omega\Omega_B - A\Omega_B^2 \end{pmatrix},$$

$$\mathbf{N} = -\mathbf{N}^T = \begin{pmatrix} 0 & C\dot{\Omega} - A\dot{\Omega}_B - d_a\Omega_B + d_i\,(\Omega - \Omega_B) \\ -C\dot{\Omega} + A\dot{\Omega}_B + d_a\Omega_B - d_i\,(\Omega - \Omega_B) & 0 \end{pmatrix},$$

$$\mathbf{h} = \begin{pmatrix} -D\Omega^2 \\ D\dot{\Omega} \end{pmatrix} \cos\overline{\gamma} + \begin{pmatrix} -D\dot{\Omega} \\ -D\Omega^2 \end{pmatrix} \sin\overline{\gamma}.$$

Neben $\mathbf{M} = \mathbf{M}^T$, $\mathbf{D} = \mathbf{D}^T$, $\mathbf{G} = -\mathbf{G}^T$, $\mathbf{K} = \mathbf{K}^T$ verdient die schiefsymmetrische Matrix $\mathbf{N} = -\mathbf{N}^T$ besondere Beachtung. Für konstante Rotorgeschwindigkeit $\left(\dot{\Omega} = 0\right)$ lautet sie

$$\mathbf{N} = \begin{pmatrix} 0 & -d_a\Omega_B + d_i\,(\Omega - \Omega_B) \\ d_a\Omega_B - d_i\,(\Omega - \Omega_B) & 0 \end{pmatrix}.$$

- Für den Fall, daß keine innere Dämpfung vorliegt ($d_i = 0$), erhält man bei einer Beschreibung im Inertialsystem ($\Omega_B = 0$) *keine* $\mathbf{N}$–Matrix. Dagegen bleibt sie im Referenzsystem ($\Omega_B = \Omega$) bestehen.

- Umgekehrt liegt der Fall, wenn keine äußere Dämpfung vorliegt ($d_a = 0$): Hier erhält man bei einer Beschreibung im Referenzsystem ($\Omega_B = \Omega$) *keine* N$-$Matrix, während sie im Inertialsystem ($\Omega_B = 0$) erhalten bleibt.

- Bei gleichzeitiger innerer + äußerer Dämpfung bleibt in beiden Beschreibungen die N$-$Matrix bestehen. Auch bei beschleunigten Rotoren ($\dot{\Omega} \neq 0$) erhält man stets N$-$Matrizen. Zu beachten ist hierbei, daß die Beschleunigung diejenige des Referenzsystems ist, wobei der antreibende Motor ein Moment um die raumfeste $z-$Achse erzeugt.

$\triangle$

Das Beispiel "Rotor mit Fixpunkt" mit innerer und äußerer Dämpfung ist ein typisches Beispiel für ein lineares mechanisches System. Hier treten wegen der Drehung gyroskopische Kräfte (Kreiselkräfte) sowie nichtkonservative Lagekräfte $\mathbf{N}\,\mathbf{y}$ auf. Insgesamt lassen sich folgende Schlußfolgerungen ziehen:

Bei einer Wahl von $\dot{\mathbf{y}}$ als Minimalgeschwindigkeit erhält die Bewegungsdifferentialgleichung die spezielle Struktur

$$\mathbf{M}\,\ddot{\mathbf{y}} + (\mathbf{D} + \mathbf{G})\,\dot{\mathbf{y}} + (\mathbf{K} + \mathbf{N})\,\mathbf{y} = \mathbf{h} \tag{6.36}$$

mit

$$
\begin{array}{ll}
\mathbf{M} = \mathbf{M}^T > 0 & \text{Massenmatrix, symmetrisch ,} \\
\mathbf{D} = \mathbf{D}^T & \text{Dämpfungsmatrix, symmetrisch ,} \\
\mathbf{G} = -\mathbf{G}^T & \text{Matrix der gyroskopischen Kräfte, schiefsymmetrisch ,} \\
\mathbf{K} = \mathbf{K}^T & \text{Matrix der konservativen Lagekräfte, symmetrisch ,} \\
\mathbf{N} = -\mathbf{N}^T & \text{Matrix der nichtkonservativen Lagekräfte,} \\
& \text{schiefsymmetrisch .}
\end{array}
\tag{6.37}
$$

Dabei können die durch die N$-$Matrix charakterisierten nichtkonservativen Lagekräfte "scheinbarer Natur" sein, d.h. möglicherweise durch eine ander Koordinatenwahl vermieden werden.

Gleichung (6.36) läßt sich, da die Massenmatrix $\mathbf{M}$ stets positiv definit ist, zu einer Differentialgleichung erster Ordnung mit doppelter Dimension (Zustandsgleichung) umschreiben:

$$\dot{\mathbf{x}} = \mathbf{A}\,\mathbf{x} + \mathbf{b}$$

mit

$$\mathbf{A} = \begin{pmatrix} \mathbf{0} & \mathbf{E} \\ -\mathbf{M}^{-1}(\mathbf{K} + \mathbf{N}) & -\mathbf{M}^{-1}(\mathbf{D} + \mathbf{G}) \end{pmatrix}, \quad \mathbf{b} = \begin{pmatrix} \mathbf{0} \\ \mathbf{M}^{-1}\mathbf{h} \end{pmatrix} . \tag{6.38}$$

Weil (6.36) bereits die vollständige Information des Systems beinhaltet, kann von der speziellen Struktur in (6.36) bzw. (6.38) bei einer Reihe von Fragen nutzbringend Gebrauch gemacht werden. Sind andererseits Strukturfragen nicht von Interesse, benötigt man beispielsweise die Zustandsgleichungen für eine numerische Integration, so ist es sinnvoll, nach einer geeigneten Darstellung von Minimalgeschwindigkeiten zu suchen, die zu einer kompakteren Darstellung der Systemgleichungen führt.

6.3 Allgemeine Lösung zeitinvarianter Schwingungssysteme

6.3.1 Eigenwerte, Eigenvektoren

Betrachtet wird das zeitinvariante, inhomogene, lineare System

$$\dot{\mathbf{x}} = \mathbf{A}\,\mathbf{x} + \mathbf{b} \ . \tag{6.39}$$

Kennt man eine partikuläre Lösung $\mathbf{x}_1$ und eine andere partikuläre Lösung $\mathbf{x}_2$,

$$\dot{\mathbf{x}}_1 = \mathbf{A}\,\mathbf{x}_1 + \mathbf{b} \ , \quad \dot{\mathbf{x}}_2 = \mathbf{A}\,\mathbf{x}_2 + \mathbf{b} \ , \tag{6.40}$$

so liefert die Differenz $(\mathbf{x}_1 - \mathbf{x}_2) = \mathbf{x}_h$ die "homogene Lösung"

$$(\dot{\mathbf{x}}_1 - \dot{\mathbf{x}}_2) = \mathbf{A}\,(\mathbf{x}_1 - \mathbf{x}_2) \ \Rightarrow \ \dot{\mathbf{x}}_h = \mathbf{A}\,\mathbf{x}_h \ ; \tag{6.41}$$

mit (6.40) folgt

$$\mathbf{x}(t) = \mathbf{x}_h + \mathbf{x}_p \ , \tag{6.42}$$

d.h. die Gesamtlösung setzt sich aus der homogenen Lösung und einer partikulären Lösung zusammen. Die homogene Lösung kann man als diejenige Lösung interpretieren, die sich einstellt, wenn das System bei beliebiger Anfangsbedingung sich selbst überlassen wird; die partikuläre Lösung ist dann die, die dem System durch die Anregung $\mathbf{b}$ zusätzlich aufgezwungen wird.

Für die Lösung des homogenen Teils,

$$\dot{\mathbf{x}} = \mathbf{A}\,\mathbf{x} \tag{6.43}$$

erhält man mit dem Ansatz

$$\mathbf{x} = e^{\lambda t}\overline{\mathbf{x}} \tag{6.44}$$

die Eigenwert-Eigenvektorgleichung

$$(\lambda\mathbf{E} - \mathbf{A})\,\overline{\mathbf{x}} = 0 \ , \tag{6.45}$$

weil die Exponentialfunktion für beliebige Zeiten t ungleich Null ist. Der Ansatz (6.44) liegt nahe, da es sich bei dem betrachteten System (6.43) um ein Schwingungssystem handelt, dessen Lösung im grenzstabilen Fall als harmonische Lösung vermutet werden kann, bzw. im asymptotisch stabilen Fall als harmonische Lösung mit exponentiell abklingender Amplitude. Dieser Sachverhalt wird ausgedrückt durch eine komplexe Zahl λ (Eigenwert). Entsprechend der Dimension der Systemmatrix $\mathbf{A}$ erhält man n Eigenwerte λ_i : Läßt man den Trivialfall $\overline{\mathbf{x}} \equiv 0$ außer acht, so muß für (6.45) gelten

$$\det (\lambda \mathbf{E} - \mathbf{A}) = 0 = P(\lambda) = \lambda^n + a_1 \lambda^{n-1} + \ldots a_n \tag{6.46}$$

(Eigenwertproblem) mit $P(\lambda) = 0$ als "charakteristischer Gleichung" (charakteristisches Ploynom). Dieses Polynom hat n Nullstellen, und entsprechend gibt es, *sofern alle Nullstellen (Eigenwerte) verschieden sind*, auch n verschiedene "Eigenvektoren" $\overline{\mathbf{x}}_i$:

$$(\lambda_i \mathbf{E} - \mathbf{A})\,\overline{\mathbf{x}}_i = 0 \ , \quad i = 1(1)n \ . \tag{6.47}$$

Mit dem Ansatz (6.44) erhält man nun, da alle Eigenlösungen aus (6.46) und (6.47) "gleichwertig" sind, die Gesamtlösung als Linearkombination der Eigenlösungen;

$$\mathbf{x}(t) = \sum_{i=1}^{n} \overline{\mathbf{x}}_i \, e^{\lambda_i t}\, c_i \ , \tag{6.48}$$

wobei die Koeffizienten c_i vom Anfangszustand des Systems abhängen.

Mit Hilfe der "Modalmatrix" $\mathbf{X}$

$$\mathbf{X} = [\overline{\mathbf{x}}_1\, \overline{\mathbf{x}}_2 \ldots \overline{\mathbf{x}}_n] \tag{6.49}$$

und der Größen

$$e^{\mathbf{\Lambda} t} = \operatorname{diag}\left(e^{\lambda_i t}\right) \ , \quad \mathbf{c} = (c_1, c_2, \ldots, c_n)^T \tag{6.50}$$

kann das Ergebnis (6.48) in Matrizenform angeschrieben werden:

$$\mathbf{x}(t) = \mathbf{X}\, e^{\mathbf{\Lambda} t}\, \mathbf{c} \ . \tag{6.51}$$

6.3.2 Orthogonalität der Eigenvektoren

Faßt man die Eigenvektoren in (6.47) in der Modalmatrix und die Eigenwerte in einer entsprechenden Diagonalmatrix zusammen, so kann Gleichung (6.47) geschrieben werden als

$$\mathbf{\Lambda} = \operatorname{diag}(\lambda_i) \ \Rightarrow \ \mathbf{A}\,\mathbf{X} = \mathbf{X}\,\mathbf{\Lambda} \ , \quad \mathbf{X}^{-1}\mathbf{A} = \mathbf{\Lambda}\,\mathbf{X}^{-1} \ . \tag{6.52}$$

Aus (6.52) folgt

$$\mathbf{X}^{-1}\,\mathbf{A}\,\mathbf{X} = \Lambda \ . \tag{6.53}$$

Bezeichnet man die Zeilenvektoren der inversen Modalmatrix mit $\overline{\mathbf{y}}_i^T$,

$$\mathbf{X}^{-1} = \begin{bmatrix} \overline{\mathbf{y}}_1^T \\ \overline{\mathbf{y}}_2^T \\ \vdots \\ \overline{\mathbf{y}}_n^T \end{bmatrix} \ ,$$

so gilt für die i–te Zeile aus $\mathbf{X}^{-1}\mathbf{A} = \Lambda\,\mathbf{X}^{-1}$

$$\overline{\mathbf{y}}_i^T\,\mathbf{A} = \lambda_i\overline{\mathbf{y}}_i^T \ . \tag{6.54}$$

Ferner gilt für die k–te Spalte aus $\mathbf{A}\,\mathbf{X} = \mathbf{X}\,\Lambda$

$$\mathbf{A}\,\overline{\mathbf{x}}_k = \lambda_k\,\overline{\mathbf{x}}_k \ . \tag{6.55}$$

Multipliziert man (6.54) von rechts mit $\overline{\mathbf{x}}_k$ und (6.55) von links mit $\overline{\mathbf{y}}_i^T$ und bildet die Differenz dieser beiden Beziehungen, so bleibt

$$(\lambda_i - \lambda_k)\,\overline{\mathbf{y}}_i^T\overline{\mathbf{x}}_k = 0 \tag{6.56}$$

d.h., für verschiedene Eigenwerte λ_i und λ_k sind die Vektoren $\overline{\mathbf{y}}_i$ und $\overline{\mathbf{x}}_k$ zueinander orthogonal. Für $i = k$ kann der entstehende Wert zu Eins normiert werden, da über das Eigenwertproblem (6.47) die Eigenvektoren nur bis auf einen konstanten Faktor eindeutig ermittelt werden können. Dann gilt

$$\mathbf{X}^{-1} = \mathbf{Y}^T \ \Rightarrow \ \mathbf{Y}^T\mathbf{X} = \mathbf{E} \ , \quad \mathbf{X}, \mathbf{Y}, \mathbf{E} \in \mathbf{R}^{n,n} \ . \tag{6.57}$$

Die Vektoren $\overline{\mathbf{y}}_i$ werden "Linkseigenvektoren" genannt; sie gehören zum Eigenwertproblem (6.54),

$$\overline{\mathbf{y}}_i^T\,(\lambda_i\mathbf{E} - \mathbf{A}) = 0 \ , \tag{6.58}$$

und stehen "links" von $(\lambda\mathbf{E} - \mathbf{A})$. Weil

$$\det\,(\lambda_i\mathbf{E} - \mathbf{A}) = \det\,(\lambda_i\mathbf{E} - \mathbf{A})^T \tag{6.59}$$

gilt, sind die Eigenwerte stets gleich. Man kann zur Ermittlung der Linkseigenvektoren daher Gleichung (6.58) transponieren und erhält das gewöhnliche ("Rechts-") Eigenwertproblem für die transponierte Systemmatrix

$$\left(\lambda_i\mathbf{E} - \mathbf{A}^T\right)\,\overline{\mathbf{y}}_i = 0 \ , \tag{6.60}$$

woraus unmittelbar folgt, daß für symmetrische Matrizen $\mathbf{A} = \mathbf{A}^T$ Links- und Rechtseigenvektoren gleich sind. Von dieser Eigenschaft kann man bei Definitheitsuntersuchungen von Matrizen nutzbringend Gebrauch machen.

Der Zustand des betrachteten homogenen Systems (6.43) wird durch den Vektor $\mathbf{x}$ eindeutig beschrieben. Die Wahl der Zustandsgrößen ist jedoch weitgehend willkürlich. Die Zustandsgrößen können ebenso durch eine Kombination der x_i gebildet werden (Ähnlichkeitstransformation):

$$\boldsymbol{\xi} = \mathbf{T}^{-1}\mathbf{x} \qquad (\mathbf{x} = \mathbf{T}\boldsymbol{\xi}) \ . \tag{6.61}$$

Hierbei ist $\mathbf{T}$ eine reguläre, zeitinvariante Transformationsmatrix. Wählt man für $\mathbf{T}$ speziell die Modalmatrix (6.49), so geht die Systemgleichung über in

$$\mathbf{X}\dot{\boldsymbol{\xi}} = \mathbf{A}\mathbf{X}\boldsymbol{\xi} \ \Rightarrow \ \dot{\boldsymbol{\xi}} = \mathbf{X}^{-1}\mathbf{A}\mathbf{X}\boldsymbol{\xi} \ . \tag{6.62}$$

Mit (6.53), d.h. $\mathbf{X}^{-1}\mathbf{A}\mathbf{X} = \boldsymbol{\Lambda} = \mathrm{diag}\ (\lambda_i)$, ist (6.62) vollständig entkoppelt:

$$\dot{\xi}_i = \lambda_i\xi_i \ . \tag{6.63}$$

Man bezeichnet das entkoppelte Gleichungssystem (6.63) auch als Normalform des Schwingungssystems, die Zustandsgrößen ξ_i als Normal- oder Hauptkoordinaten.

Für die Entkopplung der Systemgleichung über (6.53) muß allerdings vorausgesetzt werden, daß n voneinander unabhängige Eigenvektoren $\overline{\mathbf{x}}_i$, $i = 1(1)n$, existieren. Dies ist bei verschiedenen Eigenwerten immer der Fall, kann bei gleichen Eigenwerten jedoch nicht notwendig vorausgesetzt werden. Tatsächlich kommen in linearen mechanischen Systemen auch solche mit mehrfachen Eigenwerten vor.

6.3.3   Mehrfache Eigenwerte

Im Falle, daß der Eigenwert λ_j v_j—fach auftritt (v: "Vielfachheit"), hängt die Lösung des Systems (6.45) vom Rangabfall d_j (d: "Defekt") der Matrix $(\lambda_j\mathbf{E} - \mathbf{A})$ ab,

$$d_j = n - \mathrm{Rang}\ (\lambda_j\mathbf{E} - \mathbf{A}) \ . \tag{6.64}$$

Zu unterscheiden sind zwei Fälle:

a) $\qquad d_j = v_j \quad$ für alle Eigenwerte:

Es existieren v_j unabhängige Eigenvektoren zum Eigenwert λ_j. Dieser Fall ist anschaulich, vgl. Beispiel.

∇

Beispiel: Der astatische ungedämpfte starre Rotor, Kap. 6.2.1.2/6.2.2

Im Falle einer astatischen Aufhängung ohne Federfesselung und bei vernachlässigter Dämpfung erhält man für eine Beschreibung im Inertialsystem $\left(\Omega - \overline{\Omega}\right) = 0$ für $\dot{\Omega} = 0$ (unbeschleunigter Rotor) das Eigenwertproblem

$$\left[\lambda^2 + \left(\frac{C}{A}\Omega\right)^2\right]\lambda^2 = 0 \quad \Rightarrow \quad \lambda_{1/2} = 0 \ , \quad \lambda_{3/4} = \pm\, i\, \frac{C}{A}\,\Omega \ .$$

Für $\lambda_{3/4}$ erhält man zwei (konjugiert komplexe) Eigenvektoren. Zu $\lambda_{1/2}$ gilt

$$\text{Rang} \ \left(\lambda_{1/2}\mathbf{E} - \mathbf{A}\right) = \begin{pmatrix} 0 & 0 & -1 & 0 \\ 0 & 0 & 0 & -1 \\ 0 & 0 & 0 & +(C\Omega/A) \\ 0 & 0 & -(C\Omega/A) & 0 \end{pmatrix} = 2 \ .$$

Für den doppelten Eigenwert ist der Rangabfall vollständig. Man sieht sofort an $\left(\lambda_{1/2}\,\mathbf{E} - \mathbf{A}\right)$, daß man zwei linear unabhängige Eigenvektoren bekommt, beispielsweise

$$\overline{\mathbf{x}}_1 = (1,0,0,0)^T \ , \quad \overline{\mathbf{x}}_2 = (0,1,0,0)^T \ .$$

$\triangle$

b) $\qquad d_j < v_j \quad$ für mindestens einen Eigenwert:

Hier existieren nur d_j unabhängige Eigenvektoren zu dem Eigenwert mit der Vielfachheit v_j. Die fehlenden linear unabhängigen Vektoren, die zum Aufbau der Lösung notwendig sind, werden aus der "Hauptvektorkette" bestimmt: Mit dem Ansatz

$$\mathbf{x}(t) = \left(\overline{\mathbf{x}}_{v_j} + \overline{\mathbf{x}}_{v_j-1}t + \overline{\mathbf{x}}_{v_j-2}\frac{t^2}{2!} + \dots\right) e^{\lambda_j t} \tag{6.65}$$

erhält man die rekursive Bestimmungsgleichung

$$(\lambda_j\mathbf{E} - \mathbf{A}) \, \overline{\mathbf{x}}_{k+1} = -\overline{\mathbf{x}}_k \ , \quad k = d_j \dots v_j - 1 \tag{6.66}$$

für die fehlenden $v_j - d_j$ Hauptvektoren. Sei beispielsweise die Vielfachheit eines Eigenwerts gleich zwei und der entsprechende Defekt gleich eins, so gilt der Ansatz

$$\mathbf{x} = (\overline{\mathbf{x}}_2 + \overline{\mathbf{x}}_1 t) \, \exp\left(\lambda_{1/2}t\right) \ . \tag{6.67}$$

Differenziert und eingesetzt in die Systemgleichung erhält man

$$\left(\lambda_{1/2}\mathbf{E} - \mathbf{A}\right)\overline{\mathbf{x}}_2 + \left(\lambda_{1/2}\mathbf{E} - \mathbf{A}\right)\overline{\mathbf{x}}_1 t + \overline{\mathbf{x}}_1 = 0 \ . \tag{6.68}$$

Dabei ist $\overline{\mathbf{x}}_1$ Eigenvektor, denn bei einem mehrfachen Eigenwert mit Rangabfall eins ist ein Eigenvektor natürlich verfügbar, und es bleibt

$$\left(\lambda_{1/2}\mathbf{E} - \mathbf{A}\right)\overline{\mathbf{x}}_2 = -\overline{\mathbf{x}}_1 \qquad \text{mit} \quad \left(\lambda_{1/2}\mathbf{E} - \mathbf{A}\right)\overline{\mathbf{x}}_1 = 0 \ . \tag{6.69}$$

Die Lösung enthält also "Säkularglieder", d.h. zeitbeschwerte Terme, entsprechend dem Ansatz (6.65) bzw. (6.67).

Gleichung (6.69) läßt sich zusammenfassen zu

$$[\overline{\mathbf{x}}_1\,\overline{\mathbf{x}}_2]\begin{pmatrix} \lambda & 1 \\ 0 & \lambda \end{pmatrix} = \mathbf{A}\,[\overline{\mathbf{x}}_1\,\overline{\mathbf{x}}_2] \ \Rightarrow \ \mathbf{X}^{-1}\mathbf{A}\,\mathbf{X} = \begin{pmatrix} \lambda & 1 \\ 0 & \lambda \end{pmatrix} = \mathbf{J} \tag{6.70}$$

mit $\mathbf{J}$ als "JORDAN-Block". Im Vergleich zu (6.62/6.63) bedeutet dies, daß eine Entkopplung mit Hilfe der aus den Eigen- und Hauptvektoren gebildeten Modalmatrix nicht gelingt. Vielmehr bleibt bei einer Transformation entsprechend (6.62) bei einem n–fachen Eigenwert mit Rangabfall $d_n = 1$ allgemein ein $n x n$ JORDAN-Block, der auf der Nebendiagonalen den Wert eins enthält, übrig. Der Fall mehrfacher Eigenwerte mit nicht vollständigem Rangabfall der Matrix $(\lambda\mathbf{E} - \mathbf{A})$ soll im folgenden exemplarisch für doppelte Eigenwerte weiterverfolgt werden. Zur Erläuterung sollen zwei Beispiele dienen:

∇

Beispiel:

Betrachtet man eine Masse m, die sich frei linear bewegen kann, so gilt die Bewegungsgleichung

$$\ddot{y} = 0 \ \Rightarrow \ y = y_0 + \dot{y}_0 t \ .$$

Die zugehörige Systemmatrix $\mathbf{A}$ des Zustandsraums,

$$\mathbf{A} = \begin{pmatrix} 0 & 1 \\ 0 & 0 \end{pmatrix} \ ,$$

enthält einen doppelten Nulleigenwert mit Rang $\left(\lambda_{1/2}\mathbf{E} - \mathbf{A}\right) = 1$. Der Fall doppelter Nulleigenwerte mit nicht vollständigem Rangabfall kennzeichnet also die ungefesselte Bewegung.

Beispiel:

Doppelte, von Null verschiedene Eigenwerte treten auf bei dem einseitig gekoppelten System

$$\begin{aligned} \ddot{x} + \omega^2 x - y &= 0 \\ \ddot{y} + \omega^2 y &= 0 \end{aligned}$$

In Zustandsform gilt hier

$$\frac{d}{dt}\begin{pmatrix} x \\ y \\ \dot{x} \\ \dot{y} \end{pmatrix} = \begin{pmatrix} 0 & 0 & 1 & 0 \\ 0 & 0 & 0 & 1 \\ -\omega^2 & 1 & 0 & 0 \\ 0 & -\omega^2 & 0 & 0 \end{pmatrix}\begin{pmatrix} x \\ y \\ \dot{x} \\ \dot{y} \end{pmatrix} .$$

Die Eigenwerte lauten $\lambda_{1/2} = i\omega$, $\lambda_{3/4} = -i\omega$. Die Matrix

$$(\lambda\mathbf{E} - \mathbf{A}) = \begin{pmatrix} \lambda & 0 & -1 & 0 \\ 0 & \lambda & 0 & -1 \\ \omega^2 & -1 & \lambda & 0 \\ 0 & \omega^2 & 0 & \lambda \end{pmatrix}$$

hat den Rang 3 (der erste und dritte Spaltenvektor sind identisch, wenn man den dritten mit $-\lambda$ multipliziert und $-\lambda^2 = \omega^2$ beachtet). Man erhält

$$\begin{array}{lll} \text{Eigenvektor} & \overline{\mathbf{x}}_1 & = (1\ ,\ 0\ ,\ \lambda\ ,\ 0)^T \\ \text{Hauptvektor} & \overline{\mathbf{x}}_2 & = (1\ ,\ 2\lambda\ ,\ 1+\lambda\ ,\ 2\lambda^2)^T \end{array}$$

und damit die Lösung

$$\mathbf{x}(t) = \overline{\overline{\mathbf{x}}}\, e^{i\omega t} + \overline{\overline{\mathbf{x}}}^*\, e^{-i\omega t} \qquad ((\ )^* : \text{``konjugiert komplex''})$$

mit

$$\overline{\overline{\mathbf{x}}} = c_1 \begin{pmatrix} 1 \\ 0 \\ i\omega \\ 0 \end{pmatrix} + c_2 \left[\begin{pmatrix} 1 \\ 2i\omega \\ 1+i\omega \\ -2\omega^2 \end{pmatrix} + \begin{pmatrix} 1 \\ 0 \\ i\omega \\ 0 \end{pmatrix} t \right] ,$$

oder, unter Anpassung an die Anfangsbedingungen $\mathbf{x}(t = 0) = (x_0, 0, 0, A)^T$:

$$\mathbf{x}(t) = \begin{pmatrix} \left(x_0 - \frac{A}{2\omega}t\right) \\ 0 \\ -\frac{A}{2\omega} \\ \omega A \end{pmatrix} \cos\omega t + \begin{pmatrix} 0 \\ A \\ -\omega\left(x_0 - \frac{A}{2\omega}t\right) \\ 0 \end{pmatrix} \sin\omega t$$

Für die Koordinate x liest man die Lösung

$$x(t) = \left(x_0 - \frac{A}{2\omega}\, t\right)\cos\omega t$$

ab. Wegen der einseitigen Kopplung im Ausgangsdifferentialgleichungssystem ist die Lösung für $y(t)$ vorab bekannt; bei entsprechenden Anfangsbedingungen gilt

$$y(t) = A\sin\omega t ,$$

und die verbleibende Gleichung lautet

$$\ddot{x} + \omega^2 x = A \sin \omega t \ .$$

Ihre Lösung stellt die "Resonanzlösung" dar: Der erste Term der Lösung ist die homogene Lösung, wovon man sich durch Einsetzen in die homogene Gleichung überzeugt. Der zweite ist die partikuläre Lösung zur Störerregung $A \sin \omega t$. Diese partikuläre Lösung ist instabil: Mit wachsender Zeit nimmt die Amplitude unbegrenzt zu.

$\triangle$

6.3.4 Fundamentalmatrix

Die Lösung des homogenen Systems in der Form (6.51) für verschiedene Eigenwerte,

$$\mathbf{x}(t) = \mathbf{X}\, e^{\mathbf{\Lambda} t} \mathbf{c} \ , \tag{6.71}$$

lautet im Falle mehrfacher Eigenwerte mit nicht vollständigem Rangabfall

$$\mathbf{x}(t) = \mathbf{X}\, e^{\mathbf{J} t} \mathbf{c} \ : \tag{6.72}$$

Für den Fall doppelter Eigenwerte kann unter Verwendung der Hauptvektoren nach (6.67) für die zu diesem Eigenwert gehörende Teillösung geschrieben werden

$$(\overline{\mathbf{x}}_1 t + \overline{\mathbf{x}}_2)\, e^{\lambda t} c_2 + \overline{\mathbf{x}}_1\, e^{\lambda t} c_1 = [\overline{\mathbf{x}}_1\ \overline{\mathbf{x}}_2] \begin{pmatrix} e^{\lambda t} & t\, e^{\lambda t} \\ 0 & e^{\lambda t} \end{pmatrix} \begin{pmatrix} c_1 \\ c_2 \end{pmatrix} \ . \tag{6.73}$$

Führt man die Reihenentwicklung der Exponentialfunktionen durch, so gilt

$$\begin{pmatrix} 1 & 0 \\ 0 & 1 \end{pmatrix} + \begin{pmatrix} \lambda & 1 \\ 0 & \lambda \end{pmatrix} t + \begin{pmatrix} \lambda^2 & 2\lambda \\ 0 & \lambda^2 \end{pmatrix} \frac{t^2}{2!} + \ldots = \exp \begin{pmatrix} \lambda & 1 \\ 0 & \lambda \end{pmatrix} t \ , \tag{6.74}$$

womit (6.72) bestätigt wird. Für den allgemeinen Fall ist also anstelle der Diagonalmatrix der Eigenwerte in (6.71) die JORDAN-Matrix zu setzen, die überall dort, wo mehrfache Eigenwerte mit unvollständigem Rangabfall auftreten, die JORDAN-Blöcke enthält.

Diese Form der Lösung ist, wie auch die Beispiele gezeigt haben, noch nicht zufriedenstellend, da man i.a. an einer Lösung in Abhängigkeit der Anfangsbedingungen interessiert ist. Für diese gilt

$$\mathbf{x}(t = 0) = \mathbf{x}_0 = \mathbf{X}\, \mathbf{c} \ \Rightarrow \ \mathbf{c} = \mathbf{X}^{-1} \mathbf{x}_0 \ , \tag{6.75}$$

so daß die Lösung (6.72) angegeben werden kann zu

$$\mathbf{x}(t) = \mathbf{X}\, e^{\mathbf{J} t} \mathbf{X}^{-1} \mathbf{x}_0 = \phi(t)\, \mathbf{x}_0 \ . \tag{6.76}$$

Hierbei ist die Matrix ϕ,

$$\phi = [\varphi_1, \varphi_2, \ldots, \varphi_n] \ , \tag{6.77}$$

die Fundamentalmatrix; sie beinhaltet ein System von n Grundlösungen, die sich bei einer entsprechenden Anfangsbedingung x_{0i} (nur die i−te Komponente von $\mathbf{x}_0$ von Null verschieden) ergeben. Für $t = 0$ geht die Fundamentalmatrix in die Einheitsmatrix über.

Eine Reihenentwicklung der Exponentialfunktion in (6.76) liefert

$$\begin{aligned}
\mathbf{X}e^{\mathbf{J}t}\mathbf{X}^{-1} &= \mathbf{X}\left(\mathbf{E} + \mathbf{J}t + \mathbf{J}^2\frac{t^2}{2!} + \ldots\right)\mathbf{X}^{-1} \\
&= \mathbf{X}\mathbf{X}^{-1} + \mathbf{X}\mathbf{J}\mathbf{X}^{-1}t + (\mathbf{X}\mathbf{J}\underline{\mathbf{X}^{-1})\,(\mathbf{X}\mathbf{J}}\mathbf{X}^{-1})\frac{t^2}{2!}\ldots \\
&= \exp\left(\mathbf{X}\mathbf{J}\mathbf{X}^{-1}\right)t \ , \tag{6.78}
\end{aligned}$$

wenn man mit entsprechenden Einheitsmatrizen $\left(\mathbf{X}\mathbf{X}^{-1}\right)$ (unterstrichen in (6.78)) ergänzt. Mit (6.70) folgt

$$\mathbf{X}^{-1}\mathbf{A}\mathbf{X} = \mathbf{J} \ \Rightarrow \ \mathbf{X}\mathbf{J}\mathbf{X}^{-1} = \mathbf{A} \ , \tag{6.79}$$

so daß für die Fundamentalmatrix auch geschrieben werden kann

$$\phi = \mathbf{X}\,e^{\mathbf{J}t}\mathbf{X}^{-1} = e^{\mathbf{X}\mathbf{J}\mathbf{X}^{-1}t} = e^{\mathbf{A}t} \ . \tag{6.80}$$

Aus dieser Darstellung und der Reihendarstellung (6.78) lassen sich einige Eigenschaften ablesen:

$$\begin{aligned}
\phi(t = 0) &= \mathbf{E} & , \\
\dot{\phi} &= \phi\mathbf{A} = \mathbf{A}\phi & , \\
\phi(t_1 + t_2) &= \phi(t_1)\,\phi(t_2) & , \\
\phi^{-1}(t) &= \phi(-t) & .
\end{aligned} \tag{6.81}$$

Damit gilt speziell die Beziehung

$$\begin{aligned}
\int_0^t \phi(\tau)d\tau &= \int_0^t \mathbf{A}^{-1}\mathbf{A}\phi(\tau)d\tau = \mathbf{A}^{-1}\int_0^t \dot{\phi}(\tau)d\tau \\
&= \mathbf{A}^{-1}(\phi(t) - \mathbf{E}) = (\phi(t) - \mathbf{E})\mathbf{A}^{-1} \ , \tag{6.82}
\end{aligned}$$

von der man bei der "Diskretisierung" des Gleichungssystems, wie sie bei der Verwendung digitaler Regelungen, bei der die Regelkraft über kurze Zeitintervalle konstant bleibt, nutzbringend Gebrauch macht.

6.3.5 Partikuläre Lösung

Mit Kenntnis der Fundamentalmatrix läßt sich die partikuläre Lösung des Gesamtsystems (6.39) berechnen: Man erhält durch Variation der Konstanten

$$\mathbf{x}_p = \phi(t)\,\mathbf{c}(t) \ , \quad \dot{\mathbf{x}}_p = \dot{\phi}\mathbf{c} + \phi\dot{\mathbf{c}} \tag{6.83}$$

und Einsetzen in die inhomogene Gleichung mit $\dot{\phi}\mathbf{c} = \mathbf{A}\phi\mathbf{c}$

$$\dot{\mathbf{x}}_p = \dot{\phi}\mathbf{c} + \phi\dot{\mathbf{c}} = \mathbf{A}\phi\mathbf{c} + \phi\dot{\mathbf{c}} = \mathbf{A}\mathbf{x}_p + \mathbf{b} = \mathbf{A}\phi\mathbf{c} + \mathbf{b} \tag{6.84}$$

eine Bestimmungsgleichung für $\mathbf{c}$,

$$\dot{\mathbf{c}} = \phi^{-1}\mathbf{b} \ . \tag{6.85}$$

Für die Gesamtlösung gilt dann mit dem Ansatz (6.83) unter Anpassung an die Anfangsbedingung $\mathbf{x}(t=0) = \mathbf{x}_0$

$$\mathbf{x}(t) = \phi\mathbf{x}_0 + \underbrace{\phi\mathbf{c}_0}_{0} + \phi\int_0^t \phi^{-1}\mathbf{b}\,d\tau = \phi\mathbf{x}_0 + \int_0^t \phi(t-\tau)\mathbf{b}(\tau)d\tau \ . \tag{6.86}$$

6.3.6 Der Satz von CAYLEY und HAMILTON

Der Satz von CAYLEY und HAMILTON besagt, daß jede quadratische Matrix $\mathbf{A}$ ihrer eigenen charakteristischen Gleichung (6.46) genügt:

$$\mathbf{A}^n + a_1\mathbf{A}^{n-1} + \ldots a_n\mathbf{E} = 0 \ . \tag{6.87}$$

Für den Fall verschiedener Eigenwerte ist dies unmittelbar einsichtig: Mit (6.53) folgt nach einer Multiplikation von (6.87) von links mit $\mathbf{X}^{-1}$ und von rechts mit $\mathbf{X}$:

$$\mathbf{X}^{-1}\mathbf{A}\mathbf{X} = \Lambda \ , \quad \mathbf{X}^{-1}\mathbf{A}^2\mathbf{X} = \mathbf{X}^{-1}\mathbf{A}\mathbf{X}\,\mathbf{X}^{-1}\mathbf{A}\mathbf{X} = \left(\mathbf{X}^{-1}\mathbf{A}\mathbf{X}\right)^2 = \Lambda^2,\ldots \tag{6.88}$$

Man erhält:

$$\Lambda^n + a_1\Lambda^{n-1} + \ldots a_n\mathbf{E} = 0 \ . \tag{6.89}$$

Dies ist das Eigenwertproblem (6.46), wobei die n Lösungen λ_i in einer Diagonalmatrix angeordnet sind. Für verschiedene Eigenwerte ändert sich (6.88) zu

$$\mathbf{X}^{-1}\mathbf{A}\mathbf{X} = \mathbf{J} \ : \ \mathbf{J}^n + a_1\mathbf{J}^{n-1} + \ldots a_n\mathbf{E} = 0 \ . \tag{6.90}$$

Mit z.B. einem v_j-fachen Eigenwert λ_j mit zugehörigem Rangabfall von $(\lambda_j \mathbf{E} - \mathbf{A})$ = 1 gilt analog zu (6.70)

$$
\mathbf{J} = \begin{bmatrix}
\lambda_1 & & & & & \\
& \ddots & & & & \\
& & \lambda_{j-1} & & & \\
& & & [\mathbf{J}_j] & & \\
& & & & \ddots & \\
& & & & & \lambda_n
\end{bmatrix} ,
$$

$$
\mathbf{J}_j = \begin{bmatrix}
\lambda_j & 1 & & & & \\
& \lambda_j & 1 & & & \\
& & \lambda_j & 1 & & \\
& & & \lambda_j & \ddots & \\
& & & & \ddots & 1 \\
& & & & & \lambda_j
\end{bmatrix} ; \quad \mathbf{J} \in \mathrm{R}^{n,n} , \quad \mathbf{J}_j \in \mathrm{R}^{v_j,v_j} . \quad (6.91)
$$

Die Summe der Diagonalelemente in (6.90) verschwindet wegen (6.89); für die Außerdiagonalelemente der k-ten Potenz von $\mathbf{J}_j$ erhält man

$$
\mathbf{J}_j^k(j , j+m)\frac{1}{m!} \frac{\partial^m}{\partial \lambda_j^m} \lambda_j^k , \quad m = 1(1)v_j - 1 . \quad (6.92)
$$

Weil (6.90) für jedes Element gelten muß, erhält man mit den entsprechenden Potenzen nach (6.92)

$$
\frac{1}{m!} \frac{\partial^m}{\partial \lambda^m} \lambda^n + a_1 \frac{1}{m!} \frac{\partial^m}{\partial \lambda^m} \lambda^{n-1} + \ldots = \frac{1}{m!} \frac{\partial^m}{\partial \lambda^m} \left[\lambda^n + a_1 \lambda^{n-1} + \ldots a_n\right] = 0 , \quad \lambda = \lambda_j .
$$
$$(6.93)$$

In (6.93) stellt die eckige Klammer das Eigenwertproblem für die j-te Lösung dar; die Gleichung ist damit erfüllt und (6.90) gültig. Damit gilt der Satz von CAYLEY und HAMILTON (6.87) für alle quadratischen Matrizen $\mathbf{A}$, auch für solche mit mehrfachen Eigenwerten und unvollständigem Rangabfall.

Löst man (6.87) nach der höchsten Potenz von $\mathbf{A}$ auf, so folgt:

$$
\mathbf{A}^n = -a_1 \mathbf{A}^{n-1} - \ldots a_n \mathbf{E} .
$$

Multipliziert man diese Beziehung mit $\mathbf{A}$, so gilt

$$
\mathbf{A}^{n+1} = -a_1 \mathbf{A}^n - \ldots a_n \mathbf{A} = -a_1 \left(-a_1 \mathbf{A}^{n-1} - \ldots - a_n \mathbf{E}\right) - a_2 \mathbf{A}^{n-1} - \ldots - a_n \mathbf{A} .
$$
$$(6.94)$$

Das Durchmultiplizieren mit $\mathbf{A}$ kann beliebig fortgesetzt werden mit dem Ergebnis, daß jede Potenz von $\mathbf{A}$ größer als $n - 1$ durch ein Polynom vom Grad $n - 1$

ausgedrückt werden kann. Dann gilt natürlich auch, daß jedes Polynom in **A** vom Grad größer $n-1$ durch ein Ersatzpolynom vom Grad $n-1$ dargestellt werden kann. Diese Tatsache kann man bei der Berechnung der Fundamentalmatrix ausnutzen.

6.3.7   Berechnung der Fundamentalmatrix

Mit den Ausführungen der vorangegangenen Kapitel ergeben sich einige Möglichkeiten zur Berechnung der Fundamentalmatrix. Dies ist zum einen die Berechnung über die Eigenvektoren (Hauptvektoren) und Eigenwerte nach (6.76)

$$\phi = \mathbf{X}\, e^{\mathbf{J}t}\, \mathbf{X}^{-1} \tag{6.95}$$

bzw. im Falle verschiedener Eigenwerte

$$\phi = \mathbf{X}\, e^{\boldsymbol{\Lambda}t}\, \mathbf{X}^{-1} \tag{6.96}$$

∇

<u>Beispiel:</u>

Betrachtet wird ein einfacher Feder-Masse-Schwinger mit Dämpfung. Mit Hilfe der Abkürzungen

$$\omega^2 = \frac{c}{m}\ ,\quad 2\Delta = \frac{d}{m}$$

lautet die Zustandsgleichung

$$\dot{\mathbf{x}} = \begin{pmatrix} 0 & 1 \\ -\omega^2 & -2\Delta \end{pmatrix} \mathbf{x} \quad \text{mit}\ \ \mathbf{x} = (y, \dot{y})^T\ .$$

Die Eigenwerte sind

$$\det \begin{pmatrix} \lambda & -1 \\ \omega^2 & \lambda + 2\Delta \end{pmatrix} = \lambda(\lambda + 2\Delta) + \omega^2 = 0$$

$$\Rightarrow\ \lambda_{1/2} = -\Delta \pm i\nu \quad \text{mit}\ \ \nu = \sqrt{(\omega^2 - \Delta^2)}\ .$$

Die zugehörigen Eigenvektoren, spaltenweise in der Modalmatrix **X** angeordnet, sind

$$\mathbf{X} = \begin{pmatrix} 1 & 1 \\ -(\Delta - i\nu) & -(\Delta + i\nu) \end{pmatrix}\ .$$

Damit erhält man für $\mathbf{X}\,e^{\mathbf{\Lambda}t}\mathbf{X}^{-1}$:

$$
\begin{pmatrix} 1 & 1 \\ -(\Delta-i\nu) & -(\Delta-i\nu) \end{pmatrix}
\begin{pmatrix} \exp(-\Delta+i\nu)t & 0 \\ 0 & \exp(-\Delta-i\nu)t \end{pmatrix}
\begin{pmatrix} -(\Delta+i\nu) & -1 \\ +(\Delta-i\nu) & 1 \end{pmatrix}\frac{i}{2\nu}
$$

$$
= e^{-\Delta t}\begin{pmatrix} \frac{1}{2}(e^{i\nu t}+e^{-i\nu t})+\frac{\Delta}{\nu}\frac{i}{2}(-e^{i\nu t}+e^{-i\nu t}) & \frac{1}{\nu}\frac{i}{2}(-e^{i\nu t}+e^{-i\nu t}) \\[2mm] -\frac{1}{\nu}(\Delta^2+\nu^2)\frac{i}{2}(-e^{i\nu t}+e^{-i\nu t}) & \frac{1}{2}(e^{i\nu t}+e^{-i\nu t})-\frac{\Delta}{\nu}\frac{i}{2}(-e^{i\nu t}+e^{-i\nu t}) \end{pmatrix}
$$

$$
= e^{-\Delta t}\begin{pmatrix} \cos\nu t+\frac{\Delta}{\nu}\sin\nu t & \frac{1}{\nu}\sin\nu t \\[2mm] -\frac{1}{\nu}(\Delta^2+\nu^2)\sin\nu t & \cos\nu t-\frac{\Delta}{\nu}\sin\nu t \end{pmatrix} = \phi\;.
$$

$\triangle$

Wegen (6.90) kann für die Fundamentalmatrix auch geschrieben werden

$$
\phi = e^{\mathbf{A}t} \tag{6.97}
$$

und über die Entwicklung der Exponentialfunktion als unendliche Potenzreihe berechnet werden. Nach dem Satz von CAYLEY und HAMILTON kann aber jede Potenzreihe vom Grad größer $n-1$ durch ein Ersatzpolynom vom Grad $n-1$ dargestellt werden:

$$
e^{\mathbf{A}t} = \sum_{i=0}^{\infty}\beta_i\mathbf{A}^i = \sum_{i=0}^{n-1}\alpha_i\mathbf{A}^i\;. \tag{6.98}
$$

Für den Fall verschiedener Eigenwerte kann das äquivalente Ersatzpolynom für $\mathbf{\Lambda}$ gebildet werden, denn sowohl $\mathbf{A}$ als auch $\mathbf{\Lambda}$ erfüllen die charakteristische Gleichung, deren Auflösung nach der höchsten Potenz etc., Gl. (6.94), auf die zu ermittelnden unbekannten Koeffizienten α_i führt. Weil also die Entwicklung des Ersatzproblems (6.98) für $\mathbf{A}$ oder für $\mathbf{\Lambda}$ auf dieselben Koeffizienten α_i führen muß, ist es natürlich zweckmäßig, für ihre Bestimmung die Diagonalmatrix der Eigenwerte zu benutzen. Für diese muß gelten

$$
e^{\mathbf{\Lambda}t} = \sum_{i=0}^{n-1}\alpha_i\mathbf{\Lambda}^i\;. \tag{6.99}
$$

In Gleichung (6.99) sind nur die Dagonalelemente von Null verschieden, die Auswertung ist also sehr einfach. Ordnet man die α_i in einem Vektor an und faßt die zu betrachtenden Diagonalelemente ebenfalls in einem Vektor zusammen, so erhält man für die Berechnung der α_i die Vorschrift

$$
\begin{pmatrix} e^{\lambda_1 t} \\ e^{\lambda_2 t} \\ \vdots \\ e^{\lambda_n t} \end{pmatrix} = \begin{pmatrix} 1 & \lambda_1 & \lambda_1^2 & \lambda_1^3 & \ldots & \lambda_1^{(n-1)} \\ 1 & \lambda_2 & \lambda_2^2 & \lambda_2^3 & \ldots & \lambda_2^{(n-1)} \\ & & & & & \\ 1 & \lambda_n & \lambda_n^2 & \lambda_n^3 & \ldots & \lambda_n^{(n-1)} \end{pmatrix}\begin{pmatrix} a_0 \\ a_1 \\ \vdots \\ a_{n-1} \end{pmatrix}\;. \tag{6.100}
$$

(Die in (6.100) auftretende Matrix wird (in transponierter Form) "VANDERMON-DE-Matrix" genannt. Derartige VANDERMONDE-Matrizen tauchen in vielen Näherungs- und Interpolationsproblemen auf.) Nach Bestimmung der α_i über (6.100) kann die Funktionalmatrix als endliches Matrizenpolynom mit (6.98) gebildet werden.

∇

Beispiel: Betrachtet wird das Beispiel des Einmassenschwingers mit Feder und Dämpfer (verschiedene Eigenwerte). Nach (6.100) gilt

$$\begin{pmatrix} 1 & -(\Delta - i\nu) \\ 1 & -(\Delta + i\nu) \end{pmatrix} \begin{pmatrix} a_0 \\ a_1 \end{pmatrix} = e^{-\Delta t} \begin{pmatrix} e^{i\nu t} \\ e^{-i\nu t} \end{pmatrix} \ .$$

Multipliziert man beide Zeilen der Matrixgleichung aus und subtrahiert sie voneinander, so erhält man

$$2\nu\alpha_1 = e^{-\Delta t}\, i \left(e^{-i\nu t} - e^{i\nu t} \right) = 2\, e^{-\Delta t} \sin \nu t \ : \ \alpha_1 = e^{-\Delta t}\frac{1}{\nu} \sin \nu t \ .$$

Eine entsprechende Addition der Gleichungen ergibt

$$2\alpha_0 - 2\Delta\alpha_1 = e^{-\Delta t} \left(e^{i\nu t} + e^{-i\nu t} \right) = 2e^{-\Delta t} \cos \nu t \ : \ \alpha_0 = e^{-\Delta t} \left(\cos \nu t - \frac{\Delta}{\nu} \sin \nu t \right)$$

Die Fundamentalmatrix ist nach (6.98)

$$\phi = \alpha_0 \mathbf{E} + \alpha_1 \mathbf{A} \ .$$

$\triangle$

Im Falle mehrerer Eigenwerte mit nicht vollständigem Rangabfall der zugehörigen $(\lambda \mathbf{E} - \mathbf{A})$-Matrix ist es einleuchtend, daß (6.100) nicht zum Ziel führen kann, denn dann stehen in der VANDERMONDE-Matrix entsprechend der Vielfachheit des Eigenwerts gleiche Zeilen und die Matrix wird singulär. In diesem Falle muß auf die charakteristische Gleichung in $\mathbf{J}$ zurückgegriffen werden, vgl. (6.90). Weil $\mathbf{J}$ die charakteristische Gleichung erfüllt, liefert die Entwicklung

$$e^{\mathbf{J}t} = \sum_{i=0}^{n-1} \alpha_i \mathbf{J}^i \tag{6.101}$$

die gesuchten Koeffizienten. Führt man die Reihenentwicklung (6.73/6.74) weiter durch, so erkennt man, daß für die Außerdiagonalelemente von $e^{\mathbf{J}t}$ die Entwicklung

$$e^{\mathbf{J}t}(m, m+1) = \frac{1}{m!}\, t^m e^{\lambda t} \qquad \text{für} \quad \mathbf{J} = \mathbf{J}_j, \ \lambda = \lambda_j \tag{6.102}$$

gilt. Weil das Matrizenpolynom (6.101) für jedes Matrizenelement erfüllt sein muß, gilt, wenn man die Potenzentwicklung von $\mathbf{J}^k$ nach (6.93) in (6.101) einsetzt

$$t^m e^{\lambda t} = \frac{\partial^m}{\partial \lambda^m} \left[a_0 + a_1 \lambda + \ldots + a_{n-1} \lambda^{n-1} \right] \ , \quad \lambda = \lambda_j \ , \quad m = 1(1)v_j - 1 \quad (6.103)$$

Die fehlenden Zeilen in (6.100) im Falle mehrfacher Eigenwerte mit nicht vollständigem Rangabfall sind also durch (6.103) zu bilden, vgl. [MÜL 76].

6.4 Eigenwertproblem: Balken, Platten, kontinuierliche Systeme

Dem Eigenwertproblem (6.45) kommt bei der Behandlung linearer Systeme erhebliche Bedeutung zu. Dies wird einerseits dadurch deutlich, daß die Eigenwerte Frequenz und Dämpfung des betrachteten Systems enthalten, zum anderen führen Reihenansätze zur näherungsweisen Bestimmung kontinuierlicher Systeme stets auf ein Eigenwertproblem.

Gerade kontinuierliche (Teil-) Körper sind in der Modellbildung mechanischer Systeme mit schnellen Führungsbewegungen von großem Interesse, da hier oft die Bauteilelastizität wesentlichen Einfluß auf das Schwingungsverhalten hat. Als Beispiele seien genannt: Die Ultrazentrifuge, deren Betriebsdrehzahl weit über den ersten Biegeschwingungsfrequenzen liegt, und die Magnetschwebebahn auf geständertem Fahrweg, dessen Nachgiebigkeit die Fahrstabilität schneller Bahnen beeinflußt.

Grundbausteine für eine derartige Modellbildung sind Balken und Platten. Die Schwingungsgleichungen letzterer sind für den allgemeinen Einspannfall nicht mehr geschlossen analytisch lösbar. Die Verwendung von Reihenansätzen liegt daher nahe. Ein derartiges Verfahren wurde von Walter RITZ [RIT 09] entwickelt und hat sich als außerordentlich tragkräftig erwiesen. Je nach Art des Reihenansatzes unterscheidet man nach dem *RITZschen Verfahren* und nach der *Methode der Finiten Elemente*. Insbesondere mit der Methode der Finiten Elemente lassen sich weitgehend beliebig geformte Schalenkonstruktionen berechnen, so etwa die Schwingungen einer Hubschrauberzelle, während für die Schwingungen eines Hubschrauberrotorblattes die Modellbildung eines Balkens näher liegt und einfacher zu handhaben ist.

Bei der Schwingungsanalyse von Balken nehmen solche eine besondere Rolle ein, die homogen und von konstantem Querschnitt sind. Sofern sie keinen Führungsbewegungen unterliegen, ist ihre zugehörige Schwingungsdifferentialgleichung geschlossen lösbar.

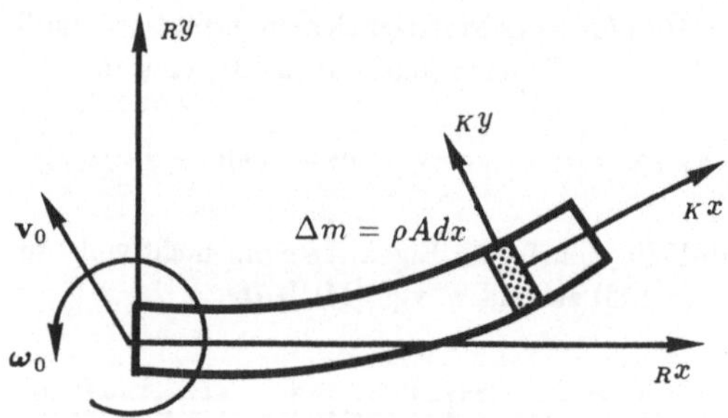

Bei Vorhandensein von Führungsbewegungen sind die Bewegungsgleichungen kleiner Schwingungen mit den Ergebnissen nach Tabelle 8 bekannt. Es ist lediglich

$$\mathbf{r}_s = \mathbf{x} = \begin{pmatrix} x \\ 0 \\ 0 \end{pmatrix} \qquad (6.104)$$

Bild 6.7: Balken   zu setzen.

Verschiebung $\mathbf{r}$ und Verdrehung φ hängen von $\mathbf{x}$ und t ab. Der betrachtete starre Körper, an dem das Koordinatensystem K befestigt ist, ist ein infinitesimaler Körper $\Delta m = \rho A dx$, wobei die Querschnittsfläche A keinen Verformungen unterliegen soll. Im allgemeinen Fall ist die Dichte ρ und die Querschnittsfläche A vom Ort x abhängig. Betrachtet man einen einzelnen Balken, so ist die Summe in Tabelle 8 durch das Integral über alle infinitesimalen Balkenelemente zu ersetzen:

$$\sum_{i=1}^{p} \Rightarrow \int_0^L . \qquad (6.105)$$

(Besteht das betrachtete System aus mehreren Balken, etwa der Anzahl n, so ist die Summe in (6.105) zu ersetzen in eine Summe über n und eine Integration über die Einzelbalken).

6.4.1 Klassische Balkenschwingungstheorie

Betrachtet werden zunächst Balken homogener Dichte von konstantem Querschnitt ohne Führungsbewegungen. Dabei sei im ersten Schritt eine Längsschwingung vernachlässigt. Dies trifft den häufigsten Modellierungsfall: Der Balken kann Querschwingungen ausführen und dabei tordieren. Es wird weiterhin zunächst vorausgesetzt, daß die "elastische Achse" und die Schwerpunktsachse des Balkens zusammenfallen. Unter elastischer Achse ("Schubmittelpunktsachse") versteht man diejenige Achse, die bei reiner Querkraftbelastung torsionsfrei ausbiegt.

Eine Querschubverformung der Balkenelemente gegeneinander sei vernachlässigbar. Bezeichnet man die Verformungen in $y-$ und $z-$Richtung mit $v(x,t)$ und $w(x,t)$ sowie die Torsion um die $x-$Achse mit $\theta(x,t)$, so gilt (siehe auch Kap. 3.1.8)

$$\dot{\mathbf{r}} = \begin{pmatrix} 0 \\ \dot{v} \\ \dot{w} \end{pmatrix} , \quad \dot{\boldsymbol{\varphi}} = \mathrm{rot}\dot{\mathbf{r}} + \dot{\theta}\mathbf{e}_1 = \begin{pmatrix} 0 & 0 & 0 \\ 0 & 0 & -\partial/\partial x \\ 0 & \partial/\partial x & 0 \end{pmatrix} \begin{pmatrix} 0 \\ \dot{v} \\ \dot{w} \end{pmatrix} + \begin{pmatrix} \dot{\theta} \\ 0 \\ 0 \end{pmatrix} = \begin{pmatrix} \dot{\theta} \\ -\dot{w}' \\ \dot{v}' \end{pmatrix}$$

$$(6.106)$$

mit $(\ )' = \partial(\ )/\partial x$.

Als Minimalgeschwindigkeiten werden die ersten Zeitableitungen der Minimalkoordinaten (Auslenkungen von der Sollage) $\mathbf{y}$ gewählt. Entsprechend einer gewählten Reihenfolge der Verformungen

$$v(x,t) , \quad w(x,t) , \quad \theta(x,t) \tag{6.107}$$

wird der Vektor der Minimalkoordinaten aufgespalten in

$$\mathbf{y} = \left[\mathbf{y}_v^T \mathbf{y}_w^T \mathbf{y}_\theta^T\right]^T . \tag{6.108}$$

Damit lauten die Funktionalmatrizen

$$\frac{\partial\dot{\mathbf{r}}}{\partial\dot{\mathbf{y}}} = \begin{pmatrix} 0 & 0 & 0 \\ \frac{\partial\dot{v}}{\partial\dot{\mathbf{y}}_v} & 0 & 0 \\ 0 & \frac{\partial\dot{w}}{\partial\dot{\mathbf{y}}_w} & 0 \end{pmatrix} ; \quad \frac{\partial\dot{\boldsymbol{\varphi}}}{\partial\dot{\mathbf{y}}} = \begin{pmatrix} 0 & 0 & \frac{\partial\dot{\theta}}{\partial\dot{\mathbf{y}}_\theta} \\ 0 & -\frac{\partial\dot{w}'}{\partial\dot{\mathbf{y}}_w} & 0 \\ \frac{\partial\dot{v}'}{\partial\dot{\mathbf{y}}_v} & 0 & 0 \end{pmatrix} . \tag{6.109}$$

(Um Verwechslungen der Verschiebungsfunktion $v(x,t)$ mit der Schwerpunktsgeschwindigkeit $\mathbf{v}_s$ zu vermeiden, wird für letztere die Schreibweise $\dot{\mathbf{r}}$ gewählt.)

Mit $\mathbf{J}^T = \left[\left(\frac{\partial\dot{\mathbf{r}}}{\partial\dot{\mathbf{y}}}\right)^T \left(\frac{\partial\dot{\boldsymbol{\varphi}}}{\partial\dot{\mathbf{y}}}\right)^T\right]$ ist die Massenmatrix $\mathbf{M} = \int_L \mathbf{J}^T\, d\mathbf{M}^*\mathbf{J}$ nach Tabelle 8 bekannt.

Wenn zwischen der elastischen Achse und der Schwerpunktsachse kein Versatz vorliegt, so sind die Bewegungen $v(x,t)$, $w(x,t)$ und $\theta(x,t)$ voneinander unabhängig. Stellvertretend seien zunächst die Biegeschwingungen $v(x,t)$ betrachtet. Für diese erhält man die Rückführmatrix $\mathbf{K}$ aus dem Potential V (3.98) zu

$$\mathbf{K} = \frac{\partial^2 V}{\partial\mathbf{y}\,\partial\mathbf{y}^T} . \tag{6.110}$$

Mit

$$V = \frac{1}{2}\int_L E\overline{I}_z\, v''^2\, dx \ ; \quad (\ )'' = \frac{\partial^2}{\partial x^2}(\ ) \tag{6.111}$$

folgt

$$\mathbf{K} = \int_L E\overline{I}_z \left[\frac{\partial v''}{\partial\mathbf{y}}\right]^T \left[\frac{\partial v''}{\partial\mathbf{y}}\right] dx , \tag{6.112}$$

wobei der Einfachheit halber auf den Index v verzichtet wurde: $\mathbf{y} = \mathbf{y}_v$. Multipliziert man auch die Massenmatrix aus und berücksichtigt, daß

$$dm = \rho A\,dx \ , \quad d\mathbf{I} = \rho \bar{\mathbf{I}}\,dx$$

mit $\bar{\mathbf{I}}$ als Tensor der Flächenträgheitsmomente gilt, so erhält man

$$\mathbf{M} = \int_L \left\{ \rho A \left[\frac{\partial v}{\partial \mathbf{y}}\right]^T \left[\frac{\partial v}{\partial \mathbf{y}}\right] + \rho \bar{I}_z \left[\frac{\partial v'}{\partial \mathbf{y}}\right]^T \left[\frac{\partial v'}{\partial \mathbf{y}}\right] \right\} dx \ . \tag{6.113}$$

Schließlich sei noch eine Kraft zugelassen, die an einem Ort $x = \xi$ vorherrscht. Ihre Wirkung wird nach Tabelle 8 über die entsprechende Funktionalmatrix erfaßt. Nimmt man zusätzlich an, daß die Drehträgheit des Balkens im Vergleich zu den translatorischen Massenwirkungen vernachlässigt werden kann,

$$\left| \rho A \left[\frac{\partial v}{\partial \mathbf{y}}\right]^T \left[\frac{\partial v}{\partial \mathbf{y}}\right] \right| \gg \left| \rho \bar{\mathbf{I}} \left[\frac{\partial v'}{\partial \mathbf{y}}\right]^T \left[\frac{\partial v'}{\partial \mathbf{y}}\right] \right| \ , \tag{6.114}$$

(Übergang vom "RAYLEIGH-Balken" zum "EULER-BERNOULLI-Balken"), so lautet die Bewegungsgleichung für $v(x,t)$

$$\left[\int_L \rho A \left[\frac{\partial v}{\partial \mathbf{y}}\right]^T \left[\frac{\partial v}{\partial \mathbf{y}}\right] dx\right] \ddot{\mathbf{y}} + \left[\int_L E\bar{I}_z \left[\frac{\partial v''}{\partial \mathbf{y}}\right]^T \left[\frac{\partial v''}{\partial \mathbf{y}}\right] dx\right] \mathbf{y} = \left[\frac{\partial v}{\partial \mathbf{y}}\right]^T f_y \Bigg|_{x=\xi} \ , \tag{6.115}$$

Um eine Lösung zu finden, wird zunächst von der homogenen Lösung ($f_y = 0$) ausgegangen. Dazu wird die Rückführmatrix $\mathbf{K}$ einer zweimaligen örtlichen partiellen Integration unterzogen:

$$\int_L E\bar{I}_z \left(\frac{\partial v''}{\partial \mathbf{y}}\right)^T \left(\frac{\partial v''}{\partial \mathbf{y}}\right) dx \ = \ \int_L E\bar{I}_z \left(\frac{\partial v}{\partial \mathbf{y}}\right)^T \left(\frac{\partial v''''}{\partial \mathbf{y}}\right) dx$$

$$+ \left[E\bar{I}_z \left(\frac{\partial v''}{\partial \mathbf{y}}\right)^T \left(\frac{\partial v'}{\partial \mathbf{y}}\right) \right]_0^L$$

$$- \left[E\bar{I}_z \left(\frac{\partial v'''}{\partial \mathbf{y}}\right)^T \left(\frac{\partial v}{\partial \mathbf{y}}\right) \right]_0^L \ . \tag{6.116}$$

Für klassische Einspannbedingungen müssen die letzten beiden Terme Null sein:

$$x = 0, \ x = L : \quad \begin{array}{llll} \text{Querkraft} & E\bar{I}_z v''' & = 0 \ \text{oder Auslenkung} & v = 0 \ , \\ \text{Moment} & E\bar{I}_z v'' & = 0 \ \text{oder Winkel} & v' = 0 \ . \end{array} \tag{6.117}$$

Für die Bewegungsgleichung bleibt dann

$$\int_L \left\{ \left(\frac{\partial v}{\partial \mathbf{y}}\right)^T \left[\rho A \left(\frac{\partial v}{\partial \mathbf{y}}\right) \ddot{\mathbf{y}} + E\bar{I}_z \left(\frac{\partial v''''}{\partial \mathbf{y}}\right) \mathbf{y} \right] \right\} dx = 0 \tag{6.118}$$

Die Frage ist nun, wie die Verformungsfunktion $v(x,t)$ von den Minimalkoordinaten $\mathbf{y}$ abhängt. Hier kommt man durch einen einfachen Separationssatz

$$v(x,t) = \mathbf{v}^T(x)\,\mathbf{y}(t) \ ; \ \mathbf{v}^T = (v_1, v_2, \ldots v_\infty) \qquad (6.119)$$

zum Ziel. Ferner wird (6.118) erfüllt, wenn die eckige Klammer für sich gleich Null ist. Für die i–te Komponente gilt

$$\rho A\, v_i \ddot{y}_i + E\overline{I}_z\, v_i''''\, y_i = 0 \ . \qquad (6.120)$$

Dividiert man diese Beziehung durch $\left(E\overline{I}_z v_i y_i\right)$ und bringt den zweiten Term auf die rechte Seite des Gleichheitszeichens, so können beide Terme für sich, da einmal rein ortsabhängig, einmal rein zeitabhängig, nur erfüllt sein, wenn sie eine Konstante darstellen. Diese Konstante sei k^4:

$$-\frac{\rho A}{E\overline{I}_z}\,\frac{\ddot{y}_i}{y_i} = \frac{v_i''''}{v_i} = k^4 \ . \qquad (6.121)$$

Das bedeutet, daß der Separationsansatz die Gleichung erfüllt. Sie zerfällt damit in zwei Teilgleichungen (Auflösung von (6.121)), wobei im folgenden auf den Index i verzichtet werden soll:

$$\ddot{y} + \frac{E\overline{I}_z}{\rho A}\,k^4 y \ = \ 0 \ : \quad y(t) = y_0 \cos \nu t + \frac{\dot{y}_0}{\nu}\sin \nu t \ , \quad \nu = \sqrt{\frac{E\overline{I}_z}{\rho A}}\,k^2$$

$$v'''' - k^4 v \ = \ 0 \ . \qquad (6.122)$$

(Die Fundamentalmatrix für den einfachen Schwinger ist nach Kap. 6.3.7 (Beispiel) bekannt, damit liest man die Lösung für y unmittelbar ab). Für die örtliche Differentialgleichung gilt analog zu (6.44) der Ansatz

$$v(x) = e^{\beta x} \ , \qquad (6.123)$$

wobei auf eine Konstante verzichtet werden kann, denn wegen (6.119) gilt für die Gesamtlösung

$$v(x,t) = v(x)\,y(t) \ , \qquad (6.124)$$

und die Konstante der Gesamtlösung ist über die Anfangsbedingungen y_0, $\dot{y}_0$ festgelegt. Gleichung (6.123) liefert das Eigenwertproblem

$$\left(\beta^4 - k^4\right) = \left(\beta^2 - k^2\right)\left(\beta^2 + k^2\right) = 0 \qquad (6.125)$$

mit jeweils zwei reellen und zwei imaginären Eigenwerten

$$\beta_{1/2} = \pm k \ , \quad \beta_{3/4} = \pm ik \ . \qquad (6.126)$$

Damit kann die Lösung für $v(x)$ zusammengefaßt werden zu

$$v(x) = (\cosh kx \;\; \sinh kx \;\; \cos kx \;\; \sin kx)(c_1\, c_2\, c_3\, c_4)^T \;. \tag{6.127}$$

Die hier auftretenden Konstanten sind über die jeweiligen Randbedingungen (6.117) festzulegen. Dabei sind für den allgemeinen Fall nullte bis dritte Ableitung der Lösung zu betrachten.

Für diese gilt

$$\begin{pmatrix} v(x) \\ v'(x)/k \\ v''(x)/k^2 \\ v'''(x)/k^3 \end{pmatrix} = \begin{pmatrix} \cosh kx & \sinh kx & \cos kx & \sin kx \\ \sinh kx & \cosh kx & -\sin kx & \cos kx \\ \cosh kx & \sinh kx & -\cos kx & -\sin kx \\ \sinh kx & \cosh kx & \sin kx & -\cos kx \end{pmatrix} \begin{pmatrix} c_1 \\ c_2 \\ c_3 \\ c_4 \end{pmatrix} \tag{6.128}$$

∇

<u>Beispiel:</u> Der einseitig eingespannte Balken

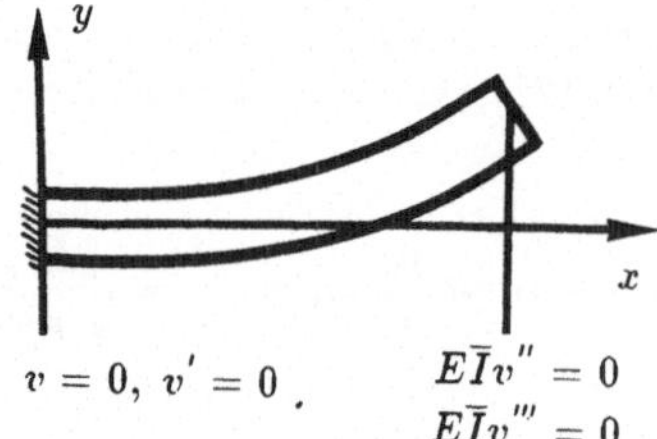

Bild 6.8: Randbedingungen

Für den einseitig eingespannten Balken gelten die Randbedingungen

$$x = 0 : \quad v = 0 , \quad v' = 0$$
$$x = L : \quad v'' = 0 , \quad v''' = 0 \quad .$$

Mit (6.128) folgt

$$\begin{pmatrix} 1 & 0 & 1 & 0 \\ 0 & 1 & 0 & 1 \\ \cosh kl & \sinh kl & -\cos kl & -\sin kl \\ \sinh kl & \cosh kl & \sin kl & -\cos kl \end{pmatrix} \begin{pmatrix} c_1 \\ c_2 \\ c_3 \\ c_4 \end{pmatrix} = \mathbf{V}\,\mathbf{c} = 0 \;.$$

Diese Beziehung stellt ein (transzendentes) Eigenwertproblem dar: Für nichttriviale Lösungen muß gelten

$$\det \mathbf{V} = 0 = (1 + \cosh kl \, \cos kl) \;;$$

diese Gleichung besitzt unendlich viele Lösungen kl. Damit hat der Balken unendlich viele Schwingungsformen. Für den zugehörigen Eigenvektor $\mathbf{c}$ erhält man

$$\mathbf{c}^T = (1 \;\; -\gamma \;\; -1 \;\; \gamma) \;\; \text{mit} \;\; \gamma = \frac{\sinh kl - \sin kl}{\cosh kl + \cos kl} \;.$$

$\triangle$

Es bleibt noch der Fall der Torsionsschwingungen zu betrachten. Mit $2V = \int G\bar{I}_D \theta'^2\, dx$ und einmaliger partieller Integration, analog (6.116), erhält man

$$\int_L \left[\left(\frac{\partial \theta}{\partial \mathbf{y}}\right)^T \left\{ \rho\bar{I}_x \left(\frac{\partial \theta}{\partial \mathbf{y}}\right) \ddot{\mathbf{y}} + G\bar{I}_D \left(\frac{\partial \theta''}{\partial \mathbf{y}}\right) \mathbf{y} \right\} \right] dx = 0 \ . \tag{6.129}$$

Mit

$$\theta(x,t) = \theta(x)^T \mathbf{y}(t) \tag{6.130}$$

erhält man mit einem analogen Vorgehen zu (6.121), hier mit der Konstanten k^2, die beiden Gleichungen

$$\ddot{y}_i + \nu_i^2 y_i \ = \ 0 \ , \quad \nu_i = \sqrt{\frac{G\bar{I}_D}{\rho\bar{I}_x}}\, k_i \ ,$$

$$\theta_i'' + k_i^2 \theta_i \ = \ 0 \ . \tag{6.131}$$

Das bedeutet, daß die Eigenfunktionen $\theta_i(x)$ trigonometrische Funktionen sind, die an die Randbedingungen

$$x = 0 \ , \ x = L \ : \quad \text{Moment } G\bar{I}_D \theta' = 0 \quad \text{oder Winkel } \theta = 0 \tag{6.132}$$

angepaßt werden müssen. Ohne Schwierigkeit können hier auch die noch nicht behandelten Längsschwingungen eingefügt werden: Mit dem Potential $2V = \int EAu'^2 dx$ bekommen die Gleichungen für $u(x,t)$ dieselbe Struktur wie die der Torsionsschwingungen,

$$\ddot{y}_i + \nu_i^2 y_i \ = \ 0 \ , \quad \nu_i = \sqrt{\frac{E}{\rho}}\, k_i \ ,$$

$$u_i'' + k_i^2 u_i \ = \ 0 \ , \tag{6.133}$$

$$x = 0 \ , \ x = L \ : \quad \text{Längskraft } EAu' = 0 \quad \text{oder Auslenkung } u = 0.$$

Die Ergebnisse für die verschiedenen Schwingungsformen bei verschiedenen Einspannfällen sind in Tabelle 9 zusammengefaßt. Dabei sind die Nulleigenwerte, die bei frei beweglichen Systemen auftreten müssen, nicht mit aufgeführt. Ferner sind bei Näherungsgrößen der Eigenwerte für alle die Fälle, wo mindestens eine der Randbedingungen eingespannt oder frei ist, mit gewisser Vorsicht handzuhaben: Sie erfüllen die Eigenwertgleichung nicht. Sie kommen dadurch zustande, daß der Wert der hyperbolischen Funktion stark anwächst und mit einem entsprechend kleinen Wert der trigonometrischen Funktion multipliziert werden muß, um den Wert eins zu ergeben. Damit ist klar, daß das Argument in die Nähe der Nullstellen der trigonometrischen Funktion rückt. Es kann jedoch nicht exakt null sein, denn sonst geht die Eigenwertgleichung, beispielsweise im Fall frei-frei, über in die Aussage $1 = 0$.

Einspannung links/rechts	Eigenwertgleichung	Eigenfunktion $(\cosh kx,\ \sinh kx,\ \cos kx,\ \sin kx)\mathbf{c}$		Eigenwerte $k_n L,\ n = 1(1)\infty$	
frei/frei	$1 - (\cosh kL)(\cos kL) = 0$	$\mathbf{c} = [1\ -\gamma\ 1\ -\gamma]^T$	$\gamma = \frac{\cosh kL - \cos kL}{\sinh kL - \sin kL}$		Biegung
eingesp./eingesp.	$1 - (\cosh kL)(\cos kL) = 0$	$\mathbf{c} = [1\ -\gamma\ 1\ -\gamma]^T$	$\gamma = \frac{\cosh kL - \cos kL}{\sinh kL - \sin kL}$	$\left.\begin{array}{l} 4,73004 \\ 7,85320 \\ k_n L = \ 10,9956 \ \approx (2n+1)\frac{\pi}{2} \\ 14,1372 \\ 17,2788 \end{array}\right.$	
gelenkig/gelenkig	$\sin kL = 0$	$\mathbf{c} = [0\ 0\ 0\ \gamma]^T$	$\gamma = \sqrt{2}$	$k_n L = n\pi$	
eingesp./frei	$1 + (\cosh kL)(\cos kL) = 0$	$\mathbf{c} = [1\ -\gamma\ -1\ \gamma]^T$	$\gamma = \frac{\sinh kL - \sin kL}{\cosh kL + \cos kL}$	$\begin{array}{l} 1,87510 \\ k_n L = \begin{array}{l} 4,69409 \\ 7,85476 \end{array} \approx (2n-1)\frac{\pi}{2} \\ 10,995 \end{array}$	
eingesp./gelenkig	$\tan kL - \tanh kL = 0$	$\mathbf{c} = [1\ -\gamma\ -1\ \gamma]^T$	$\gamma = \cot kL$		
frei/gelenkig	$\tan kL - \tanh kL = 0$	$\mathbf{c} = [1\ -\gamma\ 1\ -\gamma]^T$	$\gamma = \cot kL$	$\left.\begin{array}{l} 3,92660 \\ 7,06858 \\ k_n L = \ 10,2102 \ \approx (4n+1)\frac{\pi}{4} \\ 13,3518 \\ 16,4934 \end{array}\right.$	
frei/frei	$\sin kL = 0$	$\mathbf{c} = [0\ 0\ \gamma\ 0]^T$	$\gamma = \sqrt{2}$	$k_n L = n\pi$	Torsion/ Längsschwingg.
eingesp./frei	$\cos kL = 0$	$\mathbf{c} = [0\ 0\ 0\ \gamma]^T$	$\gamma = \sqrt{2}$	$k_n L = (2n-1)\frac{\pi}{2}$	
eingesp./eingesp.	$\sin kL = 0$	$\mathbf{c} = [0\ 0\ 0\ \gamma]^T$	$\gamma = \sqrt{2}$	$k_n L = n\pi$	

Eigenfrequenzen: Biegung $\nu_n = \sqrt{\frac{EI}{\rho A}}\, k_n^2$; $\qquad$ Torsion $\nu_n = \sqrt{\frac{GI_D}{\rho I_x}}\, k_n$; $\qquad$ Längsdehnung $\nu_n = \sqrt{\frac{E}{\rho}}\, k_n$

Tabelle 9: Lösungen der klassischen Balkenschwingungstheorie

Die in Tabelle 9 ermittelten Eigenlösungen des Balkenschwingungsproblems stellen unendlich viele Lösungen dar, die jedoch untereinander unabhängig sind (Normalform des Schwingungsproblems). Betrachtet man stellvertretend wieder die Biegeschwingungen als alleinige Balkenschwingungen und kehrt zu Gleichung (6.115) zurück, so kann diese mit Hilfe des Separationsansatzes (6.119) d.h.

$$v(x,t) = \mathbf{v}(x)^T \mathbf{y}(t) \quad \Rightarrow \quad \frac{\partial v(x,t)}{\partial \mathbf{y}} = \mathbf{v}(x)^{T\,17} \tag{6.134}$$

nach Division durch $\rho AL = m$ angeschrieben werden als

$$\left[\frac{1}{L}\int_L \mathbf{v}\,\mathbf{v}^T dx\right]\ddot{\mathbf{y}} + \left[\frac{1}{L}\int_L \frac{E\overline{I}}{\rho A}\mathbf{v}''\,\mathbf{v}''^T dx\right]\mathbf{y} = \frac{1}{m}\mathbf{v}(\xi)f_y \ . \tag{6.135}$$

Mit den Komponenten des Koordinatenvektors $\mathbf{v}(x)$ als Eigenfunktionen entsprechend Tabelle 9 müssen in (6.135) sowohl die Massenmatrix als auch die Steifigkeitsmatrix Diagonalform haben, da sich die Eigenschwingungen untereinander nicht beeinflussen. Bei geeigneter Normierung gilt dann

$$\mathbf{E}\,\ddot{\mathbf{y}} + \mathrm{diag}\left(\nu_i^2\right)\mathbf{y} = \mathbf{h} \ ; \quad \mathbf{h} = \frac{1}{m}\mathbf{v}(\xi)f_y \ . \tag{6.136}$$

(Diese Normierung ist in den Ergebnissen nach Tabelle 9 bereits durchgeführt worden). Das bedeutet: Die Schwingungen des homogenen Gleichungssystems sind entkoppelt. Diese Schwingungen werden angeregt durch den Term der rechten Seite. Eine derartige Anregung kann jedoch nur erfolgen, wenn die angreifende Kraft f_y nicht gerade in einem Schwingungsknoten wirkt, da hier $v_i(\xi)$ verschwindet. Wirkt beispielsweise eine Querkraft, etwa in Form eines Kraftstoßes, auf das freie Ende eines eingespannt-freien Balkens, so werden alle (unendlich viele) Eigenschwingungsformen angeregt. Eine derartige unendlich dimensionale Rechnung entzieht sich i.a. der Berechnungsmöglichkeit. Auch stellt man leicht in einem entsprechenden Versuch fest, daß die hohen Eigenschwingungsformen bei einer derartigen Anregung nicht gemessen werden. Dies hat zwei Gründe: Zum einen wird für die Anregung einer höheren Eigenschwingungsform mit entsprechend hoher Eigenfrequenz relativ viel Energie zur Anregung benötigt, um überhaupt eine meßbare Schwingungsantwort zu ergeben. Zum anderen sind reale schwingungsfähige Materialien mit einer inneren Dämpfung versehen, die erfahrungsgemäßt mit steigender Eigenfrequenz zunimmt und somit die höheren Eigenschwingungsformen schneller ausdämpft. Eine derartige innere Dämpfung (Materialdämpfung) wird – entsprechend dieser Erfahrung – oft über die nachträgliche Einführung einer "modalen Dämpfungsmatrix"

$$\mathbf{D} = \mathrm{diag}(2\zeta\nu_i) \tag{6.137}$$

---

[17]Die Verschiebungsfunktion $v(x,t)$ und der Vektor der Koordinatenfunktionen $\mathbf{v}(x)$ werden durch Normal- und fette Symbole unterschieden, bzw. die Komponenten von $\mathbf{v}(x)$ durch Indizierung gekennzeichnet.

berücksichtigt. Der Dämpfungswert ζ ist gering (Erfahrungswerte zwischen 0,02 und 0,05). Es muß aber betont werden, daß ein Dämpfungsansatz in der Form (6.137) nichts mit einer physikalischen Erkenntnis zu tun hat. Hier handelt es sich eher um eine pragmatische Maßnahme; über die Gesetze der inneren Dämpfung liegen praktisch keine gesicherten Ergebnisse vor.

Anders liegen die Verhältnisse, wenn z.B. die angreifende Kraft f_y eine äußere Dämpfungskraft ist und an einem Ort angreift, an dem die Auslenkungen nicht verschwinden. Dann wirkt diese Dämpfung auf alle Eigenschwingungsformen ("durchdringende Dämpfung"). Im Vergleich zu ihrer Wirkung kann dann die innere Dämpfung (6.137) meistens außer Acht gelassen werden. Allerdings muß in einigen Fällen eine explizite Abschätzung der Dämpfungswerte vorgenommen werden, die diese Vernachlässigung rechtfertigt (z.B. bei Rotoren, bei denen die innere Dämpfung destabilisierenden Charakter hat). Das Vorhandensein von Dämpfung, gleich welcher Art, liefert eine anschauliche Berechtigung dafür, daß in einem konkreten Problem nicht alle (unendlich viele) Eigenschwingungsformen in der Rechnung berücksichtigt zu werden brauchen. Die Frage, wieviele Eigenschwingungsformen für eine ausreichende mathematische Beschreibung notwendig sind, läßt sich nur im konkreten Fall abschätzen. Ansätze für derartige Abschätzungen liegen vor, z.B. [TRU 80], lassen sich meist auch intuitiv durchführen. Dabei hat man jedoch stets die auf das System wirkenden Kräfte und Kopplungen im Auge zu behalten: Wirken diese mit einer Frequenz, die oberhalb der höchsten im Modell berücksichtigten Eigenfrequenz liegt, so wird im ungünstigsten Fall die mathematische Modellierung ungültig. Solche Wirkungen können beispielsweise bei Regelmechanismen auftreten. Ein Beispiel hierfür ist das Verhalten der MARINER 10-Raumsonde (1973), bei der durch den Regler Eigenschwingungsformen angeregt wurden, die im mathematischen Modell zur Reglerauslegung nicht berücksichtigt worden waren, siehe Kap. 1.3.

6.4.2 Das Verfahren von RITZ (Walter RITZ, 1878-1909)

Das Vorgehen von RITZ soll zunächst am einfachen Fall der Balkenbiegung demonstriert werden. Es ist offensichtlich, daß die Bewegungsgleichung (6.135) auch dann Gültigkeit haben muß, wenn man für die Koordinatenfuktionen $\mathbf{v}(x)$ nicht die Eigenfunktionen, sondern beliebige zulässige Funktionen wählt. Zulässig heißt in diesem Zusammenhang, daß die gewählten Funktionen die *geometrischen* Randbedingungen erfüllen (also $\mathbf{v} = 0$, $\mathbf{v}' = 0$ bzw. $\mathbf{v} \neq 0$, $\mathbf{v}' \neq 0$ an den Rändern). Dabei müssen diese Funktionen voneinander unabhängig sein, um eine eindeutige Beschreibung zuzulassen, und das mit diesen Funktionen gebildete Funktionensystem muß vollständig, d.h. in der Lage sein, die gesamte Lösungsmannigfaltigkeit zu beschreiben. Nimmt man an, daß man ein derartiges Funktionensystem zur Verfügung hat, so kann das homogene Gleichungssystem zu (6.135) angeschrieben werden als

$$\mathbf{M}\,\ddot{\mathbf{y}} + \mathbf{K}\,\mathbf{y} = 0 \ , \tag{6.138}$$

wobei natürlich die Massen- und Steifigkeitsmatrix nicht mehr wie in (6.136) Diagonalform haben werden, denn sonst wären die angesetzten Koordinatenfunktionen bereits Eigenfunktionen. Aus (6.138) können jedoch die Eigenfunktionen durch eine einfache Modaltransformation berechnet werden: Da keine Dämpfung vorliegt, muß der Ansatz

$$\mathbf{y} = \overline{\mathbf{y}}\,\sin\omega t \tag{6.139}$$

das Gleichungssystem erfüllen. Damit erhält man das allgemeine Eigenwertproblem

$$\left(-\omega^2\mathbf{M} + \mathbf{K}\right)\overline{\mathbf{y}} = 0 \ . \tag{6.140}$$

Mit Hilfe der Zwischentransformation

$$\overline{\mathbf{y}} = \mathbf{K}^{-1/2}\overline{\overline{\mathbf{y}}}\,\frac{1}{\omega} \tag{6.141}$$

erhält man aus (6.140) nach einer Multiplikation mit $\overline{\mathbf{y}}^T$ von links die Beziehung

$$\overline{\mathbf{y}}^T\left(-\omega^2\mathbf{M} + \mathbf{K}\right)\overline{\mathbf{y}} = \overline{\overline{\mathbf{y}}}^T\left(-\mathbf{K}^{-1/2}\mathbf{M}\,\mathbf{K}^{-1/2} + \frac{1}{\omega^2}\mathbf{E}\right)\overline{\overline{\mathbf{y}}} \ , \tag{6.142}$$

woraus mit

$$\mathbf{A} = \mathbf{K}^{-1/2}\mathbf{M}\,\mathbf{K}^{-1/2} = \mathbf{A}^T \ , \quad \lambda = \frac{1}{\omega^2} \tag{6.143}$$

wiederum das spezielle Eigenwertproblem (6.45) folgt. Insbesondere gilt, daß die Matrix $\mathbf{A}$ symmetrisch ist, so daß Rechts- und Linkseigenvektoren identisch werden. Da im allgemeinen Rechenprogramme nur für das spezielle Eigenwertproblem zur Verfügung stehen, können über (6.143) die Eigenwerte und -vektoren berechnet und entsprechend (6.141) rücktransformiert werden. Faßt man die Eigenvektoren $\overline{\mathbf{y}}$ in einer Modalmatrix $\overline{\mathbf{Y}}$ zusammen und führt eine Kongruenztransformation durch, so erhält man ein entkoppeltes Gleichungssystem:

$$\overline{\mathbf{Y}}^T\mathbf{M}\overline{\mathbf{Y}}\,\ddot{\boldsymbol{\eta}} + \overline{\mathbf{Y}}^T\mathbf{K}\,\overline{\mathbf{Y}}\,\dot{\boldsymbol{\eta}} = 0 = \mathbf{E}\,\ddot{\boldsymbol{\eta}} + \operatorname{diag}\left(\omega_i^2\right)\boldsymbol{\eta} = 0 \ . \tag{6.144}$$

(Geeignet normiert). Gleichung (6.144) stellt offenbar, wie der Vergleich mit (6.136) zeigt, eine Beschreibung in Eigenschwingungsrichtungen dar, also müssen in den transformierten Systemmatrizen auch die Eigenformen zu finden sein: Schreibt man die Systemmatrizen explizit an,

$$\overline{\mathbf{Y}}^T\mathbf{M}\overline{\mathbf{Y}} = \overline{\mathbf{Y}}^T\frac{1}{L}\int_L \mathbf{v}\mathbf{v}^T dx\,\overline{\mathbf{Y}} = \frac{1}{L}\int_L \left(\overline{\mathbf{Y}}^T\mathbf{v}\right)\left(\overline{\mathbf{Y}}^T\mathbf{v}\right)^T dx \ , \quad \overline{\mathbf{Y}}^T\mathbf{K}\overline{\mathbf{Y}} \text{ analog,} \tag{6.145}$$

so erkennt man, daß die Eigenformen durch

$$\mathbf{v}_{\text{eigen}} = \overline{\mathbf{Y}}^T \mathbf{v} \tag{6.146}$$

dargestellt werden. Für jede Komponente von (6.146) bedeutet dies, daß die gesuchte Eigenschwingungsform einen Reihenansatz

$$v_{i,\text{eigen}} = \sum_j \overline{\mathbf{Y}}^T_{i,j} v_j \tag{6.147}$$

beinhaltet, wobei die Koordinatenfunktionen vorab festliegen und die gesuchten Koeffizienten aus dem Eigenwertproblem (6.140) stammen.

(Ursprünglich wird das RITZsche Verfahren so formuliert, daß man ein zu den Bewegungsgleichungen äquivalentes Variationsintegral (HAMILTON-Prinzip) betrachtet, die Variablen über einen Reihenansatz $\mathbf{c}^T\mathbf{v}$ mit bekanntem $\mathbf{v}$ festlegt, und die Stationarität des Variationsintegrals durch partielle Ableitung nach den unbekannten Koeffizienten $\mathbf{c}$ mit anschließendem Nullsetzen des so entstandenen Ausdrucks gewährleistet. Da hier aber nicht auf die analytischen Methoden zurückgegriffen werden soll, erhält man dasselbe Ergebnis durch Betrachtung der Bewegungsgleichungen und Modaltransformation).

Die Beziehung (6.147) läßt einige Aufschlüsse über die Wahl der verwendbaren Koordinatenfunktionen zu. Hier gibt es prinzipiell zwei Möglichkeiten: Weil die Gesamtreihe die erforderlichen Randbedingungen erfüllen muß, kann dies so bewerkstelligt werden, daß alle v_i oder daß nur eine begrenzte Zahl der v_i diese erfüllen. Dabei kann die Funktion global über die gesamte Balkenlänge oder nur lokal auf Teilbereichen des Balkens als von null verschieden definiert sein. Als globale Funktion wäre beispielsweise ein Polynom denkbar, das die Randbedingungen erfüllt, und die Erzeugung aller weiteren linear unabhängigen Funktionen durch sukzessive Nullstellenverdopplung. Ein derartiges Funktionensystem ist zwar für die Beschreibung zulässig, aber "numerisch instabil", da die Determinante der mit ihm gebildeten Massenmatrix mit zunehmender Zahl von Koordinatenfunktionen gegen null strebt. Abhilfe bietet hier die Verwendung von Polynomen endlichen Grades, die nur auf Teilbereichen von null verschieden sind. Stellvertretend seien hier die "kubischen Spline-Funktionen" genannt.

Eine mechanische Deutung der Spline-Funktionen ist folgende: Im Schiffbau werden die sog. Straklatten verwendet. Dies sind "biegsame Lineale", mit denen "Konstruktionspunkte" verbunden werden; die erzeugte Verbindungslinie hat die Eigenschaft minimaler Krümmung. Der Begriff "Strak" wird im anglistischen Sprachgebrauch mit "Spline" übersetzt.

6.4.2.1 Lokale Koordinatenfunktionen

Lokale Koordinatenfunktionen sind zulässige Funktionen, die nur auf Teilbereichen des Integrationsintervalls definiert sind. Die Randbedingungen (oder, falls vorhanden, Zwischenbedingungen) werden durch die Teilfunktionen, die die Ränder (oder Zwischenstellen) bilden, erfüllt.

∇

<u>Beispiel</u>: Tragfläche

Bei der Betrachtung von Balkenschwingungen wird man sich, wo
immer möglich, der (im Rahmen
der Modellbildung) exakten Lösung bedienen. Eine solche existiert jedoch bereits nicht mehr,
wenn Querschnitt, Massenvertei-
lung und Biegesteifigkeit über der
Länge variabel sind. Als Beispiel
für die Verwendung lokaler Koordinatenfunktionen wird ein tra-
pezförmiger Balken mit und ohne
Exzentrizität $e(x)$ betrachtet.

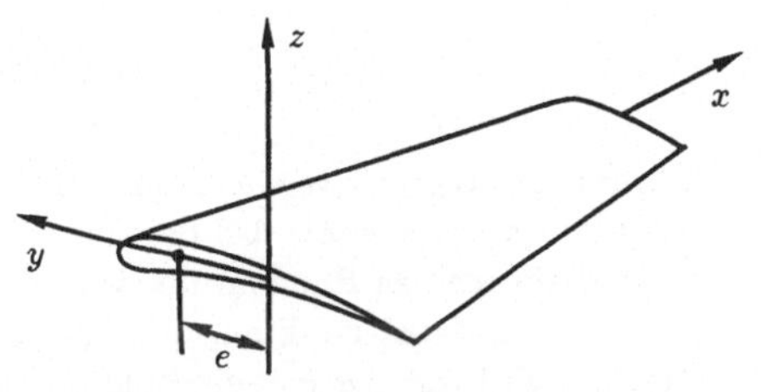

Bild 6.9: Tragfläche

Während hier die Steifigkeitsmatrix einfach aus dem Biege- und Torsionspotential gebildet werden kann, muß in der Massenmatrix die Exzentrizität berücksichtigt werden: Aus den Geschwindigkeiten

$$\boldsymbol{\omega} = \begin{pmatrix} \dot{\theta} \\ -\dot{w}' \\ 0 \end{pmatrix}, \quad \mathbf{v} = \begin{pmatrix} 0 \\ 0 \\ \dot{w} \end{pmatrix} + \tilde{\rho}^T \begin{pmatrix} \dot{\theta} \\ -\dot{w}' \\ 0 \end{pmatrix}, \quad \rho = \begin{pmatrix} o \\ e(x) \\ 0 \end{pmatrix},$$

$$\dot{w}(x,t) = \mathbf{w}(x)^T \dot{\mathbf{y}}_w(t), \quad \dot{\theta}(x,t) = \boldsymbol{\theta}(x)^T \dot{\mathbf{y}}_\theta$$

erhält man die Massenmatrix zu (vgl. Tabelle 7/8)

$$\mathbf{M} = \int_L \left\{ \left[\tfrac{\partial \mathbf{v}}{\partial \mathbf{y}}\right]^T \rho A \left[\tfrac{\partial \mathbf{v}}{\partial \mathbf{y}}\right] + \left[\tfrac{\partial \boldsymbol{\omega}}{\partial \mathbf{y}}\right]^T \rho \bar{\mathbf{I}} \left[\tfrac{\partial \boldsymbol{\omega}}{\partial \mathbf{y}}\right] \right\} dx$$

$$= \begin{pmatrix} \left[\int_0^L \rho A(x)\mathbf{w}\mathbf{w}^T dx\right] & \left[\int_0^L \rho A(x)e(x)\mathbf{w}\boldsymbol{\theta}^T dx\right] \\[2ex] \left[\int_0^L \rho A(x)e(x)\boldsymbol{\theta}\mathbf{w}^T dx\right] & \left[\int_0^L \rho \bar{I}_x(x)\boldsymbol{\theta}\boldsymbol{\theta}^T dx\right] \end{pmatrix},$$

mit $\rho \bar{I}_x = \rho \bar{I}_x^s + \rho A e^2$, $\rho \bar{I}_y \ll \rho A$.

Zusammen mit der Fesselungsmatrix aus dem Biege-Torsionspotential,

$$\mathbf{K} = \begin{pmatrix} \left[\int_0^L E\bar{I}_y(x)\mathbf{w}''\mathbf{w}''^T dx\right] & 0 \\[2mm] 0 & \left[\int_0^L G\bar{I}_D(x)\boldsymbol{\theta}'\boldsymbol{\theta}'^T dx\right] \end{pmatrix} \,,$$

wobei der Lagevektor $\mathbf{y}$ in der Reihenfolge Biegung-Torsion, d.h. $\mathbf{y}^T = \left(\mathbf{y}_w^T \mathbf{y}_\theta^T\right)$, angesetzt wurde, erhält man das lineare Schwingungssystem

$$\mathbf{M}\ddot{\mathbf{y}} + \mathbf{K}\mathbf{y} = 0 \,.$$

Die für das Beispiel verwendeten Koordinatenfunktionen sind in Tabelle 10 abgebildet. Man erkennt, daß die erste Koordinatenfunktion der Biegung $\mathbf{w} \neq 0$, $\mathbf{w}' \neq 0$ am rechten Rand erfüllt, während die zweite lediglich $\mathbf{w}' \neq 0$ berücksichtigt. Alle anderen Funktionen liefern am rechten Rand keinen Beitrag. Für die Torsion wird mit der ersten Funktion gleichzeitig $\theta = 0$ und $\theta' = 0$ am rechten Rand erfüllt. Die Bedingung $\theta' = 0$ stellt die Momentenfreiheit am rechten Balkenende dar. Ihre Erfüllung ist nicht zwingend, da die Koordinatenfunktionen lediglich die geometrischen Randbedingungen berücksichtigen müssen. Die zusätzliche Erfüllung der "dynamischen" Randbedingungen (Kraft-Momentenfreiheit) läßt jedoch bessere Konvergenz erwarten. Dies muß aber im Einzelfall geprüft werden, denn es sind auch Gegenbeispiele bekannt.

$\triangle$

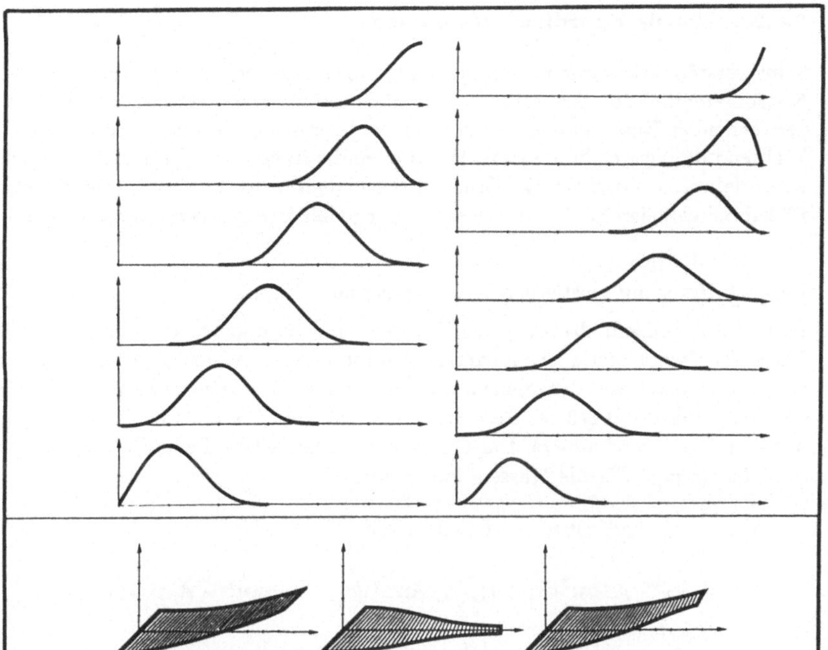

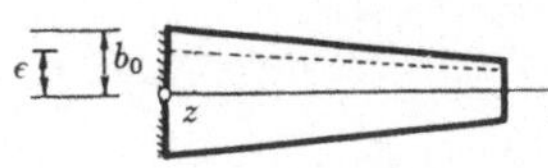

Tabelle 10: Biege- und Torsionseigenformen eines trapezförmigen Balkens mit und ohne Exzentrizität. Oben: Spline-Koordinatenfunktion; links: Torsion, rechts: Biegung

6.4.2.2 Globale Koordinatenfunktionen

Selbstverständlich werden die Randbedingungen auch erfüllt, wenn jede einzelne Koordinatenfunktion der Reihe (6.134) diese erfüllt. Dann erstrecken sich die zu verwendenden Koordinatenfunktionen global über den ganzen Integrationsbereich. Während die Verwendung lokaler Funktionen die Integrationen erleichtert (stückweise definierte Polynome 3. Grades beispielsweise), so kann man in geeigneten Fällen bei globalen Funktionen vorab Orthogonalitätseigenschaften ausnutzen.

▽

Beispiel: Rotor mit elastischen Wellen, siehe auch Kap. 1

Betrachtet wird ein Rotor, dessen Massen- und Steifigkeitsverteilung über der Länge stückweise stetig ist (starrer Zentralrotor mit elastischen Wellen). Von einer Exzentrizität wird abgesehen, die Anordnung sei rotationssymmetrisch, und der Zentralrotor soll 1/3 der Gesamtlänge einnehmen. Die Lagerfesselung sei symmetrisch (Federkonstante c). Das Querträgheitsmoment des Zentralkörpers ist A_R, seine Masse m_R. Für die Massen- und Steifigkeitsmatrix gilt

$$\mathbf{M} \;=\; \left[\int_0^L \left(\rho A(z)\mathbf{u}\mathbf{u}^T + \rho \overline{I}_x(z)\mathbf{u}'\mathbf{u}'^T \right) dz \right]$$

$$\;=\; \left[\int_0^{L/3} \rho A \mathbf{u}\mathbf{u}^T dz \right] + \left[\int_{2L/3}^L \rho A \mathbf{u}\mathbf{u}^T dz \right] + \left[m_R \mathbf{u}\mathbf{u}^T + A_R \mathbf{u}'\mathbf{u}'^T \right]_{z=L/2} \;,$$

$$\mathbf{K} \;=\; \left[\int_0^L E \overline{I}_y \mathbf{u}''\mathbf{u}''^T dz \right] + c \left[\mathbf{u}\mathbf{u}^T \Big|_{z=0} + \mathbf{u}\mathbf{u}^T \Big|_{z=L} \right] \;.$$

Für vergleichweise schlanke Wellenabschnitte kann die Rotationsträgheit der Wellenelemente vernachlässigt werden (EULER-BERNOULLI-Balken). Innerhalb der Fesselungsmatrix braucht die Integration nicht aufgespalten zu werden, da im Bereich des starren Zentralrotors die Krümmung verschwindet. Ferner ist, analog zum Beispiel in Kap. 6.2, auf die z–Koordinate als Längskoordinate übergegangen worden. Weil beide Balkenabschnitte der Balkendifferentialgleichung gehorchen, können hier Balkenfunktionen als globale Koordinatenfunktionen verwendet werden (Randbedingung frei-frei). Die Ergebnisse sind in Tabelle 11 eingezeichnet, wobei als Koordinatenfunktionen diejenigen, die die Starrkörperbewegung ohne Relativverformung der Wellenelemente gegeneinander beinhalten, mitberücksichtigt werden müssen (nicht eingezeichnet). Die verwendeten Balkenfunktionen sind am Ort des Zentralrotors aufgespreizt, die so entstehende Gesamtfunktion wurde (aus optischen Gründen, für die Berechnung nicht notwendig) so gedreht, daß Anfangs- und Endauslenkung jeweils vom Betrag her gleich sind.

△

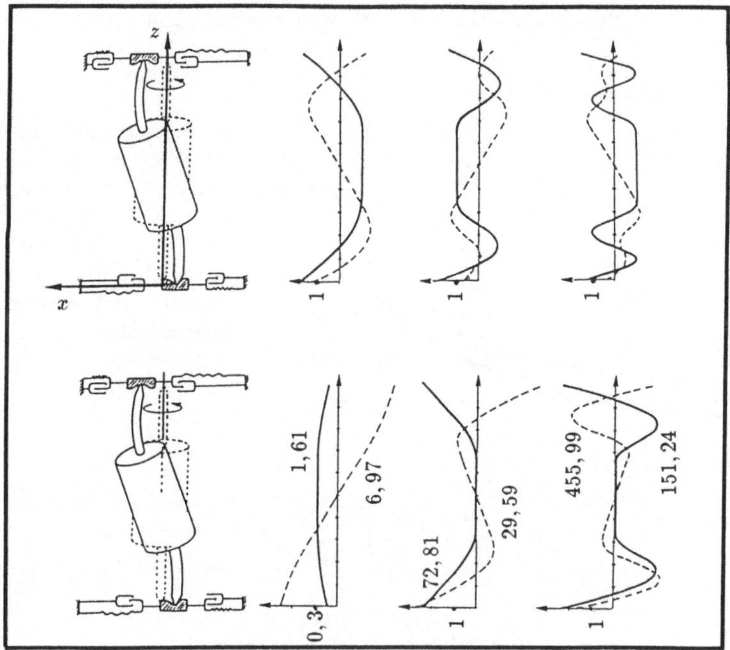

Tabelle 11: Globale Koordinatenfunktionen und Eigenfunktionen eines symmetrischen Rotors, willkürliche Normierung.
Oben: Koordinatenfunktionen, unten: Eigenfunktionen.
Die Zahlenwerte sind die Eigenfrequenzen in Hz für einen gewählten Parametersatz.

6.4.2.3 Globale und lokale Koordinatenfunktionen zur Berechnung von Plattenschwingungen, zusammengesetzte Strukturen

Als Beispiel für die Schwingungsberechnung zweidimensionaler Kontinua werden die Schwingungen einer quadratischen Platte mit freien Rändern betrachtet. Dies ist der Fall, an dem Walter RITZ [RIT 09] seine Methode demonstriert hat.

∇

Beispiel: Plattenschwingungen

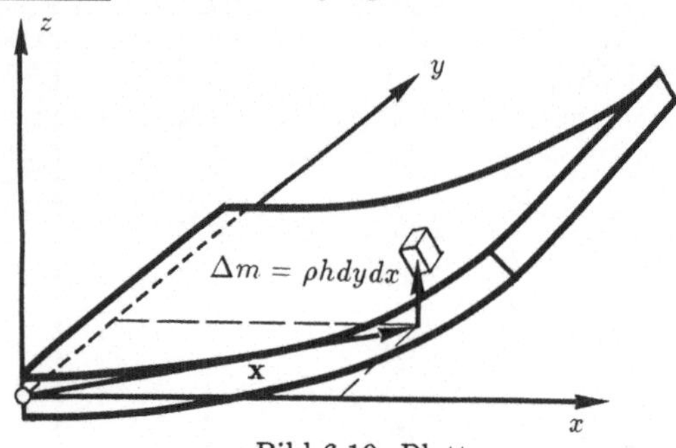

Betrachtet wird eine freischwebende quadratische Platte der konstanten Dicke h (Plattenhöhe), die sich in z−Richtung mit $w(x, y, t)$ verformen kann. Massen- und Steifigkeitsmatrix lauten

Bild 6.10: Platte

$$\mathbf{M} = \iint\limits_{LL} \rho h \left(\frac{\partial w}{\partial \mathbf{y}}\right)^T \left(\frac{\partial w}{\partial \mathbf{y}}\right) dx\,dy \ ,^{18}$$

$$\mathbf{K} = D \iint\limits_{LL} \left(\frac{\partial \phi}{\partial \mathbf{y}}\right)^T \begin{pmatrix} 1 & \nu & 0 \\ \nu & 1 & 0 \\ 0 & 0 & 2(1-\nu) \end{pmatrix} \left(\frac{\partial \phi}{\partial \mathbf{y}}\right) dx\,dy \ ,$$

mit

$$D = \frac{Eh^3}{12(1-\nu^2)} \ , \quad \phi = \left[\frac{\partial^2 w}{\partial x^2}, \frac{\partial^2 w}{\partial y^2}, \frac{\partial^2 w}{\partial x \partial y}\right]^T \ .$$

Für die weitere Berechnung wird ein Ansatz gewählt, der die Variablen x, y, t separiert: $w(x, y, t) = \sum u_i(x)\, v_i(y)\, y_i(t)$. RITZ benutzt für u und v Balkenfunktionen, die die Randbedingungen (frei-frei) erfüllen. Ordnet man diese Funktionen in den Vektoren $\mathbf{u}(x)$ und $\mathbf{v}(y)$ an, so kann als Vektor der Koordinatenfunktionen für die Platte die Folge der Spalten des dyadischen Produkts

$$\mathbf{v}(y)\,\mathbf{u}(x)^T \quad \Rightarrow \quad \mathbf{w}(x, y) = [u_0 v_0,\ u_0 v_1,\ u_0 v_2, \ldots]^T$$

---

[18]Ortskoordinate y und Lagevektor $\mathbf{y}(t)$ werden durch Normal- bzw. Fettsymbole unterschieden, die Komponenten von $\mathbf{y}(t)$ durch Indizierung.

verwendet werden.

Mit $\nu = 0,225$ (Glas) und der Normierung der Modalmatrix

$$\overline{\mathbf{y}}^T \mathbf{M} \overline{\mathbf{Y}} = \mathbf{E} \ , \quad \overline{\mathbf{Y}}^T \mathbf{K} \overline{\mathbf{Y}} = \operatorname{diag}\left\{\nu_i^2\right\} = \operatorname{diag}\left\{\frac{D}{\rho h}\,(\beta_i)^4\right\}$$

lassen sich einerseits die (bezogenen) Eigenfrequenzen $(\beta_k L)$ ausrechnen, andererseits die zugehörigen Eigenformen $w_k = \overline{\mathbf{y}}_k^T \mathbf{w}$. Die Rechnung ergibt, daß hierin der k−te Eigenvektor $\overline{\mathbf{y}}_k$ in nur wenigen Komponenten dominierende Werte hat.

Sucht man die Nullstellen der Eigenfunktionen in der $x - y$−Ebene auf, so erhält man die "Klangbilder" (Knotenlinien). Diese Bezeichnung kennzeichnet die Figuren, die sich bilden, wenn auf eine schwingende Glas- oder Metallplatte etwas Sand gestreut wird, so wie es CHLADNI 1787 in seinen Untersuchungen gemacht hat.

Im nachfolgenden Bild sind einige der Klangfiguren zusammen mit den Eigenfrequenzen und den dominierenden Anteilen der Ansatzfunktionen eingetragen.

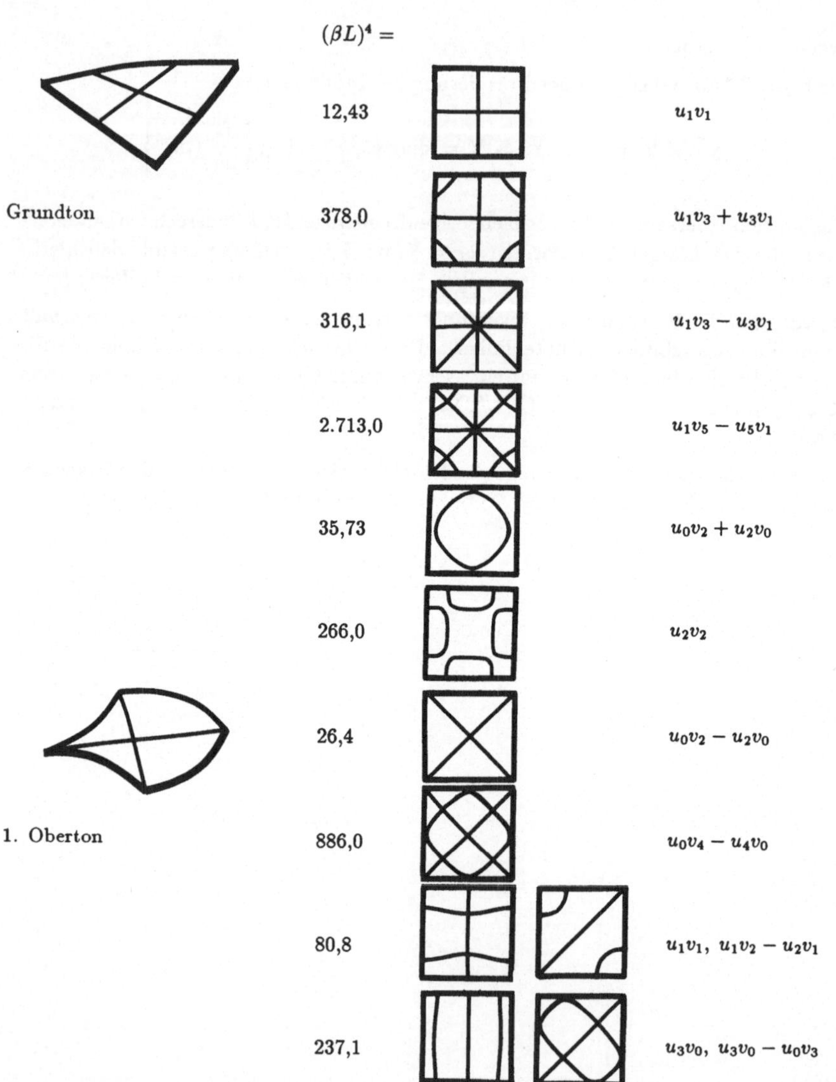

(aus [RIT 09]; dort werden mit 49 Koordinatenfunktionen 46 Klangbilder berechnet)

Bild 6.11: Platteneigenformen

$\triangle$

Sind die Eigenschwingungsformen von (Teil-)körpern wie Platten und Balken bekannt, so lassen sich mit diesen in relativ einfacher Weise Systeme zusammensetzen. Dabei gehen die Eigenschwingungsformen des Vorgängersystems für den Nachfolgerkörper nur an den diskreten Koppelstellen ein.

∇

<u>Beispiel:</u> Lagerbock

Betrachtet wird ein einfacher Lagerbock, der aus einer quadratischen Platte und zwei (elastischen) Balken besteht, vergleiche Bild 6.12. Derartige Lagerungen werden beispielsweise bei Auswuchtmaschinen eingesetzt, bei denen am Fuß der balkenförmigen Stütze mittels Piezoaufnehmern die Beschleunigung (Kraft) gemessen wird, aus der Rückschlüsse auf die Unwuchten des in den Stützen gelagerten Rotors gezogen werden. Bei einer Messung mit Piezoaufnehmern werden Verformungen im μ−Bereich maßgeblich, so daß eine "Feinanalyse" der Schwingungen

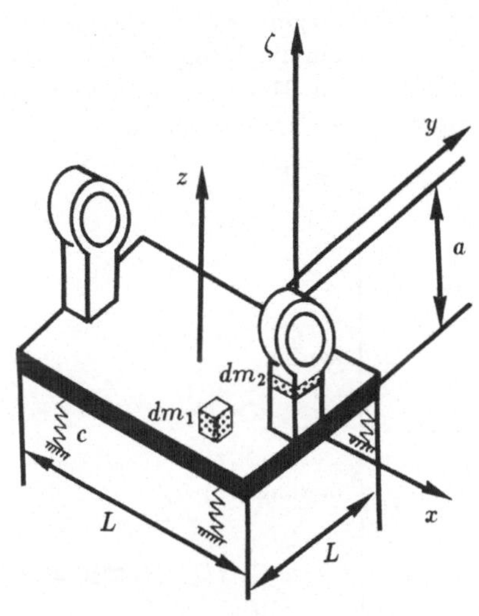

Bild 6.12: Lagerbock

notwendig wird. Unterteilt man den Lagerbock in Subsysteme (Grundplatte und Stützen, von denen vertretungsweise nur eine hier betrachtet wird), so erhält man für die Geschwindigkeiten der Massenelemente dm_1 und dm_2

$$\mathbf{v}_1 = \begin{pmatrix} 0 \\ 0 \\ \dot{w} \end{pmatrix} \quad , \quad \boldsymbol{\omega}_1 = \begin{pmatrix} +\frac{\partial \dot{w}}{\partial y} \\ -\frac{\partial \dot{w}}{\partial x} \\ 0 \end{pmatrix} \quad ,$$

$$\mathbf{v}_2 = \begin{pmatrix} \dot{u} \\ \dot{v} \\ \dot{w}_k \end{pmatrix} + [\tilde{\boldsymbol{\omega}}_1]_k \begin{pmatrix} 0 \\ 0 \\ \zeta \end{pmatrix} = \begin{pmatrix} \dot{u} - \zeta \left[\frac{\partial \dot{w}}{\partial x}\right]_k \\ \dot{v} - \zeta \left[\frac{\partial \dot{w}}{\partial y}\right]_k \\ \dot{w}_k \end{pmatrix} \quad , \quad \mathbf{y} = \begin{pmatrix} \mathbf{y}_u \\ \mathbf{y}_v \\ \mathbf{y}_w \end{pmatrix} \quad ,$$

mit $\dot{w} = \dot{w}(x, y)$, $\dot{u} = \dot{u}(\zeta)$, $\dot{v} = \dot{v}(\zeta)$ (vgl. Bild 6.12), wobei k die Koppelstelle bezeichnet, z.B. $\dot{w}_k = \dot{w}(x_k, y_k)$. Unter Vernachlässigung der Rotationsträgheiten erhält man für die Massenmatrix

$$\mathbf{M} = \sum_{i=1}^{2} \int_{m_i} dm_i \left[\frac{\partial \mathbf{v}_i}{\partial \dot{\mathbf{y}}}\right]^T \left[\frac{\partial \mathbf{v}_i}{\partial \dot{\mathbf{y}}}\right]$$

bei Verwendung der Eigenfunktionen der beiden betrachteten Teilsysteme auf der Haupt-Blockdiagonalen im wesentlichen Diagonalmatrizen. Ferner muß die Fesselungsmatrix um die Terme der Federfesselungen an den Orten F, $x = x_F$, $y = y_F$, ergänzt werden. Damit erhält man die Gesamtmassen- und Steifigkeitsmatrix bei entsprechender Normierung zu

$$\mathbf{M} = \begin{bmatrix} m_2\mathbf{E} & & 0 & -\int_a \rho A\zeta \mathbf{u}d\zeta \left[\partial \mathbf{w}^T/\partial x\right]_k \\ & \ddots & & \\ & & m_2\mathbf{E} & -\int_a \rho A\zeta \mathbf{v}d\zeta \left[\partial \mathbf{w}^T/\partial y\right]_k \\ & & \ddots & \\ \text{symm.} & & & m_2\left[\mathbf{w}\mathbf{w}^T\right]_k + m_1\mathbf{E} \\ & & & +I_2\left(\left[\frac{\partial\mathbf{w}}{\partial x}\right]\left[\frac{\partial\mathbf{w}}{\partial x}\right]^T + \left[\frac{\partial\mathbf{w}}{\partial y}\right]\left[\frac{\partial\mathbf{w}}{\partial y}\right]^T\right)_k \end{bmatrix},$$

$$\mathbf{K} = \begin{bmatrix} m_2\mathrm{diag}\left(\nu_u^2\right) & & 0 & & 0 \\ & \ddots & & & \\ & & m_2\mathrm{diag}\left(\nu_v^2\right) & & 0 \\ & & & \ddots & \\ \text{symm.} & & & & m_1\mathrm{diag}\left(\nu_w^2\right) + \sum c_i\left[\mathbf{w}\mathbf{w}^T\right]_{F_i} \end{bmatrix}$$

mit $m_2 = \int \rho A d\zeta$, $m_1 = \iint_{LL} \rho h dx dy$, $I_2 = \int_a \rho A\zeta^2 d\zeta$, $\mathbf{E} \in \mathbb{R}^{n,n}$: n: Zahl der jeweils betrachteten Eigenfunktionen $\mathbf{u} = \mathbf{u}_E$, $\mathbf{v} = \mathbf{v}_E$, $\mathbf{w} = \mathbf{w}_E$ der einzeln betrachteten Teilsysteme. Mit Hilfe dieser $\mathbf{M} - \mathbf{K}-$ Matrizen werden über das zugehörige Eigenwert-Eigenvektor-Problem die Eigenfunktionen des Gesamtsystems berechnet. Das Einbeziehen der zweiten Stütze macht keine Schwierigkeiten, da lediglich die Matrizen um die entsprechenden Terme erweitert werden müssen; diese Terme haben dasselbe Aussehen wie die der einen, betrachteten Stütze. Erwähnt werden muß aber, daß im vorliegenden Fall nur eine Bewegungsmöglichkeit (Winkelverdrehung) der Platte um die $x-$ und $y-$Richtung zugelassen wurde. I.a. wird man die Starrkörperverdrehung um die $z-$Achse miteinbeziehen müssen (zusätzlicher Freiheitsgrad). Dieser geht dann in die Führungsgeschwindigkeit von dm_2 mit ein.

Die Berechnung der Gesamtmatrizen ist einfach, die Werte der Plattenverformung an den Koppelstellen liegen mit der Plattenschwingungsberechnung des vorigen Beispiels fest, die einzige Integration, die noch durchzuführen ist, ist diejenige über $\zeta \mathbf{u}$ bzw. $\zeta \mathbf{v}$.

$\triangle$

Während Walter RITZ seine Berechnungen "per Hand" durchgeführt und durch sukzessive Näherungen das Eigenwertproblem gelöst hat, liegt es heutzutage wegen der Verfügbarkeit von leistungsfähigen Rechenmaschinen auf der Hand, auf numerischem Weg Lösungen zu suchen. Hier bieten sich wiederum lokale Koordinatenfunktionen an, da in diesem Falle die Matrizen des Eigenwertproblems nur schwach besetzt sind. Benutzt man beispielsweise für die Berechnung von Plattenschwingungen Balkenfunktionen zur Bildung der Koordinatenfunktionen und verwendet für die Balken Spline-Ansätze wie in Tabelle 10, so ändert sich am Verfahren selbst überhaupt nichts. Auch bei der Kopplung von Teilstrukturen mit Hilfe von Teil-Eigenschwingungsformen ist es völlig gleichgültig, wie diese berechnet werden, denn die Orthogonalitätsbeziehung dieser Funktionensysteme muß – von Konvergenzfragen einmal abgesehen – in jedem Falle erfüllt sein.

6.4.2.4 Finite Elemente

Das vorangegangene Beispiel zeigt, wie verschiedene Festkörper ("endliche Elemente") unter Verwendung von lokalen Koordinatenfunktionen für jeden Einzelkörper gekoppelt werden können. Dieselbe Fragestellung beinhaltet das Verfahren der Finiten Elemente, das es gestattet, kompliziertere Schalenkonstruktionen zu berechnen. Es soll hier kurz am Beispiel des Biegebalkens skizziert werden[19].

∇

Beispiel: Biegebalken

Betrachtet wird eine Balkenschwingung in y–Richtung, die Ortskoordinate (Längskoordinate) sei x. Bei dem Verfahren der Finiten Elemente wird der Balken in endliche ("finite") Elemente aufgeteilt, die als Teilbalken betrachtet werden können. Berechnet werden die "Knotenbewegungen" an den Intervallgrenzen, das Innere des Elements wird durch eine Interpolationsfunktion (= Koordinatenfunktion des Teilbalkens) beschrieben. An jedem Knoten müssen die Koordinatenfunktionen stetig ineinander übergehen:

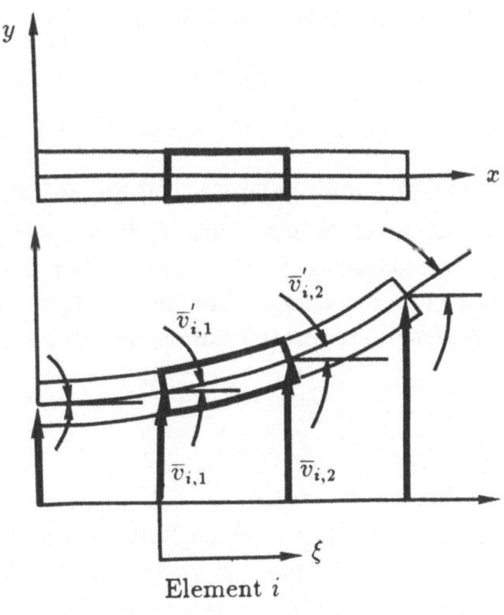

Bild 6.13: Finite Elemente

---

[19]Für weitergehende Betrachtungen muß auch hier auf die umfangreiche Fachliteratur verwiesen werden.

$$\overline{v}_{i,1} = \overline{v}_{i-1,2} \ , \quad \overline{v}'_{i,1} = \overline{v}'_{i-1,2} \ .$$

Dabei stellen $\overline{v}_i$, $\overline{v}'_i$ die "Knotenvariablen" dar. Mit einem Polynomansatz

$$v_i = \begin{pmatrix} 1 & \xi & \xi^2 & \xi^3 \end{pmatrix} \mathbf{c}$$

wird der Verlauf der neutralen Linie im Inneren des Elements beschrieben. Benutzt man dieses Polynom zur Darstellung der Knotenvariablen, so gilt

$$\overline{\mathbf{v}}_i = \begin{pmatrix} \overline{v}_{i,1} \\ \overline{v}'_{i,1} \\ \overline{v}_{i,2} \\ \overline{v}'_{i,2} \end{pmatrix} = \begin{pmatrix} v_i(0) \\ v'_i(0) \\ v_i(1) \\ v'_i(1) \end{pmatrix} = \begin{pmatrix} 1 & 0 & 0 & 0 \\ 0 & 1 & 0 & 0 \\ 1 & 1 & 1 & 1 \\ 0 & 1 & 2 & 3 \end{pmatrix} \mathbf{c} = \hat{\mathbf{X}}\,\mathbf{c} \ .$$

Hieraus können durch Inversion von $\hat{\mathbf{X}}$ die unbekannten Koeffizienten $\mathbf{c}$ ermittelt werden:

$$\mathbf{c} = \hat{\mathbf{X}}^{-1}\,\overline{\mathbf{v}}_i$$

Eingesetzt in den Ansatz erhält man Hermite-Polynome als Interpolationsvorschrift für die Beschreibung des Elementinneren:

$$\begin{aligned} v_i &= (1\ \xi\ \xi^2\ \xi^3)\,\hat{\mathbf{X}}^{-1}\,\overline{\mathbf{v}}_i \\ &= [(1 - 3\xi^2 + 2\xi^3),\ (\xi - 2\xi^2 + \xi^3),\ (3\xi^2 - 2\xi^3),\ (-\xi + \xi^3)]\,\overline{\mathbf{v}}_i = \mathbf{F}(\xi)^T\overline{\mathbf{v}}_i \ . \end{aligned}$$

Diese Interpolationsvorschrift gilt für jedes Element.

Im nächsten Schritt müssen die Knotenvariablen $\overline{\mathbf{v}}_i$ in Abhängigkeit des Vektors $\mathbf{y}$ der aktuellen Freiheitsgrade formuliert werden. Dies geschieht wie in (6.20) mit Hilfe der entsprechenden JACOBI-Matrizen, die sich im vorliegenden Fall auf Inzidenzmatrizen (enthalten nur Werte null und eins) reduzieren:

$$\overline{\mathbf{v}}_i = \left[\frac{\partial \overline{\mathbf{v}}_i}{\partial \mathbf{y}}\right] \mathbf{y} = \mathbf{J}_i\,\mathbf{y} \ .$$

Im Vektor $\mathbf{y}$ werden alle zur eindeutigen Beschreibung benötigten Variablen zusammengefaßt. Für einen Balken nach Bild 6.13, der links eingespannt ist und aus drei Finiten Elementen besteht, gilt beispielsweise $\mathbf{y} \in \mathbf{R}^6$ mit $\overline{v}_{1,1} = 0$, $\overline{v}'_{1,1} = 0$, $\overline{v}_{1,2} = \overline{v}_{2,1} = y_1$, $\overline{v}'_{1,2} = \overline{v}'_{2,1} = y_2$ etc. Damit liegen die JACOBI-Matrizen fest. Für das erste Element des links eingespannten Balkens gilt z.B.

$$\mathbf{J}_1 = [\mathbf{e}_3\ \mathbf{e}_4\ \mathbf{0} \ldots \mathbf{0}] \qquad \in \mathbf{R}^{4,6}$$

mit $\mathbf{e}_i$ als $i-$tem Einheitsvektor.

Geht man mit diesen Ansätzen in die Balkendifferentialgleichung (6.135) ein, so erhält man bei insgesamt n Finiten Elementen

$$\left[\sum_{i=1}^{n}\mathbf{J}_i^T\left[\int_{L_i}\rho A\mathbf{F}_i\mathbf{F}_i^T dx\right]\mathbf{J}_i\right]\ddot{\mathbf{y}} + \left[\sum_{i=1}^{n}\mathbf{J}_i^T\left[\int_{L_i}E\bar{I}\mathbf{F}_i''\mathbf{F}_i''^T dx\right]\mathbf{J}_i\right]\mathbf{y} = 0\ ,$$

(vgl. auch Gleichung (4.34): Jedes Finite Element stellt für das Gesamtmodell ein Subsystem dar).

Für die einzelnen Elemente können die "Elementmatrizen" integriert werden:

$$\mathbf{M}_i \;=\; \int_{L_i}\rho A\mathbf{F}_i\mathbf{F}_i^T dx \;=\; \left[\frac{\rho AL}{420}\right]_i\begin{pmatrix} 156 & 22 & 54 & -13 \\ & 4 & 13 & -3 \\ \text{symm.} & & 156 & -22 \\ & & & 4 \end{pmatrix}\ ,$$

$$\mathbf{K}_i \;=\; \int_{L_i}E\bar{I}\mathbf{F}_i''\mathbf{F}_i''^T dx \;=\; \left[\frac{E\bar{I}}{L^3}\right]_i\begin{pmatrix} 12 & 6 & -12 & 6 \\ & 4 & -6 & 2 \\ \text{symm.} & & 12 & -4 \\ & & & 0 \end{pmatrix}\ .$$

Die Gesamtgleichungen brauchen dann nur noch mit Hilfe der JACOBI-Matrizen zusammengesetzt zu werden. Dies liefert für die Gesamtbeschreibung schwach besetzte Matrizen mit Bandstruktur, die ein für eine numerische Auswertung günstiges Verhalten haben.

$\triangle$

`Dieses einfache Beispiel zeigt prinzipiell das Vorgehen beim Verfahren der Finiten Elemente. Natürlich kann es nicht Sinn eines solchen Verfahrens sein, Balken mit konstanten Querschnitten zu berechnen. Andererseits zeigt dieses Beispiel bereits folgendes: Weil zur Konstruktion der Interpolationsfunktionen sowohl Auslenkung als auch Winkel an den Elementgrenzen betrachtet werden müssen – im Gegensatz zu den Beispielen der vorhergehenden Kapitel, wo bei vernachlässigten Querschubeinflüssen die Winkel als Funktion der Auslenkungen nicht als eigene Freiheitsgrade in Erscheinung treten –, muß beim Verfahren der Finiten Elemente eine große Anzahl von Freiheitsgraden in Kauf genommen werden. Hier behilft man sich bisweilen mit einer Reduktion über die Näherungsmethode der "statischen Kondensation": Man berechnet sich aus dem statischen Fall ($\ddot{\mathbf{y}} = 0$) gewisse "nichtinteressierende" Freiheitsgrade als Funktion der als wesentlich erkannten und setzt diese in die Schwingungsdifferentialgleichung ein. Derartige Näherungen hat man bei Verwendung der lokalen Koordinatenfunktionen nach 6.4.2.1 nicht nötig – man erkennt, daß es sich häufig lohnt, das Problem richtig aufzubereiten. Auf der anderen Seite gilt aber, daß die Methode sehr ausgefeilt ist und Rechenprogramme zur Berechnung von Konstruktionen komplizierter Geometrie zur Verfügung stehen.

6.4.3 Lösung der homogenen Gleichung .

Unabhängig davon, wie die Eigenschwingungen kontinuierlicher Systeme berechnet werden, ist bei einer Beschreibung in Eigenschwingungen die homogene Lösung des Gleichungssystems

$$\mathbf{E}\,\ddot{\mathbf{y}} + \mathrm{diag}(2\Delta_i)\dot{\mathbf{y}} + \mathrm{diag}\left(\nu_i^2\right)\mathbf{y} = 0 \ , \quad \Delta_i = \zeta\nu_i \ , \quad \mathbf{y} \in \mathrm{R}^n \qquad (6.148)$$

(unter Berücksichtigung einer modalen Dämpfung) nach Kap. 6.3.7 bekannt, denn (6.148) stellt insgesamt n voneinander unabhängige "Einmassenschwinger" dar. Damit kann die Fundamentalmatrix mit den Ergebnissen nach Kap. 6.3.7 unmittelbar angegeben werden:

$$\phi = \begin{bmatrix} \mathrm{diag}\left\{e^{-\Delta_i t}\left(\cos\nu_i t + \frac{\Delta_i}{\nu_i}\sin\nu_i t\right)\right\} & \mathrm{diag}\left\{e^{-\Delta_i t}\left(\frac{1}{\nu_i}\sin\nu_i t\right)\right\} \\[2mm] -\mathrm{diag}\left\{e^{-\Delta_i t}\left(\Delta_i^2 + \nu_i^2\right)\frac{1}{\nu_i}\sin\nu_i t\right\} & \mathrm{diag}\left\{e^{-\Delta_i t}\left(\cos\nu_i t - \frac{\Delta_i}{\nu_i}\sin\nu_i t\right)\right\} \end{bmatrix} .$$

$$(6.149)$$

$\triangledown$

Beispiel: Meteoritenstoß auf ein Raumteleskop

Am Ort ξ soll zu Beginn der Betrachtung ein Stoß wirken. Die zugehörige Anfangsbedingung lautet

$$\mathbf{x}_0 = \left[\mathbf{y}_0^T \ \dot{\mathbf{y}}_0^T\right]^T = \left[\mathbf{0} \ \mathbf{v}(\xi)^T\right]^T p/m$$

mit $m = \rho AL$ und p als Impuls bzw. p/m als Geschwindigkeit des Systems unmittelbar nach dem Stoß bei $x = \xi$. Für $\zeta = 0,04$ erhält man die nachfolgenden Ergebnisse.

Teleskopmodell (RAYLEIGH-Balken
mit zusätzlichen Starrkörpern)

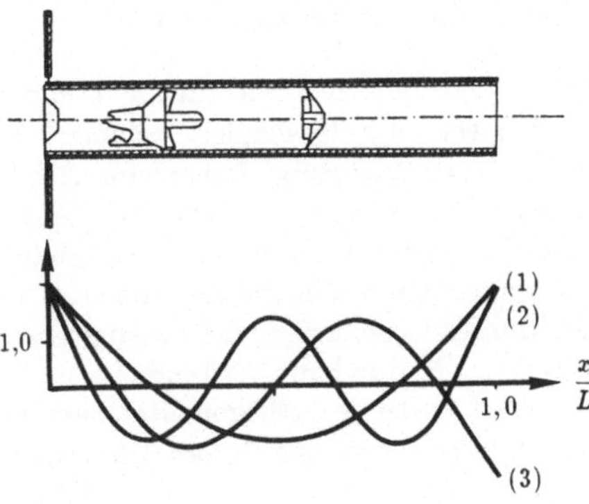

Koordinatenfunktionen
(freier Balken)

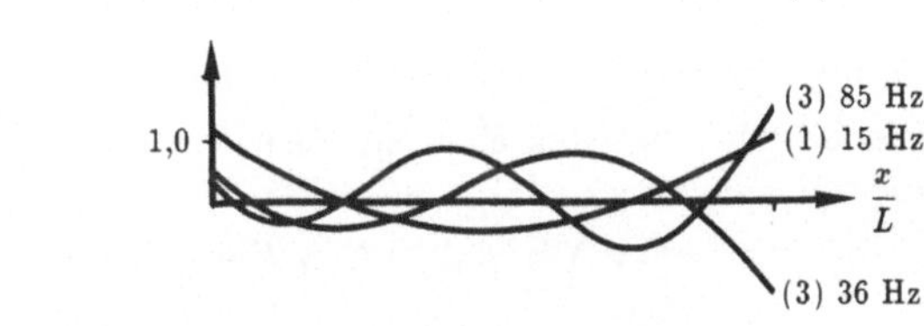

Eigenfunktionen $\mathbf{v}(x)$
(normiert auf $\overline{\mathbf{Y}}^T \mathbf{M} \overline{\mathbf{Y}} = \mathbf{E}$)

Schwingungen des Systems nach einem
Stoß bei $\xi = 3/4L$:

$$v(x,t) = \mathbf{v}(x)^T \mathbf{y}(t)$$

$$= \sum_{i=1}^{n} \left[e^{-\Delta_i t} \left(\frac{1}{\nu_i} \sin \nu_i t \right) v_i(\xi) \frac{P}{m} \right] v_i(x)$$

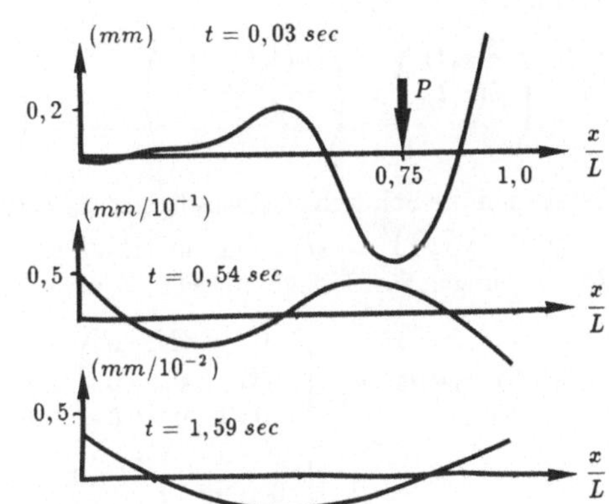

Bild 6.14: Bewegungsformen

$\triangle$

6.4.4　Führungsbewegungen

Mit den Ergebnissen nach Tabelle 7 und dem Übergang Summe-Integral nach
(6.105) stehen die Bewegungsgleichungen für Systeme mit Führungsbewegungen
prinzipiell zur Verfügung. Dabei wird auch hier eine Beschreibung in Eigenschwingungsformen besonders einfach.　Wie diese Eigenschwingungsformen gewonnen
werden, ist dabei, wie erwähnt, gleichgültig. In manchen Fällen wird man sogar
darauf angewiesen sein, sie experimentell zu bestimmen, wenn nämlich die Bauteile in ihrer Geometrie und Massengeometrie sehr kompliziert werden. Die Vereinfachung, die durch die Verwendung von Eigenschwingungsformen erzielt werden
kann, liegt in deren Orthogonalität begründet. Das Vorgehen soll am einfachen
Beispiel eines elastischen Rotors demonstriert werden.

∇

Beispiel: Rotor mit elastischen Wellen, Kap. 6.4.2.2

Die Geschwindigkeiten eines aus dem Rotorsystem gedanklich freigeschnittenen
Elements dm lauten

$$\begin{pmatrix} \mathbf{v} \\ \boldsymbol{\omega} \end{pmatrix} = \begin{pmatrix} \tilde{\omega}_0 & 0 \\ 0 & \tilde{\omega}_0 \end{pmatrix} \begin{pmatrix} \mathbf{r} \\ \boldsymbol{\varphi} \end{pmatrix} + \begin{pmatrix} \dot{\mathbf{r}} \\ \dot{\boldsymbol{\varphi}} \end{pmatrix} + \begin{pmatrix} \tilde{\omega}_0 \mathbf{r}_s \\ \boldsymbol{\omega}_0 \end{pmatrix} \; ,$$

vgl. (6.24). Zusammen mit dem Separationsansatz (6.119) gilt für die Relativgeschwindigkeiten $\dot{\mathbf{r}}$, $\dot{\boldsymbol{\varphi}}$

$$\dot{\mathbf{r}} = \begin{pmatrix} \dot{u}(z,t) \\ \dot{v}(z,t) \\ 0 \end{pmatrix} = \begin{pmatrix} \mathbf{u}(z)^T \dot{\mathbf{y}}_u(t) \\ \mathbf{v}(z)^T \dot{\mathbf{y}}_v(t) \\ 0 \end{pmatrix} \; , \quad \dot{\boldsymbol{\varphi}} = \begin{pmatrix} -\dot{v}'(z,t) \\ \dot{u}'(z,t) \\ 0 \end{pmatrix} = \begin{pmatrix} -\mathbf{v}'(z)^T \dot{\mathbf{y}}_v(t) \\ \mathbf{u}'(z)^T \dot{\mathbf{y}}_u(t) \\ 0 \end{pmatrix} \; .$$

Setzt man die Solldrehgeschwindigkeit $\boldsymbol{\omega}_0 = (0 \; 0 \; \Omega)^T$ ein und faßt den Lagevektor
zu $\mathbf{y} = \left(\mathbf{y}_u^T \mathbf{y}_v^T \right)^T$ zusammen, so erhält man für die Geschwindigkeiten kleiner
Abweichungen zur Sollage mit $\mathbf{v}(z) = \mathbf{u}(z)$ (rotationssymmetrischer Rotor)

$$\begin{aligned}
\overline{\mathbf{v}} = \mathbf{v} - \tilde{\omega}_0 \mathbf{r}_s \; &= \; \begin{pmatrix} 0 & -\Omega\mathbf{E} & 0 \\ \Omega\mathbf{E} & 0 & 0 \\ 0 & 0 & 0 \end{pmatrix} \begin{pmatrix} \mathbf{u}^T & 0 \\ 0 & \mathbf{v}^T \\ 0 & 0 \end{pmatrix} \mathbf{y} + \begin{pmatrix} \mathbf{u}^T & 0 \\ 0 & \mathbf{v}^T \\ 0 & 0 \end{pmatrix} \dot{\mathbf{y}} \\
&= \; \begin{pmatrix} \mathbf{u}^T & 0 \\ 0 & \mathbf{u}^T \\ 0 & 0 \end{pmatrix} \left[\begin{pmatrix} 0 & -\Omega\mathbf{E} \\ \Omega\mathbf{E} & 0 \end{pmatrix} \mathbf{y} + \dot{\mathbf{y}} \right] \; ,
\end{aligned}$$

$$\begin{aligned}
\overline{\boldsymbol{\omega}} = \boldsymbol{\omega} - \boldsymbol{\omega}_0 \; &= \; \begin{pmatrix} 0 & -\Omega\mathbf{E} & 0 \\ \Omega\mathbf{E} & 0 & 0 \\ 0 & 0 & 0 \end{pmatrix} \begin{pmatrix} 0 & -\mathbf{v}'^T \\ \mathbf{u}'^T & 0 \\ 0 & 0 \end{pmatrix} \mathbf{y} + \begin{pmatrix} 0 & -\mathbf{v}'^T \\ \mathbf{u}'^T & 0 \\ 0 & 0 \end{pmatrix} \dot{\mathbf{y}} \\
&= \; \begin{pmatrix} 0 & -\mathbf{u}'^T \\ \mathbf{u}'^T & 0 \\ 0 & 0 \end{pmatrix} \left[\begin{pmatrix} 0 & -\Omega\mathbf{E} \\ \Omega\mathbf{E} & 0 \end{pmatrix} \mathbf{y} + \dot{\mathbf{y}} \right] \; .
\end{aligned}$$

Aus dieser Beziehung liest man die Funktionalmatrix $\mathbf{F}$ sowie den Vektor der Minimalgeschwindigkeiten $\dot{\mathbf{s}}$ ab:

$$\mathbf{F} = \begin{pmatrix} \frac{\partial \overline{\mathbf{v}}}{\partial \dot{\mathbf{s}}} \\[2mm] \frac{\partial \overline{\boldsymbol{\omega}}}{\partial \dot{\mathbf{s}}} \end{pmatrix} = \begin{pmatrix} \mathbf{u}^T & 0 \\ 0 & \mathbf{u}^T \\ 0 & 0 \\ --- & --- \\ 0 & -\mathbf{u}'^T \\ \mathbf{u}'^T & 0 \\ 0 & 0 \end{pmatrix} \; , \quad \dot{\mathbf{s}} = \begin{pmatrix} 0 & -\Omega \mathbf{E} \\[2mm] \Omega \mathbf{E} & 0 \end{pmatrix} \mathbf{y} + \dot{\mathbf{y}} \; .$$

Mit dem Übergang auf infinitesimale Elemente für Masse $\left(m \Rightarrow \frac{dm}{dz} dz\right)$ und Trägheitstensor $(\mathbf{I} \Rightarrow \frac{d\mathbf{I}}{dz} dz = \frac{d}{dz} \operatorname{diag}(A, A, C) dz)$, verbunden mit dem Grenzübergang Summe $\Rightarrow$ Integral, lassen sich die Bewegungsgleichungen direkt aus Tabelle 7 ablesen. Führt man ferner eine Kongruenztransformation mit

$$\mathbf{A} = \begin{pmatrix} \cos \overline{\gamma} \mathbf{E} & \sin \overline{\gamma} \mathbf{E} \\ -\sin \overline{\gamma} \mathbf{E} & \cos \overline{\gamma} \mathbf{E} \end{pmatrix} \; , \quad \dot{\overline{\gamma}} = \overline{\Omega} \; , \quad \Omega - \overline{\Omega} = \Omega_B \; , \quad \mathbf{E} \in \mathbf{R}^{n,n} \; ,$$

n : Zahl der Koordinatenfunktionen je Biegerichtung

durch, so erhält man die Bewegungsgleichungen nach Tabelle 12. Man erkennt, daß sich die Struktur der auftretenden Matrizen wesentlich vereinfacht, wenn die Eigenfunktionen des ruhenden Rotors ($\Omega = 0$) zur Beschreibung herangezogen werden. Die Bewegungsgleichungen nach Tabelle 12 gelten für alle rotationssymmetrischen elastischen Rotoren. In Tabelle 12 ist zusätzlich die Torsionsverformung miteingeführt worden. Die Torsionsschwingungen sind von den anderen Bewegungen entkoppelt, solange sie nicht über die einwirkenden Kräfte und Momente miteinander in Wechselwirkung stehen. Letzteres ist beispielsweise der Fall in Getrieben (Zahnkraftkopplung).

Das Einwirken derartiger Kräfte und Momente geschieht an einer diskreten Stelle, die in Tabelle 12 mit ζ gekennzeichnet ist. Dabei sind symmetrische Lagerfederungen (Translationsfedern: Konstante c, Torsionsfedern: Konstante c_T) bereits über die Fesselungsmatrix $\mathbf{K}$ erfaßt.

$\triangle$

Selbstverständlich lassen sich mit den Ergebnissen nach Tabelle 12 auch starre Rotoren behandeln, beispielsweise der in Kap. 6.2 diskutierte Rotor mit Fixpunkt. Für einen starren Rotor, der außer den Winkelabweichungen auch translatorische Bewegungen ausführen kann, werden im nachfolgenden Beispiel die Bewegungsgleichungen angegeben.

Bewegungsgleichungen	Minimalkoordinaten, -geschwindigkeiten	Eigenwertproblem ruhender Rotor ($\Omega = 0$)
$\mathbf{M}\ddot{\mathbf{s}} + \mathbf{G}\dot{\mathbf{s}} + \mathbf{K}\mathbf{y} + \mathbf{N}\mathbf{y} = \mathbf{h}$, $\quad \mathbf{y} = \begin{pmatrix} \mathbf{y_u} \\ \mathbf{y_v} \\ \mathbf{y_\theta} \end{pmatrix}$, $\quad \dot{\mathbf{s}} = \begin{pmatrix} 0 & -\Omega_B\mathbf{E} & 0 \\ \Omega_B\mathbf{E} & 0 & 0 \\ 0 & 0 & 0 \end{pmatrix}\mathbf{y} + \dot{\mathbf{y}}$	$\left[-\overline{\mathbf{M}}\omega_{bi}^2 + \overline{\mathbf{K}}\right]\overline{\mathbf{x}}_i = 0 \Rightarrow \overline{\mathbf{X}} = [\overline{\mathbf{x}}_1 \ldots \overline{\mathbf{x}}_n] \Rightarrow \mathbf{u}_E = \overline{\mathbf{X}}^T\mathbf{u}$ $\left[-\overline{\mathbf{M}}_\theta\omega_{ti}^2 + \overline{\mathbf{K}}_\theta\right]\overline{\mathbf{y}}_i = 0 \Rightarrow \overline{\mathbf{Y}} = [\overline{\mathbf{y}}_1 \ldots \overline{\mathbf{y}}_n] \Rightarrow \boldsymbol{\theta}_E = \overline{\mathbf{Y}}^T\boldsymbol{\theta}$
Systemmatrizen	Submatrizen, allg. Koordinatenfunkt.	Submatrizen mit Eigenfunkt. ($\Omega = 0$), normiert
$\mathbf{M} = \begin{pmatrix} \overline{\mathbf{M}} & 0 & 0 \\ 0 & \overline{\mathbf{M}} & 0 \\ 0 & 0 & \overline{\mathbf{M}}_\theta \end{pmatrix}$,	$\overline{\mathbf{M}} = \int \left(\mathbf{u}\mathbf{u}^T\frac{dm}{dz} + \mathbf{u}'\mathbf{u}'^T\frac{dA}{dz}\right) dz$ $\overline{\mathbf{M}}_\theta = \int \left(\boldsymbol{\theta}\boldsymbol{\theta}^T\frac{dC}{dz}\right) dz$	$\overline{\mathbf{M}} = \mathbf{E}$ $\overline{\mathbf{M}}_\theta = \mathbf{E}$
$\mathbf{G} = \begin{pmatrix} 0 & (\overline{\mathbf{G}}\Omega - \overline{\mathbf{M}}\Omega_B) & 0 \\ -(\overline{\mathbf{G}}\Omega - \overline{\mathbf{M}}\Omega_B) & 0 & 0 \\ 0 & 0 & 0 \end{pmatrix}$,	$\overline{\mathbf{G}} = \int \left(\mathbf{u}'\mathbf{u}'^T\frac{dC}{dz}\right) dz$	$\overline{\mathbf{G}} = \frac{1}{A} \int \left(\mathbf{u}_E'\mathbf{u}_E'^T\frac{dC}{dz}\right) dz$
$\mathbf{K} = \begin{pmatrix} \overline{\mathbf{K}} & 0 & 0 \\ 0 & \overline{\mathbf{K}} & 0 \\ 0 & 0 & \overline{\mathbf{K}}_\theta \end{pmatrix}$	$\overline{\mathbf{K}} = \int E\overline{I}\mathbf{u}''\mathbf{u}''^T dz + \sum_i \left(c\mathbf{u}\mathbf{u}^T\right)_{\zeta_i}$ $\overline{\mathbf{K}}_\theta = \int G\overline{I}_D\boldsymbol{\theta}'\boldsymbol{\theta}'^T dz + \sum_i \left(c_T\boldsymbol{\theta}\boldsymbol{\theta}^T\right)_{\zeta_i}$	$\overline{\mathbf{K}} = \text{diag}\,(\omega_{bi}^2)$ $\overline{\mathbf{K}}_\theta = \text{diag}\,(\omega_{ti}^2)$
$\mathbf{N} = \begin{pmatrix} 0 & \overline{\mathbf{G}}\dot{\Omega} & 0 \\ -\overline{\mathbf{G}}\dot{\Omega} & 0 & 0 \\ 0 & 0 & 0 \end{pmatrix}$	$\mathbf{h} = \begin{pmatrix} \mathbf{u} & 0 & 0 \\ 0 & \mathbf{u} & 0 \\ 0 & 0 & 0 \end{pmatrix}_\zeta \begin{pmatrix} f_x \\ f_y \\ f_z \end{pmatrix}$ $+ \begin{pmatrix} 0 & \mathbf{u}' & 0 \\ -\mathbf{u}' & 0 & 0 \\ 0 & 0 & \boldsymbol{\theta} \end{pmatrix}_\zeta \begin{pmatrix} l_x \\ l_y \\ l_z \end{pmatrix} - \begin{pmatrix} 0 \\ 0 \\ \int\boldsymbol{\theta}\frac{dC}{dz} dz \end{pmatrix}\dot{\Omega}$	$\mathbf{h} = \frac{1}{A}\left[\begin{pmatrix} \mathbf{u}_E & 0 & 0 \\ 0 & \mathbf{u}_E & 0 \\ 0 & 0 & 0 \end{pmatrix}_\zeta \begin{pmatrix} f_x \\ f_y \\ f_z \end{pmatrix}\right.$ $\left. + \begin{pmatrix} 0 & \mathbf{u}_E' & 0 \\ -\mathbf{u}_E' & 0 & 0 \\ 0 & 0 & \frac{A}{C}\boldsymbol{\theta} \end{pmatrix}_\zeta \begin{pmatrix} l_x \\ l_y \\ l_z \end{pmatrix}\right] - \frac{1}{C}\begin{pmatrix} 0 \\ 0 \\ \int\boldsymbol{\theta}_E\frac{dC}{dz} dz \end{pmatrix}\dot{\Omega}$

Tabelle 12: Bewegungsgleichungen flexibler rotationssymmetrischer Rotoren in einem mit Ω_B drehenden Bezugssystem

$\triangledown$

<u>Beispiel:</u> Zentrifuge

In vielen Fällen reicht die technische Realisierung "Rotor mit Fixpunkt" nicht aus. Um hier die durch Unwuchten entstehenden Belastungen nicht unzulässig hoch werden zu lassen, muß eine freie Bewegungsmöglichkeit in $x-$ und $y-$Richtung zugelassen werden. In Tabelle 12 ist dann als Koordinatenfunktion

$$u = (1, z)^T \qquad u' = (0, 1)^T$$

zu setzen. Mit

$$\int \left(\tfrac{dA}{dz} + z^2 \tfrac{dm}{dz} \right) dz = A^s + ms^2$$
$$= A^0$$
$$\int z \tfrac{dm}{dz}\, dz = ms$$
$$\int \tfrac{dm}{dz}\, dz = m$$

erhält man bei gleichaufgebauten symmetrischen (masselosen) Lagern an den Rotorenden ($z = 0$, $z = L$) sowie unter Berücksichtigung des Schweremoments die Matrizen

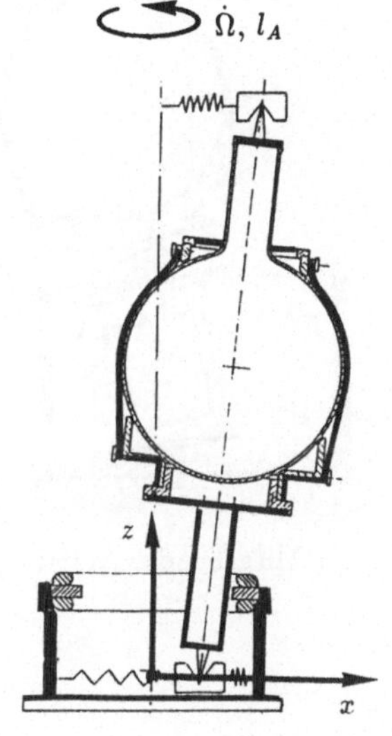

Bild 6.15: Inertialer Antrieb (schematisch)

$$\mathbf{M} = \begin{bmatrix} m & ms & 0 & 0 \\ ms & A^0 & 0 & 0 \\ 0 & 0 & m & ms \\ 0 & 0 & ms & A^0 \end{bmatrix}, \quad \mathbf{G} = \begin{bmatrix} 0 & 0 & 0 & 0 \\ 0 & 0 & 0 & C\Omega \\ 0 & 0 & 0 & 0 \\ 0 & -C\Omega & 0 & 0 \end{bmatrix},$$

$$\mathbf{N} = \begin{bmatrix} 0 & 0 & 0 & 0 \\ 0 & 0 & 0 & C\dot{\Omega} \\ 0 & 0 & 0 & 0 \\ 0 & -C\dot{\Omega} & 0 & 0 \end{bmatrix}, \quad \mathbf{K} = \begin{bmatrix} 2c & cL & 0 & 0 \\ cL & cL^2 - mgs & 0 & 0 \\ 0 & 0 & 2c & cL \\ 0 & 0 & cL & cL^2 - mgs \end{bmatrix}.$$

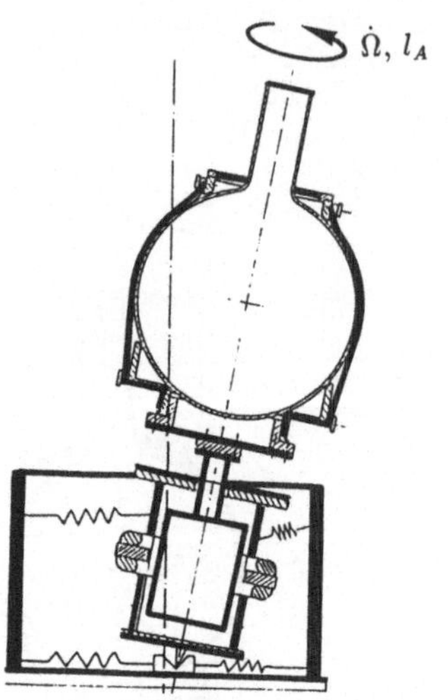

Bild 6.16: Mitgehender Antrieb (schematisch)

Der zugehörige Lagevektor **y** ist

$$\mathbf{y} = (x \, , \, \beta \, , \, y \, , \, -\alpha)^T \ .$$

Auch hier ist eine Vereinfachung zu erzielen, wenn man mit den Eigenformen des ruhenden Zustands rechnet.

Erwähnt werden muß ferner, daß die Gleichungen nach Tabelle 12 für einen Rotor gelten, dessen beschleunigte Referenzachse die inertiale $z-$Achse ist (inertialer Antrieb, z.B. Drehstromwicklung). Bei einem mitgehenden Antrieb ist das Antriebsmoment $l_A = C\dot{\Omega}$ in das Referenzsystem mitzutransformieren. Dann hebt sich die **N**$-$Matrix heraus.

$\triangle$

6.4.5   Probleme der Linearisierung

Grundsätzlich gibt es bei der Linearisierung zwei Probleme: Zum einen die Ermittlung der partikulären Lösung, die die Referenzlage bestimmt, zum anderen die Behandlung vergleichsweise großer (verallgemeinerter) Kräfte in der Referenzlage, d.h. Kräfte und Momente, die die Referenzlage selbst nicht beeinflussen. Hier ist eine Entwicklung der Funktionalmatrizen bis zu Termen erster Ordnung erforderlich (vgl. auch Beispiel Doppelpendel nach Kap. 6.2.1). Die hierdurch entstehenden zusätzlichen Fesselungsmatrizen sind im Eigenwertproblem zu berücksichtigen.

Die vollständige Linearisierung bei Vorhandensein großer Kräfte bzw. Momente soll im Falle elastischer Balken als Modellkörper im folgenden exemplarisch an drei Fällen durchgeführt werden: Verdrillung, Auskippen unter Last und Wirkung von Längskräften.

Der letzte Fall ist bei Betrachtung eines drehenden Hubschrauberblattes besonders einsichtig: Sei hier als einzige Verformungsart die Biegung in $y-$Richtung zugelassen, so gilt

$$\dot{\mathbf{r}} = (0, \dot{v}, 0)^T \ . \qquad (6.150)$$

Unter Berücksichtigung des Separationsansatzes $v(x,t) = \mathbf{v}(x)^T \mathbf{y}(t)$ lautet die JACOBI-Matrix für $\dot{\mathbf{r}}$

$$\left(\frac{\partial \dot{\mathbf{r}}}{\partial \dot{\mathbf{y}}}\right)^T = [0 \ \mathbf{v} \ 0] \ . \qquad (6.151)$$

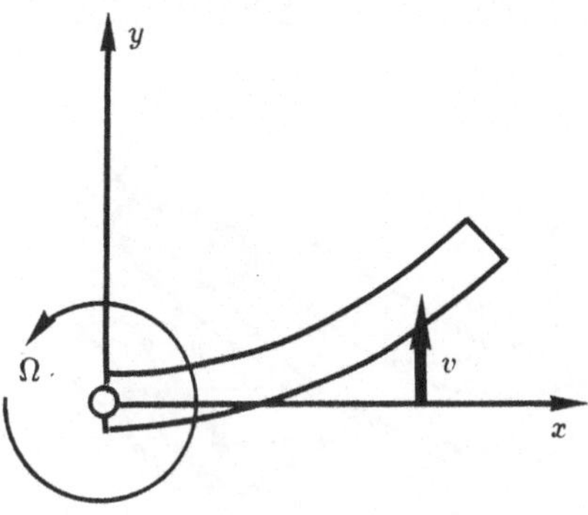

Bild 6.17: Drehender Balken

Bei Vernachlässigung der Rotationsträgheiten gilt für die Fesselungsmatrix der Zentrifugalwirkungen nach Tabelle 8

$$\int (0 \ \mathbf{v} \ 0) \begin{pmatrix} 1 & 0 & 0 \\ 0 & 1 & 0 \\ 0 & 0 & 0 \end{pmatrix} \left(-\Omega^2 \frac{\partial m}{\partial x}\right) \begin{pmatrix} 0 \\ \mathbf{v}^T \\ 0 \end{pmatrix} dx = -\Omega^2 \int \frac{\partial m}{\partial x} \mathbf{v} \, \mathbf{v}^T dx \ . \qquad (6.152)$$

Wie man sieht, ist aus der Zentrifugalwirkung nur der Anteil erfaßt worden, der einen Beitrag in $y-$Richtung liefert – der Längskraftanteil fehlt. Dies führt zu einer negativ definiten Rückstellmatrix der Zentrifugalwirkungen, was physikalisch ganz offensichtlich falsch ist, denn dies würde einen destabilisierenden Einfluß vortäuschen.

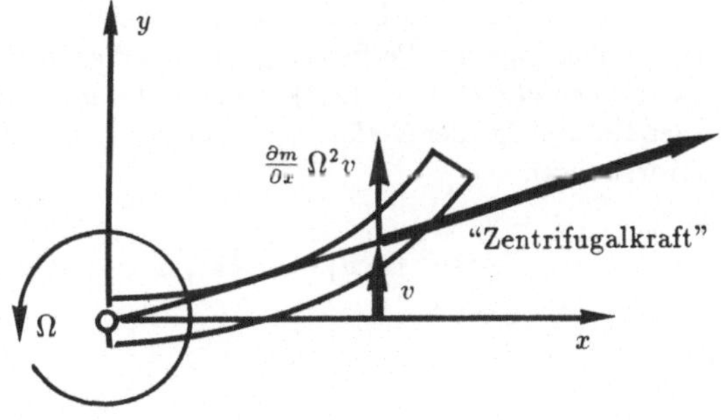

Bild 6.18: Zentrifugalwirkung

Daß die Längskraftanteile nicht erfaßt werden ist einleuchtend, denn in (6.150) wurde eine Verformung in Längsrichtung nicht zugelassen. Diese Verformungen sind Größen zweiter Ordnung, müssen aber, um eine Funktionalmatrix erster Ordnung zu erhalten, berücksichtigt werden.

Verschiebungen und Verdrehungen zweiter Ordnung

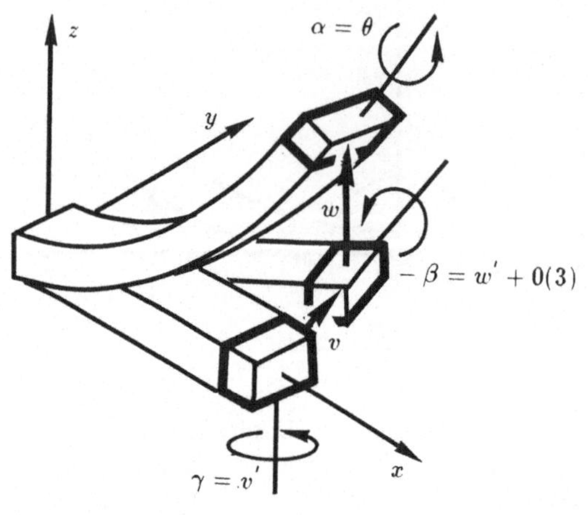

Bild 6.19: Reihenfolge der Verschiebungen

Betrachtet wird ein Balken, der Biege- und Torsionsverformungen unterliegt. Um die Verschiebungen und Verdrehungen zweiter Ordnung zu ermitteln, wird eine Reihenfolge der Verdrehungen festgelegt. Während dies hinsichtlich der Terme erster Ordnung nicht durchgeführt zu werden braucht, erkennt man die Notwendigkeit bei größeren Verdrehungen unmittelbar anhand von Bild 6.19: Die Verdrehungen erfolgen nicht um die Achsen des Referenzsystems,

sondern jeweils nacheinander um die neuentstandenen Drehachsen. Ferner sind diese Winkel bei einem Biegebalken durch die Verschiebung gegeben (Tangente an die verformte neutrale Linie). Zweckmäßigerweise wählt man zur Beschreibung eine Reihenfolge der Verformung so, daß die Torsion als letzte betrachtet wird. Dann fallen $v(x,t)$ und $w(x,t)$ in die Richtung der Referenzachsen y und z. Mit einer Reihenfolge der Verformungen ergibt sich automatisch eine Reihenfolge der Verdrehungen:

$$\{v\,,\,w\,,\,\theta\} \;\Rightarrow\; \left\{v'\,,\,w'\,,\,\theta\right\} = \{\gamma\,,\,-\beta\,,\,\alpha\}\ . \tag{6.153}$$

Wirkung von Längskräften

Betrachtet man den Geschwindigkeitszuwachs $d\dot{\mathbf{r}} = \dot{\mathbf{r}}(x + dx) - \dot{\mathbf{r}}(x)$, so gilt im Referenzsystem

$$\frac{d}{dt}\, d_R\mathbf{r} = \frac{d}{dt}\, \mathbf{A}_{RK}\, {}_K\mathbf{e}_1\, dx \tag{6.154}$$

bzw.

$$d(d\mathbf{r}) = d\mathbf{A}\,\mathbf{e}_1 dx \tag{6.155}$$

$$\Rightarrow \quad d\frac{d\mathbf{r}}{dx} = d\left({}_R\mathbf{e}_1^K\right)\ .$$

Hier kommt es offensichtlich auf den Einheitsvektor des körperfesten (elementfesten) Koordinatensystems, dargestellt im Referenzsystem, an. Für diesen liest man aus Bild 6.20 ab:

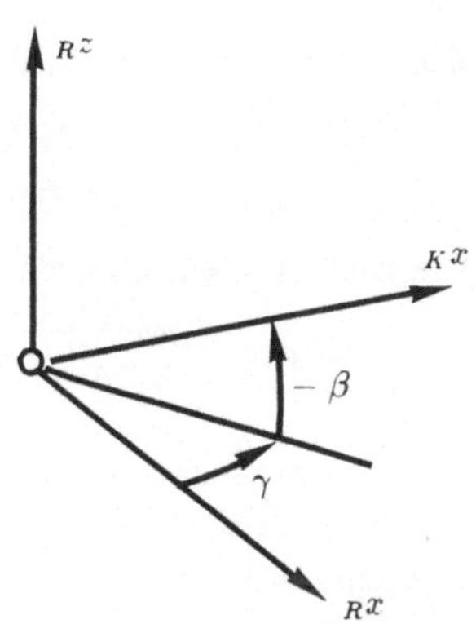

Bild 6.20: Transformation

$$_R\mathbf{e}_1^K = \begin{pmatrix} \cos\beta\cos\gamma \\ \cos\beta\sin\gamma \\ -\sin\beta \end{pmatrix} \simeq \begin{pmatrix} 1 - \frac{1}{2}\left(v'^2 + w'^2\right) \\ v' \\ w' \end{pmatrix} . \tag{6.156}$$

Gleichung (6.155) liefert damit

$$d\mathbf{r}' = \begin{pmatrix} -v'dv' - w'dw' \\ dv' \\ dw' \end{pmatrix} . \tag{6.157}$$

Diese Beziehung kann einmal integriert werden. Die dabei auftretende Integrationskonstante wird aus $d/dx(\mathbf{r} + \mathbf{x}) = \mathbf{r}' + \mathbf{e}_1$ ermittelt. Es gilt

$$\mathbf{r}' = \left[-\frac{1}{2}\left(v'^2 + w'^2\right)\ ,\ v'\ ,\ w'\right]^T . \tag{6.158}$$

Die zu berücksichtigenden großen Kräfte sind diejenigen aus der rechten Seite von (6.33), d.h.

$$-\int_0^L \left\{\left(\frac{\partial\mathbf{r}}{\partial\mathbf{y}}\right)^T \frac{\partial m}{\partial x}\left[\mathbf{a}_0 + \left(\dot{\tilde{\omega}} + \tilde{\omega}\tilde{\omega}\right)\mathbf{x}\right] - \frac{\partial\mathbf{f}^e}{\partial x}\right\} dx\ ,\quad \mathbf{a}_0 = \dot{\mathbf{v}}_0 + \tilde{\omega}_0\mathbf{v}_0 . \tag{6.159}$$

Setzt man zur Abkürzung

$$\mathbf{r} = \int_0^x \mathbf{r}'(\xi)d\xi + \mathbf{r}(0)\ ,\quad \mathbf{g}(x) = \frac{\partial m}{\partial x}\left(\mathbf{a}_0 + \left(\dot{\tilde{\omega}} + \tilde{\omega}\tilde{\omega}\right)\mathbf{x}\right) - \frac{\partial\mathbf{f}^e}{\partial x}\ , \tag{6.160}$$

so geht (6.159) über in

$$-\left[\frac{\partial}{\partial \mathbf{y}}\int_0^L \mathbf{g}(x)^T \left\{\int_0^x \mathbf{r}'(\xi)d\xi + \mathbf{r}(0)\right\} dx\right]^T \ . \tag{6.161}$$

Diese Beziehung kann einmal partiell integriert werden und ergibt

$$-\int_0^L \left(\frac{\partial \mathbf{r}'}{\partial \mathbf{y}}\right)^T \left[\int_x^L \mathbf{g}(\xi)d\xi\right] dx \ . \tag{6.162}$$

Gleichung (6.162) ist anschaulich: Sie bedeutet

$$\frac{\partial}{\partial \mathbf{y}}\int d\mathbf{r}^T \mathbf{f}^e = \left(\frac{\partial W^e}{\partial \mathbf{y}}\right) \ , \quad \text{wobei} \quad \mathbf{f}^e(x) = -\int_x^L \mathbf{g}(\xi)d\xi \tag{6.163}$$

mit W^e als Arbeit aus eingeprägten Kräften.

$\triangledown$

Beispiel: Hubschrauberblatt

Betrachtet wird ein mit konstanter Drehgeschwindigkeit umlaufendes Hubschrauberblatt, das als EULER-BERNOULLI-Balken modelliert wird. Hierbei wird angenommen, daß elastische Achse (Schubmittelpunktsachse), Schwerpunktsachse und "Längskraftachse" zusammenfallen. In diesem Fall erhält man für (6.163)

$$\mathbf{f}^e = -\int_x^L \frac{\partial m}{\partial x}\left(\dot{\tilde{\omega}} + \tilde{\omega}\tilde{\omega}\right)\mathbf{x}\,dx = \int_x^L \frac{\partial m}{\partial x}\,x\left(+\Omega^2,\ -\dot{\Omega},\ 0\right)^T dx \ ;$$

und in (6.162) ist die Verschiebung zweiter Ordnung

$$\mathbf{r}'(x) = \left[-\frac{1}{2}\left(v'^2\right),\ 0,\ 0\right]^T$$

zu berücksichtigen. Eingesetzt in (6.162) erhält man unter Berücksichtigung des Separationsansatzes über

$$\left[\frac{\partial}{\partial \mathbf{y}} - \int_0^L \frac{1}{2}v'^2 \int_x^L \frac{\partial m}{\partial x}\Omega^2\xi d\xi dx\right]^T = -\left[\int_0^L \int_x^L \frac{\partial m}{\partial x}\Omega^2\xi d\xi\, \mathbf{v}'\mathbf{v}'^T dx\right]\mathbf{y} = -\overline{\mathbf{K}}\,\mathbf{y}$$

eine zusätzliche Fesselungsmatrix $\overline{\mathbf{K}}$, die jedoch hier lediglich die nichtlinearen Verschiebungsterme berücksichtigt, da die linearen Anteile bereits mit Tabelle 8 erledigt sind. Die gesamte Fesselungsmatrix der Zentrifugalterme, einschließlich der linearen Anteile nach Tabelle 8, lautet

$$\mathbf{K} = \Omega^2\left\{\int_0^L \left[\frac{\partial m}{\partial x}\left(-\mathbf{v}\,\mathbf{v}^T\right) + \int_x^L \frac{\partial m}{\partial x}\xi d\xi\, \mathbf{v}'\mathbf{v}'^T\right]\right\} dx$$

und kennzeichnet die stabilisierende Wirkung der Zentrifugalkräfte.

$\triangle$

Verdrillung

Während es bei der Wirkung von Längs*kräften* auf die Verschiebungen zweiter Ordnung ankommt, ist es einleuchtend, daß bei der Betrachtung vergleichsweise großer *Momente* die entsprechenden Winkelverfor-mungen in die Rechnung eingehen. Die Reihenfolge der Dre-hungen um die $z-$, $y-$, $x-$Achse sei durch die Winkel γ, $-\beta$, α charakterisiert. Für die vorausgesetzten kleinen Winkel kann die Winkelgeschwindigkeit durch entsprechende Teiltransformationen berechnet werden:

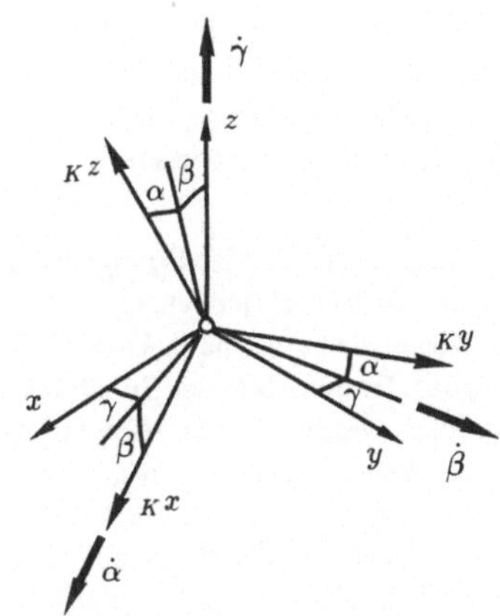

Bild 6.21: Drehgeschwindigkeiten

$$\omega = \left[\left(\mathbf{E}+\tilde{\beta}+\tilde{\gamma}\right)\mathbf{e}_1 \vdots \left(\mathbf{E}+\tilde{\gamma}\right)\mathbf{e}_2 \vdots \mathbf{e}_3\right]\dot{\varphi} \;, \quad (\omega dt = d\eta) \;, \tag{6.164}$$

$$\Rightarrow \; d\eta = \left[\left(\mathbf{E}+\tilde{\beta}+\tilde{\gamma}\right)\mathbf{e}_1 \vdots \left(\mathbf{E}+\tilde{\gamma}\right)\mathbf{e}_2 \vdots \mathbf{e}_3\right]d\varphi \;. \tag{6.165}$$

Dabei gilt $\varphi = (\alpha,\,\beta,\,\gamma)^T = (\theta,\,-w',\,v')^T$. Setzt man diese Beziehungen ein, so erhält man mit

$$d\eta = \begin{pmatrix} 1 & -v' & 0 \\ v' & 1 & 0 \\ w' & 0 & 1 \end{pmatrix} d\varphi \;\Rightarrow\; \eta' = \begin{pmatrix} \theta' \\ -w'' \\ v'' \end{pmatrix} + \begin{pmatrix} v'w'' \\ v'\theta' \\ w'\theta' \end{pmatrix} \tag{6.166}$$

den Vektor der Krümmungen. Analog zu (6.162) folgt für die Momente

$$-\int_0^L \left(\frac{\partial \eta'}{\partial \mathbf{y}}\right)^T \left[\int_x^L \frac{\partial \mathbf{I}}{\partial \xi}\dot{\omega} + \tilde{\omega}\frac{\partial \mathbf{I}}{\partial \xi}\omega - \frac{\partial \mathbf{l}^e}{\partial \xi}\right] d\xi\, dx \tag{6.167}$$

durch entsprechende partielle Integration.

$\triangledown$

Beispiel: Verdrillung bei bekanntem Momentenverlauf um die Längsachse

Es sei der Momentenverlauf dl_x/dx bekannt. Dann erhält man für einen Biegebalken ohne Torsion ($\theta = 0$) mit $\eta'_x = v'w''$ (vgl. 6.166) die Fesselungsmatrix

$$\left[\frac{\partial}{\partial \mathbf{y}}\int_0^L\int_x^L \frac{\partial l_x}{\partial \xi}d\xi\, v'w''dx\right]^T = \left[\int_0^L\int_x^L \frac{\partial l_x}{\partial \xi}d\xi \begin{pmatrix} 0 & \mathbf{v}'\mathbf{w}''^T \\ \mathbf{w}''\mathbf{v}'^T & 0 \end{pmatrix}dx\right]\begin{pmatrix} \mathbf{y}_v \\ \mathbf{y}_w \end{pmatrix}\;.$$

Dabei ist $l_x(x)$ ein Moment, das den Balken verspannt und dabei die Referenzlage nicht ändert, denn sonst wäre die Linearisierung, die ja eine Abweichung von der Referenzlage beschreibt, falsch. Im Falle des elastischen Rotors tritt beispielsweise aus den Antriebsmomenten keine derartige Verspannung auf, da das Antriebsmoment die Referenzdrehung und -beschleunigung erzeugt, gegenüber welcher die Abweichungen betrachtet werden.

$\triangle$

Anmerkung: In (6.165) ist $d\eta$ eigentlich eine nichtintegrierbare Größe. Eine Integration zu (6.167) ist jedoch aus folgendem Grund möglich: Für *kleine* Schwingungen lassen sich stets neue Variable $\dot{\mathbf{s}}$ mit $d\mathbf{s} = d\varphi + \mathbf{H}(\varphi)d\varphi$, $\|\,\mathbf{H}(\varphi)\,\| \ll 1$, $d\mathbf{s}$ integrierbar, finden. Mit der Substitution $d\varphi = d\mathbf{s} - \mathbf{H}(\varphi)d\varphi$ kann die Integration durchgeführt werden. Nach erfolgter Auswertung sind die Zwangsbedingungen in $d\mathbf{s}$, die durch den Vergleich mit $d\eta$ folgen, einzusetzen. Beispiel: $ds_x = d\theta - v'dw' - w'dv' \Rightarrow \int\int \left(s'_x + v'w'' + w'v''\right)\partial l_x/\partial\xi\, d\xi dx$; Vergleich: $\eta'_x = v'w'' \Rightarrow s'_x + w'v'' = 0$ mit $\theta = 0$. Nach Tabelle 4 ist jede reguläre Kombination der ersten Zeitableitungen der Minimalkoordinaten zulässig. Man erhält somit strenggenommen eine Lösung in neuen Koordinaten $\mathbf{s}'$, die jedoch von φ' nur quadratisch abweichen. Diese Abweichung ist im Ergebnis vernachlässigbar.

Kippen

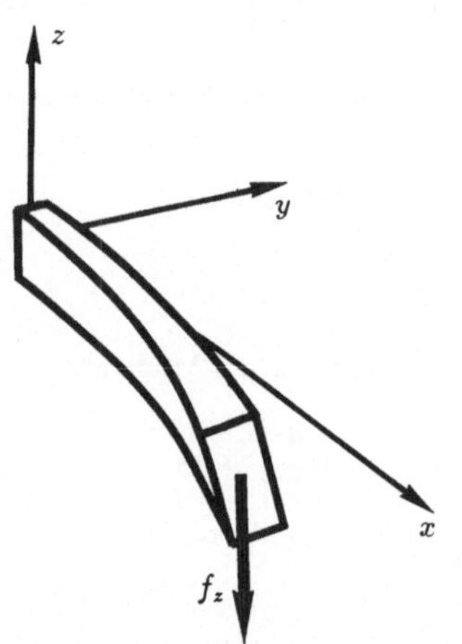

Bild 6.22: Kragträger mit Endlast

Während die vorangegangenen Betrachtungen dem zugrundegelegten Biegebalken hinsichtlich der Biegung vollständige Bewegungsmöglichkeit zugestanden hatten, gibt es auch Belastungsfälle, bei denen einzelne Bewegungsmöglichkeiten gesperrt, d.h. von höherer Ordnung klein und damit vernachlässigbar sind. Das bedeutet für die quadratische Entwicklung jedoch nicht, daß v oder w einfach gestrichen werden können – vielmehr muß hier die gesamte Relativverformung zweiter Ordnung im K–System,

d.h. die Relativgeschwindigkeit zwischen benachbarten Elementen dm, verschwinden. Die Transformation zwischen Referenz- und körperfestem System ist mit $\mathbf{E} - \tilde{\varphi}$ bekannt. Unterzieht man (6.157) einer solchen Transformation, so liest man aus dem Ergebnis

$$\begin{pmatrix} 1 & v' & w' \\ -v' & 1 & \theta \\ -w' & -\theta & 1 \end{pmatrix} \begin{pmatrix} -v'dv' - w'dw' \\ dv' \\ dw' \end{pmatrix} = \begin{pmatrix} 0 \\ dv' - \theta dw' \\ dw' - \theta dv' \end{pmatrix} = d_K \mathbf{r}' \qquad (6.168)$$

die Zwangsbedingungen ab.

∇

Beispiel: Auskippen eines Kragträgers unter Endlast

Betrachtet wird ein einseitig eingespannter Balken mit einer Endmasse m_E. Die Geometrie des Balkens sei so, daß eine Verschiebung in der Vertikalen vernachlässigt werden kann (schmales Rechteckprofil, hochkant). Dann lautet die Zwangsbedingung

$$dw' = \theta dv' \quad \Rightarrow \quad w' = \int_0^x \theta v'' d\xi + w'(0) \ .$$

Eingesetzt in (6.158) bleibt mit $w'(0) = 0$

$$\mathbf{r}' = \left[-\frac{1}{2} v'^2, \ v', \ \int_0^x \theta v'' d\xi \right]^T \ , \quad \text{mit} \quad w'^2 \approx 0 \ (4. \text{ Ordnung}) \ .$$

Für ein Auskippen unter einer Endlast mit der Masse m_E geht (6.162) über in

$$-\left\{ \frac{\partial}{\partial \mathbf{y}} \left[\int_0^L \left(\int_0^x \theta v'' d\xi \right) \left(\int_x^L m_E g \delta(\xi - L) \dot{d\xi} \right) dx \right] \right\}^T$$

wobei δ die Dirac-Distribution bedeutet, die kennzeichnet, daß m_E am Ort $x = L$ befestigt ist. Das Ergebnis kann analog zu (6.161) einmal partiell integriert werden:

$$-\left\{ \frac{\partial}{\partial \mathbf{y}} \left[\int_0^L \int_0^x \theta v'' d\xi m_E g dx \right] \right\}^T = -\left\{ \frac{\partial}{\partial \mathbf{y}} \left[\int_0^L \theta v'' \int_x^L m_E g d\xi dx \right] \right\}^T \ .$$

Führt man weiterhin die innere Integration durch, so erhält man zusammen mit dem Separationsansatz eine Fesselung

$$-\left\{ \frac{\partial}{\partial \mathbf{y}} \left[\int_0^L m_E g (L - x) \theta v'' dx \right] \right\}^T$$

$$= -\left[m_E g \int_0^L \begin{pmatrix} 0 & (L-x)\mathbf{v}'' \theta^T \\ (L-x)\theta \mathbf{v}''^T & 0 \end{pmatrix} dx \right] \begin{pmatrix} \mathbf{y}_v \\ \mathbf{y}_\theta \end{pmatrix} \ ,$$

die den destabilisierenden Einfluß der Endlast charakterisiert.

$\triangle$

Bei Vorhandensein vergleichsweise großer Kräfte und/oder Momente, einschließlich "Trägheitskräfte" aus Führungsbewegungen, sind deren Einflüsse bei der Formulierung des Eigenwertproblems nicht vernachlässigbar. Die Berechnung eines Kragträgers mit Endlast (Balkenmasse 0,71 kg, Aluminium, Länge 1 m, Endlast 10 kg) ergibt beispielsweise bei Vernachlässigung der aus den quadratischen Verschiebungen stammenden zusätzlichen Fesselungen Fehler in den Eigenfrequenzen bis zu 30 %, vgl. [TRU 80].

6.5 Stabilität zeitinvarianter linearer Schwingungssysteme

Mit Kenntnis der Lösung (6.86) des linearen Systems kann die zu Beginn des Kapitels 6 aufgeworfene Frage, inwieweit die Lösung des linearisierten Systems für das nichtlineare Ausgangssystem Gültigkeit hat, aufgegriffen werden. Hierfür wird die LJAPUNOVsche Stabilitätsdefinition zugrundegelegt.

6.5.1 Stabilitätsbegriff

Die Gleichgewichtslage $\mathbf{x} = 0$ eines Systems $\dot{\mathbf{x}} = \mathbf{a}(\mathbf{x}, t)$ heißt stabil, wenn die Trajektorien für alle Zeiten $t \geq t_0$ beschränkt sind: $\| \mathbf{x}(t) \| < \varepsilon$; sie folgen dabei einer zugehörigen Anfangsbedingung $\| \mathbf{x}(t_0) \| < \delta(\varepsilon, t_0)$. Unbeschränkte Trajektorien kennzeichnen eine instabile, Trajektorien, die für wachsende Zeiten in die Gleichgewichtslage hineinlaufen ($\lim_{t \to \infty} \mathbf{x}(t) = 0$), eine asymptotisch stabile Gleichgewichtslage. Die Fragestellung lautet m.a.W.: Wie muß oder kann eine Anfangsbedingung gewählt werden, damit die Lösungstrajektorie einen bestimmten Bereich nicht verläßt. Dabei kommt es wesentlich auf die Anfangsbedingung an: In allgemeinen (nichtlinearen) dynamischen Systemen kann die geringste Änderung der Anfangsbedingung zu einem völlig unterschiedlichen Lösungsverhalten führen. In linearen Systemen ist dagegen (vgl. Lösung (6.86)) das Stabilitätsverhalten bereits durch die Eigenwerte, unabhängig von den Anfangsbedingungen, charakterisiert. Für lineare zeitinvariante Systeme lassen sich damit die Stabilitätssätze nach Kap. 6.1 spezifizieren:

Die Gleichgewichtslage $\mathbf{x} = 0$ eines linearen zeitinvarianten Systems $\dot{\mathbf{x}} = \mathbf{A}\mathbf{x}$, $\mathbf{x}(t_0) = \mathbf{x}_0$, ist genau dann

1) *asymptotisch stabil*, wenn alle Eigenwerte λ_i von $\mathbf{A}$ negative Realteile haben, $Re\,(\lambda_i) < 0 \; \forall i$,

2) *stabil*, wenn $\mathbf{A}$ keine Eigenwerte mit positivem Realteil, aber solche mit verschwindendem Realteil besitzt, $Re\,(\lambda_i) = 0$, und bei mehrfachen Eigenwerten der Rangabfall der Matrix $(\lambda \mathbf{E} - \mathbf{A})$ gleich der Vielfachheit dieser Eigenwerte ist,

3) *instabil*, wenn mindestens ein Eigenwerte λ_i von **A** einen positiven Realteil hat, $Re\,(\lambda_i) > 0$, oder die Rangbedingung nach 2) für mehrfache Eigenwerte nicht erfüllt ist.

Diese Aussagen sind selbstverständlich, aber wenig befriedigend, da für ihre Auswertung die Berechnung der Eigenwerte erforderlich wird. Es entsteht vielmehr die Frage, ob nicht aus der Struktur der Gleichungen bereits auf die Stabilität geschlossen werden kann.

6.5.2 LJAPUNOVsche Matrizengleichung

Unter Zugrundelegung der Stabilitätsdefinition ist das lineare zeitinvariante System sicher dann asymptotisch stabil, wenn

$$0 < \parallel \mathbf{x} \parallel < \varepsilon \ , \qquad \frac{d}{dt} \parallel \mathbf{x} \parallel < 0 \tag{6.169}$$

gilt. Hier ist ε eine beliebige positive Zahl und $\mathbf{x}(t)$ strebt mit wachsender Zeit gegen null. Das Stabilitätsverhalten linearer zeitinvarianter Systeme ist unabhängig von der gewählten Anfangsbedingung, so daß δ nicht in die Betrachtung eingeht. Die Forderung (6.169) ist identisch mit der direkten Methode von LJAPUNOV nach Kap. 6.1, wenn als LJAPUNOV-Funktion $\parallel \mathbf{x} \parallel$ gewählt wird. Für diese kann eine quadratische Form $\mathbf{x}^T\mathbf{R}\mathbf{x}$ mit positiv definiter Matrix **R** angesetzt werden. Dann erhält man

$$\mathbf{x}^T\mathbf{R}\mathbf{x} > 0 \ \Rightarrow \ \dot{\mathbf{x}}^T\mathbf{R}\mathbf{x} + \mathbf{x}^T\mathbf{R}\dot{\mathbf{x}} = -\mathbf{x}^T\mathbf{S}\mathbf{x} \ , \ \mathbf{S} = \mathbf{S}^T > 0 \ , \tag{6.170}$$

wobei die Bedingung, daß die zeitliche Ableitung negativ sein soll, durch eine quadratische Form mit positiv definiter Matrix **S** ausgedrückt wurde. Setzt man die homogene Differentialgleichung $\dot{\mathbf{x}} = \mathbf{A}\mathbf{x}$ ein, so erhält man die LJAPUNOVsche Matrizengleichung:

$$\mathbf{x}^T \left[\mathbf{A}^T\mathbf{R} + \mathbf{R}\mathbf{A} + \mathbf{S}\right] \mathbf{x} = 0 \ \ \forall \ \mathbf{x} \ \Rightarrow \ \mathbf{A}^T\mathbf{R} + \mathbf{R}\mathbf{A} + \mathbf{S} = 0 \ , \ \mathbf{S} = \mathbf{S}^T > 0 \ .$$
$$\tag{6.171}$$

Die Stabilität eines Systems $\dot{\mathbf{x}} = \mathbf{A}\mathbf{x}$ kann also so nachgewiesen werden, daß man entweder eine Matrix **S** vorgibt und die Lösung **R** sucht: Ist diese positiv definit, so ist mit $\mathbf{S} > 0$ die asymptotische Stabilität gewährleistet. Einfacher wird die Auswertung, wenn in umgekehrter Weise $\mathbf{R} = \mathbf{R}^T$ vorgegeben wird: Erhält man eine positiv definite **S**−Matrix, so ist die asymptotische Stabilität gesichert. Die Forderung $\mathbf{S} = \mathbf{S}^T > 0$ erweist sich jedoch als sehr einschneidend.

6.5.3 Beobachtbarkeit und Steuerbarkeit

Mit der Forderung $\mathbf{S} > 0$ werden die Kopplungen im System zwischen den einzelnen Komponenten von $\mathbf{x}$ praktisch nicht berücksichtigt. Drückt man jedoch den Zustandsvektor $\mathbf{x}$ mit Hilfe der Hauptkoordinaten (Modaltransformation, Gl. (6.61)) aus,

$$\mathbf{x}^T\mathbf{S}\mathbf{x} = \boldsymbol{\xi}^T\left[\mathbf{X}^T\mathbf{S}\,\mathbf{X}\right]\boldsymbol{\xi} > 0 \;\Rightarrow\; \mathbf{X}^T\mathbf{S}\,\mathbf{X} > 0 \;, \tag{6.172}$$

so wird die Forderung, daß $\mathbf{X}^T\mathbf{S}\,\mathbf{X}$ positiv definit ist, auch dadurch ausgedrückt, daß $\mathbf{S}\mathbf{X}$ keine Nullspalte besitzt. Dabei wird die Modalmatrix $\mathbf{X}$ aus dem Eigenwertproblem (6.47) berechnet. Die Aussage, daß $\mathbf{S}\mathbf{X}$ keine Nullspalte enthalten soll, kann folgendermaßen formuliert werden: Das lineare System $\dot{\mathbf{x}} = \mathbf{A}\mathbf{x}$ werde durch eine "Messung" $\mathbf{y} = \mathbf{S}\mathbf{x}$ "beobachtet":

$$\dot{\mathbf{x}} = \mathbf{A}\,\mathbf{x} \;, \quad \mathbf{y} = \mathbf{S}\mathbf{x} \;. \tag{6.173}$$

Unterzieht man (6.173) einer Modaltransformation, so folgt

$$\dot{\boldsymbol{\xi}} = \left(\mathbf{X}^{-1}\mathbf{A}\,\mathbf{X}\right)\boldsymbol{\xi} = \Lambda\boldsymbol{\xi} \;\Rightarrow\; \boldsymbol{\eta} = \mathbf{S}\,\mathbf{X}\boldsymbol{\xi} \;. \tag{6.174}$$

Die Messung kann nur dann vollständige Information über das System beinhalten, wenn $\mathbf{S}\mathbf{X}$ keine Nullspalte beinhaltet: Wäre die i-te Spalte gleich null, so würde ξ_i in $\boldsymbol{\eta}$ nicht enthalten sein. Mit dem Eigenwertproblem zur Berechnung von $\mathbf{X}$ läßt sich das Problem folgendermaßen formulieren:

Beobachtbarkeitsbedingung von HAUTUS

$$(\lambda_i\mathbf{E} - \mathbf{A})\,\overline{\mathbf{x}}_i = 0 \;\Rightarrow\; \mathbf{S}\,\overline{\mathbf{x}}_i \neq 0 \;\forall\, i, \; i = 1(1)n \;\; : \; (\mathbf{A},\mathbf{S}) \text{ vollständig beobachtbar.} \tag{6.175}$$

(in Worten: "Das Matrizenpaar $\mathbf{A},\mathbf{S}$ ist vollständig beobachtbar"). Diese Bedingung klingt plausibel, da sie auf einer Entkopplung (Modaltransformation) der Zustandsgleichungen beruht. Wird jedoch die Beobachtbarkeit direkt über (6.175) nachgewiesen, so ist wiederum die Kenntnis der Eigenwerte und zusätzlich der Eigenvektoren notwendig. Hinsichtlich der Stabilitätsanalyse bedeutet dies, daß mit Kenntnis der Eigenwerte das Stabilitätsverhalten ohnedies bekannt ist, und mit der zusätzlichen Berechnung der Eigenvektoren wird unnötiger Aufwand betrieben. Die HAUTUS-Bedingung ist hier anders zu interpretieren: Faßt man λ_i und die Komponenten $\overline{\mathbf{x}}_i$ als freie Variable auf, so müssen alle diese Variablen für (6.175) "durchgespielt" werden. Gelingt hierbei der Nachweis, daß für alle Variationen $\mathbf{S}\,\overline{\mathbf{x}}_i = 0$ nur durch die Triviallösung $\overline{\mathbf{x}}_i = 0$ erfüllt werden kann, so ist die Beobachtbarkeit allgemein ohne explizite Kenntnis der Eigenwerte und -vektoren nachgewiesen. Ein solches Vorgehen kann natürlich im Einzelfall außerordentlich mühsam werden. Hier bietet folgende Betrachtung einen Ausweg: Wenn $\mathbf{X}^T\mathbf{S}\,\mathbf{X}$ regulär ist, dann ist auch

$$\left(\mathbf{X}^T\mathbf{S}\,\mathbf{X}\right)\left(e^{\mathbf{J}t}\mathbf{X}^{-1}\right) = \mathbf{X}^T\mathbf{S}\,e^{\mathbf{A}t} \tag{6.176}$$

regulär. Für die Fundamentalmatrix $e^{\mathbf{A}t}$ kann nach dem Satz von CAYLEY-HAMILTON ein Polynom $n-1$sten Grades angeschrieben werden:

$$\begin{aligned}
\mathbf{X}^T\mathbf{S}\;&(\alpha_0\mathbf{E} + \alpha_1\mathbf{A} + \;\ldots\; \alpha_{n-1}\mathbf{A}^{n-1}) = \\[2mm]
\mathbf{X}^T\;&(\alpha_0\mathbf{E}\,\alpha_1\mathbf{E}\,\ldots\quad\quad \alpha_{n-1}\mathbf{E})\begin{bmatrix}\mathbf{S}\\ \mathbf{SA}\\ \mathbf{SA}^2\\ \vdots\\ \mathbf{SA}^{n-1}\end{bmatrix}.
\end{aligned} \tag{6.177}$$

Die Regularität dieser Beziehung ist nur dann erfüllt, wenn

Beobachtbarkeitsbedingung nach KALMAN

$$\text{Rang}\,\left[\mathbf{S}^T\;\mathbf{A}^T\mathbf{S}^T\ldots\mathbf{A}^{n-1^T}\mathbf{S}^T\right] = n \;\;\Rightarrow\;\; (\mathbf{A},\mathbf{S})\;\text{vollständig beobachtbar} \tag{6.178}$$

gilt, da $\mathbf{X}^T$ regulär ist und für die Koeffizienten α_i mit (6.100) eine eindeutige Lösung besteht.

Der Beobachtbarkeitsbedingung kommt bei der Betrachtung linearer Systeme große Bedeutung zu, da sie Aussagen über das System in vielfältiger Hinsicht zuläßt, je nachdem, wie die Gleichung $\mathbf{y} = \mathbf{S}\,\mathbf{x}$ interpretiert wird. Gleiches gilt für die Steuerbarkeit: Betrachtet man das inhomogene System

$$\dot{\mathbf{x}} = \mathbf{A}\,\mathbf{x} + \mathbf{b} \tag{6.179}$$

wobei der Vektor $\mathbf{b}$ eine Steuerung, Regelung, Störung o.ä. darstellt, so entsteht die Frage, ob mit $\mathbf{b}$ alle Zustandsgrößen beeinflußt werden. Zieht man aus $\mathbf{b}$ eine charakteristische Größe $\mathbf{u}$ heraus, die beispielsweise den Vektor der frei verfügbaren Steuergrößen darstellt,

$$\mathbf{b} = \mathbf{B}\,\mathbf{u}\;,\quad \mathbf{b}\in R^n\;,\quad \mathbf{B}\in R^{n,m}\;,\quad \mathbf{u}\in R^m\;,\; m\le n\;, \tag{6.180}$$

und unterzieht die inhomogene Gleichung (6.179) einer Modaltransformation, so kann das System nur dann vollständig durch $\mathbf{u}$ beeinflußt werden, wenn die dabei entstehende Matrix $\mathbf{X}^{-1}\mathbf{B}$ keine Nullzeile beinhaltet. Mit $\mathbf{X}^{-1}$ nach Kap. 6.3.2 kann unter Zuhilfenahme der Linkseigenvektoren die HAUTUS-Bedingung formuliert werden:

Steuerbarkeitsbedingung nach HAUTUS

$$\overline{\mathbf{y}}_i^T \left(\lambda_i \mathbf{E} - \mathbf{A} \right) = 0 \;\; \Rightarrow \;\; \overline{\mathbf{y}}_i^T \mathbf{B} \neq 0 \quad \forall\, i = 1(1)n \;\; : \;\; (\mathbf{A}, \mathbf{B}) \text{ vollständig steuerbar}$$

(6.181)

Transponiert man (6.181) und vergleicht dieses Ergebnis mit (6.175) und (6.178), so stellt man fest, daß die KALMANsche Steuerbarkeitsbedingung dadurch dargestellt wird, daß man $\mathbf{A}$ durch $\mathbf{A}^T$ und $\mathbf{S}$ durch $\mathbf{B}^T$ ersetzt:

Steuerbarkeitsbedingung nach KALMAN

$$\text{Rang} \; \left[\mathbf{B} \; \mathbf{A}\,\mathbf{B} \ldots \mathbf{A}^{n-1}\mathbf{B} \right] = n \;\; \Rightarrow \;\; (\mathbf{A}, \mathbf{B}) \text{ vollständig steuerbar}$$

(6.182)

6.5.4 Stabilitätssätze mechanischer Systeme

Mit den vorangegangenen Überlegungen kann (6.171) ersetzt werden durch

$$\mathbf{A}^T\mathbf{R} + \mathbf{R}\,\mathbf{A} = -\mathbf{S} \;, \quad \mathbf{S} = \mathbf{S}^T \geq 0 \;,$$
$$(\mathbf{A}, \mathbf{S}) \text{ vollständig beobachtbar} \;\Rightarrow\; \text{as. Stabilität}$$
$$(\mathbf{A}, \mathbf{S}) \text{ nicht beobachtbar} \qquad \Rightarrow\; \text{Grenzstabilität} \;.$$

(6.183)

Setzt man hier die Zustandsgleichung mit den Bewegungsgleichungen nach Kap. 6.2.2 ein und wählt eine $\mathbf{R}$–Matrix zu

$$\mathbf{R} = \begin{bmatrix} \mathbf{K} & 0 \\ 0 & \mathbf{M} \end{bmatrix}$$

(6.184)

so liefert die LJAPUNOVsche Matrizengleichung (6.183)

$$\begin{bmatrix} 0 & -(\mathbf{K}+\mathbf{N})^T\mathbf{M}^{-1} \\ \mathbf{E} & -(\mathbf{D}+\mathbf{G})^T\mathbf{M}^{-1} \end{bmatrix} \begin{bmatrix} \mathbf{K} & 0 \\ 0 & \mathbf{M} \end{bmatrix}$$
$$+ \begin{bmatrix} \mathbf{K} & 0 \\ 0 & \mathbf{M} \end{bmatrix} \begin{bmatrix} 0 & \mathbf{E} \\ -\mathbf{M}^{-1}(\mathbf{K}+\mathbf{N}) & -\mathbf{M}^{-1}(\mathbf{D}+\mathbf{G}) \end{bmatrix}$$
$$= - \begin{bmatrix} 0 & -\mathbf{N} \\ \mathbf{N} & 2\mathbf{D} \end{bmatrix}$$

(6.185)

wobei $\mathbf{G}^T = -\mathbf{G}$, $\mathbf{N}^T = -\mathbf{N}$, $\mathbf{M}^T = \mathbf{M}$ ausgenutzt wurde. Hieraus lassen sich folgende Schlüsse ziehen:

M – K–Systeme

Sind außer $\mathbf{M}$ und $\mathbf{K}$ alle weiteren Matrizen identisch Null, so ist mit

$$\mathbf{M} = \mathbf{M}^T > 0 \;, \quad \mathbf{K} = \mathbf{K}^T > 0$$

(6.186)

das System grenzstabil $\left(\mathbf{R} = \mathbf{R}^T > 0, \ \mathbf{S} = 0\right)$. Diese Aussage beinhaltet mit

$$V = \frac{1}{2}\mathbf{y}^T\mathbf{K}\,\mathbf{y}, \quad \frac{\partial V}{\partial \mathbf{y}}^T = \mathbf{K}\,\mathbf{y} = 0 \ \text{(Gleichgew.)} \ , \quad \frac{\partial^2 V}{\partial \mathbf{y}\partial \mathbf{y}^T} = \mathbf{K} > 0 \qquad (6.187)$$

den *Satz von DIRICHLET (1846)*: Für eine stabile Gleichgewichtslage $\mathbf{y} = 0$ besitzt das Potential ein Minimum bei $\mathbf{y} = 0$.

M – G – K–*Systeme*

Ungedämpfte gyroskopische Systeme sind mit

$$\mathbf{M} = \mathbf{M}^T, \ \mathbf{K} = \mathbf{K}^T > 0 \ , \quad \text{unabhängig von } \mathbf{G} \qquad (6.188)$$

stets (grenz-)stabil. Sie können aber auch für $\mathbf{K} < 0$ stabil sein. Hierfür muß die Berechnung über die LJAPUNOV-Gleichung in umgekehrter Weise erfolgen: Man suche eine Lösung für $\mathbf{R} = \mathbf{R}^T > 0$, die $\mathbf{S} = 0$ ergibt (z.B. [MÜL 77]). Als Ergebnis erhält man den *Satz von THOMSON und TAIT (1867)*:

$$\mathbf{M} = \mathbf{M}^T > 0 \ , \ \mathbf{K} = \mathbf{K}^T < 0 \ , \ |\det \mathbf{G}| \neq 0 \text{ und genügend groß} \Rightarrow \text{ grenzstabil}$$
$$(6.189)$$

$\triangledown$

Beispiel: Der starre Rotor (Kap. 6.2)

Für $\dot{\Omega} = 0$ erhält man im ungedämpften Fall mit $\overline{k} = (k - mgs)/A$ die charakteristische Gleichung

$$\left(\lambda^2 - \overline{k}\right)^2 + \left(\frac{C}{A}\,\Omega\lambda\right)^2 = \left(\lambda^2 + \overline{k}\right)^2 - \left(i\frac{C}{A}\,\Omega\lambda\right)^2$$
$$= \left[\left(\lambda^2 + \overline{k}\right) + i\frac{C}{A}\,\Omega\lambda\right]\left[\left(\lambda^2 + \overline{k}\right) - i\frac{C}{A}\,\Omega\lambda\right] - 0 \ .$$

Hieraus folgen die Eigenwerte zu

$$\lambda_{1-4} = \pm i\frac{C}{A}\,\Omega \pm i\left[\frac{1}{4}\left(\frac{C}{A}\,\Omega\right)^2 + \overline{k}\right]^{1/2}$$

Da das System ungedämpft ist, müssen die Eigenwerte rein imaginär sein (Grenzstabilität) (bzw. die Eigenwertquadrate negativ reell, *Satz von LAGRANGE*). Dies bedeutet, daß bei negativem $\overline{k}$ der Radikand positiv sein muß,

$$\left(\frac{C}{A}\,\Omega\right)^2 > \left|4\overline{k}\right| \ ,$$

damit ist das System (grenz-)stabil. Mit diesem Ergebnis wird der Satz von THOMSON und TAIT bestätigt. Für den Rotor ohne Lager ($k = 0$) gilt

$$M = \begin{bmatrix} 1 & 0 \\ 0 & 1 \end{bmatrix} > 0 , \quad K = \tfrac{-mgs}{A} \begin{bmatrix} 1 & 0 \\ 0 & 1 \end{bmatrix} < 0 ,$$

$$\det G = \tfrac{C}{A}\,\Omega \begin{bmatrix} 0 & 1 \\ -1 & 0 \end{bmatrix} = \tfrac{C}{A}\,\Omega \neq 0 .$$

Die Determinantenbedingung besagt, daß das System eine gerade Zahl von Freiheitsgraden haben muß. Physikalisch gesehen bedeutet dies, daß die gyroskopische Kopplung zwischen den Freiheitsgraden wechselseitig wirkt und so eine Stabilisierung erzeugt.

$\triangle$

$M - D - G - K$*-Systeme*

Der Satz von THOMSON und TAIT hat nur bedingt praktischen Nutzen, weil in jedem realen System Dämpfung vorhanden ist. Hier genügen für eine Stabilitätsanalyse auch kleinste Dämpfungseinflüsse, um langfristig Wirkung zu zeigen.

Mit $R = R^T > 0$ nach (6.184) folgt zunächst $S = S^T \geq 0$ für $N = 0$. Es gilt also, die $(A - S)$-Beobachtbarkeit nachzuweisen. Das KALMAN-Kriterium (6.178) liefert

$$\text{Rang}\, \begin{bmatrix} S^T \vdots A^T S^T \end{bmatrix} = \text{Rang}\, \begin{bmatrix} 0 & 0 & \vdots & 0 - K^T M^{-1} D \\ 0 & D & \vdots & 0 - (D + G)^T M^{-1} D \end{bmatrix} \tag{6.190}$$
$$= n \text{ für } K \lessgtr 0,\ D > 0 .$$

(Hier kann die Rechnung bereits bei der ersten Potenz von A abgebrochen werden, um den Rang der Beobachtbarkeitsmatrix nachzuweisen). Das Ergebnis ist der *Satz von THOMSON-TAIT-CHETAEV (1961):*

$$\begin{aligned} &\text{Für } M = M^T > 0 , \quad D = D^T > 0 \\ &\text{entscheidet } K = K^T \text{ unabhängig von } G \text{ über die Stabilität} \end{aligned} \tag{6.191}$$

$\bigtriangledown$

Beispiel: Der Rotor nach Kap. 6.2

Da die Stabilität eines Systems nicht von den verwendeten Koordinaten abhängen kann, erhält man für den starren Rotor mit innerer Dämpfung (ohne äußere Dämpfung) mit $\dot{\Omega} = 0$ im drehenden Referenzsystem bei astatischer Aufhängung $k - mgs = 0$:

$$M = M^T > 0 , \quad D = D^T > 0 , \quad K = K^T \begin{cases} > 0 & \text{für } C > A \\ \\ < 0 & \text{für } A > C \end{cases} .$$

Während im ungedämpften Fall nach dem Satz von THOMSON und TAIT das Verhältnis der Trägheitsmomente keine Rolle spielte, ist bei Vorhandensein innerer Dämpfung die Drehung um die kleinste Hauptträgheitsachse $(A > C)$ instabil.

Betrachtet man dagegen den schweregefesselten Kreisel mit ausschließlich äußerer Dämpfung, so erhält man aus der Darstellung im Inertialsystem die Aussage, daß die Bewegung für statisch stabile Fesselung $(\mathbf{K} > 0)$ asymptotisch stabil, für statisch instabile Fesselung $(\mathbf{K} < 0)$ instabil ist, unabhängig vom Trägheitsmomentenverhältnis.

$\triangle$

In vielen Fällen ist die Forderung $\mathbf{D} > 0$ zu scharf, und zwar genau dann, wenn nur einige Koordinaten direkt gedämpft werden, unter dem Einfluß der Kopplungen im System die Dämpfungswirkung aber auf alle anderen Koordinaten durchdringt ("durchdringende Dämpfung"). Ob eine indirekte, durchdringende Dämpfung vorliegt, kann mit Hilfe der Steuerbarkeitsbedingungen untersucht werden: Formuliert man die Systemgleichung als

$$\dot{\mathbf{x}} = \begin{pmatrix} 0 & \mathbf{E} \\ -\mathbf{M}^{-1}\mathbf{K} & -\mathbf{M}^{-1}\mathbf{G} \end{pmatrix} \mathbf{x} + \begin{pmatrix} 0 \\ -\mathbf{M}^{-1}\mathbf{D} \end{pmatrix} \dot{\mathbf{y}} = \mathbf{A}_0\mathbf{x} + \mathbf{B}_0\mathbf{u} \;, \qquad (6.192)$$

so liegt durchdringende Dämpfung dann vor, wenn die $(\mathbf{A}_0, \mathbf{B}_0)$ –Steuerbarkeit gewährleistet ist. Damit kann der *Satz von THOMSON, TAIT, CHETAEV, P.C. MÜLLER (1971)* formuliert werden:

> Die Stabilität eines gyroskopischen Systems
> $$\mathbf{M}\ddot{\mathbf{y}} + (\mathbf{D} + \mathbf{G})\dot{\mathbf{y}} + \mathbf{K}\mathbf{y} = 0$$
>
> mit durchdringender Dämpfung,
> $$\mathbf{D} = \mathbf{D}^T \geq 0 \quad \text{und} \quad (\mathbf{A}_0, \mathbf{B}_0)\cdot \text{steuerbar}, \qquad (6.193)$$
>
> und regulärer Fesselungsmatrix $\mathbf{K}$ wird unabhängig
> von $\mathbf{G}$ nur über $\mathbf{K}$ bestimmt:
> $$\mathbf{K} > 0: \text{ as. stabil}, \quad \mathbf{K} < 0 : \text{instabil}$$

Im Sonderfall nichtgyroskopischer Systeme $(\mathbf{G} = 0)$ kann die Steuerbarkeitsbedingung (6.192) vereinfacht werden: Nach (6.182) gilt

$$[\mathbf{B}_0\,|\,\mathbf{A}_0\mathbf{B}_0\,|\,\mathbf{A}_0^2\mathbf{B}_0\,\ldots] =$$

$$\begin{bmatrix} 0 & -\mathbf{M}^{-1}\mathbf{D} & 0 & \mathbf{M}^{-1}\mathbf{K}\,\mathbf{M}^{-1}\mathbf{D} & \\ -\mathbf{M}^{-1}\mathbf{D} & 0 & \mathbf{M}^{-1}\mathbf{K}\,\mathbf{M}^{-1}\mathbf{D} & 0 & \cdots \end{bmatrix} \qquad (6.194)$$

Hieraus liest man ab, daß der Rang der Steuerbarkeitsmatrix gleich n ist, wenn

$$\text{Rang} \left[\left(\mathbf{M}^{-1}\mathbf{K}\right)\left(\mathbf{M}^{-1}\mathbf{D}\right) \Big| \ldots \Big| \left(\mathbf{M}^{-1}\mathbf{K}\right)^{f-1}\left(\mathbf{M}^{-1}\mathbf{D}\right)\right] = f \ , \quad f = n/2$$

$$(6.195)$$

gilt.

∇

Beispiel: Symmetrischer Rotor mit elastischen Wellen

Betrachtet wird der Rotor nach Kap. 6.4.4, der am oberen und unteren Ende gedämpft sein soll. Unter Verwendung der Eigenfunktionen für $\dot{\Omega} = 0$ (Tab. 12) lauten die Bewegungsgleichungen im Inertialsystem

$$\mathbf{M}\ddot{\mathbf{y}} + \mathbf{G}\dot{\mathbf{y}} + \mathbf{D}\dot{\mathbf{y}} + \mathbf{K}\mathbf{y} = 0$$

mit

$$\mathbf{M} = \begin{pmatrix} \mathbf{E} & 0 \\ 0 & \mathbf{E} \end{pmatrix} , \quad \mathbf{G} = \begin{pmatrix} 0 & \Omega\overline{\mathbf{G}} \\ -\Omega\overline{\mathbf{G}} & 0 \end{pmatrix} ,$$

$$\mathbf{K} = \begin{pmatrix} \operatorname{diag}(\omega_{i0}^2) & 0 \\ 0 & \operatorname{diag}(\omega_{i0}^2) \end{pmatrix} , \quad \mathbf{D} = \begin{pmatrix} \mathbf{D}_0 & 0 \\ 0 & \mathbf{D}_0 \end{pmatrix} ,$$

wobei

$$\overline{\mathbf{G}} = \frac{1}{A}\int_L \frac{dC}{dz}\,\mathbf{u}'\mathbf{u}'^T\,dz \ , \quad \mathbf{D}_0 = \frac{d}{A}\left[\mathbf{u}(0)\mathbf{u}(0)^T + \mathbf{u}(L)\mathbf{u}(L)^T\right] \ , \quad \mathbf{u} \Rightarrow \mathbf{u}_E \ ,$$

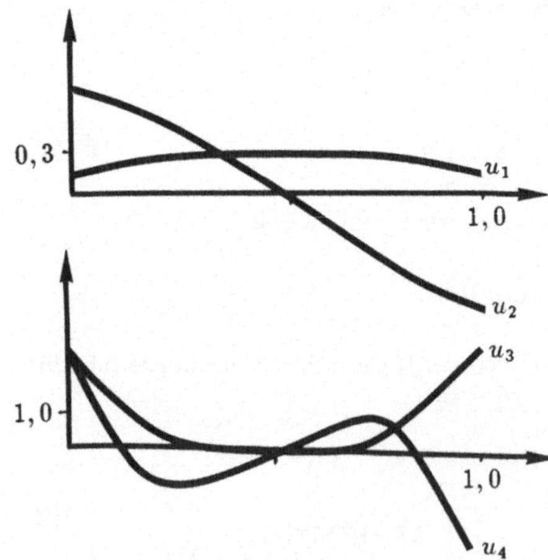

mit der Dämpfungskonstanten d gilt. Mit der abgekürzten Schreibweise $u_1(0) = u_1(L) = u_1$, $u_2(0) = -u_2(L) = u_2$ etc. ist die Dämpfungsmatrix $\mathbf{D}_0$ bei Betrachtung der ersten vier Eigenfunktionen,

$$\mathbf{D}_0 = \frac{d}{I_y} \begin{bmatrix} u_1^2 & 0 & u_1u_3 & 0 \\ 0 & u_2^2 & 0 & u_2u_4 \\ u_3u_1 & 0 & u_3^2 & 0 \\ 0 & u_1u_4 & 0 & u_4^2 \end{bmatrix}$$

vom Rang 2. Die Bedingung (6.195) liefert jedoch

Bild 6.23: Eigenformen

$$\text{Rang}\ \left[\mathbf{D}_0\,|\,\text{diag}\left(\omega_{i0}^2\right)\mathbf{D}_0\right] = \text{Rang}\begin{bmatrix} u_1^2 & 0 & \omega_1^2 u_1^2 & 0 \\ 0 & u_2^2 & 0 & \omega_2^2 u_2^2 \\ & & \cdots & & \cdots \\ u_1 u_3 & 0 & \omega_3^2 u_1 u_3 & 0 \\ 0 & u_1 u_4 & 0 & \omega_4^2 u_1 u_4 \end{bmatrix} = 4$$

für nichtverschwindende und nicht zusammenfallende Eigenfrequenzen ω_1, ω_2, ω_3, ω_4 des ruhenden Zustands. Damit ist die Bedingung für das Gesamtsystem (Rang 8) erfüllt. Für die reinen Pendelschwingungen (u_1, u_3), auf die der Drall keinen Einfluß hat (der entsprechende Anteil in $\overline{\mathbf{G}}$ verschwindet) liegt durchdringende Dämpfung vor. Für die antimetrischen Schwingungsformen u_2, u_4 gibt dieses Ergebnis aber nur einen Anhaltspunkt, denn hier wirken die Kreiselmomente auf die Biegeschwingungsform ein, so daß für eine genauere Rechnung (6.192) auszuwerten ist. Das Ergebnis bleibt deutbar; es besagt, daß die Dämpfungskräfte nicht in einem Schwingungsknoten angreifen dürfen, wenn sie eine durchdringende Wirkung haben sollen, siehe auch Kap. 8.2.

$\triangle$

$\mathbf{M} - \mathbf{D} - \mathbf{G} - \mathbf{K} - \mathbf{N}$-*Systeme*

Bei Vorhandensein von $\mathbf{N}$−Matrizen versagen die Stabilitätssätze. Hier muß die LJAPUNOV-Gleichung direkt ausgewertet oder es müssen andere Stabilitätskriterien herangezogen werden.

$\triangledown$

Beispiel: Der Resonanzfall (vgl. Kap. 6.3.3)

Hier können die Bewegungsgleichungen geschrieben werden als

$$\begin{bmatrix} 1 & 0 \\ 0 & 1 \end{bmatrix}\begin{bmatrix} \ddot{x} \\ \ddot{y} \end{bmatrix} + \begin{bmatrix} \omega^2 & -1/2 \\ -1/2 & \omega^2 \end{bmatrix}\begin{bmatrix} x \\ y \end{bmatrix} + \begin{bmatrix} 0 & -1/2 \\ 1/2 & 0 \end{bmatrix}\begin{bmatrix} x \\ y \end{bmatrix} = 0\ .$$

Es tritt eine symmetrische $\mathbf{K}$− und eine schiefsymmetrische $\mathbf{N}$−Matrix auf. Die Lösung dieser Gleichung ist bereits bekannt: Die Bewegung $x(t)$ ist instabil mit linear anwachsenden Amplituden.

$\triangle$

6.5.5 LIÉNARD-CHIPART-Kriterium

Für allgemeine Systeme $\dot{\mathbf{x}} = \mathbf{A}\,\mathbf{x}$, $\mathbf{A} = $ const., läßt sich die Stabilität der Gleichgewichtslage durch Berechnung der Eigenwerte beurteilen. Auch hier entsteht die Frage, ob man nicht auf die Art der Eigenwerte rückschließen kann, ohne sie

explizit ausrechnen zu müssen. Hat man hierbei keine besondere Struktur von
A zur Verfügung, die sich, wie im vorangegangenen Abschnitt, ausnutzen läßt,
so steht nur die charakteristische Gleichung (6.46) als Betrachtungsgrundlage zur
Verfügung. Eines der ersten Ergebnisse für die Stabilitätsuntersuchung anhand
der charakteristischen Gleichung stammt von STODOLA aus einer Untersuchung
von Rotoren und Dampfmaschinen (1893/94): Damit alle Eigenwerte negativen
Realteil haben, und damit die asymptotische Stabilität gewährleistet ist, müssen
die charakteristischen Koeffizienten durchweg gleiches Vorzeichen haben:

$$P(\lambda) = \lambda^n + a_1\lambda^{n-1} + \ldots a_n = 0 \quad : \quad a_i > 0 \quad\quad i = 1(1)n \ . \tag{6.196}$$

Dieses Kriterium ist allerdings nur notwendig und nicht hinreichend, wie das Beispiel

$$\lambda^3 + \lambda^2 + \lambda + 6 = \left(\lambda^2 - \lambda + 3\right)(\lambda + 2) = 0 \ \Rightarrow\ \lambda_1 = -2, \lambda_{3/4} = \frac{1}{2} \pm i\sqrt{\frac{11}{4}} \tag{6.197}$$

zeigt.

$\triangledown$

<u>Beispiel</u>: Der starre Rotor mit innerer und äußerer Dämpfung, Kap. 6.2

Berechnet man die charakteristische Gleichung zum Gleichungssystem nach Kap.
6.2, so erhält man für eine Darstellung im $R-$System für den Fall $mgs - k = 0$:

$$\begin{aligned}
&\lambda^4 + \tfrac{2}{A}\left(d_i + d_a\right)\lambda^3 + \left[\tfrac{1}{A}\left(d_i + d_a\right)^2 + \left(\left(\tfrac{C}{A}\right)^2 + 2\right)\Omega^2\right]\lambda^2 \\
&+ \tfrac{2}{A}\left[d_a + \left(\tfrac{C}{A} - 1\right)d_i\right]\Omega^2\lambda + \tfrac{1}{A}\left[(C - A)^2\Omega^2 + d_a\right]\Omega^2 = 0 \\
&= \ a_0\lambda^4 + a_1\lambda^3 + a_2\lambda^2 + a_3\lambda + a_4 \ .
\end{aligned}$$

Hierbei sind alle Koeffizienten immer positiv bis auf a_3, der für $C < A$ bei
genügend großer innerer Dämpfung negativ werden kann. Dies deutet auf die
Destabilisierung durch innere Dämpfung hin.

$\triangle$

Zusammen mit HURWITZ gelang es jedoch, ein hinreichendes Kriterium unter
Zuhilfenahme der VIETAschen Wurzelsätze zu formulieren (1895): Definiert man
mit Hilfe der charakteristischen Koeffizienten eine HURWITZ-Matrix **H**,

$$\mathbf{H} = \begin{bmatrix} a_1 & a_3 & a_5 & \ldots & 0 \\ a_0 & a_2 & a_4 & \ldots & 0 \\ 0 & a_1 & a_3 & \ldots & 0 \\ \vdots & & & \ddots & \\ 0 & \ldots & & & a_n \end{bmatrix} \ , \quad \mathbf{H} \in R^{n,n} \ , \quad a_0 = 1 \ , \tag{6.198}$$

so müssen alle Hauptabschnittsdeterminanten dieser Matrix positiv sein. Dabei liefert die Entwicklung nach der letzten Spalte

$$H_n = a_n H_{n-1} \ , \qquad (6.199)$$

wobei a_n die Grenze der exponentiellen, H_{n-1} die Grenze der oszillatorischen Stabilität angibt, vgl. [MAG 71].

Die Ausrechnung der HURWITZ-Determinanten ist mit erheblichem Aufwand verbunden. Eine Erleichterung wird durch die Erweiterung der Stabilitätsaussage von LIÉNARD-CHIPART (1914) erzielt, in der die notwendigen STODOLA- und die hinreichenden HURWITZ-Bedingungen kombiniert werden. Das Kriterium von LIÉNARD und CHIPART besagt, daß die HURWITZ-Determinanten H_i und die charakteristischen Koeffizienten a_i, *abwechselnd* betrachtet, zu einem hinreichenden Kriterium führen:

$$H_i > 0 \ , \quad a_{i+1} > 0 \quad \text{oder} \quad a_i > 0 \ , \quad H_{i+1} > 0 \ , \qquad i = 1(2)n - 1 \ . \qquad (6.200)$$

6.6 Beschränktheit der partikulären Lösung

Die Stabilitätsbetrachtung bezieht sich stets auf das homogene Gleichungssystem und besagt zunächst nichts über die Beschränktheit der Gesamtlösung. Hier läßt sich folgende Aussage treffen: Bei beschränkter Fundamentalmatrix ϕ und beliebiger, aber beschränkter Erregerfunktion $\mathbf{b}$,

$$\| \phi \| \leq c_1 \ , \quad \| \mathbf{b} \| \leq c_2 \ . \qquad c_1, c_2 \text{ beliebige Konstanten} \ , \qquad (6.201)$$

erhält man für eine ebenfalls beschränkte Anfangsbedingung

$$\| \mathbf{x}_0 \| < \delta \qquad (6.202)$$

mit der Normabschätzung der Gesamtlösung

$$\begin{aligned} \| \mathbf{x}(t) \| &\leq \| \phi \| \, \| \mathbf{x}_0 \| \ + \ \| \phi \| \, \| \int_0^t \phi^{-1} \mathbf{b} \, d\tau \| \\ &\leq \ c_1 \delta \ + \ c_1 \int_0^t \frac{1}{c_1} c_2 \, d\tau \\ &\leq \ c_1 \delta \ + \ c_2 t \ . \end{aligned} \qquad (6.203)$$

die Aussage, daß für lediglich beschränkte Fundamentalmatrix eine unbeschränkte Lösung auftreten kann. Erst bei asymptotisch stabiler Fundamentalmatrix bleibt die Lösung endlich, weil dann der exponentielle Anteil überwiegt. Typisches Beispiel für das Auftreten unbeschränkter Lösungen ist das linear-zeitinvariante System mit einer periodischen Erregerfunktion **b**. Derartige Erregerfunktionen lassen sich stets in eine FOURIER-Reihe entwickeln:

$$\dot{\mathbf{x}} = \mathbf{A}\,\mathbf{x} + \mathbf{b}(t) \ , \quad \mathbf{b}(t) = \mathbf{b}(t+T) = \sum_{k=1}^{\infty} \left(\mathbf{b}_k^{(1)} \cos k\Omega t + \mathbf{b}_k^{(2)} \sin k\Omega t \right) \ . \quad (6.204)$$

Weil in linearen Systemen die Lösungen verschiedener Anregungen überlagert werden können, genügt die Betrachtung eines Summengliedes aus (6.204), z.B. für $k = 1$:

$$\dot{\mathbf{x}} = \mathbf{A}\,\mathbf{x} + \mathbf{b}^{(1)} \cos \Omega t + \mathbf{b}^{(2)} \sin \Omega t = \mathbf{A}\,\mathbf{x} + \mathbf{b}e^{i\Omega t} + \mathbf{b}^* e^{-i\Omega t} \ ,$$
$$\mathbf{b} = \tfrac{1}{2}\left(\mathbf{b}^{(1)} - i\,\mathbf{b}^{(2)} \right) \qquad\qquad (6.205)$$

mit $\mathbf{b}^*$ als konjugiert-komplexem Vektor zu **b**. Eine Lösung erhält man durch Betrachtung der verkürzten Gleichung und angepaßtem Lösungssatz,

$$\bar{\mathbf{x}} = \mathbf{A}\,\bar{\mathbf{x}} + \mathbf{b}e^{i\Omega t} \ : \ \bar{\mathbf{x}} = \mathbf{g}e^{i\Omega t} \ \Rightarrow \ \mathbf{g} = (i\Omega\mathbf{E} - \mathbf{A})^{-1}\,\mathbf{b} = \tfrac{Adj(i\Omega\mathbf{E}-\mathbf{A})}{det(i\Omega\mathbf{E}-\mathbf{A})}\,\mathbf{b} \ ,$$

$$\Rightarrow \ \mathbf{x}_p(t) = 2\,Re(\mathbf{g})\cos \Omega t - 2\,Im(\mathbf{g})\sin \Omega t \ .$$

$$(6.206)$$

Die i−te Lösungskomponente, $x_{pi} = (Z_i/N)$, enthält insgesamt vier Lösungstypen: Allgemeine Lösung ($Z_i \neq 0$, $N \neq 0$), Tilgung ($Z_i = 0$, $N \neq 0$), Resonanz ($Z_i \neq 0$, $N = 0$) und Scheinresonanz ($Z_i = 0$, $N = 0$). Dabei ist der Nenner N gleich der charakteristischen Gleichung (6.46) für $\lambda = i\Omega$. Das bedeutet, daß der Nenner nur null werden kann, wenn das System ungedämpft ist: $\lambda = i\omega = i\Omega$.

In diesem Fall stimmen Eigenfrequenz und Erregerfrequenz überein. Im gedämpften Fall nehmen zwar die Amplituden für bestimmte Werte der Erregerfrequenz Maximalwerte an, bleiben jedoch beschränkt.

Die Matrix $(i\Omega\mathbf{E} - \mathbf{A})^{-1}$ wird Frequenzgangmatrix genannt. Für mechanische Systeme läßt sich die partikuläre Lösung auch über die Bewegungsgleichungen darstellen: Mit der speziellen Struktur (6.36) erhält man

$$\mathbf{b} = \begin{bmatrix} 0 & (-\mathbf{M}^{-1}\mathbf{h})^T \end{bmatrix}^T \ , \quad \mathbf{g} = \begin{bmatrix} \mathbf{q}^T & i\Omega\mathbf{q}^T \end{bmatrix}^T$$
$$\Rightarrow \ \mathbf{q} = [-\Omega^2\mathbf{M} + i\Omega(\mathbf{D} + \mathbf{G}) + (\mathbf{K} + \mathbf{N})]^{-1}\,\mathbf{h} \ . \qquad (6.207)$$

Hierin hat die zu invertierende Matrix nur die halbe Systemordnung.

$\triangledown$

Beispiel: Der starre Rotor, Kap. 6.2.1, ohne Dämpfung, $\dot{\Omega} = 0$

Mit den Bewegungsgleichungen für $\left(\Omega - \overline{\Omega}\right) = 0$ (Inertialsystem), $\overline{k} = (k - mgs)/A$,

$$
\begin{bmatrix} 1 & 0 \\ 0 & 1 \end{bmatrix} \begin{bmatrix} \ddot{\alpha} \\ \ddot{\beta} \end{bmatrix} + \begin{bmatrix} 0 & \frac{C}{A}\Omega \\ -\frac{C}{A}\Omega & 0 \end{bmatrix} \begin{bmatrix} \dot{\alpha} \\ \dot{\beta} \end{bmatrix} + \begin{bmatrix} \overline{k} & 0 \\ 0 & \overline{k} \end{bmatrix} \begin{bmatrix} \alpha \\ \beta \end{bmatrix}
$$

$$
= e\Omega^2 \begin{pmatrix} \cos\Omega t \\ \sin\Omega t \end{pmatrix} = \frac{e\Omega^2}{2}\left[\begin{pmatrix} 1 \\ -i \end{pmatrix} e^{i\Omega t} + \begin{pmatrix} 1 \\ i \end{pmatrix} e^{-i\Omega t} \right] \;, \quad e = -D/A \;,
$$

erhält man

$$
\frac{1}{\det\left(-\mathbf{M}\Omega^2 + i\mathbf{G}\Omega + \mathbf{K}\right)} = \frac{1}{\left(\overline{k} - \Omega^2\right)^2 - \left[\frac{C}{A}\right]^2 \Omega^4}
$$

$$
= \frac{1}{\left[\overline{k} - \Omega^2\left(1 + \frac{C}{A}\right)\right]\left[\overline{k} - \Omega^2\left(1 - \frac{C}{A}\right)\right]} \;.
$$

Der Nenner verschwindet für

$$
\Omega_1^2 = \frac{\overline{k}}{1 + \frac{C}{A}} \;, \quad \Omega_2^2 = \frac{\overline{k}}{1 - \frac{C}{A}} \;.
$$

Diese beiden Werte müssen, da es sich um ein ungedämpftes System handelt, zwei Systemeigenfrequenzen entsprechen. Aus der charakteristischen Gleichung folgt

$$
\det\left(\mathbf{M}\lambda^2 + \mathbf{G}\lambda + \mathbf{K}\right) = \det\left(-\mathbf{M}\omega^2 + i\mathbf{G}\omega + \mathbf{K}\right) = 0
$$
$$
= \left(\overline{k} - \omega^2\right)^2 - \left[\frac{C}{A}\Omega\omega\right]^2 = \left[\left(\overline{k} - \omega^2\right) + \frac{C}{A}\Omega\omega\right]\left[\left(\overline{k} - \omega^2\right) - \frac{C}{A}\Omega\omega\right]
$$
$$
\Rightarrow \;\; \omega^2 \pm \frac{C}{A}\Omega\omega - \overline{k} = 0 \;.
$$

Die Resonanzbedingung lautet $\omega = \Omega$. Für das obere Vorzeichen erhält man damit

$$
\Omega^2 + \frac{C}{A}\Omega^2 - \overline{k} = 0 \;\; \Rightarrow \;\; \Omega^2 = \frac{\overline{k}}{1 + \frac{C}{A}} = \Omega_1^2 \;,
$$

für das untere entsprechend Ω_2^2. Die Eigenfrequenzen lassen sich näher spezifizieren:

Mit

$$
\omega^2 \pm \frac{C}{A}\Omega\omega - \overline{k} = \left[\left(\omega \pm \frac{C}{2A}\Omega\right)^2\right] - \left[\overline{k} + \left(\frac{C}{2A}\Omega\right)^2\right] = 0
$$

lautet die Lösung der charakteristischen Gleichung

$$
\omega = \mp\frac{C\Omega}{2A} \overset{+}{(-)} \frac{C\Omega}{2A}\left[1 + \overline{k}\Big/\left(\frac{C\Omega}{2A}\right)^2\right]^{1/2} \;.
$$

Für hinreichend großen Drall $C\Omega$ kann die Wurzel in eine TAYLOR-Reihe entwickelt und beim ersten Term abgebrochen werden:

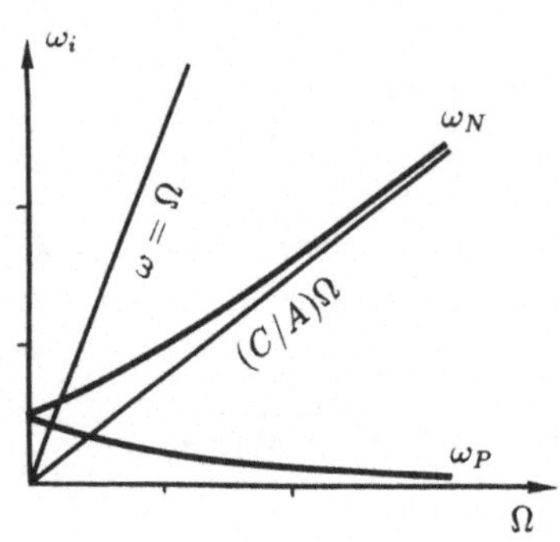

Bild 6.24: Nutation und Präzession

$$\omega = \mp\frac{C\Omega}{2A} + \frac{C\Omega}{2A}\left(1 + \frac{1}{2}\frac{\overline{k}}{\left[\frac{C\Omega}{2A}\right]^2}\right).$$

Dann gilt für das obere Vorzeichen

$$\omega = \omega_p = \frac{\overline{k}}{\frac{C}{A}\Omega} = \frac{A}{C}\frac{\overline{k}}{\Omega}\ .$$

Diese Eigenfrequenz wird Präzessionsfrequenz genannt. Sie tendiert für wachsendes Ω gegen null. Das untere Vorzeichen liefert dagegen die Nutationsfrequenz

$$\omega = \omega_N = \frac{C}{A}\Omega\ ,$$

die im Verhältnis C/A mit zunehmender Drehzahl Ω ansteigt. Verglichen mit der Resonanzbedingung bedeutet dies, daß Ω_1 der Präzessionsfrequenz, Ω_2 der Nutationsfrequenz entspricht.

Berechnet man den Lösungsvektor $\mathbf{q}$ zur harmonischen Anregung, so erhält man mit

$$\begin{aligned}
Adj\left(-\mathbf{M}\Omega^2 + i\mathbf{G}\Omega + \mathbf{K}\right)\mathbf{h} &= \begin{pmatrix} \left(\overline{k} - \Omega^2\right) & -i\frac{C}{A}\Omega^2 \\ i\frac{C}{A}\Omega^2 & \left(\overline{k} - \Omega^2\right) \end{pmatrix}\begin{pmatrix} 1 \\ -i \end{pmatrix}\frac{e\Omega^2}{2} \\
&= \left[\overline{k} - \Omega^2\left(1 + \frac{C}{A}\right)\right]\frac{e\Omega^2}{2}\begin{pmatrix} 1 \\ -i \end{pmatrix}
\end{aligned}$$

die Aussage, daß für $\Omega = \Omega_1$ der Amplitudenvektor verschwindet. Für eine harmonische Anregung in der Präzessionsfrequenz liegt also Scheinresonanz vor. Eingesetzt lautet der Lösungsvektor insgesamt (vgl. [MÜL 76])

$$\mathbf{q} = \left(-\mathbf{M}\Omega^2 + i\mathbf{G}\Omega + \mathbf{K}\right)^{-1}\mathbf{h} = \frac{e\Omega^2}{2\left[\overline{k} - \Omega\left(1 - \frac{C}{A}\right)\right]}\begin{pmatrix} 1 \\ -i \end{pmatrix}\ .$$

$\triangle$

6.7 Lineare zeitvariante Systeme – Ausblick

Bei einer Linearisierung um eine zeitabhängige Referenzbewegung werden die Systemkoeffizienten zeitvariant:

$$\dot{\mathbf{x}} = \mathbf{A}(t)\mathbf{x} + \mathbf{b}(t) \ . \tag{6.208}$$

Die Lösungsform ist prinzipiell dieselbe wie bei zeitinvarianten Systemen, da auch hier n Fundamentallösungen existieren:

$$\mathbf{x}(t) = \boldsymbol{\phi}(t,t_0)\,\mathbf{x}_0 + \int_{t_0}^{t} \boldsymbol{\phi}(t,\tau)\mathbf{b}(\tau)d\tau \qquad \text{mit} \quad \dot{\boldsymbol{\phi}} = \mathbf{A}(t)\boldsymbol{\phi} \ . \tag{6.209}$$

Zur Berechnung der Fundamentalmatrix stehen allerdings außer der numerischen Integration auf der Rechenmaschine keine Verfahren zur Verfügung. Die für zeitinvariante Systeme geltenden Ansätze versagen, da bei zeitabhängigen Koeffizienten keine Eigenwerte und -vektoren definiert werden können.

Bisweilen gelangt man jedoch mit einem speziellen Ansatz zur Lösung. Unter der Annahme, daß die Lösung eine Schwingung mit zeitabhängiger Amplitude sein wird,

$$\mathbf{y} = \mathbf{c}\left(a_0 + a_1 t + a_2 t^2 + \ldots\right) \exp \int_0^t \overline{\lambda}(\tau)d\tau = \mathbf{c}\exp \int_0^t \lambda(\tau)d\tau \tag{6.210}$$

($\mathbf{c} = \text{const.}$), erhält man eine Differentialgleichung zur Bestimmung der unbekannten $\lambda_i(t)$ und $\mathbf{c}$:

$$\left(\mathbf{M}\left(\dot{\lambda} + \lambda^2\right) + (\mathbf{D} + \mathbf{G})\lambda + (\mathbf{K} + \mathbf{N})\right)\mathbf{c} = 0 \ . \tag{6.211}$$

∇

<u>Beispiel:</u> Beschleunigter Rotor nach Kap. 6.2 (ohne Unwucht, Beschreibung im Inertialsystem)

Hierfür gelten die Bewegungsgleichungen

$$\begin{bmatrix} 1 & 0 \\ 0 & 1 \end{bmatrix}\begin{bmatrix} \ddot{\alpha} \\ \ddot{\beta} \end{bmatrix} + \begin{bmatrix} 0 & \frac{C}{A}\Omega \\ -\frac{C}{A}\Omega & 0 \end{bmatrix}\begin{bmatrix} \dot{\alpha} \\ \dot{\beta} \end{bmatrix} + \begin{bmatrix} 0 & \frac{C}{A}\dot{\Omega} \\ -\frac{C}{A}\dot{\Omega} & 0 \end{bmatrix}\begin{bmatrix} \alpha \\ \beta \end{bmatrix} + \begin{bmatrix} \overline{k} & 0 \\ 0 & \overline{k} \end{bmatrix}\begin{bmatrix} \alpha \\ \beta \end{bmatrix} = \begin{bmatrix} 0 \\ 0 \end{bmatrix} \ .$$

Für den unbeschleunigten Rotor sind die Eigenfrequenzen bekannt: Es handelt sich um die schnelle Nutations- und die langsame Präzessionsfrequenz, genügend großer Drall $C\Omega$ vorausgesetzt. Dies führt auf eine technische Näherung nach MAGNUS: Für die Präzession spielen die Beschleunigungsterme keine wesentliche Rolle, hier halten sich Kreiselkräfte und Fesselungskräfte das Gleichgewicht,

$$\text{Präzession:} \quad \mathbf{G}\dot{\mathbf{y}} + \mathbf{K}\mathbf{y} \cong 0 \ .$$

Für die Nutation dagegen wird die Schwingung von der Fesselung $\mathbf{K}\,\mathbf{y}$ nahezu unabhängig; es bleibt

$$\text{Nutation:} \quad \mathbf{M}\,\ddot{\mathbf{y}} + \mathbf{G}\,\dot{\mathbf{y}} \cong 0 \ .$$

Diese Näherung kann ganz entsprechend auf das zeitvariante System des beschleunigten Rotors übertragen werden:

a) Präzession:

$$(\mathbf{G}\lambda + \mathbf{K} + \mathbf{N})\,\mathbf{c} = 0 \ : \quad \lambda = \pm i\,\frac{\overline{k}}{\frac{C}{A}\Omega} - \frac{\dot{\Omega}}{\Omega} \ , \quad \mathbf{c} = \frac{1}{2}\left[(a \mp ib),\,(b \pm ia)\right]^T \ .$$

Für das Zeitverhalten folgt

$$\exp \int \lambda\,dt = \exp\left(\pm i \int \frac{\overline{k}}{\frac{C}{A}\Omega}\,dt\right) \exp\left(-\int \frac{d\Omega}{dt}\,\frac{1}{\Omega}\,dt\right) = \frac{1}{\Omega}\exp\left(\pm i \int \frac{\overline{k}}{\frac{C}{A}\Omega}\,dt\right) \ .$$

Die reelle Lösung lautet

$$\mathbf{y}_{\text{Präz.}} = \begin{pmatrix} a \\ b \end{pmatrix} \frac{1}{\Omega}\cos\int \frac{A\overline{k}}{C\Omega}\,dt + \begin{pmatrix} b \\ -a \end{pmatrix} \frac{1}{\Omega}\sin\int \frac{A\overline{k}}{C\Omega}\,dt \ .$$

b) Für die schnellere Nutationsschwingung liefert das "Eigenwertproblem"

$$\left(\mathbf{M}\left(\dot{\lambda} + \lambda^2\right) + \mathbf{G}\lambda + \mathbf{N}\right)\,\mathbf{c} = 0$$

eine Differentialgleichung vom RICCATIschen Typ

$$\dot{\lambda} + \lambda^2 \pm i\frac{C}{A}\Omega\lambda \pm \frac{C}{A}\dot{\Omega} = 0 \ \Rightarrow \ \lambda = \pm i\frac{C}{A}\Omega \ .$$

Damit erhält man die reelle Lösung

$$\mathbf{c} = \frac{1}{2}\left((a \pm ib),\,(b \mp ia)\right)^T \ \Rightarrow \ \mathbf{y}_{\text{Nut.}} = \begin{pmatrix} a \\ b \end{pmatrix}\cos\int \frac{C}{A}\Omega\,dt + \begin{pmatrix} -b \\ a \end{pmatrix}\sin\int \frac{C}{A}\Omega\,dt.$$

Ergebnis:
Die Nutationsschwingung wird durch die Beschleunigung nur hinsichtlich der Frequenzen beeinflußt. Bei den Präzessionen erfolgt dagegen beim Bremsen eine Destabilisierung der Schwingungen, bei Hochfahren des Rotors gehen die Präzessionen gegen Null.

$\triangle$

Selbstverständlich ist dieses Beispiel nicht auf den allgemeinen Fall übertragbar. Es ist ja nicht einmal gesichert, daß das Wachstumsverhalten für alle Komponenten y_i gleich sein wird.

Eine gewisse Sonderstellung nehmen Systeme mit periodischen Koeffizienten ein: $\mathbf{A}(t) = \mathbf{A}(t+T)$. Hier gilt für die Fundamentalmatrix ($t_0 = 0$, FLOQUETsche Theorie):

$$\phi(t) = \mathbf{Z}(t)\exp(\mathbf{R}t) \ , \quad \mathbf{R} = \text{const.} \ , \quad \mathbf{Z}(t) = \mathbf{Z}(t+T) \ , \quad \mathbf{Z}(t=0) = \mathbf{E}$$
$$\Rightarrow \ \phi(t+T) = \mathbf{Z}(t+T)\exp(\mathbf{R}(t+T)) = \phi(t)\exp(\mathbf{R}T) \ ,$$
$$\dot{\phi} = \mathbf{A}\phi \ \Rightarrow \ \left(\dot{\mathbf{Z}} + \mathbf{Z}\mathbf{R}\right) = \mathbf{A}\mathbf{Z} \ \Rightarrow \ \mathbf{R} = \mathbf{Z}^{-1}(\mathbf{A}\mathbf{Z} - \dot{\mathbf{Z}}) \ .$$

$$(6.212)$$

Eine Koordinatentransformation mit $\mathbf{x} = \mathbf{Z}\mathbf{z}$ führt auf

$$\dot{\mathbf{z}} = \mathbf{Z}^{-1}(\mathbf{A}\mathbf{Z} - \dot{\mathbf{Z}})\mathbf{z} = \mathbf{R}\,\mathbf{z} \qquad\qquad (6.213)$$

mit der konstanten Matrix $\mathbf{R}$. Damit ist die Existenz der Lösung stets gesichert; insbesondere kann das Stabilitätsverhalten über die Eigenwerte von $\mathbf{R}$ beurteilt werden. Zwar ist – von wenigen Ausnahmefällen abgesehen – die Matrix $\mathbf{Z}$ nicht explizit bekannt, doch erhält man über

$$\phi(T) = \mathbf{E}\exp(\mathbf{R}T) = \overline{\mathbf{Z}}\exp(\Lambda T)\overline{\mathbf{Z}}^{-1} \ : \ \det\left(\mu_i\mathbf{E} - \phi(T)\right) = \det\left(\mu_i\mathbf{E} - \exp(\Lambda T)\right)$$

$$(6.214)$$

($\Lambda, \overline{\mathbf{Z}}$ Eigenwert- und Modalmatrix zu $\mathbf{R}$) die Aussage, daß die Eigenwerte μ_i der Fundamentalmatrix für $t = T$ dem Betrag nach kleiner eins sein müssen, um asymptotische Stabilität zu gewährleisten. Die Matrix $\phi(T)$ wird hierbei i.a. numerisch ermittelt werden müssen.

∇

<u>Beispiel</u>: Pendel mit bewegtem Aufhängepunkt

Für ein Pendel, dessen Aufhängepunkt periodisch bewegt wird, lauten die Bewegungsgleichungen

$$\ddot{\gamma} + \frac{ms}{I}\left(g + A\Omega^2 \sin\Omega t\right)\sin\gamma = 0$$

Solange der Winkel γ klein bleibt, kann $\sin\gamma \approx \gamma$ gesetzt werden. Dann stellt die zugehörige Gleichung eine MATHIEUsche Differentialgleichung dar, deren Lösungsverhalten und Instabilitätsbereiche bekannt sind, [MAG 61], s.a. Eingangsbeispiel Kap. 6.1.

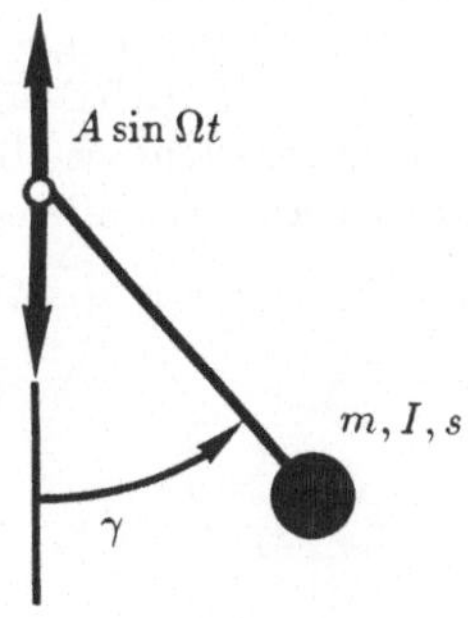

Bild 6.25: Pendel mit bewegtem Aufhängepunkt

Im Instabilitätsbereich bleiben allerdings die zugehörigen Winkel nicht mehr klein. Hier kann die Ausgangsbeziehung angeschrieben werden als

$$\ddot{\gamma} + \frac{ms}{I}(g + \ddot{\gamma})\sin\gamma = 0 \ , \qquad \ddot{\gamma} + \Omega^2 y = 0 \ .$$

Man erhält ein (einseitig gekoppeltes) Differentialgleichungssystem mit zwei Freiheitsgraden und nichtlinearer Rückführfunktion, deren besondere Eigenschaft es ist, daß sie die Frequenzen der Pendelschwingungen beeinflußt. Damit sind alle Voraussetzungen für chaotisches Verhalten gegeben, vgl. Kap. 4.1.

$\triangle$

Auch für chaotische Systeme ist es möglich, das Bewegungsverhalten über (6.214) zu charakterisieren: Für den Eigenwert von **R**, der die Stabilität kennzeichnet, gilt

$$Re\,(\lambda_i) = \lim_{t \Rightarrow T}\left\{\frac{1}{t}\ln\frac{|x_i|}{|x_{0i}|}\right\} \ . \tag{6.215}$$

Nach Kap. 4.1 ist die chaotische Schwingung regellos – oder eine Schwingung mit Periode unendlich. Hierfür kann, analog zu (6.215), der LJAPUNOV-Exponent

$$\sigma_i = \lim_{t \Rightarrow \infty}\left\{\frac{1}{t}\ln\frac{|x_i|}{|x_{0i}|}\right\} \tag{6.216}$$

zur (numerischen) Untersuchung herangezogen werden. Auch hier stellt Gleichung (6.208) die Abweichung gegenüber einer Referenztrajektorie im Sinne einer TAYLOR-Entwicklung bis zum ersten Term dar, und ein (in Abhängigkeit bestimmter interessierender Parameter) positiver Wert von (6.216) kennzeichnet chaotisches Verhalten. Abgesehen von der naheliegenden Tatsache, daß für eine explizite numerische Auswertung von (6.216) noch einige Überlegungen zur Numerik notwendig sind (vgl. [KRE 87]), so wird doch deutlich, daß der Betrachtung linearer Systeme ganz wesentliche Bedeutung zukommt: Sie stellt gewissermaßen das Kernstück aller Analysen mechanischer Systeme dar.

LINEARISIERUNG

$$\sum_{i=1}^{p}\left\{\left[\tfrac{\partial \mathbf{v}}{\partial \mathbf{s}}\right]^{T}(\dot{\mathbf{p}}-\mathbf{f}^{e})+\left[\tfrac{\partial \boldsymbol{\omega}}{\partial \mathbf{s}}\right]^{T}\left(\dot{\mathbf{L}}-\mathbf{l}^{e}\right)\right\}_{i}=0\ ,\quad \dot{\mathbf{s}}=\mathbf{H}(\mathbf{z})\dot{\mathbf{z}}\ ,\quad \mathbf{z}=\mathbf{z}_{s}+\mathbf{y}\ ,\quad \|\,\mathbf{y}\,\|\ll\|\,\mathbf{z}_{s}\,\|$$

BEWEGUNGSGLEICHUNGEN

$\Rightarrow\ \overline{\mathbf{M}}\,\ddot{\mathbf{s}}_{1}+\overline{\mathbf{G}}\,\dot{\mathbf{s}}_{1}+\overline{\mathbf{Q}}\,\mathbf{y}=\overline{\mathbf{h}}\qquad$ bzw.$\quad \mathbf{M}\ddot{\mathbf{y}}+(\mathbf{D}+\mathbf{G})\dot{\mathbf{y}}+(\mathbf{K}+\mathbf{N})\mathbf{y}=\mathbf{h}$

mit$\quad \mathbf{M}=\mathbf{M}^{T}>0\ ,\quad \mathbf{D}=\mathbf{D}^{T}\ ,\quad \mathbf{G}=-\mathbf{G}^{T}\ ,\quad \mathbf{K}=\mathbf{K}^{T}\ ,\quad \mathbf{N}=-\mathbf{N}^{T}$

ZUSTANDSGLEICHUNGEN

$\Rightarrow\ \dot{\mathbf{x}}=\mathbf{A}\,\mathbf{x}+\mathbf{b}\quad$ mit$\quad \mathbf{x}=\left[\mathbf{y}^{T}\ \dot{\mathbf{s}}_{1}^{T}\right]^{T}\quad$ bzw.$\quad \mathbf{x}=\left[\mathbf{y}^{T}\ \dot{\mathbf{y}}^{T}\right]^{T}\ ,\quad \mathbf{x}\in\mathbb{R}^{n},\ n=2f$

LÖSUNG

$\mathbf{x}=\boldsymbol{\phi}\mathbf{x}_{0}+\boldsymbol{\phi}\int_{0}^{t}\boldsymbol{\phi}^{-1}\mathbf{b}\,d\tau\ ,\quad \boldsymbol{\phi}=e^{\mathbf{A}t}=\mathbf{X}e^{\boldsymbol{\Lambda}t}\mathbf{X}^{-1}\ ,\quad \boldsymbol{\Lambda}=\operatorname{diag}(\lambda_{i})\ ,\quad \mathbf{X}=[\overline{\mathbf{x}}_{1}\,\overline{\mathbf{x}}_{2}\dots\overline{\mathbf{x}}_{n}]$

aus$\quad (\lambda\mathbf{E}-\mathbf{A})\overline{\mathbf{x}}=0$

bzw.$\quad [\mathbf{M}\lambda^{2}+(\mathbf{D}+\mathbf{G})\lambda+(\mathbf{K}+\mathbf{N})]\overline{\mathbf{y}}=0\ ,\quad \overline{\mathbf{x}}=\left[\overline{\mathbf{y}}^{T}\ \lambda\overline{\mathbf{y}}^{T}\right]^{T}\ ,\quad (\lambda_{i}\neq\lambda_{j})$

STEUERBARKEIT-BEOBACHTBARKEIT

$\mathbf{b}=\mathbf{B}\mathbf{u}\ ;\quad \left(\lambda_{i}\mathbf{E}-\mathbf{A}^{T}\right)\overline{\mathbf{y}}_{i}=0\ \Rightarrow\ \mathbf{B}^{T}\overline{\mathbf{y}}_{i}\neq 0\ \forall\ i$

bzw. Rang$\left[\mathbf{B}\ \mathbf{A}\mathbf{B}\ \mathbf{A}^{2}\mathbf{B}\dots\mathbf{A}^{n-1}\mathbf{B}\right]=n\quad :\quad (\mathbf{A},\mathbf{B})-$ steuerbar

$\mathbf{y}=\mathbf{S}\mathbf{x}\ ;\quad (\lambda_{i}\mathbf{E}-\mathbf{A})\overline{\mathbf{x}}_{i}=0\ \Rightarrow\ \mathbf{S}\overline{\mathbf{x}}_{i}\neq 0\ \forall\ i$

bzw. Rang$\left[\mathbf{S}^{T}\ \mathbf{A}^{T}\mathbf{S}^{T}\dots\mathbf{A}^{n-1^{T}}\mathbf{S}^{T}\right]=n\quad :\quad (\mathbf{A},\mathbf{S})-$ beobachtbar

STABILITÄT

$\mathbf{N}=0\ :\quad \mathbf{D}=\mathbf{D}^{T}\geq 0,\quad (\mathbf{A}_{0}-\mathbf{B}_{0})-$steuerbar mit $\mathbf{A}_{0}=\mathbf{A}(\mathbf{D}=0)$,

$\qquad\qquad \mathbf{B}_{0}=\left[\mathbf{0}\ \vdots\ -(\mathbf{M}^{-1}\mathbf{D})^{T}\right]^{T}\ :\ $ as. stab. für $\mathbf{K}>0$

$\mathbf{N}=0\ ,\quad \mathbf{D}=0\ :\ \mathbf{K}>0\quad$ oder$\quad \mathbf{K}<0$ und $|\det \mathbf{G}|\neq 0$

$\qquad\qquad$ hinreichend groß : grenzstabil, sonst instabil

$\mathbf{N}\neq 0\ :\quad$ Stabilitätssatz versagt $\Rightarrow$ LIÉNARD-CHIPART-Kriterium

$\qquad\qquad a_{i}>0$ (charakt. Koeff.),

$\qquad\qquad H_{i+1}>0$ (HURWITZ-Determ.) $\forall i\ :\ $ as. stab.

Tabelle 13: Autonome lineare Schwingungssysteme, Zusammenfassung

7 Systemsynthese

Unter Synthese versteht man im vorliegenden Zusammenhang den Übergang von
einer optimalen Steuerung (Kap. 5) auf eine optimale Regelung, d.h., statt einer nach einem festen Zeitgesetz arbeitenden Stellgröße soll sich diese an (durch
Meßsignale bekannten) Zustandsgrößen orientieren:

$$\mathbf{u}(t) \;\Rightarrow\; \mathbf{u}(\mathbf{x}(t)) \; . \tag{7.1}$$

Eines der Ziele der optimalen Regelung ist dabei stets, daß die zu erzielende Bewegung asymptotisch stabil bezüglich eines festen Arbeitspunkts (z.B. Gleichgewichtslage) oder einer zeitabhängigen Referenztrajektorie ist. Als Regelziel wird
damit ein "Nullzustand" definiert (Abweichung von der vorgegebenen Referenz).
Weil dabei das System immer asymptotisch stabil ist, wenn das bezüglich der Referenz linearisierte System asymptotisch stabil ist, ist es naheliegend, die optimale
Regelung für das linearisierte System zu berechnen. Ein solches Vorgehen entbindet freilich nicht davon, das gesamte, nichtlinearisierte System mit der für die
linearisierten Gleichungen optimierten Regelgröße zu überprüfen, um die tatsächliche Regelgüte festzustellen; in den allermeisten Fällen ist dabei jedoch die Abweichung zwischen den Trajektorien vernachlässigbar gering. Aus diesem Grund
soll unter dem Stichwort "Synthese" auf das linearisierte System übergegangen
werden – nicht zuletzt auch deshalb, weil die Optimierung des nichtlinearen Systems in der praktischen Auswertung meist unüberwindliche Schwierigkeiten mit
sich bringt.

Der in diesem Sinne allgemeinste Fall, den es zu behandeln gilt, ist gekennzeichnet
durch die lineare, zeitabhängige Zustandsgleichung

$$\dot{\mathbf{x}} = \mathbf{A}(t)\,\mathbf{x} + \mathbf{B}(t)\,\mathbf{u} , \quad \mathbf{A} \in \mathrm{R}^{n,n} , \quad \mathbf{B} \in \mathrm{R}^{n,m} , \quad \begin{array}{l} n : \text{Zahl der Zustandsgrößen} \\ m : \text{Zahl der Stellgrößen} \end{array}$$
$$\tag{7.2}$$

mit der Systemmatrix $\mathbf{A}$, der Stelleingriffmatrix $\mathbf{B}$ und der Steuer- (Regel-)Größe
$\mathbf{u}$. Dabei muß im ersten Schritt grundsätzlich überprüft werden, ob mit dem
geplanten Stelleingriff über $\mathbf{u}$ eine optimale Regelung überhaupt möglich ist.

7.1 Voraussetzungen: Steuerbarkeit, Beobachtbarkeit

Eng verwandt mit der Frage, ob über $\mathbf{B}\mathbf{u}$ eine optimale Regelung verifiziert werden
kann, ist die, ob mit einer Messung der Zustandsgrößen $\mathbf{y}$,

$$\mathbf{y} = \mathbf{C}\mathbf{x} , \quad \mathbf{C} \in \mathrm{R}^{k,n} , \quad k : \text{Zahl der Messungen} \tag{7.3}$$

genügend Information zur Verfügung steht, um die Regelung $\mathbf{u}(\mathbf{x}(t))$ aufzubauen.
Die Steuerbarkeit linearer zeitvarianter Systeme läßt sich wie folgt beurteilen: Die

analytische Lösung zu (7.2) ist mit

$$\mathbf{x}(t) = \phi(t)\left[\mathbf{x}_0 + \int_{t_0}^{t} \phi^{-1}\mathbf{B}\,\mathbf{u}\,d\tau\right] \tag{7.4}$$

bekannt; in ϕ sind alle n Grundlösungen aufgesammelt, die sich bei den n möglichen verschiedenen Anfangsbedingungen ergeben können. Soll nun, ausgehend von einem Anfangszustand $\mathbf{x}_0$, die Lösung zu einem Zeitpunkt t_1 durch eine Steuerung $\mathbf{u}$ in den Nullzustand (in endlicher Zeit) übergeführt werden, so gilt

$$\mathbf{x}(t_1) = \phi(t_1)\left[\mathbf{x}_0 + \int_{t_0}^{t_1} \phi^{-1}\mathbf{B}\,\mathbf{u}\,d\tau\right] = 0 \;\Rightarrow\; \int_{t_0}^{t_1} \phi^{-1}\mathbf{B}\,\mathbf{u}\,d\tau = -\mathbf{x}_0 \tag{7.5}$$

Hierbei ist $[t_0\,t_1]$ ein vorgegebenes "Steuerintervall", (7.5) beinhaltet eine Integration mit festen Grenzen. Aus diesem Grund ist es möglich, zu der Aufgabe (7.5) eine eindeutige Steuerfunktion zu konstruieren:

$$\mathbf{u} = -\left[\phi^{-1}\mathbf{B}\right]^{T}\left\{\int_{t_0}^{t_1}\left[\phi^{-1}\mathbf{B}\right]\left[\phi^{-1}\mathbf{B}\right]^{T}d\tau\right\}^{-1}\mathbf{x}_0 \; . \tag{7.6}$$

Voraussetzung dafür, daß eine eindeutige Steuerung $\mathbf{u}$ existiert, die das System in $[t_0,\,t_1]$ in den Nullzustand überführt, ist also, daß die "Steuerbarkeitsmatrix erster Art" $\mathbf{W}_s$,

$$\mathbf{W}_s = \left\{\int_{t_0}^{t_1}\left[\phi^{-1}\mathbf{B}\right]\left[\phi^{-1}\mathbf{B}\right]^{T}d\tau\right\} \; , \tag{7.7}$$

invertierbar ist, also den vollständigen Rang n hat. Die Auswertung von (7.7) ist jedoch kompliziert, da sie die Kenntnis der Fundamentalmatrix ϕ voraussetzt, die in zeitvariablen Systemen in der Regel nur über numerische Integrationen zu finden ist. Die Analyse wird erleichtert durch den Übergang auf die "Steuerbarkeitsmatrix zweiter Art": Betrachtet man zu (7.5) eine TAYLOR-Entwicklung in der Umgebung eines beliebigen Zeitpunkts t_2 aus $[t_0,\,t_1]$,

$$-\mathbf{x}_0 = \int_{t_0}^{t_1}\left\{\left[\phi^{-1}\mathbf{B}\right]_{t_2} + \frac{d}{dt}\left[\phi^{-1}\mathbf{B}\right]_{t_2}(\tau - t_2) + \frac{d^2}{dt^2}\left[\phi^{-1}\mathbf{B}\right]_{t_2}\frac{1}{2!}(\tau - t_2)^2 + \ldots\right\}\mathbf{u}d\tau \tag{7.8}$$

so gelten mit

$$\dot\phi = \mathbf{A}\,\phi = \phi\,\mathbf{A} \;\Rightarrow\; \frac{d}{dt}\phi^{-1} = -\phi^{-2}\dot\phi = -\phi^{-1}\mathbf{A} \tag{7.9}$$

die Entwicklungen

$$\frac{d}{dt}\left[\phi^{-1}\mathbf{B}\right] = \phi^{-1}\left[-\mathbf{AB} + \dot{\mathbf{B}}\right] = \phi^{-1}\mathbf{B}_2 \; , \tag{7.10}$$

$$\frac{d^2}{dt^2}\left[\phi^{-1}\mathbf{B}\right] = \phi^{-1}\left[-\mathbf{AB}_2 + \dot{\mathbf{B}}_2\right] = \phi^{-1}\mathbf{B}_3 \; , \text{ etc. } , \tag{7.11}$$

so daß mit $\mathbf{B} = \mathbf{B}_1$ Gleichung (7.8) geschrieben werden kann als

$$- \mathbf{x}_0 = \int_{t_0}^{t_1} \left\{ \left[\boldsymbol{\phi}^{-1} \right]_{t_2} \left[\mathbf{B}_1 \, \mathbf{B}_2 \ldots \mathbf{B}_n \ldots \right]_{t_2} \begin{pmatrix} \mathbf{E} \\ \mathbf{E}(\tau - t_2) \\ \vdots \\ \mathbf{E} \frac{(\tau - t_2)^{n-1}}{(n-1)!} \\ \vdots \end{pmatrix} \mathbf{u} \right\} d\tau \ . \qquad (7.12)$$

Mit $\boldsymbol{\phi}^{-1}$ regulär kann für alle beliebigen Anfangswerte $\mathbf{x}_0$ eine eindeutige Steuerung $\mathbf{u}$ aus (7.12) für alle $t_2 = t \in [t_0, t_1]$ nur konstruiert werden für

$$\text{Rang } \mathbf{Q}_s = \text{Rang } \left[\mathbf{B}_1 \vdots \mathbf{B}_2 \vdots \ldots \vdots \mathbf{B}_n \right] = n \quad \forall \, t \in [t_0, t_1] \qquad (7.13)$$

$$\text{mit} \quad \mathbf{B}_1 = \mathbf{B} \ , \quad \mathbf{B}_i = -\mathbf{A}\mathbf{B}_{i-1} + \dot{\mathbf{B}}_{i-1} \ . \qquad (7.14)$$

Mit $\mathbf{x} \in \mathbf{R}^n$ können höchstens alle n Zustandsvariablen beeinflußt werden, der $\mathbf{R}^n$ ist der größte darstellbare Raum . Demzufolge kann die Entwicklung in (7.13) bei n abgebrochen werden, denn alle noch folgenden Spaltenvektoren aus $\mathbf{B}_m$, $m > n$, können nur noch Linearkombinationen der vorangegangenen sein.

Ist das Ausgangssystem (7.2) zeitinvariant, so reduziert sich (7.14) auf

$$\text{Rang } \mathbf{Q}_s = \text{Rang } \left[\mathbf{B} \vdots \mathbf{A}\,\mathbf{B} \vdots \mathbf{A}^2 \mathbf{B} \vdots \ldots \vdots \mathbf{A}^{n-1} \mathbf{B} \right] = n \ , \quad \text{vgl. (6.182)} \ . \quad (7.15)$$

Eng verwandt mit dem Begriff der Steuerbarkeit ist der der Beobachtbarkeit: Der Zustand eines dynamischen Systems (7.2) heißt zum Zeitpunkt t_0 beobachtbar, wenn sich mit Kenntnis der Meßgröße $\mathbf{y}(t)$ in einem endlichen Meßintervall $[t_1, t_0]$ die "Vorgeschichte" $\mathbf{x}(t_1)$ bestimmen läßt. Für den Verlauf der Meßgröße gilt mit (7.4):

$$\mathbf{y}(t) = \mathbf{C}\,\mathbf{x}(t) = (\mathbf{C}\,\boldsymbol{\phi}) \left[\mathbf{x}_1 + \int_{t_1}^{t} \boldsymbol{\phi}^{-1} \mathbf{B}\,\mathbf{u}\,d\tau \right] \ . \qquad (7.16)$$

Durch Auflösen nach $(\mathbf{C}\,\boldsymbol{\phi}) \cdot \mathbf{x}_1$, Multiplikation mit $(\mathbf{C}\,\boldsymbol{\phi})^T$ und Integration über das Meßintervall läßt sich eine direkte Analogie zur Steuerbarkeit herstellen. (Integration ist erforderlich, weil z.B. für $\mathbf{y} \in \mathbf{R}^1 \Rightarrow \mathbf{C} = \mathbf{c}^T \in \mathbf{R}^{1,n}$ mit $\boldsymbol{\phi}^T \mathbf{c} = \mathbf{a}$ die Matrix $\left(\mathbf{c}^T \boldsymbol{\phi}\right)^T \left(\mathbf{c}^T \boldsymbol{\phi}\right) = \mathbf{a}\,\mathbf{a}^T$ singulär ist.) Der entstehende Term

$$\left[\int_{t_1}^{t_0} (\mathbf{C}\boldsymbol{\phi})^T (\mathbf{C}\boldsymbol{\phi}) d\tau \right] \mathbf{x}_1 = \int_{t_1}^{t_0} (\mathbf{C}\boldsymbol{\phi})^T \left[\mathbf{y}(t) + \mathbf{C}\boldsymbol{\phi} \int_{t}^{t_1} \boldsymbol{\phi}^{-1} \mathbf{B}\,\mathbf{u}\,d\tau \right] dt \qquad (7.17)$$

läßt eine eindeutige Bestimmung von $\mathbf{x}_1$ nur zu, wenn die "Beobachtbarkeitsmatrix erster Art" $\mathbf{W}_B$,

$$\mathbf{W}_B = \left[\int_{t_1}^{t_0} (\mathbf{C}\boldsymbol{\phi})^T (\mathbf{C}\boldsymbol{\phi}) d\tau \right] \ , \qquad (7.18)$$

den vollen Rang n hat. Mit der gleichen Betrachtung wie vorher erhält man hierzu
die "Beobachtbarkeitsmatrix zweiter Art", $\mathbf{Q}_B$,

$$\mathbf{Q}_B = \begin{bmatrix} \mathbf{C}_1 \vdots \mathbf{C}_2 \vdots \ldots \vdots \mathbf{C}_n \end{bmatrix} \ , \quad \mathbf{C}_1 = \mathbf{C}(t)^T \ , \quad \mathbf{C}_i = \mathbf{A}^T \mathbf{C}_{i-1} + \dot{\mathbf{C}}_{i-1} \ , \quad (7.19)$$

wobei hier während des Differentiationsprozesses das positive Vorzeichen bei $\mathbf{A}$
auftaucht, vgl. (7.9). Für zeitinvariante Systeme reduziert sich (7.19) zu

$$\mathbf{Q}_B = \begin{bmatrix} \mathbf{C}^T \vdots \mathbf{A}^T\mathbf{C}^T \vdots \mathbf{A}^{2^T}\mathbf{C}^T \vdots \ldots \vdots \mathbf{A}^{n-1^T}\mathbf{C}^T \end{bmatrix} \ , \qquad (7.20)$$

vgl. (6.178).

7.2 RICCATIsche Differentialgleichung: Adaptive optimale Regelung

Wenn die Voraussetzungen der Steuer- und Beobachtbarkeit gewährleistet sind,
muß in einem ersten Schritt ein Kriterium J gesucht werden, nach welchem die Optimierung zu erfolgen hat. Hierbei sind zwei "Wünsche" von vordringlichem Interesse: Zum einen soll die Trajektorie, die die Abweichung von der gewünschten Referenzlage beschreibt, möglichst schnell wieder in diese zurückkehren, zum anderen
soll die hierfür aufzuwendende Stellenergie möglichst klein sein. Beide Wünsche
widersprechen sich, denn minimale Energie heißt keine Energie: Dann findet überhaupt keine Regelung statt, und auf der anderen Seite erfordert schnellstmögliches
Einschwingen maximalen Stellaufwand. Es gilt also – und das ist bei Optimie-
rungsaufgaben mit mehreren Zielen immer der Fall – einen günstigen Kompromiß
zu suchen.

Ein solcher Kompromiß kann über das Kriterium

$$J = \frac{1}{2}\mathbf{x}(t_1)^T\mathbf{S}\,\mathbf{x}(t_1) + \frac{1}{2}\int_{t_0}^{t_1} \left[\mathbf{x}(t)^T\mathbf{Q}\,\mathbf{x}(t) + \mathbf{u}(t)^T\mathbf{R}\,\mathbf{u}(t) \right] dt \ \Rightarrow \ \min \ . \quad (7.21)$$

("verallgemeinerte quadratische Regelfläche") formuliert werden: Mit $\mathbf{Q} = \mathbf{Q}^T \geq$
0, $(\mathbf{A}, \mathbf{Q})$ -beobachtbar, wird die Abweichung von der Referenztrajektorie (quadratisch, damit sich positive und negative Anteile der Fläche nicht kompensieren
können) minimiert. Damit dabei der Systemzustand vollständig in das Kriterium
eingeht, ist bei semidefiniter $\mathbf{Q}$–Matrix die $(\mathbf{A}, \mathbf{Q})$–Beobachtbarkeit Voraussetzung. Entsprechend wird mit $\mathbf{S} = \mathbf{S}^T \geq 0$, $(\mathbf{A}, \mathbf{S})$–beobachtbar, der Endfehler
und mit $\mathbf{R} \doteq \mathbf{R}^T > 0$ der Stellaufwand minimiert. Hierbei muß $\mathbf{R}$ positiv definit
gewählt werden, s.u. . Nach der Optimierungsstrategie (5.47) gilt:

$$H = \boldsymbol{\lambda}^T(\mathbf{A}\mathbf{x} + \mathbf{B}\mathbf{u}) - \tfrac{1}{2}\left(\mathbf{x}^T\mathbf{Q}\mathbf{x} + \mathbf{u}^T\mathbf{R}\mathbf{u}\right) \ ,$$

$$\dot{\boldsymbol{\lambda}} = -\left[\tfrac{\partial H}{\partial \mathbf{x}}\right]^T = -\mathbf{A}^T\boldsymbol{\lambda} + \mathbf{Q}\mathbf{x} \ , \quad 0 = \left[\tfrac{\partial H}{\partial \mathbf{u}}\right]^T = \mathbf{B}^T\boldsymbol{\lambda} - \mathbf{R}\mathbf{u} \ , \qquad (7.22)$$

$$\text{Randbedingungen:} \quad \mathbf{x}(t_0) = \mathbf{x}_0 \ , \quad \boldsymbol{\lambda}(t_1) = -\mathbf{S}\mathbf{x}(t_1) \ .$$

Die notwendige Bedingung, daß H ein Maximum annimmt, wird mit $\partial^2 H/\partial u \partial u^T$ $= -\mathbf{R} < 0 \Rightarrow \mathbf{R} > 0$ bestätigt. Die Lösung des Problems kann mit einem zustandsproportionalen Ansatz

$$\boldsymbol{\lambda}(t) = -\mathbf{P}(t)\mathbf{x}(t) \ , \quad \mathbf{P} = \mathbf{P}^T > 0 \ , \tag{7.23}$$

vorangetrieben werden: Eingesetzt in (7.22) erhält man

$$-\dot{\mathbf{P}}\mathbf{x} - \mathbf{P}\dot{\mathbf{x}} = -\mathbf{A}^T\mathbf{P}\mathbf{x} + \mathbf{Q}\mathbf{x} \ , \quad 0 = -\mathbf{B}^T\mathbf{P}\mathbf{x} - \mathbf{R}\mathbf{u} \ \Rightarrow \ \mathbf{u} = -\mathbf{R}^{-1}\mathbf{B}^T\mathbf{P}\mathbf{x} \ . \tag{7.24}$$

Zusammen mit der Systemdifferentialgleichung (7.2) gilt dann

$$\left[\dot{\mathbf{P}} + \mathbf{A}^T\mathbf{P} + \mathbf{P}\mathbf{A} - \mathbf{P}\mathbf{B}\mathbf{R}^{-1}\mathbf{B}^T\mathbf{P} + \mathbf{Q}\right]\mathbf{x} = 0 \ , \quad \mathbf{P}(t_1) = \mathbf{S} \ . \tag{7.25}$$

Weil diese Beziehung für alle Trajektorien $\mathbf{x}$ gelten soll, muß die eckige Klammer in (7.25) null sein. Dies ist die RICCATIsche Differentialgleichung zum Optimierungsproblem (7.21).

Die optimale Regelung $\mathbf{u}$ erhält man mit (7.24) über die Lösung der Matrizendifferentialgleichung (7.25). Der optimale Kriteriumswert kann folgendermaßen angegeben werden: Betrachtet man

$$\frac{d}{dt}\left(\mathbf{x}^T\boldsymbol{\lambda}\right) \ = \ \dot{\mathbf{x}}^T\boldsymbol{\lambda} + \mathbf{x}^T\dot{\boldsymbol{\lambda}}, \ \dot{\mathbf{x}} = \mathbf{A}\mathbf{x} + \mathbf{B}\mathbf{u}, \ \mathbf{B}^T\boldsymbol{\lambda} = \mathbf{R}\mathbf{u}, \ \dot{\boldsymbol{\lambda}} = -\mathbf{A}^T\boldsymbol{\lambda} + \mathbf{Q}\mathbf{x}$$

$$\begin{aligned} \Rightarrow \ \frac{d}{dt}\left(\mathbf{x}^T\boldsymbol{\lambda}\right) \ &= \ \left(\mathbf{x}^T\mathbf{A}^T + \mathbf{u}^T\mathbf{B}^T\right)\boldsymbol{\lambda} + \mathbf{x}^T\left(-\mathbf{A}^T\boldsymbol{\lambda} + \mathbf{Q}\mathbf{x}\right) \\ &= \ \mathbf{u}^T\mathbf{B}^T\boldsymbol{\lambda} + \mathbf{x}^T\mathbf{Q}\mathbf{x} = \mathbf{u}^T\mathbf{R}\mathbf{u} + \mathbf{x}^T\mathbf{Q}\mathbf{x} \ , \end{aligned} \tag{7.26}$$

so kann das Kriterium (7.21) mit $\boldsymbol{\lambda} = -\mathbf{P}\mathbf{x}$ formuliert werden zu

$$J_0 = \frac{1}{2}\mathbf{x}(t_1)^T\mathbf{S}\,\mathbf{x}(t_1) + \frac{1}{2}\int_{t_0}^{t_1}\frac{d}{dt}\left(-\mathbf{x}^T\mathbf{P}\mathbf{x}\right)dt = \frac{1}{2}\mathbf{x}(t_0)^T\mathbf{P}(t_0)\mathbf{x}(t_0) \ . \tag{7.27}$$

Der Kriteriumswert hängt also ausschließlich von den Anfangswerten ab. Ist ferner die Endabweichung $\mathbf{x}(t_1)$ klein genug, so braucht eine Endfehlerbewertung über $\mathbf{S}$ nicht vorgenommen zu werden, d.h. bei hinreichend großer oberer Integrationsgrenze t_1 kann $\mathbf{S}$ zu null gesetzt werden.

Das Ergebnis zeigt, daß es zu jeder vorgegebenen Wahl der Bewertungsmatrizen $\mathbf{Q}$, $\mathbf{R}$ und $\mathbf{S}$ eine optimale Regelung $\mathbf{u}$ gibt. Eine der auftretenden Schwierigkeiten ist hierbei die geeignete Wahl der Bewertungsmatrizen. Für diese Wahl gibt es keine allgemeinen Regeln, da der durch (7.21) ausgedrückte Kompromiß natürlich subjektiv und damit willkürlich ist. Eine Faustregel, die i.a. zu guten Ergebnissen führt ist die Wahl von $\mathbf{S} = 0$ und $\mathbf{R} = \mathbf{E}$. Weil es bei dem Kompromiß nur auf das Verhältnis von Stellgrößen- zu Zustandsgrößenbewertung ankommt, wird mit $\mathbf{R} = \mathbf{E}$ die Bewertung allein auf die Matrix $\mathbf{Q}$ verschoben, die damit eine Diagonalmatrix sein muß. Für diese kann

$$\mathbf{Q} = \mathrm{diag}(q_i)\,, \quad q_i = \left[\frac{\text{max. erwarteter Wert der Stellgröße}}{\text{max. erwarteter Wert der } i-\text{ten Zustandsgröße}}\right]^2 \qquad (7.28)$$

angesetzt werden. Für mechanische Systeme ergibt sich bisweilen auch die Forderung, die Beschleunigungen zu minimieren, um Stöße im System abzubauen. Mit Kenntnis der speziellen Bewegungsgleichungen $\ddot{\mathbf{y}} = -\mathbf{M}^{-1}\left[(\mathbf{D}+\mathbf{G})\dot{\mathbf{y}} + (\mathbf{K}+\mathbf{N})\mathbf{y}\right]$ läßt sich eine Beschleunigungsbewertung als Funktion des Zustands $\mathbf{x} = \left(\mathbf{y}^T\dot{\mathbf{y}}^T\right)^T$ einbeziehen. Eine alleinige Beschleunigungsbewertung verletzt dabei die $(\mathbf{A},\mathbf{Q})$-Beobachtbarkeit, deshalb kann eine solche Bewertung nur zusätzlich erfolgen. Im allgemeinen wird man mehrere verschiedene Bewertungen "durchspielen" und die Ergebnisse nach Augenschein beurteilen. Die Berechnung von $\mathbf{P}(t)$ als Lösung der RICCATIschen Matrizendifferentialgleichung ist keinesfalls eine triviale Aufgabe. I.a. wird man sie durch eine numerische Integration bestimmen. Ein weiteres Problem ist die Optimierung selbst, die für ein aktuell zu betrachtendes System zu jedem Zeitpunkt t durchgeführt werden muß. Dies scheitert jedoch meistens an der erforderlichen Rechenzeit. Abhilfe kann häufig durch zwei mögliche Maßnahmen getroffen werden: (1) Man berechnet die Verstärkungskoeffizienten K_{ij}, $\mathbf{K} = \mathbf{R}^{-1}\mathbf{B}^T\mathbf{P}$, vorab als Zeitfunktionen und vereinfacht ihren zeitlichen Verlauf durch Polynomansätze. (2) Wo immer möglich, legt man einen bestimmten Arbeitspunkt fest und berechnet den Regler für das zugehörige zeitinvariante System. In beiden Fällen wird eine numerische Kontrolle der Funktionstüchtigkeit des Reglers erforderlich. Betrachtet man als Beispiel die Regelung einer Zentrifuge, so kann eine für eine Betriebsdrehzahl ausgelegte Regelung dazu führen, daß der Rotor in anderen Drehzahlbereichen instabil wird. Führt man deswegen eine adaptive Regelung durch, so können die Verstärkungskoeffizienten i.a. als Funktion der aktuellen Drehzahl durch Polynome niedrigen Grades angenähert werden. Bei Zugrundelegung eines festen Arbeitspunktes und dem daraus folgenden zeitinvarianten Differentialgleichungssystem vereinfacht sich die Reglerauslegung nach dem Kriterium (7.21) erheblich.

7.2.1 RICCATI-Regler für zeitinvariante Systeme

Mit $\mathbf{Q} = \mathrm{const.}$, $\mathbf{R} = \mathrm{const.}$, $t_1 \Rightarrow \infty$ ($\mathbf{S} = 0$) ist eine konstante lineare Zustandsrückkopplung möglich. Dabei ist $\dot{\mathbf{P}}$ gleich null zu setzen, die RICCATIsche Differentialgleichung (7.25) geht in die algebraische RICCATI-Gleichung

$$\mathbf{A}^T\mathbf{P} + \mathbf{P}\mathbf{A} - \mathbf{P}\mathbf{B}\mathbf{R}^{-1}\mathbf{B}^T\mathbf{P} + \mathbf{Q} = 0 \qquad (7.29)$$

über und liefert das optimale Regelgesetz[20]

$$\mathbf{u} = -\mathbf{K}\mathbf{x}\,, \quad \mathbf{K} = \mathbf{R}^{-1}\mathbf{B}^T\mathbf{P}\,. \qquad (7.30)$$

---

[20]Siehe auch Kap. 8.2 bis 8.5

Die Lösung der algebraischen RICCATI-Gleichung kann auf verschiedene Weise erfolgen.

7.2.2 Lösungsverfahren

Unter einer Vielzahl von möglichen Lösungsverfahren (Integration der RICCA-TIschen Differentialgleichung bis zum eingeschwungenen Zustand, Iterationsverfahren) soll hier nur ein Verfahren herausgegriffen werden, das auf Eigenwert-Eigenvektor-Routinen aufbaut. Da diese als Programmsysteme in nahezu allen Programmbibliotheken zur Verfügung stehen, läßt sich ein Lösungsalgorithmus ohne besonderen Aufwand erstellen. Faßt man die Beziehungen (7.22) in einer einzigen Matrixgleichung zusammen,

$$\frac{d}{dt}\begin{pmatrix} \mathbf{x} \\ \boldsymbol{\lambda} \end{pmatrix} = \mathbf{H}\begin{pmatrix} \mathbf{x} \\ \boldsymbol{\lambda} \end{pmatrix} \;, \quad \mathbf{H} = \begin{pmatrix} \mathbf{A} & \mathbf{B}\,\mathbf{R}^{-1}\mathbf{B}^T \\ \mathbf{Q} & -\mathbf{A}^T \end{pmatrix} \;, \tag{7.31}$$

(hier steht $\mathbf{H}$ für "HAMILTON-Matrix"), so führt eine Ähnlichkeitstransformation $\overline{\mathbf{S}}^{-1}\mathbf{H}\,\overline{\mathbf{S}}$,

$$\overline{\mathbf{S}} = \begin{pmatrix} \mathbf{E} & \mathbf{0} \\ -\mathbf{P} & \mathbf{E} \end{pmatrix} \;, \quad \overline{\mathbf{S}}^{-1} = \begin{pmatrix} \mathbf{E} & \mathbf{0} \\ \mathbf{P} & \mathbf{E} \end{pmatrix}$$

$$\Rightarrow \; \overline{\mathbf{S}}^{-1}\mathbf{H}\,\overline{\mathbf{S}} = \begin{pmatrix} \left(\mathbf{A} - \mathbf{B}\,\mathbf{R}^{-1}\mathbf{B}^T\mathbf{P}\right) & \mathbf{B}\,\mathbf{R}^{-1}\mathbf{B}^T \\ \mathbf{0} & -\left(\mathbf{A} - \mathbf{B}\,\mathbf{R}^{-1}\mathbf{B}^T\mathbf{P}\right)^T \end{pmatrix} \;, \tag{7.32}$$

zu der Aussage, daß die HAMILTON-Matrix $\mathbf{H}$ sowohl die n stabilen Eigenwerte der Matrix $\hat{\mathbf{A}}$ des "geschlossenen Regelkreises"

$$\dot{\mathbf{x}} = \mathbf{A}\mathbf{x} + \mathbf{B}\mathbf{u} = \left(\mathbf{A} - \mathbf{B}\,\mathbf{R}^{-1}\mathbf{B}^T\mathbf{P}\right)\mathbf{x} = \hat{\mathbf{A}}\mathbf{x} \tag{7.33}$$

als auch n instabile Eigenwerte der negativen Matrix $\hat{\mathbf{A}}$ beinhaltet: Weil die transformierte $\mathbf{H}-$Matrix einseitig entkoppelt ist (Nullmatrix links unten), bestehen die Eigenwerte aus denen der Teilmatrix links oben (Matrix des geschlossenen Kreises) und rechts unten (geschlossener Kreis mit negativem Vorzeichen: Hier wird gerade die "negative Stabilität", also Instabilität, erzeugt; dabei sind die Eigenwerte einer Matrix $\hat{\mathbf{A}}$ mit denen der transponierten $\hat{\mathbf{A}}^T$ identisch). Eine Ähnlichkeitstransformation ändert die Eigenwerte nicht, denn die Eigenwerte sind Folge der "Systemeigenschaften" und damit unabhängig von einer speziellen Koordinatenwahl bzw. Beschreibung.

Damit wird ein Weg zur Bestimmung der Lösungsmatrix $\mathbf{P}$ der algebraischen RICCATI-Gleichung eröffnet: Berechnet man das Eigenwertproblem zur Matrix $\mathbf{H}$ und führt eine Modaltransformation mit der Eigenvektormatrix (Modalmatrix) durch,

$$(\lambda\mathbf{E} - \mathbf{H})\,\mathbf{X} = 0 \; : \quad \mathbf{X}^{-1}\mathbf{H}\,\mathbf{X} \;, \tag{7.34}$$

so nimmt die transformierte $\mathbf{H}$−Matrix Blockdiagonalform mit den JORDAN-Blöcken $\mathbf{J}_1$, $\mathbf{J}_2$ an, die im Falle durchweg verschiedener Eigenwerte gerade die Diagonalmatrizen der Eigenwerte darstellen:

$$\mathbf{X}^{-1}\mathbf{H}\,\mathbf{X} = \begin{pmatrix} \mathbf{J}_1 & 0 \\ 0 & \mathbf{J}_2 \end{pmatrix} \; . \tag{7.35}$$

Die Aufgabe besteht nun darin, die stabilen von den instabilen Eigenwerten zu trennen. Dies geschieht so, daß in $\mathbf{J}_1$ die stabilen und in $\mathbf{J}_2$ die instabilen Eigenwerte angeordnet und die zugehörige Modalmatrix entsprechend partitioniert wird:

$$\mathbf{X} = \begin{pmatrix} \mathbf{X}_{11} & \mathbf{X}_{12} \\ \mathbf{X}_{21} & \mathbf{X}_{22} \end{pmatrix} \; . \tag{7.36}$$

Die Ausmultiplikation von (7.35) mit der HAMILTON-Matrix (7.31) liefert die zwei wesentlichen Gleichungen

$$\mathbf{A}\,\mathbf{X}_{11} + \mathbf{B}\,\mathbf{R}^{-1}\mathbf{B}^T\mathbf{X}_{21} \;=\; \mathbf{X}_{11}\mathbf{J}_1 \; , \tag{7.37}$$

$$\mathbf{Q}\,\mathbf{X}_{11} - \mathbf{A}^T\mathbf{X}_{21} \;=\; \mathbf{X}_{21}\mathbf{J}_1 \; . \tag{7.38}$$

Löst man hierin die erste nach $\mathbf{J}_1$ auf und setzt das Ergebnis in die zweite ein, multipliziert ferner das Ergebnis von rechts mit $\mathbf{X}_{11}^{-1}$ ($\mathbf{X}_{11}$ ist als Modalmatrix des geschlossenen Regelkreises stets regulär und damit invertierbar), so erhält man

$$\mathbf{A}^T\left(-\mathbf{X}_{21}\mathbf{X}_{11}^{-1}\right) + \left(-\mathbf{X}_{21}\mathbf{X}_{11}^{-1}\right)\mathbf{A} - \left(-\mathbf{X}_{21}\mathbf{X}_{11}^{-1}\right)\mathbf{B}\,\mathbf{R}^{-1}\mathbf{B}^T\left(-\mathbf{X}_{21}\mathbf{X}_{11}^{-1}\right) + \mathbf{Q} = 0 \; . \tag{7.39}$$

Aus dem Vergleich mit der algebraischen RICCATI-Gleichung (7.29) erhält man das gesuchte Ergebnis

$$\mathbf{P} = \left(-\mathbf{X}_{21}\mathbf{X}_{11}^{-1}\right) \; . \tag{7.40}$$

Zur Berechnung der Lösungsmatrix $\mathbf{P}$ sind also folgende Schritte durchzuführen:

(1) Bilden der HAMILTON-Matrix $\mathbf{H}$ (7.31)

(2) Berechnung der Eigenwerte, Aufspaltung in stabile und instabile Eigenwerte, entsprechende Partitionierung der Modalmatrix (7.36)

(3) Berechnung von $\mathbf{P} = (-\mathbf{X}_{21}\mathbf{X}_{11}^{-1})$ durch Lösung des linearen Gleichungssystems $\mathbf{P}\,\mathbf{X}_{11} = -\mathbf{X}_{21}$.

Dem Nachteil des Verfahrens, daß mit der Bildung der HAMILTON-Matrix die Systemordnung auf $2n$ erhöht wird, steht der große Vorteil gegenüber, daß Eigenwertprogramme zur Verfügung stehen und bereits sehr ausgefeilt sind. Eine Berechnung per Hand scheidet für technische Systeme mit mehr als zwei Freiheitsgraden wegen des zu treibenden Aufwands in der Regel bereits aus.

7.3   LJAPUNOV-Gleichung

Die Optimierung nach dem Kriterium (7.21) liefert als Ergebnis eine lineare Zustandsrückführung mit zeitabhängigen oder konstanten Rückführkoeffizienten, je nach Art der betrachteten Regelstrecke (Zustandsgleichung). Damit entsteht die Frage, ob nicht die Struktur der Regelung mit

$$\mathbf{u} = -\mathbf{K}\,\mathbf{x} \tag{7.41}$$

à priori vorgegeben werden kann. Bei derart vorgegebenem Regelgesetz wird das Optimierungskriterium im Vergleich zu (7.21) auf

$$J = \frac{1}{2}\int_{t_0}^{t_1} \mathbf{x}^T\mathbf{Q}\mathbf{x}\,dt \;\Rightarrow\; \min\;. \tag{7.42}$$

mit $\dot{\mathbf{x}} = (\mathbf{A} - \mathbf{B}\mathbf{K})\mathbf{x} = \hat{\mathbf{A}}\mathbf{x}$ reduziert.[21]

Mit

$$H = \boldsymbol{\lambda}^T\hat{\mathbf{A}}\mathbf{x} - \frac{1}{2}\mathbf{x}^T\mathbf{Q}\,\mathbf{x} \;\Rightarrow\; \dot{\boldsymbol{\lambda}} = -\left[\frac{\partial H}{\partial \mathbf{x}}\right]^T = -\hat{\mathbf{A}}^T\boldsymbol{\lambda} + \mathbf{Q}\,\mathbf{x} \tag{7.43}$$

und dem Ansatz $\boldsymbol{\lambda} = -\mathbf{P}\mathbf{x}$ erhält man zusammen mit der Systemgleichung aus (7.43) die LJAPUNOVsche Differentialgleichung

$$\dot{\mathbf{P}} + \hat{\mathbf{A}}^T\mathbf{P} + \mathbf{P}\hat{\mathbf{A}} + \mathbf{Q} = 0\;, \quad \mathbf{P} = \mathbf{P}^T > 0\;. \tag{7.44}$$

Auch hier ist zur vollständigen Systembeurteilung über das Kriterium (7.42) die $(\mathbf{A},\,\mathbf{Q})$−Beobachtbarkeit zu fordern. Für zeitinvariante Systeme kann in (7.44) wiederum $\dot{\mathbf{P}} = 0$ gesetzt werden.

Weil die Matrix des geschlossenen Regelkreises in (7.44) eingeht, die die noch unbekannten Reglerkoeffizienten beinhaltet, kann (7.42) nur so erfüllt werden, daß über (7.44) mit geeigneten Startwerten für $\mathbf{K}$ iterativ gelöst wird, bis der Kriteriumswert zu (7.42),

$$J = \frac{1}{2}\mathbf{x}_0^T\mathbf{P}\,\mathbf{x}_0\;, \quad \mathbf{x}_0 = \mathbf{x}(t_0)\;, \tag{7.45}$$

minimal wird. Die Lösung der LJAPUNOV-Gleichung kann im zeitinvarianten Fall durch geeignete Formulierung als Vektorgleichung

$$\hat{\hat{\mathbf{A}}}\mathbf{p} = \mathbf{q}$$

(lineares Gleichungssystem) gefunden werden.

---

[21]Siehe auch Kap. 8.2 "Elastischer Rotor"

Abschließend sei erwähnt, daß es natürlich bei vollständig beobachtbarem System möglich ist, eine Regelung über

$$\dot{\mathbf{x}} = \mathbf{A}\mathbf{x} + \mathbf{B}\mathbf{u} \ , \quad \mathbf{u} = -\mathbf{K}\mathbf{y} = -\mathbf{K}\mathbf{C}\mathbf{x} \tag{7.46}$$

zu realisieren, wenn alle Steuerbarkeitsvoraussetzungen erfüllt sind. In diesem Fall spricht man von einer "Ausgangsregelung". Hierbei muß die Struktur von $\mathbf{K}$ à priori festgelegt werden; eine Optimierung kann nach (7.42) erfolgen, wobei iterativ unter Vorgabe "charakteristischer" Anfangsbedingungen (7.45) numerisch minimiert wird.

7.3.1 Polkonfiguration

Mit Festlegung der Reglerstruktur nach (7.41) werden über das Kriterium (7.42) die Eigenwerte (Pole) zeitinvarianter Systeme festgelegt. Man kann also das Syntheseproblem auch so formulieren, daß man die Struktur der Regelung als lineare Zustandsrückführung festlegt, die bestimmte vorgegebene Pole erzeugt. Dabei ist bei Mehrgrößenregelsystemen ($\mathbf{u} \in \mathbf{R}^m$, $m > 1$) die Aufgabe nicht eindeutig; hier existieren mehrere Möglichkeiten zur Festlegung der Pole. Im Falle von Eingrößenregelsystemen ($m = 1$) existiert dagegen eine eindeutige Regelung. Während bei einer RICCATI-Optimierung nach (7.21) oder der LJAPUNOV-Optimierung mit (7.42) die Frage nach der Wahl der Bewertungsmatrizen zu beantworten war, entsteht bei einer Polvorgabe die Frage, wie die Eigenwerte gewählt werden sollen. Auch hier gibt es Faustregeln. Eine Pollage, die einer bezüglich der Stellenergie optimalen Regelung entspricht, beinhaltet beispielsweise die Spiegelung der instabilen Pole an der imaginären Achse.

∇

Beispiel:

$$\mathbf{A} = \begin{pmatrix} 0 & 1 \\ a^2 & 0 \end{pmatrix} \ , \quad \mathbf{B} = \begin{pmatrix} 0 \\ 1 \end{pmatrix} \ , \quad \det(\mathbf{A} - \lambda\mathbf{E}) = \lambda^2 - a^2 = 0 \ \Rightarrow \ \lambda_{1/2} = \pm a \ .$$

Optimierung nach (7.29): $\mathbf{Q} = \rho\mathbf{E}$, $\mathbf{R} = \mathbf{E}$: $\quad J = \frac{1}{2} \int \left(\rho \mathbf{x}^T \mathbf{x} + u^2 \right) dt \rightarrow \min,$

$$\mathbf{A}^T\mathbf{P} - \mathbf{P}\mathbf{A} - \mathbf{P}\mathbf{B}\mathbf{B}^T\mathbf{P} + \mathbf{Q} =$$

$$= \begin{pmatrix} a^2 P_{12} & a^2 P_{22} \\ P_{11} & P_{12} \end{pmatrix} + \begin{pmatrix} a^2 P_{12} & P_{11} \\ a^2 P_{22} & P_{12} \end{pmatrix} - \begin{pmatrix} P_{12}^2 & P_{22}P_{12} \\ P_{12}P_{22} & P_{22}^2 \end{pmatrix} + \begin{pmatrix} \rho & 0 \\ 0 & \rho \end{pmatrix} = 0$$

$$\Rightarrow \ P_{12} = a^2 \pm \sqrt{a^4 + \rho} \ , \quad P_{22}^2 = \rho + 2P_{12} \ , \quad P_{11} = P_{22}(P_{12} - a^2)$$

Damit $P = P^T > 0$ gilt, muß in P_{12} das positive Zeichen gesetzt werden. Im Grenzfall $\rho = 0$ (Stellenergie - optimal) folgt

$$\mathbf{P}(\rho = 0) = \begin{pmatrix} 2a^3 & 2a^2 \\ 2a^2 & 2a \end{pmatrix}$$

$$\Rightarrow \left(\mathbf{A} - \mathbf{BB}^T\mathbf{P}\right) = \hat{\mathbf{A}} = \begin{pmatrix} 0 & 1 \\ -a^2 & -2a \end{pmatrix} \; ;$$

$$\det(\hat{\mathbf{A}} - \lambda\mathbf{E}) = (\lambda + a)^2 \; \Rightarrow \; \lambda_{1/2} = -a$$

$\Rightarrow$ Der instabile Pol $\lambda = a$ wird zu $\lambda = -a$ gespiegelt.

$\triangle$

Der Vergleich der Optimierung nach (7.21) mit dem stellenergieoptimalen Fall der Polspiegelung zeigt, daß durch die Polvorgabe zwar jede Polkonfiguration hergestellt werden kann, durch die Optimierung dagegen nicht: Nicht jede Pollage kann als optimal im Sinne von (7.21) gelten.

Als weitere, bewährte Faustregel gilt, daß die festzulegenden Pole etwa in einem Bereich der komplexen Ebene liegen sollten, das durch die $45°-$Geraden in der linken Halbebene begrenzt ist und die negative reelle Achse mit einschließt.

7.3.2   Berechnung der Zustandsrückführung bei Polvorgabe für Eingrößenregelsysteme ($\mathbf{u} \in \mathrm{R}^1$)

Für lineare zeitinvariante Systeme mit nur einem Stelleingriff läßt sich das Problem der Polvorgabe über eine FROBENIUS-Transformation mit anschließender Rücktransformation in das Originalsystem lösen. Die FROBENIUS-Transformation geht auf Georg FROBENIUS (1849 – 1917) zurück: Mit ihr wird ein Differentialgleichungssystem $n-$ter Ordnung durch die Transformation $\dot{x}_i = x_{i+1}$, $i = 1(1)n-1$ auf eine Differentialgleichung $n-$ten Grades reduziert. Die zugehörige Transformationsmatrix sei allgemein $\mathbf{T}$; weiterhin gelte die Normierung $\mathbf{Tb} = \mathbf{e}_n$ ($n-$ter Einheitsvektor). Dann gilt

$$\begin{aligned} \dot{\mathbf{x}} &= \mathbf{Ax} + \mathbf{b}u \; , \quad \mathbf{b} \in \mathrm{R}^n \; , \quad \mathbf{x}_F = \mathbf{Tx} \; , \\ \Rightarrow \; \dot{\mathbf{x}}_F &= \mathbf{TAT}^{-1}\mathbf{x}_F + \mathbf{Tb}u = \mathbf{A}_F\mathbf{x}_F + \mathbf{e}_n u \; . \end{aligned} \tag{7.47}$$

Die Matrix $\mathbf{A}_F$ enthält auf der Nebendiagonalen den Wert eins und enthält in der letzten Zeile die negativen charakteristischen Koeffizienten:

$$\mathbf{A}_F = \begin{pmatrix} 0 & 1 & 0 & \cdots & \\ 0 & 0 & 1 & \cdots & \\ & & & \ddots & \\ -\alpha_n & -\alpha_{n-1} & & \cdots & -\alpha_1 \end{pmatrix} \; . \tag{7.48}$$

Zur Berechnung der Transformation kann der Satz von CAYLEY und HAMILTON herangezogen werden, der besagt, daß jede quadratische Matrix $\mathbf{A}$ ihre eigene charakteristische Gleichung erfüllt:

$$\det(\lambda\mathbf{E} - \mathbf{A}) = P(\lambda) = \lambda^n + \alpha_1\lambda^{n-1} + \ldots \alpha_n = 0$$
$$\Rightarrow \quad \mathbf{P(A)} = \mathbf{A}^n + \alpha_1\mathbf{A}^{n-1} + \ldots \alpha_n\mathbf{E} = 0 \ . \tag{7.49}$$

Löst man die Beziehung (7.49) nach $\mathbf{A}^n$ auf, so kann hierfür

$$\begin{bmatrix} \mathbf{E} \\ \mathbf{A} \\ \mathbf{A}^2 \\ \vdots \\ \mathbf{A}^{n-1} \end{bmatrix} \mathbf{A} = \begin{bmatrix} 0 & \mathbf{E} & 0 & \ldots \\ 0 & 0 & \mathbf{E} & \ldots \\ \ldots & & & \\ -\alpha_n\mathbf{E} & \ldots & & -\alpha_1\mathbf{E} \end{bmatrix} \begin{bmatrix} \mathbf{E} \\ \mathbf{A} \\ \mathbf{A}^2 \\ \vdots \\ \mathbf{A}^{n-1} \end{bmatrix} \tag{7.50}$$

geschrieben werden. Hierin hat die auftretende $n^2 \times n^2$–Matrix bereits große Ähnlichkeit mit der FROBENIUS-Matrix aus (7.48); sie muß lediglich auf eine $n \times n$–Matrix reduziert werden. Dies geschieht so, daß (7.50) mit einem (zunächst unbekannten) Vektor $\mathbf{t}^T \in \mathbf{R}^n$ von links blockweise durchmultipliziert wird:

$$\begin{bmatrix} \mathbf{t}^T\mathbf{E} \\ \mathbf{t}^T\mathbf{A} \\ \vdots \\ \mathbf{t}^T\mathbf{A}^{n-1} \end{bmatrix} \mathbf{A} = \begin{bmatrix} 0 & 1 & 0 & \ldots \\ 0 & 0 & 1 & \ldots \\ \ldots & & & \\ -\alpha_n & \ldots & & -\alpha_1 \end{bmatrix} \begin{bmatrix} \mathbf{t}^T\mathbf{E} \\ \mathbf{t}^T\mathbf{A} \\ \vdots \\ \mathbf{t}^T\mathbf{A}^{n-1} \end{bmatrix} \Rightarrow \mathbf{TA} = \mathbf{A}_F\mathbf{T} \ . \tag{7.51}$$

Der Vergleich mit (7.47), $\mathbf{A}_F = \mathbf{TAT}^{-1} \Rightarrow \mathbf{TA} = \mathbf{A}_F\mathbf{T}$ zeigt, daß mit (7.51) die Transformation gefunden ist. Der bislang unbekannte Vektor $\mathbf{t}$ wird aus der zusätzlichen Bedingung $\mathbf{Tb} = \mathbf{e}_n$ berechnet:

$$\mathbf{Tb} = \begin{bmatrix} \mathbf{t}^T\mathbf{E} \\ \mathbf{t}^T\mathbf{A} \\ \vdots \\ \mathbf{t}^T\mathbf{A}^{n-1} \end{bmatrix} \mathbf{b} = \begin{bmatrix} \mathbf{b}^T\mathbf{t} \\ \mathbf{b}^T\mathbf{A}^T\mathbf{t} \\ \vdots \\ \mathbf{b}^T\mathbf{A}^{n-1^T}\mathbf{t} \end{bmatrix} = \begin{bmatrix} \mathbf{b}^T \\ \mathbf{b}^T\mathbf{A}^T \\ \vdots \\ \mathbf{b}^T\mathbf{A}^{n-1^T} \end{bmatrix} \mathbf{t} = \mathbf{Q}_s^T\mathbf{t} = \mathbf{e}_n \tag{7.52}$$

mit der Steuerbarkeitsmatrix $\mathbf{Q}_s$ nach (7.15) für $\mathbf{B} \in \mathbf{R}^{n,1} \Rightarrow \mathbf{b} \in \mathbf{R}^n$. Für $\mathbf{t}$ existiert nach (7.52) eine eindeutige Lösung, wenn $\mathbf{Q}_s$ regulär ist: $\mathbf{t} = \left(\mathbf{Q}_s^T\right)^{-1}\mathbf{e}_n$, d.h., das System muß vollständig steuerbar sein. Wäre es dies nicht, so könnte nicht die gesamte Systemdynamik auf eine einzige Differentialgleichung n–ten Grades (letzte Zeile von (7.47)) einschließlich der Stellgröße "abgebildet" werden.

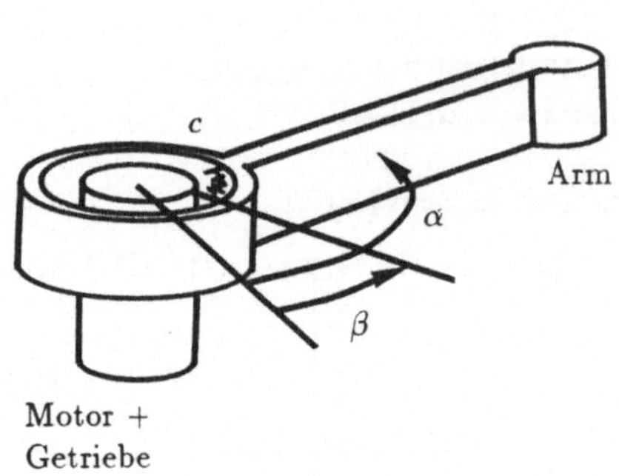

Bild 7.1: Roboterarm

∇

Beispiel: Betrachtet wird ein Roboterarm, der über einen Motor angetrieben wird. Zwischen Motor und Arm befindet sich ein Getriebe, dessen elastische Nachgiebigkeit über eine lineare (Dreh-) Feder mit der Federkonstanten c beschrieben wird. Das Motor-Trägheitsmoment sei I_M, das des Arms I_A, der Motordrehwinkel γ und der Armwinkel α. Zwischen Getriebeeingang (Motorwinkel) und Getriebeausgang (Winkel β) wird ein Übersetzungsverhältnis i angenommen.

Die Bewegungsgleichungen lauten

$$I_A\ddot{\alpha} + c(\alpha - \beta) = 0 \;,$$
$$I_M\ddot{\gamma} + \tfrac{c}{i}(\beta - \alpha) = l_M \;, \quad \gamma = i\beta \;.$$

Nach Multiplikation der zweiten Gleichung mit i, Einsetzen von β und Zusammenfassung von $I_M i^2 = I_B$ lautet die Zustandsgleichung

$$\frac{d}{dt}\begin{bmatrix}\alpha\\\beta\\\dot{\alpha}\\\dot{\beta}\end{bmatrix} = \begin{bmatrix}0 & 0 & 1 & 0\\0 & 0 & 0 & 1\\-\nu_A^2 & \nu_A^2 & 0 & 0\\\nu_B^2 & -\nu_B^2 & 0 & 0\end{bmatrix}\begin{bmatrix}\alpha\\\beta\\\dot{\alpha}\\\dot{\beta}\end{bmatrix} + \begin{bmatrix}0\\0\\0\\\frac{1}{I_B}\end{bmatrix} u \;,$$

$$\nu_A^2 = \frac{c}{I_A} \;, \quad \nu_B^2 = \frac{c}{I_B} \;, \quad u = l_M i \;.$$

Das System ist vollständig steuerbar:

$$\mathbf{Q}_s = \begin{bmatrix}\mathbf{b} & \mathbf{Ab} & \mathbf{A}^2\mathbf{b} & \mathbf{A}^3\mathbf{b}\end{bmatrix} = \begin{bmatrix}0 & 0 & 0 & \nu_A^2\\0 & 1 & 0 & -\nu_B^2\\0 & 0 & \nu_A^2 & 0\\1 & 0 & -\nu_B^2 & 0\end{bmatrix} \;, \quad \text{Rang } \mathbf{Q}_s = 4 \;.$$

Der Vektor $\mathbf{t}$ nach (7.52) folgt zu

$$\mathbf{t}^T = \frac{I_B}{\nu_A^2}\,(1\ 0\ 0\ 0)^T \;.$$

Damit erhält man die Transformation

$$\mathbf{T} = \frac{I_B}{\nu_A^2} \begin{bmatrix} 1 & 0 & 0 & 0 \\ 0 & 0 & 1 & 0 \\ -\nu_A^2 & \nu_A^2 & 0 & 0 \\ 0 & 0 & -\nu_A^2 & \nu_A^2 \end{bmatrix} , \quad \mathbf{T}^{-1} = \frac{\nu_A^2}{I_B} \begin{bmatrix} 1 & 0 & 0 & 0 \\ 1 & 0 & 1/\nu_A^2 & 0 \\ 0 & 1 & 0 & 0 \\ 0 & 1 & 0 & 1/\nu_A^2 \end{bmatrix} .$$

Die FROBENIUS-Matrix enthält in der letzten Zeile,

$$\mathbf{e}_4^T \, \mathbf{T} \, \mathbf{A} \, \mathbf{T}^{-1} = \begin{pmatrix} 0 & 0 & -\left(\nu_A^2 + \nu_B^2\right) & 0 \end{pmatrix} ,$$

den Koeffizienten $-\alpha_2$ der charakteristischen Gleichung, wie man sich durch Ausrechnung leicht überzeugt. In dem betrachteten Beispiel gilt festzuhalten, daß auch für Motoren mit sehr kleinem Trägheitsmoment bei entsprechenden Übersetzungsverhältnissen i die "Motordynamik" berücksichtigt werden muß. Dies betrifft beispielsweise die Verhältnisse bei Industrierobotern, die über Scheibenläufermotoren und "Harmonic-Drive-Getriebe" betrieben werden.

$\triangle$

Wenn das Eingrößenregelsystem auf FROBENIUS-Form transformiert ist, ist es problemlos, durch den Stelleingriff u mit $u = \overline{\mathbf{k}}^T \mathbf{x}_F$ bestimmte Pole zu erzeugen:

$$\dot{\mathbf{x}}_F = \mathbf{A}_F \mathbf{x}_F + \mathbf{e}_n u = \left(\mathbf{A}_F + \mathbf{e}_n \overline{\mathbf{k}}^T\right) \mathbf{x}_F \; ;$$

$$\mathbf{A}_F + \mathbf{e}_n \overline{\mathbf{k}}^T = \begin{bmatrix} 0 & 1 & 0 & \cdots \\ \cdots & & & \\ -\alpha_n + k_1 & \cdots & -\alpha_1 + k_n \end{bmatrix} . \tag{7.53}$$

Wenn hierbei der geschlossene Regelkreis vorbestimmte Pole δ_i annehmen soll, so muß gelten

$$P_\delta(\lambda) = \lambda^n + (\alpha_n - k_1)\lambda^{n-1} + \ldots (\alpha_1 - k_n) = \lambda^n + \delta_1 \lambda^{n-1} + \ldots \delta_n . \tag{7.54}$$

Für den Rückführvektor $\overline{\mathbf{k}}$ folgt dann

$$\overline{\mathbf{k}} = (\boldsymbol{\alpha} - \boldsymbol{\delta}) \; , \quad \boldsymbol{\alpha} = (\alpha_n, \ldots \alpha_1)^T \; , \quad \boldsymbol{\delta} = (\delta_n, \ldots \delta_1)^T . \tag{7.55}$$

Rücktransformiert in das Originalsystem lautet er mit $\overline{\mathbf{k}}^T \mathbf{x}_F = \overline{\mathbf{k}}^T \mathbf{T} \mathbf{x} = \mathbf{k}^T \mathbf{x}$

$$\begin{aligned} \mathbf{k} = \mathbf{T}^T \overline{\mathbf{k}} &= \mathbf{T}^T (\boldsymbol{\alpha} - \boldsymbol{\delta}) = \begin{bmatrix} \mathbf{E}\mathbf{t} & \mathbf{A}^T\mathbf{t} & \ldots & \mathbf{A}^{n-1^T}\mathbf{t} \end{pmatrix} (\boldsymbol{\alpha} - \boldsymbol{\delta}) \\ &= \left(\alpha_n \mathbf{E} \ldots \alpha_1 \mathbf{A}^{n-1^T}\right) \mathbf{t} - \left(\delta_n \mathbf{E} \ldots \delta_1 \mathbf{A}^{n-1^T}\right) \mathbf{t} . \end{aligned} \tag{7.56}$$

Hierbei ist nach (7.49) der erste Summand gerade $-\mathbf{A}^{n^T}\mathbf{t}$:

$$\left[-\mathbf{A}^{n^T} - \delta_1 \mathbf{A}^{n-1^T} - \ldots \delta_n \mathbf{E} \right] \mathbf{t} = -P_\delta\left(\mathbf{A}^T\right) \mathbf{t} . \tag{7.57}$$

Die Berechnung des Rückführvektors zu gegebenen Polen δ_i, $i = 1(1)n$, gliedert sich also in drei Schritte:

(1) Berechnung von $\mathbf{t}$ aus dem linearen Gleichungssystem $\mathbf{Q}_s^T \mathbf{t} = \mathbf{e}_n$, (7.52),

(2) Bestimmung des Matrizenpolynoms $P_\delta\left(\mathbf{A}^T\right)$ mit den charakteristischen Koeffizienten δ_i für die gewünschte Pollage,

(3) Berechnung des Rückführvektors $\mathbf{k} = -P_\delta\left(\mathbf{A}^T\right)\mathbf{t}$.

7.4 Realisierung

Für die Realisierung der Regelungen ist eine Reihe von Fragen zu klären. Zum einen muß der Zustand $\mathbf{x}$ mit Hilfe der Messungen $\mathbf{y} = \mathbf{Cx}$, $\mathbf{C} \in \mathrm{R}^{k,n}$, $k \leq n$, zur Verfügung gestellt werden. Dabei kann eine optimale Regelung natürlich nur für ein Modell mit bekannten Parametern ausgelegt werden – sind diese nicht genau ermittelbar, so ist zu klären, wie empfindlich das System auf Parameteränderungen reagiert. Weiterhin setzt die RICCATI- bzw. LJAPUNOV-Optimierung einen unbeschränkten Wertevorrat für $\mathbf{u(x)}$ voraus, was im allgemeinen nicht realisierbar ist, da die Stellgrößen bestimmte Maximal-/Minimalwerte nicht über-/ unterschreiten können. Und schließlich sei das Problem der Reglerrealisierung mit Hilfe von Mikroprozessoren angesprochen: Hierbei ist die Stellgröße über kurze (Abtast-) Zeitintervalle konstant, und für die Realisierung wird eine Diskretisierung der Regelstrecke erforderlich.

7.4.1 Diskretisierung

Mit Gleichung (7.4) ist die Lösung der Zustandsgleichungen (7.2) der Form nach bekannt. Die Lösung geht mit der Regelung

$$\mathbf{u}(t) = \mathbf{u}(k) \qquad \text{für} \quad kT \leq t \leq (k+1)T\ , \tag{7.58}$$

die im Intervall $kT \leq t < (k+1)T$ konstant ist, über in

$$\mathbf{x}(k+1) = \phi(T)\mathbf{x}(k) + \int_0^T \phi(T,\tau)\,\mathbf{B}(\tau)d\tau\,\mathbf{u}(k) = \mathbf{A}^*\mathbf{x}(k) + \mathbf{B}^*\mathbf{u}(k)\ . \tag{7.59}$$

Das diskretisierte System, das es zu betrachten gilt, erhält also die neuen Systemmatrizen $\mathbf{A}^*$, $\mathbf{B}^*$. Handelt es sich hierbei um ein zeitinvariantes System, so gilt

$$\mathbf{A}^* = \phi(T) = e^{\mathbf{A}T}\ ,\quad \mathbf{B}^* = \int_0^T \phi\,d\tau\,\mathbf{B} = \int_0^T \mathbf{A}^{-1}\mathbf{A}\phi\,d\tau\,\mathbf{B} = \mathbf{A}^{-1}\left[\phi(T) - \mathbf{E}\right]\mathbf{B}$$
$$\tag{7.60}$$

mit $\mathbf{A}\phi = \dot{\phi}$. Für sehr kleine Abtastzeiten T geht mit $\phi(T) \to \mathbf{E}$ die Steuerbarkeit verloren. Es gilt also, geeignete Intervalle festzulegen. Mit diesen kann in Analogie zu (7.21) das diskretisierte Kriterium

$$I_N = \frac{1}{2} \sum_{k=1}^{N} \left(\mathbf{x}_k^T \mathbf{Q}\, \mathbf{x}_k + \mathbf{u}_{k-1}^T \mathbf{R}\, \mathbf{u}_{k-1} \right) \ \rightarrow \ \min \ . \tag{7.61}$$

zugrunde gelegt werden. Dabei ist $\mathbf{S} = 0$, wenn vorausgesetzt wird, daß der Endfehler im eingeschwungenen Zustand verschwindet, und die Summe in (7.61) gliedert sich in $N - 1$ Intervalle. Für die Bewertungen ist wiederum $\mathbf{R} > 0$, $\mathbf{Q} \geq 0$, $(\mathbf{A}^*, \mathbf{Q})$−beobachtbar zu fordern. Zur Berechnung von (7.61) kann man sich des Optimalitätsprinzips (5.52) bedienen: Weil für jedes Intervall die Steuerung optimal sein muß, unabhängig von der vorangegangenen Entscheidung, wird (7.61) günstigerweise vom Endzustand aus rückwärts berechnet; für den letzten Schritt (=erste Berechnung) folgt dann

$$I_1 = \frac{1}{2} \left(\mathbf{x}_N^T \mathbf{Q}\, \mathbf{x}_N + \mathbf{u}_{N-1}^T \mathbf{R}\, \mathbf{u}_{N-1} \right) \ . \tag{7.62}$$

Setzt man hier die Werte für $\mathbf{x}_N$ aus (7.59) ein, so gilt

$$\mathbf{x}_N = \mathbf{A}^* \mathbf{x}_{N-1} + \mathbf{B}^* \mathbf{u}_{N-1}$$
$$\Rightarrow I_1 = \frac{1}{2} \left[\mathbf{x}_{N-1}^T \mathbf{A}^* \mathbf{Q} \mathbf{A}^* \mathbf{x}_{N-1} + 2\mathbf{u}_{N-1}^T \mathbf{B}^{*^T} \mathbf{Q} \mathbf{x}_{N-1} + \mathbf{u}_{N-1}^T \left(\mathbf{B}^{*^T} \mathbf{Q} \mathbf{B}^* + \mathbf{R} \right) \mathbf{u}_{N-1} \right] . \tag{7.63}$$

Die Minimierung von I_1 bzgl. $\mathbf{u}_{N-1}$ liefert

$$\left[\frac{\partial I_1}{\partial \mathbf{u}} \right]_{\mathbf{u}=\mathbf{u}_{N-1}}^T = \frac{1}{2} \left[2\mathbf{B}^{*^T} \mathbf{Q} \mathbf{A}^* \mathbf{x}_{N-1} + \left(\mathbf{B}^{*^T} \mathbf{Q} \mathbf{B}^* + \mathbf{R} \right) \mathbf{u}_{N-1} \right] = 0 \ ,$$

$$\left[\frac{\partial^2 I_1}{\partial \mathbf{u} \partial \mathbf{u}^T} \right]_{\mathbf{u}=\mathbf{u}_{N-1}} = \left(\mathbf{B}^{*^T} \mathbf{Q} \mathbf{B}^* + \mathbf{R} \right) > 0 \ . \tag{7.64}$$

Die letzte Bedingung ist mit $\mathbf{R} = \mathbf{R}^T > 0$ und $\mathbf{B}^{*^T} \mathbf{Q} \mathbf{B}^* \geq 0$ erfüllt, die erste liefert die optimale Steuerung $\mathbf{u}_{N-1}$:

$$\mathbf{u}_{N-1} = - \left(\mathbf{B}^{*^T} \mathbf{Q} \mathbf{B}^* + \mathbf{R} \right)^{-1} \mathbf{B}^{*^T} \mathbf{Q} \mathbf{A}^* \mathbf{x}_{N-1} = -\mathbf{K}_1 \mathbf{x}_{N-1} \ . \tag{7.65}$$

Setzt man diese in (7.63) ein, so gilt für den zweiten Term,

$$\begin{aligned} -2\mathbf{K}_1^T \mathbf{B}^{*^T} \mathbf{Q} \mathbf{A}^* &= -2\mathbf{K}_1^T \left(\mathbf{B}^{*^T} \mathbf{Q} \mathbf{B}^* + \mathbf{R} \right) \left(\mathbf{B}^{*^T} \mathbf{Q} \mathbf{B}^* + \mathbf{R} \right)^{-1} \mathbf{B}^{*^T} \mathbf{Q} \mathbf{A}^* \\ &= -2\mathbf{K}_1^T \left(\mathbf{B}^{*^T} \mathbf{Q} \mathbf{B}^* + \mathbf{R} \right) \mathbf{K}_1 \ , \end{aligned} \tag{7.66}$$

so daß die beiden letzten Ausdrücke zusammengefaßt werden können. Man erhält damit

$$\min_{\mathbf{u}_{N-1}} I_1 = \frac{1}{2}\mathbf{x}_{N-1}^T \left[\mathbf{A}^{*^T}\mathbf{Q}\mathbf{A}^* - \mathbf{K}_1^T \left(\mathbf{B}^{*^T}\mathbf{Q}\mathbf{B}^* + \mathbf{R}\right) \mathbf{K}_1 \right] \mathbf{x}_{N-1} = \frac{1}{2}\mathbf{x}_{N-1}\mathbf{P}_1\mathbf{x}_{N-1}$$

$$(7.67)$$

als optimiertes Kriterium für das letzte Intervall. Für die zwei letzten Intervalle gilt der zweite Rechenschritt

$$\min_{\mathbf{u}_{N-2}} I_2 = \min_{\mathbf{u}_{N-2}} \left\{ \frac{1}{2}\left[\mathbf{x}_{N-1}^T\mathbf{Q}\,\mathbf{x}_{N-1} + \mathbf{u}_{N-2}^T\mathbf{R}\,\mathbf{u}_{N-2} \right] + \min_{\mathbf{u}_{N-1}} I_1 \right\} \ . \quad (7.68)$$

Dabei liegt $I_{1,\mathrm{opt}}$ mit (7.67) bereits fest, und Gleichung (7.68) erhält für die notwendige Minimierung das gleiche Aussehen wie die Beziehung (7.62), so daß eine Lösung für $\mathbf{P}_2$ in Analogie zu (7.67) sofort angegeben werden kann. Man erhält auf diese Weise einen rekursiven Algorithmus

$$\mathbf{P}_0 = \mathbf{Q}$$

$$\mathbf{K}_k = \left(\mathbf{B}^{*^T}\mathbf{P}_k\mathbf{B}^* + \mathbf{R}\right)^{-1} \mathbf{B}^{*^T}\mathbf{P}_k\mathbf{A}^*$$

$$\mathbf{P}_{k+1} = \mathbf{Q} + \mathbf{A}^{*^T}\mathbf{P}_k\mathbf{A}^* - \mathbf{K}_k^T \left(\mathbf{B}^{*^T}\mathbf{P}_k\mathbf{B}^* + \mathbf{R}\right) \mathbf{K}_k \quad\quad (7.69)$$

$$\mathbf{u}_{N-k} = -\mathbf{K}_k\mathbf{x}_{N-k} \ , \quad k = 1(1)N \ .$$

Für den Grenzfall $N \to \infty$ existiert stationäre Lösung $\overline{\mathbf{P}}$, vgl. Kap. 7.2.1. Mit dieser erhält man einen zeitinvarianten digitalen Zustandsregler[22]

$$\mathbf{u}_k = - \left[\left(\mathbf{B}^{*^T}\overline{\mathbf{P}}\mathbf{B}^* + \mathbf{R}\right)^{-1} \mathbf{B}^{*^T}\overline{\mathbf{P}}\mathbf{A}^* \right] \mathbf{x}_k = -\mathbf{K}\,\mathbf{x}_k \ . \quad\quad (7.70)$$

Für weitere Betrachtungen digitaler Regelsysteme sei auf die umfangreiche Literatur verwiesen, z.B. [ACK 77], [ISE 77].

7.4.2   Stellgrößenbeschränkung

Eine Berücksichtigung von Stellgrößenbeschränkungen ist im Rahmen der hier diskutierten Optimierungstheorie streng genommen nur unter Zugrundelegung des PONTRJAGINschen Maximumprinzips möglich, da die EULER-LAGRANGEsche Variation für $\mathbf{u} \in U$ eine offene Steuermenge U erfordert. Das prinzipielle Vorgehen steht mit (5.47) zur Verfügung. Für $f(x, \mathbf{u}) \to f(\mathbf{x})$, d.h.

$$J = \int f(\mathbf{x})dt \ \Rightarrow \ \min \ . \quad\quad (7.71)$$

---

[22]Siehe auch Kap. 8.2 "Starrer Rotor"

kann das Problem weiter aufbereitet werden: Entsprechend der allgemeinen Optimierungsstrategie (5.47) gilt dann

$$H = \boldsymbol{\lambda}^T(\mathbf{Ax} + \mathbf{Bu}) - f(\mathbf{x}) \Rightarrow \left[\frac{\partial H}{\partial \mathbf{x}}\right]^T = -\dot{\boldsymbol{\lambda}} = \mathbf{A}^T\boldsymbol{\lambda} - \left[\frac{\partial f}{\partial \mathbf{x}}\right]^T \; , \; H_{\text{opt}} = \frac{\text{Max}}{\mathbf{u} \in U} \, H.$$

$$(7.72)$$

Bei koordinatenweise beschränktem Steuerbereich

$$U = \{u : \; |u_i| \le u_{i0} \; , \quad i = 1(1)m\} \tag{7.73}$$

kann die Maximumbedingung nur über $\boldsymbol{\lambda}^T\mathbf{Bu}$ erfüllt werden und liefert

$$\boldsymbol{\lambda}^T\mathbf{Bu} = \sum_{i=1}^{m} \left(\boldsymbol{\lambda}^T\mathbf{b}_i\right) u_i \; \Rightarrow \; \text{Max}$$

$$\Rightarrow \; u_i = u_{i0}\,\text{sgn}\left(\boldsymbol{\lambda}^T\mathbf{b}_i\right) \quad \text{mit} \quad \mathbf{b}_i \quad \text{aus} \quad \mathbf{B} = [\mathbf{b}_1 \ldots \mathbf{b}_m] \; .$$

$$(7.74)$$

Je nach Vorzeichen von $\boldsymbol{\lambda}^T\mathbf{b}_i$ nimmt u_i den oberen Wert u_{i0} oder den unteren Wert $-u_{i0}$ des Wertebereichs (7.73) an. Hat $\boldsymbol{\lambda}^T\mathbf{b}_i$ einen Nulldurchgang, so springt die Steuerung von einem Extremwert auf den anderen (Schaltpunkt). Diese Steuerung läßt sich nicht aus (7.72) ermitteln, wenn $\boldsymbol{\lambda}^T\mathbf{b}_i = 0$ in einem endlichen Zeitintervall gilt (singuläre Lösung). Wenn dagegen dieser Fall ausgeschlossen werden kann (reguläre Lösung), so erhält man zu (7.74) das Zweipunktrandwertproblem

$$\dot{\mathbf{x}} = \mathbf{Ax} + \mathbf{B}\begin{pmatrix} u_{10}\,\text{sgn}\left(\boldsymbol{\lambda}^T\mathbf{b}_1\right) \\ \vdots \\ u_{m0}\,\text{sgn}\left(\boldsymbol{\lambda}^T\mathbf{b}_m\right) \end{pmatrix} \; , \quad \dot{\boldsymbol{\lambda}} = -\mathbf{A}^T\boldsymbol{\lambda} + \left[\frac{\partial f}{\partial \mathbf{x}}\right]^T \; ;$$

$$(7.75)$$

$$\mathbf{x}(t_0) = \mathbf{x}_0 \; , \quad \mathbf{x}(t_1) = \mathbf{x}_1 \; .$$

Für eine allgemeine Berechnung erweist sich (7.75) als außerordentlich schwierig zu lösen. Auch hier wird man i.a. auf die Berechnung einer numerischen Lösung an der Rechenmaschine übergehen; dann kann, wie im vorigen Abschnitt, unter Zuhilfenahme des Optimalitätsprinzips das Kriterium (7.71) in Schritten minimiert werden ("dynamische Programmierung"), wobei in jedem Schritt die Restriktionen (7.73) beachtet werden müssen. Das Vorgehen bei der Programmierung ist recht einfach; die Auswertung erfordert jedoch im Einzelfall extrem viel Speicherplatzbedarf.

Bei Verwendung eines RICCATI-Reglers mit Stellgrößenbeschränkung wird man sich i.a. pragmatisch behelfen, indem der Regler für eine offene Menge U berechnet und die Stellgrößenbeschränkung im Nachhinein eingesetzt wird. Dies hat natürlich zur Folge, daß die Optimalität (Erfüllung des Minimierungskriteriums) nicht oder nur annähernd gewährleistet ist. Bei zu krassen Beschränkungen kann es hier sogar zur Instabilität des geschlossenen Regelkreises kommen. Eine Kontrolle der Regelgüte durch eine numerische Simulation ist daher unumgänglich. Eine geeignete Anpassung der Regler mit Beschränkungen an das System wird i.a. die Betrachtung verschiedener Bewertungen $\mathbf{Q}$ und $\mathbf{R}$ erforderlich machen.

Ein Sonderfall zu (7.71) ist $f = 1$ (zeitoptimale Lösung). Daneben müssen natürlich auch solche Lösungen, die einen Kompromiß zwischen zeit- und verbrauchsoptimal beinhalten bzw. ausschließlich verbrauchsoptimale Lösungen diskutiert werden. Der letztgenannte Fall wurde bereits in Kap. 7.3.1 angesprochen, als es um die Polvorgabe ging. Weitere Möglichkeiten zur Polvorgabe sowie häufig verwendete quadratische Optimierungskriterien sind zusammenfassend in Tabelle 14 angegeben.

	Kriterium, Definition	Bedeutung
Polvorgabe	Maximaler Stabilitätsgrad h (absolute Stabilitätsreserve) für *lineare, zeitinvariante, asymptotisch stabile Systeme.* $$h = \mathop{-\mathrm{Max}}_{i=1(1)n} \{Re(\lambda_i)\} \overset{!}{=} \mathrm{Max}$$	Große h-Werte ergeben schnelles Einschwingen. h charakterisiert das Einschwingverhalten unabhängig von der Anfangsbedingung $\mathbf{x}_0$.
Polvorgabe	Maximaler Dämpfungsgrad δ_0 (relative Stabilitätsreserve) für *lineare, zeitinvariante, asymptosich stabile Systeme.* $$\delta_0 = \mathop{-\mathrm{Max}}_{i=1(1)n} \left\{\tfrac{Re(\lambda_i)}{|\lambda_i|}\right\} \overset{!}{=} \mathrm{Max}$$	Große δ_0-Werte ergeben geringe Amplitudenüberhöhungen; $\delta_0 = 1$ ergibt aperiodisches Einschwingen. δ_0 charakterisiert das Einschwingungsverhalten, unabhängig von $\mathbf{x}_0$.
Ljapunov	Minimale quadratische Regelfläche $$IE^2 = \int_{t_0}^{t_1} \tfrac{1}{2}\mathbf{x}^T\mathbf{Q}\mathbf{x}\,dt \overset{!}{=} \min$$	Kleine IE^2-Werte kennzeichnen geringe Überschwingweiten bei Einschwingvorgängen; IE^2 abhängig von $\mathbf{x}_0$ (Standardanfangsbedingung vorgegeben!), t_1 und $\mathbf{Q}$.
Ljapunov	Minimale zeitbeschwerte quadratische Regelfläche $$IT^kE^2 = \int_{t_0}^{t_1} \tfrac{1}{2}t^k\mathbf{x}^T\mathbf{Q}\mathbf{x}\,dt \overset{!}{=} \min$$	Ähnlich IE^2, wobei durch die Zeitgewichtung später auftretende Amplituden stärker berücksichtigt werden (i.a. $k=1$). Abhängig von $\mathbf{x}_0, t_1, \mathbf{Q}, k$.
Ljapunov	Minimale zeitbeschwerte absolute Regelfläche $$IT^kAE = \int_{t_0}^{t_1} \tfrac{1}{2}t^k\sqrt{\mathbf{x}^T\mathbf{Q}\mathbf{x}}\,dt \overset{!}{=} \min$$	Ähnlich IT^kE^2. Lineare Berücksichtigung der Amplituden.
Riccati	Quadratisches Kostenfunktional $$IE^2C^2 = \int_{t_0}^{t_1} \tfrac{1}{2}\left(\mathbf{x}^T\mathbf{Q}\mathbf{x} + \mathbf{u}^T\mathbf{R}\mathbf{u}\right)dt \overset{!}{=} \min$$	Ähnlich IE^2. Außer den Überschwingungen wird auch die Größe der Steuerung bewertet. Abhängig von $\mathbf{x}_0, \mathbf{Q}, \mathbf{R}, t_1$. Optimale Regelungen.
Pontrjagin	Zeitintegral $$IT = \int_{t_0}^{t_1} dt = t_1 - t_0 \overset{!}{=} \min$$	Bewertung der Übergangszeit von $\mathbf{x}_0$ zu $\mathbf{x}_1$. Zeitoptimale Steuerungen. Interessant bei Stellgrößenbeschränkung.
Pontrjagin	Quadratisches Kostenfunktional $$IC^2 = \int_{t_0}^{t_1} \tfrac{1}{2}\mathbf{u}^T\mathbf{R}\mathbf{u}\,dt \overset{!}{=} \min$$	Verbrauchsoptimale Regelung bei Stellgrößenbeschränkung (z.B. Hohmannsche Ellipse bei Satelliten-Bahnwechsel)

Tabelle 14: Optimierungskriterien

7.4.3　Parameterempfindlichkeit

Um festzustellen, inwieweit das lineare System

$$\mathbf{x} = \hat{\mathbf{A}}(p)\,\mathbf{x} \tag{7.76}$$

empfindlich auf Parameterschwankungen reagiert, wird, ausgehend von einem Nominalparameter p_0, eine TAYLOR-Entwicklung bis zum ersten Glied durchgeführt:

$$\left\{\dot{\mathbf{x}}(p_0) + \left[\frac{\partial\dot{\mathbf{x}}}{\partial p}\right]_{p_0}\Delta p\right\} = \left\{\hat{\mathbf{A}}(p_0) + \left[\frac{\partial\hat{\mathbf{A}}}{\partial p}\right]_{p_0}\Delta p\right\}\left\{\mathbf{x}(p_0) + \left[\frac{\partial\mathbf{x}}{\partial p}\right]_{p_0}\Delta p\right\}\ . \tag{7.77}$$

Hierbei ist die Differentialgleichung (7.76) für $p = p_0$ selbst erfüllt, so daß für den verbleibenden Rest unter Vernachlässigung von Δp^2 bleibt

$$\left[\frac{\partial\dot{\mathbf{x}}}{\partial p}\right]_{p_0} = \hat{\mathbf{A}}(p_0)\left[\frac{\partial\mathbf{x}}{\partial p}\right]_{p_0} + \left[\frac{\partial\hat{\mathbf{A}}}{\partial p}\right]_{p_0}\mathbf{x}(p_0)\ . \tag{7.78}$$

Zusammen mit der Ausgangsgleichung für p_0 erhält man ein erweitertes Differentialgleichungssystem

$$\frac{d}{dt}\begin{pmatrix}\mathbf{x}\\ \boldsymbol{\sigma}\end{pmatrix} = \begin{pmatrix}\hat{\mathbf{A}} & 0\\ \hat{\mathbf{A}}_p & \hat{\mathbf{A}}\end{pmatrix}\begin{pmatrix}\mathbf{x}\\ \boldsymbol{\sigma}\end{pmatrix}\ ;\quad \begin{pmatrix}\mathbf{x}(t_0)\\ \boldsymbol{\sigma}(t_0)\end{pmatrix} = \begin{pmatrix}\mathbf{x}_0\\ 0\end{pmatrix} \tag{7.79}$$

mit $\boldsymbol{\sigma} = \partial\mathbf{x}/\partial p$ als "Empfindlichkeitsfunktion". Alle Werte in (7.79) sind für $p = p_0$ einzusetzen, $\partial\hat{\mathbf{A}}/\partial p$ wurde mit $\hat{\mathbf{A}}_p$ abgekürzt.

Man erkennt an (7.79), daß die Gesamtmatrix für die Zustandsgleichung $\dot{\mathbf{x}}$ und für die einseitig gekoppelte Empfindlichkeitsgleichung $\dot{\boldsymbol{\sigma}}$ dieselben Eigenwerte hat. Das bedeutet, daß $\hat{\mathbf{x}}$ über die Matrix $\hat{\mathbf{A}}_p$ als "Fremderregung" auf die Gleichung der Empfindlichkeitsfunktion einwirkt. Eine TAYLOR-Entwicklung bis zum ersten Term ist folglich nur erlaubt, wenn die Systemmatrix in (7.76) asymptotisch stabil ist. Im grenzstabilen Fall enthält (7.79) die Resonanzlösung mit linear anwachsenden Amplituden.

Im allgemeinen wird die Empfindlichkeitsfunktion durch eine numerische Integration gewonnen werden. Dann ist es nicht sinnvoll, das erweiterte Gleichungssystem zu integrieren, sondern vielmehr die Definition des Differentialquotienten direkt auszunutzen. Dabei wird gleichzeitig der Übergang auf mehrere Parameter, $\mathbf{p} \in \mathbf{R}^r$, durchgeführt:

Mit

$$\left[\frac{\partial\mathbf{x}}{\partial\mathbf{p}}\right]\Delta\mathbf{p} = \left[\frac{\partial\mathbf{x}}{\partial p_1}\ \frac{\partial\mathbf{x}}{\partial p_2}\ \cdots\ \frac{\partial\mathbf{x}}{\partial p_r}\right]\Delta\mathbf{p} = [\mathbf{x}(\mathbf{p}_0 + \Delta\mathbf{p}) - \mathbf{x}(\mathbf{p}_0)] \tag{7.80}$$

erhält man die Spalten der Empfindlichkeitsmatrix (Empfindlichkeitsfunktionen) durch Bestimmung der Lösung $\mathbf{x}(\mathbf{p}_0)$ und r–malige Integration $\mathbf{x}(\mathbf{p}_0 + \Delta\mathbf{p}_i)$, $i = 1(1)r$, $\Delta\mathbf{p}_i$ nur in der i–ten Komponente besetzt. Bilden der Differenz entsprechend (7.80) und Division durch $|\Delta\mathbf{p}_i|$ liefert die i–te Empfindlichkeitsfunktion. Dabei ist $|\Delta\mathbf{p}_i|$ beliebig, aber hinreichend klein.[23]

Die Empfindlichkeitsfunktionen geben Aufschluß darüber, welche Parameter auf das Lösungsverhalten Einfluß haben. Ist das System auf alle Parameteränderungen unempfindlich, so erübrigen sich weitere Betrachtungen. Ist es dagegen auf zumindest einige empfindlich, so bieten sich zwei mögliche Vorgehensweisen an: Man optimiere die Systemparameter so, daß ein gewünschtes Verhalten eintritt, oder man entwerfe eine Regelung derart, daß die Parameteränderungen das Regelziel nicht oder nur wenig beeinflussen. Die reine Parameteroptimierung kann auf zwei verschiedene Arten interpretiert werden: Gibt man die Struktur der Regelung über $\mathbf{u} = -\mathbf{Kx}$ vor, so müssen die Reglerparameter $\mathbf{p} \in \mathbf{K}_{ij}$, variiert werden, solange bis ein entsprechendes Kriterium erfüllt wird, vgl. Kap. 7.3. Dieses Vorgehen entspricht einem Reglerentwurf und setzt voraus, daß überhaupt freie Variable $\mathbf{u}$ zur Verfügung stehen. Man kann aber genau so gut das Vorgehen so interpretieren, daß man ohne aktive Regelung die Systemparameter (z.B. Feder- und Dämpferparameter) einer (s.o. passiven) Optimierung unterzieht. Hierfür wird ebenfalls ein (i.a. quadratisches) Kriterium zugrundegelegt, das über eine Bewertungsmatrix $\mathbf{Q}$ einen Kompromiß der einzelnen Optimierungsziele beinhaltet: Mit den Komponenten von $\mathbf{k}$ als "Zielfunktionen", $k_i = k_i(\mathbf{x}, \mathbf{p})$, lautet ein solches Kriterium

$$J = \int_0^t \mathbf{k}^T \mathbf{Q}\,\mathbf{k}\,d\tau \;\Rightarrow\; \min \tag{7.81}$$

und stellt eine Verallgemeinerung von (7.42) dar.

Im allgemeinen werden hierbei, z.B. aus konstruktiven Gründen, die Parameter gewisse Werte nicht über- oder unterschreiten dürfen:

$$p_{i\,\mathrm{min}} \leq p_i \leq p_{i\,\mathrm{max}} \tag{7.82}$$

Dann ist bei der Minimierung zusätzlich die Restriktion

$$\mathbf{g}(\mathbf{p}) \geq 0 \;:\; g_i = p_{i\,\mathrm{min}} - p_i \;,\quad g_{r+i} = p_i - p_{i\,\mathrm{max}} \;,\quad i = 1(1)r \tag{7.83}$$

zu berücksichtigen.

Wie im Falle der RICCATI- und LJAPUNOV-Optimierung stellt $\mathbf{Q}$ eine subjektive Bewertung der einzelnen Zielfunktionen dar. Setzt man hier

$$\mathbf{Q} = \mathrm{diag}(w_i) \;,\quad \sum w_i = 1 \;,\quad i = 1(1)a \;,\quad a : \text{Zahl der Zielfunktionen} \tag{7.84}$$

---

[23]Siehe auch Kap. 8.4 "Magnetschwebebahn"

so kann bei der (numerischen) Suche des Minimums zu (7.81), beispielsweise durch Gradientenverfahren, unter Berücksichtigung von (7.83) ein "optimaler Kompromiß" so gesucht werden, daß sämtliche Komponenten von **k** aus (7.81) gegenüber der Ausgangssituation verbessert werden. In dem Moment, wo ein k_i nur noch auf Kosten einer anderen Komponente verbessert werden kann, ist das Verfahren abzubrechen.

Eine grunsätzlich andere Fragestellung wird aufgeworfen, wenn das Modell Parameter beinhaltet, die nicht genau bekannt sind. Da jede Optimierung fester Parameterwerte bedarf, muß das Regelziel in diesem Fall eine Kompensation der Parameterunsicherheiten mit beinhalten. Hier bietet sich folgender Weg an:

Wenn die Parametervariationen in (7.2),

$$\dot{\mathbf{x}} = \mathbf{A}(\mathbf{p}_0 + \Delta\mathbf{p})\mathbf{x} + \mathbf{B}(\mathbf{p}_0 + \Delta\mathbf{p})\mathbf{u} = (\mathbf{A} + \Delta\mathbf{A})\mathbf{x} + (\mathbf{B} + \Delta\mathbf{B})\mathbf{u} \ , \qquad (7.85)$$

der nominalen Stelleingriffsmatrix **B** direkt proportional sind,

$$\Delta\mathbf{A} = \mathbf{B}\,\mathbf{G} \ , \quad \Delta\mathbf{B} = \mathbf{B}\,\mathbf{H} \ , \qquad (7.86)$$

kann mit dem Ansatz

$$\mathbf{u} = \mathbf{u}_1 + \mathbf{u}_2 \ , \qquad (7.87)$$

wobei die Regelgröße **u** in einen linearen und einen überlagerten nichtlinearen Anteil zerlegt wird, der Term, der alle vom Nominalsystem abweichenden Größen beinhaltet, zusammengefaßt werden:

$$\mathbf{B}\left[(\mathbf{G}\mathbf{x} + \mathbf{H}\mathbf{u}_1 + \mathbf{H}\mathbf{u}_2) + \mathbf{u}_2\right] = \mathbf{B}\,(\mathbf{e} + \mathbf{u}_2) \ . \qquad (7.88)$$

Betrachtet man im ersten Schritt das Nominalsystem alleine, so kann dieses mit (7.21) (RICCATI-Regler) optimiert werden:

$$\mathbf{u}_1 = -\mathbf{B}^T\mathbf{P}\,\mathbf{x} = -\mathbf{K}\mathbf{x} \ , \quad \mathbf{R} = \mathbf{E} \ . \qquad (7.89)$$

Damit geht der Gesamtregelkreis über in

$$\dot{\mathbf{x}} = (\mathbf{A} - \mathbf{B}\mathbf{K})\mathbf{x} + \mathbf{B}(\mathbf{e} + \mathbf{u}_2) = \hat{\mathbf{A}}\,\mathbf{x} + \mathbf{B}(\mathbf{e} + \mathbf{u}_2) \ . \qquad (7.90)$$

Für die Ausregelung der Größen, die von den Parameterabweichungen abhängen, wird das Kriterium (7.42) zugrundegelegt:

$$J = \frac{1}{2}\int_0^t \mathbf{x}^T\mathbf{Q}\mathbf{x}\,d\tau \ \Rightarrow \ \min \ . \qquad (7.91)$$

Hierfür gilt die HAMILTON-Funktion

$$H = \boldsymbol{\lambda}^T(\mathbf{A}\,\mathbf{x} + \mathbf{B}(\mathbf{e} + \mathbf{u}_2)) - \frac{1}{2}\mathbf{x}^T\mathbf{Q}\mathbf{x} \ . \qquad (7.92)$$

Der Regler $\mathbf{u}_2$ wird in drei Schritten festgelegt.

(1) Die *Form* von $\mathbf{u}_2$ soll für alle Werte von $\mathbf{e}$ gelten, auch für den asymptotischen Wert $\mathbf{e} \Rightarrow 0$. In diesem Fall lautet die adjungierte Gleichung analog (7.72)

$$-\left[\frac{\partial H}{\partial \mathbf{x}}\right]^T = \dot{\boldsymbol{\lambda}} = -\hat{\mathbf{A}}^T \boldsymbol{\lambda} + \mathbf{Q}\mathbf{x} \ . \tag{7.93}$$

Mit dem Ansatz $\boldsymbol{\lambda} = -\mathbf{P}_L \mathbf{x}$ geht (7.93) über in die LJAPUNOV-Gleichung

$$\dot{\mathbf{P}}_L + \hat{\mathbf{A}}^T \mathbf{P}_L + \mathbf{P}_L \hat{\mathbf{A}} + \mathbf{Q} = 0 \tag{7.94}$$

Die Bedingung für H_{max} kann wie in (7.74) formuliert werden, wenn man an Stelle der Beschränkungen u_{i0} eine noch unbekannte Stellgrößenreserve $\overline{\rho}(\mathbf{x})$ einführt:

$$u_{2i} = \overline{\rho}(\mathbf{x}) \, \mathrm{sign} \left(\boldsymbol{\lambda}^T \mathbf{b}_i\right) = -\overline{\rho}(\mathbf{x}) \frac{\mathbf{b}_i^T \mathbf{P}_L \mathbf{x}}{|\mathbf{b}_i^T \mathbf{P}_L \mathbf{x}|} \ . \tag{7.95}$$

Unter Ergänzung mit $\left|\mathbf{B}^T \mathbf{P}_L \mathbf{x}\right| / \left|\mathbf{B}^T \mathbf{P}_L \mathbf{x}\right|$ und Zusammenfassung von $\overline{\rho}(\mathbf{x})$ $\left|\mathbf{B}^T \mathbf{P}_L \mathbf{x}\right| / \left|\mathbf{b}_i^T \mathbf{P}_L \mathbf{x}\right| = \rho(\mathbf{x})$ läßt sich der Vektor $\mathbf{u}_2$ geschlossen angeben zu

$$u_{2i} = -\frac{\mathbf{b}_i^T \mathbf{P}_L \mathbf{x}}{|\mathbf{B}^T \mathbf{P}_L \mathbf{x}|}\rho(\mathbf{x}) \ \Rightarrow \ \mathbf{u}_2 = -\rho(\mathbf{x})\frac{\mathbf{B}^T \mathbf{P}_L \mathbf{x}}{|\mathbf{B}^T \mathbf{P}_L \mathbf{x}|} \ . \tag{7.96}$$

(2) Zur Bestimmung der unbekannten Größe $\rho(\mathbf{x})$ steht die Aussage zur Verfügung, daß $\mathbf{B}(\mathbf{e} + \mathbf{u}_2)$ gegen null gehen soll, d.h. $|\mathbf{e}| \Rightarrow -|\mathbf{u}_2|$, wobei mit (7.96) $|\mathbf{u}_2| = \rho(\mathbf{x})$ ist. Da jedoch die Parameterabweichungen in $\mathbf{e}$ unbekannt sind, ist man hier auf Normalschätzungen angewiesen:

$$\begin{aligned}
\| \mathbf{e} \| \ &\leq \ \max(\| \mathbf{G}\mathbf{x} \| + \| \mathbf{H}\mathbf{K}\mathbf{x} \| + \| \mathbf{H}\mathbf{u}_2 \|) \\
&= \ \max(\| \mathbf{G}\mathbf{x} \| + \| \mathbf{H}\mathbf{K}\mathbf{x} \| + \| \mathbf{H} \| \rho(\mathbf{x})) \overset{!}{=} \rho(\mathbf{x}) \\
\Rightarrow \ \rho(\mathbf{x}) \ &= \ (1 - \max \| \mathbf{H} \|)^{-1} \max(\| \mathbf{G}\mathbf{x} \| + \| \mathbf{H}\mathbf{K}\mathbf{x} \|) \ .
\end{aligned} \tag{7.97}$$

Damit liegt nach (1) die *Richtung*, nach (2) der *Betrag* von $\mathbf{u}_2$ fest. Da hierbei $|\mathbf{u}_2| = \rho(\mathbf{x})$ eine positive Zahl sein muß, muß die Bedingung

$$(1 - \max \| \mathbf{H} \|)^{-1} > 0 \tag{7.98}$$

vorausgesetzt werden, [LEI 81].

(3) Mit dem Regler nach (1) und (2) ist das System sicher asymptotisch stabilisiert. Andererseits besteht aber noch die Forderung, daß mittels $\mathbf{u}_2$ alle Abweichungen gegenüber der durch $\hat{\mathbf{A}}$ charakterisierten Optimaltrajektorie verschwinden sollen ("robuste Regelung"). Im Vergleich zu Kap. 7.4.2 stellt man fest, daß hier anstelle der Schaltkurven eine "Schaltebene" $\mathbf{B}^T \mathbf{P}_L \mathbf{x} = 0$ maßgeblich wird, bei deren Verlassen der Regler $\mathbf{u}_2$ einschaltet.

Offensichtlich erreicht man die bestmögliche Annäherung an die Nominaltrajektorie, wenn man hier

$$\mathbf{P}_L \;\Rightarrow\; \mathbf{P} \tag{7.99}$$

setzt, also mit $\mathbf{u}_1 = -\mathbf{B}^T\mathbf{P}\mathbf{x}$ den Regleranteil $\mathbf{u}_1$ selbst als Schaltebene benutzt. Als optimale Kompensationsregelung für unsichere, aber beschränkte
Parameterschwankungen erhält man damit

$$\mathbf{u}_2 = \begin{cases} \rho(x)\frac{\mathbf{u}_1}{|\mathbf{u}_1|} & \text{für} \quad |\mathbf{u}_1| > \varepsilon \\[2mm] \rho(x)\frac{\mathbf{u}_1}{|\varepsilon|} & \text{für} \quad |\mathbf{u}_1| \le \varepsilon \end{cases} \;,\quad \mathbf{u}_1 = -\mathbf{B}^T\mathbf{P}\mathbf{x} \;, \tag{7.100}$$

wobei zusätzlich eine Schranke ε eingeführt wurde, um ein "Reglerbrummen"
(Zittergleiten, vgl. Kap. 5.3) zu vermeiden. Hierbei ist lediglich einmal die
RICCATI-Gleichung zu berechnen ([BRE 83]).

Das Vorgehen nach (7.100) beinhaltet zwei strenge Voraussetzungen: Zerlegbarkeit
der Parameterabweichungen nach (7.86) und die Bedingung (7.98). Hierbei stellt
die Zerlegbarkeitsforderung die Bedingung dar, daß die Parameterabweichungen
über den Stelleingriff direkt regelbar sein sollen. Ist die Bedingung nicht erfüllt,
Steuerbarkeit für alle Parameterwerte jedoch gewährleistet, so muß eine Kompensationsregelung dennoch möglich sein. Für Eingrößenregelsysteme läßt sich dabei
folgende Strategie entwerfen:

Legt man für das Eingrößenregelsystem mit Parameterabweichungen,

$$\dot{\mathbf{x}} = \mathbf{A}(\mathbf{p}_0 + \Delta\mathbf{p})\mathbf{x} + \mathbf{b}(\mathbf{p}_0 + \Delta\mathbf{p})(\mathbf{u}_1 + \mathbf{u}_2) \tag{7.101}$$

den Regleranteil $\mathbf{u}_1$ wieder für das Nominalsystem ($\Delta\mathbf{p} = 0$) mit $\mathbf{R} = \mathbf{E}$ aus,

$$\mathbf{u}_1 = -\mathbf{b}_0^T\mathbf{P}\mathbf{x} \;; \quad \mathbf{b}_0 = \mathbf{b}(\mathbf{p}_0) \tag{7.102}$$

und transformiert das Gleichungssystem mit $\mathbf{T}\mathbf{x} = \mathbf{x}_F$, $\mathbf{T} = \mathbf{T}(\mathbf{p}_0 + \Delta\mathbf{p})$ auf
FROBENIUS-Form,

$$\dot{\mathbf{x}}_F = \mathbf{A}_F(\mathbf{p}_0 + \Delta\mathbf{p})\mathbf{x}_F + \mathbf{T}\mathbf{b}\left(\mathbf{u}_2 - \mathbf{b}_0^T\mathbf{P}\mathbf{T}^{-1}\mathbf{x}_F\right) \;, \tag{7.103}$$

so bezieht sich in der Matrix $\mathbf{A}_F$ die Parameteränderung nur noch auf die Änderung der (negativen) charakteristischen Koeffizienten, die in der letzten Zeile von
$\mathbf{A}_F$ angeordnet sind. Die FROBENIUS-Matrix kann also zu

$$\mathbf{A}_F(\mathbf{p}_0 + \Delta\mathbf{p}) = \mathbf{A}_{F0} - \mathbf{e}_n\Delta\mathbf{a}^T \;; \quad \mathbf{A}_{F0} = \mathbf{A}_F(\mathbf{p}_0) \;, \quad -\mathbf{a} : \text{charakt. Koeff.} \tag{7.104}$$

zerlegt werden. Sammelt man nun alle zu $\mathbf{p}_0$ gehörenden Terme, so erhält man bei Ergänzen mit $\mathbf{e}_n \mathbf{b}_0^T \mathbf{P} \mathbf{T}_0^{-1} - \mathbf{e}_n \mathbf{b}_0^T \mathbf{P} \mathbf{T}_0^{-1}$ und Berücksichtigung von $\mathbf{T}_0 \mathbf{b}_0 = \mathbf{e}_n$ die Gleichung

$$\dot{\mathbf{x}}_F = \left(\mathbf{A}_{F0} - \mathbf{e}_n \mathbf{b}_0^T \mathbf{P} \mathbf{T}_0^{-1} \right) \mathbf{x}_F + \mathbf{e}_n \left[\left(\mathbf{b}_0^T \mathbf{P} \left(\mathbf{T}_0^{-1} - \mathbf{T}^{-1} \right) - \Delta \mathbf{a}^T \right) \mathbf{x}_F + \mathbf{u}_2 \right] \ ;$$
$$\mathbf{T}_0 = \mathbf{T}(\mathbf{p}_0) \ .$$

$$(7.105)$$

Diese Beziehung kann mit $\mathbf{T}_0 \mathbf{x} = \mathbf{x}_F$ transformiert werden und ergibt

$$
\begin{aligned}
\dot{\mathbf{x}} &= \hat{\mathbf{A}} \mathbf{x} + \mathbf{b}_0 (e(\mathbf{x}) + u_2) \quad \text{mit} \quad \hat{\mathbf{A}} = \left(\mathbf{A} - \mathbf{b}_0 \mathbf{b}_0^T \mathbf{P} \right) \ , \\
e(\mathbf{x}) &= \left[\mathbf{b}_0^T \mathbf{P} \left(\mathbf{E} - \mathbf{T}^{-1} \mathbf{T}_0 \right) - \Delta \mathbf{a}^T \mathbf{T}_0 \right] \mathbf{x}
\end{aligned}
$$

$$(7.106)$$

Die Regelung erfolgt nach $(7.100)^{24}$ mit $\rho(\mathbf{x}) = \max |e(\mathbf{x})|$, die Zerlegbarkeitsbedingung (7.86) entfällt ebenso wie die Forderung (7.98).

$\bigtriangledown$

<u>Beispiel</u>: Betrachtet wird der Auslegerarm mit Getriebe nach Kap. 7.3.2. Als maßgeblich gilt das Trägheitsmoment des Auslegerarms I_A. Mit den Abkürzungen

$$\nu_0^2 = c/I_{A0} \cdot , \quad \Delta \nu^2 = c/\left(I_{A0} + \Delta I_A \right) \ , \quad \mathbf{b}_0^T \mathbf{P} = \mathbf{k}^T = (k_1 \ k_2 \ k_3 \ k_4)^T$$

erhält man

$$\mathbf{E} - \mathbf{T}^{-1} \mathbf{T}_0 = -\left(\frac{\Delta \nu^2}{\nu_0^2} \right) \begin{pmatrix} 1 & 0 & 0 & 0 \\ 1 & 0 & 0 & 0 \\ 0 & 0 & 1 & 0 \\ 0 & 0 & 1 & 0 \end{pmatrix} \ , \quad \Delta \mathbf{a}^T \mathbf{T}_0 = I_B \left(-\Delta \nu^2 \ \Delta \nu^2 \ 0 \ 0 \right)$$

$$\Rightarrow \quad \rho(\mathbf{x}) = \max \left| I_B \Delta \nu^2 (\alpha - \beta) \right| + \max \left| \left[\frac{\Delta \nu}{\nu_0} \right]^2 \left\{ (k_1 + k_2) \, \alpha + (k_3 + k_4) \, \dot{\alpha} \right\} \right| \ .$$

Bei der Auslegung des Nominalreglers wird die Beschleunigung über

$$\mathbf{x}^T \mathbf{Q} \mathbf{x} + \ddot{\mathbf{y}}^T \mathbf{Q}_B \ddot{\mathbf{y}} = \mathbf{x}^T \mathbf{Q} \mathbf{x} + \mathbf{y}^T \mathbf{K}^T \mathbf{M}^{-1} \mathbf{Q}_B \mathbf{M}^{-1} \mathbf{K} \mathbf{y} = \mathbf{x}^T \overline{\mathbf{Q}} \mathbf{x} \quad \text{mit} \quad \ddot{\mathbf{y}} = -\mathbf{M}^{-1} \mathbf{K} \mathbf{y}$$

mitberücksichtigt, wobei $\mathbf{Q} = \text{diag}(q_L, q_L, q_G, q_G)$, $\mathbf{Q}_B = \text{diag}(q_B, q_B)$ gilt. Für die Auslegungsdaten

Armlänge $b = 0,5 \, [m]$; $I_{A0} = 3,17 \, [kgm^2]$; $I_B = 3,5 \, [kgm^2]$;
$c = 2 \cdot 10^4 \, [N/m]$; $u_{\max} = 300 \, [Nm]$; $\Delta I_A = \Delta m b^2$; $\Delta m = 0 \ldots 40 kg$

---

[24]Siehe auch Kap. 8.4 "Magnetschwebebahn"

wurden Armwinkel und Stellmoment für den Maximalwert $\Delta m = 40kg$ für ein Manöver "Schwenken um 90°" numerisch simuliert, Bild 7.2, [ALT 85].

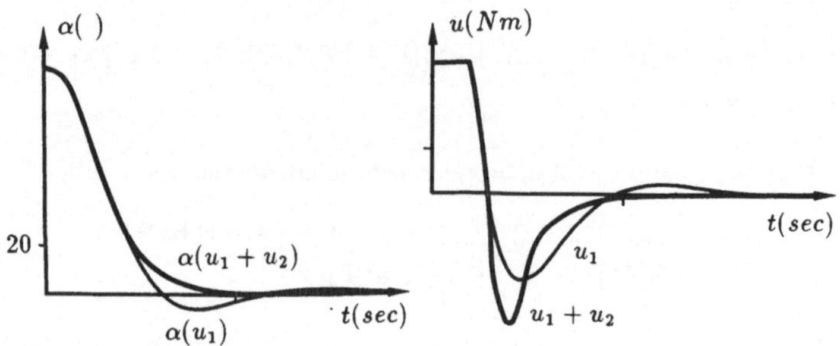

Bild 7.2: Parameterunempfindliche Regelung

Ein überschwingfreies Schwenken kann auch durch einen linearen RICCATI-Regler mit entsprechend hoher Bewertung erreicht werden. Es ist deshalb notwendig, das Ziel der Regelung u_1+u_2 im Auge zu behalten: *Wenn die durch das Nominalsystem definierte Trajektorie als Optimaltrajektorie eingehalten werden soll, so dient der überlagerte Anteil u_2 dazu, alle Abweichungen von der Nominaltrajektorie so gut wie möglich zu kompensieren.* Hierdurch läßt sich eine Reduktion der Manöverzeiten gegenüber einem RICCATI-Regler mit Maximalbewertungen erreichen.

$\triangle$

7.4.4 Zustandsbestimmung

Für die Realisierung einer Zustandsrückführung muß der Zustand über die Messung bestimmt werden. Ist hierbei

$$\mathbf{y} = \mathbf{C}\mathbf{x} \ , \quad \mathbf{C} \in \mathrm{R}^{k,n} \quad k = n \ , \quad \mathbf{C} \text{ regulär } \Rightarrow \ \mathbf{x} = \mathbf{C}^{-1}\mathbf{y} \ , \qquad (7.107)$$

so ist die Zustandsbestimmung trivial. Häufig stehen jedoch weniger Messungen zur Verfügung, $k < n$. Wenn hierbei die vollständige Beobachtbarkeit gewährleistet ist, so ist der Zustand in jedem Falle rekonstruierbar. Dies kann einerseits durch Differentiation oder Integration bestimmter Meßgrößen geschehen, allerdings mit dem gravierenden Nachteil, daß bei Differenzieren die Meßfehler (Meßrauschen) verstärkt werden und beim Integrieren die Nullpunktsabweichungen zu einer Drift führen. Abhilfe kann hier beispielsweise über die Verwendung eines Beobachters geschaffen werden [LUE 66]: Gegeben sei das System

$$\dot{\mathbf{x}} = \mathbf{A}\mathbf{x} + \mathbf{B}\mathbf{u} \ , \quad \mathbf{y} = \mathbf{C}\mathbf{x} \ , \quad \mathbf{A} \in \mathrm{R}^{n,n} \ , \quad \mathbf{B} \in \mathrm{R}^{n,m} \ , \quad \mathbf{C} \in \mathrm{R}^{k,n} \qquad (7.108)$$

wobei die Regelung über einen geschätzten Zustand $\hat{\mathbf{x}}$ realisiert werden soll:

$$\mathbf{u} = -\mathbf{K}\hat{\mathbf{x}} \ , \quad \hat{\mathbf{x}} \in \mathrm{R}^n \ , \quad \hat{\mathbf{x}} = \mathbf{S}_1\boldsymbol{\xi} + \mathbf{S}_2\mathbf{y} \ . \tag{7.109}$$

Der Schätzvektor wird zusammengesetzt aus mindestens den nicht gemessenen Größen, korrigiert durch die Meßgrößen selbst. Um eine Schätzung durchführen zu können, muß die Kopplung der Systemgrößen innerhalb des betrachteten Systems herangezogen werden. Nach Voraussetzung sind alle Zustandsgrößen in der Messung enthalten (vollständige Beobachtbarkeit), deshalb wird der Ansatz

$$\dot{\boldsymbol{\xi}} = \mathbf{D}\boldsymbol{\xi} + \mathbf{TB}\,\mathbf{u} + \mathbf{L}\mathbf{y} \ , \quad \boldsymbol{\xi} \in \mathrm{R}^s \ , \quad \mathbf{T} \in \mathrm{R}^{s,n} \ \ (n-k) \le s \le k \ , \tag{7.110}$$

gewählt: Durch $\mathbf{L}\mathbf{y}$ wird (mit geeignetem $\mathbf{L}$, s.u.) der Anteil $\boldsymbol{\xi}$ des Schätzvektors, der (mindestens) die nicht gemessenen Größen enthält, zwangserregt. Dabei muß natürlich die für diesen Teilraum zuständige Regelung $\mathbf{TB}\mathbf{u}$ berücksichtigt werden. Damit sowohl die Gesamtschätzung als auch die Teilraumschätzung für genügend große Zeiten mit dem Zustand bzw. Teilzustand übereinstimmen, muß

$$(\mathbf{x} - \hat{\mathbf{x}}) \ \Rightarrow \ 0 \ , \quad (\boldsymbol{\xi} - \mathbf{Tx}) \ \Rightarrow \ 0 \tag{7.111}$$

gefordert werden. Betrachtet man diese Forderungen als erfüllt, so gilt, weil (7.109) für alle Zeiten erfüllt sein muß, für genügend große Zeiten

$$\boldsymbol{\xi} = \mathbf{Tx} \ ; \quad \mathbf{x} = \hat{\mathbf{x}} = \mathbf{S}_1\boldsymbol{\xi} + \mathbf{S}_2\mathbf{y} = \mathbf{S}_1\mathbf{Tx} + \mathbf{S}_2\mathbf{Cx} \ \Rightarrow \ \mathbf{E} = \mathbf{S}_1\mathbf{T} + \mathbf{S}_2\mathbf{C} \ . \tag{7.112}$$

Unter Zugrundelegung der Differentialgleichung (7.108) gilt ferner mit dem Ansatz (7.110)

$$\dot{\boldsymbol{\xi}} = \mathbf{T}\dot{\mathbf{x}} = \mathbf{T}(\mathbf{Ax} + \mathbf{Bu}) = \mathbf{DT}\,\mathbf{x} + \mathbf{TB}\,\mathbf{u} + \mathbf{LC}\mathbf{x} \ \Rightarrow \ \mathbf{DT} \mid \mathbf{LC} - \mathbf{TA} - 0 \ . \tag{7.113}$$

Schließlich erhält man aus der Differenz von (7.110) und der mit $\mathbf{T}$ transformierten Zustandsgleichung (7.108) die Beziehung

$$\frac{d}{dt}(\boldsymbol{\xi} - \mathbf{Tx}) = \mathbf{D}(\boldsymbol{\xi} - \mathbf{Tx}) \ , \tag{7.114}$$

die mit asymptotisch stabiler Matrix $\mathbf{D}$, $Re\lambda_i(\mathbf{D}) < 0$, Gleichung (7.111) erfüllt. Mit (7.112) bis (7.114) stehen die Bedingungen zur Auslegung eines Beobachters nach (7.109) über (7.110) zur Verfügung. Dabei liegt die Ordnung des Beobachters zwischen $s = n - k$ ("Minimalbeobachter") und $s = n$ ("vollständiger Beobachter"). Im folgenden wird der vollständige Beobachter diskutiert:[25]

---

[25]Für vollständigen Beobachter und Minimalbeobachter siehe auch Kap. 8.5 "Roboter"

Für $s = n$ kann auf eine Korrektur durch $\mathbf{y}$ in (7.109) verzichtet werden. Weil bei vollständiger Zustandsrekonstruktion $\mathbf{T} = \mathbf{E}$ gilt, wird Gleichung (7.112) für $\mathbf{S_1} = \mathbf{E}$, $\mathbf{S_2} = 0$ erfüllt. Für (7.113) folgt

$$\dot{\hat{\mathbf{x}}} = \mathbf{D}\,\hat{\mathbf{x}} - \mathbf{BK}\,\hat{\mathbf{x}} + \mathbf{LC}\,\mathbf{x} = (\mathbf{A} - \mathbf{LC})\hat{\mathbf{x}} - \mathbf{BK}\,\hat{\mathbf{x}} + \mathbf{LC}\,\mathbf{x} \quad \text{mit} \quad \mathbf{D} = (\mathbf{A} - \mathbf{LC}) \ . \tag{7.115}$$

Damit läßt sich die Systemgleichung (7.108) mit der Regelung (7.109) und der Beobachtergleichung (7.115) zu

$$\frac{d}{dt}\begin{pmatrix} \mathbf{x} \\ \hat{\mathbf{x}} \end{pmatrix} = \begin{pmatrix} \mathbf{A} & -\mathbf{BK} \\ \mathbf{LC} & (\mathbf{A} - \mathbf{BK} - \mathbf{LC}) \end{pmatrix}\begin{pmatrix} \mathbf{x} \\ \hat{\mathbf{x}} \end{pmatrix} \tag{7.116}$$

zusammenfassen.

<u>Folgerungen</u>: Definiert man die Abweichung zwischen dem tatsächlichen Zustand und dem geschätzten Zustand zu $\boldsymbol{\delta} = (\hat{\mathbf{x}} - \mathbf{x})$,

$$\begin{pmatrix} \mathbf{x} \\ \boldsymbol{\delta} \end{pmatrix} = \begin{pmatrix} \mathbf{E} & 0 \\ -\mathbf{E} & \mathbf{E} \end{pmatrix}\begin{pmatrix} \mathbf{x} \\ \hat{\mathbf{x}} \end{pmatrix} \ , \tag{7.117}$$

so erhält man die Differentialgleichung für $\left(\mathbf{x}^T \boldsymbol{\delta}^T\right)$ durch eine Ähnlichkeitstransformation von (7.116) mit (7.117) zu

$$\frac{d}{dt}\begin{pmatrix} \mathbf{x} \\ \boldsymbol{\delta} \end{pmatrix} = \begin{pmatrix} (\mathbf{A} - \mathbf{BK}) & -\mathbf{BK} \\ 0 & (\mathbf{A} - \mathbf{LC}) \end{pmatrix}\begin{pmatrix} \mathbf{x} \\ \boldsymbol{\delta} \end{pmatrix} \ . \tag{7.118}$$

Gleichung (7.118) besagt, daß die Eigenwerte des physikalischen Systems und des Beobachters nicht voneinander abhängen. Damit nach (7.115) die Beobachtermatrix $(\mathbf{A} - \mathbf{LC})$ asymptotisch stabil ist, kann die Beobachtergleichung separat betrachtet werden. Ordnet man dieser die adjungierte Gleichung

$$\dot{\boldsymbol{\delta}} = (\mathbf{A} - \mathbf{LC})\boldsymbol{\delta} \ \Rightarrow \ \dot{\overline{\boldsymbol{\delta}}} = (\mathbf{A} - \mathbf{LC})^T\overline{\boldsymbol{\delta}} = \mathbf{A}^T\overline{\boldsymbol{\delta}} - \mathbf{C}^T\mathbf{L}^T\overline{\boldsymbol{\delta}} \tag{7.119}$$

zu, so kann $\mathbf{C}^T$ als Stelleingriffs- und $\mathbf{L}^T$ als Reglermatrix interpretiert werden. Im Vergleich zu Gleichungen (7.29/7.30) kann (7.119) als Ergebnis einer RICCATI-Optimierung angesehen werden, wobei

$$\mathbf{R} = \mathbf{E} \ , \quad \mathbf{AP} + \mathbf{PA}^T - \mathbf{PC}^T\mathbf{CP} + \mathbf{Q} = 0 \ \Rightarrow \ \mathbf{K} = \mathbf{CP} = \mathbf{L}^T \tag{7.120}$$

eine asymptotisch stabile Matrix $\mathbf{D} = (\mathbf{A} - \mathbf{LC})$ liefert.

Die Systemgleichung (7.108) mit der Regelung (7.109) und der Beobachtergleichung (7.115),

$$\dot{\mathbf{x}} = \mathbf{Ax} - \mathbf{BK}\hat{\mathbf{x}} \ , \quad \dot{\hat{\mathbf{x}}} = \mathbf{A}\hat{\mathbf{x}} - \mathbf{BK}\hat{\mathbf{x}} + \mathbf{LC}(\mathbf{x} - \hat{\mathbf{x}}) \tag{7.121}$$

kann wie folgt interpretiert werden (siehe Blockschaltbild): Der Beobachter stellt eine originalgetreue Nachbildung des physikalischen Systems dar. Aus diesem kann man

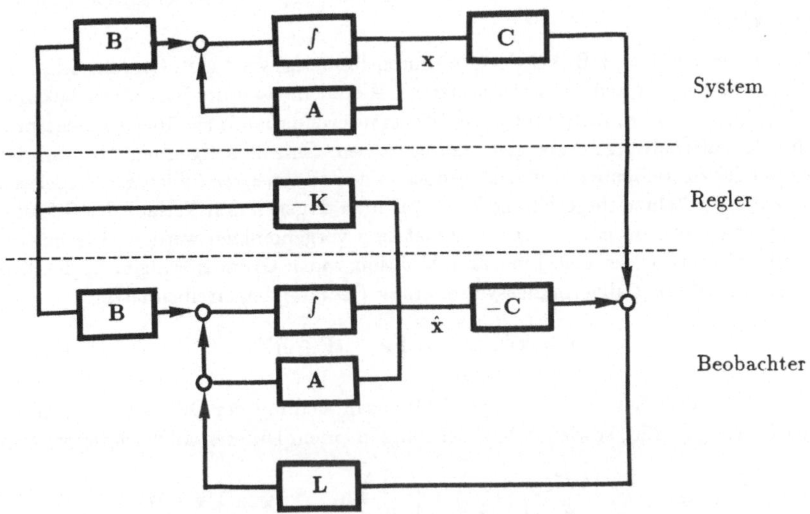

Bild 7.3: Blockschaltbild des vollständigen Beobachters

die Zustandsgrößen abgreifen, sofern der Simulationskreis im "richtigen Takt
schwingt", d.h. die Anfangsbedingungen für den Schwingkreis mit denen des ech-
ten Systems übereinstimmen. Hierfür sorgt die Aufschaltung der Differenz aus
wirklicher und simulierter Messung über eine geeignet angepaßte Matrix **L**.

7.4.5 Störverhalten, Störgrößenaufschaltung

Die Optimierungsstrategie (5.47) bezieht sich grundsätzlich nur auf das homogene
System. Greift jedoch eine Störung **w** über eine Störeingriffsmatrix ein (wobei die
Störung sich auch in der Messung **y** bemerkbar machen kann),

$$\begin{aligned}
\dot{\mathbf{x}} &= \mathbf{A}\mathbf{x} + \mathbf{B}\mathbf{u} + \mathbf{W}\mathbf{w} \ , \\
\mathbf{y} &= \mathbf{C}\mathbf{x} + \mathbf{V}\mathbf{w} \ ,
\end{aligned} \qquad (7.122)$$

so ist das Störverhalten getrennt zu untersuchen (z.B. Frequenzgang bei periodischer Störung, Kap. 6.6). Bei optimiertem Stelleingriff **u** ist das homogene System
asymptotisch stabil und damit die Gesamtlösung beschränkt. Allerdings gilt diese
Aussage natürlich nur für das mathematische Modell zur Reglerauslegung. Sofern
während des Bewegungsablaufs das Modell ungültig wird, kann eine asymptotische Stabilität des homogenen Teils nicht gesichert werden. Dies ist u.a. der Fall
bei elastischen Strukturen, bei denen zur Reglerberechnung nur eine begrenzte

Zahl von Eigenschwingungsformen herangezogen wird, oder bei reibungsbehafteten Systemen, bei denen während der Haftreibungsphase Freiheitsgrade verloren gehen.[26]

In manchen Fällen, z.B. bei der erwähnten Reibung, wird man bemüht sein, die Störgrößen im System zu kompensieren. Hierzu müssen die Störungen bekannt sein, d.h. zu jedem Zeitpunkt t identifiziert werden, damit sie über eine entsprechende Aufschaltung ausgeregelt werden können. Eine derartige Identifizierung ist wegen des zu treibenden Aufwands jedoch in den allermeisten Fällen zum Scheitern verurteilt ("Echtzeitberechnung"). Kennt man dagegen den Verlauf der Störung qualitativ, so kann eine Störgrößenschätzung vorgenommen werden: Die auftretende Störung $\mathbf{w}$ sei eine Linearkombination von r Grundstörungen $\mathbf{z}$, die sich über ein Differentialgleichungssystem erster Ordnung beschreiben lassen:

$$\mathbf{w} = \mathbf{Hz} \ , \quad \dot{\mathbf{z}} = \mathbf{Fz} \ , \quad \mathbf{F} \in \mathbb{R}^{r,r} \ . \tag{7.123}$$

Ordnet man die Systemgleichung (7.122) zusammen mit der Differentialgleichung der Störung (7.123) sowie die Meßgleichung in einem Differentialgleichungssystem

$$\begin{pmatrix} \dot{\mathbf{x}} \\ \dot{\mathbf{z}} \end{pmatrix} = \begin{pmatrix} \mathbf{A} & \mathbf{WH} \\ \mathbf{0} & \mathbf{F} \end{pmatrix} \begin{pmatrix} \mathbf{x} \\ \mathbf{z} \end{pmatrix} + \begin{pmatrix} \mathbf{B} \\ \mathbf{0} \end{pmatrix} \mathbf{u} \ \hat{=} \ \dot{\overline{\mathbf{x}}} = \overline{\mathbf{A}}\,\overline{\mathbf{x}} + \overline{\mathbf{B}}\,\mathbf{u} \ ,$$

$$\tag{7.124}$$

$$\mathbf{y} = (\mathbf{C}\ \mathbf{VH}) \begin{pmatrix} \mathbf{x} \\ \mathbf{z} \end{pmatrix} \qquad\qquad \hat{=} \ \overline{\mathbf{y}} = \overline{\mathbf{C}}\,\overline{\mathbf{x}}$$

an, so kann auf dieses zustandserweiterte System die Beobachtertheorie angewendet werden, $(\overline{\mathbf{A}}, \overline{\mathbf{C}})$-Beobachtbarkeit vorausgesetzt. Im Falle des vollständigen Beobachters nach (7.115) erhält man

$$\dot{\hat{\overline{\mathbf{x}}}} = \left[\overline{\mathbf{A}} - \overline{\mathbf{B}}\,\overline{\mathbf{K}} - \overline{\mathbf{L}}\,\overline{\mathbf{C}}\right] \hat{\overline{\mathbf{x}}} + \overline{\mathbf{L}}\,\overline{\mathbf{C}}\,\overline{\mathbf{x}}$$

$$= \begin{pmatrix} \mathbf{A} - \mathbf{BK} - \mathbf{L}_x\mathbf{C} & \mathbf{WH} - \mathbf{B}\boldsymbol{\Gamma} - \mathbf{L}_x\mathbf{VH} \\ -\mathbf{L}_z\mathbf{C} & \mathbf{F} - \mathbf{L}_z\mathbf{VH} \end{pmatrix} \begin{pmatrix} \hat{\mathbf{x}} \\ \hat{\mathbf{z}} \end{pmatrix} \tag{7.125}$$

$$+ \begin{pmatrix} \mathbf{L}_x\mathbf{C} & \mathbf{L}_x\mathbf{VH} \\ \mathbf{L}_z\mathbf{C} & \mathbf{L}_z\mathbf{VH} \end{pmatrix} \begin{pmatrix} \mathbf{x} \\ \mathbf{z} \end{pmatrix} \ ,$$

wobei $\overline{\mathbf{L}} = \left[\mathbf{L}_x^T \mathbf{L}_z^T\right]^T$, $\overline{\mathbf{K}} = [\mathbf{K}\ \boldsymbol{\Gamma}]$ nach Anteilen für die Zustands- und die Störschätzung aufgespaltet wurden. Zusammen mit der Zustandsgleichung des physikalischen Systems, (7.122), folgt

---

[26]Siehe auch Kap. 8.5 "Roboter"

$$\begin{pmatrix} \dot{\mathbf{x}} \\ \dot{\hat{\mathbf{x}}} \\ \dot{\hat{\mathbf{z}}} \end{pmatrix} = \begin{pmatrix} \mathbf{A} & -\mathbf{BK} & -\mathbf{B}\boldsymbol{\Gamma} \\ \mathbf{L}_x\mathbf{C} & \mathbf{A} - \mathbf{BK} - \mathbf{L}_x\mathbf{C} & (\mathbf{WH} - \mathbf{B}\boldsymbol{\Gamma}) - \mathbf{L}_x\mathbf{VH} \\ \mathbf{L}_z\mathbf{C} & -\mathbf{L}_z\mathbf{C} & \mathbf{F} - \mathbf{L}_z\mathbf{VH} \end{pmatrix} \begin{pmatrix} \mathbf{x} \\ \hat{\mathbf{x}} \\ \hat{\mathbf{z}} \end{pmatrix}$$

$$+ \begin{pmatrix} \mathbf{W} \\ \mathbf{L}_x\mathbf{V} \\ \mathbf{L}_z\mathbf{V} \end{pmatrix} \mathbf{w} \; .$$

$$(7.126)$$

Auch diese Beziehung läßt sich, analog zu (7.117), einer Ähnlichkeitstransformation unterziehen; man erhält die Differentialgleichung

$$\begin{pmatrix} \dot{\mathbf{x}} \\ \dot{\hat{\mathbf{x}}} - \dot{\mathbf{x}} \\ \dot{\hat{\mathbf{z}}} \end{pmatrix} = \begin{pmatrix} \mathbf{A} - \mathbf{BK} & -\mathbf{BK} & -\mathbf{B}\boldsymbol{\Gamma} \\ 0 & \mathbf{A} - \mathbf{L}_x\mathbf{C} & \mathbf{WH} - \mathbf{L}_x\mathbf{VH} \\ 0 & -\mathbf{L}_z\mathbf{C} & \mathbf{F} - \mathbf{L}_z\mathbf{VH} \end{pmatrix} \begin{pmatrix} \mathbf{x} \\ \hat{\mathbf{x}} - \mathbf{x} \\ \hat{\mathbf{z}} \end{pmatrix}$$

$$+ \begin{pmatrix} \mathbf{W} \\ \mathbf{L}_x\mathbf{V} - \mathbf{W} \\ \mathbf{L}_z\mathbf{V} \end{pmatrix} \mathbf{w} \; ,$$

$$(7.127)$$

die besagt, daß die Regleranteile $\mathbf{K}$ und die Verstärkungen $\mathbf{L}_x$, $\mathbf{L}_z$ getrennt ausgelegt werden können. Nach dem gleichen Vorgehen wie in (7.119) können die Beobachterverstärkungen über die RICCATI-Gleichung mit

$$\mathbf{A}^* = \begin{pmatrix} \mathbf{A}^T & 0 \\ \mathbf{H}^T\mathbf{W}^T & \mathbf{F}^T \end{pmatrix} , \quad \mathbf{B}^* = \begin{pmatrix} \mathbf{C}^T \\ \mathbf{H}^T\mathbf{V}^T \end{pmatrix} \tag{7.128}$$

zu

$$\left[\mathbf{L}_x^T \mathbf{L}_z^T \right] = [\mathbf{C}\ \mathbf{VH}]\,\mathbf{P} \tag{7.129}$$

festgelegt werden.

Während die Verstärkungsmatrix der Zustandsrückführung nach bekannten Verfahren berechnet werden kann, muß für die Störregelung die Kompensationsbedingung eingehalten werden, die besagt, daß im eingeschwungenen Zustand des Beobachters die Störung verschwinden soll:

$$\hat{\mathbf{z}} = \mathbf{z}_e \; : \quad -\mathbf{B}\boldsymbol{\Gamma}\mathbf{z}_e + \mathbf{WH}\mathbf{z}_e = 0 \; \Rightarrow \; \mathbf{B}\boldsymbol{\Gamma} = \mathbf{WH} \; . \tag{7.130}$$

Dies ist der denkbar einfachste Fall der Festlegung von $\boldsymbol{\Gamma}$, setzt jedoch voraus daß die Vektoren $\mathbf{Bu}_w$ und $\mathbf{Ww}$ linear abhängig sind, so daß (7.130) eindeutig nach $\boldsymbol{\Gamma}$ aufgelöst werden kann. In diesem Fall sind die Wirkungsrichtungen von Regeleingriff und Störung gleichgerichtet. Ist $\boldsymbol{\Gamma}$ nicht nach (7.130) festlegbar, so kann eine

Kompensation dennoch möglich sein; dies ist eine Frage der Steuerbarkeit. Die Berechnung der Verstärkungen kann nach [MÜL 77$_2$] wie folgt vorgenommen werden: Im eingeschwungenen Zustand des Beobachters soll eine vollständige Kompensation erreicht werden. Für den eingeschwungenen Zustand gilt $\hat{x} = x = x_e$, $\hat{z} = z_e$; Gleichung (7.127) geht für diesen Fall unabhängig von L und K, über in

$$\begin{pmatrix} \dot{x} \\ \dot{z} \end{pmatrix}_e = \begin{pmatrix} A - BK & WH - B\Gamma \\ 0 & F \end{pmatrix} \begin{pmatrix} x \\ z \end{pmatrix}_e \quad : \quad \dot{\overline{x}}_e \,\hat{=}\, A_e\,\overline{x}_e \ . \tag{7.131}$$

Es soll ferner eine Zielgröße v als Linearkombination von Zustand und Störung im eingeschwungenen Zustand null sein (Kompensation):

$$v_e = G\,x_e + UH\,z_e = (G \ \ UH)\begin{pmatrix} x \\ z \end{pmatrix}_e = 0 \quad : \quad v_e = \overline{y}_e = C_e\,\overline{x}_e = 0 \ . \tag{7.132}$$

Gleichung (7.132) kann interpretiert werden als Meßgleichung zum System (7.131); die Bedingung lautet, daß A_e, C_e nicht beobachtbar sein darf.

Weil im allgemeinen Fall für (7.131) auch eine Lösung mit Säulargliedern (Hauptvektoren) zugelassen werden soll, wird die Lösung zu (7.131) durch die Hauptvektorkette (6.66) bestimmt:

$$\begin{pmatrix} A - BK - \lambda_i E & WH - B\Gamma \\ 0 & F - \lambda_i E \end{pmatrix} \begin{pmatrix} \overline{x}_{ik} \\ \overline{z}_{ik} \end{pmatrix} = \begin{pmatrix} \overline{x}_{ik-1} \\ \overline{z}_{ik-1} \end{pmatrix} \ . \tag{7.133}$$

Da hierbei die Eigenwerte des geschlossenen Regelkreises mit der Systemmatrix $A - BK$ asymptotisch stabil und von den restlichen Eigenwerten entkoppelt sind, vgl. Gleichung (7.127), können mehrfache Eigenwerte mit nichtvollständigem Rangabfall oder instabile Eigenwerte nur aus dem Störanteil von (7.133) stammen.

Die Gesamtlösung baut sich aus der Hauptvektorkette (7.133) auf. Deswegen muß jede Lösung von (7.133) die Meßgleichung (7.132) erfüllen, wenn eine vollständige Tilgung garantiert werden soll. Betrachtet man die obere Zeile von (7.133) zusammen mit der Meßgleichung, so erhält man über

$$\begin{pmatrix} A - BK - \lambda_i E & -B \\ G & 0 \end{pmatrix} \begin{pmatrix} \overline{x}_{ik} \\ \Gamma\overline{z}_{ik} \end{pmatrix} = \begin{pmatrix} -WH\,\overline{z}_{ik} + \overline{x}_{ik-1} \\ -UH\,\overline{z}_{ik} \end{pmatrix} \ , \quad \overline{x}_{i0} = 0$$
$$\tag{7.134}$$

eine Bestimmungsgleichung für $\Gamma\overline{z}_{ik}$, wobei die $\overline{z}_{ik}$ aus der Hauptvektorkette des Störmodells,

$$(\lambda_i E - F)\overline{z}_{ik} = \overline{z}_{ik-1} \ , \quad \overline{z}_{i0} = 0 \ , \quad i = 1(1)s \ , \quad k = 1(1)q_i \ , \tag{7.135}$$

bestimmt sind. Dabei kennzeichnet s die Anzahl der Eigenwerte von F mit jeweils der Vielfachheit q_s und einem entsprechenden Rangabfall von $(\lambda_i E - F)$, und $\overline{x}_{ik}$ ist über $\overline{z}_{ik}$ festgelegt.

Damit ist der Störregler bestimmt. Zusammen mit dem Zustandsregler und den Beobachterverstärkungen kann der Gesamtregelkreis aufgebaut werden. Es muß jedoch an dieser Stelle betont werden, daß, so bestechend der Grundgedanke der Beobachtertheorie auch sein mag, ein entsprechender Aufwand nur da getrieben werden sollte, wo er sich lohnt. Hier hat der Grundsatz "so einfach wie möglich" Vorrang.

Mit den Betrachtungen zur Zustands- und Störrekonstruktion soll das siebente Kapitel abgeschlossen werden. Es ist klar – und auch der Umfang dieses Kapitels, verglichen mit den vorangegangenen, bestätigt dies – daß hier nur Teilaspekte der allgemeinen Optimierungstheorie aufgezeigt werden. Mit letzterer wird vielmehr eine ganze Spielwiese eröffnet, und insbesondere bietet sich die Möglichkeit, speziellen Problemen auch spezielle Lösungen anzupassen. Die hier aufgeführten Lösungswege für linearisierbare Systeme, d.i. Zustandsrückführung über die Optimierung eines quadratischen Funktionals in $\mathbf{x}$ und $\mathbf{u}$ (RICCATI) oder über Polvorgabe bzw. Ausgangsrückführung über eine (numerische) Optimierung eines quadratischen Funktionals in $\mathbf{x}$ (LJAPUNOV), beides für Festwerte oder adaptiv, analog oder digital, gehören zu den bewährten und zuverlässigen Verfahren. Auch müssen in diesem Themenkreis die Fragen der Parameterempfindlichkeit, parameterunempfindlicher Regelungen, der Zustands- und/oder Störrekonstruktion diskutiert werden. Im nächsten Kapitel werden diese Verfahren abschließend an Anwendungsbeispielen demonstriert.

8 Anwendungsbeispiele

8.1 Schwingungsanalyse von Planetengetrieben

8.1.1 Ersatzmodell

Betrachtet wird ein Planetengetriebe nach Bild 8.1. Das Hohlrad ist inertial gefesselt, der Antrieb erfolgt über den Planetenträger (Steg, Index T, Körper 1),

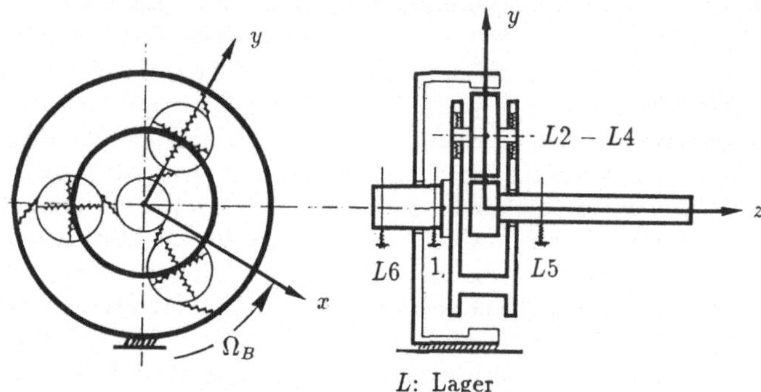

Bild 8.1: Planetengetriebe

das Antriebsmoment wird über die umlaufenden Planeten (Index P, Körper 2 bis
4) auf das Sonnenrad (Index S, Körper 5, Abtrieb) übertragen. Die einzelnen
Körper sind wegen der Zahnnachgiebigkeit untereinander elastisch gekoppelt; die
Wirkungsrichtungen der "Zahnfedern" (– das Symbol Feder steht hier für elastische Nachgiebigkeit einschließlich Dämpfung und evtl. Spiel –) hängen von der
Verzahnungsgeometrie und von der Drehrichtung des Getriebes ab. Bei Drehrich-
tungsumkehr sind die Wirkungsrichtungen an den Achsverbindungslinien gespiegelt in die Modellskizze einzutragen.

Die Zahnfedersteifigkeit ist wegen der unterschiedlichen Anzahl der sich im Eingriff befindlichen Zähne eine periodische Funktion. Für eine Analyse im niedrigen
Frequenzbereich kann hier mit den entsprechenden Mittelwerten gerechnet werden
und man erhält ein lineares Schwingungssystem, kleine Lageabweichungen vorausgesetzt.

Eine solche Berechnung hat in erster Linie das "grundsätzliche" Schwingungsverhalten zum Ziel, beispielsweise die Berechnung der Lagerkräfte. Für eine Analyse
im höherfrequenten Schwingungsbereich, z.B. zur Untersuchung der Geräusch-
entwicklungen, müssen die periodischen Anteile der Zahnsteifigkeit berücksichtigt werden. Dann erhält man ein lineares Schwingungssystem mit periodischen Koeffizienten, wobei Instabilitäten ("Parameter- und Kombinationsreso-

nanzen") auftreten können. Für eine Stabilitätsbetrachtung ist grundsätzlich das vollständige System zu analysieren. Eine Analyse mit mittleren konstanten Zahnsteifigkeiten ist also nur erlaubt, wenn das Ergebnis durch eine Stabilitätsuntersuchung im betrachteten Betriebsbereich abgesichert wird.

8.1.2 Bewegungsgleichungen

Getriebe stellen ein System aus miteinander verbundenen Kreiseln (Rotoren) dar. Für diese sind die Bewegungsgleichungen nach Tabelle 7 bzw. nach einer Kongruenztransformation in eine drehende Basis B entsprechend Kap. 6.2.1.2 bekannt. Sie lauten für $\dot{\Omega} = 0$, $\dot{\Omega}_B = 0$

$$\ddot{\mathbf{s}}_i + \mathbf{G}_i \dot{\mathbf{s}}_i = \mathbf{h}_i \;\; ; \quad \dot{\mathbf{s}}_i = \mathbf{H}_{1i} \dot{\mathbf{y}}_i + \mathbf{H}_{2i} \mathbf{y}_i \;, \quad i = 1(1)5 \tag{8.1}$$

mit $\overline{\gamma} = \int_0^t (\Omega - \Omega_B)\, d\tau$,

$$\mathbf{G}_i = \begin{bmatrix} 0 & -\Omega_B & | & 0 & 0 & 0 \\ \Omega_B & 0 & | & 0 & 0 & 0 \\ - & - & - & - & - & - \\ 0 & 0 & | & 0 & \left(\frac{C}{A}\Omega - \Omega_B\right) & 0 \\ 0 & 0 & | & -\left(\frac{C}{A}\Omega - \Omega_B\right) & 0 & 0 \\ 0 & 0 & | & 0 & 0 & 0 \end{bmatrix}_i \;\; ;$$

$$\mathbf{h}_i = \Omega_B^2 \begin{bmatrix} r_x \\ r_y \\ -- \\ 0 \\ 0 \\ 0 \end{bmatrix}_i + \Omega_i^2 \left[\begin{pmatrix} e_x \\ e_y \\ -- \\ 0 \\ 0 \\ 0 \end{pmatrix} \cos\overline{\gamma} + \begin{pmatrix} -e_y \\ e_x \\ -- \\ 0 \\ 0 \\ 0 \end{pmatrix} \sin\overline{\gamma} \right]_i + \begin{bmatrix} f_x/m \\ f_y/m \\ -- \\ l_x/A \\ l_y/A \\ l_z/C \end{bmatrix}_i \;,$$

$$\mathbf{H}_{1i} = \begin{bmatrix} 0 & -\Omega_B & | & 0 & 0 & 0 \\ \Omega_B & 0 & | & 0 & 0 & 0 \\ - & - & - & - & - & - \\ 0 & 0 & | & 0 & -\Omega_B & 0 \\ 0 & 0 & | & \Omega_B & 0 & 0 \\ 0 & 0 & | & 0 & 0 & 0 \end{bmatrix} \;,$$

$$\mathbf{H}_{2i} = \mathbf{E} \in \mathbf{R}^{5,5} \;, \quad \mathbf{y}_i = \begin{bmatrix} x \\ y \\ -- \\ \alpha \\ \beta \\ \gamma \end{bmatrix}_i \;. \tag{8.2}$$

Dabei sind A und $B = A$ die Querträgheitsmomente und C das Längsträgheitsmoment, Hauptachsensystem vorausgesetzt. Eine Schwingung in Längsrichtung (Koordinate z) wird nicht betrachtet. Der Winkel $\bar{\gamma}$ kennzeichnet die Abweichung zwischen der Drehachse der betrachteten Basis B und der Drehachse des jeweiligen mit der Eigendrehung Ω mitdrehenden Referenzsystems. Die Abstandsgrößen r_x, r_y charakterisieren den Abstand der Drehachse des beschreibenden Koordinatensystems (Basis B) und der jeweiligen körperfesten Referenzachse. Bei einem Planetenumlaufgetriebe empfiehlt sich als Basissystem ein mit dem Steg umlaufendes Koordinatensystem, da in diesem die Zahnkraftwirkungslinien konstant sind. Dann ist r_x, r_y lediglich für die Planeten von null verschieden. Ferner sind e_x und e_y die Schwerpunktsexzentrizitäten des betrachteten Teilrotors. Die verbleibenden, zu bestimmenden Kräfte und Momente sind diejenigen aus den Verzahnungen und Lagern.

Verzahnungsgeometrie, Zahnkräfte und -momente

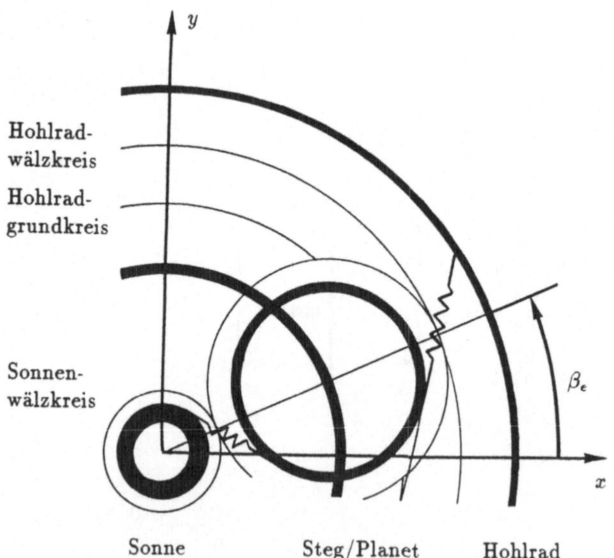

Bild 8.2: Verzahnungsgeometrie

Die Zahnkraftwirkungslinien sind die Zahnflankennormalen im Wälzpunkt und lassen sich bei gegebenen Verzahnungsdaten leicht ermitteln. Für das vorliegende Modell werden lediglich Gerad- und/oder Doppelschrägverzahnungen betrachtet, die senkrecht zur Zeichenebene keine Wirkungskomponente haben. Der Eingriffswinkel α_z kennzeichnet die Zahnkraftwirkungsrichtung; ein Koordinatensystem (ξ, η), dessen η–Achse in die Zahnkraftrichtung fällt, erhält man durch eine Drehung um die positive z–Achse mit dem Winkel α_z.

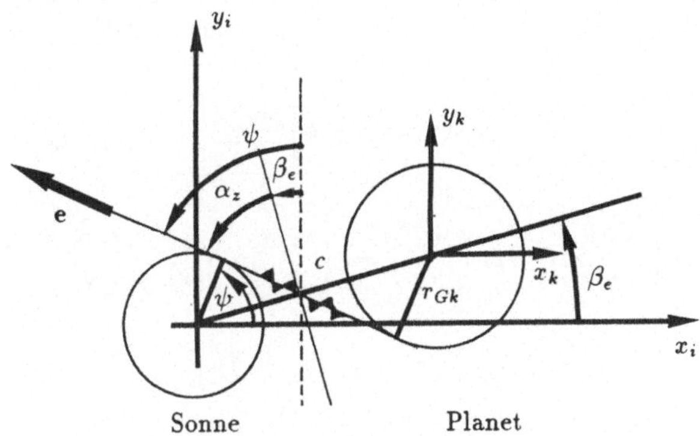

Bild 8.3: Verzahnung Sonne-Planet

Je nach Einbaulage β_e erhält man die Zahnfederdehnung zweier benachbarter Räder i und k zu

$$\Delta s = \mathbf{e}^T\left[(\mathbf{r} + \tilde{\varphi}\mathbf{c})_i - (\mathbf{r} + \tilde{\varphi}\mathbf{c})_k\right]$$
$$= \left[\mathbf{e}^T \vdots \mathbf{e}^T\tilde{\mathbf{c}}_i^T\right]\begin{pmatrix} \mathbf{r}_i \\ \varphi_i \end{pmatrix} + \left[-\mathbf{e}^T \vdots \mathbf{e}^T\tilde{\mathbf{c}}_k\right]\begin{pmatrix} \mathbf{r}_k \\ \varphi_k \end{pmatrix} \qquad (8.3)$$

mit $\mathbf{c}$ als Vektor vom Schwerpunkt = Koordinatenursprung zum Kraftangriffspunkt. Für kleine Bewegungen läßt sich $\left(\mathbf{r}^T\ \varphi^T\right)^T$ durch eine TAYLOR-Entwicklung bis zum ersten Term bezüglich der Freiheitsgrade $\mathbf{y}$ ersetzen. Dann gilt

$$\Delta s = \left[\left(\mathbf{e}^T\ \mathbf{e}^T\tilde{\mathbf{c}}_i^T\right)\mathbf{J}_i \vdots \left(-\mathbf{e}^T\ \mathbf{e}^T\tilde{\mathbf{c}}_k\right)\mathbf{J}_k\right]\begin{pmatrix} \mathbf{y}_i \\ \mathbf{y}_k \end{pmatrix} = \left[\mathbf{v}_i^T \vdots \mathbf{v}_k^T\right]\begin{pmatrix} \mathbf{y}_i \\ \mathbf{y}_k \end{pmatrix} . \qquad (8.4)$$

Im vorliegenden Fall bewirkt $\mathbf{J}$ lediglich die Streichung der z–Koordinate. Mit

$$\mathbf{e}^T = (-\sin\psi,\ \cos\psi,\ 0) , \qquad (8.5)$$
$$\mathbf{c}_i^T = (r_G\cos\psi,\ r_G\sin\psi,\ l)_i , \qquad (8.6)$$
$$\mathbf{c}_k^T = -(r_G\cos\psi,\ r_G\sin\psi,\ -l)_k \qquad (8.7)$$

erhält man explizit

$$\mathbf{v}_{i/k} = \left[-\sin\psi,\ \cos\psi,\ -l_{i/k}\cos\psi,\ -l_{i/k}\sin\psi,\ \pm r_{Gi/k}\right]^T . \qquad (8.8)$$

Dabei ist l der Schwerpunktsabstand in z–Richtung. Die Zahnkraft lautet

$$f_z = c\Delta s = c\left[\mathbf{v}_i^T\mathbf{v}_k^T\right]\begin{pmatrix} \mathbf{y}_i \\ \mathbf{y}_k \end{pmatrix} . \qquad (8.9)$$

Dieselben Verhältnisse gelten bei der Planet-Hohlradverzahnung. Dabei ist der Hohlradgrundkreisradius negativ zu nehmen.

Die verallgemeinerte Zahnfederkraft, d.h. die in Richtung der angesetzten Freiheitsgrade wirkenden Kräfte und Momente, erhält man über die Betrachtung der virtuellen Arbeit:

$$\mathbf{y} = \begin{pmatrix} \mathbf{y}_i \\ \mathbf{y}_k \end{pmatrix} \,, \quad \delta W = \delta(\Delta s)\, f_z = \delta \mathbf{y}^T \left[\frac{\partial(\Delta s)}{\partial \mathbf{y}}\right]^T f_z = \delta \mathbf{y}^T \mathbf{Q} \tag{8.10}$$

$$\Rightarrow \quad \mathbf{Q} = c \begin{pmatrix} \mathbf{v}_i \\ \mathbf{v}_k \end{pmatrix} \begin{bmatrix} \mathbf{v}_i^T & \mathbf{v}_k^T \end{bmatrix} \begin{pmatrix} \mathbf{y}_i \\ \mathbf{y}_k \end{pmatrix} = c \begin{pmatrix} \mathbf{v}_i \mathbf{v}_i^T & \mathbf{v}_i \mathbf{v}_k^T \\ \mathbf{v}_k \mathbf{v}_i^T & \mathbf{v}_k \mathbf{v}_k^T \end{pmatrix} \begin{pmatrix} \mathbf{y}_i \\ \mathbf{y}_k \end{pmatrix} \,. \tag{8.11}$$

Dabei gilt

$$\mathbf{Q}^T = \left[(f_x \ f_y \ l_x \ l_y \ l_z \ )_i \ (f_x \ f_y \ l_x \ l_y \ l_z \ )_k \right] \tag{8.12}$$

Lagerungen

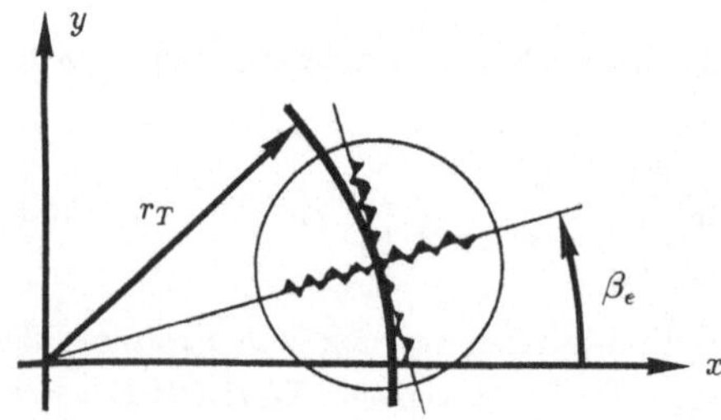

Bild 8.4: Planetenlagerung

Lagerkräfte werden ebenfalls proportional zur Auslenkung angesetzt. Damit gilt auch hier die Beziehung (8.3), für die Lagerfedern müssen im Gegensatz zu den Zahnfedern zwei Richtungen betrachtet werden. Bei Wälzlagern sind hierbei die Kraftwirkungen in allen Richtungen i.a. gleich groß, bei Gleitlagern dagegen nicht. Vielmehr werden dort die Hauptwirkungsrichtungen durch die Druckmaxima abhängig vom Betriebszustand bestimmt und sind gegenüber dem Referenzsystem um einen bestimmten Winkel verdreht. Bei einer Beschreibung in "Lagerhauptrichtungen" werden hierbei die beteiligten Koordinaten miteinander gekoppelt ("Kreuzkopplung"). Zur Ermittlung der entsprechenden betriebsabhängigen Federkonstanten stehen Tabellenwerke der Hersteller zur Verfügung. Bei dem hier betrachteten Getriebe sind lediglich die Planeten gleitgelagert. Wegen der relativ hohen Zentrifugalkräfte ergeben sich dabei radiale und axiale Richtung als Hauptwirkungsrichtungen, und die Kreuzkopplung bleibt vernachlässigbar klein.

Die Lagerwirkungen lassen sich ebenfalls über (8.3) berechnen, wenn man nach den zwei Lagerrichtungen η und ξ unterscheidet. Man erhält für die η–Richtung das Ergebnis (8.8) für die Lagerung i : Planet, k : Träger mit $\psi = \pi/2 + \beta_e$, r_{Gi}, $r_{Gk} = 0$ und $l_i = 0$ sowie für die ξ–Richtung Gleichung (8.8) mit $\psi = \beta_e$, $r_{Gi} = 0$, $r_{Gk} = r_T$ (Trägerradius). Als Federkonstanten sind die unterschiedlichen Werte c_η und c_ξ anzusetzen.

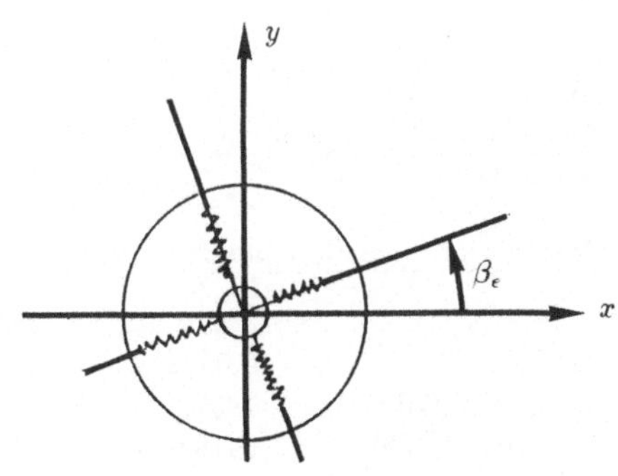

Bild 8.5: Wellenlagerung

Die verbleibenden Inertiallager ergeben dieselbe Struktur der Vektoren (8.8) wie im Falle der Planet-Träger-Lagerung, wenn für k als Inertialsystem die Freiheitsgrade $\mathbf{y}_k$ zu null gesetzt werden. Dann kennzeichnet β_e die Lagerhauptrichtungen, vgl. Bild 8.5. Im vorliegenden Fall sollen alle Inertiallager Wälzlager sein, womit wegen $c_\eta = c_\xi = c$ alle Richtungen gleichberechtigt sind und damit $\beta_e = 0$ gesetzt werden kann.

Dieselbe Argumentation gilt für die Lager- und Zahndämpfungen. Hier sind die Proportionalitätsfaktoren durch entsprechende Dämpfungskonstanten und die Auslenkungen $\mathbf{y}_i$, $\mathbf{y}_k$ durch die zugehörigen Geschwindigkeiten $\dot{\mathbf{y}}_i$, $\dot{\mathbf{y}}_k$ zu ersetzen.

Damit sind alle Bausteine des Getriebes bekannt, und die Bewegungsgleichungen können zusammengesetzt werden. Da die Getriebeberechnung ohnedies auf eine Auswertung auf der Rechenmaschine hinausläuft, kann auch diese Aufgabe direkt vom Rechner übernommen werden.

8.1.3 Numerische Simulation

Für eine Berechnung werden folgende Daten zugrundegelegt:

Drehzahlen und Übersetzungen

	Hohlrad Träger	Planet	Sonne
Zähnezahl	$z_H = 205$	$z_P = 89$	$z_s = 26$
Drehzahl	$\Omega_H = 0$	$\Omega_P = (-z_H/z_P)\,\Omega_T$	$\Omega_s = z_P/z_s(-\Omega_P) + \Omega_T$
	$\Omega_T = 155,5$	$= -358,174$	$= 1381,56$

Geometrie

	Hohlrad	Planet	Sonne
Wälzkreisradius (mm)	204,116	89,002	26,113
Grundkreisradius (mm)	67,487	31,417	9,218
Trägerradius (mm)	115,115		

Massen und Massengeometrie

	Sonne	Träger	Planet
$m\ (kg/10^3)$	0,0904	0,1353	0,0167
$A\ (kgmm^2/10^3)$	1907,0	3928,0	68,45
$C\ (kgmm^2/10^3)$	1418,6	1497,0	31,80
$e_x(mm)$	0,0013	0,0114	0
$e_y(mm)$	0,0013	0,0114	0
$l(mm)$	4,385	-181,5	0

Lager- und mittlere Zahnsteifigkeiten (-dämpfungen)

	Lager 1	Lager 2-4	Lager 5	Lager 6	Sonne-Planet	Planet-Hohlrad
$c_\xi\ (N/mm)$	10^8	$5,7\,10^5$	$4,8\,10^5$	3140	- -	- -
$c_\eta\ (N/mm)$	10^8	$1,1\,10^6$	$4,8\,10^5$	3140	$1,7\,10^7$	$1,3\,10^7$
$d_\xi\ (Ns/mm)$	200	1900	131	10	- -	- -
$d_\eta\ (Ns/mm)$	200	7200	131	10	5	5
$l\ (mm)$	-194	- -	245	-435	- -	- -

Äußeres Moment (für die Analyse unter Belastung)

$$l^e = -5,14\,10^5 + 10\sin\Omega_s t \quad (Nmm) \quad \text{(sonnenseitig)}$$
$$l^e = -2\,10^4 \dot{\gamma}_T - 5,1\,10^8 \gamma_T \quad \text{(Verspannung trägerseitig)}$$

Das Getriebe hat eine Übersetzung von $(z_H/z_s + 1) = 8,9$. Für die Simulation werden die Freiheitsgrade α, β der Planeten vernachlässigt und die Planetenlager bei $l = 0$ konzentriert angenommen (Lager im Planetenschwerpunkt). Für eine Analyse unter Betriebsbedingungen ist ferner eine Verspannung des Getriebes unter Last anzunehmen, die verhindert, daß z.B. Zähne abheben können. Wenn dieser Fall gewährleistet ist, braucht eine Lose in der Verzahnung nicht berücksichtigt zu werden. Unter Zugrundelegung der mittleren konstanten Zahnsteifigkeiten liefert das Eigenwertproblem für $\Omega_T = 0$ sechs rein reelle (negative) Eigenwerte, die kennzeichnen, daß die Relativbewegung der Planeten in den Gleitlagern aperiodisch gedämpft ist. Die übrigen Frequenzen liegen zwischen 66 und 2870 (1/sec), die Dämpfungen (negative Realteile) zwischen 0,2 und 1965, d.h. die niedrigste Schwingungsform ist nur schwach gedämpft. Im Betriebszustand $\Omega_T = 155,5$

(rad/sec) verschieben sich die Frequenzen (Nutationen und Präzessionen sind von der Drehzahl abhängig). Die Schwingung einzelner Bauteile in $x-$Richtung zeigt folgendes Bild.

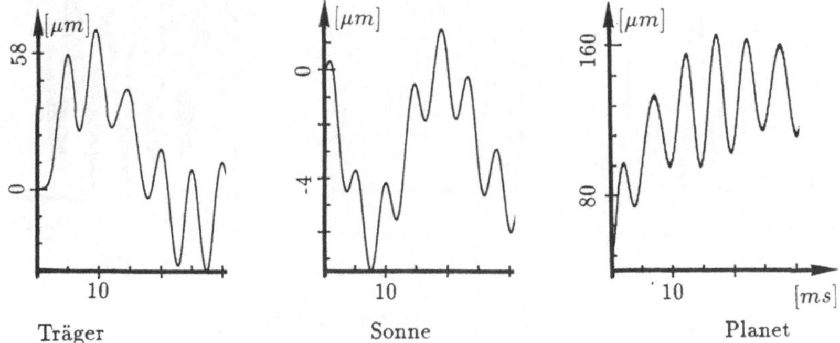

Bild 8.6: Bauteilschwingungen

Eine Systemanalyse unter Zugrundelegung der mittleren Zahnsteifigkeiten ist jedoch nur dann aussagekräftig, wenn die zusätzlichen Effekte der um diesen Mittelwert schwankenden tatsächlichen Zahnsteifigkeiten, vgl. Bild 8.7, keine Parameterresonanzen erzeugen.

Für eine numerische Simulation des Planetengetriebes ist zu berücksichtigen, daß die einzelnen periodischen Steifigkeitsfunktionen bei den drei Eingriffen Hohlrad-Planet bzw. Planet-Sonne gegeneinander phasenverschoben sind; Näheres siehe z.B. [KÜC 87]. Im vorliegenden Fall liefert die numerische Auswertung des Getriebemodells unter Berücksichtigung periodischer Zahnsteifigkeiten Ergebnisse,

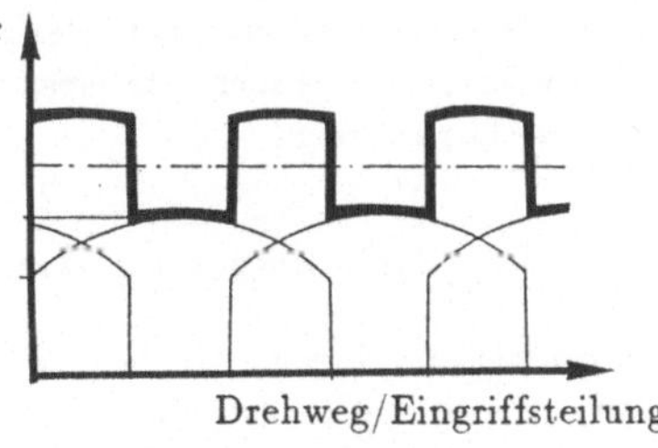

Bild 8.7: Zahnfederfaktor

die im Rahmen der Zeichengenauigkeit deckungsgleich mit den vorigen sind. Erst die Betrachtung der Geschwindigkeiten zeigt den Einfluß der periodischen Koeffizienten:

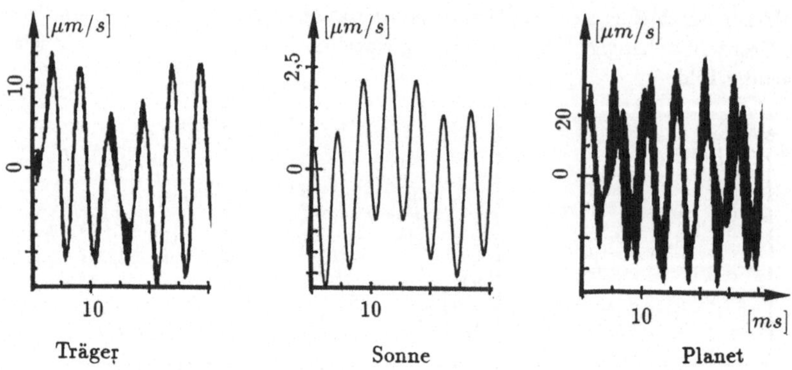

Bild 8.8: Bauteilgeschwindigkeiten

Das Ergebnis zeigt, daß eine Analyse im unteren Frequenzbereich, z.B. zur Ermittlung der Lagerbelastungen, die periodischen Anteile von c keine Rolle spielen, während diese im höheren Bereich, z.B. für Geräuschuntersuchungen, den maßgeblichen Anteil liefern. Wesentliche Geräuschquelle ist hierbei die Planetenschwingung, während die Sonnenradschwingungen fast gänzlich unbeteiligt bleiben.

Damit ist es für das vorliegende Getriebe erlaubt, beispielsweise eine Bauteiloptimierung zur Schwingungsreduktion im niedrigeren Frquenzbereich unter Zugrundelegung lediglich mittlerer Zahnsteifigkeiten durchzuführen. Nach durchgeführter Optimierung ist jedoch das Gesamtsystem numerisch zu simulieren, um die Ergebnisse abzusichern.

8.1.4 Mehrstufenplanetengetriebe

Genauso wie der einzelne Kreisel als Subsystem des einfachen Planetengetriebes verwendet wurde, kann das Planetengetriebe selbst als Subsystem eines Mehrstufengetriebes (hier: Zweistufengetriebe) angesehen werden. Dabei soll der Eingang wie folgt festliegen: Die Eingangsdrehzahl wird über einen Wandler teilweise auf das Sonnenrad der ersten Stufe (S_1) übertragen und über die Planeten mit inertial gefesseltem Planetenträger auf das Hohlrad der ersten Stufe (H_1) übersetzt. das Hohlrad H_1 ist mit einem der Elemente der zweiten Stufe (Hohlrad H_2, Planetenträger T_2, Sonne S_2) fest verbunden. Für das Eingangs- und das Abtriebsmoment stehen dann wahlweise die beiden verbleibenden Elemente der zweiten Stufe zur Verfügung. Damit ergeben sich insgesamt sechs verschiedene Varianten

$$\begin{bmatrix} H_1 \\ H_2 \end{bmatrix} \qquad\qquad \begin{bmatrix} H_1 \\ T_2 \end{bmatrix} \qquad\qquad \begin{bmatrix} H_1 \\ S_2 \end{bmatrix}$$

$$\Longrightarrow S_2 \longrightarrow \qquad\qquad \Longrightarrow H_2 \longrightarrow \qquad\qquad \Longrightarrow T_2 \longrightarrow$$

$$\longrightarrow T_2 \Longrightarrow \qquad\qquad \longrightarrow H_2 \Longrightarrow \qquad\qquad \longrightarrow H_2 \Longrightarrow$$

(Pfeile kennzeichnen Antrieb und Abtrieb, die Klammer bezeichnet die starre Verbindung der Elemente). Um in einer Schwingungsanalyse alle Fälle abdecken zu können, ist es sinnvoll, von einer Substrukturbeschreibung auszugehen, bei der zunächst beide Getriebestufen separat behandelt werden. Stellvertretend wird die erste Variante (Antrieb $T2$, Abtrieb $S2$) behandelt. Beginnt man mit der Stufe 1, so empfiehlt sich eine Beschreibung der Einzelkörperbewegungen zunächst genüber dem Inertialsystem (konstante Zahnfederwirkungslinien) mit anschließender Transformation in eine gemeinsame Referenz. Für diese bietet sich das mit dem Träger 2, Ω_{T2}, umlaufende System an (konstante Zahnfederwirkungslinien des Teilsystems 2). Umgekehrt, beginnt man mit System 2, so können die dortigen Ergebnisse in das Inertialsystem transformiert werden, in dem die Zahnfedern des Systems 1 konstante Wirkungslinien haben.

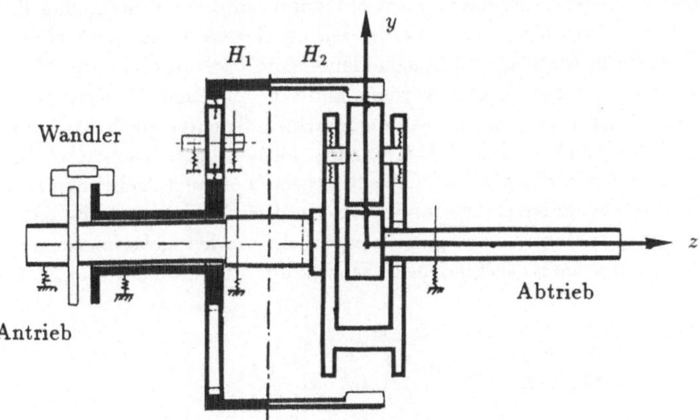

Bild 8.9: Zweistufengetriebe

Beide Teilsysteme sind anschließend zu koppeln. In der Variante 1 heißt dies, daß die Hohlräder von Subsystem 1 und Subsystem 2 starr verbunden werden, was natürlich insgesamt zu einem Verlust von Freiheitsgraden führt. Nach Gleichung

(4.32) sind die beiden Bewegungsgleichungen (8.1), die die separierten Subsysteme beschreiben, mittels einer Funktionalmatrix zu verbinden:

$$\left\{ \left[\frac{\partial \dot{\mathbf{s}}_1}{\partial \dot{\mathbf{s}}}\right]^T \left[\frac{\partial \dot{\mathbf{s}}_2}{\partial \dot{\mathbf{s}}}\right]^T \right\} \left(\begin{array}{c} \mathbf{M}_1 \ddot{\mathbf{s}}_1 + \mathbf{G}_1 \, \dot{\mathbf{s}}_1 - \mathbf{h}_1 \\ \mathbf{M}_2 \ddot{\mathbf{s}}_2 + \mathbf{G}_2 \, \dot{\mathbf{s}}_2 - \mathbf{h}_2 \end{array} \right) = 0 \; . \tag{8.13}$$

Hierbei stehen die Indizes 1 und 2 für die beiden Teilplanetengetriebe. Für die Kopplung sind also die Minimalgeschwindigkeiten $\dot{\mathbf{s}}_1$ und $\dot{\mathbf{s}}_2$ mittels neu auszuwählender Minimalgeschwindigkeiten $\dot{\mathbf{s}}$ für das Gesamtsystem auszudrücken. Dies kann auf verschiedene Weise geschehen, wenn nur die hinzukommende Zwangsbedingung, daß die Geschwindigkeiten am Koppelpunkt übereinstimmen, erfüllt werden. Dabei ist es eine (naheliegende) Möglichkeit, die Schwerpunktsgeschwindigkeiten des Systems 2 durch diejenigen des Systems 1 darzustellen. Allerdings hätte dieses Vorgehen zur Folge, daß die entstehende Gesamtmassenmatrix nicht mehr diagonal ist. Beim Übergang auf die Zustandsgleichungen wäre dann die Inversion der Massenmatrix eine nichttriviale Aufgabe, was bei numerischen Simulationen zu erhöhter Rechenzeit führen würde.

Im Falle einer starren Ankopplung ist es wesentlich günstiger, als neue Variable diejenigen des entstehenden Gesamtschwerpunkts zu benutzen. Um dieses Vorgehen übersichtlicher angeben zu können, soll zunächst kurzfristig dazu übergegangen werden, daß die zu koppelnden Teilkörper jeweils 6 Freiheitsgrade besitzen, die bei starrer Kopplung auf 6 Gesamtfreiheitsgrade reduziert werden. Der Übergang auf das vorliegende Problem geschieht dann einfach dadurch, daß die Komponente $r_3 = z$ gestrichen wird. Ferner sei, im Gegensatz zu (8.1), eine zeilenweise Division durch Massen und Trägheitsmomente (was in (8.1) auf $\mathbf{M} = \mathbf{E}$) führt, ebenfalls nicht vorgenommen worden, damit die einzelnen Massenterme erkennbar bleiben. Betrachtet man die Minimalgeschwindigkeiten nach (8.1) mit (8.2), so erkennt man, daß es sich hierbei um die vollständigen translatorischen und rotatorischen Deviationsgeschwindigkeiten gegenüber einer drehenden Referenzbasis handelt. Diese müssen also für eine Gesamtbeschreibung als Funktion der Gesamtschwerpunktsgeschwindigkeit ausgedrückt werden, gekennzeichnet durch den Index ik, wenn die zu verbindenden Einzelkörper die Indizes i und k haben. Dann gilt

$$\dot{\mathbf{s}}_i = \left(\begin{array}{cc} \mathbf{E} & \tilde{\mathbf{c}}_i \\ \mathbf{0} & \mathbf{E} \end{array} \right) \dot{\mathbf{s}}_{ik} \, , \quad \dot{\mathbf{s}}_k = \left(\begin{array}{cc} \mathbf{E} & -\tilde{\mathbf{c}}_k \\ \mathbf{0} & \mathbf{E} \end{array} \right) \dot{\mathbf{s}}_{ik} \, , \quad \dot{\mathbf{s}}_{ik} = \left(\begin{array}{c} \mathbf{v}_s \\ \overline{\omega} \end{array} \right) \, , \tag{8.14}$$

wobei $\mathbf{c}_i$ den Abstandsvektor vom Schwerpunkt des Teilkörpers i zum Gesamtschwerpunkt s bedeutet und $\mathbf{c}_k$ denjenigen vom Schwerpunkt s zum Teilschwerpunkt k. $\mathbf{v}_s$ und $\overline{\omega}$ stellen die Schwerpunktsgeschwindigkeiten gegenüber der betrachteten Referenz dar. Mit (8.14) erhält man die Funktionalmatrix

$$\mathbf{F}^T = \left[\left(\frac{\partial \dot{\mathbf{s}}_1}{\partial \dot{\mathbf{s}}}\right)^T \left(\frac{\partial \dot{\mathbf{s}}_2}{\partial \dot{\mathbf{s}}}\right)^T \right] = \begin{pmatrix} \mathbf{E} & & & & \\ & \ddots & & & \\ & & \left[\begin{smallmatrix} \mathbf{E} & \tilde{\mathbf{c}}_i \\ \mathbf{0} & \mathbf{E} \end{smallmatrix}\right]^T \left[\begin{smallmatrix} \mathbf{E} & -\tilde{\mathbf{c}}_k \\ \mathbf{0} & \mathbf{E} \end{smallmatrix}\right]^T & & \\ & & & \ddots & \\ & & & & \mathbf{E} \end{pmatrix} .$$

$$(8.15)$$

Vormultiplikation der Gleichungen für $\dot{\mathbf{s}}_1$ und $\dot{\mathbf{s}}_2$ nach (8.13) und Ersetzen der Beziehungen $\dot{\mathbf{s}}_i$ und $\dot{\mathbf{s}}_k$ nach (8.14) liefert für die neue Massenmatrix $\mathbf{M}_{\mathrm{Ges}} = \mathbf{F}^T \mathbf{M}\, \mathbf{F}$ mit $\mathbf{M}$ als $\mathrm{Diag}(\mathbf{M}_1 \mathbf{M}_2)$. Die Submatrix, die für die Kopplung der Körper i und k verantwortlich ist, ist nach durchgeführter Multiplikation

$$\mathbf{M}_{ik} = \begin{pmatrix} \mathbf{M}_{\mathrm{ges}} & \mathbf{0} \\ \mathbf{0} & \mathbf{J}^s_{\mathrm{ges}} \end{pmatrix} , \quad \mathbf{M}_{\mathrm{ges}} = \mathbf{M}_i + \mathbf{M}_k , \quad \mathbf{J}_{\mathrm{ges}} = \mathbf{J}^s_{ik} , \qquad (8.16)$$

denn bei der Ausmultiplikation tauchen auf den Nebendiagonalelementen von $\mathbf{M}_{\mathrm{Ges}}$ die Terme

$$\mathbf{M}_i \tilde{\mathbf{c}}_i - \mathbf{M}_k \tilde{\mathbf{c}}_k = 0 \qquad (8.17)$$

auf: Dies ist gerade die Schwerpunktsdefinition. Auf den Hauptdiagonalen bleibt für den Rotationsanteil

$$\mathbf{J}_i + \tilde{\mathbf{c}}_i^T \mathbf{M}_i \tilde{\mathbf{c}}_i + \mathbf{J}_k + \tilde{\mathbf{c}}_k^T \mathbf{M}_k \tilde{\mathbf{c}}_k = \mathbf{J}^s_i + \mathbf{J}^s_k = \mathbf{J}_{\mathrm{ges}} . \qquad (8.18)$$

Gleichung (8.18) enthält die Gesamtträgheitsmomente bezüglich des neuen Schwerpunkts, die sich aus den Teilträgheitsmomenten unter Hinzuziehung der HUYGENS-STEINERschen Anteile berechnen.

Es bleiben noch die Terme der eingeprägten Kräfte zu untersuchen. Für diese erhält man durch Vormultiplikation mit $\mathbf{F}^T$, wenn $\mathbf{h}_i$ und $\mathbf{h}_k$ als Kräfte und Momente gedeutet werden:

$$\begin{pmatrix} \mathbf{h}_i \\ \mathbf{h}_k \end{pmatrix} \,\hat{=}\, \begin{pmatrix} \mathbf{f}_i \\ \mathbf{l}_i \\ \mathbf{f}_k \\ \mathbf{l}_k \end{pmatrix} \;\Rightarrow\; \mathbf{F}^T \begin{pmatrix} \mathbf{h}_i \\ \mathbf{h}_k \end{pmatrix} = \begin{pmatrix} \vdots \\ \mathbf{f}_i + \mathbf{f}_k \\ \mathbf{l}_i + \mathbf{l}_k - \tilde{\mathbf{c}}_i \mathbf{l}_i + \tilde{\mathbf{c}}_k \mathbf{f}_k \\ \vdots \end{pmatrix} . \qquad (8.19)$$

Dies stellt nichts anderes dar als die Zusammensetzung der Kräfte und Momente der Teilkörperschwerpunkte von i und k zu den Kräften und Momenten auf dem neu entstehenden Gesamtschwerpunkt.

Auch für die Transformation von $\mathbf{G}_i$ und $\mathbf{G}_k$ erhält man – genauso, wie sich die Massenmatrix als Diagonalmatrix ergibt – wiederum die gleiche Struktur der neu entstehenden **G**−Matrix, angewandt auf das in den Freiheitsgraden reduzierte Gesamtsystem.

Man stellt also im Falle starrer Ankopplungen folgendes fest:

Bei einem Übergang auf die Gesamtschwerpunktskoordinaten behalten die **G**−Matrix und die diagonale Massenmatrix ihre Struktur. Man hat lediglich mit der reduzierten Zahl von Freiheitsgraden zu rechnen und für die Trägheitsmomente diejenigen, die für den Gesamtschwerpunkt gültig sind, einzusetzen. Die Kopplung der Teilsysteme erfolgt dann so, daß man nach (8.19) die Teilschwerpunktskräfte und -momente als Kräfte und Momente zusammenfaßt, die auf den Gesamtschwerpunkt wirken. Damit erweist sich die Berechnung von Mehrfachgetrieben als extrem einfach. Insbesondere bleibt hier die Massenmatrix diagonal, was zu einer wesentlichen Vereinfachung bei dem Übergang auf die Zustandsgleichungen (die für eine numerische Simulation benötigt werden) führt.

8.1.5 Numerische Ergebnisse [LAC 88]

Im nachfolgenden Diagramm ist das Lösungsspektrum eines Meßpunktes auf der Abtriebsachse eines Zweistufengetriebes eingetragen. Das Spektrum läßt die typischen Eigenschaften nichtlinearer Systeme erkennen: Außer den (nicht näher gekennzeichneten) Subharmonischen treten eine Reihe von Oberschwingungen $k\,\omega$, $k = 1(1)\ldots$, der Zahneingriffsfrequenz ω der zweiten Stufe auf. Die Frequenz der ersten Stufe dringt auf den Abtrieb nicht durch.

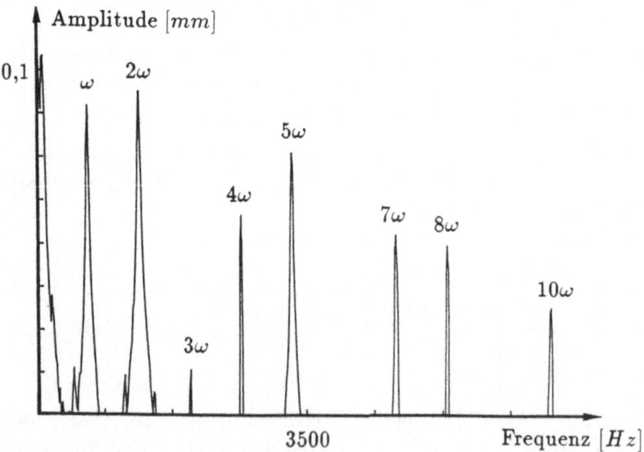

Bild 8.10: Lösungsspektrum Zweistufengetriebe

<u>Anmerkung</u>: Wegen der periodisch schwankenden Zahnsteifigkeit handelt es sich bei dem betrachteten Getriebe um ein lineares System mit periodischen Koeffizienten. Diese periodischen Funktionen lassen sich als Koordinaten eines linearen Schwingungssystems darstellen. Damit geht das lineare periodische System in ein nichtlineares System über, das mit einem linearen Gleichungssystem (einseitig) gekoppelt ist. Lineare Systeme mit periodischen Koeffizienten stellen somit immer einen Sonderfall nichtlinearer Systeme dar.

8.2 Regelung eines elastischen Rotors

8.2.1 Bewegungsgleichungen/Zustandsgleichungen

Untersucht wird ein Rotor, der aus einer elastischen Welle mit abschnittsweise konstantem Querschnitt und einer starren Endmasse (m_R, I_{Ry}, I_{Rz}, z: Symmetrieachse) besteht. Der Rotor ist durch zwei Kugellager vertikal ausgerichtet und soll mit Hilfe eines Magnetlagers aktiv so beeinflußt werden, daß der Endkörper schwingungsfrei umläuft.

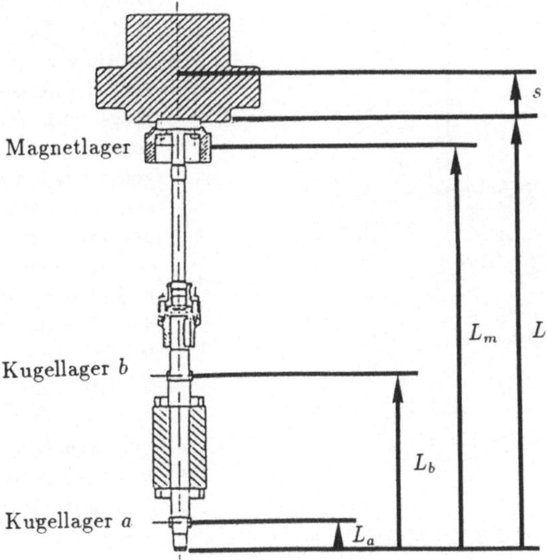

Bild 8.11: Elastischer Rotor

Zahlenwerte:

Koordinaten:	L_a	$= 0,0425$	m
	L_b	$= 0,2565$	m
	L_m	$= 0,5$	m
	s	$= 0,0652$	m
Massenträgheitsmomente Rotor:	I_{RY}	$= 0,0986$	kmm^2
	I_{RZ}	$= 0,131$	kmm^2
Endmasse:	m_R	$= 14,42$	kg
Lagersteifigkeiten:	c_a	$= 2,0\ 10^7$	N/m
	c_b	$= 1,0\ 10^8$	N/m
Elastizitätsmodul:	E	$= 2,06\ 10^{11}$	N/m^2
Massendichte:	ρ	$= 7,85\ 10^3$	kg/m^3

Im vorliegenden Fall werden die Bewegungsgleichungen benötigt, die die Abweichungen vom Inertialsystem beschreiben, da die Magnetlagerkräfte "von außen" auf den Rotor einwirken. Das Magnetlager erzeugt Kräfte in der inertialen $x-$ und $y-$Richtung; gleichzeitig sind in ihm Sensoren für die Lage- und Geschwindigkeitsmessung integriert, vgl. Bild 8.12 (aus [ULB 79]).

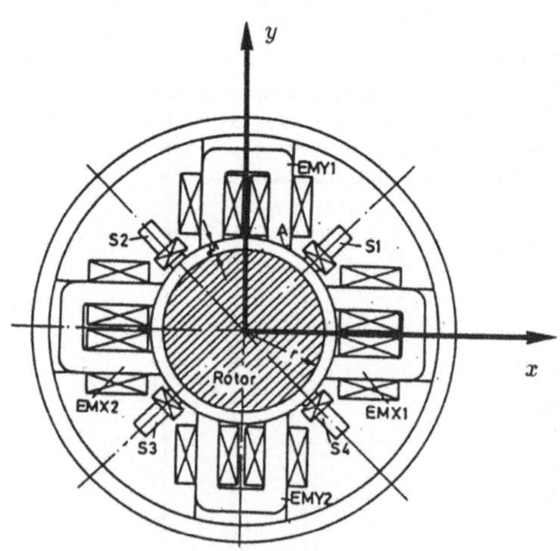

Bild 8.12: Magnetlager

Die Bezeichnungen bedeuten: $EMXi$: Elektromagnet, Kraftrichtung x, $EMYi$: Elektromagnet, Kraftrichtung y, $Si, Si+2$: Weg- und Geschwindigkeitssensoren, $i = 1, 2$. Die Elektromagnete werden mit einem Vormagnetisierungsstrom beaufschlagt, der eine zentrierende Wirkung erzeugt; dem überlagert ist der Regelstrom, der die rückstellenden Regelkräfte erzeugt. Die Wegmessung erfolgt über Hallsonden, die Geschwindigkeitsmessung über Induktionsspulen. Für eine Beschreibung der Abweichungen von der Sollage liest man aus Tabelle 12 die *Bewegungsgleichung*

$$\begin{pmatrix} \mathbf{E} & 0 \\ 0 & \mathbf{E} \end{pmatrix} \ddot{\overline{y}} + \begin{pmatrix} 0 & \mathbf{G}_0 \\ -\mathbf{G}_0 & 0 \end{pmatrix} \Omega \dot{\overline{y}} + \begin{pmatrix} \Omega^2 & 0 \\ 0 & \Omega^2 \end{pmatrix} \overline{y} = \begin{pmatrix} \mathbf{u}(L_m) & 0 \\ 0 & \mathbf{u}(L_m) \end{pmatrix} \begin{pmatrix} f_x \\ f_y \end{pmatrix}$$

$$\mathbf{G}_0 = \mathbf{G}_0^T = \frac{1}{I_z} \int_0^{L+s} \left(\frac{\partial I_y}{\partial z} \mathbf{u}_E' \mathbf{u}_E'^T \right) dz \ ,$$

$$\Omega^2 = \ \mathrm{diag}\,(\omega_{i0}^2) \ , \quad \omega_{i0}: \ \text{Eigenfrequenzen bei } \Omega = 0 \tag{8.20}$$

ab; die Abweichungen $\overline{\mathbf{y}}$ sind die Abweichungen gegenüber dem Inertialsystem (Bezugsdrehung $\Omega_B = 0$).

Weil im weiteren Verwechslungen ausgeschlossen werden können, wird auf den Index E zur Kennzeichnung der Eigenschwingungsformen des nichtdrehenden Rotors verzichtet.

Durch Auflösen der Bewegungsgleichungen nach den Beschleunigungen erhält man unter Ergänzung mit der kinematischen Gleichung $\dot{\overline{\mathbf{y}}} = \mathbf{E}\,\overline{\mathbf{y}}$ die *Zustandsgleichung*

$$\dot{\mathbf{x}} = \mathbf{A}\mathbf{x} + \mathbf{B}\overline{\mathbf{u}} \; ; \quad \mathbf{A} = \begin{pmatrix} 0 & 0 & \mathbf{E} & 0 \\ 0 & 0 & 0 & \mathbf{E} \\ -\boldsymbol{\Omega}^2 & 0 & 0 & -\mathbf{G}_0\Omega \\ 0 & -\boldsymbol{\Omega}^2 & \mathbf{G}_0\Omega & 0 \end{pmatrix} \; ,$$

$$\mathbf{B} = \begin{pmatrix} 0 \\ 0 \\ \overline{\mathbf{C}} \end{pmatrix} \; , \quad \overline{\mathbf{C}} = \begin{pmatrix} \mathbf{u} & 0 \\ 0 & \mathbf{u} \end{pmatrix}_{L_m} \; , \quad \overline{\mathbf{u}} = \begin{pmatrix} f_x \\ f_y \end{pmatrix} \tag{8.21}$$

Über die Sensoren, die die Lage am Ort L_m sowie die Geschwindigkeiten messen, erhält man die *Meßgleichung*

$$\begin{aligned} \mathbf{y} &= (u\,,\,v\,,\,\dot{u}\,,\,\dot{v})_{L_m}^T = \left(\mathbf{u}^T\mathbf{y}_u \; \mathbf{v}^T\mathbf{y}_v \; \mathbf{u}^T\dot{\mathbf{y}}_u \; \mathbf{v}^T\dot{\mathbf{y}}_v\right)_{L_m}^T \\ &= \begin{pmatrix} \overline{\mathbf{C}}^T & 0 \\ 0 & \overline{\mathbf{C}}^T \end{pmatrix} \mathbf{x} = \mathbf{C}\mathbf{x} \; . \end{aligned} \tag{8.22}$$

Im ersten Schritt sind die Voraussetzungen $(\mathbf{A},\mathbf{B})$–Steuerbarkeit und $(\mathbf{A},\mathbf{C})$–Beobachtbarkeit zu überprüfen. Im Falle der Rotorregelung führen die speziellen Eigenschaften der Lösung zu einer direkten Aussage.

8.2.2 Schwingungsformen – Steuerbarkeit und Beobachtbarkeit

Aufgrund der speziellen Struktur der Bewegungsgleichung (8.20) ist es stets möglich, mit Hilfe einer komplexen Zusammenfassung

$$\overline{\mathbf{y}} = \left(\mathbf{y}_u^T\,\mathbf{y}_v^T\right)^T \; ; \quad \mathbf{z} = \mathbf{y}_u + i\mathbf{y}_v \tag{8.23}$$

das Gleichungssystem auf die halbe Systemordnung zu reduzieren: Multipliziert man die Teilgleichung für $\mathbf{y}_v$ mit i und addiert die Gleichungen für $\mathbf{y}_u$ und $\mathbf{y}_v$, so erhält man für den homogenen Teil

$$\ddot{\mathbf{z}} - i\,\mathbf{G}_0\Omega\dot{\mathbf{z}} + \Omega^2\mathbf{z} = 0 \; . \tag{8.24}$$

Der Eigenvektor- Eigenwertansatz führt auf

$$\mathbf{z} = \overline{\mathbf{z}}\, e^{i\omega t} \quad \Rightarrow \quad \left[-\mathbf{E}\,\omega^2 + \omega\Omega\mathbf{G}_0 + \boldsymbol{\Omega}^2 \right] \overline{\mathbf{z}} = 0 \tag{8.25}$$

und kennzeichnet, weil die auftretenden Matrizen reell sind, daß auch der Eigenvektor $\overline{\mathbf{z}}$ reell sein muß.

Die notwendige Bedingung $\det[\ldots] = 0$ liefert rein reelle Frequenzen ω. Mit Kenntnis der Frequenzen und der Eigenvektoren $\overline{\mathbf{z}}$ erhält man die k-te Lösung im Konfigurationsraum $\mathbf{y}_u$, $\mathbf{y}_v$ zu

$$\overline{\mathbf{y}}_k(t) = \overline{a}_k \begin{pmatrix} \overline{\mathbf{z}} \\ -i\overline{\mathbf{z}} \end{pmatrix}_k e^{i\omega_k t} + \overline{b}_k \begin{pmatrix} \overline{\mathbf{z}} \\ i\overline{\mathbf{z}} \end{pmatrix}_k e^{-i\omega_k t} \tag{8.26}$$

unter Ergänzung der zu $\exp(i\omega t)$ konjugiert komplexen Lösung. Die Koeffizienten $\overline{a}$ und $\overline{b}$ müssen für die Darstellung einer reellen Lösung ebenfalls konjugiert komplex sein mit z.B. $\overline{a} = (a + ib)$ und liefern

$$\overline{\mathbf{y}}_k(t) = \begin{pmatrix} a\,\overline{\mathbf{z}} \\ b\,\overline{\mathbf{z}} \end{pmatrix}_k \cos\omega_k t + \begin{pmatrix} -b\,\overline{\mathbf{z}} \\ a\,\overline{\mathbf{z}} \end{pmatrix}_k \sin\omega_k t \;, \tag{8.27}$$

wobei die Unbekannten a_k und b_k aus den Anfangsbedingungen folgen. Die Gesamtlösung setzt sich dann aus allen Eigenlösungen $\overline{\mathbf{y}}_k$ als Linearkombination zusammen. Die spezielle Lösung (8.27) besagt, daß die durch $\overline{\mathbf{z}}$ spezifizierten Eigenlösungen solche sind, die gegenüber dem Inertialsystem als "konstantes Ganzes" mit einer Eigenfrequenz umlaufen, wobei je nach Vorzeichen von ω_k nach "Gleichlauf-" und "Gegenlauffrequenzen" zu unterscheiden ist.

Diese Unterscheidung ist deshalb wichtig, da sie einen ersten Aufschluß über das Rotorverhalten gibt: Gegenläufige Schwingungen können durch (die immer vorhandenen, unvermeidlichen) Unwuchten nicht zur Resonanz angeregt werden (sog. "Scheinresonanz") und erweisen sich damit als relativ harmlos. Die nebenstehende Abbildung zeigt den Verlauf der Eigenfrequenzen des ungeregelten Rotors über der Rotordrehzahl. Weil die Unwuchtanregung in einer Inertialdarstellung der Abweichungen stets als trigonometrische Funktion in Ωt auftritt, ist eine Resonanz nur dort zu erwarten, wo die Rotordrehzahl Ω einer Eigenfrequenz entspricht, die zu einer Gleichlaufschwingung

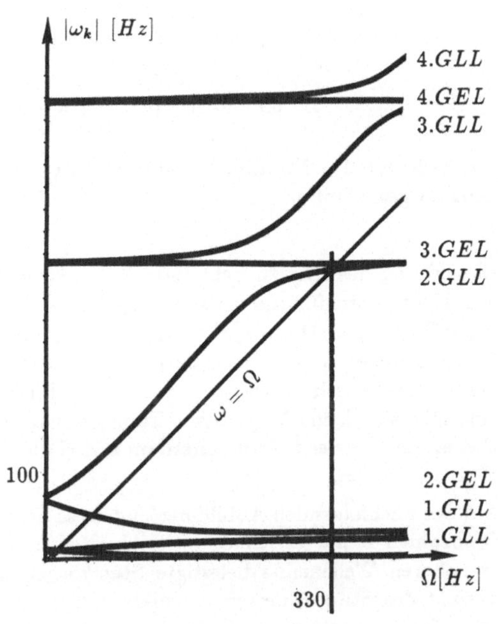

Bild 8.13: Frequenzverlauf

(GLL) gehört, während diejenige, die einer Gegenlaufschwingung zugeordnet werden kann (GEL), für die Unwuchtanregung unkritisch bleibt. Resonanzanregung ist also im vorliegenden Fall für $\Omega = \omega_{k,GLL}$ bei etwa 12 Hz und 330 Hz zu erwarten. Die zweite Instabilität ist unkritisch, da der Rotor eine Betriebsdrehzahl von 150 Hz haben soll, die erste muß, um diese Betriebsdrehzahl zu erreichen, während des "Hochfahrens" überwunden werden.

∇

Beispiel: Für die Analyse eines symmetrischen starren Rotors genügt die Ansatzfunktion $u = (z - z_s)$, z_s: Schwerpunktsabstand. Gleichung (8.20) liefert das Eigenwertproblem

$$-\omega^2 + \omega\Omega\frac{C}{A} + \omega_0^2 = 0 \;\Rightarrow\; \omega_{1/2} = \frac{1}{2}\frac{C}{A}\Omega\left[1 \pm \left\{1 + \left(4\omega_0^2\right)/\left(\frac{C}{A}\Omega\right)^2\right\}^{1/2}\right]$$

bei komplexer Zusammenfassung nach (8.23), wobei C das Trägheitsmoment für die Drehung um die Rotorlängsachse bedeutet und A dasjenige quer zu dieser

Achse ist. Für genügend großen Drall $C\Omega$ kann die Wurzel in eine TAYLOR-Reihe entwickelt werden und liefert

$$\omega_{1/2} \;=\; \tfrac{1}{2}\tfrac{C}{A}\,\Omega\left[1 \pm \left\{1 + \tfrac{1}{2}(4\omega_0^2)\,/\left(\tfrac{C}{A}\,\Omega\right)^2\right\}\right]$$

$$\Rightarrow\; \omega_1 \;=\; +\tfrac{C}{A}\,\Omega\;,\quad \omega_2 = -\,(\omega_0^2)\,/\left(\tfrac{C}{A}\,\Omega\right)\;.$$

Das bedeutet: Die Nutationsschwingung ω_1 ist gleichläufig, die Präzessionsschwingung ω_2 gegenläufig.

$\triangle$

Die Lösung des hier zu betrachtenden elastischen Rotors, (8.27), läßt sich mit den Koordinatenfunktionen $\mathbf{u}(z)$ angeben als gleich- oder gegenläufige umlaufende Schwingungsform $\overline{\mathbf{z}}_k^T\mathbf{u} = u_k(z)$. Damit läßt sich unmittelbar eine Aussage über die Steuer- und Beobachtbarkeit elastischer Rotoren treffen: Überall dort, wo die für gegebene Rotorfrequenz umlaufende Eigenschwingungsform eine Nullstelle hat, läßt sich keine Weg- bzw. Translationsgeschwindigkeit messen; Kraftstellglieder am Ort der Schwingungsform mit Nullstelle bleiben wirkungslos für diese Eigenschwingung.

Auf der nachfolgenden Abbildung sind diese Schwingungsformen für verschiedene Drehzahlen Ω aufgezeichnet. Als Abszissenmaßstab gilt hierbei z/L, d.h. der am oberen Wellenende befestigte Starrkörper ist nicht mit eingezeichnet; der Verlauf des Starrkörperschwerpunkts entspricht einer Verlängerung der jeweiligen Schwingungsform mit Steigung bei $z/L = 1$ und verschwindender Krümmung (Starrkörper).

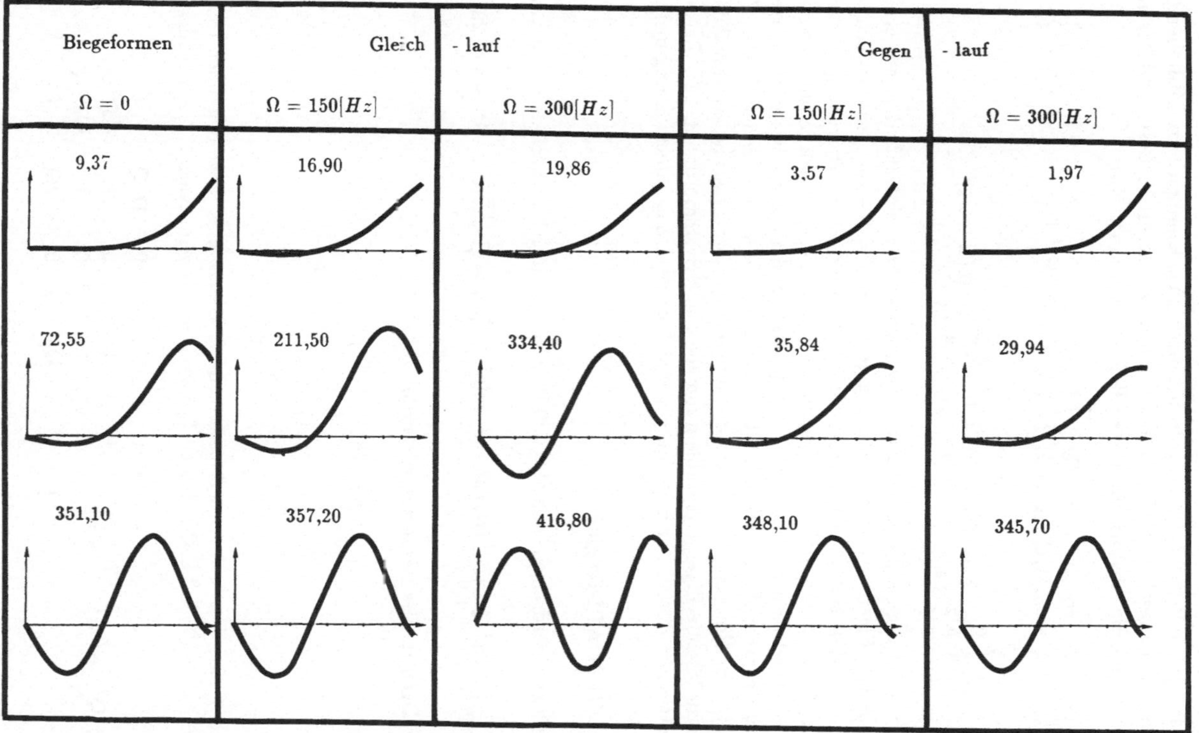

Bild 8.14: Eigenschwingungsformen des Rotorsystems, Eigenfrquenzen in Hz

<u>Anmerkung:</u> Die Berechnung der Schwingungsformen kann auch im mitdrehenden Referenzsystem geschehen. Der Zusammenhang zwischen der Lösung (8.27) und der Lösung für die Abweichungen vom Referenzsystem ist über

$$
_R\overline{\mathbf{y}}_k = \begin{pmatrix} \cos\Omega t\mathbf{E} & \sin\Omega t\mathbf{E} \\ -\sin\Omega t\mathbf{E} & \cos\Omega t\mathbf{E} \end{pmatrix} \left\{ \begin{pmatrix} a\ \overline{\mathbf{z}} \\ b\ \overline{\mathbf{z}} \end{pmatrix}_k \cos\omega_k t + \begin{pmatrix} -b\ \overline{\mathbf{z}} \\ a\ \overline{\mathbf{z}} \end{pmatrix}_k \sin\omega_k t \right\}
$$

$$
= \begin{pmatrix} a\ \overline{\mathbf{z}} \\ b\ \overline{\mathbf{z}} \end{pmatrix}_k \cos(\Omega - \omega_k)t + \begin{pmatrix} b\ \overline{\mathbf{z}} \\ -a\ \overline{\mathbf{z}} \end{pmatrix}_k \sin(\Omega - \omega_k)t
$$

gegeben. Die Eigenschwingungsformen werden nicht beeinflußt, dagegen erhält man aus dem Eigenwertproblem die Frequenzen $_R\omega_k = \Omega - \omega_k$. Anschaulich bedeutet dies, daß sich dem mitbewegtem Beobachter die Eigendrehung Ω nicht mitteilt. Ordnet man die im R−System berechneten Frequenzen in aufsteigender Folge, so erhält man über $\omega_k = \Omega - {}_R\omega_k$ positive und ab einem bestimmten Wert von $_R\omega_k$ negative Werte, die den Gleichlauf bzw. Gegenlauf kennzeichnen. Für symmetrische Rotoren ist jedoch die komplexe Zusammenfassung zweckmäßiger, da das zu lösende Eigenwertproblem nur die halbe Systemordnung hat. Bei unsymmetrischen Rotoren gelingt dagegen eine komplexe Zusammenfassung nicht.

8.2.3 RICCATI-Regler

Für eine Betriebsdrehzahl von $\Omega = 150$ Hz wird eine Regelung nach dem Kriterium

$$
J = \frac{1}{2}\int_0^\infty \left(\mathbf{x}^T\mathbf{Q}\mathbf{x} + \overline{\mathbf{u}}^T\mathbf{R}\overline{\mathbf{u}}\right) dt \;\Rightarrow\; \min , \quad J_{\text{opt}} = \frac{1}{2}\mathbf{x}_0^T\mathbf{P}\mathbf{x}_0 , \quad \mathbf{P} \text{ aus (7.29)}
\tag{8.28}
$$

zugrundegelegt. Die Bewertungen werden zu

$$
\mathbf{Q} = \begin{pmatrix} 0 & 0 & 0 & 0 \\ 0 & 0 & 0 & 0 \\ 0 & 0 & \mathbf{Q}_u & 0 \\ 0 & 0 & 0 & \mathbf{Q}_v \end{pmatrix} , \quad \mathbf{R} = \mathbf{E}
\tag{8.29}
$$

gewählt (reine Geschwindigkeitsbewertung). Damit eine Regelung über (8.28) möglich ist, muß die $(\mathbf{A}, \mathbf{Q})$−Beobachtbarkeit erfüllt sein. Nach (7.20) gilt hierfür

$$
\operatorname{Rang}\left[\mathbf{Q}^T \vdots \mathbf{A}^T\mathbf{Q}^T \ldots\right] = \operatorname{Rg} \begin{bmatrix} 0 & 0 & 0 & 0 & \vert & 0 & 0 & -\Omega^2\mathbf{Q}_u & 0 \\ 0 & 0 & 0 & 0 & \vert & 0 & 0 & 0 & -\Omega^2\mathbf{Q}_v \\ 0 & 0 & \mathbf{Q}_u & 0 & \vert & 0 & 0 & 0 & \mathbf{G}_0\Omega\mathbf{Q}_v \\ 0 & 0 & 0 & \mathbf{Q}_v & \vert & 0 & 0 & \mathbf{G}_0\Omega\mathbf{Q}_u & 0 \end{bmatrix} \ldots
$$

$$
= n = 2f ,
\tag{8.30}
$$

d.h. die Beobachtbarkeit ist für alleinige Geschwindigkeitsbewertung erfüllt. Zur Berechnung der eigentlich unendlich-diemensionalen Vektoren der Koordinatenfunktionen muß $\mathbf{u}(z)$ bei einer endlichen Zahl abgebrochen werden. Für die weitere Berechnung werden je Biegerichtung drei Koordinatenfunktionen angesetzt. Die Bewertungen sind

$$\mathbf{Q}_u = \mathbf{Q}_v = \operatorname{diag}\left\{1,4 \cdot 10^7,\ 9 \cdot 10^6,\ 6 \cdot 10^6\right\}, \tag{8.31}$$

d.h. die Grundschwingungsform wird am stärksten bewertet.

Mit den gegebenen Zahlenwerten erhält man (gerundet) über die Lösung der algebraischen RICCATI-Gleichung folgende (transponierte) Verstärkungsmatrix $\mathbf{K}^T$ ($\Omega_{\text{Betrieb}} = 150$ Hz):

$$\mathbf{K}^T = \left[\begin{array}{cc}
\begin{pmatrix} -0,43\ 10^4 \\ -0,35\ 10^5 \\ 0,40\ 10^6 \end{pmatrix} &
\begin{pmatrix} -0,81\ 10^4 \\ 0,29\ 10^6 \\ 0,27\ 10^6 \end{pmatrix} \\[2em]
\begin{pmatrix} 0,81\ 10^4 \\ -0,29\ 10^6 \\ -0,27\ 10^6 \end{pmatrix} &
\begin{pmatrix} -0,43\ 10^4 \\ -0,35\ 10^5 \\ 0,40\ 10^6 \end{pmatrix} \\[2em]
\hline
\begin{pmatrix} 0,28\ 10^4 \\ 0,33\ 10^4 \\ 0,84\ 10^3 \end{pmatrix} &
\begin{pmatrix} 0,43\ 10^3 \\ 0,28\ 10^3 \\ -0,93\ 10^2 \end{pmatrix} \\[2em]
\begin{pmatrix} -0,42\ 10^3 \\ -0,28\ 10^3 \\ 0,93\ 10^2 \end{pmatrix} &
\begin{pmatrix} 0,28\ 10^4 \\ 0,33\ 10^4 \\ 0,84\ 10^3 \end{pmatrix}
\end{array}\right]
= \left[\begin{array}{cc}
\mathbf{k}_1 & \mathbf{k}_3 \\[1em]
-\mathbf{k}_3 & \mathbf{k}_1 \\[1em]
\hline
\mathbf{k}_5 & \mathbf{k}_7 \\[1em]
-\mathbf{k}_7 & \mathbf{k}_5
\end{array}\right]. \tag{8.32}$$

Dabei wird der obere Block für die Rückführung mit den Lagegrößen, der untere mit den Geschwindigkeiten beaufschlagt. Wegen der Symmetrie des Rotors treten in der Rückführung ähnliche Strukturen auf wie in den Bewegungsgleichungen. Auffällig ist hierbei, daß nicht nur eine Dämpfung in das System eingebracht wird ($\mathbf{k}_5$) und sowohl die Kreiselkräfte ($\mathbf{k}_7$) als auch die Fesselungskräfte ($\mathbf{k}_1$) beeinflußt werden, sondern auch zirkulatorische Kräfte auftreten ($\mathbf{k}_3$). Dabei beeinflussen $\mathbf{k}_1$ und $\mathbf{k}_7$ gemeinsam die Eigenfrequenzen des geregelten Systems. Die nichtkonservativen Regelkräfte ($\mathbf{k}_3$) sind eine Folge der speziellen Rotorbewegung (8.27): Den umlaufenden (gleich- oder gegenläufigen) Bewegungen werden zum Erreichen eines Optimums nach (8.28) umlaufende Kräfte entgegengesetzt.

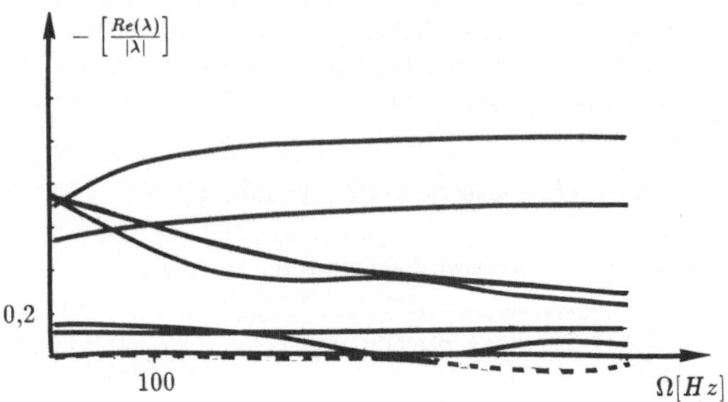

Bild 8.15: Dämpfungsverlauf

Zur Beurteilung des erzielten Ergebnisses werden die Eigenwerte des geregelten Systems herangezogen. Weil das physikalische System mehr Schwingungsformen beinhaltet als das zur Reglerauslegung reduzierte Modell, wird die Simulation unter Zugrundelegung von jeweils vier Biegeschwingungsformen pro Schwingungsrichtung durchgeführt. Der Regler selbst beinhaltet nur die ersten drei Schwingungsformen. Die Betrachtung der Dämpfungsverläufe, aufgetragen über der Rotordrehzahl, zeigt für den entworfenen Regler zwei Phänomene:

Die vom Regler nicht berücksichtigte vierte Eigenschwingungsform (gestrichelt) wird mit zunehmender Drehzahl instabil. *Das Entwurfskriterium (8.28) garantiert asymptotische Stabilität nur für das zugrundegelegte mathematische Modell.* Alle nichtberücksichtigten Schwingungsformen werden hier nicht erfaßt. Derartige Modellfehler (Abbruchfehler) haben mehrfach zu Instabilitäten geführt, vgl. Kap. 1.3.

Eine der Dämpfungskurven nähert sich bei etwa 250 Hz dem Wert Null. Bei näherer Betrachtung stellt man fest, daß der entsprechende Eigenwert zur dritten Gegenlaufschwingung gehört. Betrachtet man den Verlauf der Eigenschwingungskurven des Rotorsystems, so stellt man fest, daß für die drei exemplarisch berechneten Werte von Ω (0, 150, 300 (Werte in Hz)) sich der Schwingungsknoten in der Nähe des oberen Rotorendes mit zunehmender Drehzahl nach links verschiebt. Das bedeutet, daß er bei einer bestimmten Drehzahl genau in die Krafteinleitungsstelle des Magnetlagers kommt, womit die Steuerbarkeit dieser Eigenform verlorengeht.

Als Zwischenergebnis kann festgestellt werden: Die Konstruktion des Rotors ist wegen ungünstiger Wahl des Stellorts (Krafteingriffsstelle des Magnetlagers) nicht optimal. Die evt. naheliegende Vermutung, das Lager so dicht wie möglich an den starren Endkörper zu bringen käme dem Regelziel, diesen zu ruhigem Lauf zu veranlassen nahe, erweist sich als unrichtig. Der ausgelegte RICCATI-Regler,

der lediglich von drei Biegeschwingungsformen je Richtung in der Rückführung
Gebrauch macht, ist nicht brauchbar, da er höhere, im Reglerauslegungsmodell
vernachlässigte Biegeschwingungsformen destabilisiert. Ohnedies bestünde hier
die zusätzliche Aufgabe, aus dem Meßsignal, das die ganze Reihe der Biegeschwingungsformen beinhaltet, die ersten drei zur Reglerverifizierung hauszufiltern.
Wenn aber das Meßsignal sowieso mehr Informationen beinhaltet, liegt es nahe,
auf eine Ausgangsrückführung überzugehen.

8.2.4 Ausgangsrückführung

Im Gegensatz zur Regleroptimierung nach (8.28), die den optimalen Regler als
Zustandsrückführung $\mathbf{u} = -\mathbf{Kx}$ liefert, wird nun die Reglerstruktur von vornherein
vorgegeben. Dabei sollen die Meßgrößen als Rückführgrößen dienen: Mit der
Meßgleichung (8.22) erhält man

$$\bar{\mathbf{u}} = -\mathbf{Ky} = -\mathbf{KCx} = -\left(\mathbf{K}_1\ \mathbf{K}_2\right)\begin{pmatrix} \overline{\mathbf{C}}^T & 0 \\ 0 & \overline{\mathbf{C}}^T \end{pmatrix}\begin{pmatrix} \overline{\mathbf{y}} \\ \dot{\overline{\mathbf{y}}} \end{pmatrix} \ . \tag{8.33}$$

Mit $\overline{\mathbf{C}}^T\overline{\mathbf{y}} = (u(L_m),\ v(L_m))^T$ ist die Steuerbarkeit gewährleistet, wenn für die
zu betrachtende Betriebsdrehzahl keine der beteiligten Eigenformen bei $z = L_m$
eine Nullstelle hat. Als Kriterium für die optimale Auslegung des Ausgangsreglers
dient

$$J = \tfrac{1}{2}\int_0^\infty \mathbf{x}^T\mathbf{Qx}\,dt \ \Rightarrow\ \min\ \ J_{\text{opt}} = \tfrac{1}{2}\mathbf{x}_0^T\mathbf{Px}_0\,,$$
$$\mathbf{P}\ \text{aus}\ \hat{\mathbf{A}}^T\mathbf{P} + \mathbf{P}\hat{\mathbf{A}} - \mathbf{Q} = 0\,,\quad \hat{\mathbf{A}} = (\mathbf{A} - \mathbf{BKC})\,, \tag{8.34}$$

vgl. (7.44). Eine Optimierung nach (8.34) kann nur iterativ unter Vorgabe einer (asymptotisch stabilen) Startmatrix $\mathbf{K}_0$ erfolgen, indem durch Variation der
Konstanten in $\mathbf{K}$ über die Lösung der LJAPUNOV-Gleichung der Kriteriumswert
ausgerechnet und sein Minimum gesucht wird. Das Kriterium benötigt einen Anfangszustand $\mathbf{x}_0$; hier wird die erste Gleichlaufeigenform für die Betriebsdrehzahl
$\Omega = 150$ Hz angesetzt. Als Bewertungsmatrizen werden diejenigen nach (8.29)
gewählt. Da insgesamt vier Messungen vorliegen (jeweils Lage und Geschwindigkeit in beiden Biegeschwingungsrichtungen), ist die Matrix $\mathbf{K}$ eine 2×4 Recht-
ecksmatrix. Um den Aufwand bei der numerischen Optimierung zu reduzieren,
wird die Struktur der Matrix $\mathbf{K}$ zu

$$\mathbf{K} = (\mathbf{K}_1\ \mathbf{K}_2) = \begin{pmatrix} k_1 & -k_3 & k_5 & -k_7 \\ k_3 & k_1 & -k_7 & k_5 \end{pmatrix} \tag{8.35}$$

festgelegt. Hier wird einerseits die spezielle Struktur der Rotorgleichungen ausgenutzt, andererseits die Tatsache, daß, wie die RICCATI-Optimierung zeigte, zum
Erreichen eines Optimums sowohl die Eigenfrequenzen (k_1, k_7) unter Hinzufügen
von Dämpfung (k_5) beeinflußt werden müssen als auch zirkulatorische Kräfte (k_3)

Wirkung zeigen. Als Startwerte werden die Koeffizienten k_1, k_3, k_7 zu Null gesetzt, da mit einer vollständigen Dämpfung ein asymptotisches Verhalten stets erzeugt werden kann. Zur Berechnung der optimalen Rückführungen werden nur noch zwei Biegeschwingungen herangezogen. Die numerische Iteration liefert ein J_{opt} für die Koeffizienten

$$k_1 = -1,9\ 10^5, \quad k_3 = 2,3\ 10^4, \quad k_5 = 2,4\ 10^3, \quad k_7 = -9,0\ 10^2 \ . \tag{8.36}$$

Die Bewegungsgleichung des geschlossenen Systems lautet

$$\begin{pmatrix} \mathbf{E} & 0 \\ 0 & \mathbf{E} \end{pmatrix} \ddot{\bar{\mathbf{y}}} + \begin{pmatrix} k_5\mathbf{uu}^T & \mathbf{G}_0\Omega - k_7\mathbf{uu}^T \\ -\mathbf{G}_0\Omega + k_7\mathbf{uu}^T & k_5\mathbf{uu}^T \end{pmatrix} \dot{\bar{\mathbf{y}}} +$$

$$+ \begin{pmatrix} \boldsymbol{\Omega}^2 + k_1\mathbf{uu}^T & -k_3\mathbf{uu}^T \\ k_3\mathbf{uu}^T & \boldsymbol{\Omega}^2 + k_1\mathbf{uu}^T \end{pmatrix} \bar{\mathbf{y}} = 0 \ , \qquad \mathbf{u} = \mathbf{u}(L_m) \ . \tag{8.37}$$

Multipliziert man diese von links mit $\dot{\bar{\mathbf{y}}}^T = \left(\dot{\mathbf{y}}_u^T\ \dot{\mathbf{y}}_v^T\right)$ und faßt $\mathbf{y}_u^T\mathbf{u}(L_m) = u(L_m,t)$ etc. zusammen, so kann (8.37) angeschrieben werden als

$$\frac{d}{dt}\left[(T+V) + \tfrac{k_1}{2}\left\{u(L_m,t)^2 + v(L_m,t)^2\right\}\right] =$$
$$= -k_5\left\{\dot{u}(L_m,t)^2 + \dot{v}(L_m,t)^2\right\} - k_3\left\{\dot{v}(L_m,t)u(L_m,t) - \dot{u}(L_m,t)v(L_m,t)\right\} \tag{8.38}$$

($\dot{T}$ aus $\dot{\bar{\mathbf{y}}}^T\mathbf{M}\ddot{\bar{\mathbf{y}}} = \frac{d}{dt}\tfrac{1}{2}\dot{\bar{\mathbf{y}}}^T\mathbf{M}\dot{\bar{\mathbf{y}}}$, $\dot{V}$ aus $\dot{\bar{\mathbf{y}}}^T\mathbf{K}\bar{\mathbf{y}} = \frac{d}{dt}\tfrac{1}{2}\bar{\mathbf{y}}^T\mathbf{K}\bar{\mathbf{y}}$ mit $\mathbf{M} = \mathbf{E}$, $\mathbf{K} = \boldsymbol{\Omega}^2$; die schiefsymmetrischen Anteile fallen bei dieser Betrachtung heraus (gyroskopische Kräfte leisten keine Arbeit)).

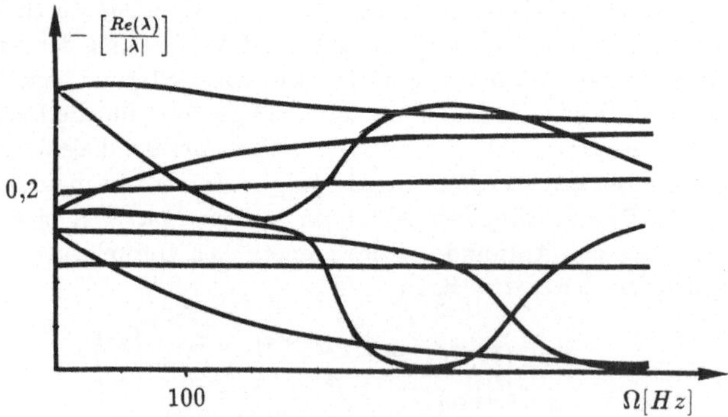

Bild 8.16: Dämpfungsverlauf

Die linke Seite von (8.38) kann als Ableitung einer positiv definiten LJAPUNOV-Funktion angesehen werden. Ist dabei die rechte Seite stets negativ, so ist das System asymptotisch stabil. Damit wird zum einen die Wahl der Startmatrix, bei der alle Koeffizienten außer k_5 gleich null sind, als sinnvoll bestätigt: Weil Meßort gleich Stellort ist ("Kollokation"), ist dann die rechte Seite immer negativ. (Ist der Meßort nicht gleich dem Stellort, so läßt sich (8.38) nicht in der quadratischen Formulierung darstellen). Ist im nächsten Schritt die Optimierung für eine begrenzt angenommene Zahl von Eigenschwingungen im Meßsystem durchgeführt worden, die die optimalen Werte k_1, k_3 liefert, so ist zunächst dieses Teilsystem optimal und asymptotisch stabil, d.h. die rechte Seite von (8.38) ist insgesamt negativ. Sind mit wenigen Eigenschwingungsformen die Messungen u, v bzw. $\dot{u}$, $\dot{v}$ bei $z = L_m$ ausreichend erfaßt, so wird das Vorzeichen der rechten Seite auch bei Hinzunahme weiterer Reihenglieder in der Messung nicht mehr verändert, und das System bleibt unabhängig von der Zahl der hinzukommenden Eigenfunktionen asymptotisch stabil. Bild 8.16 zeigt die Ergebnisse für eine Reglerauslegung mit zwei Eigenfunktionen, wobei das System unter Zugrundelegung von vier Eigenfunktionen numerisch simuliert wurde. Es treten keine Instabilitäten mehr auf; der Verlust der Steuerbarkeit in der dritten Gegenlaufschwingung bei bestimmten Werten der Betriebsdrehzahl bleibt jedoch wegen der ungünstigen Stellortwahl auch in diesem Fall erhalten (Rechenergebnisse nach [KLE 81]).

8.3   Regelung einer Epitaxie-Zentrifuge [ULB 79]

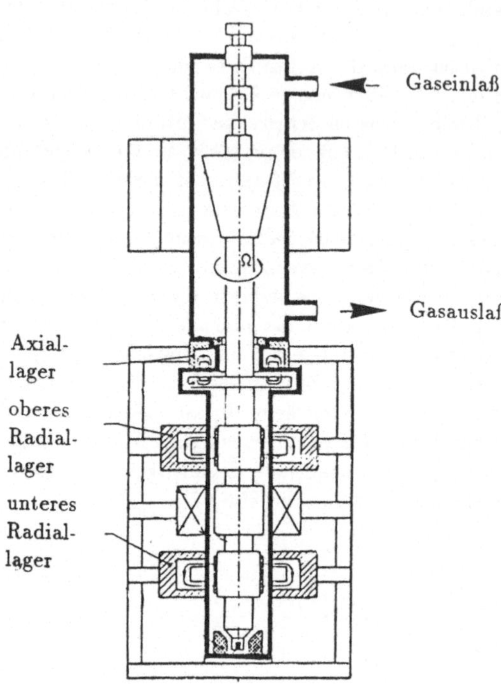

Bild 8.17: Zentrifuge

Während im Falle des elastischen Rotors davon ausgegangen wurde, daß die Kräfte des Magnetlagers direkt als Stellgrößen zur Verfügung stehen, muß bei der realen Auswertung jedoch der Tatsache Rücksicht getragen werden, daß sie vom Magnetspalt und -strom abhängen. Untersucht werden soll ein Rotor entsprechend Bild 8.17, dessen elastische Verformungen vernachlässigbar sind. Hierbei handelt es sich um eine Epitaxie-Zentrifuge, in der unter Ausnutzung des Zentrifugalfeldes eine orientierte Kristallabscheidung erwirkt werden soll. Für diesen Anwendungsfall scheiden herkömmliche Lager wegen der Schmiermittelverdampfung von vorne herein aus, da eine reine Kristallerzeugung nur im Vakuum möglich ist. Verwendet werden deshalb zwei radiale Magnetlager zur aktiven Rotorregelung sowie ein axiales Magnetlager zur Aufhängung in der Vertikalen.

8.3.1   Bewegungsgleichungen/Zustandsgleichungen

Weil die Relativverformungen des Rotors vernachlässigbar bleiben (starrer Rotor), genügt für die Beschreibung nach Tabelle 12 für jede der beiden Schwingungsebenen der Vektor der Koordinatenfunktionen

$$\mathbf{u} = (1 \ , \ z)^T \ , \tag{8.39}$$

der die Translations- und die Drehbewegung in jeweils einer Ebene kennzeichnet.

In der "herkömmlichen" Bezeichnung enthält dann der Lagevektor $\overline{\mathbf{y}}$ die Wege und Winkel in der Reihenfolge

$$\overline{\mathbf{y}} = (x\,,\,\beta\,,\,y\,,\,-\alpha)^T\,,\quad (8.40)$$

vgl. Bild 8.18. Eine Winkelabweichung von der Solldrehachse liefert ebenso wie eine Bewegung in z–Richtung von (8.40) entkoppelte Differentialgleichungen, die getrennt gelöst werden können und im folgenden nicht

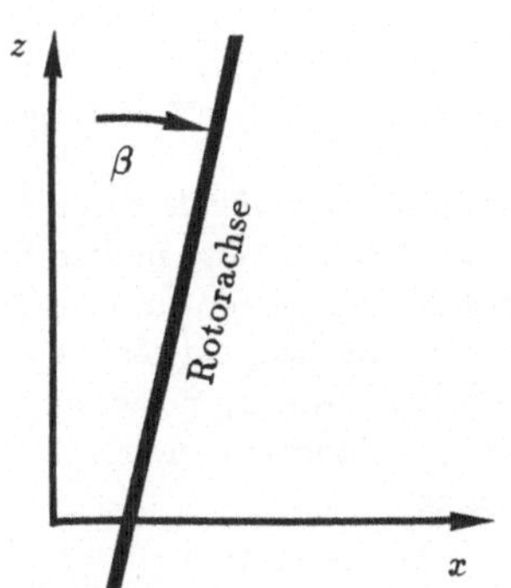

Bild 8.18: Koordinaten

betrachtet werden. Das Axiallager sei so beschaffen, daß es das Rotorgewicht trägt. Die hierzu notwendige Regelung kann getrennt entworfen werden (siehe Kap. 8.4). Mit (8.39) erhält man aus Tabelle 12 die Teilmatrizen

$$\overline{\mathbf{M}}_u = \int\left[\frac{\partial m}{\partial z}\begin{pmatrix} 1 & z \\ z & z^2 \end{pmatrix} + \frac{\partial I_y}{\partial z}\begin{pmatrix} 0 & 0 \\ 0 & 1 \end{pmatrix}\right]dz = \begin{pmatrix} m & ms \\ ms & I_y^s + ms^2 \end{pmatrix},$$

$$s:\text{ Schwerpunktsabstand}\,,\qquad\qquad\qquad\qquad\qquad (8.41)$$

$$\overline{\mathbf{G}}_u = \Omega\int\frac{\partial I_z}{\partial z}\begin{pmatrix} 0 & 0 \\ 0 & 1 \end{pmatrix}dz \qquad\qquad = \Omega\begin{pmatrix} 0 & 0 \\ 0 & I_z^s \end{pmatrix}\,.$$

Eingeprägte Kräfte

(1) Axiallager

Das Axiallager trägt einerseits das Gewicht des Rotors, bewirkt andererseits eine Zentrierung, vgl. Bild 8.19. Die zentrierende Wirkung kann in guter Näherung proportional zur Auslenkung mit einer "magnetischen Federkonstanten" k_m angenommen werden. Man erhält für die zentrierenden Kräfte

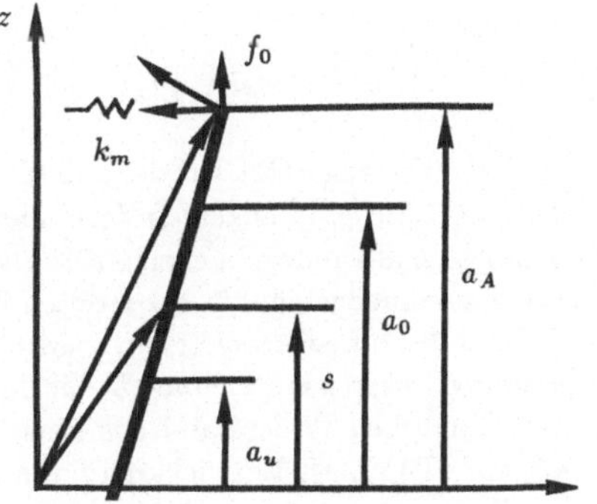

Bild 8.19: Geometrie

$$- k_m \begin{pmatrix} \mathbf{u}^T & 0 \\ 0 & \mathbf{u}^T \end{pmatrix}_{z=a_A} \overline{\mathbf{y}} \ . \tag{8.42}$$

Die am Axiallager angreifende Kraft $f_0 = G$ und die im Schwerpunkt angreifende Gewichtskraft G sind Kräfte nullter Ordnung bezüglich der Auslenkungen. Für ihre Berücksichtigung wird, um eine vollständige Linearisierung der Bewegungsgleichungen zu erreichen, entweder eine Entwicklung der Funktionalmatrizen bis zu Größen erster Ordnung notwendig, oder die Berücksichtigung der durch die Kräfte erzeugten Momente erster Ordnung, wobei die Funktionalmatrix nullter Ordnung genügt:

$$\mathbf{l} = -\tilde{\mathbf{f}}_0 (\mathbf{r}_A - \mathbf{r}_s) = -_R\tilde{\mathbf{f}}_0 \,_R\mathbf{a} = -_R\tilde{\mathbf{f}}_0 \, \mathbf{A}_{RK} \,_K\mathbf{a} = -_R\tilde{\mathbf{f}}_0[\mathbf{E} + \tilde{\varphi}] \,_K\mathbf{a} =_R \tilde{\mathbf{f}}_0 \,_K\tilde{\mathbf{a}} \left(\frac{\partial \varphi}{\partial \overline{\mathbf{y}}} \right) \overline{\mathbf{y}},$$
$$\tag{8.43}$$

vgl. Bild 8.19. Da die Kraft $\mathbf{f}_0$ nur in der (referenzfesten) z–Richtung wirkt und der Abstandsvektor $\mathbf{a}$ in der (körperfesten) z–Richtung gegeben ist, reduziert sich (8.43) auf

$$- mg(a_A - s)\tilde{\mathbf{e}}_3\tilde{\mathbf{e}}_3^T \left(\frac{\partial \varphi}{\partial \overline{\mathbf{y}}} \right) \overline{\mathbf{y}} = -mg(a_A - s) \begin{pmatrix} 0 & -\mathbf{u}'^T \\ \mathbf{u}'^T & 0 \end{pmatrix} \overline{\mathbf{y}} \ . \tag{8.44}$$

(2) Radiallager

Mit Hilfe der kinetischen Energie eines Magneten, $T = \frac{1}{2}L\,I^2$ (L: Induktivität, I: Magnetstrom) erhält man aus den LAGRANGEschen Gleichungen zweiter Art mit den Minimalgeschwindigkeiten $\dot{\mathbf{z}} = (\dot{s} \ , \ I)^T$ (s: Magnetspalt, I: Ladung pro Zeit = Strom) die Beziehungen

$$\frac{d}{dt}\left(\frac{\partial T}{\partial \dot{\mathbf{z}}} \right)^T - \left(\frac{\partial T}{\partial \mathbf{z}} \right)^T = \frac{d}{dt}\begin{pmatrix} 0 \\ L(s)I \end{pmatrix} - \begin{pmatrix} \frac{1}{2}\frac{\partial L}{\partial s}I^2 \\ 0 \end{pmatrix} = \begin{pmatrix} f \\ U - RI \end{pmatrix} \ , \tag{8.45}$$

wobei die Tatsache angesetzt wurde, daß die Induktivität vom aktuellen Magnetspalt s abhängt. Sie kann allgemein formuliert werden zu $L = k/s$; hierbei sind in der Konstanten k alle maßgeblichen Größen wie Windungszahl, Permeabilität und Polflächen zusammengefaßt. In der zweiten Zeile von (8.45) erhält man die rechte Seite z.B. durch Dimensionsvergleich: Mit $LI[(Vs/A)\,A]$ ergibt sich als Größe eine Spannung. Hier kennzeichnet U die Magnetspannung und RI den Verlust durch den Ohmschen Widerstand des Magneten. Führt man für die erste Zeile von (8.45) eine TAYLOR-Entwicklung für eine kleine Abweichung aus einem Soll-Magnetspalt s_0, $s = s_0 - \Delta s$, und den zugehörigen Werten von Strom, $I = I_0 + \Delta i$, und Spannung, $U = U_0 + \Delta u$, durch, so erhält man

$$\frac{1}{2}L_0 \left[\frac{I}{s} \right]_0 I_0 + L_0 \left[\frac{I}{s} \right]_0 \Delta i + L_0 \left[\frac{I}{s} \right]_0^2 \Delta s = f_0 + \Delta f \ . \tag{8.46}$$

Dabei ist Δf die Regelkraft für kleine Abweichungen aus der Sollage, und die nullindizierten Größen stellen die Referenzkraft zum Erreichen der Sollage dar. Im Falle des Axiallager ist dies die Gewichtskraft, im Falle der Radiallager eine Zentrierkraft oder Vorspannung. Weil diese Größen für sich die Beziehung (8.45) erfüllen, wird im folgenden auf die Kennzeichnung Δ bei den Termen für Regelkraft und Steuerstrom verzichtet. Ferner soll gelten, daß durch Verwendung eines Vorverstärkers über die gemessenen Spannungen der Steuerstrom direkt zur Verfügung steht, so daß dieser als Regelgröße in die Systemgleichungen eingeht.

Kürzt man die Koeffizienten in (8.46) mit k_i (Stromkonstante) und k_s (Spaltkonstante) ab, so erhält man für die beiden Radiallager die Kraftbeziehungen

$$f_{xk} = k_{sxk}x + k_{ixk}i_{xk} \ , \quad f_{yk} = k_{syk}y + k_{iyk}i_{yk} \ , \quad k = 0, u(\text{oberes, unteres Lager}) \ . \tag{8.47}$$

Damit erhält man für die rechte Seite der Bewegungsgleichungen nach Tabelle 12

$$\begin{pmatrix} \mathbf{u} & 0 \\ 0 & \mathbf{u} \end{pmatrix}_0 \begin{pmatrix} f_{x0} \\ f_{y0} \end{pmatrix} + \begin{pmatrix} \mathbf{u} & 0 \\ 0 & \mathbf{u} \end{pmatrix}_u \begin{pmatrix} f_{xu} \\ f_{yu} \end{pmatrix} -$$

$$-k_m \begin{pmatrix} \mathbf{u} & 0 \\ 0 & \mathbf{u} \end{pmatrix} \begin{pmatrix} \mathbf{u}^T & 0 \\ 0 & \mathbf{u}^T \end{pmatrix}_{a_A} \overline{\mathbf{y}} - mg(a_A - s) \begin{pmatrix} 0 & \mathbf{u}' \\ -\mathbf{u}' & 0 \end{pmatrix} \begin{pmatrix} 0 & -\mathbf{u}'^T \\ \mathbf{u}'^T & 0 \end{pmatrix} \overline{\mathbf{y}} \ . \tag{8.48}$$

Setzt man die Beziehungen für $\mathbf{u}$ nach (8.39) ein und rechnet (8.48) explizit aus, so erhält man die Bewegungsgleichungen in der Form

$$\overline{\overline{\mathbf{M}}}\,\ddot{\overline{\mathbf{y}}} + \overline{\overline{\mathbf{G}}}\,\dot{\overline{\mathbf{y}}} + \overline{\overline{\mathbf{R}}}\,\overline{\mathbf{y}} = \overline{\overline{\mathbf{B}}}\,\mathbf{u} \tag{8.49}$$

mit der (nichtsymmetrischen) Rückführmatrix $\overline{\overline{\mathbf{R}}}$

$$\overline{\overline{\mathbf{R}}} = \begin{bmatrix} -2k_{sx} + k_m & a_A k_m & 0 & 0 \\ \begin{array}{c} -(a_0 + a_u)k_{sx} \\ +a_A k_m \end{array} & \begin{array}{c} mg(a_A - s) \\ +a_A^2 k_m \end{array} & 0 & 0 \\ 0 & 0 & -2k_{sy} + k_m & a_A k_m \\ 0 & 0 & \begin{array}{c} -(a_0 + a_u)k_{sy} \\ +a_A k_m \end{array} & \begin{array}{c} mg(a_A - s) \\ +a_A^2 k_m \end{array} \end{bmatrix}, \tag{8.50}$$

der über (8.41) zusammengesetzten Massen- bzw. Gyromatrix

$$\overline{\overline{\mathbf{M}}} = \begin{pmatrix} m & ms & 0 & 0 \\ ms & I_y^s + ms^2 & 0 & 0 \\ 0 & 0 & m & ms \\ 0 & 0 & ms & I_y^s + ms^2 \end{pmatrix} ; \quad \overline{\overline{\mathbf{G}}} = \begin{pmatrix} 0 & 0 & 0 & 0 \\ 0 & 0 & 0 & I_z^s\Omega \\ 0 & 0 & 0 & 0 \\ 0 & -I_z^s\Omega & 0 & 0 \end{pmatrix} , \tag{8.51}$$

und dem Stelleingriff

$$
\overline{\overline{\mathbf{B}}}\,\mathbf{u} = \left(
\begin{array}{cccc}
k_{ix} & k_{ix} & 0 & 0 \\
a_0 k_{ix} & a_u k_{ix} & 0 & 0 \\
0 & 0 & k_{iy} & k_{iy} \\
0 & 0 & a_0 k_{iy} & a_u k_{iy}
\end{array}
\right)
\left(
\begin{array}{c}
\dot{i}_{x0} \\
\dot{i}_{xu} \\
\dot{i}_{y0} \\
\dot{i}_{yu}
\end{array}
\right) .
\tag{8.52}
$$

Hierbei wurde davon ausgegangen, daß beide Lager gleich aufgebaut sind und dieselben Koeffizienten k_{ix}, k_{iy} für die Kraftbeziehungen in $x-$ und $y-$Richtung haben.

Aus (8.49) erhält man die Zustandsgleichungen

$$
\dot{\mathbf{x}} = \mathbf{A}\mathbf{x} + \mathbf{B}\mathbf{u} , \quad
\mathbf{A} = \left(
\begin{array}{cc}
0 & \mathbf{E} \\
-\overline{\overline{\mathbf{M}}}^{-1}\overline{\overline{\mathbf{R}}} & -\overline{\overline{\mathbf{M}}}^{-1}\overline{\overline{\mathbf{G}}}
\end{array}
\right) , \quad
\mathbf{B} = \left(
\begin{array}{c}
0 \\
\overline{\overline{\mathbf{M}}}^{-1}\overline{\overline{\mathbf{B}}}
\end{array}
\right) .
\tag{8.53}
$$

Die wesentlichen Auslegungsdaten der Zentrifuge sind

Koordinaten:	a_0	$= 0{,}314\ m$
	a_u	$= 0{,}126\ m$
	s	$= 0{,}458\ m$
	a_A	$= 0{,}448\ m$
Trägheitsmomente:	A	$= 0{,}597\ kgm^2$
	C	$= 0{,}00421\ kgm^2$
Masse:	m	$= 0{,}458\ kg$
Magnetbeiwerte:	k_i	$= 13{,}0\ N/A$
	k_s	$= 6{,}15 \cdot 10^3 N/m$
	k_m	$= 0{,}1\ N/m$
Leistungsverstärker:	k_Q	$= 0{,}25\ A/V$

8.3.2 Steuerbarkeit-Beobachtbarkeit

Die Steuerbarkeit ist wegen

$$
\mathrm{Rang}\left[\mathbf{B} \vdots \mathbf{A}\,\mathbf{B} \ldots\right] = \mathrm{Rang}\left(
\begin{array}{ccc}
0 & \vline & \overline{\overline{\mathbf{M}}}^{-1}\overline{\overline{\mathbf{B}}} \\
& \vline & \quad \ldots \\
\overline{\overline{\mathbf{M}}}^{-1}\overline{\overline{\mathbf{B}}} & \vline & \overline{\overline{\mathbf{M}}}^{-1}\overline{\overline{\mathbf{G}}}\,\overline{\overline{\mathbf{M}}}^{-1}\overline{\overline{\mathbf{B}}}
\end{array}
\right) = n
\tag{8.54}
$$

gewährleistet. Die Messung ist vollständig, so daß sich eine Überprüfung der Beobachtbarkeit erübrigt. Für die Verwendung eines RICCATI-Reglers mit ausschließlicher Lagegrößenbewertung,

$$
\mathbf{Q} = \left(
\begin{array}{cc}
\mathbf{Q}_u & 0 \\
0 & 0
\end{array}
\right) , \quad
\mathbf{Q}_u = q_0 \mathbf{E} , \quad
\mathbf{E} \in \mathrm{R}^{4,4} , \quad
q_0 = 2{,}5 \cdot 10^7 ,
\tag{8.55}
$$

ist die $(\mathbf{A}, \mathbf{Q})$–Beobachtbarkeit wegen

$$\text{Rang}\left[\mathbf{Q}^T \vdots \mathbf{A}^T\mathbf{Q}^T \ldots\right] = \text{Rang}\begin{pmatrix} \mathbf{Q}_u & 0 & | & 0 & 0 \\ & & | & & \ldots \\ 0 & 0 & | & \mathbf{Q}_u & 0 \end{pmatrix} = n$$

stets gegeben.

8.3.3 Festwertregler

Für die Betriebsdrehzahl $\Omega = 150$ Hz wird ein RICCATI-Regler ausgelegt.

Das Ergebnis ist als Verlauf der Eigenwerte des geschlossenen Regelkreises nebenstehend aufgezeichnet. Es zeigt, daß der Rotor während des Hochfahrens bis zur Betriebsdrehzahl keine Instabilitäten durchlaufen muß. Dieses Ergebnis ist natürlich nicht für alle beliebigen Rotoren selbstverständlich, denn auch hier garantiert der RICCATI-Entwurf optimales Verhalten nur für

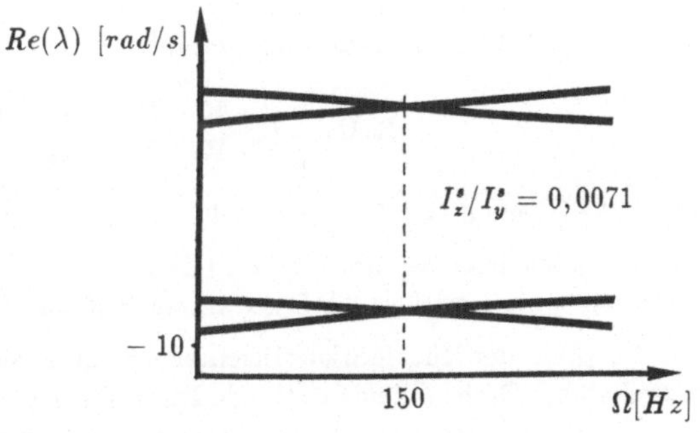

Bild 8.20: Dämpfungsverlauf

das zugrundeliegende mathematische Modell, also für die Drehzahl von 150 Hz.

Betrachtet man dagegen einen Rotor mit größerem $\left(I_z^s/I_y^s\right)$ – Verhältnis, so liefert der RICCATI-Regler bei einer Auslegung für 150 Hz nebenstehendes Ergebnis. Hier ist der Rotor bereits im Stillstand bei Einschalten des Reglers instabil. Man wird in diesem Fall auf eine adaptive Regelung übergehen müssen, die Optimalität für den ganzen Drehzahlbereich liefert.

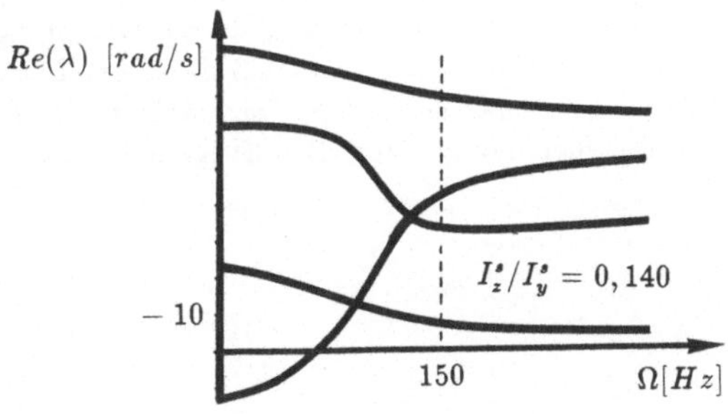

Bild 8.21: Dämpfungsverlauf

8.3.4 Adaptive Regelung/Digitale Regelung [CZE 81]

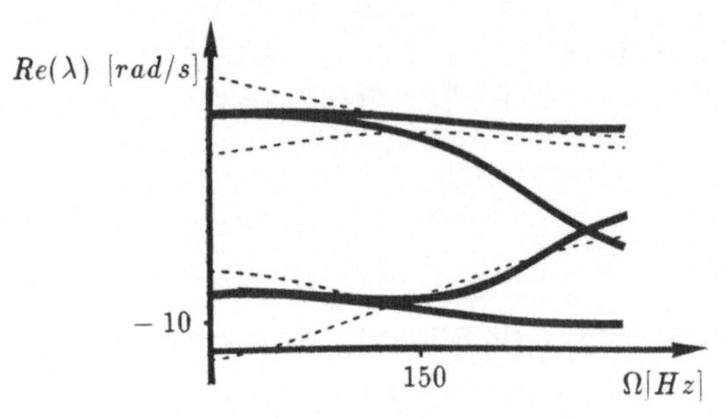

Für einen starren Rotor mit einem Trägheitsmomentenverhältnis $\left(I_z^s/I_y^s\right) = 0{,}07$ wird zu jeder Drehzahl ein Regler nach (7.70) entworfen. Die Struktur der Rückführmatrix ist

Bild 8.22: Dämpfungsverlauf

$$\mathbf{K}(\Omega) = \begin{pmatrix} \mathbf{K}_1 & \mathbf{K}_3 & \mathbf{K}_5 & \mathbf{K}_7 \\ -\mathbf{K}_3 & \mathbf{K}_1 & -\mathbf{K}_7 & \mathbf{K}_5 \end{pmatrix},$$

s.a. (8.32). Jede dieser Matrizen stellt eine 4×4−Matrix dar.

Das Ergebnis zeigt asymptotische Stabilität im gesamten Frequenzbereich; zum Vergleich sind gestrichelt die Eigenwertverläufe bei Festwertregelung eingetragen.

Die Adaption der Rückführkoeffizienten erfolgt in diesem Falle so, daß für jeweils festgehaltene Drehzahl eine optimale Rückführung bestimmt wird. Das Hochfahren des Rotors entspricht damit einem sog. "quasistationären Verlauf", d.h. einer langsamen Steigerung der Drehzahl derart, daß instationäre Effekte nicht zum Tragen kommen. Für das instationäre Verhalten symmetrischer Rotoren ohne Unwucht ist bekannt, daß das Hochlaufen die Nutationsfrequenzen nicht beeinflußt und die Präzessionen stabilisiert, während im dämpfungsfreien Fall beim Bremsen die Präzessionen mit $1/\Omega(t)$ destabilisiert werden, vgl. Kap. 6.7. Im gedämpften Fall ist jedoch davon auszugehen, da die Dämpfung ein exponentielles Abklingen der Amplituden verursacht, daß diese Art Destabilisierung belanglos bleibt und damit die Annahme des "quasistationären" Hochlaufs und Bremsens auch bei großen Beschleunigungen ihre Berechtigung behält.

Für eine Realisierung wird eine Abtastregelung mit einer Abtastzeit von $T = 10\,ms$ entsprechend (7.70) entworfen, wobei die optimale Rückführmatrix für jeden festgehaltenen Wert von Ω gegen eine stationäre Lösung konvergiert. Exemplarisch sind nebenstehend die Verläufe der Koeffizienten von $\mathbf{K}_1$ und $\mathbf{K}_3$ eingetragen (Indizierung z.B. bei $\mathbf{K}_1$: $11 = \mathbf{K}(1,1)$, gestrichelt). Da eine jeweilige direkte Berechnung der Koeffizienten über (7.70) wegen der erforderlichen Rechenzeit in der Praxis scheitert, ist es sinnvoll, den Verlauf der Koeffizienten durch Polynome anzunähern. Für die Koeffizienten von $\mathbf{K}_1$ genügt eine Gerade, für die von $\mathbf{K}_3$ ein Polynom 3. Ordnung mit Fixpunkten bei $\Omega = 150$ und 300 Hz (durchgezogene Linie).

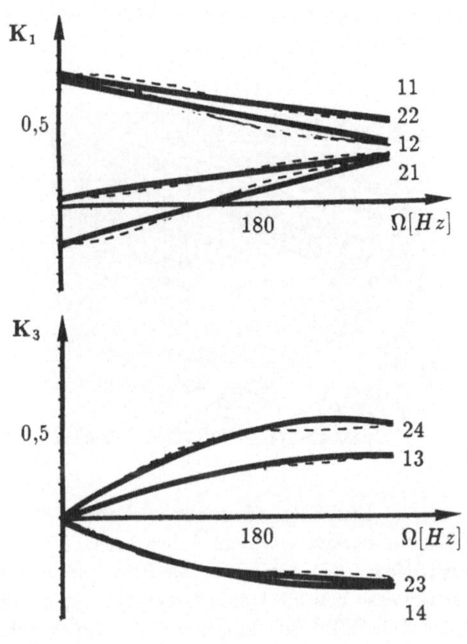

Bild 8.23: Rückführkoeffizienten

Analoges Vorgehen gilt für $\mathbf{K}_5$, $\mathbf{K}_7$. Damit wird zum einen asymptotische Stabilität während des Hochfahrens gewährleistet, zum anderen liegt in den Betriebspunkten $\Omega_{B1} = 150$ Hz und $\Omega_{B2} = 300$ Hz im Sinne des zugrundegelegten Kriteriums optimales Verhalten vor. Wenn die jeweilige Drehzahl durch Messung verzögerungsfrei zur Verfügung steht, so können die Rückführdaten für die aktuelle Drehzahl in Tabellenform im Regler abgespeichert werden; eine Adaption ist dann problemlos. (Bei einem genäherten Verlauf der Reglerkoeffizienten über der Drehzahl ist es selbstverständlich, daß die Regelgüte durch eine Simulation überprüft werden muß).

8.4 Regelung einer Magnetschwebebahn/unsichere Parameter [BRE 80]

Das Konzept einer Magnetschwebebahn, deren Reisegeschwindigkeit bei etwa 500 km/h liegt, stellt wegen geringer zu überwindender Reibung im Vergleich zu Schienenfahrzeugen für mittlere Entfernungen eine optimale Kompromißlösung zwischen Eisenbahn und Flugzeug dar. Die Idee ist nicht neu – die erste Patentschrift für "Schwebebahnen mit räderlosen Fahrzeugen, die mittels magnetischer Felder schwebend entlanggeführt werden",

Bild 8.24: Magnetschwebebahn

stammt bereits aus dem Jahre 1934. Sie wurde in den 60er Jahren wieder aufgegriffen; 1971 erreichte das Prinzipfahrzeug MAGNETMOBIL bei einer Fahrzeugmasse von 5,8 t eine Geschwindigkeit von 90 km/h, fünf Jahre später wurde von KOMET I 401 km/h erzielt. Dieses Fahrzeug wog 10 t. Weitere drei Jahre danach wurde das Fahrzeug TRANSRAPID 05 auf der internationalen Verkehrsausstellung in Hamburg vorgestellt, allerdings ohne das Ziel, große Geschwindigkeiten zu demonstrieren. Im Laufe dieser Entwicklung hat sich einerseits das EMS-Prinzip (elektromagnetische Anziehung, im Gegensatz zum EDS-Vorgehen: Ausnutzung elektrodynamischer Wirkungen) durchgesetzt, andererseits die Betrachtung des "magnetischen Rades", d.h. einer möglichst starren Ankopplung des Fahrzeugträgers an die Fahrbahn. Den Anforderungen des Fahrkomforts muß dann die Aufhängung der Fahrgastzelle an dem Fahrzeugträger gerecht werden. Für eine Prinzipuntersuchung wird im folgenden nur ein einzelner Tragmagnet betrachtet. Bei der angedeuteten Vorgehensweise des magnetischen Rades, d.h. dezentrale Regelung jedes einzelnen Tragmagneten, ist diese Betrachtung gerechtfertigt.

8.4.1 Bewegungsgleichungen/Zustandsgleichungen/Regelung

Im Gegensatz zum vorigen Anwendungsfall, wo durch Einsatz eines Vorverstärkers über die gemessene Spannung der zu regelnde Magnetstrom direkt verfügbar und damit als Eingangsgröße verwendbar war, soll im Falle der Tragmagnetregelung die Steuerspannung als Regelgröße dienen.

Als Modell des "magnetischen
Rades" dient das in Bild 8.25
skizzierte einfache Ersatzsystem,
als zu untersuchende Bewegung
geht lediglich die Hubbewegung
ein. Die somit erzielbaren Ergebnisse sind direkt auf die Regelung des Axiallagers im vorigen Anwendungsfall übertragbar. Mit der gemessenen Spannung u gilt es nun, die zweite
Zeile von (8.45) zu berücksichtigen.

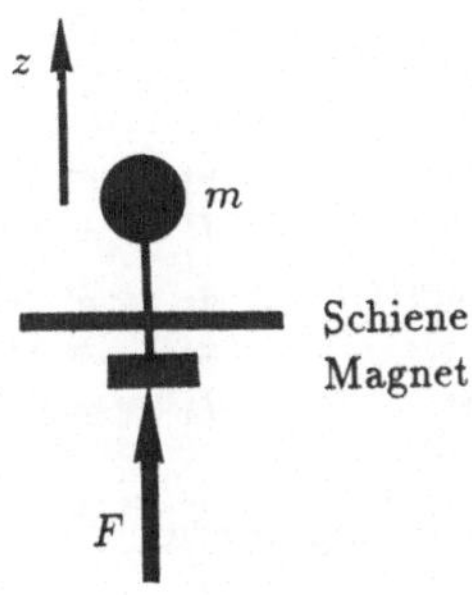

Bild 8.25: Ersatzmodell

Für kleine Spalt- und Stromabweichungen erhält man nach der TAYLOR-Entwicklung für den Zusammenhang Strom-Spannung die Beziehung

$$k_i \Delta \dot{s} + L_0 \frac{d}{dt} \Delta i + R \Delta i = \Delta u \ . \tag{8.56}$$

Die Hubbewegung der Masse m wird beschrieben durch

$$m\ddot{z} = f = k_i i + k_z z \ \Rightarrow \ i = \frac{m\ddot{z}}{k_i} - \frac{k_z}{k_i} z \ , \tag{8.57}$$

wobei auf die Kennzeichnung der kleinen Abweichungen mit dem Symbol Δ wiederum verzichtet wird. Differenziert man die erste Beziehung (8.57) nach der Zeit,
setzt für die Ableitung des Steuerstroms (8.56) und dort für den Steuerstrom die
zweite Beziehung (8.57), so erhält man

$$\dddot{z} = -\frac{R}{L_0}\ddot{z} + \frac{Rk_z}{mL_0} z - \left(\frac{k_i^2}{mL_0} - \frac{k_z}{m} \right) \dot{z} + \frac{k_i}{mL_0} u \tag{8.58}$$

bzw. die *Zustandsgleichung*

$$\frac{d}{dt} \begin{pmatrix} z \\ \dot{z} \\ \ddot{z} \end{pmatrix} = \begin{pmatrix} 0 & 1 & 0 \\ 0 & 0 & 1 \\ -\alpha_3 & -\alpha_2 & -\alpha_1 \end{pmatrix} \begin{pmatrix} z \\ \dot{z} \\ \ddot{z} \end{pmatrix} + \begin{pmatrix} 0 \\ 0 \\ \frac{k_i}{mL_0} \end{pmatrix} u \ , \tag{8.59}$$

$$\alpha_3 = -\frac{Rk_z}{mL_0} \ , \quad \alpha_2 = \frac{k_i^2}{mL_0} - \frac{k_z}{m} \ , \quad \alpha_1 = \frac{R}{L_0}$$

Die Systemmatrix liegt in FROBENIUS-Form vor, in der die letzte Zeile die negativen charakteristischen Koeffizienten enthält. Weil diese wechselndes Vorzeichen
haben, ist die Hubbewegung des Magneten ohne Regelung sicher nicht asymptotisch stabil.

Mit den Zahlenwerten

Masse:	m	$= 16\ kg$
Widerstand:	R	$= 8\ \Omega$
Magnetbeiwerte:	k_z	$= 5,7 \cdot 10^4 N/m$
	k_i	$= 114\ N/A$
Induktivität:	L_0	$= 0,5\ Vs/A$

erhält man die Eigenwerte

$$\lambda_1 = 48,39\ , \quad \lambda_{2/3} = -32,19 \pm i\,11,89\ , \tag{8.60}$$

die das Verhalten des ungeregelten Magneten kennzeichnen: Bei zu kleinem Magnetspalt wird die Magnetkraft so groß, daß der Magnet an der Ankerschiene "festklebt", bei zu großem "fällt er herunter". Eine Regelung ist daher notwendig.

Dabei ist die notwendige Erfüllung der Steuerbarkeit stets gegeben, da die Systemmatrix in FROBENIUS-Form vorliegt. Für die $(\mathbf{A}, \mathbf{Q})$–Beobachtbarkeit gilt mit $\mathbf{Q} = \text{diag}(q_1, q_2, q_3)$

$$\left(\mathbf{Q} \,\vdots\, \mathbf{A}^T\mathbf{Q} \,\vdots\, \mathbf{A}^{2T}\mathbf{Q} \right)$$

$$= \begin{pmatrix} q_1 & 0 & 0 & | & 0 & 0 & -\alpha_3 q_3 & | & 0 & -\alpha_3 q_2 & \alpha_1\alpha_3 q_3 \\ 0 & q_2 & 0 & | & q_1 & 0 & -\alpha_2 q_3 & | & 0 & -\alpha_2 q_2 & (\alpha_1\alpha_2 - \alpha_3)\,q_3 \\ 0 & 0 & q_3 & | & 0 & q_2 & -\alpha_1 q_3 & | & q_1 & -\alpha_1 q_2 & (\alpha_1^2 - \alpha_2)\,q_3 \end{pmatrix} . \tag{8.61}$$

Der Rang dieser Matrix ist stets gleich drei, auch wenn nur einer der Werte q_i von Null verschieden ist. Als Kompromiß wird die Spaltauslenkung z relativ stark bewertet, die Geschwindigkeit bleibt unbewertet, die Beschleunigung geht schwach in das Kriterium mit ein:

$$q_1 = 10^7\ , \quad q_2 = 0\ , \quad q_3 = 1\ . \tag{8.62}$$

Diese Bewertung liefert die Rückführkoeffizienten und die Eigenwerte

$$\begin{aligned} k_1 &= 9123,5\ , \quad k_2 = 470,156\ , \quad k_3 = 7,079\ ; \\ \lambda_1 &= -53,07\ , \quad \lambda_{2/3} = -31,89 \pm i\,18,29\ . \end{aligned} \tag{8.63}$$

8.4.2 Parameterempfindlichkeit

Bei der Regelung des Tragmagneten ist die Induktivität als unsicherer Parameter anzusehen; die anzusetzenden Werte sind wegen der magnetischen Streuflußverluste nicht genau bekannt und ändern sich insbesondere in Abhängigkeit der aktuellen Fahrgeschwindigkeit der Magnetschwebebahn. Für die angegebenen Zahlenwerte sind nebenstehend die Empfindlichkeitsfunktionen nach Kap. 7.4.3 sowie das Einschwingverhalten des Magnetspaltes bei einer Parameterabweichung von $\pm$ 40 % des Nominalwertes für die Induktivität aufgezeichnet.

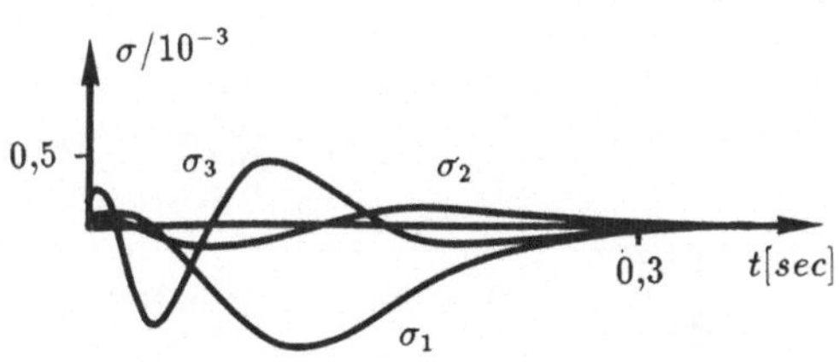

Bild 8.26: Empfindlichkeitsfunktionen

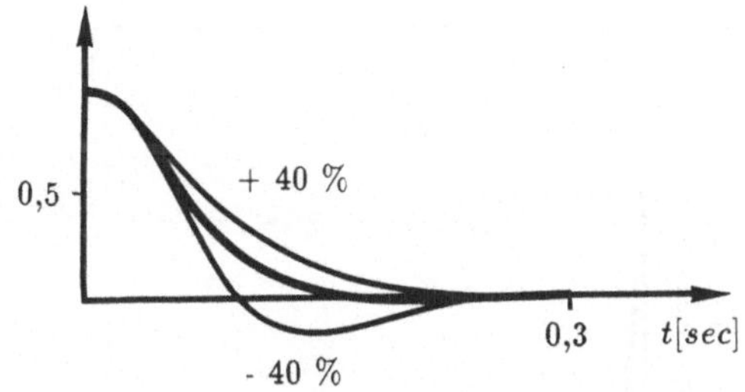

Bild 8.27: Einschwingverhalten

Um ein von der Induktivitätsschwankung unabhängiges Einschwingverhalten zu erreichen, wird von der Regelung (7.100) Gebrauch gemacht. Die Systemmatrix des Gleichungssystems (8.59) liegt bereits in FROBENIUS-Form vor; um die Zustandsgleichungen auf Normalform (7.47) zu bringen, muß eine Nachtransformation

$$\mathbf{Tb} = \mathbf{e}_n \ \Rightarrow \ \mathbf{T} = \frac{mL}{k_i} \mathbf{E} \tag{8.64}$$

durchgeführt werden. Damit erhält man nach (7.106) den Stellgrößenradius ρ:

$$\left\{\left[\mathbf{b}_0^T\mathbf{P}\left(\mathbf{E} - \mathbf{T}^{-1}\mathbf{T}_0\right) - \Delta\mathbf{a}^T\mathbf{T}_0\right]\mathbf{x}\right\}_{\max} = \left\{\left[\mathbf{b}_0^T\mathbf{P}\,L_r - \frac{mL_0}{k_i}\Delta\mathbf{a}^T\right]\mathbf{x}\right\}_{\max} = \rho(\mathbf{x}) \ , \tag{8.65}$$

$L_r = \frac{\Delta L}{L_0+\Delta L}$.

Mit

$$\frac{1}{L} = \frac{1}{L_0 + \Delta L} = \frac{1}{L_0} - \frac{1}{L_0}L_r \tag{8.66}$$

lauten die Abweichungen der charakteristischen Koeffizienten (8.59)

$$\mathbf{a}(L) = \mathbf{a}(L_0) + \Delta\mathbf{a} = \mathbf{a}(L_0) - \left[-\frac{Rk_z}{mL_0}L_r \ , \ \frac{k_i^2}{mL_0}L_r \ , \ \frac{R}{L_0}L_r\right]^T \ . \tag{8.67}$$

Ferner stellt $\mathbf{b}_0^T \mathbf{P} = \mathbf{k}^T$ die nominale Rückführmatrix dar. Damit erhält man für den Stellgrößenradius explizit

$$\mathbf{k}^T = (k_1, k_2, k_3)$$
$$\Rightarrow \rho(\mathbf{x}) = L_{r\,\text{max}} \left| \left[\left(k_1 - \tfrac{Rk_z}{k_i} \right) x_1 + (k_2 + k_i)x_2 + \left(k_3 + \tfrac{mR}{k_i} \right) x_3 \right] \right| \qquad (8.68)$$

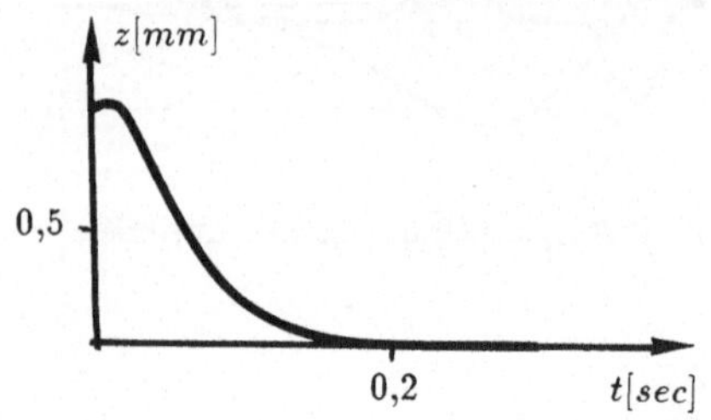

Bei Einsatz dieses Regelkonzepts bewirkt eine Abweichung der Nominalinduktivität um $\pm$ 40 % eine nicht erkennbare Abweichung des zugehörigen Einschwingverhaltens, Bild 8.28.

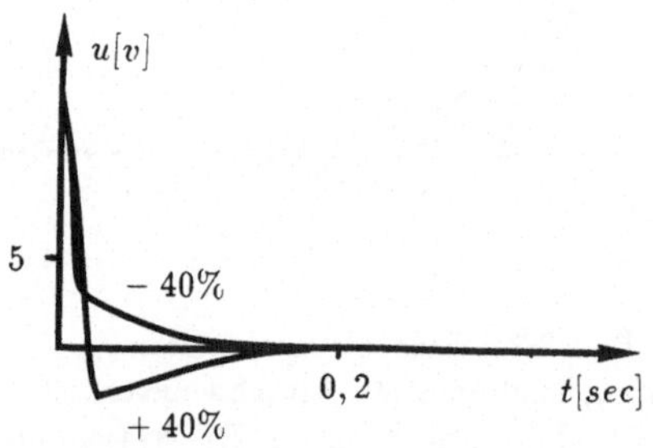

Bild 8.28: Einschwingungsverhalten z und Stellgröße $u_1 + u_2 (\varepsilon = 0, 1)$

8.5 Robotergelenkregelung mit Störgrößenaufschaltung

8.5.1 Dezentrale Regelungen

Betrachtet wird eine einfache Roboterkonstruktion ("SCARA-Roboter"), dessen Armbewegungen in der Horizontalen stattfinden und von der Hubbewegung des Greifers entkoppelt sind. Eine Möglichkeit der Regelung, die hier ins Auge gefaßt werden soll, ist die dezentralisierte, getrennte Regelung von Schulter- und Ellbogengelenk. Die asymptotische Stabilität der Teilarme ist eine notwendige Voraussetzung für die Gesamtstabilität. Eine Teiloptimierung von Ober- und Unterarm für sich liefert natürlich in aller Regel keine Gesamtoptimalität. Hierfür wäre der Entwurf eines übergeordneten "Koordinationsreglers" erforderlich, wovon im vorliegenden Kapitel jedoch abgesehen werden soll.

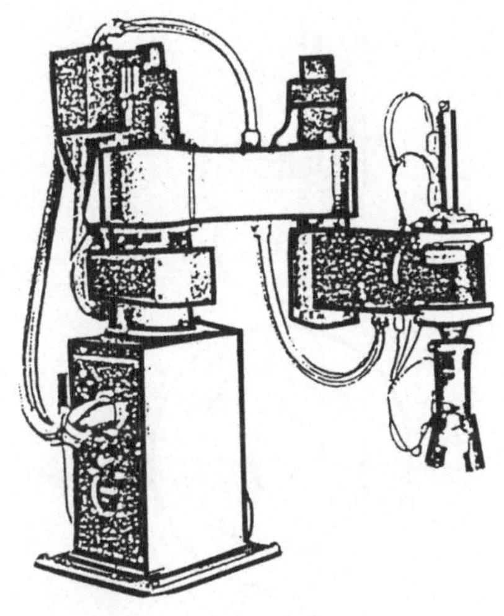

Bild 8.29: SCARA-Roboter

8.5.2 Ersatzmodell/Zustandsgleichung

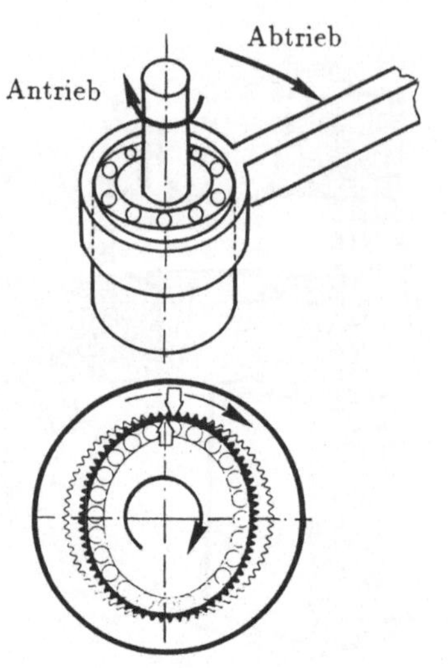

Bild 8.30: "Harmonic-Drive"-Getriebe

Für die Auslegung einer dezentralisierten Regelung wird stellvertretend der "Oberarm" des Roboters betrachtet. Der Antrieb erfolgt über einen Scheibenläufermotor mit sehr geringem Trägheitsmoment. Die Motordrehung wird über ein "Harmonic-Drive"-Getriebe übersetzt: Ein inertial befestigter außenverzahnter elastischer Topf ("Flexspline") wird über eine elliptische Antriebsscheibe ("Wave Generator") so verformt, daß sich seine Verzahnung im Bereich der großen Ellipsenhalbachse im Eingriff mit dem innenverzahnten Abtriebsring ("Circular Spline") befindet. Der außenverzahnte Teil hat hierbei zwei Zähne weniger als der innenverzahnte; ein Umlauf der Ellipsenhalbachse treibt den innenverzahnten Ring um einen Zahnabstand weiter. Wegen der großen Zähnezahl ergibt sich ein großes Übersetzungsverhältnis, was u.a. dazu führt, daß das Motorträgheitsmoment in der Systembeschreibung nicht vernachlässigt werden kann (hier geht das Übersetzungsverhältnis quadratisch ein). Die Elastizität des verwendeten Getriebes führt ferner dazu, daß eine elastische Kopplung zwischen Antriebs- und Abtriebsteil berücksichtigt werden muß. Außerdem treten Reibungseffekte auf: Etwa 15 % der Zähne befinden sich stets im Eingriff. Solange eine Antriebsdrehgeschwindigkeit vorhanden ist, wird durch die Relativgeschwindigkeit der aneinander abgleitenden Zähne proportional zum Zahnflankennormaldruck an jedem Zahn eine Reibungskraft erzeugt. In jeder der beiden Zahneingriffsstrecken ist dabei die Relativgeschwindigkeit am Beginn der Eingriffslinie anders gerichtet als am Ende der Eingriffsstrecke, für die gesamte Eingriffsstrecke im Mittel proportional zur Antriebsdrehgeschwindigkeit.

Die Reibungskräfte beider Zahneingriffsstrecken an den beiden
Enden der umlaufenden Halb-
achse erzeugen ein Moment, das
unabhängig von der Winkelstel-
lung der antreibenden elliptischen Scheibe der Bewegung
stets entgegengerichtet ist.
Kommt der Antrieb zum Stillstand, so entsteht ein Haftreibungsmoment, das größer ist als
das Gleitreibungsmoment während der Bewegung. Dieser Ge-
triebereibung ist die Lagerrei-
bung der Antriebswelle überlagert.

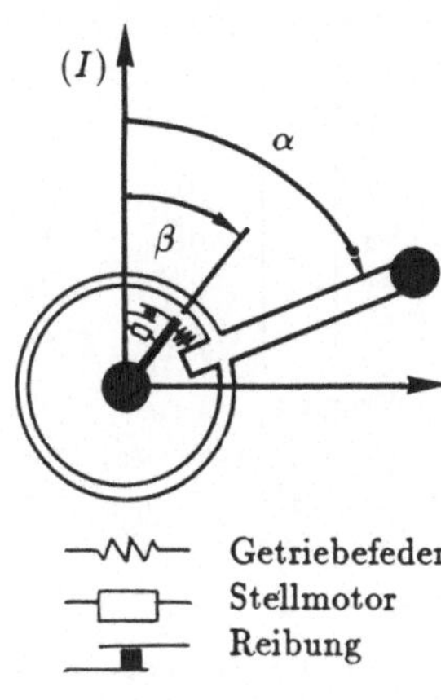

Bild 8.31: Ersatzmodell

Überträgt man die Verhältnisse, die im Inneren des Antrieb-Getriebeblocks vor-
herrschen, auf eine Betrachtung von außen, so erhält man ein Ersatzmodell nach
Bild 8.31 (vgl. auch Kap. 7.3.2/7.4.3). Für die Reibungsbeiwerte erhält man aus
Tabellenwerken [DUB 70] für die Reibpaarung Stahl/Stahl geschmiert

$$
\begin{aligned}
\text{Haftreibungsbeiwert} \qquad 0,1 &\leq \mu_0 \leq 0,12 \\
\text{Gleitreibungsbeiwert} \qquad 0,01 &\leq \mu \leq 0,05 \; .
\end{aligned}
\tag{8.69}
$$

Die Werte streuen in einem weiten Bereich und sind daher mit Unsicherheit be-
haftet. Labormessungen an einem wie hier beschriebenen Antriebsgelenk haben
immerhin den Haftreibungsbeiwert bestätigen können. An Hand der Modellskizze
ist jedoch, so unsicher die Reibungsmomente im einzelnen auch sein mögen, ersicht-
lich, daß insbesondere das Haftreibungsmoment zu erheblichen Problemen führen
kann: Befindet sich der Antriebsteil in der Haftreibung, so muß der Stellmotor,
um überhaupt wirken zu können, die Haftreibungsgrenze erst überwinden. Dies
führt zu einem Überschuß in der Stellenergie und bewirkt eine Bewegung in un-
erwünschter Weise. Auf der anderen Seite kann der Stellmotor Restschwingungen
elastischer Auslegerarme nicht abbauen, wenn er durch die Haftreibung an einer
Gegenwirkung gehindert wird.

Derartige Haftreibungseffekte treten bei vielen Geräten auf. Eine pragmatische
Möglichkeit, ihnen zu begegnen, ist es, dem Stellmoment ein hochfrequentes Signal
zu überlagern, das ein "Klebenbleiben" verhindern soll. Die Frequenz eines solchen Signals muß so hoch sein, daß sie das dynamische Verhalten praktisch nicht
beeinflußt, andererseits so niedrig, daß der verfügbare Stellmotor überhaupt in der
Lage ist, das Signal aufzubringen. Dieses Vorgehen ist natürlich wenig befriedigend. Wenn überhaupt ein Stellsignal zur Reibungsbeeinflussung zur Verfügung

steht, bietet sich an dieser Stelle nach einem Vorschlag von [MÜL 86] die Verwendung eines Störbeobachters an (Kap. 7.4.5). Die entsprechenden Zustandsgleichungen lauten hier

$$
\frac{d}{dt}
\begin{bmatrix} x_1 \\ x_2 \\ \dot{x}_1 \\ \dot{x}_2 \end{bmatrix}
=
\begin{bmatrix}
0 & 0 & 1 & 0 \\
0 & 0 & 0 & 1 \\
-c/I_A & c/I_A & 0 & 0 \\
c/I_B & -c/I_B & 0 & 0
\end{bmatrix}
\begin{bmatrix} x_1 \\ x_2 \\ \dot{x}_1 \\ \dot{x}_2 \end{bmatrix}
+
\begin{bmatrix} 0 \\ 0 \\ 0 \\ 1/I_B \end{bmatrix}
(u + w) \ ,
$$

$$
w = \begin{cases}
-\mu N \operatorname{sign} \dot{x}_2 & ; \ \dot{x}_2 \ \neq \ 0 \\
-w_{\text{Grenz}} \operatorname{sign}(x_1 - x_2) & ; \ \dot{x}_2 \ = \ 0 \ , \ |c(x_2 - x_1)| \ \geq \ w_{\text{Grenz}} = \mu_0 N \\
-c(x_1 - x_2) & ; \ \dot{x}_2 \ = \ 0 \ , \ |c(x_2 - x_1)| \ < \ w_{\text{Grenz}} = \mu_0 N
\end{cases}
$$

$$(8.70)$$

vgl. auch Kap. 7.3.2.

Nimmt man für die Reibungskennzahl μ an, daß ihre Änderung in Abhängigkeit der Geschwindigkeit $\dot{x}_2 = x_4$ proportional zum aktuellen Reibwert selbst ist ("natürlicher Prozeß", $d\mu/d\,|x_4| = -T\mu$), so erhält man die Beziehung

$$
\mu = \mu_0 - \mu_0 \overline{\alpha} \left[1 - \exp\left(-T\,|x_4| \right) \right] \ ,
\tag{8.71}
$$

wobei die Zeitkonstante T das Übergangsverhalten von Haftreibung μ_0 $(x_4 = 0)$ in die Gleitreibung $\mu_0(1 - \overline{\alpha})$ $(x_4 \Rightarrow \infty)$ kennzeichnet. Dabei ist für trockene Reibung $\overline{\alpha} < 1$ eine positive Zahl. Im weiteren gilt $\overline{\alpha} = 0,5$; $T = 0,3\ s$ sowie $\mu_0 N = 15\,Nm$.

8.5.3 Reglerauslegung/-realisierung

Für die homogene Zustandsgleichung (8.70) (d.h. ohne Berücksichtigung von $w(t)$) wird eine Zustandsrückführung nach Kap. 7.2.1 mit

$$
\mathbf{Q} =
\left(
\begin{array}{c|c}
\left(\left[\frac{c}{I_A}\right]^2 + \left[\frac{c}{I_B}\right]^2 \right)
\begin{pmatrix} 1 & -1 \\ -1 & 1 \end{pmatrix} q_B
+ \begin{pmatrix} 1 & 0 \\ 0 & 1 \end{pmatrix} q_L & 0 \\
\hline
0 & \begin{pmatrix} 1 & 0 \\ 0 & 1 \end{pmatrix} q_G
\end{array}
\right)
\tag{8.72}
$$

ausgelegt. Dabei stellt q_L eine Lage-, q_G eine Geschwindigkeitsbewertung und q_B eine Beschleunigungsbewertung dar. Die Beschleunigungsbewertung dient dazu, Sprünge in den Stellgrößen abzubauen, um eine Schwingungsanregung über die Getriebefeder zu reduzieren, s.a. Kap. 7.4.3. Für die Steuerungsbewertung wird $\mathbf{R} = \mathbf{E}$ angesetzt.

Zur Verifizierung von Kap. 7.4.4 wird ein vollständiger Beobachter ausgelegt unter der Voraussetzung, daß lediglich der Motorwinkel x_2 gemessen werden kann:

$$
\mathbf{y} = \mathbf{c}^T \mathbf{x} \ , \quad \mathbf{c}^T = (0 \ 1 \ 0 \ 0) \ .
\tag{8.73}
$$

Im Gegensatz zu Kap. 7.4.4 soll hier die Matrix $\mathbf{L} = \mathbf{l} \in \mathbf{R}^4$ nicht über die RICCATI-Gleichung sondern über einfache Polvorgabe festgelegt werden. Bedingung ist, daß $\det\left(\lambda\mathbf{E} - \mathbf{A} + \mathbf{l}\mathbf{c}^T\right) = P(\lambda) = 0$ vorgegebene (asymptotisch stabile) Eigenwerte als Lösung beinhaltet.

Eine Ausrechnung des charakteristischen Polynoms

$$\lambda^4 + a_1\lambda^3 + a_2\lambda^2 + a_3\lambda + a_4 \stackrel{!}{=} (\lambda - \lambda_1)(\lambda - \lambda_2)(\lambda - \lambda_3)(\lambda - \lambda_4)$$

mit den vorgegebenen Eigenwerten λ_i, $i = 1(1)4$, liefert durch Koeffizientenvergleich

$$
\begin{bmatrix} l_1 \\ l_2 \\ l_3 \\ l_4 \end{bmatrix}
=
\begin{bmatrix}
-\left[\frac{\nu_A}{\nu_B}\right]^2 & 0 & \left[\frac{1}{\nu_B^2}\right] & 0 \\
1 & 0 & 0 & 0 \\
0 & -\left[\frac{\nu_A}{\nu_B}\right]^2 & 0 & \left[\frac{1}{\nu_B^2}\right] \\
0 & 1 & 0 & 0
\end{bmatrix}
\begin{bmatrix} a_1 \\ a_2 - (\nu_A^2 + \nu_B^2) \\ a_3 \\ a_4 \end{bmatrix}
\tag{8.74}
$$

mit $\nu_A^2 = c/I_A$, $\nu_B^2 = c/I_B$ und

$$
\begin{bmatrix} a_1 \\ a_2 \\ a_3 \\ a_4 \end{bmatrix}
=
\begin{bmatrix}
-[\lambda_1 + \lambda_2 + \lambda_3 + \lambda_4] \\
[\lambda_1(\lambda_2 + \lambda_3 + \lambda_4) + \lambda_2(\lambda_3 + \lambda_4) + \lambda_3\lambda_4] \\
-[\lambda_1\lambda_2(\lambda_3 + \lambda_4) + \lambda_3\lambda_4(\lambda_1 + \lambda_4)] \\
[\lambda_1\lambda_2\lambda_3\lambda_4]
\end{bmatrix}
\; .
\tag{8.75}
$$

Für die Reglerverstärkungen $\mathbf{K} = \mathbf{k}^T$, $\mathbf{k} \in \mathbf{R}^4$, wird eine Bewertung nach (8.72) mit

$$q_B = 10 \; , \quad q_L = 3 \; 10^5 \; , \quad q_G = 10^4 \tag{8.76}$$

berechnet. Für $c = 2 \; 10^4 \; (Nm/rad)$, $I_A = 3,17 \; (kgm^2)$, $I_B = 3,5 \; (kgm^2)$ erhält man die Verstärkungen

$$\mathbf{k}^T = \mathbf{b}^T\mathbf{P} = \left(-1,2 \; 10^4 \; / \; 1,3 \; 10^4 \; / \; -1,4 \; 10^2 \; / \; 3,2 \; 10^2\right) \; . \tag{8.77}$$

Der geschlossene Regelkreis $\left(\hat{\mathbf{A}} = \mathbf{A} - \mathbf{b}\mathbf{k}^T\right)$ beinhaltet die Eigenwerte

$$\lambda_1 = -17 \; , \quad \lambda_2 = -5,6 \; , \quad \lambda_{3/4} = -34 \pm i\,113 \; . \tag{8.78}$$

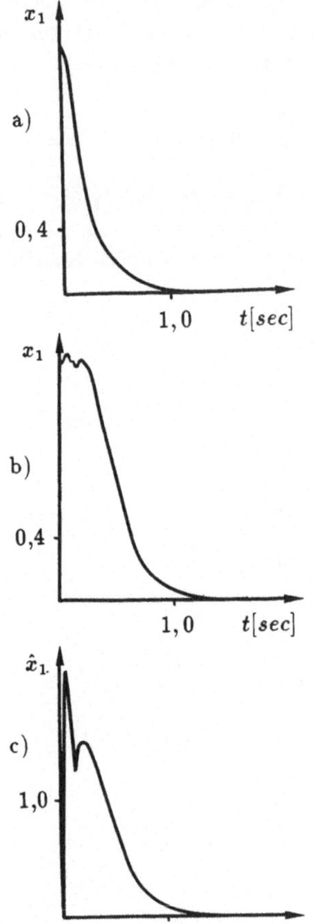

Bild 8.32:   a) ideale Regelung
              b) mit Beobachter
              c) Schätzung

Bei einer Beschränkung des Stellmoments von $u_{max} = 300(Nm)$ erhält man die nebenstehend skizzierte ideale Einschwingkurve, die es bei alleiniger Messung des Motorwinkels x_2 durch Auslegung eines geeigneten Beobachters zu verifizieren gilt. Betrachtet wird eine Schwenkbewegung um 90°. Bei idealem Regler ist dieses Manöver nach ca. 1 sec beendet.

Legt man einen Beobachter mit den Beobachtereigenwerten

$$\begin{aligned}
\lambda_1 &= -10^3 \ , \\
\lambda_2 &= -10 \ , \quad\quad (8.79) \\
\lambda_{3/4} &= -35 \pm i\,85
\end{aligned}$$

aus (willkürliche Startwerte), so erkennt man, daß das Einschwingverhalten deutlich langsamer wird und daß zu Beginn der Bewegung unerwünschte Oberschwingungen entstehen. Der Grund hierfür ist der relativ große Schätzfehler zu Beginn, der sich in der Schätzung $\hat{x}_1$ wiederspiegelt. Es liegt daher nahe, den Beobachter "schneller" zu machen, d.h. die Eigenwertrealteile zu verkleinern.

Unter Zugrundelegung der Beobachtereigenwerte

$$\lambda_1 \;=\; -10^3 \;,$$
$$\lambda_2 \;=\; -10^2 \;, \qquad (8.80)$$
$$\lambda_{3/4} \;=\; -50 \pm i\,250$$

läßt sich ein befriedigendes Ergebnis erzielen, wie die nebenstehenden Abbildungen zeigen.

Hierbei bleibt die Stellgröße u zu
Beginn kurzzeitig in der Begrenzung.

Die Ergebnisse zeigen, wie man
unter Verwendung eines Beobachters auch dann eine Regelung
verifizieren kann, wenn nur eine
begrenzte Anzahl von Messungen

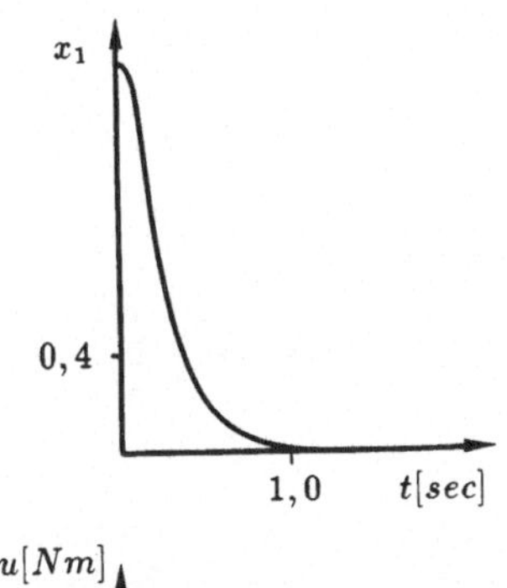

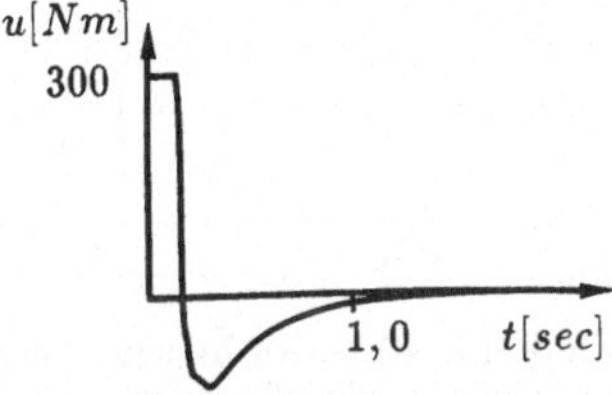

Bild 8.33: Regelung mit Beobachter

(hier: Eine Messung bei vier Zustandsgrößen) zur Verfügung steht. Im folgenden
soll nun davon ausgegangen werden, daß der gesamte Zustand zum Aufbau der
Zustandsregelung zur Verfügung steht.

8.5.4 Störgrößenaufschaltung (Störbeobachter)

Bei bekanntem Zustand ist es problemlos, eine (optimale) Regelung aufzubauen.
Die Regelung bezieht sich dabei immer auf das homogene System, das heißt, sie
berücksichtigt keinerlei Störungen. Bleiben im gestörten System die Störeinflüsse
gering, so können sie ignoriert werden. Haben sie jedoch wesentlichen Einfluß
auf das Systemverhalten, so ergibt sich die fundamentale Schwierigkeit, daß die
Störung zum aktuellen Zeitpunkt weder bekannt ist noch in der Regel direkt gemessen werden kann. Typisches Beispiel für derartige Störungen ist die Reibung, die
es im folgenden zu untersuchen gilt. Im ersten Schritt sollen *allgemeine Störungen
mit unbekanntem Zeitverlauf* diskutiert werden.

Grundsätzlich gilt, daß sich jede Funktion als Polynom in beliebiger Genauigkeit annähern läßt. Für die hier zu führende Betrachtung kann weiterhin angenommen werden, daß sich jede über der Zeit unbekannte Störung durch ein
Polynom höchstens zweiten Grades approximieren läßt, wenn nur zu den aktuellen Zeitpunkten eine Anpassung vorgenommen wird. Diese Anpassung ist Aufgabe des Störbeobachters. Ein Zeitpolynom zweiter Ordnung läßt sich über ein
Differentialgleichungssystem der Form

$$\dot{z} = \mathbf{F}z \ , \quad \mathbf{F} = \begin{pmatrix} 0 & 1 & 0 \\ 0 & 0 & 1 \\ 0 & 0 & 0 \end{pmatrix} \ , \quad z \in \mathbb{R}^3 \tag{8.81}$$

mit der Lösung

$$z = c_1 \begin{pmatrix} 1 \\ 0 \\ 0 \end{pmatrix} + c_2 \begin{pmatrix} t \\ 1 \\ 0 \end{pmatrix} + c_3 \begin{pmatrix} t^2/2 \\ t \\ 1 \end{pmatrix} \tag{8.82}$$

beschreiben.

Die erste Komponente gibt den Verlauf der Störung wieder, wobei die unbekannten Koeffizienten c_i durch einen Beobachter für jeden aktuellen Zeitpunkt bestimmt werden. Die Störmodellmatrix $\mathbf{F}$ hat drei Nulleigenwerte; der Rangabfall von $(\lambda \mathbf{E} - \mathbf{F})$ ist eins, die Lösung beinhaltet demzufolge Säkularglieder bis zu t^2. Es wäre hier ohne weiteres möglich, das Störmodell (8.81) um weitere Nulleigenwerte zu ergänzen, um Polynome höherer Ordnung darzustellen.

Das Störmodell (8.81) wird hier im weiteren dazu verwendet, die Reibung nachzubilden und zu kompensieren. Dabei sei (s.o.) der Zustand vollständig bekannt. Um eine Information über die Störung zu erhalten, muß dennoch mindestens eine der Zustandsgrößen geschätzt werden, die sich unter der Wirkung der vorherrschenden Störung ergibt.

8.5.4.1 Minimalbeobachter

Für das zugrundeliegende Problem läßt sich der Störregler à priori festlegen: Nach (7.130) gilt

$$-\mathbf{B}\boldsymbol{\Gamma} + \mathbf{W}\mathbf{H} = 0 : \quad \mathbf{B} = \mathbf{W} = b, \quad \mathbf{H} = (1\,0\,0) \ \Rightarrow \ \boldsymbol{\Gamma} = \mathbf{H} = (1\,0\,0) \tag{8.83}$$

Hier liegen Störvektor und Stellvektor in der selben Wirkungslinie. Konsequenterweise erhält man dasselbe Ergebnis nach (7.134).

Die um das Störmodell ergänzten Zustands- und Meßgleichungen lauten

$$\tfrac{d}{dt} \begin{pmatrix} x \\ z \end{pmatrix} = \begin{pmatrix} \mathbf{A} & \mathbf{W}\mathbf{H} \\ 0 & \mathbf{F} \end{pmatrix} \begin{pmatrix} x \\ z \end{pmatrix} = \begin{pmatrix} \mathbf{B} \\ 0 \end{pmatrix} u \ , \quad y = (\mathbf{C}\ 0) \begin{pmatrix} x \\ z \end{pmatrix} \tag{8.84}$$
$$x \in \mathbb{R}^n \ , \quad \mathbf{A} \in \mathbb{R}^{n,n} \ , \quad \mathbf{B} \in \mathbb{R}^m \ ; \quad z \in \mathbb{R}^r \quad \mathbf{F} \in \mathbb{R}^{r,r}$$

vgl. (7.124). Diese Gleichung stellt die erweiterte Systemgleichung

$$\dot{\overline{x}} = \overline{\mathbf{A}}\,\overline{x} + \overline{\mathbf{B}}\,u \ , \quad \overline{y} = \overline{\mathbf{C}}\,\overline{x} \ , \quad \overline{x} \in \mathbb{R}^{\overline{n}} \ , \quad \overline{\mathbf{B}} \in \mathbb{R}^{\overline{n},m} \ , \quad \overline{\mathbf{C}} \in \mathbb{R}^{k,\overline{n}} \ , \quad \overline{n} = n + r \ , \tag{8.85}$$

dar, auf die die Beobachtertheorie angewandt werden soll:

$$\hat{\bar{x}} = S_1 \xi + S_2 \bar{y} \tag{8.86}$$

$$\dot{\xi} = D\xi + T\bar{B}\,u + L\bar{y} \tag{8.87}$$

$$\xi \in R^s \ , \quad s = \bar{n} - k \ , \quad S_1 \in R^{\bar{n},s} \ , \quad S_2 \in R^{\bar{n},k} \ , \tag{8.88}$$

vgl. (7.109/110). Die "Meßmatrix" soll folgenden Aufbau haben:

$$\bar{C} = [E_k \ \ 0] \ . \tag{8.89}$$

Eine solche Darstellung ist bei k voneinander unabhängigen Messungen durch geeignete Transformation stets möglich. Auf eine Dimensionsangabe der Nullmatrizen (hier: $k\,x\,(\bar{n}-k)$) soll verzichtet werden; sie ergibt sich aus dem Zusammenhang der Gleichungen.

Die vorhandenen Meßgrößen $\bar{y}$ müssen zusammen mit den Beobachtergrößen ξ den gesamten Zustandsraum aufspannen. Wählt man (vgl. [GRÜ 77])

$$T = [-T^* \ E_s] \ , \quad T^* \in R^{s,k} \ , \tag{8.90}$$

mit noch unbekanntem T^*, so ist diese Voraussetzung wegen

$$\text{Rang}\left(\frac{T}{C}\right) = \text{Rang}\left(\begin{array}{cc} -T^* & E_s \\ \hline E_k & 0 \end{array}\right) = s + k = \bar{n} \tag{8.91}$$

erfüllt. Ferner muß für genügend große Zeiten $\bar{x} = \hat{\bar{x}}$ gelten, was auf die Bedingung

$$S_1 T + S_2 \bar{C} = E \tag{8.92}$$

führt, vgl. (7.112). Mit

$$S_1 = \begin{pmatrix} 0 \\ E_s \end{pmatrix} \ , \quad S_2 = \begin{pmatrix} E_k \\ T^* \end{pmatrix} \ \Rightarrow \ S_1 T + S_2 \bar{C} = \begin{pmatrix} E_k & 0 \\ -T^* + T^* & E_s \end{pmatrix} = E_{\bar{n}} \tag{8.93}$$

wird diese Bedingung bei noch freier Wahl von T^* erfüllt. Zerlegt man die erweiterte Systemmatrix $\bar{A}$ entsprechend der Ordnung s des Beobachters in

$$\bar{A} = \begin{pmatrix} \bar{A}_{11} & \bar{A}_{12} \\ \bar{A}_{21} & \bar{A}_{22} \end{pmatrix} \ , \quad \bar{A} \in R^{\bar{n},\bar{n}} \ , \quad \bar{A}_{22} \in R^{s,s} \ , \tag{8.94}$$

so geht die zweite Beobachterbedingung, (7.113), über in

$$DT + L\bar{C} - T\bar{A} = 0 \ \Rightarrow \ DT^* - T^*\bar{A}_{11} + \bar{A}_{21} = L \ , \tag{8.95}$$

$$\bar{A}_{22} - T^*\bar{A}_{12} = D \ . \tag{8.96}$$

Die Forderung besteht nun darin, daß die Beobachtermatrix $\mathbf{D}$ asymptotisch stabil ist, um ein Einschwingen gegen den tatsächlichen Zustand zu gewährleisten. Betrachtet man $\mathbf{D}^T$ nach (8.96), so läßt sich die Analogie zum geschlossenen Regelkreis zunutze machen:

$$\mathbf{D}^T \hat{=} \hat{\mathbf{A}} \;, \quad \overline{\mathbf{A}}_{12}^T \mathbf{T}^{*T} \hat{=} \mathbf{BK} \;. \tag{8.97}$$

Voraussetzung für die Realisierbarkeit ist

$$\left(\overline{\mathbf{A}}_{22}^T, \overline{\mathbf{A}}_{12}^T\right) - \text{steuerbar} \;; \quad \text{äquivalent} : \quad \left(\overline{\mathbf{A}}_{22}, \overline{\mathbf{A}}_{12}\right) - \text{beobachtbar} \;. \tag{8.98}$$

Die unbekannte Verstärkungsmatrix $\mathbf{T}^*$ kann dann aus der zugehörigen RICCATI-Gleichung ermittelt werden:

$$\overline{\mathbf{A}}_{22}\mathbf{P} + \mathbf{P}\overline{\mathbf{A}}_{22}^T - \mathbf{P}\overline{\mathbf{A}}_{12}^T\overline{\mathbf{A}}_{12}\mathbf{P} + \mathbf{Q} \;, \quad \mathbf{Q} = \mathbf{Q}^T > 0 \;\Rightarrow\; \mathbf{T}^* = \mathbf{P}\overline{\mathbf{A}}_{12}^T \tag{8.99}$$

Mit der über (8.91) festgelegten Struktur von $\mathbf{T}$ erhält man für (8.95/96)

$$\begin{aligned}
\mathbf{D} &= \overline{\mathbf{A}}_{22} - \mathbf{T}^*\overline{\mathbf{A}}_{12} &= [-\mathbf{T}^*\mathbf{E}]\begin{pmatrix} \overline{\mathbf{A}}_{11} & \overline{\mathbf{A}}_{12} \\ \overline{\mathbf{A}}_{21} & \overline{\mathbf{A}}_{22} \end{pmatrix}\begin{pmatrix} \mathbf{0} \\ \mathbf{E} \end{pmatrix} &= \mathbf{T}\overline{\mathbf{A}}\mathbf{S}_1 \;, \\
\mathbf{L} &= \mathbf{D}\mathbf{T}^* - \mathbf{T}^*\overline{\mathbf{A}}_{11} + \overline{\mathbf{A}}_{21} &= [-\mathbf{T}^*\mathbf{E}]\begin{pmatrix} \overline{\mathbf{A}}_{11} & \overline{\mathbf{A}}_{12} \\ \overline{\mathbf{A}}_{21} & \overline{\mathbf{A}}_{22} \end{pmatrix}\begin{pmatrix} \mathbf{E} \\ \mathbf{T}^* \end{pmatrix} &= \mathbf{T}\overline{\mathbf{A}}\mathbf{S}_2 \;.
\end{aligned} \tag{8.100}$$

Die Beobachtergleichung (8.87) lautet mit diesen Ergebnissen

$$\dot{\boldsymbol{\xi}} = \mathbf{D}\boldsymbol{\xi} + \mathbf{T}\overline{\mathbf{B}}\mathbf{u} + \mathbf{L}\overline{\mathbf{y}} = \mathbf{T}\overline{\mathbf{A}}\,(\mathbf{S}_1\boldsymbol{\xi} + \mathbf{S}_2\overline{\mathbf{y}}) + \mathbf{T}\overline{\mathbf{B}}\mathbf{u} \;. \tag{8.101}$$

Setzt man $\overline{\mathbf{A}}$ nach (8.94) ein, berücksichtigt, daß $(\mathbf{S}_1\boldsymbol{\xi} + \mathbf{S}_2\overline{\mathbf{y}}) = \hat{\overline{\mathbf{x}}}$ gilt und spaltet die Regelung $\mathbf{u}$ in einen Anteil der Zustands- und einen der Störregelung auf,

$$\mathbf{u} = -\mathbf{Kx} - \boldsymbol{\Gamma}\hat{\mathbf{z}} \;, \tag{8.102}$$

so erhält man

$$\begin{aligned}
\dot{\boldsymbol{\xi}} &= \mathbf{T}\left\{ \begin{pmatrix} \mathbf{A} & \mathbf{WH} \\ \mathbf{0} & \mathbf{F} \end{pmatrix}\begin{pmatrix} \hat{\mathbf{x}} \\ \hat{\mathbf{z}} \end{pmatrix} - \begin{pmatrix} \mathbf{B} \\ \mathbf{0} \end{pmatrix}(\mathbf{Kx} + \boldsymbol{\Gamma}\hat{\mathbf{z}}) \right\} \\
&= \mathbf{T}\left\{ \begin{pmatrix} \mathbf{A} & \mathbf{0} \\ \mathbf{0} & \mathbf{F} \end{pmatrix}\begin{pmatrix} \hat{\mathbf{x}} \\ \hat{\mathbf{z}} \end{pmatrix} - \begin{pmatrix} \mathbf{BKx} \\ \mathbf{0} \end{pmatrix} \right\} \quad \text{mit } \mathbf{WH} = \mathbf{B}\boldsymbol{\Gamma} \;. \tag{8.103}
\end{aligned}$$

Hierbei gilt für die Schätzgrößen

$$\hat{\overline{\mathbf{x}}} = \begin{pmatrix} \hat{\mathbf{x}} \\ \hat{\mathbf{z}} \end{pmatrix} = \begin{pmatrix} \mathbf{0} \\ \mathbf{E}_s \end{pmatrix}\boldsymbol{\xi} + \begin{pmatrix} \mathbf{E}_k \\ \mathbf{T}^* \end{pmatrix}(\mathbf{E}_k\ \mathbf{0})\overline{\mathbf{x}} \;; \quad \overline{\mathbf{x}} = \begin{pmatrix} \mathbf{x} \\ \mathbf{z} \end{pmatrix} \;. \tag{8.104}$$

Spaltet man ferner die Meßmatrix $\overline{C}$ entsprechend der Dimension von $\mathbf{x}$ auf, so gilt

$$\left(\mathbf{E}_k \vdots \mathbf{0}\right) = \left(\mathbf{E}_k \vdots \mathbf{0}_{k,n-k} \vdots \mathbf{0}_{k,r}\right) \ : \quad \mathbf{0}_{k,n-k} \in \mathbf{R}^{k,n-k} \ , \quad \mathbf{0}_{k,r} \in \mathbf{R}^{k,r}$$

$$\Rightarrow \left(\begin{array}{c} \hat{\mathbf{x}} \\ \hline \hat{\mathbf{z}} \end{array} \right) = \left(\begin{array}{c|c|c} \mathbf{E}_k & \mathbf{0}_{k,n-k} & \mathbf{0}_{k,s} \\ \hline \mathbf{T}^*_{s,k} & \mathbf{0}_{s,n-k} & \mathbf{E}_s \end{array} \right) \left(\begin{array}{c} \mathbf{x} \\ \hline \boldsymbol{\xi} \end{array} \right) \ . \tag{8.105}$$

Wegen $\mathbf{x} \in \mathbf{R}^n$, $\mathbf{z} \in \mathbf{R}^r$ ist es zweckmäßig, auch die Gesamtmatrix in (8.105) entsprechend diesen Dimensionen aufzuteilen:

$$\left(\begin{array}{c} \hat{\mathbf{x}} \\ \hat{\mathbf{z}} \end{array} \right) = \left(\begin{array}{c|c} \mathbf{H}_x & \mathbf{G}_x \\ \hline \mathbf{H}_z & \mathbf{G}_z \end{array} \right) \left(\begin{array}{c} \mathbf{x} \\ \boldsymbol{\xi} \end{array} \right) \ , \tag{8.106}$$

$$\mathbf{H}_x \in \mathbf{R}^{n,n} \ , \quad \mathbf{G}_x \in \mathbf{R}^{n,s} \ , \quad \mathbf{H}_z \in \mathbf{R}^{s-1,n} \ , \quad \mathbf{G}_z \in \mathbf{R}^{s-1,s} \ ,$$

mit $s = r + 1$ als Ordnung des Beobachters.

Zerlegt man weiterhin die Matrix $\mathbf{T}$, die den Zustandsraum in den zu schätzenden Unterraum abbildet,

$$\mathbf{T} = [-\mathbf{T}^* \ 0] = [\mathbf{T}_1 \ \mathbf{T}_2] \ , \quad \mathbf{T}_1 \in \mathbf{R}^{s,n} \ , \quad \mathbf{T}_2 \in \mathbf{R}^{s,s-1} \ , \tag{8.107}$$

so geht die Beobachtergleichung (8.103) über in

$$\dot{\boldsymbol{\xi}} = [\mathbf{T}_1 \ \mathbf{T}_2]\left[\left(\begin{array}{cc} \mathbf{A} & 0 \\ 0 & \mathbf{F} \end{array} \right) \left(\begin{array}{cc} \mathbf{H}_x & \mathbf{G}_x \\ \mathbf{H}_z & \mathbf{G}_z \end{array} \right) \left(\begin{array}{c} \mathbf{x} \\ \boldsymbol{\xi} \end{array} \right) + \left(\begin{array}{c} -\mathbf{BKx} \\ 0 \end{array} \right) \right] = 0 \ . \tag{8.108}$$

Hier ist es zweckmäßig, den Term $-\mathbf{BKx}$ abzuspalten, wenn hinsichtlich der Zustandsregelung eine Stellgrößenbeschränkung eingehalten werden soll. Für die Störregelung wäre eine Begrenzung nicht sinnvoll, da die Störung genau nachgebildet werden muß.

Die Schätzgrößen sollen nun dazu benutzt werden, die Störung auszuregeln. Die Zustandsgleichung (8.70) lautet

$$\begin{aligned} \dot{\mathbf{x}} &= \mathbf{Ax} + \mathbf{Bu} + \mathbf{Ww} \ ; \quad \mathbf{u} = -\mathbf{Kx} - \boldsymbol{\Gamma}\hat{\mathbf{z}} \ ; \quad \hat{\mathbf{z}} = \mathbf{H}_z\mathbf{x} + \mathbf{G}_z\boldsymbol{\xi} \\ \Rightarrow \dot{\mathbf{x}} &= (\mathbf{A} - \mathbf{B}\boldsymbol{\Gamma}\mathbf{H}_z)\mathbf{x} - \mathbf{BG}_z\boldsymbol{\xi} - \mathbf{BKx} \ . \end{aligned} \tag{8.109}$$

Zusammen mit der Beobachtergleichung (8.108) erhält man das Differentialgleichungssystem

$$\begin{aligned} \tfrac{d}{dt}\left(\begin{array}{c} \mathbf{x} \\ \boldsymbol{\xi} \end{array} \right) &= \left(\begin{array}{cc} (\mathbf{A} - \mathbf{B}\boldsymbol{\Gamma}\mathbf{H}_z) & (-\mathbf{B}\boldsymbol{\Gamma}\mathbf{G}_z) \\ (\mathbf{T}_1\mathbf{AH}_x + \mathbf{T}_2\mathbf{FH}_z) & (\mathbf{T}_1\mathbf{AG}_x + \mathbf{T}_2\mathbf{FG}_z) \end{array} \right) \left(\begin{array}{c} \mathbf{x} \\ \boldsymbol{\xi} \end{array} \right) \\ &\quad + \left(\begin{array}{c} \mathbf{W} \\ 0 \end{array} \right) \mathbf{w} + \left(\begin{array}{c} \mathbf{B} \\ \mathbf{T}_1\mathbf{B} \end{array} \right) \mathbf{u}_1 \ ; \end{aligned} \tag{8.110}$$

$$\mathbf{u}_1 = -\mathbf{Kx} \ \text{für} \ |\mathbf{Kx}| \le \mathbf{u}_{\max} \ ; \quad \mathbf{u}_1 = -\mathbf{u}_{\max}\,\mathrm{sign}(\mathbf{Kx}) \ \text{für} \ |\mathbf{Kx}| > \mathbf{u}_{\max} \ .$$

Zur Veranschaulichung der Störgrößenregelung dient das nachfolgende Blockschaltbild.

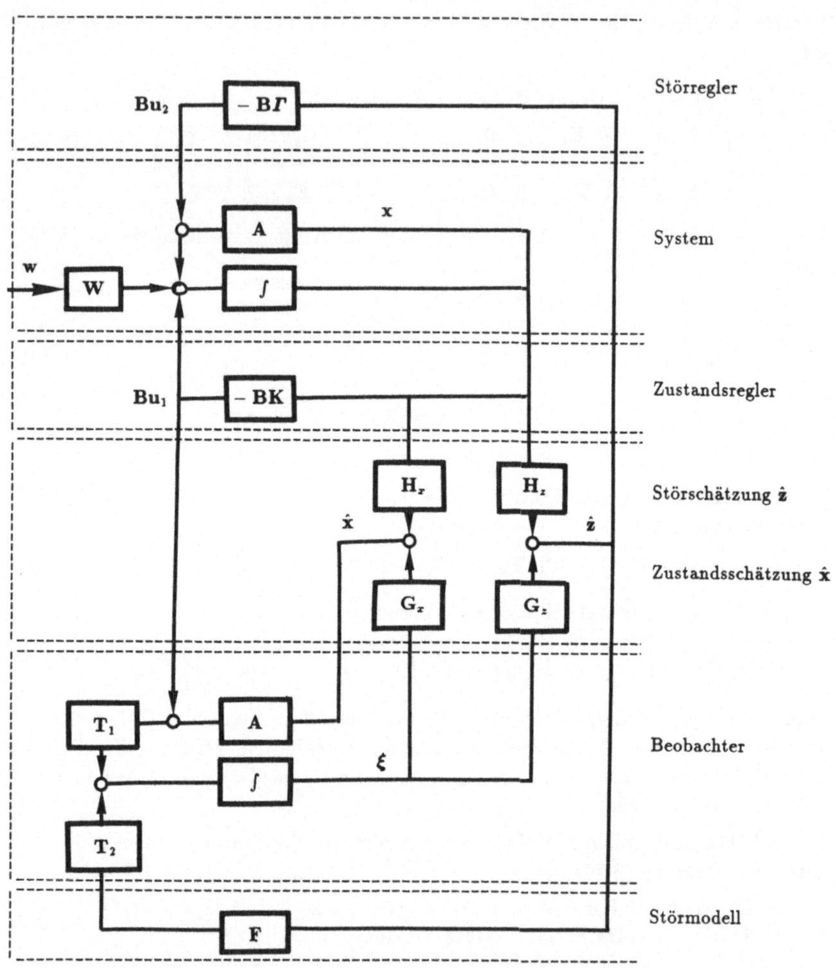

Bild 8.34: Blockschaltbild Störbeobachter mit minimaler Zustandsschätzung

Auswertung

Im ersten Schritt muß überprüft werden, ob eine Störgrößenkompensation mit dem geplanten Stelleingriff möglich ist, d.h. ob die Steuerbarkeitsbedingung (8.98) erfüllt ist. Mit

$$\overline{\mathbf{A}}_{22} = \begin{bmatrix} 0 & \frac{1}{I_B} & 0 & 0 \\ 0 & 0 & 1 & 0 \\ 0 & 0 & 0 & 1 \\ 0 & 0 & 0 & 0 \end{bmatrix} \quad , \quad \overline{\mathbf{A}}_{12} = \begin{bmatrix} 0 & 0 & 0 & 0 \\ 1 & 0 & 0 & 0 \\ 0 & 0 & 0 & 0 \end{bmatrix} \tag{8.111}$$

lautet diese

$$\text{Rang} \begin{bmatrix} \overline{\mathbf{A}}_{12}^T & \overline{\mathbf{A}}_{22}^T \overline{\mathbf{A}}_{12}^T \cdots \end{bmatrix} = \text{Rg} \begin{bmatrix} 1 & 0 & 0 & 0 \\ 0 & 1/I_B & 0 & 0 \\ 0 & 0 & 1/I_B & 0 \\ 0 & 0 & 0 & 1/I_B \end{bmatrix} = 4 \ . \tag{8.112}$$

Die Störgrößenschätzung ist also möglich.

Die $\mathbf{T}^*$–Matrix, die den Beobachter asymptotisch stabilisiert, liegt mit der Lösung der RICCATI-Gleichung fest: Mit (8.111) und (8.99) gilt

$$\mathbf{T}^* = \mathbf{P}\overline{\mathbf{A}}_{12}^T = \begin{pmatrix} 0 & p_1 & 0 \\ 0 & p_2 & 0 \\ 0 & p_3 & 0 \\ 0 & p_4 & 0 \end{pmatrix} \quad ; \quad \begin{pmatrix} p_1 \\ p_2 \\ p_3 \\ p_4 \end{pmatrix} \ : \quad \text{erste Spalte von } \mathbf{P} \ . \tag{8.113}$$

Weil im vorliegenden Fall die Matrix $\overline{\mathbf{A}}_{12}^T$, die die Rolle der Stelleingriffsmatrix übernimmt, nur in der ersten Zeile einen von null verschiedenen Zeilenvektor besitzt, kann das Problem der Ermittlung von $\mathbf{T}^*$ auch über einfache Polvorgabe gelöst werden (Eingrößenregelsystem, Kap. 7.3.2).

Die Werte für p_i folgen dann aus einem Koeffizientenvergleich des charakteristischen Polynoms $(\lambda_i \mathbf{E} - \mathbf{D}) = 0$.

Faßt man alle p_i in einem Vektor $\mathbf{p}$ zusammen, so gilt

$$\mathbf{p} = \begin{bmatrix} 1 & 0 & 0 & 0 \\ 0 & I_B & 0 & 0 \\ 0 & 0 & I_B & 0 \\ 0 & 0 & 0 & I_B \end{bmatrix} \mathbf{a} \tag{8.114}$$

mit $\mathbf{a}$ aus (8.75). Ferner ist

$$\mathbf{G}_x = \begin{pmatrix} 0 & 0 & 0 & 0 \\ 0 & 0 & 0 & 0 \\ 0 & 0 & 0 & 0 \\ 1 & 0 & 0 & 0 \end{pmatrix}, \qquad \mathbf{G}_z = \begin{pmatrix} 0 & 1 & 0 & 0 \\ 0 & 0 & 1 & 0 \\ 0 & 0 & 0 & 1 \end{pmatrix},$$

$$\mathbf{H}_x = \begin{pmatrix} 1 & 0 & 0 & 0 \\ 0 & 1 & 0 & 0 \\ 0 & 0 & 1 & 0 \\ 0 & p_1 & 0 & 0 \end{pmatrix}, \qquad \mathbf{H}_z = \begin{pmatrix} 0 & p_2 & 0 & 0 \\ 0 & p_3 & 0 & 0 \\ 0 & p_4 & 0 & 0 \end{pmatrix}, \qquad (8.115)$$

$$\mathbf{T}_1 = \begin{pmatrix} 0 & -p_1 & 0 & 1 \\ 0 & -p_2 & 0 & 0 \\ 0 & -p_3 & 0 & 0 \\ 0 & -p_4 & 0 & 0 \end{pmatrix}, \qquad \mathbf{T}_2 = \begin{pmatrix} 0 & 0 & 0 \\ 1 & 0 & 0 \\ 0 & 1 & 0 \\ 0 & 0 & 1 \end{pmatrix}.$$

Für den Beobachter wurden im vorliegenden Fall
die Pole

$$\lambda_1 = -1000 \; ,$$
$$\lambda_2 = -800 \; ,$$
$$\lambda_3 = -15 \; ,$$
$$\lambda_4 = -10 \qquad (8.116)$$

ausgewählt. Die Ergebnisse sind für eine willkürliche
Anfangsbedingung nebenstehend aufgetragen.

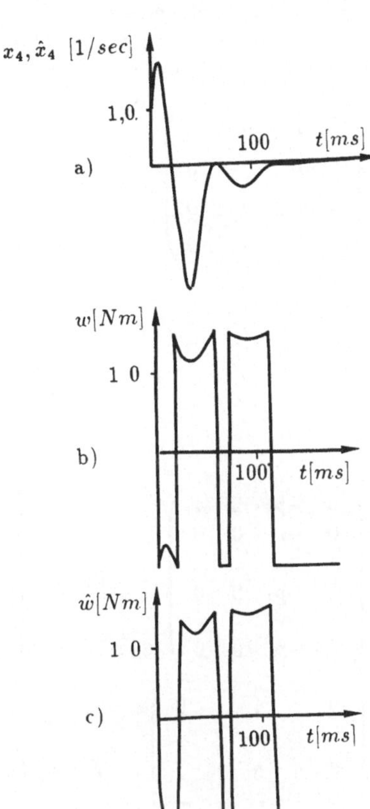

Bild 8.35: a) Trajektorienverlauf
b) Störung
c) geschätzte Störung

8.5.4.2 Minimales Störmodell

Der Grad des Zeitpolynoms zur Nachbildung der Störung wird bestimmt durch
den Rang der JORDAN-Matrix **F** (8.81). Durch Erhöhung der Dimension von **F**
läßt sich die Genauigkeit steigern. Umgekehrt entsteht jedoch die Frage, welche
Mindestdimension **F** haben muß, um mit möglichst geringem Aufwand ausreichend
gute Ergebnisse zu erzielen. Diese Frage kann prinzipiell nur durch numerische Simulation und Vergleich der Ergebnisse beantwortet werden. Im vorliegenden Fall
stellt man fest, daß sowohl für Rang (**F**) = 1 als auch für Rang (**F**) = 0, d.h. für
eine Störungsschätzung über ein Polynom ersten bzw. nullten Grades ("stückweise

konstante Störung") im Rahmen der Zeichengenauigkeit deckungsgleiche Ergebnisse erzielt werden. In den auftretenden Matrizen sind die letzten (bzw. letzten beiden) Zeilen und/oder Spalten zu streichen:

$$
\mathbf{G}_x = \begin{pmatrix} 0 & 0 & \vdots & 0 & | & 0 \\ 0 & 0 & \vdots & 0 & | & 0 \\ 0 & 0 & \vdots & 0 & | & 0 \\ 1 & 0 & \vdots & 0 & | & 0 \end{pmatrix}, \quad
\mathbf{G}_z = \begin{pmatrix} 0 & 1 & \vdots & 0 & | & 0 \\ \cdots & \cdots & \cdots & \cdots & \cdots & \cdots \\ 0 & 0 & \vdots & 1 & | & 0 \\ - & - & - & - & - & - \\ 0 & 0 & \vdots & 0 & | & 1 \end{pmatrix},
$$

$$
\mathbf{H}_z = \begin{pmatrix} 0 & p_2 & 0 & 0 \\ \cdots & \cdots & \cdots & \cdots \\ 0 & p_3 & 0 & 0 \\ - & - & - & - \\ 0 & p_4 & 0 & 0 \end{pmatrix},
$$

$$
\mathbf{T}_1 = \begin{pmatrix} 0 & -p_1 & 0 & 1 \\ 0 & -p_2 & 0 & 0 \\ \cdots & \cdots & \cdots & \cdots \\ 0 & -p_3 & 0 & 0 \\ - & - & - & - \\ 0 & -p_4 & 0 & 0 \end{pmatrix}, \quad
\mathbf{T}_2 = \begin{pmatrix} 0 & \vdots & 0 & | & 0 \\ 1 & \vdots & 0 & | & 0 \\ \cdots & \cdots & \cdots & \cdots & \cdots \\ 0 & \vdots & 1 & | & 0 \\ - & - & - & - & - \\ 0 & \vdots & 0 & | & 1 \end{pmatrix},
$$

$$
\mathbf{F} = \begin{pmatrix} 0 & \vdots & 1 & | & 0 \\ \cdots & \cdots & \cdots & \cdots & \cdots \\ 0 & \vdots & 0 & | & 1 \\ - & - & - & - & - \\ 0 & \vdots & 0 & | & 0 \end{pmatrix}, \quad
\boldsymbol{\Gamma} = \begin{pmatrix} 1 & \vdots & 0 & | & 0 \end{pmatrix}.
$$

$$(8.117)$$

Selbstverständlich kann diese Aussage nicht verallgemeinert werden. Das Beispiel der Reibungskompensation zeigt zwei wesentliche Dinge auf: Zum einen wird die Stärke des Verfahrens demonstriert. Eine wie auch immer geartete Störung läßt sich stets durch ein Störmodell mit einer JORDAN-Matrix $\mathbf{F}$ nachbilden. Die Anpassung der aktuellen Koeffizienten folgt automatisch, d.h. es wird stets die aktuell wirksame Störung geschätzt, unabhängig von Einflüssen wie Temperatur etc. Auf der anderen Seite muß jedoch die Frage der Realisierbarkeit gestellt werden: Für die Störschätzung werden im vorliegenden Fall relativ hohe Beobachterpole benötigt. Dies ist jedoch durch die vorgegebenen physikalischen Eigenschaften (vgl. Bild 8.35, rechteckförmiger Störungsverlauf im Millisekundenbereich) praktisch unumgänglich. Durch die real vorherrschenden Verhältnisse werden der Auslegung von Zustands-, Störbeobachtern und Regelungen generell Grenzen gesetzt.

Anhang: Grundlagen der Matrizenrechnung

1. Definition, einfache Rechenregeln

Als *Matrix* bezeichnet man ein rechteckiges Schema von $m \times n$ Koeffizienten a_{ik}, auch Elemente der Matrix genannt. Mit dem ersten Index wird jeweils eine *Zeile*, mit dem zweiten eine *Spalte* des Schemas bezeichnet:

$$\mathbf{A} = \begin{pmatrix} a_{11} & a_{12} & a_{13} & \cdots & a_{1n} \\ a_{21} & a_{22} & a_{23} & \cdots & a_{2n} \\ \vdots & & & & \\ a_{m1} & a_{m2} & a_{m3} & \cdots & a_{mn} \end{pmatrix} . \tag{A1}$$

Die Matrix $\mathbf{A}$ hat $m \times n$ Koeffizienten mit m Zeilen und n Spalten. Die Zahl $n \times m$ wird *Ordnung* der Matrix genannt.

1.1 Ist $m = n$, so bezeichnet man $\mathbf{A}$ als *quadratisch*. Hierbei werden die a_{ii} $(i = 1(1)n)$ *Diagonalelemente* genannt; sie besetzen die *Hauptdiagonale* der Matrix. Ihre Summe wird als *Spur* der Matrix bezeichnet:

$$\sum_{i=1}^{n} a_{ii} = \mathrm{Sp}(\mathbf{A}) . \tag{A2}$$

1.2 Zwei $n \times m$ Matrizen $\mathbf{A}$ und $\mathbf{B}$ werden einander gleich genannt, wenn gilt

$$\mathbf{A} = \mathbf{B} \iff a_{ik} = b_{ik} \quad \text{für alle} \quad i, k . \tag{A3}$$

Eine Matrix ist Null, wenn jedes Element null ist.

1.3 Durch Vertauschen von Zeilen und Spalten erhält man aus einer Matrix $\mathbf{A}$ die *transponierte Matrix* $\mathbf{A}^T$, z.B.

$$\mathbf{A} = \begin{pmatrix} a_{11} & a_{12} & a_{13} \\ a_{21} & a_{22} & a_{23} \end{pmatrix} \iff \mathbf{A}^T = \begin{pmatrix} a_{11} & a_{12} \\ a_{12} & a_{22} \\ a_{13} & a_{23} \end{pmatrix} . \tag{A4}$$

Außerdem gilt $\left(\mathbf{A}^T \right)^T = \mathbf{A}$. Bei quadratischen Matrizen ergibt sich die transponierte Matrix durch Spiegelung an der Hauptdiagonalen.

1.4 Eine quadratische Matrix heißt *symmetrisch*, wenn gilt

$$\mathbf{A} = \mathbf{A}^T \quad \text{oder} \quad a_{ik} = a_{ki} ; \tag{A5}$$

sie heißt *schiefsymmetrisch* oder *alternierend* für

$$\mathbf{A} = -\mathbf{A}^T \quad \text{oder} \quad a_{ik} = -a_{ki} , \quad a_{ii} = 0 . \tag{A6}$$

1.5 Eine quadratische Matrix, bei der alle Elemente außer den Diagonalelementen gleich null sind, heißt *Diagonalmatrix*:

$$\mathbf{D} = \begin{pmatrix} d_1 & 0 & 0 & \ldots & 0 \\ 0 & d_2 & 0 & \ldots & 0 \\ \vdots & & & & \\ 0 & \ldots & & & d_n \end{pmatrix} = \mathrm{diag}\,(d_i)\ . \tag{A7}$$

Sind hierbei alle Diagonalelemente gleich eins, so heißt sie *Einheitsmatrix*:

$$\mathbf{E} = \mathrm{diag}\,(1)\ . \tag{A8}$$

1.6 Eine Matrix $\mathbf{A}$ läßt sich aufteilen in *Submatrizen*, die als neue Elemente der Matrix $\mathbf{A}$ aufgefaßt werden können:

$$\mathbf{A} = \begin{pmatrix} \mathbf{A}_{11} & \mathbf{A}_{12} \\ \mathbf{A}_{21} & \mathbf{A}_{22} \end{pmatrix}\ . \tag{A9}$$

2. Summe (Differenz) und Multiplikation zweier Matrizen

2.1 Matrizen gleicher Zeilen- und Spaltenzahl werden addiert (subtrahiert), indem die einzelnen Elemente addiert (subtrahiert) werden. Die Addition ist kommutativ und assoziativ:

$$\mathbf{A} + \mathbf{B} = \mathbf{B} + \mathbf{A}\ , \quad \mathbf{A} + (\mathbf{B} + \mathbf{C}) = (\mathbf{A} + \mathbf{B}) + \mathbf{C}\ . \tag{A10}$$

2.2 Für das Produkt einer Matrix $\mathbf{A}$ mit einem skalaren Wert k gilt, daß jedes Element der Matrix mit dem Skalar multipliziert wird. Außerdem gilt

$$\begin{aligned} k\,\mathbf{A} + k\,\mathbf{B} &= k\,(\mathbf{A} + \mathbf{B}) = (\mathbf{A} + \mathbf{B})\,k\ , \\ k\,\mathbf{A} + s\,\mathbf{A} &= (k + s)\,\mathbf{A}\ . \end{aligned} \tag{A11}$$

2.3 Unter dem Produkt $\mathbf{AB}$ einer $m \times n$ Matrix $\mathbf{A}$ mit einer $n \times p$ Matrix $\mathbf{B}$ versteht man eine $m \times p$ Matrix $\mathbf{C}$, deren Elemente durch die Skalarprodukte

$$c_{ik} = \sum_{r=1}^{n} a_{ir} b_{rk}\ , \quad i = 1(1)m\ , \quad k = 1(1)p$$

$$\text{bzw } c_{ik} = (a_{i1} \ldots a_{in})(b_{1k} \ldots b_{nk})^{T} \tag{A12}$$

gebildet werden (Regel: Zeile mal Spalte. Die Spaltenzahl von $\mathbf{A}$ muß gleich der Zeilenzahl von $\mathbf{B}$ sein). Die Matrizenmultiplikation ist assoziativ und distributiv, i.a. aber nicht kommutativ:

$$\mathbf{A}\,\mathbf{B} \neq \mathbf{B}\,\mathbf{A}\ . \tag{A13}$$

2.4 Für das Transponieren von Produkten gilt

$$(\mathbf{AB})^T = \mathbf{B}^T\mathbf{A}^T \ , \tag{A14}$$

speziell für symmetrische Matrizen $\mathbf{A}$ und $\mathbf{B}$ folgt

$$\mathbf{AB} = \mathbf{A}^T\mathbf{B}^T = (\mathbf{BA})^T \ . \tag{A15}$$

2.5 Aus $\mathbf{AB} = 0$ folgt nicht notwendig $\mathbf{A} = 0$ und/oder $\mathbf{B} = 0$; aus $\mathbf{AB} = \mathbf{AC}$ folgt nicht notwendig $\mathbf{B} = \mathbf{C}$, siehe "lineare Abhängigkeit von Vektoren".

3. Die Kehrmatrix (inverse Matrix)

3.1 Wenn zwei quadratische Matrizen der gleichen Ordnung $\mathbf{A}$ und $\mathbf{B}$ existieren, für die gilt

$$\mathbf{A\,B} = \mathbf{B\,A} = \mathbf{E} \tag{A16}$$

so nennt man $\mathbf{B}$ die Inverse von $\mathbf{A}$ und schreibt $\mathbf{B} = \mathbf{A}^{-1}$. Für die Inversion von Produkten gilt

$$(\mathbf{AB})^{-1} = \mathbf{B}^{-1}\mathbf{A}^{-1} \tag{A17}$$

3.2 Eine analytische Berechnung der Inversen läßt sich über die adjungierte Matrix und die Determinante vornehmen. Die *Determinante* ist eine der Matrix zugeordnete berechenbare Zahl:

$$\det(\mathbf{A}) = \sum_{k=1}^{n} a_{ik}A_{ik} \ , \quad A_{ik} \ : \ \text{Algebraisches Komplement (Kofaktor)} \ . \tag{A18}$$

Der Kofaktor ist der Wert der Unterdeterminante, die man nach Streichen der i-ten Zeile und k-ten Spalte erhält und mit dem Vorzeichen $(-1)^{i+k}$ versieht. (Gl. (A18) stellt eine Entwicklung nach der i-ten Zeile dar, i beliebig wählbar. Genausogut kann man nach der i-ten Spalte entwickeln). Mit (A18) wird die Determinante aus Unterdeterminanten entwickelt, die selbst wiederum entwickelt werden können, solange, bis die zu berechnenden "Unter-Unterdeterminanten" diejenigen einer 3×3 Matrix sind, die nach der Sarrus-Regel berechnet werden können:

$$n = 3 \ : \ \det(\mathbf{A}) \ : \quad
\begin{array}{ccc|cc}
a_{11} & a_{12} & a_{13} & a_{11} & a_{12} \\
a_{21} & a_{22} & a_{23} & a_{21} & a_{22} \\
a_{31} & a_{32} & a_{33} & a_{31} & a_{32}
\end{array} \tag{A19}$$

$$\Rightarrow \ \det(\mathbf{A}) = a_{11}a_{22}a_{33} + a_{12}a_{23}a_{31} + a_{13}a_{21}a_{32} - a_{13}a_{22}a_{31} - a_{11}a_{23}a_{32} - a_{12}a_{21}a_{33}$$

3.3 Die zu $\mathbf{A}$ adjungierte Matrix ist diejenige Matrix, die aus den Kofaktoren aufgebaut wird:

$$\mathbf{A}_{\text{adj}} = \begin{pmatrix} A_{11} & A_{21} & \dots & A_{n1} \\ \vdots & & & \\ A_{1n} & A_{2n} & \dots & A_{nn} \end{pmatrix} \ . \tag{A20}$$

3.4 Aus der Eigenschaft der adjungierten Matrix

$$\mathbf{A}\,\mathbf{A}_{\text{adj}} = \mathbf{A}_{\text{adj}}\mathbf{A} = \det(\mathbf{A})\,\mathbf{E} \tag{A21}$$

läßt sich die Inverse berechnen:

$$\mathbf{A}^{-1} = \frac{\mathbf{A}_{\text{adj}}}{\det(\mathbf{A})} \tag{A22}$$

Notwendige und hinreichende Bedingung für die Existenz der Inversen ist

$$\det(\mathbf{A}) \neq 0 \ . \tag{A23}$$

Eine quadratische Matrix $\mathbf{A}$ wird *singulär* genannt, wenn die Bedingung $\det(\mathbf{A}) = 0$ gilt, andernfalls nichtsingulär oder *regulär*.

4. Vektoren

4.1 Der Begriff des Vektors

Man definiert ein System von n geordneten Zahlen

$$\{x_1, \ x_2 \ \dots \ x_n\} \quad : \quad \mathbf{x} = (x_1, \ x_2, \ \dots, \ x_n)^T \tag{A24}$$

als einen n–dimensionalen Vektor, $\mathbf{x} \in \mathrm{R}^n$. Man kann den Vektor als eine Matrix der Ordnung $n \times m$ mit $m = 1$ auffassen, d.h. einer Matrix mit nur einer einzigen Spalte ("Spaltenvektor"). Damit läßt sich auch jede Matrix $\mathbf{A} \in \mathrm{R}^{m,n}$ als spezielle Anordnung von Vektoren deuten,

$$\mathbf{A} = \begin{pmatrix} a_{11} & a_{12} & \dots & a_{1n} \\ \vdots & & & \\ a_{m1} & a_{m2} & \dots & a_{mn} \end{pmatrix} \in \mathrm{R}^{m,n} \ : \ \mathbf{A} = (\mathbf{a}_1 \ \mathbf{a}_2 \ \dots \ \mathbf{a}_n) \ , \ \mathbf{a}_i \in \mathrm{R}^m,$$

$$\tag{A25}$$

(oder in analoger Weise als Anordnung von Zeilenvektoren $\overline{\mathbf{a}}^T$).

4.2 Lineare Abhängigkeit von Vektoren

Ein System von p Vektoren $\mathbf{a}_k$ wird *linear abhängig* genannt, wenn es p Konstante c_k gibt, die nicht alle gleich null sind, so daß folgende Beziehung besteht

$$c_1\mathbf{a}_1 + c_2\mathbf{a}_2 + \dots c_p\mathbf{a}_p = 0 \ . \tag{A26}$$

Ist sie nur dann erfüllt, wenn alle $c_k(k = 1(1)p)$ gleich null sind, dann sind die Vektoren $\mathbf{a}_k$ *linear unabhängig*. Die Anzahl der linear unabhängigen Vektoren r wird *Rang des Vektorsystems* genannt. Es gilt stets $r \leq p$; ist $r < p$, und sammelt man die r unabhängigen Vektoren, so sind die $(p-r)$ weiteren ein bestimmtes Vielfaches der unabhängigen.

4.3 Der Rang der Matrix

Der Rang r einer symmetrischen Matrix ist gleich der Zahl der linear unabhängigen Spalten- oder Zeilenvektoren dieser Matrix. Ist $r < n$, so wird

$$d = n - r \tag{A27}$$

als Defekt oder Rangabfall bezeichnet. Für eine reguläre Matrix muß stets $r = n$ gelten. Eine $n \times n$ Matrix hat den Rang r, wenn mindestens eine r—reihige von null verschiedene Unterdeterminante existiert aber alle $(r+1)$— reihigen Determinanten verschwinden.

5. Lineare Abbildung und Basis eines Systems

5.1 Die lineare Matrizengleichung

$$\mathbf{A}\,\mathbf{x} = \mathbf{y} \tag{A28}$$

kann man deuten als *lineare Abbildung* des Vektors $\mathbf{x}$ in den Vektor $\mathbf{y}$.

Ein System von n linearen, unabhängigen Vektoren $\hat{\mathbf{e}}_i$, $i = 1(1)n$, wird *Basis* oder *Koordinatensystem* genannt. Damit kann jeder Vektor $\hat{\mathbf{x}}$ mit den Komponenten x_i in Bezug auf die Basisvektoren $\hat{\mathbf{e}}_i$ dargestellt werden:

$$\hat{\mathbf{x}} = x_1\hat{\mathbf{e}}_1 + x_2\hat{\mathbf{e}}_2 + \dots x_n\hat{\mathbf{e}}_n \ . \tag{A29}$$

In Matrizenschreibweise kann man $\hat{\mathbf{x}}$ als Spaltenvektor, bezogen auf das Koordinatensystem $\hat{\mathbf{e}}_i$, darstellen:

$$\mathbf{x} = (x_1,\ x_2,\ \dots x_n)^T \tag{A30}$$

Die Basisvektoren erscheinen bezüglich sich selbst als Spalten der Einheitsmatrix ("Einheitsvektoren"):

$$\mathbf{e}_1 = (1,\ 0\ \dots\ 0)^T,\ \dots\ \mathbf{e}_n = (0,\ \dots,\ 1)^T \tag{A31}$$

5.2 Koordinatentransformation

Die Abbildung (A28) bezieht sich zunächst auf dieselbe Basis für beide Vektoren $\mathbf{x}$ und $\mathbf{y}$. Wird nun die Basis ebenfalls transformiert mit Hilfe einer regulären Matrix $\mathbf{T}$,

$$\mathbf{t}_k = \mathbf{T}\,\mathbf{e}_k \; , \tag{A32}$$

so erhält man eine transformierte lineare Abbildung

$$\overline{\mathbf{y}} = \mathbf{T}^{-1}\mathbf{A}\,\mathbf{T}\,\overline{\mathbf{x}} = \overline{\mathbf{A}}\,\overline{\mathbf{x}} \; . \tag{A33}$$

Die Transformation von $\mathbf{A}$ auf $\overline{\mathbf{A}}$ wird *Ähnlichkeitstransformation* genannt.

5.3 Lineare Gleichungen

Das lineare Gleichungssystem

$$\mathbf{A}\,\mathbf{x} = \mathbf{y} \tag{A34}$$

hat genau dann eine eindeutige Lösung, wenn gilt

$$\text{Rang } \mathbf{A} = r = n \iff \det \mathbf{A} \neq 0 \; ; \tag{A35}$$

nur in diesem Fall existiert die Inverse zu $\mathbf{A}$, mit der (A34) nach $\mathbf{y}$ aufgelöst werden kann.

Das *homogene Gleichungssystem*

$$\mathbf{A}\,\mathbf{x} = 0 \tag{A36}$$

hat nur dann *nichttriviale Lösungen* $\mathbf{x}$, wenn

$$\det(\mathbf{A}) = 0 \iff \text{Rang } \mathbf{A} = r < n \tag{A37}$$

gilt. Der Rangabfall $d = n - r$ gibt die Anzahl der linear unabhängigen Lösungen an.

6. Quadratische Formen

Eine reelle quadratische Form wird dargestellt durch

$$\mathbf{Q} = \mathbf{x}^T \mathbf{A}\,\mathbf{x} \; , \quad \mathbf{A} \in \mathbf{R}^{n,n} \; , \; \text{symmetrisch} \; . \tag{A38}$$

Die quadratische Form heißt *positiv definit*, wenn sie außer der Triviallösung $\mathbf{x} \equiv 0$ nur positive Werte annehmen kann. In diesem Fall spricht man auch von positiv definiter Matrix **A**. Der Fall der Positiv-Definitheit ist gegeben, wenn alle Haupt-abschnittsdeterminanten durchweg positiv sind oder alle Eigenwerte der Matrix **A** positiv sind.

7. Vektor- und Matrizennormen

Mit dem Begriff "Vektornorm" wird der "Vektorbetrag" verallgemeinert. Jede Norm muß dabei die Bedingungen

$$\| \mathbf{x} \| \geq 0 \quad \text{mit} \quad \| \mathbf{x} \| = 0 \quad \text{nur für} \quad \mathbf{x} \equiv 0 \qquad\qquad (\text{A } 39)$$

$$\| c\mathbf{x} \| = | c | \| \mathbf{x} \| \qquad \text{für jeden beliebigen Skalar } c \qquad (\text{A } 40)$$

$$\| \mathbf{x} + \mathbf{y} \| \leq \| \mathbf{x} \| + \| \mathbf{y} \| \qquad (\text{Dreiecksungleichung}) \qquad (\text{A } 41)$$

$$\| \mathbf{x}^T\mathbf{y} \| \leq \| \mathbf{x} \| \| \mathbf{y} \| \qquad\qquad (\text{Skalarprodukt}) \qquad (\text{A } 42)$$

erfüllen. Beispiele für Vektornormen sind

$$\| \mathbf{x} \|_m = \overset{\max}{i} | x_i | \,, \quad \mathbf{x} \in \mathrm{R}^n \,, \quad i \in \{1,n\} \,, \qquad (\text{A } 43)$$

$$\| \mathbf{x} \|_R = \sqrt{\mathbf{x}^T\mathbf{R}\mathbf{x}} \,, \quad \mathbf{R} = \mathbf{R}^T > 0 \,, \qquad (\text{A } 44)$$

$$\| \mathbf{x} \|_b = \sum_{i=1}^n | x_i | \,. \qquad\qquad (\text{A } 45)$$

Analog zur Vektornorm wird die Matrixnorm definiert. Dies geschieht so, daß man die Zeilen- (oder Spalten-)vektoren der Matrix als Vektoren ansieht, die den Normbedingungen zu genügen haben. Somit ist lediglich **x** durch eine Matrix **A** und **y** durch eine Matrix **B** zu ersetzen. Die mit obigen Vektornormen kompatiblen Matrixnormen sind

$$\| \mathbf{A} \|_m = \overset{\max}{i,j = 1(1)n} | A_{ij} | \qquad\qquad (\text{A } 46)$$

$$\| \mathbf{A} \|_R = \sqrt{\mathrm{Sp}(\mathbf{A}^T\mathbf{R}\mathbf{A})} \qquad\qquad (\text{A } 47)$$

$$\| \mathbf{A} \|_b = \overset{\max}{j = 1(1)n} \sum_{i=1}^n | a_{ij} | \qquad\qquad (\text{A } 48)$$

8. Differentiationsregeln

Allgemeines

Die Differentiation eines Skalars nach einem Vektor ergibt einen Vektor, vgl. (A38), folgerichtig die eines Vektors nach einem Vektor eine Matrix, die einer Matrix nach einem Vektor ein im Vergleich zu (A1) dreifach indiziertes Koeffizientenschema etc. Mit der Festlegung, daß die Notation $\mathbf{x}$ einen Spaltenvektor kennzeichnet, liefert die Ableitung eines Skalars, z.B. ausgedrückt als quadratische Form (A38), einen *Zeilenvektor*,

$$\frac{\partial}{\partial \mathbf{x}}\left(\mathbf{x}^T \mathbf{A} \mathbf{x}\right) = \mathbf{x}^T \mathbf{A} + \mathbf{x}^T \mathbf{A}^T = 2\mathbf{x}^T \mathbf{A} \qquad (\text{Kettenregel; } \mathbf{A} = \mathbf{A}^T) \ . \qquad (A49)$$

Dieses Ergebnis zeigt, wie die zweite Ableitung formuliert werden muß:

$$\frac{\partial^2}{\partial \mathbf{x} \partial \mathbf{x}^T}\left(\mathbf{x}^T \mathbf{A} \mathbf{x}\right) = \frac{\partial}{\partial \mathbf{x}^T}\left(2\mathbf{x}^T \mathbf{A}\right) = 2\mathbf{A} \ . \qquad (A50)$$

Für die Ableitung eines beliebigen Skalars s nach einem Vektor $\mathbf{x}$ gilt damit

$$\frac{\partial s}{\partial \mathbf{x}} = \left(\frac{\partial s}{\partial x_1} \ \frac{\partial s}{\partial x_2} \ \cdots \ \frac{\partial s}{\partial x_n}\right) \qquad s \in \mathrm{R}^1 \ , \quad \mathbf{x} \in \mathrm{R}^n \ , \qquad (A51)$$

für die Ableitung eines beliebigen Vektors $\mathbf{s}$ nach einem Vektor $\mathbf{x}$

$$\frac{\partial \mathbf{s}}{\partial \mathbf{x}} = \begin{pmatrix} \frac{\partial s_1}{\partial x_1} & \frac{\partial s_1}{\partial x_2} & \cdots & \frac{\partial s_1}{\partial x_n} \\ \frac{\partial s_2}{\partial x_1} & \frac{\partial s_2}{\partial x_2} & \cdots & \frac{\partial s_2}{\partial x_n} \\ \vdots & & & \\ \frac{\partial s_m}{\partial x_1} & \frac{\partial s_m}{\partial x_2} & \cdots & \frac{\partial s_m}{\partial x_n} \end{pmatrix} \ , \quad \mathbf{s} \in \mathbf{R}^m \ , \quad \mathbf{x} \in \mathrm{R}^n \ . \qquad (A52)$$

9. Das Kreuzprodukt von Vektoren

Das Kreuzprodukt zweier Vektoren $\mathbf{x}$ und $\mathbf{y}$ wird definiert als

$$\tilde{\mathbf{x}}\mathbf{y} = -\tilde{\mathbf{y}}\mathbf{x} = \mathbf{z} \ , \quad \tilde{\mathbf{y}} = \begin{pmatrix} 0 & -y_3 & y_2 \\ y_3 & 0 & -y_1 \\ -y_2 & y_1 & 0 \end{pmatrix} \ , \quad \tilde{\mathbf{y}} = -\tilde{\mathbf{y}}^T \ . \qquad (A53)$$

Es gelten die Entwicklungssätze

$$\tilde{\mathbf{x}}\tilde{\mathbf{y}} \ = \ \mathbf{y}\mathbf{x}^T - \mathbf{y}^T\mathbf{x}\,\mathbf{E} \ ; \quad \widetilde{\tilde{\mathbf{x}}\mathbf{y}} = \mathbf{y}\mathbf{x}^T - \mathbf{x}\mathbf{y}^T = \tilde{\mathbf{x}}\tilde{\mathbf{y}} - \tilde{\mathbf{y}}\tilde{\mathbf{x}} \ ,$$

$$\widetilde{\tilde{\mathbf{x}}\mathbf{y}}\mathbf{z} \ = \ \tilde{\mathbf{z}}\tilde{\mathbf{y}}\mathbf{x} \qquad \quad ; \quad \tilde{\mathbf{x}}\tilde{\mathbf{y}}\mathbf{z} + \tilde{\mathbf{y}}\tilde{\mathbf{z}}\mathbf{x} + \tilde{\mathbf{z}}\tilde{\mathbf{x}}\mathbf{y} = 0 \ . \qquad (A54)$$

LITERATURVERZEICHNIS

[ABR 78]   Abraham, R., Marsden, J.E.: Foundations of Mechanics.
            London, Amsterdam, Don Mills, Sidney, Tokio:
            The Benjamin/Cummings Publications 1978

[ACK 77]   Ackermann, J.: Abtastregelungen. Berlin, Heidelberg, New York:
            Springer 1977

[ALT 85]   Althaus, J.: Latunabhängige Roboterregelung. München: Technische
            Universität, Lehrstuhl B für Mechanik, Studienarbeit 1985

[BRE 80]   Breinl, W.: Entwurf eines unempfindlichen Tragregelsystems für
            ein Magnetschwebefahrzeug. Fortschr.-Ber. VDI-Z., Reihe 8,
            Nr. 34 (1980)

[BRE 83]   Breinl, W., Leitmann, G.: Zustandsrückführung für
            dynamische Systeme mit Parameterunsicherheiten.
            Regelungstechnik 3 (1983) 95-103

[BRO 55]   Der große Brockhaus, 17. Auflage, 6. Bd. Wiesbaden (1955), 267

[CZE 81]   Czerny, L.: Literaturstudie über digitale Regelungen mit Anwendung
            auf ein Beispiel aus der Rotordynamik. München: Technische
            Universität, Lehrstuhl B für Mechanik, Diplomarbeit 1981

[DUB 70]   Dubbel, Taschenbuch für den Maschinenbau. Berlin, Heidelberg,
            New York: Springer 1970

[DYM 73]   Dym, C.L., Shames, I.H.: Solid Mechanics. McGraw Hill 1973

[FIS 72]   Fischer, U., Stephan, W.: Prinzipien und Methoden der Dynamik.
            Leipzig: VEB-Fachbuchverlag 1972

[FÖP 21]   Föppl, A.: Vorlesungen über Technische Mechanik, Band 1.
            Leipzig und Berlin: Teubner 1921

[GRO 83]   Großmann, S.: Physikalische Blätter 39 (1983) Nr. 6

[GRÜ 77]   Grübel, G.: Beobachter zur Reglersynthese. Schriftenreihe des
            Lehrstuhls für Meß- und Regelungstechnik, Abt. Maschinenbau,
            Ruhr-Universität Bochum, Heft 9 (1977)

[GUC 83]   Guckenheimer, J., Holmes, P.: Nonlinear Oscillations, Dynamical Systems and Bifurcations of Vector Fields. Berlin, Heidelberg, New York: Springer 1983

[HAM 49]   Hamel, G.: Theoretische Mechanik. Berlin, Heidelberg, New York: Springer 1949

[ISE 77]   Isermann, R.: Digitale Regelsysteme. Berlin, Heidelberg, New York: Springer 1977

[JOU 08]   Jourdain, P.G.B. (Hrsg.): Abhandlung der Prinzipien der Mechanik von Lagrange, Rodrigues, Jacobi und Gauß. Ostwalds Klassiker Nr. 167. Leipzig: Wilhelm Engelmann Verlag 1908

[KAN 85]   Kane, T.R., Levinson, D.A.: Dynamics: Theory and Application. McGraw Hill 1985

[KAU 58]   Kauderer, H.: Nichtlineare Mechanik. Berlin, Heidelberg, New York: Springer 1958

[KLE 81]   Regelkonzepte für eine elastische Rotorstruktur. München: Technische Universität, Lehrstuhl B für Mechanik, Diplomarbeit 1981

[KRE 87]   Kreuzer, E.: Numerische Untersuchung nichtlinearer dynamischer Systeme. Berlin, Heidelberg, New York: Springer 1987

[KÜC 87]   Kücükay, F.: Dynamik der Zahnradgetriebe. Berlin, Heidelberg, New York: Springer 1987

[LAC 88]   Lachenmayr, G.: Schwingungen in Planetengetrieben. Erscheint demnächst als VDI-Fortschr.-Ber.

[LEI 81]   Leitmann, G.: On the Efficacy of Nonlinear Control in Uncertain Linear Systems. J. Dyn. Syst., Meas. and Contr., Vol 102 (1981) 95-102

[LIC 83]   Lichtenberg, A.J., Liebermann, M.A.: Regular and Stochastic Motion. Berlin, Heidelberg, New York: Springer 1983

[LIK 76]   Likins, P.W.: Interaction Problems Between the Dynamics and Control System for Nonrigid Spacecraft. Noordwijk: ESA-SP 117 (1976) 265-271

[LUE 66]   Luenberger, D.G.: Observers for Multivariable Systems.
IEEE Trans. Aut. Contr., Vol AC 11 (1966) 190-197

[MAG 55]   Magnus, K.: Über ein Verfahren zur Untersuchung nichtlinearer
Schwingungs- und Regelungssysteme. Düsseldorf: VDI-Verlag 1955

[MAG 61]   Magnus, K.: Schwingungen: Stuttgart: Teubner 1961

[MAG 71]   Magnus, K.: Kreisel – Theorie und Anwendungen.
Berlin, Heidelberg, New York: Springer 1971

[MAG 80]   Magnus, K.: Mechanik - Wissenschaft zwischen Theorie und Technik.
München: Technische Universität, Lehrstuhl B für Mechanik, 1980

[MAG 86]   Magnus, K.: Vom Wandel unserer Auffassung zur Technischen
Mechanik. Darmstadt: THD-Schriftenreihe Band 28 (1986) 125-136

[MÜL 71]   Müller, P.C.: Asymptotische Stabilität von linearen mechanischen
Systemen mit positiv semidefiniter Dämpfungsmatrix.
Zeitschr. Ang. Math. u. Mech. 51 (1971) T197-T198

[MÜL 76]   Müller, P.C., Schiehlen, W.O.: Lineare Schwingungen.
Wiesbaden: Akademische Verlagsgesellschaft 1976

[MÜL 77]   Müller, P.C.: Stabilität und Matrizen.
Berlin, Heidelberg, New York: Springer 1977

[MÜL 77_2]   Müller, P.C., Lückel, J.: Zur Theorie der Störgrößenaufschaltung in
linearen Mehrgrößenregelsystemen. Regelungstechnik 25,
Heft 2 (1977) 54-59

[MÜL 86]   Müller, P.C., Ackermann, J.: Nichtlineare Regelung von elastischen
Robotern. VDI-Bericht 598 (1986) 321-333

[NIE 83]   Niemann, G., Winter, H.: Maschinenelemente.
Berlin, Heidelberg, New York: Springer 1983

[RIT 09]   Ritz, W.: Theorie der Transversalschwingungen einer quadratischen
Platte mit freien Rädern. Annalen der Physik,
IV. Folge (1908) 737-786

[SCH 81]   Schiehlen, W.O.: Nichtlineare Bewegungsgleichungen großer Mehr-körpersysteme. Zeitschr. Ang. Math. u. Mech. 61 (1981) 413-419

[SCH 86]   Schiehlen, W.O.: Technische Dynamik. Stuttgart: Teubner 1986

[SCHW 77] Schwertassek, R.: Der Algorithmus von Roberson und Wittenburg für Mehrkörpersysteme mit Baumstruktur. Oberpfaffenhofen (1977) DFVLR-IB 552-77/05

[SZA 79]   Szabo, I.: Geschichte der mechanischen Prinzipien. Basel und Stuttgart: Birkhäuser 1979

[TRU 80]   Truckenbrodt, A.: Bewegungsverhalten und Regelung hybrider Mehrkörpersysteme mit Anwendung auf Industrieroboter. Fortschr.-Ber. VDI-Z., Reihe 8, Nr. 33, 1980

[ULB 79]   Ulbrich, H.: Entwurf und Regelung einer berührungsfreien Magnet-lagerung für ein Rotorsystem. München: Technische Universität, Lehrstuhl B für Mechanik, Dissertation 1979

NAMEN- UND SACHVERZEICHNIS

Teubner-Ingenieurmathematik

Burg/Haf/Wille
Höhere Mathematik für Ingenieure
Band 1: Analysis
732 Seiten. DM 44,–

Band 2: Lineare Algebra
448 Seiten. DM 42,–

Band 3: Gewöhnliche Differentialgleichungen, Distributionen, Integraltransformationen
405 Seiten. DM 38,–

Band 4: Vektoranalysis und Funktionentheorie
ca. 280 Seiten. ca. DM 42,–

Dorninger/Müller
Allgemeine Algebra und Anwendungen
324 Seiten. DM 48,–

v. Finckenstein
Grundkurs Mathematik für Ingenieure
461 Seiten. DM 46,–

Heuser/Wolf
Algebra, Funktionalanalysis und Codierung
168 Seiten. DM 36,–

Kamke
Differentialgleichungen
Lösungsmethoden und Lösungen
Band 1: Gewöhnliche Differentialgleichungen
10. Aufl. 694 Seiten. DM 82,–

Band 2: Partielle Differentialgleichungen erster Ordnung für eine gesuchte Funktion
6. Aufl. 255 Seiten. DM 62,–

Krabs
Einführung in die lineare und nichtlineare Optimierung für Ingenieure
232 Seiten. DM 38,–

Schwarz
Numerische Mathematik
2. Aufl. 496 Seiten. DM 48,–

 B. G. Teubner Stuttgart